工业常用紧固件优选手册

（第3版）

王健石　朱炳林　主编

中国标准出版社

北　京

图书在版编目(CIP)数据

工业常用紧固件优选手册/王健石、朱炳林主编. —3 版.
—北京：中国标准出版社，2020.9
ISBN 978-7-5066-9515-2

Ⅰ.①工… Ⅱ.①王… Ⅲ.①紧固件-技术手册
Ⅳ.①TH131-62

中国版本图书馆 CIP 数据核字(2019)第 279338 号

中国标准出版社 出版发行
北京市朝阳区和平里西街甲 2 号(100029)
北京市西城区三里河北街 16 号(100045)

网址 www.spc.net.cn
总编室：(010)68533533 发行中心：(010)5180238
中国标准出版社秦皇岛印刷厂印刷
各地新华书店经销
*
开本 880×1230 1/16 印张 30.25 字数 516 千字
2020 年 9 月第一版 2020 年 9 月第一次印刷
*
定价 110.00 元

编委会

前言

《工业常用紧固件优选手册》于2002年和2011年分别出版了第1版和第2版，深受广大工业部门技术人员和工人的欢迎，近年来机械工业在中国制造2025指引下得到了前所未有的高速发展，紧固件标准成果如雨后春笋般出现，为适应广大工业部门，尤其是机械部门的需求，再版《工业常用紧固件优选手册》（以下简称《手册》）实有必要。

这次修订去掉了第2版中第1章，优化了第2版中的技术条件与引用标准。《手册》共有7章，详尽介绍了产品标准，修订后《手册》有如下特色：

(1) 信息量大，信息含量覆盖了紧固件从2000年至2018年的所有产品标准，大量的紧固件产品标准信息可供广大用户选择使用，为广大读者优选紧固件助一臂之力。

(2) 内容新、实用，收录了2018年底前发布的紧固件现行有效的标准，内容包括结构示意图、规格尺寸、技术条件、标记示例等广大读者必用数据。

(3) 编写力求做到格式统一，结构严谨，语言简练，章条清晰，一目了然。

(4) 虽然国家标准没有塑料紧固件标准，但是国内有众多厂家生产制造，用户也遍布各工业部门，且经常被选用，故在前5章最后一节均为塑料件，可供广大用户选用时参考。

《手册》可供各工业部门产品设计、生产、工艺设计与管理、产品检验、产品采购、仓储保管、标准化等管理技术人员和工人以及紧固件生产企业使用。企业应及时调整产品符合新标准的要求，不能按老标准生产产品。例如十字槽盘头自攻螺钉，现行标准号为GB/T 845—2017，企业生产的十字槽盘头自攻螺钉应符合GB/T 845—2017规定。《手册》还可供大专院校机械等相关专业广大师生使用，是工业部门各图书馆和标准资料部门等必备的图书。

由于编者水平有限，不足之处敬请广大读者批评指正。

编　　者

2020年8月

目录

第1章 螺　钉

第2章 螺　栓

第3章 螺 母

第4章 垫片、垫圈

第5章 铆　钉

第6章 销

第 7 章　组合件

第 1 章 螺 钉

1.1 十字槽盘头自攻螺钉

（GB/T 845—2017 十字槽盘头自攻螺钉）

1.1.1 型式

十字槽盘头自攻螺钉型式见图 1-1。

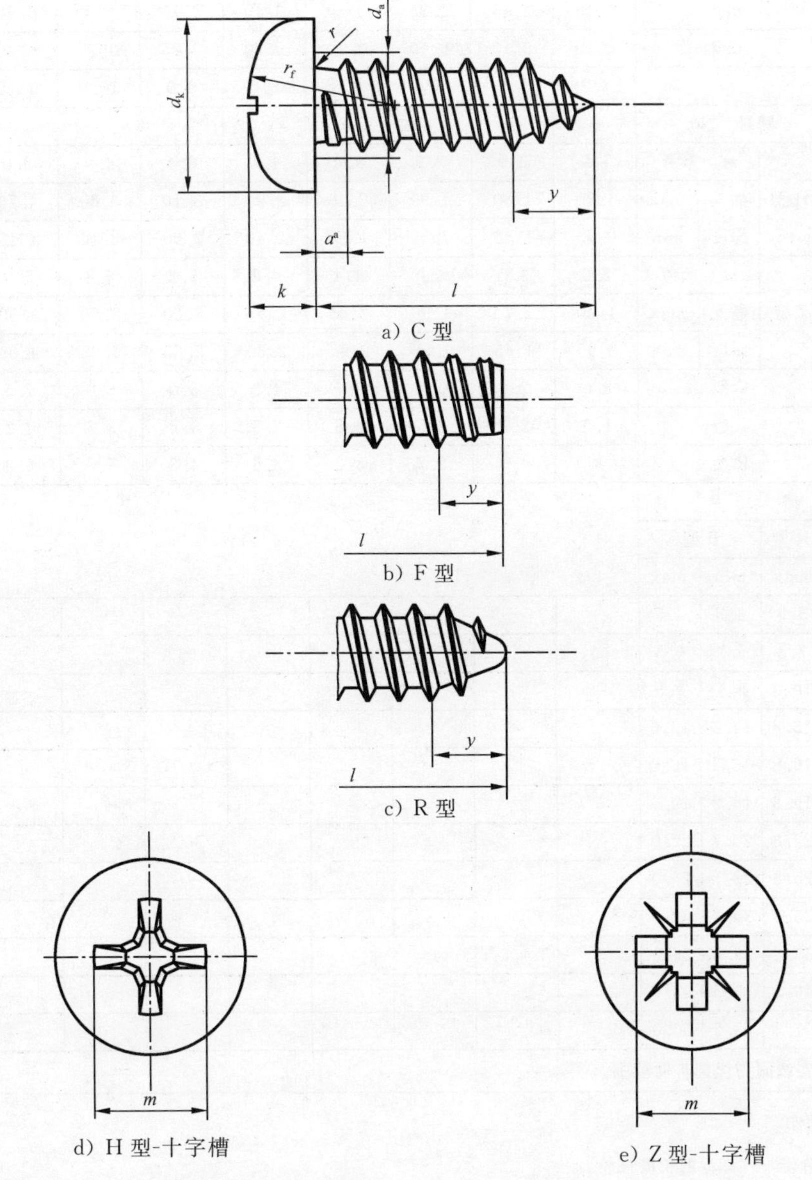

[a] 尺寸 a 应在第一扣完整螺纹的小径处测量。

图 1-1 十字槽盘头自攻螺钉

1.1.2 规格尺寸

十字槽盘头自攻螺钉规格尺寸见表 1-1。

表 1-1 十字槽盘头自攻螺钉规格尺寸 mm

螺纹规格			ST 2.2	ST 2.9	ST 3.5	ST 4.2	ST 4.8	ST 5.5	ST 6.3	ST 8	ST 9.5
P[a]			0.8	1.1	1.3	1.4	1.6	1.8	1.8	2.1	2.1
a		max	0.8	1.1	1.3	1.4	1.6	1.8	1.8	2.1	2.1
d_a		max	2.8	3.5	4.1	4.9	5.6	6.3	7.3	9.2	10.7
d_k		max	4.00	5.60	7.00	8.00	9.50	11.00	12.00	16.00	20.00
		min	3.70	5.30	6.64	7.64	9.14	10.57	11.57	15.57	19.48
k		max	1.60	2.40	2.60	3.10	3.70	4.00	4.60	6.00	7.50
		min	1.40	2.15	2.35	2.80	3.40	3.70	4.30	5.60	7.10
r		min	0.10	0.10	0.10	0.20	0.20	0.25	0.25	0.40	0.40
r_f		≈	3.2	5.0	6.0	6.5	8.0	9.0	10.0	13.0	16.0
十字槽	槽号 No.		0	1	2		3			4	
	H 型	m 参考	1.9	3.0	3.9	4.4	4.9	6.4	6.9	9.0	10.1
		插入深度 max	1.20	1.80	1.90	2.40	2.90	3.10	3.60	4.70	5.80
		插入深度 min	0.85	1.40	1.40	1.90	2.40	2.60	3.10	4.15	5.20
	Z 型	m 参考	2.0	3.0	4.0	4.4	4.8	6.2	6.8	8.9	10.1
		插入深度 max	1.20	1.75	1.90	2.35	2.75	3.00	3.50	4.50	5.70
		插入深度 min	0.95	1.45	1.50	1.95	2.30	2.55	3.05	4.05	5.25
y 参考	C 型		2.0	2.6	3.2	3.7	4.3	5.0	6.0	7.5	8.0
	F 型		1.6	2.1	2.5	2.8	3.3	3.6	3.6	4.2	4.2
	R 型		—	—	2.7	3.2	3.6	4.3	5.0	6.3	—

l[b] 公称	C 型和 R 型 min	C 型和 R 型 max	F 型 min	F 型 max	ST 2.2	ST 2.9	ST 3.5	ST 4.2	ST 4.8	ST 5.5	ST 6.3	ST 8	ST 9.5
4.5	3.7	5.3	3.7	4.5		—	—	—	—	—	—	—	—
6.5	5.7	7.3	5.7	6.5			—	—	—	—	—	—	—
9.5	8.7	10.3	8.7	9.5						—	—	—	—
13	12.2	13.8	12.2	13.0								—	—
16	15.2	16.8	15.2	16.0									
19	18.2	19.8	18.2	19.0									
22	21.2	22.8	20.7	22.0									
25	24.2	25.8	23.7	25.0									
32	30.7	33.3	30.7	32.0									
38	36.7	39.3	36.7	38.0									
45	43.7	46.3	43.5	45.0									
50	48.7	51.3	48.5	50.0									

注：阶梯实线间为优选长度范围。

[a] P——螺距。

[b] 不能制造带“—”标记的长度规格。

1.1.3　技术条件

(1) 螺钉材料:钢、不锈钢。

(2) 不锈钢的机械性能等级:A2-20H、A4-20H、A5-20H。

(3) 表面处理

1) 钢的表面处理:

——不经处理;

——电镀技术要求按 GB/T 5267.1 的规定;

——非电解锌片涂层技术要求按 GB/T 5267.2 的规定;

——如需其他技术要求或表面处理,应由供需双方协议。

2) 不锈钢的表面处理:

——简单处理;

——钝化技术要求按 GB/T 5267.4 的规定;

——如需其他技术要求或表面处理,应由供需双方协议。

1.1.4　标记示例

螺纹规格 ST3.5、公称长度 l=16 mm、钢制、表面不经处理、末端 C 型、产品等级 A 级的 H 型十字槽盘头自攻螺钉的标记:

自攻螺钉　GB/T 845　ST3.5×16

1.2　十字槽半沉头自攻螺钉

(GB/T 847—2017 十字槽半沉头自攻螺钉)

1.2.1　型式

十字槽半沉头自攻螺钉型式见图 1-2。

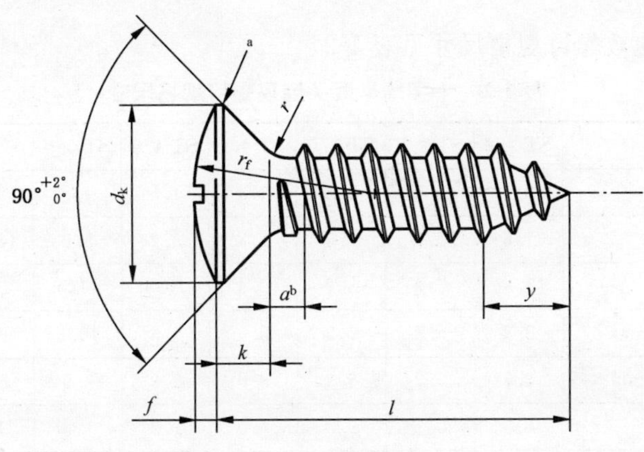

a) C 型

图 1-2　十字槽半沉头自攻螺钉

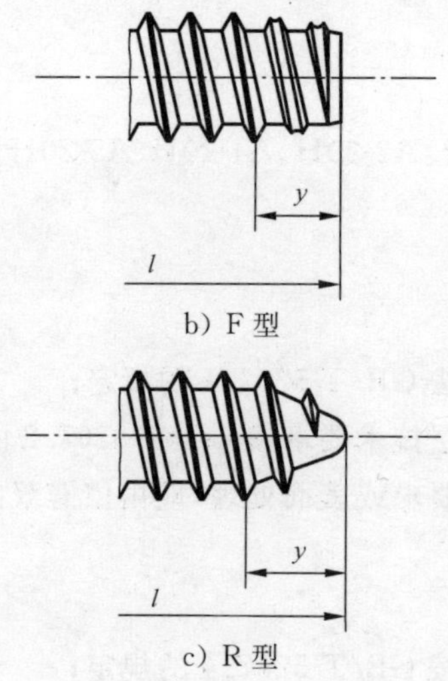

b) F 型

c) R 型

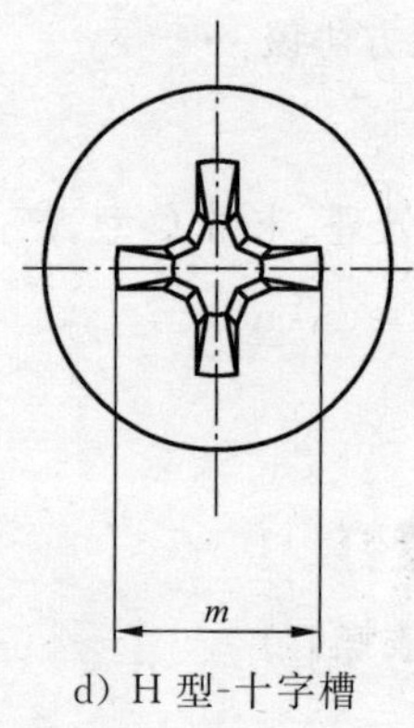

d) H 型-十字槽

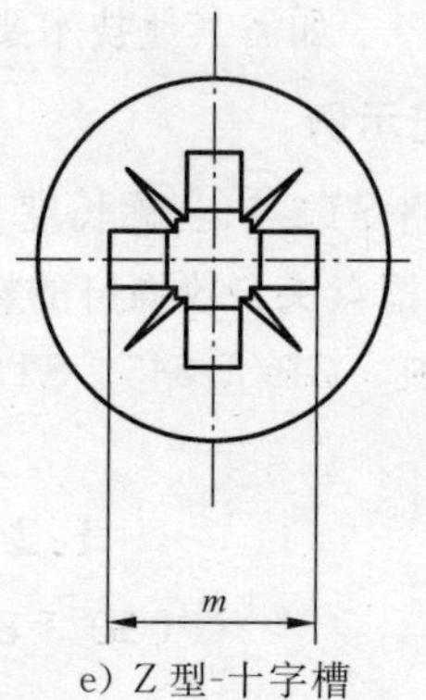

e) Z 型-十字槽

[a] 棱边可以是圆的或直的，由制造者任选。

[b] 尺寸 a 应在第一扣完整螺纹的小径处测量。

续图 1-2

1.2.2　规格尺寸

十字槽半沉头自攻螺钉规格尺寸见表 1-2。

表 1-2　十字槽半沉头自攻螺钉规格尺寸　　mm

螺纹规格			ST 2.2	ST 2.9	ST 3.5	ST 4.2	ST 4.8	ST 5.5	ST 6.3	ST 8	ST 9.5
P[a]			0.8	1.1	1.3	1.4	1.6	1.8	1.8	2.1	2.1
a	max		1.6	2.2	2.6	2.8	3.2	3.6	3.6	4.2	4.2
d_k	理论值[b]	max	4.4	6.3	8.2	9.4	10.4	11.5	12.6	17.3	20.0
	实际值	max	3.8	5.5	7.3	8.4	9.3	10.3	11.3	15.8	18.3
		min	3.5	5.2	6.9	8.0	8.9	9.9	10.9	15.4	17.8
f	≈		0.5	0.7	0.8	1.0	1.2	1.3	1.4	2.0	2.3
k	max		1.10	1.70	2.35	2.60	2.80	3.00	3.15	4.65	5.25
r	max		0.8	1.2	1.4	1.6	2.0	2.2	2.4	3.2	4.0
r_f	≈		4.0	6.0	8.5	9.5	9.5	11.0	12.0	16.5	19.5

续表 1-2

mm

螺纹规格					ST 2.2	ST 2.9	ST 3.5	ST 4.2	ST 4.8	ST 5.5	ST 6.3	ST 8	ST 9.5
十字槽	槽号 No.				0	1	2			3		4	
	H型	*m* 参考			1.9	3.2	4.4	4.6	5.2	6.6	6.8	6.9	10.0
		插入深度	max		1.2	2.1	2.4	2.6	3.2	3.3	3.5	4.6	5.7
			min		0.9	1.7	1.9	2.1	2.7	2.8	3.0	4.0	5.1
	Z型	*m* 参考			2.0	3.0	4.1	4.4	4.9	6.3	6.6	8.8	9.8
		插入深度	max		1.20	2.01	2.20	2.51	3.05	3.18	3.45	4.60	5.64
			min		0.95	1.76	1.75	2.06	2.60	2.73	3.00	4.15	5.19
y 参考	C型				2.0	2.6	3.2	3.7	4.3	5.0	6.0	7.5	8.0
	F型				1.6	2.1	2.5	2.8	3.2	3.6	3.6	4.2	4.2
	R型				—	—	2.7	3.2	3.6	4.3	5.0	6.3	—
l^c													
公称	C型和R型		F型										
	min	max	min	max									
4.5	3.7	5.3	3.7	4.5		—	—	—	—	—	—	—	—
6.5	5.7	7.3	5.7	6.5			—	—	—	—	—	—	—
9.5	8.7	10.3	8.7	9.5						—	—	—	—
13	12.2	13.8	12.2	13.0								—	—
16	15.2	16.8	15.2	16.0									
19	18.2	19.8	18.2	19.0									
22	21.2	22.8	20.7	22.0									
25	24.2	25.8	23.7	25.0									
32	30.7	33.3	30.7	32.0									
38	36.7	39.3	36.7	38.0									
45	43.7	46.3	43.5	45.0									
50	48.7	51.3	48.5	50.0									

注：阶梯实线间为优选长度范围。

[a] *P*——螺距。

[b] 按 GB/T 5279。

[c] 不能制造带“—”标记的长度规格。

1.2.3 技术条件

（1）螺钉材料：钢、不锈钢。

（2）不锈钢的机械性能等级：A2-20H、A4-20H、A5-20H。

（3）表面处理

1）钢的表面处理：

——不经处理；

——电镀技术要求按 GB/T 5267.1 的规定；

——非电解锌片涂层技术要求按 GB/T 5267.2 的规定；

——如需其他技术要求或表面处理，应由供需双方协议。

2）不锈钢的表面处理：

——简单处理；

——钝化技术要求按 GB/T 5267.4 的规定；

——如需其他技术要求或表面处理，应由供需双方协议。

1.2.4　标记示例

螺纹规格 ST3.5、公称长度 l＝16 mm、钢制、表面不经处理、末端 C 型、产品等级 A 级的 H 型十字槽半沉头自攻螺钉的标记：

自攻螺钉　GB/T 847　ST3.5×16

1.3　十字槽沉头自攻螺钉

（GB/T 846—2017 十字槽沉头自攻螺钉）

1.3.1　型式

十字槽沉头自攻螺钉型式见图 1-3。

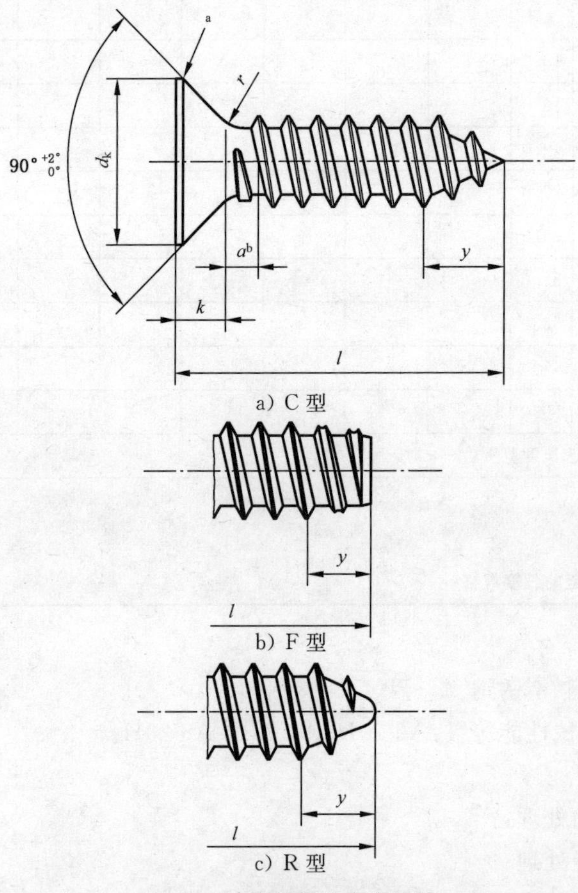

图 1-3　十字槽沉头自攻螺钉

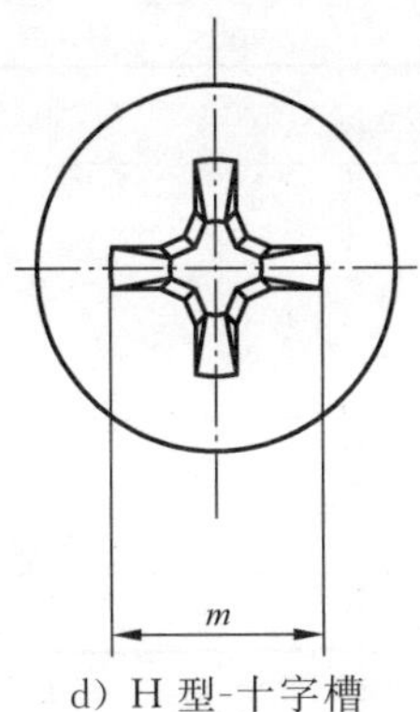

d) H 型-十字槽

e) Z 型-十字槽

[a] 棱边可以是圆的或直的，由制造者任选。

[b] 尺寸 a 应在第一扣完整螺纹的小径处测量。

续图 1-3

1.3.2 规格尺寸

十字槽沉头自攻螺钉规格尺寸见表 1-3。

表 1-3 十字槽沉头自攻螺钉规格尺寸 mm

螺纹规格				ST 2.2	ST 2.9	ST 3.5	ST 4.2	ST 4.8	ST 5.5	ST 6.3	ST 8	ST 9.5
P[a]				0.8	1.1	1.3	1.4	1.6	1.8	1.8	2.1	2.1
a	max			1.6	2.2	2.6	2.8	3.2	3.6	3.6	4.2	4.2
d_k	理论值[b]		max	4.4	6.3	8.2	9.4	10.4	11.5	12.6	17.3	20.0
	实际值		max	3.8	5.5	7.3	8.4	9.3	10.3	11.3	15.8	18.3
			min	3.5	5.2	6.9	8.0	8.9	9.9	10.9	15.4	17.8
k	max			1.10	1.70	2.35	2.60	2.80	3.00	3.15	4.65	5.25
r	max			0.8	1.2	1.4	1.6	2.0	2.2	2.4	3.2	4.0
十字槽系列 1(深)	槽号 No.			0	1	2			3		4	
	H 型	m 参考		1.9	3.2	4.4	4.6	5.2	6.6	6.8	8.9	10.0
		插入深度	max	1.2	2.1	2.4	2.6	3.2	3.3	3.5	4.6	5.7
			min	0.9	1.7	1.9	2.1	2.7	2.8	3.0	4.0	5.1
	Z 型	m 参考		2.0	3.0	4.1	4.4	4.9	6.3	6.6	8.8	9.8
		插入深度	max	1.20	2.01	2.20	2.51	3.05	3.18	3.45	4.60	5.64
			min	0.95	1.76	1.75	2.06	2.60	2.73	3.00	4.15	5.19
y 参考	C 型			2.0	2.6	3.2	3.7	4.3	5.0	6.0	7.5	8.0
	F 型			1.6	2.1	2.5	2.8	3.2	3.6	3.6	4.2	4.2
	R 型			—	—	2.7	3.2	3.6	4.3	5.0	6.3	—

续表 1-3

mm

螺纹规格					ST 2.2	ST 2.9	ST 3.5	ST 4.2	ST 4.8	ST 5.5	ST 6.3	ST 8	ST 9.5
l[c]													
公称	C型和R型		F型										
	min	max	min	max									
4.5	3.7	5.3	3.7	4.5		—	—	—	—	—	—	—	—
6.5	5.7	7.3	5.7	6.5			—	—	—	—	—	—	—
9.5	8.7	10.3	8.7	9.5						—	—	—	—
13	12.2	13.8	12.2	13.0								—	—
16	15.2	16.8	15.2	16.0									
19	18.2	19.8	18.2	19.0									
22	21.2	22.8	20.7	22.0									
25	24.2	25.8	23.7	25.0									
32	30.7	33.3	30.7	32.0									
38	36.7	39.3	36.7	38.0									
45	43.7	46.3	43.5	45.0									
50	48.7	51.3	48.5	50.0									

注：阶梯实线间为优选长度范围。

[a] P——螺距。

[b] 按 GB/T 5279。

[c] 不能制造带"—"标记的长度规格。

1.3.3 技术条件

（1）螺钉材料：钢、不锈钢。

（2）不锈钢的机械性能等级：A2-20H、A4-20H、A5-20H。

（3）表面处理

1）钢的表面处理：

——不经处理；

——电镀技术要求按 GB/T 5267.1 的规定；

——非电解锌片涂层技术要求按 GB/T 5267.2 的规定；

——如需其他技术要求或表面处理，应由供需双方协议。

2）不锈钢的表面处理：

——简单处理；

——钝化技术要求按 GB/T 5267.4 的规定；

——如需其他技术要求或表面处理，应由供需双方协议。

1.3.4 标记示例

螺纹规格 ST3.5、公称长度 l=16 mm、钢制、表面不经处理、末端 C 型、产品等级 A 级的 H 型十字槽沉头自攻螺钉的标记：

自攻螺钉　GB/T 846　ST3.5×16

1.4 十字槽圆柱头螺钉

(GB/T 822—2016 十字槽圆柱头螺钉)

1.4.1 型式

十字槽圆柱头螺钉型式见图 1-4。

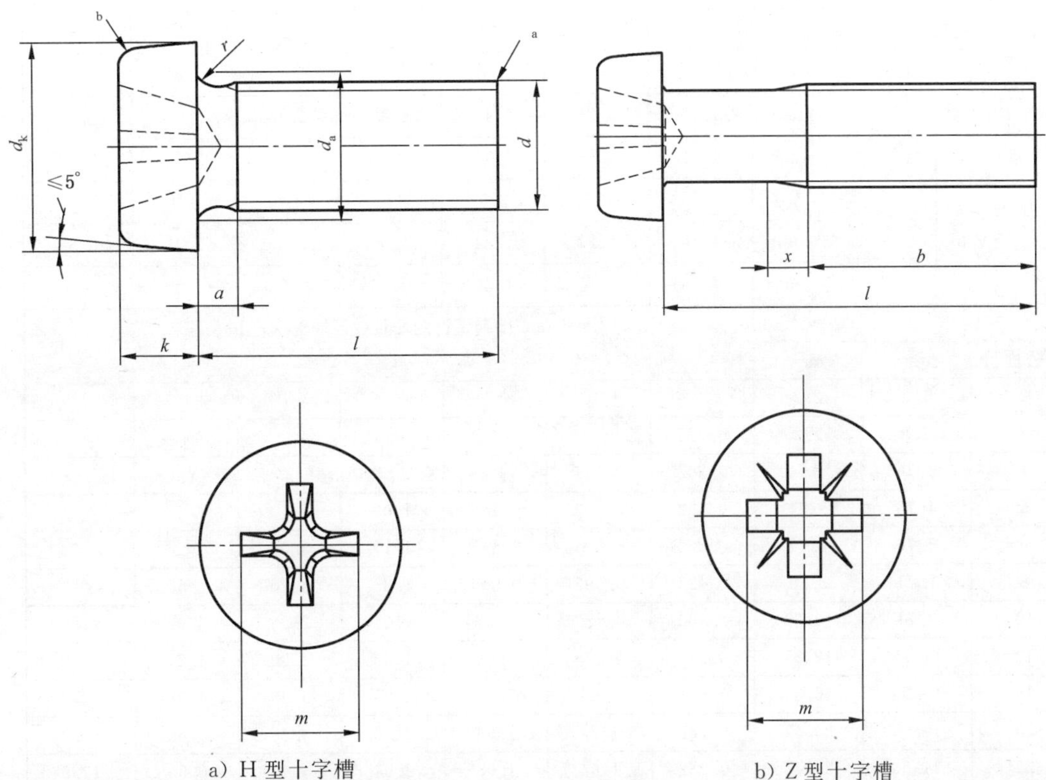

a) H 型十字槽　　b) Z 型十字槽

[a] 辗制末端。

[b] 圆的或平的。

图 1-4 十字槽圆柱头螺钉

1.4.2 规格尺寸

十字槽圆柱头螺钉规格尺寸见表 1-4。

表 1-4 十字槽圆柱头螺钉规格尺寸　　mm

螺纹规格 d		M2.5	M3	(M3.5)[a]	M4	M5	M6	N8
P[b]		0.45	0.5	0.6	0.7	0.8	1	1.25
a	max	0.9	1	1.2	1.4	1.6	2	2.5
b	min	25	25	38	38	38	38	38
d_k	max	4.50	5.50	6.00	7.00	8.50	10.00	13.00
	min	4.32	5.32	5.82	6.78	8.28	9.78	12.73
d_a	max	3.1	3.6	4.1	4.7	5.7	6.8	9.2

续表 1-4

mm

螺纹规格 d				M2.5	M3	(M3.5)[a]	M4	M5	M6	N8
k			max	1.80	2.00	2.40	2.60	3.30	3.9	5.0
			min	1.66	1.86	2.26	2.46	3.12	3.6	4.7
r			min	0.1	0.1	0.1	0.2	0.2	0.25	0.4
x			max	1.1	1.25	1.5	1.75	2	2.5	3.2
十字槽	槽号		No	1	2	2	2	2	3	3
	H型	m	参考	2.7	3.5	3.8	4.1	4.8	6.2	7.7
		插入深度	min	1.20	0.86	1.15	1.45	2.14	2.25	3.73
			max	1.62	1.43	1.73	2.03	2.73	2.86	4.36
	Z型	m	参考	2.4	3.5	3.7	4.0	4.6	6.1	7.5
		插入深度	min	1.10	1.22	1.34	1.60	2.26	2.46	3.88
			max	1.35	1.47	1.80	2.06	2.72	2.92	4.34

l[c]			每1 000件钢螺钉的质量(ρ=7.85 kg/dm^3)≈ kg						
公称	min	max							
2	1.8	2.2							
3	2.8	3.2	0.272						
4	3.76	4.24	0.302	0.515					
5	4.76	5.24	0.332	0.560	0.786	1.09			
6	5.76	6.24	0.362	0.604	0.845	1.17	2.06		
8	7.71	8.29	0.422	0.692	0.966	1.33	2.20	3.56	
10	9.71	10.29	0.482	0.780	1.08	1.47	2.55	3.92	7.85
12	11.65	12.35	0.542	0.868	1.20	1.63	2.80	4.27	8.49
16	15.65	16.35	0.662	1.04	1.44	1.95	3.30	4.98	9.77
20	19.58	20.42	0.782	1.22	1.68	2.25	3.78	5.69	11.0
25	24.58	25.42	0.932	1.44	1.98	2.64	4.40	6.56	12.6
30	29.58	30.42		1.68	2.28	3.02	5.02	7.45	14.2
35	34.5	35.5			2.57	3.41	5.62	8.25	15.8
40	39.5	40.5				3.80	6.25	9.20	17.4
45	44.5	45.5					6.88	10.0	18.9
50	49.5	50.5					7.50	10.9	20.6
60	59.05	60.95						12.7	23.7
70	69.05	70.95							26.8
80	79.05	80.95							29.8

注：在阶梯实线间为优选长度。

[a] 尽可能不采用括号内的规格。

[b] P——螺距。

[c] 公称长度在阶梯虚线以上的螺钉，制出全螺纹 $b=l-a$。

1.4.3 技术条件

(1) 螺钉材料：钢、不锈钢、有色金属。

(2) 机械性能等级

1) 钢的机械性能等级：d<3 mm，按协议；d≥3 mm，4.8、5.8。

2）不锈钢的机械性能等级：A2-70。

3）有色金属的机械性能等级：$d<3$ mm，按协议；$d\geqslant 3$ mm，CU2、CU3、AL4。

（3）表面处理

1）钢的表面处理：

——不经处理；

——电镀技术要求按 GB/T 5267.1 的规定；

——非电解锌片涂层技术要求按 GB/T 5267.2 的规定；

——如需其他技术要求或表面处理，应由供需双方协议。

2）不锈钢的表面处理：

——简单处理；

——钝化技术要求按 GB/T 5267.4 的规定；

——如需其他技术要求或表面处理，应由供需双方协议。

3）有色金属的表面处理：

——简单处理；

——电镀技术要求按 GB/T 5267.1 的规定；

——如需其他技术要求或表面处理，应由供需双方协议。

1.4.4 标记示例

螺纹规格 M5、公称长度 $l=20$ mm、性能等级 4.8 级、H 型十字槽、表面不经处理的 A 级十字槽圆柱头螺钉的标记：

螺钉 GB/T 822 M5×20

1.5 十字槽盘头螺钉

（GB/T 818—2016 十字槽盘头螺钉）

1.5.1 型式

十字槽盘头螺钉型式见图 1-5。

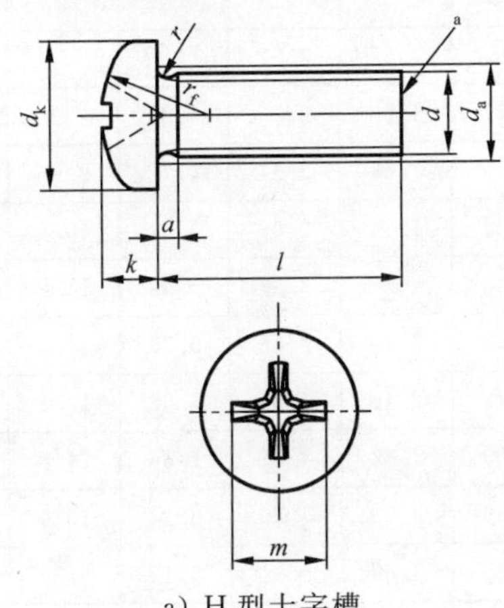

a）H 型十字槽

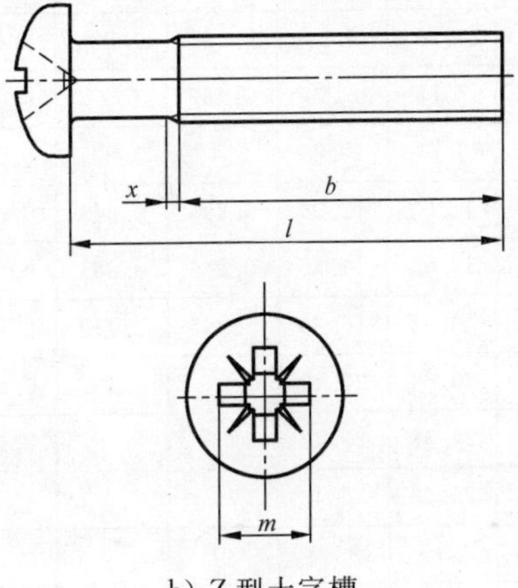

b）Z 型十字槽

a 辗制末端。

图 1-5 十字槽盘头螺钉

1.5.2 规格尺寸

十字槽盘头螺钉规格尺寸见表1-5。

表1-5 十字槽盘头螺钉规格尺寸

mm

螺纹规格 d			M1.6	M2	M2.5	M3	(M3.5)[a]	M4	M5	M6	N8	M10
P[b]			0.35	0.4	0.45	0.5	0.6	0.7	0.8	1	1.25	1.5
a max			0.7	0.8	0.9	1	1.2	1.4	1.6	2	2.5	3
b min			25	25	25	25	38	38	38	38	38	38
d_a max			2	2.6	3.1	3.6	4.1	4.7	5.7	6.8	9.2	11.2
d_k	公称＝max		3.2	4.0	5.0	5.6	7.00	8.00	9.50	12.00	16.00	20.00
	min		2.9	3.7	4.7	5.3	6.64	7.64	9.14	11.57	15.57	29.48
k	公称＝max		1.30	1.60	2.10	2.40	2.60	3.10	3.70	4.6	6.0	7.50
	min		1.16	1.46	1.96	2.26	2.46	2.92	3.52	4.3	5.7	7.14
r min			0.1	0.1	0.1	0.1	0.1	0.2	0.2	0.25	0.4	0.4
r_f ≈			2.5	3.2	4	5	6	6.5	8	10	13	16
x max			0.9	1	1.1	1.25	1.5	1.75	2	2.5	3.2	3.8
十字槽	槽号 No		0		1			2		3	4	
	H型	m 参考	1.7	1.9	2.7	3	3.9	4.4	4.9	6.9	9	10.1
		插入深度 max	0.95	1.2	1.55	1.8	1.9	2.4	2.9	3.6	4.6	5.8
		插入深度 min	0.70	0.9	1.15	1.4	1.4	1.9	2.4	3.1	4.0	5.2
	Z型	m 参考	1.6	2.1	2.6	2.8	3.9	4.3	4.7	6.7	8.8	9.9
		插入深度 max	0.90	1.42	1.50	1.75	1.93	2.34	2.74	3.46	4.50	5.69
		插入深度 min	0.65	1.17	1.25	1.50	1.48	1.89	2.29	3.03	4.05	5.24
l[a,c]			每1 000件钢螺钉的质量($\rho=7.85\ kg/dm^3$)≈ kg									
公称	min	max										
3	2.8	3.2	0.099	0.178	0.336							
4	3.76	4.24	0.111	0.196	0.366	0.544						
5	4.76	5.24	0.123	0.215	0.396	0.891	1.3					
6	5.76	6.24	0.134	0.223	0.462	0.632	0.951	1.38	2.32			
8	7.71	8.29	0.157	0.27	0.486	0.72	1.07	1.53	2.57	4.37		
10	9.71	10.29	0.18	0.307	0.546	0.808	1.19	1.69	2.81	4.72	9.96	
12	11.65	12.35	0.203	0.344	0.606	0.896	1.31	1.84	3.06	5.07	10.6	19.8
(14)	13.65	14.35	0.226	0.381	0.666	0.984	1.43	2	3.31	5.42	11.2	20.8
16	15.65	16.35	0.245	0.418	0.726	1.07	1.55	2.15	3.56	5.78	11.9	21.8
20	19.58	20.42		0.492	0.846	1.25	1.79	2.46	4.05	6.48	13.2	33.8
25	24.58	25.42			0.996	1.47	2.09	2.85	4.67	7.36	14.8	26.3
30	29.58	30.42				1.69	2.39	3.23	5.29	8.24	16.4	28.8
35	34.5	35.5					2.66	3.62	5.91	9.12	18	31.3
40	39.5	40.5						4.01	6.52	10	19.6	33.9
45	44.5	45.5							7.14	10.9	21.2	36.4

续表 1-5

mm

螺纹规格 d			M1.6	M2	M2.5	M3	(M3.5)[a]	M4	M5	M6	N8	M10
50	49.5	50.5								11.8	22.8	38.9
(55)	54.05	55.95								12.6	24.4	41.4
60	59.05	60.95								13.5	26	43.9
注：在阶梯实线间为优选长度。												
[a] 尽可能不采用括号内的规格。 [b] P——螺距。 [c] 公称长度在阶梯虚线以上的螺钉，制出全螺纹($b=l-a$)。												

1.5.3 技术条件

(1) 螺钉材料：钢、不锈钢、有色金属。

(2) 机械性能等级

1) 钢的机械性能等级：$d<3$ mm，按协议；$d\geqslant 3$ mm，4.8。

2) 不锈钢的机械性能等级：A2-50、A2-70。

3) 有色金属的机械性能等级：$d<3$ mm，按协议；$d\geqslant 3$ mm，CU2、CU3、AL4。

(3) 表面处理

1) 钢的表面处理：

——不经处理；

——电镀技术要求按 GB/T 5267.1 的规定；

——非电解锌片涂层技术要求按 GB/T 5267.2 的规定；

——如需其他技术要求或表面处理，应由供需双方协议。

2) 不锈钢的表面处理：

——简单处理；

——钝化处理技术要求按 GB/T 5267.4 的规定；

——如需其他技术要求或表面处理，应由供需双方协议。

3) 有色金属表面处理：

——简单处理；

——电镀技术要求按 GB/T 5267.1 的规定；

——如需其他技术要求或表面处理，应由供需双方协议。

1.5.4 标记示例

螺纹规格 M5、公称长度 $l=20$ mm、性能等级 4.8 级、H 型十字槽、表面不经处理的 A 级十字槽盘头螺钉的标记：

螺钉 GB/T 818 M5×20

1.6 十字槽小盘头螺钉

(GB/T 823—2016 十字槽小盘头螺钉)

1.6.1 型式

十字槽小盘头螺钉型式见图 1-6。

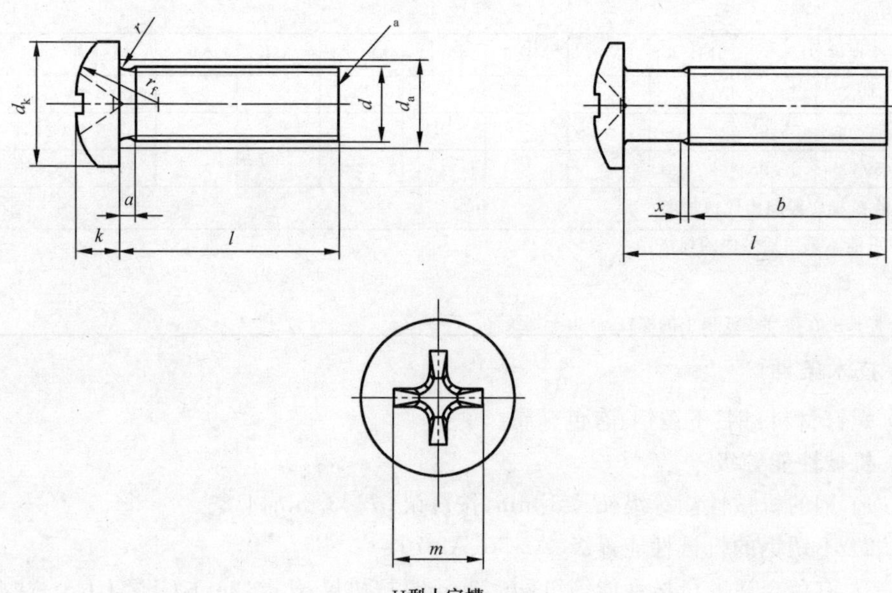

[a] 辗制末端。

图 1-6　十字槽小盘头螺钉

1.6.2　规格尺寸

十字槽小盘头螺钉规格尺寸见表 1-6。

表 1-6　十字槽小盘头螺钉规格尺寸　　mm

螺纹规格 d			M2	M2.5	M3	(M3.5)[a]	M4	M5	M6	N8
a	max		0.4	0.45	0.5	0.6	0.7	0.8	1	1.25
b	min		0.8	0.9	1	1.2	1.4	1.6	2	2.5
d_a	max		25	25	25	38	38	38	38	38
d_k	公称＝max		2.6	3.1	3.6	4.1	4.7	5.7	6.8	9.2
	min		3.2	4.2	5.2	5.7	6.64	8.64	10.07	13.57
k	公称＝max		1.4	1.8	2.15	2.45	2.75	3.45	4.1	5.4
	min		1.26	1.66	2.01	2.31	2.61	3.27	3.8	5.1
r	min		0.1	0.1	0.1	0.1	0.2	0.2	0.25	0.4
r_f	≈		4.5	6	7	8	9	12	14	18
x	max		1	1.1	1.25	1.50	1.75	2	2.5	3.2
十字槽	槽号	No	1		2				3	
	H 型插入深度	m≈	2.2	2.6	3.5	3.8	4.1	4.8	6.2	7.7
		max	1.01	1.42	1.43	1.73	2.03	2.73	2.86	4.36
		min	0.60	1	0.86	1.15	1.45	2.14	2.26	3.73

续表 1-6

mm

螺纹规格 d			M2	M2.5	M3	(M3.5)[a]	M4	M5	M6	N8
l[c]										
公称	min	max								
3	2.8	3.2								
4	3.76	4.24								
5	4.76	5.24								
6	5.76	6.24								
8	7.71	8.29								
10	9.71	19.29								
12	11.65	12.35								
20	19.58	20.42								
16	15.65	16.35								
20	19.58	20.42								
25	24.58	25.42								
30	29.58	30.42								
35	34.5	35.5								
40	39.5	40.5								
45	44.5	45.5								
50	49.5	50.5								
60	59.05	60.95								

注：在阶梯实线间为优选长度。

[a] 尽可能不采用括号内的规格。

[b] P——螺距。

[c] 公称长度在阶梯虚线以上的螺钉，制出全螺纹，$b=l-a$。

1.6.3 技术条件

(1) 螺钉材料：钢、不锈钢。

(2) 机械性能等级

1) 钢的机械性能等级：$d<3$ mm，按协议；$d\geqslant3$ mm，4.8。

2) 不锈钢的机械性能等级：A1-50、C4-50。

(3) 表面处理

1) 钢的表面处理：

——不经处理；

——电镀技术要求按 GB/T 5267.1 的规定；

——非电解锌片涂层技术要按 GB/T 5267.2 的规定；

——如需其他技术要求或表面处理，应由供需双方协议。

2) 不锈钢的表面处理：

——简单处理；

——钝化处理技术要求按 GB/T 5267.4 的规定；

——如需其他技术要求或表面处理，应由供需双方协议。

1.6.4　标记示例

螺纹规格为 M5、公称长度 $l=20$ mm、性能等级为 4.8 级、H 型十字槽、表面不经处理的 A 级十字槽小盘头螺钉的标记：

螺钉　GB/T 823　M5×20

1.7　4.8 级十字槽沉头螺钉

（GB/T 819.1—2016 十字槽沉头螺钉　第 1 部分：4.8 级）

1.7.1　型式

4.8 级十字槽沉头螺钉型式见图 1-7。

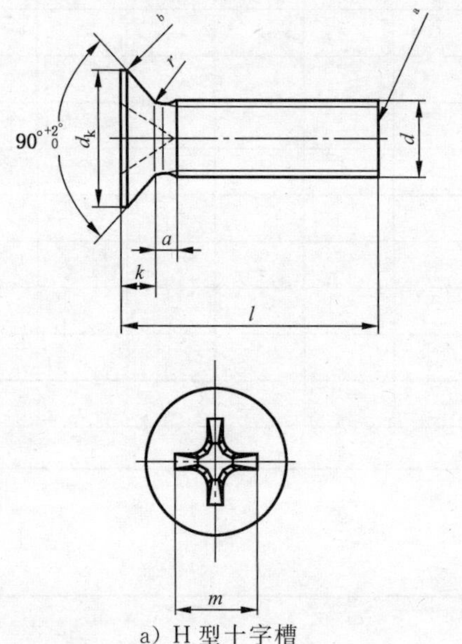

a）H 型十字槽

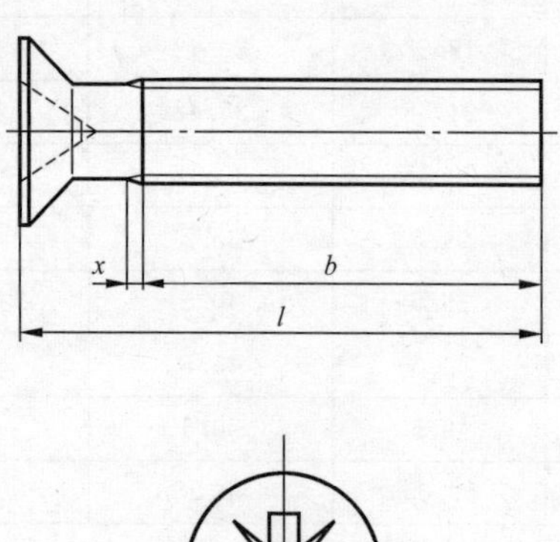

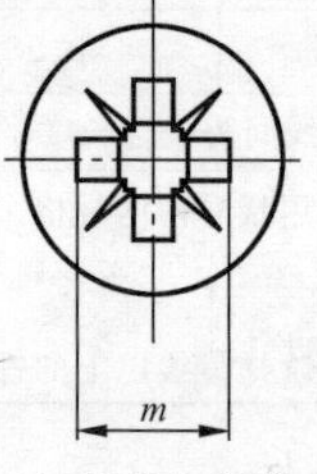

b）Z 型十字槽

[a] 辗制末端。

[b] 圆的或平的。

图 1-7　4.8 级十字槽沉头螺钉

1.7.2　规格尺寸

4.8 级十字槽沉头螺钉规格尺寸见表 1-7。

表 1-7　4.8 级十字槽沉头螺钉规格尺寸　　mm

螺纹规格 d			M1.6	M2	M2.5	M3	(M3.5)[a]	M4	M5	M6	N8	M10
P[b]			0.35	0.4	0.45	0.5	0.6	0.7	0.8	1	1.25	1.5
a		max	0.7	0.8	0.9	1	1.2	1.4	1.6	2	2.5	3
b		min	25	25	25	25	38	38	38	38	38	38
d_k^c	理论值	max	3.6	4.4	5.5	6.3	8.2	9.4	10.4	12.6	17.3	20
	实际值	公称＝ max	3.0	3.8	4.7	5.5	7.30	8.40	9.30	22.30	15.80	18.30
		min	2.7	3.5	4.4	5.2	6.94	8.04	8.94	10.87	15.37	17.78

续表 1-7　　mm

螺纹规格 d			M1.6	M2	M2.5	M3	M(3.5)[a]	M4	M5	M6	N8	M10
k[c]	公称＝	max	1	1.2	1.5	1.65	2.35	2.7	2.7	3.3	4.65	5
r		max	0.4	0.5	0.6	0.8	0.9	1	1.3	1.5	2	2.5
x		max	0.9	1	1.1	1.25	1.5	1.75	2	2.5	3.2	3.8
十字槽（系列1、深的[d]）	槽号 No		0		1		2			3	4	
	H型	m 参考	1.6	1.9	2.9	3.2	4.4	4.6	5.2	6.8	8.9	10
		插入深度 max	0.9	1.2	1.8	2.1	2.4	2.6	3.2	3.5	4.6	5.7
		插入深度 min	0.6	0.9	1.4	1.7	1.9	2.1	2.7	3.0	4.0	5.1
	Z型	m 参考	1.6	1.9	2.8	3	4.1	4.4	4.9	6.6	8.8	9.8
		插入深度 max	0.95	1.20	1.73	2.01	2.20	2.51	3.05	3.45	4.60	5.64
		插入深度 min	0.70	0.95	1.48	1.76	1.75	2.06	2.60	3.00	4.15	5.19
l[a,e]			每1 000件钢螺钉的质量（$\rho=7.85\ kg/dm^3$）≈ kg									
公称	min	max										
3	2.8	3.2	0.058	0.101	0.176							
4	3.76	4.24	0.069	0.119	0.206	0.291						
5	4.76	5.24	0.081	0.137	0.236	0.335	0.573	0.825				
6	5.76	6.24	0.093	0.152	0.266	0.379	0.633	0.903	1.24			
8	7.71	8.29	0.116	0.193	0.326	0.467	0.753	1.06	1.48	2.38		
10	9.71	19.29	0.139	0.231	0.386	0.555	0.873	1.22	1.72	2.73	5.68	
12	11.65	12.35	0.162	0.268	0.446	0.643	0.993	1.37	1.96	3.08	6.32	9.54
(14)	13.65	14.35	0.185	0.306	0.507	0.731	1.11	1.53	2.2	3.43	6.96	10.6
16	15.65	16.35	0.208	0.343	0.567	0.82	1.23	1.68	2.44	3.78	7.6	11.6
20	19.58	20.42		0.417	0.687	0.996	1.47	2	2.92	4.48	8.88	13.6
25	24.58	25.42			0.838	1.22	1.77	2.39	3.52	5.36	10.5	16.1
30	29.58	30.42				1.44	2.07	2.78	4.12	6.23	12.1	18.7
35	34.5	35.5					2.37	3.17	4.72	7.11	13.7	21.2
40	39.5	40.5						3.56	5.32	7.98	15.3	23.7
45	44.5	45.5							5.92	8.86	16.9	26.2
50	49.5	50.5							6.52	9.73	18.5	28.8
(55)	54.05	55.95								10.6	20.1	31.3
60	59.05	60.95								11.5	21.7	33.8

注：在阶梯实线间为优选长度。

[a] 尽可能不采用括号内的规格。

[b] P——螺距。

[c] 见GB/T 5279。

[d] 见GB/T 5279.2。

[e] 公称长度在阶梯虚线以上的螺钉，制出全螺纹 $b=l-(k+a)$。

1.7.3　技术条件

(1) 螺钉材料：钢。

(2) 钢的机械性能等级：$d<3$ mm，按协议；$d\geqslant 3$ mm，4.8。

(3) 钢的表面处理：

——不经处理；

——电镀技术要求按 GB/T 5267.1 的规定；

——如需其他技术要求或表面处理，应由供需双方协议。

1.7.4 标记示例

螺纹规格为 M5、公称长度 l=20 mm、性能等级为 4.8 级、H 型十字槽、表面不经处理的 A 级十字槽沉头螺钉的标记：

螺钉 GB/T 819.1 M5×20

1.8 8.8 级、不锈钢及有色金属十字槽沉头螺钉

（GB/T 819.2—2016 十字槽沉头螺钉 第 2 部分：8.8 级、不锈钢及有色金属螺钉）

1.8.1 型式

8.8 级、不锈钢及有色金属十字槽沉头螺钉型式见图 1-8、图 1-9 和图 1-10。

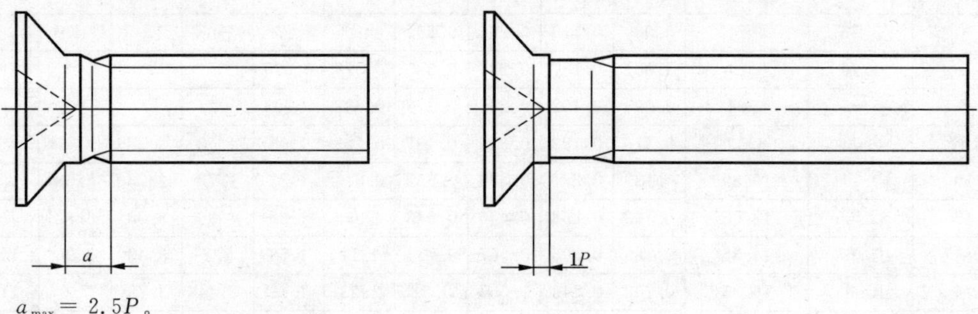

a_{max} = 2.5P。

注：其余尺寸见图 1-9 和图 1-10。

图 1-8 用于插入深度系列 1(深的)头下带台肩的螺钉

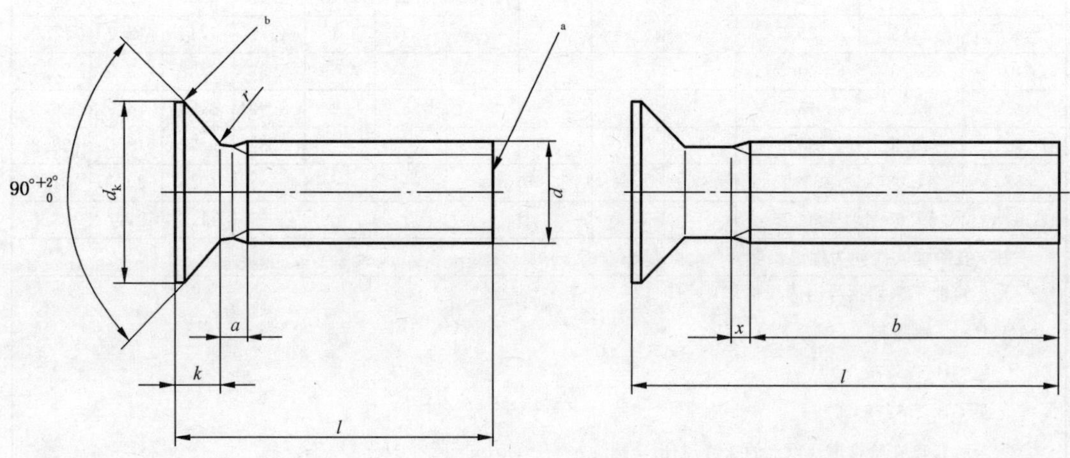

a_{max} = 2P。

[a] 辗制末端。

[b] 圆的或平的。

图 1-9 用于插入深度系列 2(浅的)头下不带肩的螺钉

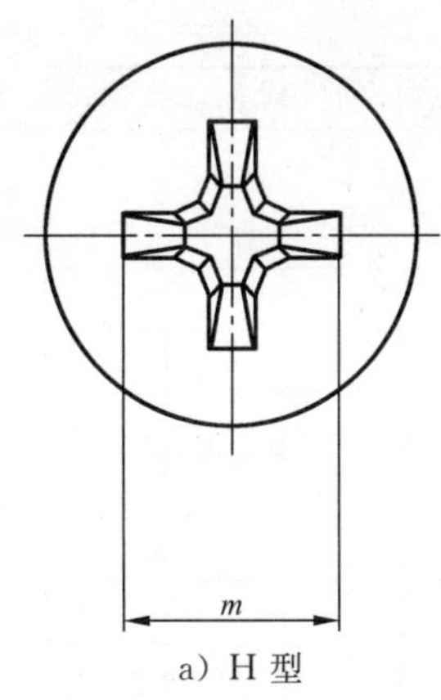

a）H 型

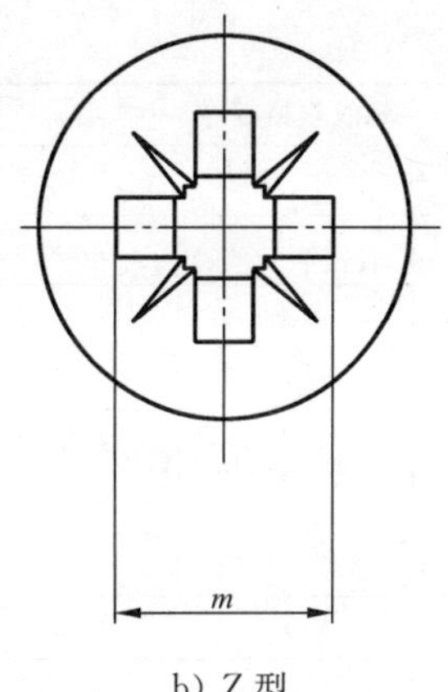

b）Z 型

图 1-10　十字槽

1.8.2　规格尺寸

8.8级、不锈钢及有色金属十字槽沉头螺钉规格尺寸见表1-8。

表 1-8　8.8级、不锈钢及有色金属十字槽沉头螺钉规格尺寸　mm

螺纹规格 d				M2	M2.5	M3	(M3.5)[a]	M4	M5	M6	M8	M10
P[b]				0.4	0.45	0.5	0.6	0.7	0.8	1	1.25	1.5
b			min	25	25	25	38	38	38	38	38	38
d_k[c]	理论值		max	4.4	5.5	6.3	8.2	9.4	10.4	12.6	17.3	20
	实际值		max	3.8	4.7	5.5	7.3	8.4	9.3	11.3	15.8	18.3
			min	3.5	4.4	5.2	6.9	8.0	8.9	10.9	15.4	17.8
k			max	1.2	1.5	1.65	2.35	2.7	2.7	3.3	4.65	5
r			max	0.5	0.6	0.8	0.9	1	1.3	1.5	2	2.5
x			max	1	1.1	1.25	1.5	1.75	2	2.5	3.2	3.8
十字槽	系列1[d]（深的）	H型	槽号 No	0	1		2			3	4	
			m 参考	1.9	2.9	3.2	4.4	4.6	5.2	6.8	8.9	10
			插入深度 min	0.9	1.4	1.7	1.9	2.1	2.7	3.0	4.0	5.1
			插入深度 max	1.2	1.8	2.1	2.4	2.6	3.2	3.5	4.6	5.7
		Z型	槽号 No	0	1		2			3	4	
			m 参考	1.9	2.8	3	4.1	4.4	4.9	6.6	8.8	9.8
			插入深度 min	0.95	1.48	1.76	1.75	2.06	2.60	3.00	4.15	5.19
			插入深度 max	1.20	1.73	2.01	2.20	2.51	3.05	3.45	4.60	5.64
	系列2[d]（浅的）	H型	槽号 No	0	1		2			3	4	
			m 参考	1.9	2.7	2.9	4.1	4.6	4.8	6.6	8.7	9.6
			插入深度 min	0.9	1.25	1.4	1.6	2.1	2.3	2.8	3.9	4.8
			插入深度 max	1.2	1.55	1.8	2.1	2.6	2.8	3.3	4.4	5.3
		Z型	槽号 No	0	1		2			3	4	
			m 参考	1.9	2.5	2.8	4	4.4	4.6	6.3	8.5	9.4
			插入深度 min	0.95	1.22	1.48	1.61	2.06	2.27	2.73	3.87	4.78
			插入深度 max	1.20	1.47	1.73	2.05	2.51	2.72	3.18	4.32	5.23

续表 1-8

mm

螺纹规格 d			M2	M2.5	M3	(M3.5)[a]	M4	M5	M6	M8	M10
$l^{a,e}$											
公称	min	max									
3	2.8	3.2									
4	3.76	4.24									
5	4.76	5.24									
6	5.76	6.24									
8	7.71	8.29									
10	9.71	10.29									
12	11.65	12.35									
(14)	13.65	14.35									
16	15.65	16.35									
20	19.58	20.42									
25	24.58	25.42									
30	29.58	30.42									
35	34.5	35.5									
40	39.5	40.5									
45	44.5	45.5									
50	49.5	50.5									
(55)	54.05	55.95									
60	59.05	60.95									

注：阶梯实线之内为优选长度范围。

[a] 尽可能不采用括号内的规格。

[b] P——螺距。

[c] 见 GB/T 5279。

[d] 见 GB/T 5279.2。

[e] 公称长度在阶梯虚线以上的螺钉，制出全螺纹 $b=l-(k+a)$。

1.8.3 技术条件

(1) 螺钉材料：钢、不锈钢、有色金属。

(2) 机械性能等级

1) 钢的机械性能等级：$d<3$ mm，按协议；$d\geqslant3$ mm，8.8。

2) 不锈钢的机械性能等级：A2-70。

3) 有色金属的机械性能等级：$d<3$ mm，按协议；$d\geqslant3$ mm，CU2、CU3。

(3) 表面处理

1) 钢的表面处理：

——不经处理；

——电镀技术要求按 GB/T 5267.1 的规定；

——非电解锌片涂层技术要求按 GB/T 5267.2 的规定；

——如需其他技术要求或表面处理，应由供需双方协议。

2) 不锈钢的表面处理：

——简单处理；

——钝化处理技术要求按 GB/T 5267.4 的规定；

——如需其他技术要求或表面处理，应由供需双方协议。

3）有色金属的表面处理：

——简单处理；

——电镀技术要求按 GB/T 5267.1 的规定；

——如需其他技术要求或表面处理，应由供需双方协议。

1.8.4 标记示例

螺纹规格为 M5、公称长度 l=20 mm、性能等级为 8.8 级、H 型十字槽、插入深度系列 1 或系列 2 由制造者任选、表面不经处理的 A 级十字槽沉头螺钉的标记：

螺钉 GB/T 819.2 M5×20

如果指定插入深度系列时，应在标记中标明十字槽型式及系列数，如 H 型、系列 1 的标记：

螺钉 GB/T 819.2 M5×20 H1

1.9 十字槽半沉头螺钉

（GB/T 820—2015 十字槽半沉头螺钉）

1.9.1 型式

十字槽半沉头螺钉型式见图 1-11。

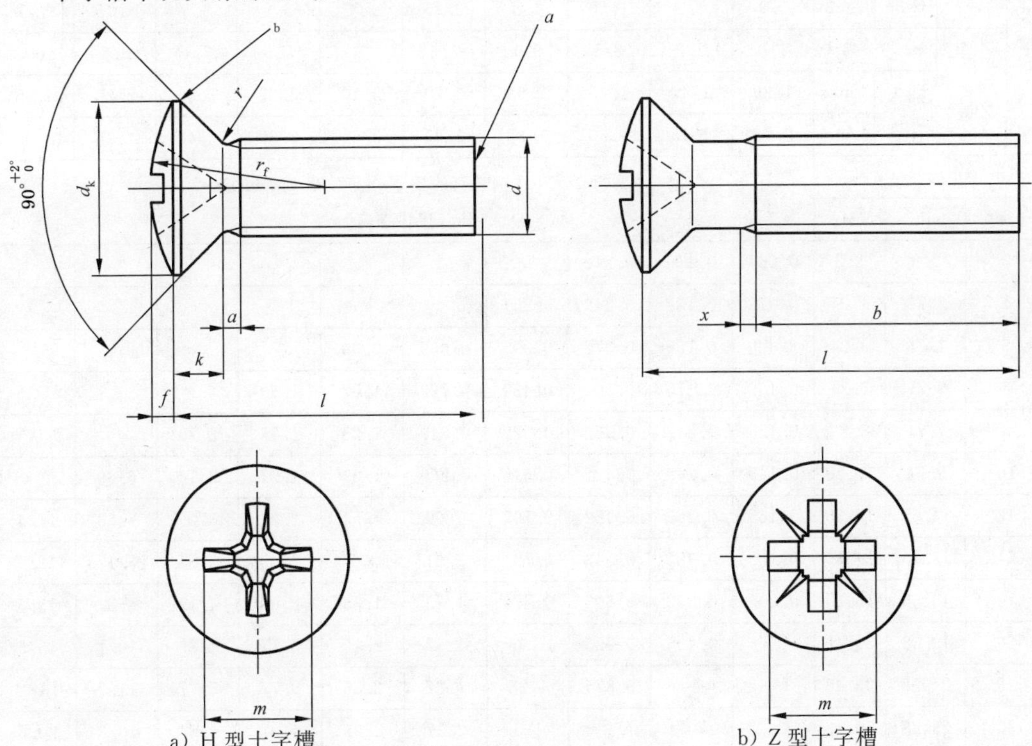

[a] 辗制末端。

[b] 圆的或平的。

图 1-11 十字槽半沉头螺钉

1.9.2 规格尺寸

十字槽半沉头螺钉规格尺寸见表1-9。

表1-9 十字槽半沉头螺钉规格尺寸 mm

螺纹规格 d			M1.6	M2	M2.5	M3	(M3.5)[a]	M4	M5	M6	M8	M10
P^{b}			0.35	0.4	0.45	0.5	0.6	0.7	0.8	1	1.25	1.5
a		max	0.7	0.8	0.9	1	1.2	1.4	1.6	2	2.5	3
b		min	25	25	25	25	38	38	38	38	38	38
d_k[c]	理论值	max	3.6	4.4	5.5	6.3	8.2	9.4	10.4	12.6	17.3	20
	实际值	公称=max	3.0	3.8	4.7	5.5	7.30	8.40	9.30	11.30	15.80	18.30
		min	2.7	3.5	4.4	5.2	6.94	8.04	8.94	10.87	15.37	17.78
f		≈	0.4	0.5	0.6	0.7	0.8	1	1.2	1.4	2	2.3
k[c]		公称=max	1	1.2	1.5	1.65	2.35	2.7	2.7	3.3	4.65	5
r		max	0.4	0.5	0.6	0.8	0.9	1	1.3	1.5	2	2.5
r_f		≈	3	4	5	6	8.5	9.5	9.5	12	16.5	19.5
x		max	0.9	1	1.1	1.25	1.5	1.75	2	2.5	3.2	3.8
十字槽	槽号	no.	0		1			2		3	4	
	H型	m 参考	1.9	2	3	3.4	4.8	5.2	5.4	7.3	9.6	10.4
		插入深度 max	1.2	1.5	1.85	2.2	2.75	3.2	3.4	4.0	5.25	6.0
		插入深度 min	0.9	1.2	1.50	1.8	2.25	2.7	2.9	3.5	4.75	5.5
	Z型	m 参考	1.9	2.2	2.8	3.1	4.6	5	5.3	7.1	9.5	10.3
		插入深度 max	1.20	1.40	1.75	2.08	2.70	3.10	3.35	3.85	5.20	6.05
		插入深度 min	0.95	1.15	1.50	1.83	2.25	2.65	2.90	3.40	4.75	5.60
l[a,d]			每1 000件钢螺钉的质量（ρ=7.85 kg/dm^3）≈kg（仅供参考）									
公称	min	max										
3	2.8	3.2	0.067	0.119	0.212							
4	3.76	4.24	0.078	0.138	0.242	0.351						
5	4.76	5.24	0.09	0.156	0.272	0.395	0.669	0.99				
6	5.76	6.24	0.102	0.175	0.302	0.439	0.729	1.07	1.49			
8	7.71	8.29	0.125	0.212	0.362	0.527	0.849	1.23	1.73	2.79		
10	9.71	10.29	0.145	0.249	0.422	0.615	0.969	1.39	1.97	3.14	6.89	
12	11.65	12.35	0.165	0.287	0.482	0.703	1.09	1.54	2.21	3.49	7.53	11.4
(14)	13.65	14.35	0.185	0.325	0.543	0.791	1.21	1.7	2.45	3.84	8.17	12.5
16	15.65	16.35	0.205	0.362	0.603	0.879	1.33	1.85	2.69	4.19	8.81	13.5
20	19.58	20.42		0.436	0.723	1.06	1.57	2.17	3.17	4.89	10.1	15.5
25	24.58	25.42			0.874	1.28	1.87	2.56	3.77	5.77	11.7	18
30	29.58	30.42				1.5	2.17	2.95	4.37	6.64	13.3	20.6
35	34.5	35.5					2.47	3.34	4.97	7.52	14.9	23.1
40	39.5	40.5						3.73	5.57	8.39	16.5	25.6

续表 1-9　　mm

螺纹规格 d			M1.6	M2	M2.5	M3	(M3.5)[a]	M4	M5	M6	M8	M10
45	44.5	45.5							6.16	9.27	18.1	28.1
50	49.5	50.5							6.76	10.1	19.7	30.7
(55)	54.05	55.95								11	21.3	33.2
60	59.05	60.95								11.9	22.9	35.7
注：在阶梯实线间为优选长度。												

[a] 尽可能不采用括号内的规格。

[b] P——螺矩。

[c] 见 GB/T 5279。

[d] 公称长度在阶梯虚线以上的螺钉，制出全螺纹 $b=l-(k+a)$。

1.9.3 技术条件

(1) 螺钉材料：钢、不锈钢、有色金属。

(2) 机械性能等级

1) 钢的机械性能等级：$d<3$ mm，按协议；$d\geqslant3$ mm，4.8。

2) 不锈钢的机械性能等级：A2-50、A2-70。

3) 有色金属的机械性能等级：$d<3$ mm，按协议；$d\geqslant3$ mm，CU2、CU3、AL4。

(3) 表面处理

1) 钢的表面处理：

——不经处理；

——电镀技术要求按 GB/T 5267.1 的规定；

——非电解锌片涂层技术要求按 GB/T 5267.2 的规定；

如需其他技术要求或表面处理，应由供需双方协议。

2) 不锈钢的表面处理：

——简单处理；

——钝化处理技术要求按 GB/T 5267.4 的规定；

——如需其他技术要求或表面处理，应由供需双方协议。

3) 有色金属的表面处理：

——简单处理；

——电镀技术要求按 GB/T 5267.1 的规定；

——如需其他技术要求或表面处理，应由供需双方协议。

1.9.4 标记示例

螺纹规格为 M5、公称长度 $l=20$ mm、性能等级为 4.8 级、产品等级为 A 级、表面不经处理的 H 型十字槽半沉头螺钉的标记：

螺钉　GB/T 820　M5×20

1.10 十字槽半沉头自挤螺钉

（GB/T 6562—2014 十字槽半沉头自挤螺钉）

1.10.1 型式

十字槽半沉头自挤螺钉型式见图 1-12。

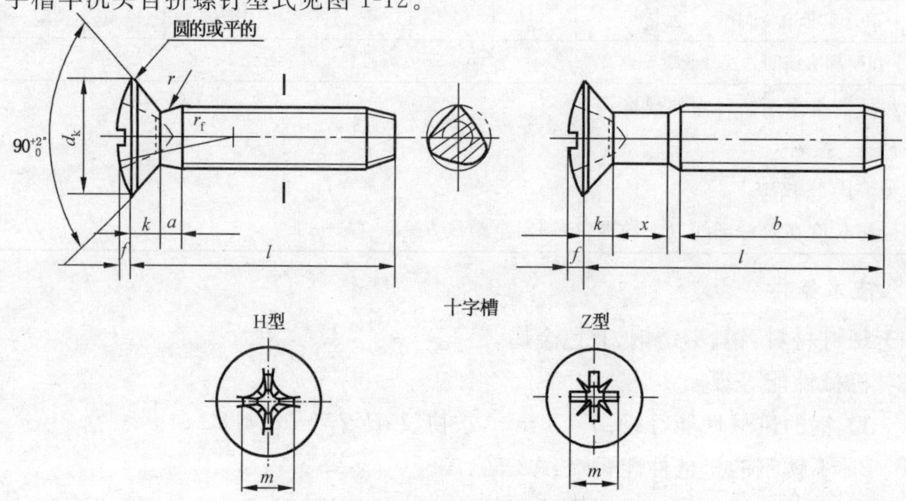

图 1-12 十字槽半沉头自挤螺钉

1.10.2 规格尺寸

十字槽半沉头自挤螺钉规格尺寸见表 1-10。

表 1-10 十字槽半沉头自挤螺钉规格尺寸 mm

螺纹规格			M2	M2.5	M3	M4	M5	M6	M8	M10
P^{a}			0.4	0.45	0.5	0.7	0.8	1	1.25	1.5
y^{b}		max	1.6	1.8	2	2.8	3.2	4	5	6
a		max	0.8	0.9	1	1.4	1.6	2	2.5	3
b		min	25	25	25	38	38	38	38	38
d_k^{c}	理论值	max	4.4	5.5	6.3	9.4	10.4	12.6	17.3	20
	实际值	公称=max	3.8	4.7	5.5	8.4	9.3	11.3	15.8	18.3
		min	3.5	4.4	5.2	8.04	8.94	10.87	15.37	17.78
f		≈	0.5	0.6	0.7	1	1.2	1.4	2	2.3
k^{c}		公称=max	1.2	1.5	1.65	2.7	2.7	3.3	4.65	5
r		max	0.5	0.6	0.8	1	1.3	1.5	2	2.5
r_f		≈	4	5	6	9.5	9.5	12	16.5	19.5
x		max	1	1.1	1.25	1.75	2	2.5	3.2	3.8
十字槽	槽号	No.	0	1		2		3	4	
	H 型 m	参考	2	3	3.4	5.2	5.4	7.3	9.6	10.4
	H 型 插入深度	max	1.5	1.85	2.2	3.2	3.4	4	5.25	6
		min	1.2	1.5	1.8	2.7	2.9	3.5	4.75	5.5
	Z 型 m	参考	2.2	2.8	3.1	5	5.3	7.1	9.5	10.3
	Z 型 插入深度	max	1.4	1.75	2.08	3.1	3.35	3.85	5.2	6.05
		min	1.15	1.5	1.83	2.65	2.9	3.4	4.75	5.6

续表 1-10 mm

螺纹规格			M2	M2.5	M3	M4	M5	M6	M8	M10
l[d,e]										
公称	min	max								
4	3.76	4.24								
5	4.76	5.24								
6	5.76	6.24								
8	7.71	8.29								
10	9.71	10.29								
12	11.65	12.35								
(14)	13.65	14.35								
16	15.65	16.35								
20	19.58	20.42								
25	24.58	25.42								
30	29.58	30.42								
35	34.5	35.5								
40	39.5	40.5								
45	44.5	45.5								
50	49.5	50.5								
(55)	54.4	55.6								
60	59.05	60.95								
70	69.05	70.95								
80	79.05	80.95								

注：阶梯粗实线间为优选长度。

[a] P——螺距。

[b] y——螺纹末端长度(见 GB/T 6559)。

[c] 头部尺寸的测量按 GB/T 5279 规定。

[d] 尽可能不采用括号内的规格。

[e] 公称长度在阶梯虚线以上的螺钉，制出全螺纹[$b=l-(k+a)$]。

1.10.3 技术条件

(1) 螺钉材料：钢。

(2) 钢的表面处理：

——电镀技术要求按 GB/T 5267.1 的规定；

——非电解锌片涂层技术要求按 GB/T 5267.2 的规定。

1.10.4 标记示例

螺纹规格为 M5、公称长度 $l=20$ mm、H 型十字槽、表面镀锌(A3L：镀锌、厚度 8 μm、光亮、黄彩虹铬酸盐处理)的 A 级十字槽半沉头自挤螺钉的标记：

自挤螺钉 GB/T 6562 M5×20

1.11 十字槽盘头自挤螺钉

（GB/T 6560—2014 十字槽盘头自挤螺钉）

1.11.1 型式

十字槽盘头自挤螺钉型式见图1-13。

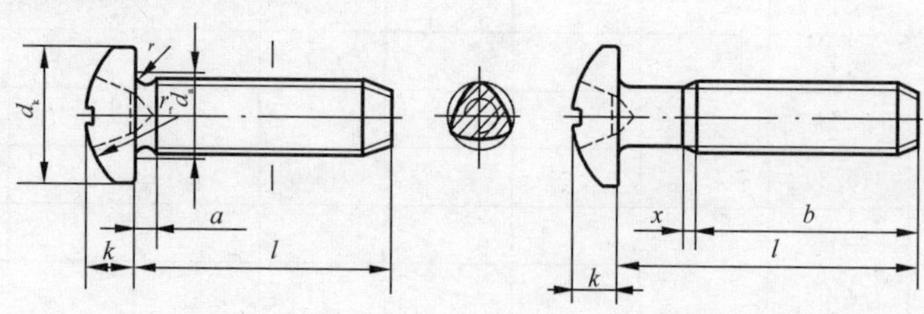

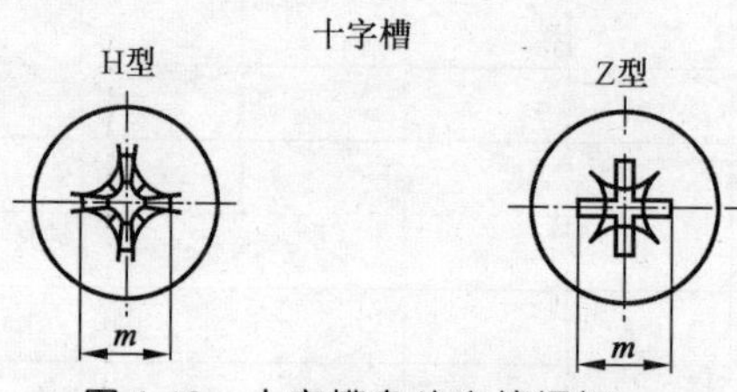

图1-13 十字槽盘头自挤螺钉

1.11.2 规格尺寸

十字槽盘头自挤螺钉规格尺寸见表1-11。

表1-11 十字槽盘头自挤螺钉规格尺寸

mm

螺纹规格				M2	M2.5	M3	M4	M5	M6	M8	M10
P[a]				0.4	0.45	0.5	0.7	0.8	1	1.25	1.5
y[b]			max	1.6	1.8	2	2.8	3.2	4	5	6
a			max	0.8	0.9	1	1.4	1.6	2	2.5	3
b			min	25	25	25	38	38	38	38	38
d_a			max	2.6	3.1	3.6	4.7	5.7	6.8	9.2	11.2
d_k	公称=max			4	5	5.6	8	9.5	12	16	20
	min			3.7	4.7	5.3	7.64	9.14	11.57	15.57	19.48
k	公称=max			1.6	2.1	2.4	3.1	3.7	4.6	6	7.5
	min			1.46	1.96	2.26	2.92	3.52	4.3	5.7	7.14
r			min	0.1	0.1	0.1	0.2	0.2	0.25	0.4	0.4
r_f			≈	3.2	4	5	6.5	8	10	13	16
x			max	1	1.1	1.25	1.75	2	2.5	3.2	3.8
十字槽	槽号		No.	0	1		2		3	4	
	H型	m	参考	1.9	2.7	3	4.4	4.9	6.9	9	10.1
		插入深度	max	1.2	1.55	1.8	2.4	2.9	3.6	4.6	5.8
			min	0.9	1.15	1.4	1.9	2.4	3.1	4	5.2
	Z型	m	参考	2.1	2.6	2.8	4.3	4.7	6.7	8.8	9.9
		插入深度	max	1.42	1.5	1.75	2.34	2.74	3.46	4.5	5.69
			min	1.17	1.25	1.5	1.89	2.29	3.03	4.05	5.24

续表 1-11

螺纹规格			M2	M2.5	M3	M4	M5	M6	M8	M10
$l^{c,d}$										
公称	min	max								
3	2.8	3.2								
4	3.76	4.24								
5	4.76	5.24								
6	5.76	6.24								
8	7.71	8.29								
10	9.71	10.29								
12	11.65	12.35								
(14)	13.65	14.35								
16	15.65	16.35								
20	19.58	20.42								
25	24.58	25.42								
30	29.58	30.42								
35	34.5	35.5								
40	39.5	40.5								
45	44.5	45.5								
50	49.5	50.5								
(55)	54.4	55.6								
60	59.05	60.95								
70	69.05	70.95								
80	79.05	80.95								
注：阶梯粗实线间为优选长度。										

[a] P——螺距。

[b] y——螺纹末端长度(见 GB/T 6559)。

[c] 尽可能不采用括号内的规格。

[d] 公称长度在阶梯虚线以上的螺钉，制出全螺纹($b=l-a$)。

1.11.3 技术条件

(1) 螺钉材料：钢。

(2) 钢的表面处理：

——电镀技术要求按 GB/T 5267.1 的规定；

——非电解锌片涂层技术要求按 GB/T 5267.2 的规定。

1.11.4 标记示例

螺纹规格为 M5、公称长度 $l=20$ mm、H 型十字槽、表面镀锌(A3L；镀锌、厚度 8 μm、光亮、黄彩虹铬酸盐处理)的 A 级十字槽盘头自挤螺钉的标记：

自挤螺钉 GB/T 6560 M5×20

1.12　十字槽沉头自挤螺钉

(GB/T 6561—2014 十字槽沉头自挤螺钉)

1.12.1　型式

十字槽沉头自挤螺钉型式见图 1-14。

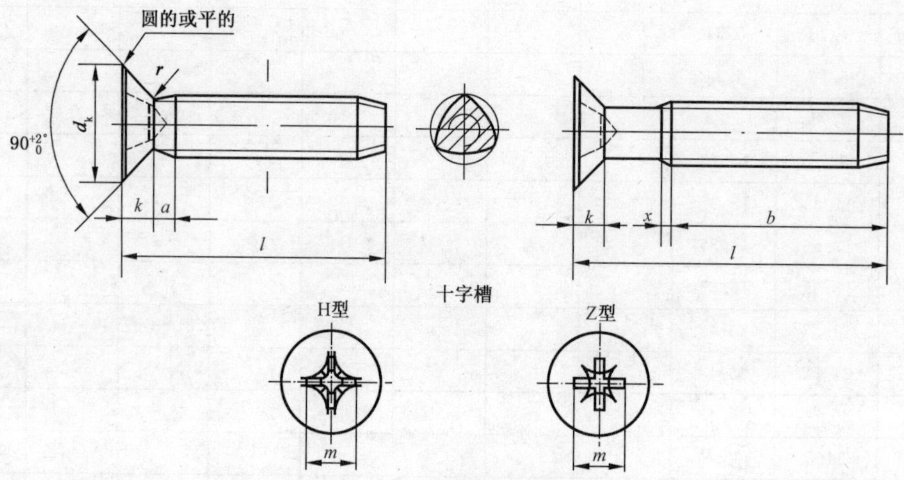

图 1-14　十字槽沉头自挤螺钉

1.12.2　规格尺寸

十字槽沉头自挤螺钉规格尺寸见表 1-12。

表 1-12　十字槽沉头自挤螺钉规格尺寸

mm

螺纹规格				M2	M2.5	M3	M4	M5	M6	M8	M10
P[a]				0.4	0.45	0.5	0.7	0.8	1	1.25	1.5
y[b]			max	1.6	1.8	2	2.8	3.2	4	5	6
a			max	0.8	0.9	1	1.4	1.6	2	2.5	3
b			min	25	25	25	38	38	38	38	38
d_k[c]	理论值		max	4.4	5.5	6.3	9.4	10.4	12.6	17.3	20
	实际值		公称＝max	3.8	4.7	5.5	8.4	9.3	11.3	15.8	18.3
			min	3.5	4.4	5.2	8.04	8.94	10.87	15.37	17.78
k[c]	公称＝max			1.2	1.5	1.65	2.7	2.7	3.3	4.65	5
r			max	0.5	0.6	0.8	1	1.3	1.5	2	2.5
x			max	1	1.1	1.25	1.75	2	2.5	3.2	3.8
十字槽(系列 2)[d]	槽号 No.			0	1		2		3	4	
	H 型	m	参考	1.9	2.7	2.9	4.6	4.8	6.6	8.7	9.6
		插入深度	max	1.2	1.55	1.8	2.6	2.8	3.3	4.4	5.3
			min	0.9	1.25	1.4	2.1	2.3	2.8	3.9	4.8
	Z 型	m	参考	1.9	2.5	2.8	4.4	4.6	6.3	8.5	9.4
		插入深度	max	1.2	1.47	1.73	2.51	2.72	3.18	4.32	5.23
			min	0.95	1.22	1.48	2.06	2.27	2.73	3.87	4.78

续表 1-12

mm

螺纹规格			M2	M2.5	M3	M4	M5	M6	M8	M10
$l^{e,f}$										
公称	min	max								
4	3.76	4.24								
5	4.76	5.24								
6	5.76	6.24								
8	7.71	8.29								
10	9.71	10.29								
12	11.65	12.35								
(14)	13.65	14.35								
16	15.65	16.35								
20	19.58	20.42								
25	24.58	25.42								
30	29.58	30.42								
35	34.5	35.5								
40	39.5	40.5								
45	44.5	45.5								
50	49.5	50.5								
(55)	54.4	55.6								
60	59.05	60.95								
70	69.05	70.95								
80	79.05	80.95								

注：阶梯粗实线间为优选长度。

[a] P——螺距。

[b] y——螺纹末端长度(见 GB/T 6559)。

[c] 见 GB/T 5279。

[d] 头部尺寸的测量按 GB/T 5279.2 规定。

[e] 尽可能不采用括号内的规格。

[f] 公称长度在阶梯虚线以上的螺钉，制出全螺纹[$b=l-(k+a)$]。

1.12.3 技术条件

(1) 螺钉材料：钢。

(2) 钢的表面处理：

——电镀技术要求按 GB/T 5267.1 的规定；

——非电解锌片涂层技术要求按 GB/T 5267.2 的规定。

1.12.4 标记示例

螺纹规格为 M5、公称长度 $l=20$ mm、H 型十字槽、表面镀锌(A3L：镀锌、厚度 8 μm、光亮、黄彩虹铬酸盐处理)的 A 级十字槽沉头自挤螺钉的标记：

自挤螺钉　GB/T 6561　M5×20

1.13　十字槽盘头自钻自攻螺钉

（GB/T 15856.1—2002 十字槽盘头自钻自攻螺钉）

1.13.1　型式

十字槽盘头自钻自攻螺钉型式见图 1-15。

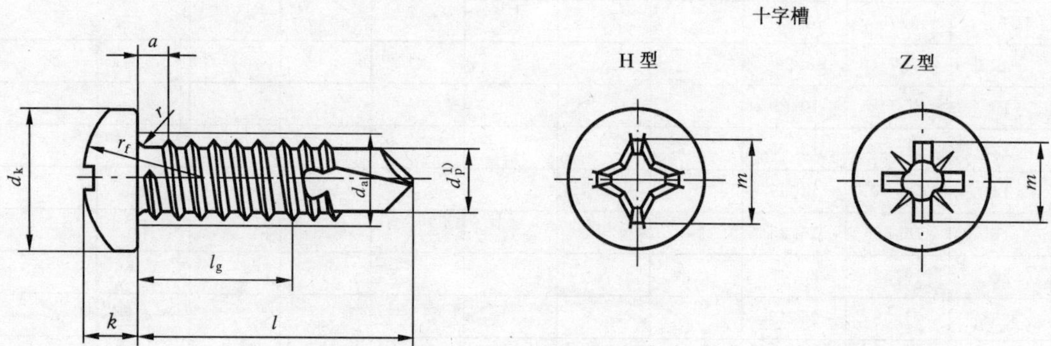

1）钻头部分（直径 d_p）的工作性能按 GB/T 3098.11 规定。

图 1-15　十字槽盘头自钻自攻螺钉

1.13.2　规格尺寸

十字槽盘头自钻自攻螺钉规格尺寸见表 1-13。

表 1-13　十字槽盘头自钻自攻螺钉规格尺寸　　mm

螺纹规格				ST2.9	ST3.5	ST4.2	ST4.8	ST5.5	ST6.3
$P^{1)}$				1.1	1.3	1.4	1.6	1.8	1.8
$a^{2)}$			max	1.1	1.3	1.4	1.6	1.8	1.8
d_a			max	3.5	4.1	4.9	5.6	6.3	7.3
d_k			max	5.6	7.00	8.00	9.50	11.00	12.00
			min	5.3	6.64	7.64	9.14	10.57	11.57
k			max	2.40	2.60	3.1	3.7	4.0	4.6
			min	2.15	2.35	2.8	3.4	3.7	4.3
r			min	0.1	0.1	0.2	0.2	0.25	0.25
r_f			≈	5	6	6.5	8	9	10
十字槽	槽号 No.			1	2			3	
	H 型	m 参考		3	3.9	4.4	4.9	6.4	6.9
		插入深度	max	1.8	1.9	2.4	2.9	3.1	3.6
			min	1.4	1.4	1.9	2.4	2.6	3.1
	Z 型	m 参考		3	4	4.4	4.8	6.2	6.8
		插入深度	max	1.76	1.9	2.35	2.75	3.00	3.50
			min	1.45	1.5	1.95	2.3	2.55	3.05
钻削范围（板厚）[3]			≥	0.7	0.7	1.75	1.75	1.75	2
			≤	1.9	2.25	3	4.4	5.25	6

续表 1-13 mm

螺纹规格			ST2.9	ST3.5	ST4.2	ST4.8	ST5.5	ST6.3
l			l_g 4)					
公称	min	max	min					
9.5	8.75	10.25	3.25	2.85				
13	12.1	13.9	6.6	6.2	4.3	3.7		
16	15.1	16.9	9.6	9.2	7.3	5.8	6	
19	18	20	12.5	12.1	10.3	8.7	8	7
22	21	23		15.1	13.3	11.7	11	10
25	24	26		18.1	16.3	14.7	14	13
32	30.75	33.25			23	21.5	21	20
38	36.75	39.25			29	27.5	27	26
45	43.75	46.25				34.5	34	33
50	48.75	51.25				39.5	39	38

1) P——螺距。

2) a——最末一扣完整螺纹至支承面的距离。

3) 为确定公称长度 l,需对每个板的厚度加上间隙或夹层厚度。

4) l_g——第一扣完整螺纹至支承面的距离。

1.13.3 技术条件

(1) 螺钉材料:钢。

(2) 钢的表面处理:

——不经处理;

——电镀技术要求按 GB/T 5267.1 的规定。

1.13.4 标记示例

螺纹规格为 ST3.5、公称长度 l=16 mm、H 型槽、镀锌钝化的十字槽盘头自钻自攻螺钉的标记:

自攻螺钉 GB/T 15856.1 ST3.5×16

1.14 十字槽沉头自钻自攻螺钉

(GB/T 15856.2—2002 十字槽沉头自钻自攻螺钉)

1.14.1 型式

十字槽沉头自钻自攻螺钉型式见图 1-16。

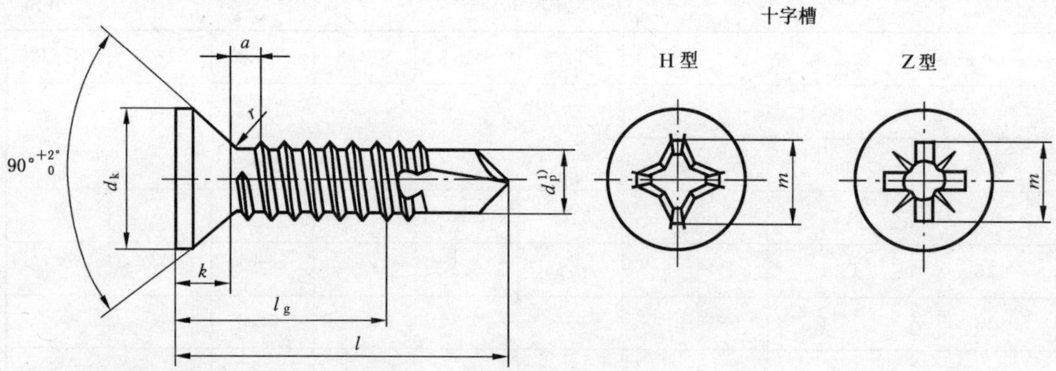

1）钻头部分（直径 d_p）的工作性能按 GB/T 3098.11 规定。

图 1-16　十字槽沉头自钻自攻螺钉

1.14.2　规格尺寸

十字槽盘头自钻自攻螺钉规格尺寸见表 1-14。

表 1-14　十字槽盘头自钻自攻螺钉规格尺寸　　mm

螺纹规格				ST2.9	ST3.5	ST4.2	ST4.8	ST5.5	ST6.3
P[1]				1.1	1.3	1.4	1.6	1.8	1.8
a[2]			max	1.1	1.3	1.4	1.6	1.8	1.8
d_k	理论值[3]		max	6.3	8.2	9.4	10.4	11.5	12.6
	实际值		max	5.5	7.3	8.4	9.3	10.3	11.3
			min	5.2	6.9	8.0	8.9	9.9	10.9
k			max	1.7	2.35	2.6	2.8	3	3.15
r			max	1.2	1.4	1.6	2	2.2	2.4
十字槽	槽号 No.			1		2		3	
	H型	m 参考		3.2	4.4	4.6	5.2	6.6	6.8
		插入深度	max	2.1	2.4	2.6	3.2	3.3	3.5
			min	1.7	1.9	2.1	2.7	2.8	3.0
	Z型	m 参考		3.2	4.3	4.6	5.1	6.5	6.8
		插入深度	max	2	2.2	2.5	3.05	3.2	3.45
			min	1.6	1.75	2.05	2.6	2.75	3.00
钻削范围（板厚）[4]			≥	0.7	0.7	1.75	1.75	1.75	2
			≤	1.9	2.25	3	4.4	5.25	6
l				l_g[5]					
公称	min	max		min					
13	12.1	13.9		6.6	6.2	4.3	3.7		
16	15.1	16.9		9.6	9.2	7.3	5.8	5	
19	18	20		12.5	12.1	10.3	8.7	8	7
22	21	23			15.1	13.3	11.7	11	10
25	24	26			18.1	16.3	14.7	14	13

续表 1-14　　mm

螺纹规格			ST2.9	ST3.5	ST4.2	ST4.8	ST5.5	ST6.3
32	30.75	33.25			23	21.5	21	20
38	36.75	39.25			29	27.5	27	26
45	43.75	46.25				34.5	34	33
50	48.75	51.25				39.5	39	38

1) P——螺距。

2) a——最末一扣完整螺纹至支承面的距离。

3) 见 GB/T 5279。

4) 为确定公称长度 l，需对每个板的厚度加上间隙或夹层厚度。

5) l_g——第一扣完整螺纹至支承面的距离。

1.14.3　技术条件

(1) 螺钉材料：钢。

(2) 钢的表面处理：

——不经处理；

——电镀技术要求按 GB/T 5267.1 的规定。

1.14.4　标记示例

螺纹规格为 ST3.5、公称长度 l＝16 mm、H 型槽、镀锌钝化的十字槽沉头自钻自攻螺钉的标记：

自攻螺钉　GB/T 15856.2　ST3.5×16

1.15　十字槽半沉头自钻自攻螺钉

(GB/T 15856.3—2002 十字槽半沉头自钻自攻螺钉)

1.15.1　型式

十字槽半沉头自钻自攻螺钉型式见图 1-17。

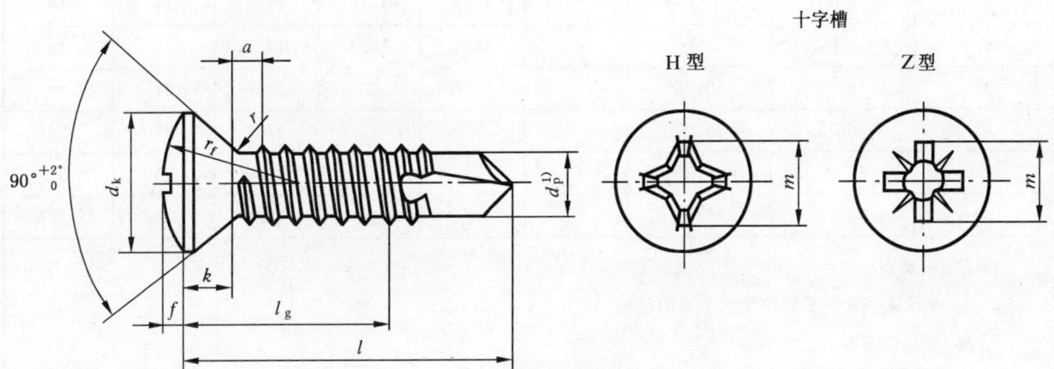

1) 钻头部分(直径 d_p)的工作性能按 GB/T 3098.11 规定。

图 1-17　十字槽半沉头自钻自攻螺钉

1.15.2　规格尺寸

十字槽半沉头自钻自攻螺钉规格尺寸见表 1-15。

表 1-15　十字槽半沉头自钻自攻螺钉规格尺寸　　mm

螺纹规格				ST2.9	ST3.5	ST4.2	ST4.8	ST5.5	ST6.3
P[1]				1.1	1.3	1.4	1.6	1.8	1.8
a[2]			max	1.1	1.3	1.4	1.6	1.8	1.8
d_k	理论值[3]		max	6.3	8.2	9.4	10.4	11.5	12.6
	实际值		max	5.5	7.3	8.4	9.3	10.3	11.3
			min	5.2	6.9	8.0	8.9	9.9	10.9
f			≈	0.7	0.8	1	1.2	1.3	1.4
k			max	1.7	2.35	2.6	2.8	3	3.15
r			max	1.2	1.4	1.6	2	2.2	2.4
r_f			≈	6	8.5	9.5	9.5	11	12
十字槽	槽号 No.			1	2			3	
	H 型	m 参考		3.4	4.8	5.2	5.4	6.7	7.3
		插入深度	max	2.2	2.75	3.2	3.4	3.45	4.0
			min	1.8	2.25	2.7	2.9	2.95	3.5
	Z 型	m 参考		3.3	4.8	5.2	5.6	6.6	7.2
		插入深度	max	2.1	2.70	3.10	3.35	3.40	3.85
			min	1.8	2.25	2.65	2.90	2.95	3.40
钻削范围（板厚）[4]			≥	0.7	0.7	1.75	1.75	1.75	2
			≤	1.9	2.25	3	4.4	5.25	6
l				l_g[5] min					
公称	min	max							
13	12.1	13.9		6.6	6.2	4.3	3.7		
16	15.1	16.9		9.6	9.2	7.3	5.8	5	
19	18	20		12.5	12.1	10.3	8.7	8	7
22	21	23			15.1	13.3	11.7	11	10
25	24	26			18.1	16.3	14.7	14	13
32	30.75	33.25				23	21.5	21	20
38	36.75	39.25				29	27.5	27	26
45	43.75	46.25					34.5	34	33
50	48.75	51.25					39.5	39	38

1）P——螺距。

2）a——最末一扣完整螺纹至支承面的距离。

3）见 GB/T 5279。

4）为确定公称长度 l，需对每个板的厚度加上间隙或夹层厚度。

5）l_g——第一扣完整螺纹至支承面的距离。

1.15.3 技术条件

(1) 螺钉材料:钢。

(2) 钢的表面处理:

——不经处理;

——电镀技术要求按 GB/T 5267.1 的规定。

1.15.4 标记示例

螺纹规格为 ST3.5、公称长度 l=16 mm、H 型槽、镀锌钝化的十字槽半沉头自钻自攻螺钉的标记:

自攻螺钉 GB/T 15856.3 ST3.5×16

1.16 六角凸缘自钻自攻螺钉

(GB/T 15856.5—2002 六角凸缘自钻自攻螺钉)

1.16.1 型式

六角凸缘自钻自攻螺钉型式见图 1-18。

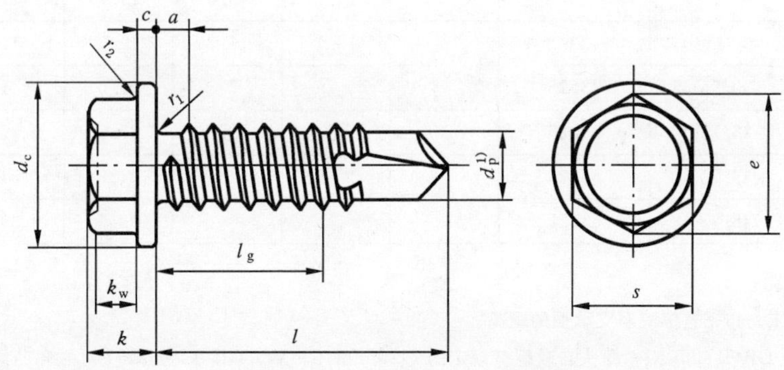

1) 钻头部分(直径 d_p)的工作性能按 GB/T 3098.11 规定。

图 1-18 六角凸缘自钻自攻螺钉

1.16.2 规格尺寸

六角凸缘自钻自攻螺钉规格尺寸见表 1-16。

表 1-16 六角凸缘自钻自攻螺钉规格尺寸 mm

螺纹规格		ST2.9	ST3.5	ST4.2	ST4.8	ST5.5	ST6.3
P[1)]		1.1	1.3	1.4	1.6	1.8	1.8
a[2)]	max	1.1	1.3	1.4	1.6	1.8	1.8
d_c	max	6.3	8.3	8.8	10.5	11	13.5
	min	5.8	7.6	8.1	9.8	10	12.2
c	min	0.4	0.6	0.8	0.9	1	1
s	公称=max	4.00[3)]	5.50	7.00	8.00	8.00	10.00
	min	3.82	5.32	6.78	7.78	7.78	9.78

续表 1-16 mm

螺纹规格			ST2.9	ST3.5	ST4.2	ST4.8	ST5.5	ST6.3
e		min	4.28	5.96	7.59	8.71	8.71	10.95
k		公称＝max	2.8	3.4	4.1	4.3	5.4	5.9
		min	2.5	3.0	3.6	3.8	4.8	5.3
k_w 4)		min	1.3	1.5	1.8	2.2	2.7	3.1
r_1		max	0.4	0.5	0.6	0.7	0.8	0.9
r_2		max	0.2	0.25	0.3	0.3	0.4	0.5
钻削范围（板厚）5)		≥	0.7	0.7	1.75	1.75	1.75	2
		≤	1.9	2.25	3	4.4	5.25	6
l			l_g 6)					
公称	min	max	min					
9.5	8.75	10.25	3.25	2.85				
13	12.1	13.9	6.6	6.2	4.3	3.7		
16	15.1	16.9	9.6	9.2	7.3	5.8	5	
19	18	20	12.5	12.1	10.3	8.7	8	7
22	21	23		15.1	13.3	11.7	11	10
25	24	26		18.1	16.3	14.7	14	13
32	30.75	33.25			23	21.5	21	20
38	36.75	39.25			29	27.5	27	26
45	43.75	46.25				34.5	34	33
50	48.75	51.25				39.5	39	38

1) P——螺距。

2) a——最末一扣完整螺纹至支承面的距离。

3) 该尺寸与 GB/T 5285 对六角头自攻螺钉规定的 $s=5$ mm 不一致。GB/T 16824.1 对六角凸缘自攻螺钉规定的 $s=4$ mm 在世界范围内业已采用，因此也适用于本标准。

4) k_w——扳拧高度。

5) 为确定公称长度 l，需对每个板的厚度加上间隙或夹层厚度。

6) l_g——第一扣完整螺纹至支承面的距离。

1.16.3 技术条件

（1）螺钉材料：钢。

（2）钢的表面处理：

——不经处理；

——电镀技术要求按 GB/T 5267.1 的规定。

1.16.4 标记示例

螺纹规格为 ST3.5、公称长度 $l=16$ mm、镀锌钝化的六角凸缘自钻自攻螺钉的标记：

自攻螺钉 GB/T 15856.5 ST3.5×16

1.17 六角凸缘自攻螺钉

（GB/T 16824.1—2016 六角凸缘自攻螺钉）

1.17.1 型式

六角凸缘自攻螺钉型式见图 1-19。

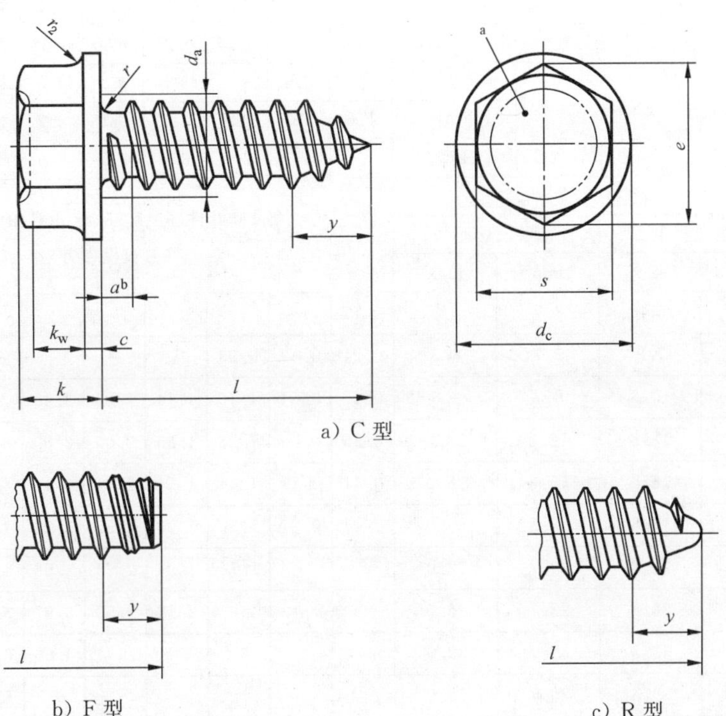

ª 凹穴型式由制造者选择。

ᵇ 尺寸 a 是从第一扣完整螺纹的小径处测量。

图 1-19 六角凸缘自攻螺钉

1.17.2 规格尺寸

六角凸缘自攻螺钉规格尺寸见表 1-17。

表 1-17 六角凸缘自攻螺钉规格尺寸 mm

螺纹规格		ST2.2	ST2.9	ST3.5	ST3.9	ST4.2	ST4.8	ST5.5	ST6.3	ST8
P [a]		0.8	1.1	1.3	1.3	1.4	1.6	1.8	1.8	2.1
a	max	0.8	1.1	1.3	1.3	1.4	1.6	1.8	1.8	2.1
c	min	0.25	0.40	0.60	0.60	0.80	0.90	1.00	1.00	1.20
d_a	max	2.8	3.5	4.1	4.6	4.9	5.6	6.3	7.3	9.2
d_c	max	4.2	6.3	8.3	8.3	8.8	10.5	11.0	13.5	18.0
	min	3.8	5.8	7.6	7.6	8.1	9.8	10.0	12.2	16.7
s	公称＝max	3.00	4.00	5.50	5.50	7.00	8.00	8.00	10.00	13.00
	min	2.86	3.82	5.32	5.32	6.78	7.78	7.78	9.78	12.73

续表 1-17

mm

螺纹规格					ST2.2	ST2.9	ST3.5	ST3.9	ST4.2	ST4.8	ST5.5	ST6.3	ST8
e				min	3.20	4.28	5.96	5.96	7.59	8.71	8.71	10.95	14.26
k				公称＝max	2.0	2.8	3.4	3.4	4.1	4.3	5.4	5.9	7.0
				min	1.7	2.5	3.0	3.0	3.6	3.8	4.8	5.3	6.4
k_w				min	0.9	1.3	1.5	1.5	1.8	2.2	2.7	3.1	3.3
r				min	0.3	0.4	0.5	0.5	0.6	0.7	0.8	0.9	1.1
r_2				max	0.15	0.20	0.25	0.25	0.30	0.30	0.40	0.50	0.60
y			参考	C 型	2.0	2.6	3.2	3.5	3.7	4.3	5.0	6.0	7.5
				F 型	1.6	2.1	2.5	2.7	2.8	3.2	3.6	3.6	4.2
				R 型	—	—	2.7	3.0	3.2	3.6	4.3	5.0	6.3
l[b]					每 1 000 件（ρ＝7.85 kg/dm^3）的质量≈ kg（仅供参考）								
公称	C 型和 R 型		F 型										
	min	max	min	max									
4.5	3.7	5.3	3.7	4.5	0.17	—	—	—	—	—	—	—	—
6.5	5.7	7.3	5.7	6.5	0.21	0.43	0.93	—	—	—	—	—	—
9.5	8.7	10.3	8.7	9.5	0.27	0.54	1.10	1.14	1.84	2.48	—	—	—
13	12.2	13.8	12.2	13.0	0.35	0.66	1.28	1.35	2.09	2.80	3.64	5.44	—
16	15.2	16.8	15.2	16.0	0.41	0.77	1.44	1.54	2.31	3.10	4.01	5.96	10.90
19	18.2	19.8	18.2	19.0	0.47	0.87	1.59	1.73	2.52	3.39	4.40	6.49	11.80
22	21.2	22.8	20.7	22.0			1.74	1.93	2.74	3.68	4.78	7.01	12.70
25	24.2	25.8	23.7	25.0				2.12	2.95	3.97	5.17	7.54	13.60
32	30.7	33.3	30.7	32.0						4.66	6.06	8.76	15.70
38	36.7	39.3	36.7	38.0							6.82	9.82	17.50
45	43.7	46.3	43.5	45.0								11.10	19.60
50	48.7	51.3	48.5	50.0								12.00	21.10

注：阶梯线间为优选长度。

[a] *P*——螺距。

[b] 标记短划（—）的长度规格，不予制造。

1.17.3　技术条件

（1）螺钉材料：钢、不锈钢。

（2）不锈钢的机械性能等级：A2-20H、A4-20H、A5-20H。

（3）表面处理

1）钢的表面处理：

——不经处理；

——电镀技术要求按 GB/T 5267.1 的规定；

——非电解锌片涂层技术要求按 GB/T 5267.2 的规定；

——如需其他技术要求或表面处理，应由供需双方协议。

2）不锈钢的表面处理：

——简单处理；

——钝化处理技术要求按 GB/T 5267.4 的规定；

——如需其他技术要求或表面处理，应由供需双方协议。

1.17.4　标记示例

示例 1：螺纹规格为 ST3.5、公称长度 l=16 mm、钢机械性能按 GB/T 3098.5、C 型末端、表面镀锌(A3L：镀锌、厚度 8 μm、光亮、黄彩虹铬酸盐处理)、产品等级 A 级的六角凸缘自攻螺钉的标记：

自攻螺钉　GB/T 16824.1　ST3.5×16

示例 2：螺纹规格为 ST3.5、公称长度 l = 16 mm、不钢机械性能按 A4-20H (GB/T 3098.21)、R 型末端、表面简单处理、产品等级 A 级的六角凸缘自攻螺钉的标记：

自攻螺钉　GB/T 16824.1　ST3.5×16　A4-20H R

1.18　六角法兰面自攻螺钉

(GB/T 16824.2—2016 六角法兰面自攻螺钉)

1.18.1　型式

六角法兰面自攻螺钉型式见图 1-20。

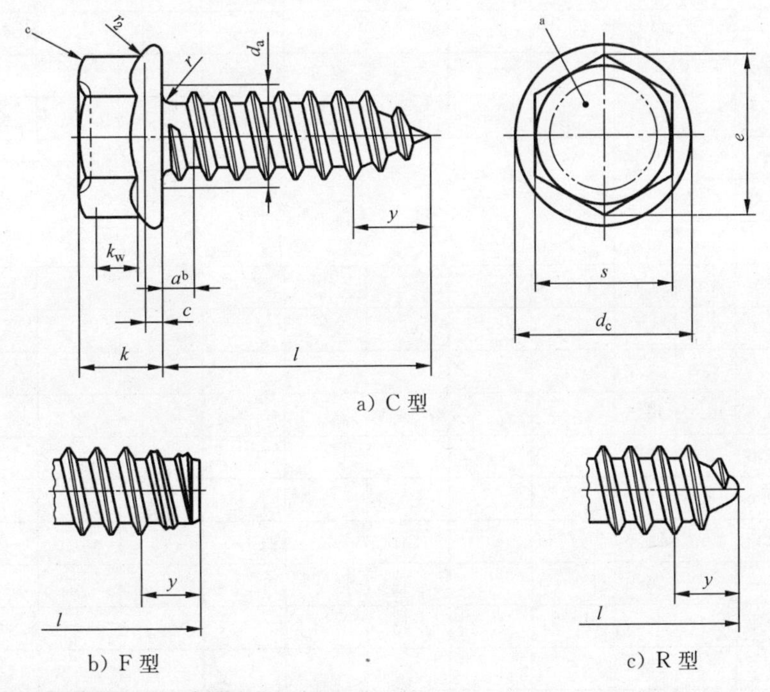

注：头部和法兰的检测见六角和法兰的检验。

[a] 凹穴型式由制造者选择。

[b] 尺寸 a 是从第一扣完整螺纹的小径处测量。

[c] 倒角或圆的。

图 1-20　六角法兰面自攻螺钉

1.18.2 规格尺寸

六角法兰面自攻螺钉规格尺寸见表1-18。

表1-18 六角法兰面自攻螺钉规格尺寸 mm

螺纹规格					ST2.2	ST2.9	ST3.5	ST4.2	ST4.8	ST5.5	ST6.3	ST8	ST9.5
P^{a}					0.8	1.1	1.3	1.4	1.6	1.8	1.8	2.1	2.1
a				max	0.8	1.1	1.3	1.4	1.6	1.8	1.8	2.1	2.1
d_a				max	2.8	3.5	4.1	4.9	5.6	6.3	7.3	9.2	10.7
d_c				max	4.5	6.4	7.5	8.5	10.0	11.2	12.8	16.8	21.0
				min	4.1	5.9	6.9	7.8	9.3	10.3	11.8	15.5	19.3
c				min	0.3	0.4	0.5	0.6	0.6	0.8	1.0	1.2	1.4
s				公称=max	3.00	4.00	5.00	5.50	7.00	7.00	8.00	10.00	13.00
				min	2.86	3.82	4.82	5.32	6.78	6.78	7.78	9.78	12.73
e				min	3.16	4.27	5.36	5.92	7.55	7.55	8.66	10.89	14.16
k				max	2.2	3.2	3.8	4.3	5.2	6.0	6.7	8.6	10.7
k_w				min	0.85	1.25	1.60	1.80	2.20	2.50	2.80	3.70	4.60
r				min	0.1	0.1	0.1	0.2	0.2	0.2	0.3	0.4	0.4
r_2				max	0.1	0.2	0.2	0.2	0.3	0.3	0.4	0.5	0.6
y	参考			C型	2.0	2.6	3.2	3.7	4.3	5.0	6.0	7.5	8.0
				F型	1.6	2.1	2.5	2.8	3.2	3.6	3.6	4.2	4.2
				R型	—	—	2.7	3.2	3.6	4.3	5.0	6.3	—
l^{b}													
公称	C型和R型		F型										
	min	max	min	max									
4.5	3.7	5.3	3.7	4.5		—	—	—	—	—	—	—	—
6.5	5.7	7.3	5.7	6.5			—	—	—	—	—	—	—
9.5	8.7	10.3	8.7	9.5						—	—	—	—
13	12.2	13.8	12.2	13.0								—	—
16	15.2	16.8	15.2	16.0									—
19	18.2	19.8	18.2	19.0									
22	21.2	22.8	20.7	22.0									
25	24.2	25.8	23.7	25.0									
32	30.7	33.3	30.7	32.0									
38	36.7	39.3	36.7	38.0									
45	43.7	46.3	43.5	45.0									
50	48.7	51.3	48.5	50.0									

注：阶梯线间为优选长度。

[a] P——螺距。

[b] 标记短划(—)的长度规格，不予制造。

1.18.3 技术条件

(1) 螺钉材料:钢、不锈钢。

(2) 机械性能等级

1) 钢的机械性能等级:按 GB/T 3098.5 的规定;

2) 不锈钢的机械性能等级:按 GB/T 3098.21 的规定。

(3) 表面处理

1) 钢的表面处理:

——不经处理;

——电镀技术要求按 GB/T 5267.1 的规定;

——非电解锌片涂层技术要求按 GB/T 5267.2 的规定;

——如需其他技术要求或表面处理,应由供需双方协议。

2) 不锈钢的表面处理:

——简单处理;

——钝化处理技术要求按 GB/T 5267.4 的规定;

——如需其他技术要求或表面处理,应由供需双方协议。

1.18.4 标记示例

示例 1:螺纹规格为 ST3.5、公称长度 l=16 mm、钢的机械性能按 GB/T 3098.5、C 型末端、表面镀锌(A3L:镀锌、厚度 8 μm、光亮、黄彩虹铬酸盐处理)、产品等级 A 级的六角法兰面自攻螺钉的标记:

自攻螺钉 GB/T 16824.2 ST3.5×16

示例 2:螺纹规格为 ST3.5、公称长度 l=16 mm、不锈钢机械性能按 A4-20H (GB/T 3098.21)、R 型末端、表面简单处理、产品等级 A 级的六角法兰面自攻螺钉的标记:

自攻螺钉 GB/T 16824.2 ST3.5×16 A4-20H R

1.19 六角法兰面自钻自攻螺钉

(GB/T 15856.4—2002 六角法兰面自钻自攻螺钉)

1.19.1 型式

六角法兰面自钻自攻螺钉型式见图 1-21。

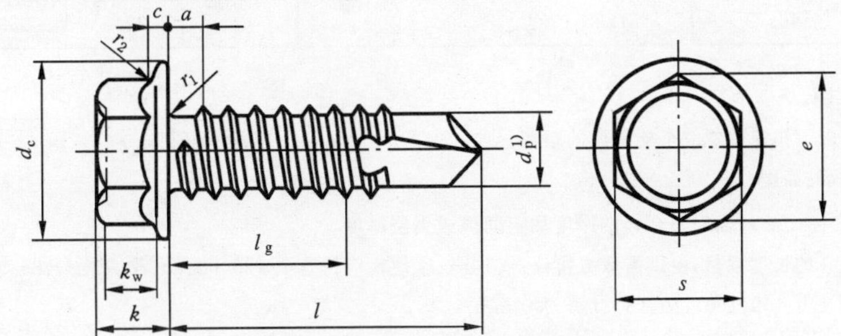

1) 钻头部分(直径 d_p)的工作性能按 GB/T 3098.11 规定。

图 1-21 六角法兰面自钻自攻螺钉

1.19.2 规格尺寸

六角法兰面自钻自攻螺钉规格尺寸见表 1-19。

表 1-19 六角法兰面自钻自攻螺钉规格尺寸 mm

螺纹规格			ST2.9	ST3.5	ST4.2	ST4.8	ST5.5	ST6.3
P[1]			1.1	1.3	1.4	1.6	1.8	1.8
a[2]		max	1.1	1.3	1.4	1.6	1.8	1.8
d_c		max	6.3	8.3	8.8	10.5	11	13.5
		min	5.8	7.6	8.1	9.8	10	12.2
c		min	0.4	0.6	0.8	0.9	1	1
s	公称＝max		4.00	5.50	7.00	8.00	8.00	10.00
		min	3.82	5.32	6.78	7.78	7.78	9.78
e		min	4.28	5.96	7.59	8.71	8.71	10.95
k	公称＝max		2.8	3.4	4.1	4.3	5.4	5.9
		min	2.5	3.0	3.6	3.8	4.8	5.3
k_w[3]		min	1.3	1.5	1.8	2.2	2.7	3.1
r_1		max	0.4	0.5	0.6	0.7	0.8	0.9
r_2		max	0.2	0.25	0.3	0.3	0.4	0.5
钻削范围（板厚）[4]	$\geqslant$		0.7	0.7	1.75	1.75	1.75	2
	$\leqslant$		1.9	2.25	3	4.4	5.25	6
l[5]			l_g[6]					
公称	min	max	min					
9.5	8.75	10.25	3.25	2.85				
13	12.1	13.9	6.6	6.2	4.3	3.7		
16	15.1	16.9	9.6	9.2	7.3	5.8	5	
19	18	20	12.5	12.1	10.3	8.7	8	7
22	21	23		15.1	13.3	11.7	11	10
25	24	26		18.1	16.3	14.7	14	13
32	30.75	33.25			23	21.5	21	20
38	36.75	39.25			29	27.5	27	26
45	43.75	46.25				34.5	34	33
50	48.75	51.25				39.5	39	38

1) P——螺距。

2) a——最末一扣完整螺纹至支承面的距离。

3) k_w——扳拧高度。

4) 为确定公称长度 l，需对每个板的厚度加上间隙或夹层厚度。

5) $l>50$ mm 的长度规格，由供需双方协议。但其长度规格应符合 l＝55、60、65、70、75、80、85、90、95、100、110、120、130、140、150、160、170、180、190、200 mm。

6) l_g——第一扣完整螺纹至支承面的距离。

1.19.3 技术条件

(1) 螺钉材料:钢。

(2) 钢的表面处理:

——不经处理;

——电镀技术要求按 GB/T 5267.1 的规定。

1.19.4 标记示例

螺纹规格为 ST3.5、公称长度 l=16 mm、镀锌钝化的六角法兰面自钻自攻螺钉的标记:

自攻螺钉 GB/T 15856.4 ST3.5×16

1.20 内六角花形沉头自攻螺钉

(GB/T 2670.2—2017 内六角花形沉头自攻螺钉)

1.20.1 型式

内六角花形沉头自攻螺钉型式见图 1-22。

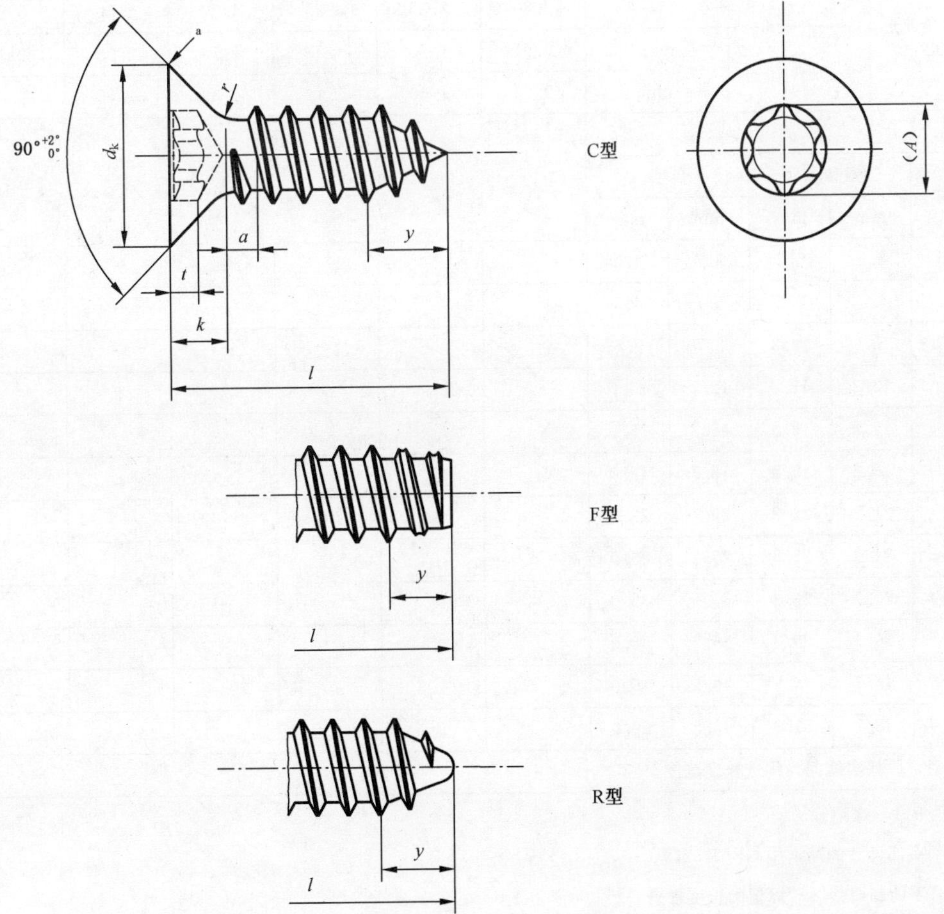

[a] 棱边可以是圆的或直的,由制造者任选。

图 1-22 内六角花形沉头自攻螺钉

1.20.2　规格尺寸

内六角花形沉头自攻螺钉规格尺寸见表 1-20。

表 1-20　内六角花形沉头自攻螺钉规格尺寸　　mm

螺纹规格					ST 2.9	ST 3.5	ST 4.2	ST 4.8	ST 5.5	ST 6.3
P[a]					1.1	1.3	1.4	1.6	1.8	1.8
a					1.1	1.3	1.4	1.6	1.8	1.8
d_k[b]	理论值	max			6.3	8.2	9.4	10.4	11.5	12.6
	实际值	max			5.5	7.3	8.4	9.3	10.3	11.3
		min			5.2	6.9	8.0	8.9	9.9	10.9
k[b]	max				1.70	2.35	2.60	2.80	3.00	3.15
r	max				1.2	1.4	1.6	2.0	2.2	2.4
y 参考	C 型				2.6	3.2	3.7	4.3	5.0	6.0
	F 型				2.1	2.5	2.8	3.2	3.6	3.6
	R 型				—	2.7	3.2	3.6	4.3	5.0
内六角花形	槽号 No.				10	15	20	25	25	30
	A 参考				2.80	3.35	3.95	4.50	4.50	5.60
	t	max			0.91	1.30	1.58	1.78	2.03	2.42
		min			0.65	1.00	1.14	1.39	1.65	2.02
l[c]										
公称	C 型和 R 型		F 型							
	min	max	min	max						
4.5	3.7	5.3	3.7	4.5	—	—	—	—	—	—
6.5	5.7	7.3	5.7	6.5		—	—	—	—	—
9.5	8.7	10.3	8.7	9.5					—	—
13	12.2	13.8	12.2	13.0						
16	15.2	16.8	15.2	16.0						
19	18.2	19.8	18.2	19.0						
22	21.2	22.8	20.7	22.0						
25	24.2	25.8	23.7	25.0						
32	30.7	33.3	30.7	32.0						
38	36.7	39.3	36.7	38.0						
45	43.7	46.3	43.5	45.0						
50	48.7	51.3	48.5	50.0						

注：阶梯实线间为优选长度范围。

[a] P——螺距。

[b] 头部尺寸的测量按 GB/T 5279。

[c] 不能制造带“—”标记的长度规格。

1.20.3 技术条件

(1) 螺钉材料:钢。

(2) 钢的表面处理:

——不经处理;

——电镀技术要求按 GB/T 5267.1 的规定;

——非电解锌片涂层技术要求按 GB/T 5267.2 的规定;

——如需其他技术要求或表面处理,应由供需双方协议。

1.20.4 标记示例

螺纹规格 ST3.5、公称长度 l=16 mm、表面不经处理、末端 C 型、产品等级 A 级的内六角花形沉头自攻螺钉的标记:

自攻螺钉 GB/T 2670.2 ST3.5×16

1.21 内六角花形半沉头自攻螺钉

(GB/T 2670.3—2017 内六角花形半沉头自攻螺钉)

1.21.1 型式

内六角花形半沉头自攻螺钉型式见图 1-23。

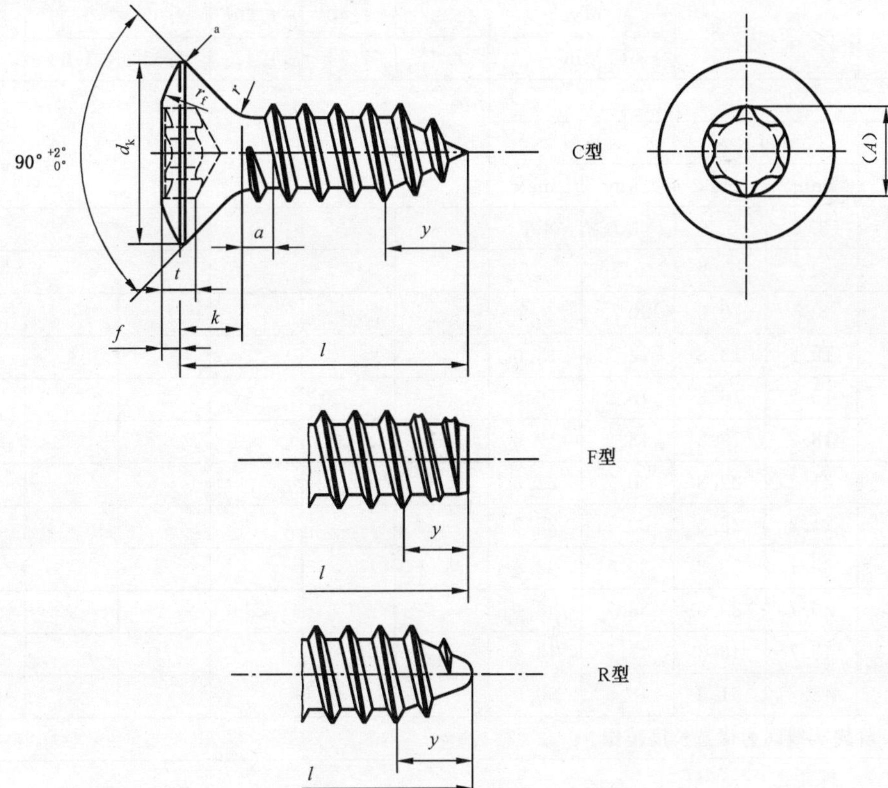

a 棱边可以是圆的或直的,由制造者任选。

图 1-23 内六角花形半沉头自攻螺钉

1.21.2 规格尺寸

内六角花形半沉头自攻螺钉规格尺寸见表1-21。

表1-21 内六角花形半沉头自攻螺钉规格尺寸 mm

螺纹规格				ST 2.9	ST 3.5	ST 4.2	ST 4.8	ST 5.5	ST 6.3
P^{a}				1.1	1.3	1.4	1.6	1.8	1.8
a				1.1	1.3	1.4	1.6	1.8	1.8
d_k[b]	理论值 max			6.3	8.2	9.4	10.4	11.5	12.6
	实际值	max		5.5	7.3	8.4	9.3	10.3	11.3
		min		5.2	6.9	8.0	8.9	9.9	10.9
f	≈			0.7	0.8	1.0	1.2	1.3	1.4
k[b]	max			1.70	2.35	2.60	2.80	3.00	3.15
r	max			1.2	1.4	1.6	2.0	2.2	2.4
r_f	≈			6.0	8.5	9.5	9.5	11.0	12.0
y 参考	C型			2.6	3.2	3.7	4.3	5.0	6.0
	F型			2.1	2.5	2.8	3.2	3.6	3.6
	R型			—	2.7	3.2	3.6	4.3	5.0
内六角花形	槽号 No.			10	15	20	25	25	30
	A 参考			2.80	3.35	3.95	4.50	4.50	5.60
	t	max		1.27	1.40	1.80	2.03	2.03	2.42
		min		1.01	1.14	1.42	1.65	1.65	2.02
l[c]									
公称	C型和R型		F型						
	min	max	min	max					
4.5	3.7	5.3	3.7	4.5	—	—	—	—	—	—
6.5	5.7	7.3	5.7	6.5		—	—	—	—	—
9.5	8.7	10.3	8.7	9.5					—	—
13	12.2	13.8	12.2	13.0						
16	15.2	16.8	15.2	16.0						
19	18.2	19.8	18.2	19.0						
22	21.2	22.8	20.7	22.0						
25	24.2	25.8	23.7	25.0						
32	30.7	33.3	30.7	32.0						
38	36.7	39.3	36.7	38.0						
45	43.7	46.3	43.5	45.0						
50	48.7	51.3	48.5	50.0						

注：阶梯实线间为优选长度范围。

[a] P——螺距。

[b] 头部尺寸的测量按GB/T 5279。

[c] 不能制造带"—"标记的长度规格。

1.21.3 技术条件

(1) 螺钉材料:钢。

(2) 表面处理:

——不经表面处理;

——电镀技术要求按 GB/T 5267.1 的规定;

——非电解锌片涂层技术要求按 GB/T 5267.2 的规定;

——如需其他技术要求或表面处理,应由供需双方协议。

1.21.4 标记示例

螺纹规格 ST3.5、公称长度 l=16 mm、表面不经处理、末端 C 型、产品等级 A 级的内六角花形半沉头自攻螺钉的标记:

自攻螺钉 GB/T 2670.3 ST3.5×16

1.22 六角头自攻螺钉

(GB/T 5285—2017 六角头自攻螺钉)

1.22.1 型式

六角头自攻螺钉型式见图 1-24。

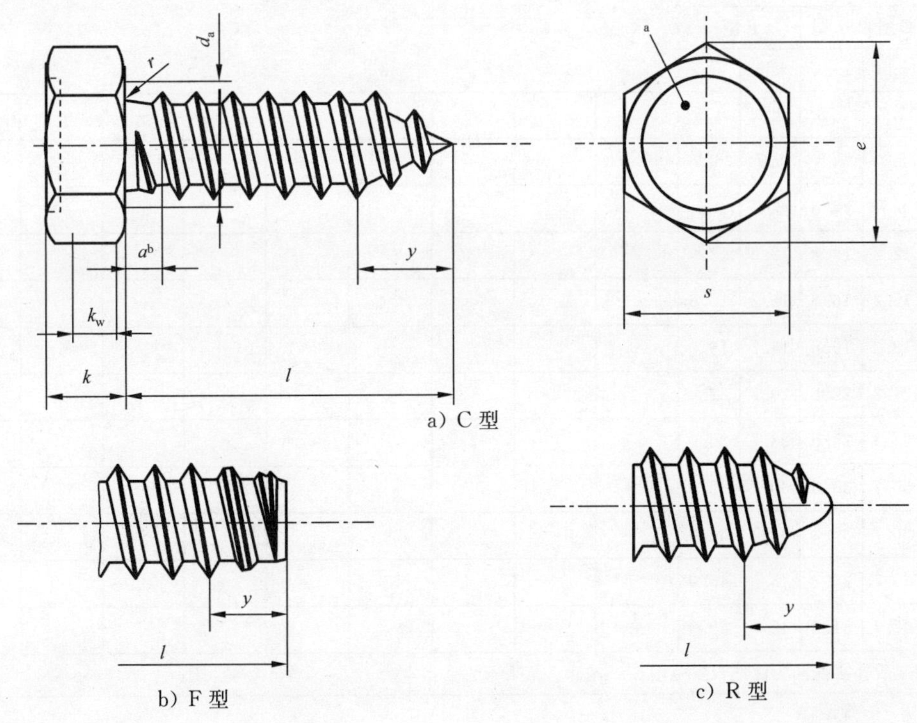

[a] 凹穴型式由制造者选择。

[b] 尺寸 a 应在第一扣完整螺纹的小径处测量。

图 1-24 六角头自攻螺钉

1.22.2 规格尺寸

六角头自攻螺钉规格尺寸见表 1-22。

表 1-22 六角头自攻螺钉规格尺寸 mm

螺纹规格					ST 2.2	ST 2.9	ST 3.5	ST 4.2	ST 4.8	ST 5.5	ST 6.3	ST 8	ST 9.5
P[a]					0.8	1.1	1.3	1.4	1.6	1.8	1.8	2.1	2.1
a	max				0.8	1.1	1.3	1.4	1.6	1.8	1.8	2.1	2.1
d_a	max				2.8	3.5	4.1	4.9	5.5	6.3	7.1	9.2	10.7
s	max				3.20	5.00	5.50	7.00	8.00	8.00	10.00	13.00	16.00
	min				3.02	4.82	5.32	6.78	7.78	7.78	9.78	12.73	15.73
e	min				3.38	5.40	5.96	7.59	8.71	8.71	10.95	14.26	17.62
k	max				1.6	2.3	2.6	3.0	3.8	4.1	4.7	6.0	7.5
	min				1.3	2.0	2.3	2.6	3.3	3.6	4.1	5.2	6.5
k_w	min				0.9	1.4	1.6	1.8	2.3	2.5	2.9	3.6	4.5
r	min				0.10	0.10	0.10	0.20	0.20	0.25	0.25	0.40	0.40
y 参考	C 型				2.0	2.6	3.2	3.7	4.3	5.0	6.0	7.5	8.0
	F 型				1.6	2.1	2.5	2.8	3.2	3.6	3.6	4.2	4.2
	R 型				—	—	2.7	3.2	3.6	4.3	5.0	6.3	—
l[b]													
公称	C 型和 R 型		F 型										
	min	max	min	max									
4.5	3.7	5.3	3.7	4.5		—	—	—	—	—	—	—	—
6.5	5.7	7.3	5.7	6.5						—	—	—	—
9.5	8.7	10.3	8.7	9.5						—	—	—	—
13	12.2	13.8	12.2	13.0									—
16	15.2	16.8	15.2	16.0									
19	18.2	19.8	18.2	19.0									
22	21.2	22.8	20.7	22.0									
25	24.2	25.8	23.7	25.0									
32	30.7	33.3	30.7	32.0									
38	36.7	39.3	36.7	38.0									
45	43.7	46.3	43.5	45.0									
50	48.7	51.3	48.5	50.0									

注：阶梯实线间为优选长度范围。

[a] P——螺距。

[b] 不能制造带"—"标记的长度规格。

1.22.3 技术条件

（1）螺钉材料：钢、不锈钢。

(2) 不锈钢的机械性能等级：A2-20H、A4-20H、A5-20H。

(3) 表面处理

1) 钢的表面处理：

——不经处理；

——电镀技术要求按 GB/T 5267.1 的规定；

——非电解锌片涂层技术要求按 GB/T 5267.2 的规定；

——如需其他技术要求或表面处理，应由供需双方协议。

2) 不锈钢的表面处理：

——简单处理；

——钝化处理技术要求按 GB/T 5267.4 的规定；

——如需其他技术要求或表面处理，应由供需双方协议。

1.22.4 标记示例

螺纹规格为 ST3.5、公称长度 l=16 mm、钢制、表面不经处理、末端 C 型、产品等级 A 级的六角头自攻螺钉的标记：

自攻螺钉 GB/T 5285 ST3.5×16

1.23 内六角花形盘头自攻螺钉

(GB/T 2670.1—2017 内六角花形盘头自攻螺钉)

1.23.1 型式

内六角花形盘头自攻螺钉型式见图 1-25。

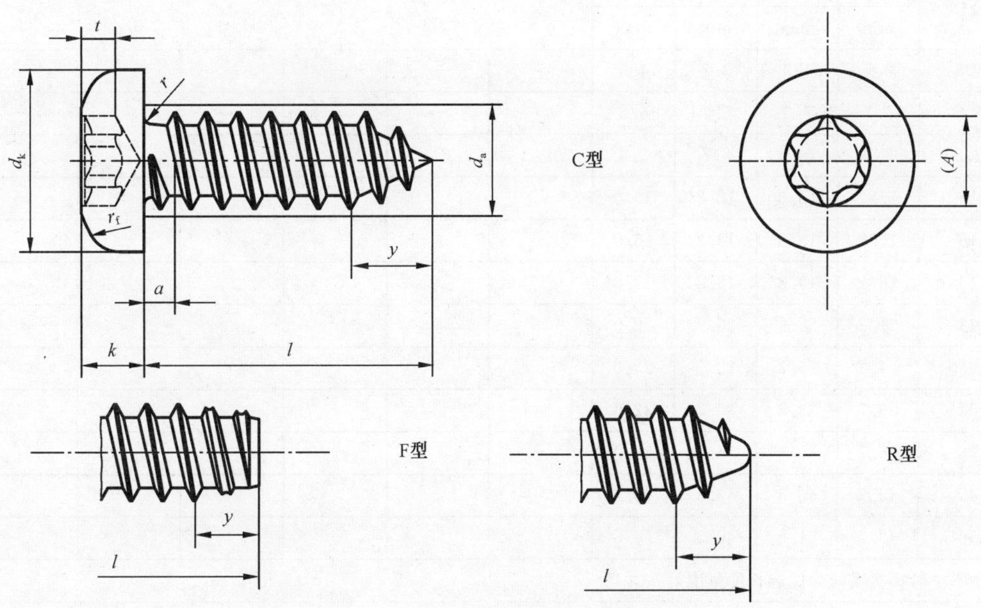

图 1-25 内六角花形盘头自攻螺钉

1.23.2　规格尺寸

内六角花形盘头自攻螺钉规格尺寸见表1-23。

表1-23　内六角花形盘头自攻螺钉规格尺寸　　mm

螺纹规格					ST 2.9	ST 3.5	ST 4.2	ST 4.8	ST 5.5	ST 6.3
P[a]					1.1	1.3	1.4	1.6	1.8	1.8
a					1.1	1.3	1.4	1.6	1.8	1.8
d_a	max				3.5	4.1	4.9	5.6	6.3	7.3
d_k	公称＝max				5.60	7.00	8.00	9.50	11.00	12.00
	min				5.30	6.64	7.64	9.14	10.57	11.57
k	公称＝max				2.40	2.60	3.10	3.70	4.00	4.60
	min				2.15	2.35	2.80	3.40	3.70	4.30
r	min				0.10	0.10	0.20	0.20	0.25	0.25
r_f	≈				5.0	6.0	6.5	8.0	9.0	10.0
y 参考	C型				2.6	3.2	3.7	4.3	5.0	6.0
	F型				2.1	2.5	2.8	3.2	3.6	3.6
	R型				—	2.7	3.2	3.6	4.3	5.0
内六角花形	槽号 No.				10	15	20	25	25	30
	A 参考				2.80	3.35	3.95	4.50	4.50	5.60
	t	max			1.27	1.40	1.80	2.03	2.03	2.42
		min			1.01	1.14	1.42	1.65	1.65	2.02
l[b]										
公称	C型和R型		F型							
	min	max	min	max						
4.5	3.7	5.3	3.7	4.5	—	—	—	—	—	—
6.5	5.7	7.3	5.7	6.5		—	—	—	—	—
9.5	8.7	10.3	8.7	9.5					—	—
13	12.2	13.8	12.2	13.0						
16	15.2	16.8	15.2	16.0						
19	18.2	19.8	18.2	19.0						
22	21.2	22.8	20.7	22.0						
25	24.2	25.8	23.7	25.0						
32	30.7	33.3	30.7	32.0						
38	36.7	39.3	36.7	38.0						
45	43.7	46.3	43.5	45.0						
50	48.7	51.3	48.5	50.0						

注：阶梯实线间为优选长度范围。

[a] P——螺距。

[b] 不能制造带“—”标记的长度规格。

1.23.3 技术条件

(1) 螺钉材料:钢。

(2) 钢的表面处理:

——不经处理;

——电镀技术要求按 GB/T 5267.1 的规定;

——非电解锌片涂层技术要求按 GB/T 5267.2 的规定;

——如需其他技术要求或表面处理,应由供需双方协议。

1.23.4 标记示例

螺纹规格 ST3.5、公称长度 l=16 mm、表面不经处理、末端 C 型、产品等级 A 级的内六角花形盘头自攻螺钉的标记:

自攻螺钉 GB/T 2670.1 ST3.5×16

1.24 开槽盘头螺钉

(GB/T 67—2016 开槽盘头螺钉)

1.24.1 型式

开槽盘头螺钉型式见图 1-26。

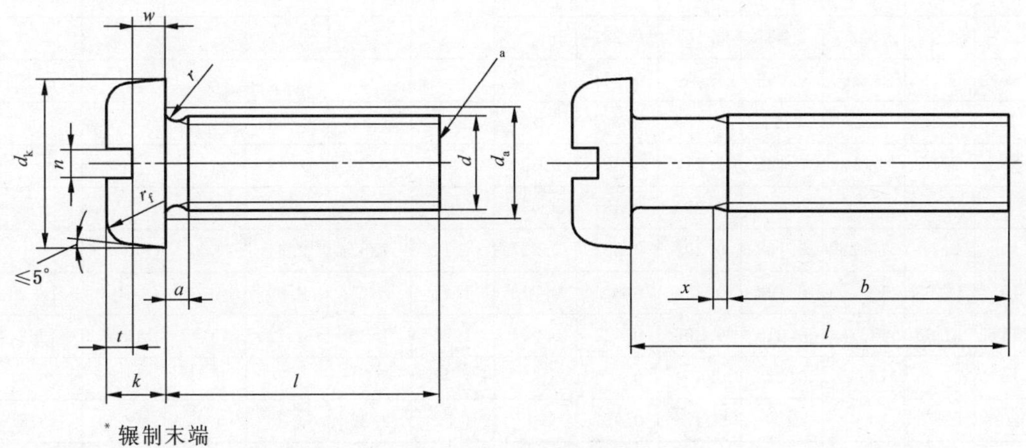

图 1-26 开槽盘头螺钉

1.24.2 规格尺寸

开槽盘头螺钉规格尺寸见表 1-24。

表 1-24 开槽盘头螺钉规格尺寸 mm

螺纹规格 d		M1.6	M2	M2.5	M3	(M3.5)[a]	M4	M5	M6	M8	M10
P[b]		0.35	0.4	0.45	0.5	0.6	0.7	0.8	1	1.25	1.5
a	max	0.7	0.8	0.9	1	1.2	1.4	1.6	2	2.5	3
b	min	25	25	25	25	38	38	38	38	38	38

续表 1-24

mm

螺纹规格 d			M1.6	M2	M2.5	M3	(M3.5)[a]	M4	M5	M6	M8	M10
d_k	公称=max		3.2	4.0	5.0	5.6	7.00	8.00	9.50	12.00	16.00	20.00
	min		2.9	3.7	4.7	5.3	6.64	7.64	9.14	11.57	15.57	19.48
d_a	max		2	2.6	3.1	3.6	4.1	4.7	5.7	6.8	9.2	11.2
k	公称=max		1.00	1.30	1.50	1.80	2.10	2.40	3.00	3.6	4.8	6.0
	min		0.86	1.16	1.36	1.66	1.96	2.26	2.88	3.3	4.5	5.7
n	公称		0.4	0.5	0.6	0.8	1	1.2	1.2	1.6	2	2.5
	max		0.60	0.70	0.80	1.00	1.20	1.51	1.51	1.91	2.31	2.81
	min		0.46	0.56	0.66	0.86	1.06	1.26	1.26	1.66	2.06	2.56
r	min		0.1	0.1	0.1	0.1	0.1	0.2	0.2	0.25	0.4	0.4
r_f	参考		0.5	0.6	0.8	0.9	1	1.2	1.5	1.8	2.4	3
t	min		0.35	0.5	0.6	0.7	0.8	1	1.2	1.4	1.9	2.4
w	min		0.3	0.4	0.5	0.7	0.8	1	1.2	1.4	1.9	2.4
x	max		0.9	1	1.1	1.25	1.5	1.75	2	2.5	3.2	3.8
l[a,c]			每1 000件钢螺钉的质量($\rho=7.85\ kg/dm^3$)≈ kg									
公称	min	max										
2	1.8	2.2	0.075									
2.5	2.3	2.7	0.081	0.152								
3	2.8	3.2	0.087	0.161	0.281							
4	3.76	4.24	0.099	0.18	0.311	0.463						
5	4.76	5.24	0.11	0.198	0.341	0.507	0.825	1.16				
6	5.76	6.24	0.122	0.217	0.371	0.551	0.885	1.24	2.12			
8	7.71	8.29	0.145	0.254	0.431	0.639	1	1.39	2.37	4.02		
10	9.71	10.29	0.168	0.292	0.491	0.727	1.12	1.55	2.61	4.37	9.38	
12	11.65	12.35	0.192	0.329	0.551	0.816	1.24	1.7	2.86	4.72	10	18.2
(14)	13.65	14.35	0.215	0.366	0.611	0.904	1.36	1.86	3.11	5.1	10.6	19.2
16	15.65	16.35	0.238	0.404	0.671	0.992	1.48	2.01	3.36	5.45	11.2	20.2
20	19.58	20.42		0.478	0.792	1.17	1.72	2.32	3.85	6.14	12.6	22.2
25	24.58	25.42			0.942	1.39	2.02	2.71	4.47	7.01	14.1	24.7
30	29.58	30.42				1.61	2.32	3.1	5.09	7.9	15.7	27.2
35	34.5	35.5					2.62	3.48	5.71	8.78	17.3	29.7
40	39.5	40.5						3.87	6.32	9.66	18.9	32.2
45	44.5	45.5							6.94	10.5	20.5	34.7
50	49.5	50.5							7.56	11.4	22.1	37.2
(55)	54.05	55.95								12.3	23.7	39.7
60	59.05	60.95								13.2	25.3	42.2
(65)	64.05	65.95									26.9	44.7
70	69.05	70.95									28.5	47.2

续表 1-24 mm

螺纹规格 d			M1.6	M2	M2.5	M3	(M3.5)[a]	M4	M5	M6	M8	M10
(75)	74.05	75.95									30.1	49.7
80	79.05	80.95									31.7	52.2
注：在阶梯实线间为优选长度。												
[a] 尽可能不采用括号内的规格。 [b] P——螺距。 [c] 公称长度在阶梯虚线以上的螺钉，制出全螺纹($b=l-a$)。												

1.24.3 技术条件

(1) 螺钉材料：钢、不锈钢、有色金属。

(2) 机械性能等级

1) 钢的机械性能等级：$d<3$ mm，按协议；$d\geqslant3$ mm，4.8、5.8。

2) 不锈钢的机械性能等级：A2-50、A2-70。

3) 有色金属的机械性能等级：$d<3$ mm，按协议；$d\geqslant3$ mm，CU2、CU3、AL4。

(3) 表面处理

1) 钢的表面处理：

——不经处理；

——电镀技术要求按 GB/T 5267.1 的规定；

——非电解锌片涂层技术要求按 GB/T 5267.2 的规定；

——如需其他技术要求或表面处理，应由供需双方协议。

2) 不锈钢的表面处理：

——简单处理；

——钝化处理技术要求按 GB/T 5267.4 的规定；

——如需其他技术要求或表面处理，应由供需双方协议。

3) 有色金属的表面处理：

——简单处理；

——电镀技术要求按 GB/T 5267.1 的规定；

——如需其他技术要求或表面处理，应由供需双方协议。

1.24.4 标记示例

螺纹规格为 M5、公称长度 $l=20$ mm、性能等级为 4.8 级、表面不经处理的 A 级开槽盘头螺钉的标记：

螺钉 GB/T 67 M5×20

1.25 开槽盘头自攻螺钉

(GB/T 5282—2017 开槽盘头自攻螺钉)

1.25.1 型式

开槽盘头自攻螺钉型式见图 1-27。

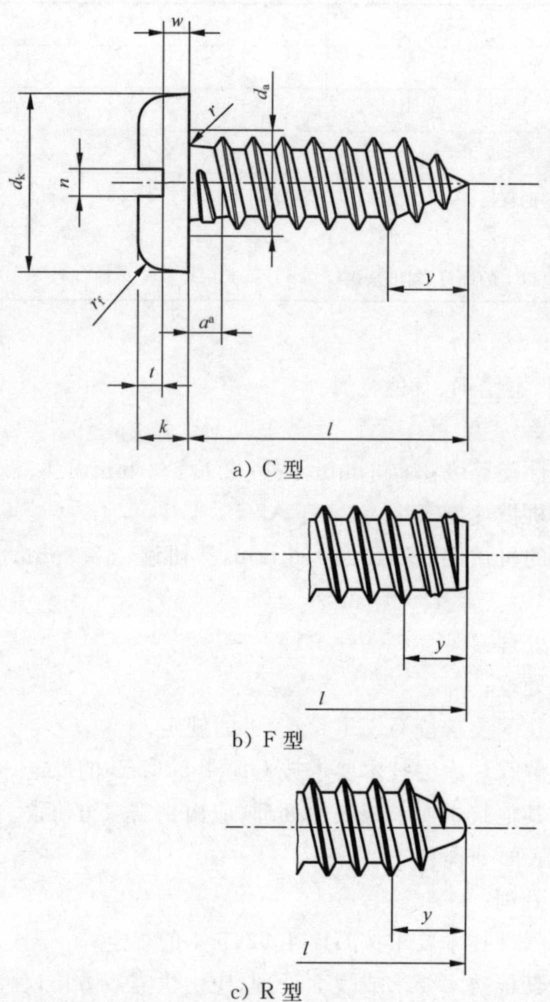

[a] 尺寸 a 应在第一扣完整螺纹的小径处测量。

图1-27　开槽盘头自攻螺钉

1.25.2　规格尺寸

开槽盘头自攻螺钉规格尺寸见表1-25。

表1-25　开槽盘头自攻螺钉规格尺寸　　mm

螺纹规格		ST 2.2	ST 2.9	ST 3.5	ST 4.2	ST 4.8	ST 5.5	ST 6.3	ST 8	ST 9.5
P^a		0.8	1.1	1.3	1.4	1.6	1.8	1.8	2.1	2.1
a	max	0.8	1.1	1.3	1.4	1.6	1.8	1.8	2.1	2.1
d_a	max	2.8	3.5	4.1	4.9	5.5	6.3	7.1	9.2	10.7
d_k	max	4.0	5.6	7.0	8.0	9.5	11.0	12.0	16.0	20.0
	min	3.7	5.3	6.6	7.6	9.1	10.6	11.6	15.6	19.5
k	max	1.3	1.8	2.1	2.4	3.0	3.2	3.6	4.8	6.0
	min	1.1	1.6	1.9	2.2	2.7	2.9	3.3	4.5	5.7

续表 1-25 mm

螺纹规格		ST 2.2	ST 2.9	ST 3.5	ST 4.2	ST 4.8	ST 5.5	ST 6.3	ST 8	ST 9.5
n	公称	0.5	0.8	1.0	1.2	1.2	1.6	1.6	2.0	2.5
	max	0.70	1.00	1.20	1.51	1.51	1.91	1.91	2.31	2.81
	min	0.56	0.86	1.06	1.26	1.26	1.66	1.66	2.06	2.56
r	min	0.10	0.10	0.10	0.20	0.20	0.25	0.25	0.40	0.40
r_f	参考	0.6	0.8	1.0	1.2	1.5	1.6	1.8	2.4	3.0
t	min	0.5	0.7	0.8	1.0	1.2	1.3	1.4	1.9	2.4
w	min	0.5	0.7	0.8	0.9	1.2	1.3	1.4	1.9	2.4
y 参考	C 型	2.0	2.6	3.2	3.7	4.3	5.0	6.0	7.5	8.0
	F 型	1.6	2.1	2.5	2.8	3.2	3.6	3.6	4.2	4.2
	R 型	—	—	2.7	3.2	3.6	4.3	5.0	6.3	—

l[b]					ST 2.2	ST 2.9	ST 3.5	ST 4.2	ST 4.8	ST 5.5	ST 6.3	ST 8	ST 9.5
公称	C 型和 R 型		F 型										
	min	max	min	max									
4.5	3.7	5.3	3.7	4.5		—	—	—	—	—	—	—	—
6.5	5.7	7.3	5.7	6.5				—	—	—	—	—	—
9.5	8.7	10.3	8.7	9.5						—	—	—	—
13	12.2	13.8	12.2	13.0								—	—
16	15.2	16.8	15.2	16.0									
19	18.2	19.8	18.2	19.0									
22	21.2	22.8	20.7	22.0									
25	24.2	25.8	23.7	25.0									
32	30.7	33.3	30.7	32.0									
38	36.7	39.3	36.7	38.0									
45	43.7	46.3	43.5	45.0									
50	48.7	51.3	48.5	50.0									

注：阶梯实线间为优选长度范围。

[a] P——螺距。

[b] 不能制造带“—”标记的长度规格。

1.25.3 技术条件

(1) 螺钉材料：钢、不锈钢。

(2) 不锈钢的机械性能等级：A2-20H、A4-20H、A5-20H。

(3) 表面处理

1) 钢的表面处理：

——不经处理；

——电镀技术要求按 GB/T 5267.1 的规定；

——非电解锌片涂层技术要求按 GB/T 5267.2 的规定；

——如需其他技术要求或表面处理，应由供需双方协议。

2) 不锈钢的表面处理：

——简单处理；

——钝化处理技术要求按 GB/T 5267.4 的规定；

——如需其他技术要求或表面处理，应由供需双方协议。

1.25.4 标记示例

螺纹规格为 ST3.5、公称长度 l=16 mm、钢制、表面不经处理、末端 C 型、产品等级 A 级的开槽盘头自攻螺钉的标记：

自攻螺钉 GB/T 5282 ST3.5×16

1.26 开槽沉头自攻螺钉

（GB/T 5283—2017 开槽沉头自攻螺钉）

1.26.1 型式

开槽沉头自攻螺钉型式见图 1-28。

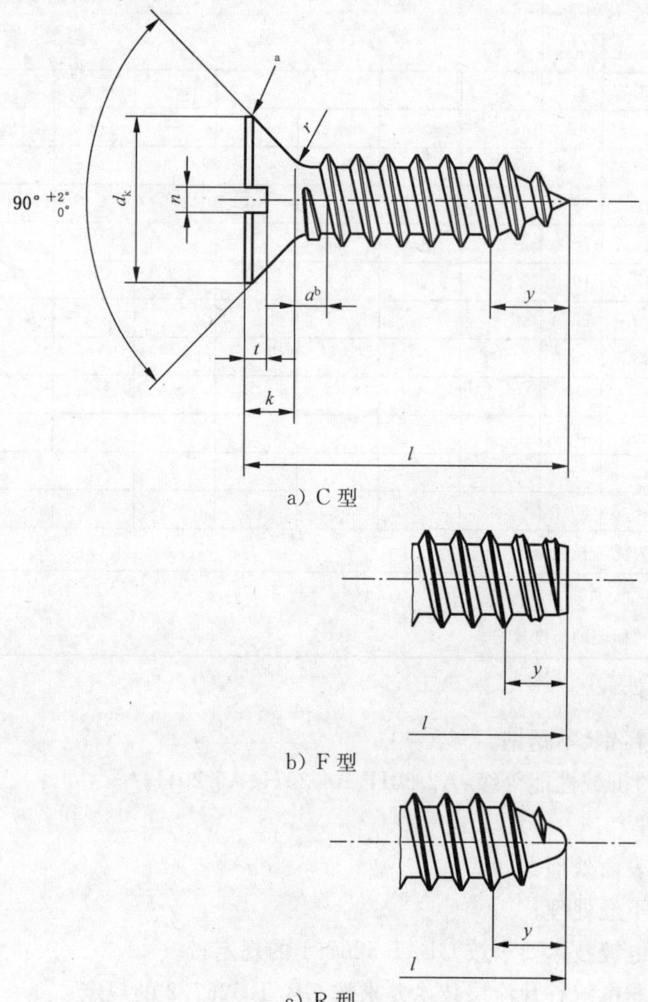

a）C 型

b）F 型

c）R 型

[a] 棱边可以是圆的或直的，由制造者任选。

[b] 尺寸 a 应在第一扣完整螺纹的小径处测量。

图 1-28 开槽沉头自攻螺钉

1.26.2 规格尺寸

开槽沉头自攻螺钉规格尺寸见表 1-26。

表 1-26 开槽沉头自攻螺钉规格尺寸 mm

螺纹规格					ST 2.2	ST 2.9	ST 3.5	ST 4.2	ST 4.8	ST 5.5	ST 6.3	ST 8	ST 9.5
P[a]					0.8	1.1	1.3	1.4	1.6	1.8	1.8	2.1	2.1
a	max				0.8	1.1	1.3	1.4	1.6	1.8	1.8	2.1	2.1
d_k	理论值[b] max				4.4	6.3	8.2	9.4	10.4	11.5	12.6	17.3	20.0
	实际值	max			3.8	5.5	7.3	8.4	9.3	10.3	11.3	15.8	18.3
		min			3.5	5.2	6.9	8.0	8.9	9.9	10.9	15.4	17.8
k	max				1.10	1.70	2.35	2.60	2.80	3.00	3.15	4.65	5.25
n	公称				0.5	0.8	1.0	1.2	1.2	1.6	1.6	2.0	2.5
	max				0.70	1.00	1.20	1.51	1.51	1.91	1.91	2.31	2.81
	min				0.56	0.86	1.06	1.26	1.26	1.66	1.66	2.06	2.56
r	max				0.8	1.2	1.4	1.6	2.0	2.2	2.4	3.2	4.0
t	max				0.60	0.85	1.20	1.30	1.40	1.50	1.60	2.30	2.60
	min				0.40	0.60	0.90	1.00	1.10	1.10	1.20	1.80	2.00
y 参考	C 型				2.0	2.6	3.2	3.7	4.3	5.0	6.0	7.5	8.0
	F 型				1.6	2.1	2.5	2.8	3.2	3.6	3.6	4.2	4.2
	R 型				—	—	2.7	3.2	3.6	4.3	5.0	6.3	—
l[c]													
公称	C 型和 R 型		F 型										
	min	max	min	max									
4.5	3.7	5.3	3.7	4.5		—	—	—	—	—	—	—	—
6.5	5.7	7.3	5.7	6.5			—	—	—	—	—	—	—
9.5	8.7	10.3	8.7	9.5						—	—	—	—
13	12.2	13.8	12.2	13.0								—	—
16	15.2	16.8	15.2	16.0									—
19	18.2	19.8	18.2	19.0									
22	21.2	22.8	20.7	22.0									
25	24.2	25.8	23.7	25.0									
32	30.7	33.3	30.7	32.0									
38	36.7	39.3	36.7	38.0									
45	43.7	46.3	43.5	45.0									
50	48.7	51.3	48.5	50.0									

注：阶梯实线间为优选长度范围。

[a] P——螺距。

[b] 符合 GB/T 5279 要求。

[c] 不能制造带“—”标记的长度规格。

1.26.3 技术条件

(1) 螺钉材料:钢、不锈钢。

(2) 不锈钢的机械性能等级:A2-20H、A4-20H、A5-20H。

(3) 表面处理

1) 钢的表面处理:

——不经处理;

——电镀技术要求按 GB/T 5267.1 的规定;

——非电解锌片涂层技术要求按 GB/T 5267.2 的规定;

——如需其他技术要求或表面处理,应由供需双方协议。

2) 不锈钢的表面处理:

——简单处理;

——钝化处理技术要求按 GB/T 5267.4 的规定;

——如需其他技术要求或表面处理,应由供需双方协议。

1.26.4 标记示例

螺纹规格为 ST3.5、公称长度 $l=16$ mm、钢制、表面不经处理、末端 C 型、产品等级 A 级的开槽沉头自攻螺钉的标记:

自攻螺钉 GB/T 5283 ST3.5×16

1.27 开槽半沉头自攻螺钉

(GB/T 5284—2017 开槽半沉头自攻螺钉)

1.27.1 型式

开槽半沉头自攻螺钉型式见图 1-29。

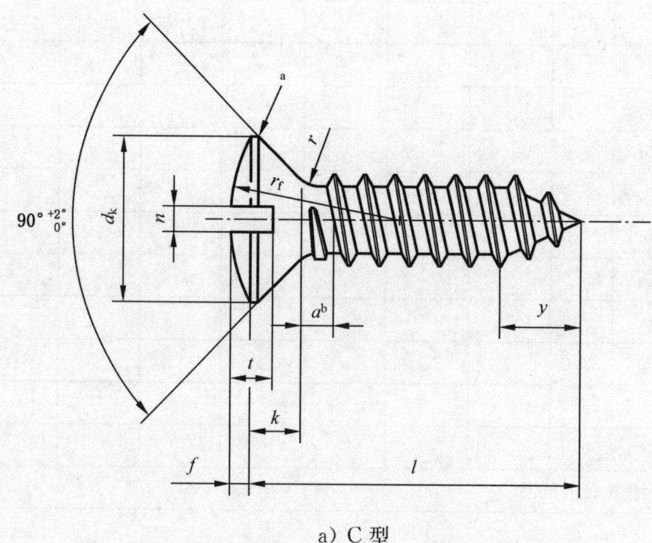

a) C 型

图 1-29 开槽半沉头自攻螺钉

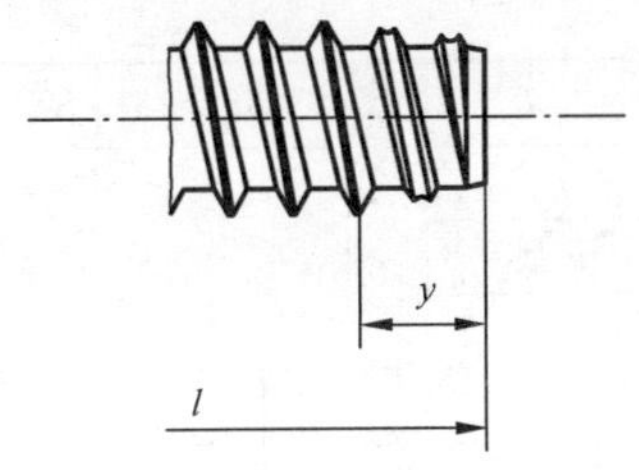

b）F 型

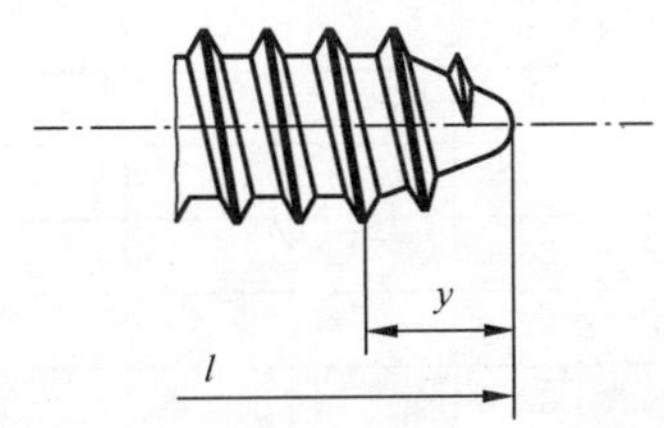

c）R 型

[a] 棱边可以是圆的或直的，由制造者任选。

[b] 尺寸 a 应在第一扣完整螺纹的小径处测量。

续图 1-29

1.27.2 规格尺寸

开槽半沉头自攻螺钉规格尺寸见表 1-27。

表 1-27 开槽半沉头自攻螺钉规格尺寸 mm

螺纹规格			ST 2.2	ST 2.9	ST 3.5	ST 4.2	ST 4.8	ST 5.5	ST 6.3	ST 8	ST 9.5
P^{a}			0.8	1.1	1.3	1.4	1.6	1.8	1.8	2.1	2.1
a	max		0.8	1.1	1.3	1.4	1.6	1.8	1.8	2.1	2.1
d_k	理论值[b] max		4.4	6.3	8.2	9.4	10.4	11.5	12.6	17.3	20.0
	实际值	max	3.8	5.5	7.3	8.4	9.3	10.3	11.3	15.8	18.3
		min	3.5	5.2	6.9	8.0	8.9	9.9	10.9	15.4	17.8
f	≈		0.5	0.7	0.8	1.0	1.2	1.3	1.4	2.0	2.3
k	max		1.10	1.70	2.35	2.60	2.80	3.00	3.15	4.65	5.25
n	公称		0.5	0.8	1.0	1.2	1.2	1.6	1.6	2.0	2.5
	max		0.70	1.00	1.20	1.51	1.51	1.91	1.91	2.31	2.81
	min		0.56	0.86	1.06	1.26	1.26	1.66	1.66	2.06	2.56
r	max		0.8	1.2	1.4	1.6	2.0	2.2	2.4	3.2	4.0
r_f	≈		4.0	6.0	8.5	9.5	9.5	11.0	12.0	16.5	19.5
t	max		1.00	1.45	1.70	1.90	2.40	2.60	2.80	3.70	4.40
	min		0.8	1.2	1.4	1.6	2.0	2.2	2.4	3.2	3.8
y 参考	C 型		2.0	2.6	3.2	3.7	4.3	5.0	6.0	7.5	8.0
	F 型		1.6	2.1	2.5	2.8	3.2	3.6	3.6	4.2	4.2
	R 型		—	—	2.7	3.2	3.6	4.3	5.0	6.3	—

续表 1-27

mm

螺纹规格					ST 2.2	ST 2.9	ST 3.5	ST 4.2	ST 4.8	ST 5.5	ST 6.3	ST 8	ST 9.5
l^{c}													
公称	C型和R型		F型										
	min	max	min	max									
4.5	3.7	5.3	3.7	4.5		—	—	—	—	—	—	—	—
6.5	5.7	7.3	5.7	6.5				—	—	—	—	—	—
9.5	8.7	10.3	8.7	9.5						—	—	—	—
13	12.2	13.8	12.2	13.0								—	—
16	15.2	16.8	15.2	16.0									—
19	18.2	19.8	18.2	19.0									
22	21.2	22.8	20.7	22.0									
25	24.2	25.8	23.7	25.0									
32	30.7	33.3	30.7	32.0									
38	36.7	39.3	36.7	38.0									
45	43.7	46.3	43.5	45.0									
50	48.7	51.3	48.5	50.0									

注：阶梯实线间为优选长度范围。

[a] P——螺距。

[b] 符合 GB/T 5279 要求。

[c] 不能制造带“—”标记的长度规格。

1.27.3 技术条件

(1) 螺钉材料：钢、不锈钢。

(2) 不锈钢的机械性能等级：A2-20H、A4-20H、A5-20H。

(3) 表面处理

1) 钢的表面处理：

——不经处理；

——电镀技术要求按 GB/T 5267.1 的规定；

——非电解锌片涂层技术要求按 GB/T 5267.2 的规定；

——如需其他技术要求或表面处理，应由供需双方协议。

2) 不锈钢的表面处理：

——简单处理；

——钝化处理技术要求按 GB/T 5267.4 的规定；

——如需其他技术要求或表面处理，应由供需双方协议。

1.27.4 标记示例

螺纹规格为 ST3.5、公称长度 $l=60$ mm、钢制、表面不经处理、末端 C 型、产品等级 A 级的开槽半沉头自攻螺钉的标记：

自攻螺钉 GB/T 5284 ST3.5×16

1.28 开槽沉头螺钉

（GB/T 68—2016 开槽沉头螺钉）

1.28.1 型式

开槽沉头螺钉型式见图 1-30。

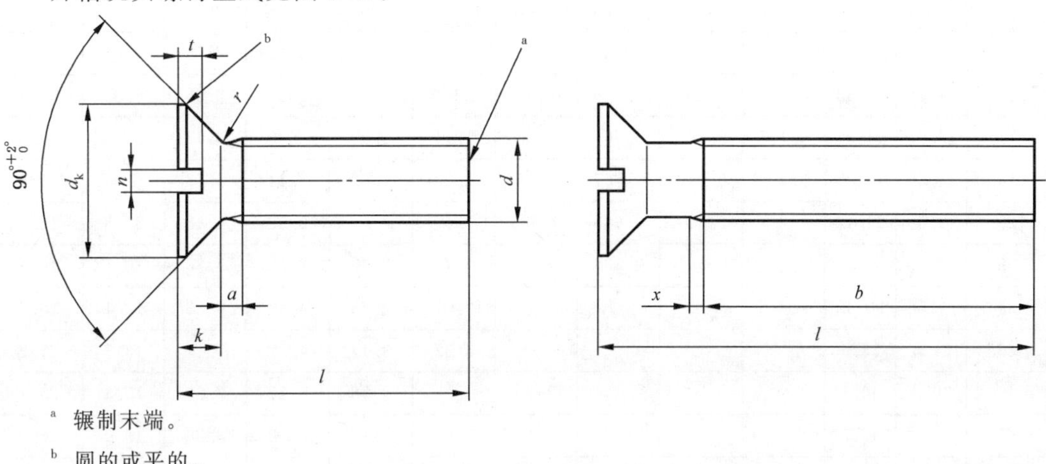

[a] 辗制末端。

[b] 圆的或平的。

图 1-30 开槽沉头螺钉

1.28.2 规格尺寸

开槽沉头螺钉规格尺寸见表 1-28。

表 1-28 开槽沉头螺钉规格尺寸 mm

螺纹规格 d			M1.6	M2	M2.5	M3	(M3.5)[a]	M4	M5	M6	M8	M10
P[b]			0.35	0.4	0.45	0.5	0.6	0.7	0.8	1	1.25	1.5
a		max	0.7	0.8	0.9	1	1.2	1.4	1.6	2	2.5	3
b		min	25	25	25	25	38	38	38	38	38	38
d_k[c]	理论值	max	3.6	4.4	5.5	6.3	8.2	9.4	10.4	12.6	17.3	20
	实际值	公称= max	3.0	3.8	4.7	5.5	7.30	8.40	9.30	11.30	15.80	18.30
		min	2.7	3.5	4.4	5.2	6.94	8.04	8.94	10.87	15.37	17.78
k[c]		公称=max	1	1.2	1.5	1.65	2.35	2.7	2.7	3.3	4.65	5
n		公称	0.4	0.5	0.6	0.8	1	1.2	1.2	1.6	2	2.5
		max	0.60	0.70	0.80	1.00	1.20	1.51	1.51	1.91	2.31	2.81
		min	0.46	0.56	0.66	0.86	1.06	1.26	1.26	1.66	2.06	2.56
r		max	0.4	0.5	0.6	0.8	0.9	1	1.3	1.5	2	2.5
t		max	0.50	0.6	0.75	0.85	1.2	1.3	1.4	1.6	2.3	2.6
		min	0.32	0.4	0.50	0.60	0.9	1.0	1.1	1.2	1.8	2.0
x		max	0.9	1	1.1	1.25	1.5	1.75	2	2.5	3.2	3.8
l[a,d]			每 1 000 件钢螺钉的质量(ρ=7.85 kg/dm³)≈ kg									
公称	min	max										
2.5	2.3	2.7	0.053									
3	2.8	3.2	0.058	0.101								
4	3.76	4.24	0.069	0.119	0.206							
5	4.76	5.24	0.081	0.137	0.236	0.335						

续表 1-28

mm

螺纹规格 d			M1.6	M2	M2.5	M3	(M3.5)[a]	M4	M5	M6	M8	M10
$l^{a,d}$			每 1 000 件钢螺钉的质量(ρ=7.85 kg/dm^3)≈ kg									
公称	min	max										
6	5.76	6.24	0.093	0.152	0.266	0.379	0.633	0.903				
8	7.71	8.29	0.116	0.193	0.326	0.467	0.753	1.06	1.48	2.38		
10	9.71	10.29	0.139	0.231	0.386	0.555	0.873	1.22	1.72	2.73	5.68	
12	11.65	12.35	0.162	0.268	0.446	0.643	0.933	1.37	1.96	3.08	6.32	9.54
(14)	13.65	14.35	0.185	0.306	0.507	0.731	1.11	1.53	2.2	3.43	6.96	10.6
16	15.65	16.35	0.208	0.343	0.567	0.82	1.23	1.68	2.44	3.78	7.6	11.6
20	19.58	20.42		0.417	0.687	0.996	1.47	2	2.92	4.48	8.88	13.6
25	24.58	25.42			0.838	1.22	1.77	2.39	3.52	5.36	10.5	16.1
30	29.58	30.42				1.44	2.07	2.78	4.12	6.23	12.1	18.7
35	34.5	35.5					2.37	3.17	4.72	7.11	13.7	21.2
40	39.5	40.5						3.56	5.32	7.98	15.3	23.7
45	44.5	45.5							5.92	8.86	16.9	26.2
50	49.5	50.5							6.52	9.73	18.5	28.8
(55)	54.05	55.95								10.6	20.1	31.3
60	59.05	60.95								11.5	21.7	33.8
(65)	64.05	65.95									23.3	36.3
70	69.05	70.95									24.9	38.9
(75)	74.05	75.95									26.5	41.4
80	79.05	80.95									28.1	43.9

注：在阶梯实线间为优选长度。

[a] 尽可能不采用括号内的规格。

[b] P——螺距。

[c] 见 GB/T 5279。

[d] 公称长度在阶梯虚线以上的螺钉，制出全螺纹[$b=l-(k+a)$]

1.28.3　技术条件

(1) 螺钉材料：钢、不锈钢、有色金属。

(2) 机械性能等级

1) 钢的机械性能等级：d<3 mm，按协议；d≥3 mm，4.8、5.8。

2) 不锈钢的机械性能等级：A2-50、A2-70。

3) 有色金属的机械性能等级：d<3 mm，按协议；d≥3 mm，CU2、CU3、AL4。

(3) 表面处理

1) 钢的表面处理：

——不经处理；

——电镀技术要求按 GB/T 5267.1 的规定；

——非电解锌片涂层技术要求按 GB/T 5267.2 的规定；

——如需其他技术要求或表面处理，应由供需双方协议。

2）不锈钢的表面处理：

——简单处理；

——钝化处理技术要求按 GB/T 5267.4 的规定；

——如需其他技术要求或表面处理，应由供需双方协议。

3）有色金属的表面处理：

——简单处理；

——电镀技术要求按 GB/T 5267.1 的规定；

——如需其他技术要求或表面处理，应由供需双方协议。

1.28.4 标记示例

螺纹规格为 M5、公称长度 l=20 mm、性能等级为 4.8 级、表面不经处理的 A 级开槽沉头螺钉的标记：

螺钉 GB/T 68 M5×20

1.29 开槽半沉头螺钉

（GB/T 69—2016 开槽半沉头螺钉）

1.29.1 型式

开槽半沉头螺钉型式见图 1-31。

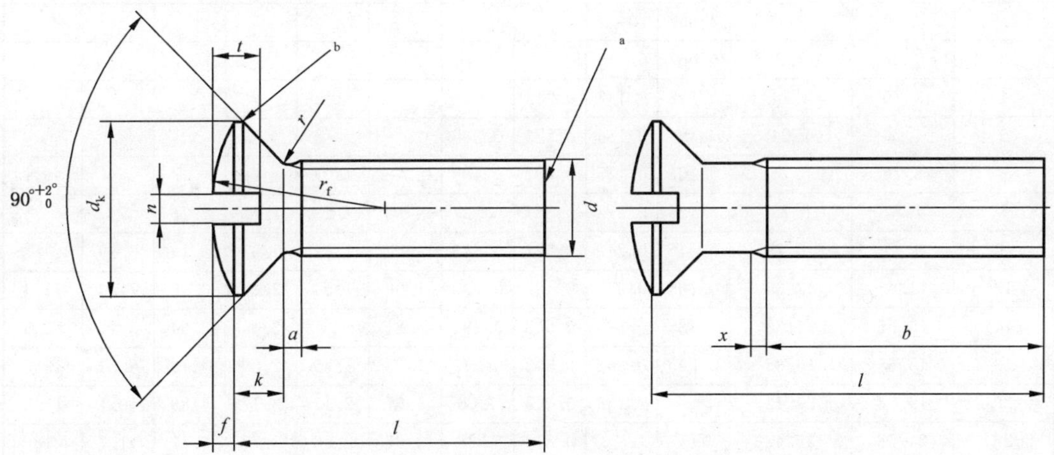

a 辗制末端。

b 圆的或平的。

图 1-31 开槽半沉头螺钉

1.29.2 规格尺寸

开槽半沉头螺钉规格尺寸见表 1-29。

表1-29　开槽半沉头螺钉规格尺寸　　mm

螺纹规格 d			M1.6	M2	M2.5	M3	(M3.5)[a]	M4	M5	M6	M8	M10
P^{b}			0.35	0.4	0.45	0.5	0.6	0.7	0.8	1	1.25	1.5
a	max		0.7	0.8	0.9	1	1.2	1.4	1.6	2	2.5	3
b	min		25	25	25	25	38	38	38	38	38	38
d_{k}^{c}	理论值	公称＝max	3.6	4.4	5.5	6.3	8.2	9.4	10.4	12.6	17.3	20
	实际值	max	3.0	3.8	4.7	5.5	7.30	8.40	9.30	11.30	15.80	18.30
		min	2.7	3.5	4.4	5.2	6.94	8.04	8.94	10.87	15.37	17.78
f	≈		0.4	0.5	0.6	0.7	0.8	1	1.2	1.4	2	2.3
k^{c}	公称＝max		1	1.2	1.5	1.65	2.35	2.7	2.7	3.3	4.65	5
n	公称		0.4	0.5	0.6	0.8	1	1.2	1.2	1.6	2	2.5
	max		0.6	0.70	0.80	1.00	1.20	1.51	1.51	1.91	2.31	2.81
	min		0.46	0.56	0.66	0.86	1.06	1.26	1.26	1.66	2.06	2.56
r	max		0.4	0.5	0.6	0.8	0.9	1	1.3	1.5	2	2.5
r_{f}	≈		3	4	5	6	8.5	9.5	9.5	12	16.5	19.5
t	max		0.80	1.0	1.2	1.45	1.7	1.9	2.4	2.8	3.7	4.4
	min		0.64	0.8	1.0	1.20	1.4	1.6	2.0	2.4	3.2	3.8
x	max		0.9	1	1.1	1.25	1.5	1.75	2	2.5	3.2	3.8
$l^{a,d}$			每1 000件近似的质量（ρ=7.85 kg/dm^{3}）kg									
公称	min	max										
2.5	2.3	2.7	0.062									
3	2.8	3.2	0.067	0.119								
4	3.76	4.24	0.078	0.138	0.242							
5	4.76	5.24	0.09	0.156	0.272	0.395						
6	5.76	6.24	0.102	0.175	0.302	0.439	0.729	1.07				
8	7.71	8.29	0.125	0.212	0.362	0.527	0.849	1.23	1.73	2.79		
10	9.71	10.29	0.145	0.249	0.422	0.615	0.969	1.39	1.97	3.14	6.89	
12	11.65	12.35	0.165	0.287	0.482	0.703	1.09	1.54	2.21	3.49	7.53	11.4
(14)	13.65	14.35	0.185	0.325	0.543	0.791	1.21	1.7	2.45	3.84	8.17	12.5
16	15.65	16.35	0.205	0.362	0.603	0.879	1.33	1.85	2.69	4.19	8.81	13.5
20	19.58	20.42		0.436	0.723	1.06	1.57	2.17	3.17	4.89	10.1	15.5
25	24.58	25.42			0.874	1.28	1.87	2.56	3.77	5.77	11.7	18
30	29.58	30.42				1.5	2.17	2.95	4.37	6.64	13.3	20.6
35	34.5	35.5					2.47	3.34	4.97	7.52	14.9	23.1
40	39.5	40.5						3.73	5.57	8.39	16.5	25.6
45	44.5	45.5							6.16	9.27	18.1	28.1
50	49.5	50.5							6.76	10.1	19.7	30.7
(55)	54.05	55.95								11	21.3	33.2
60	59.05	60.95								11.9	22.9	35.7
(65)	64.05	65.95									24.5	38.2
70	69.05	70.95									26.1	40.8

续表 1-29 mm

螺纹规格 d			M1.6	M2	M2.5	M3	(M3.5)[a]	M4	M5	M6	M8	M10
l[a,d]			每 1 000 件近似的质量(ρ=7.85 kg/dm³) kg									
公称	min	max										
(75)	74.05	75.95									27.7	43.3
80	79.05	80.95									29.3	45.8
注：在阶梯实线间为优选长度。												
[a] 尽可能不采用括号内的规格。 [b] P——螺距。 [c] 见 GB/T 5279。 [d] 公称长度在阶梯粗虚线以上的螺钉，制出全螺纹，$b=l-(k+a)$。												

1.29.3 技术条件

(1) 螺钉材料：钢、不锈钢、有色金属。

(2) 机械性能等级

1) 钢的机械性能等级：$d<3$ mm，按协议；$d\geqslant3$ mm，4.8、5.8。

2) 不锈钢的机械性能等级：A2-50、A2-70。

3) 有色金属的机械性能等级：$d<3$ mm，按协议；$d\geqslant3$ mm，CU2、CU3、AL4。

(3) 表面处理

1) 钢的表面处理：

——不经处理；

——电镀技术要求按 GB/T 5267.1 的规定；

——非电解锌片涂层技术要求按 GB/T 5267.2 的规定；

——如需其他技术要求或表面处理，应由供需双方协议。

2) 不锈钢的表面处理：

——简单处理；

——钝化处理技术要求按 GB/T 5267.4 的规定；

——如需其他技术要求或表面处理，应由供需双方协议。

3) 有色金属的表面处理：

——简单处理；

——电镀技术要求按 GB/T 5267.1 的规定；

——如需其他技术要求或表面处理，应由供需双方协议。

1.29.4 标记示例

螺纹规格为 M5、公称长度 l=20 mm、性能等级为 4.8 级、表面不经处理的 A 级开槽半沉头螺钉的标记：

螺钉 GB/T 69 M5×20

1.30 开槽圆柱头螺钉

(GB/T 65—2016 开槽圆柱头螺钉)

1.30.1 型式

开槽圆柱头螺钉型式见图 1-32。

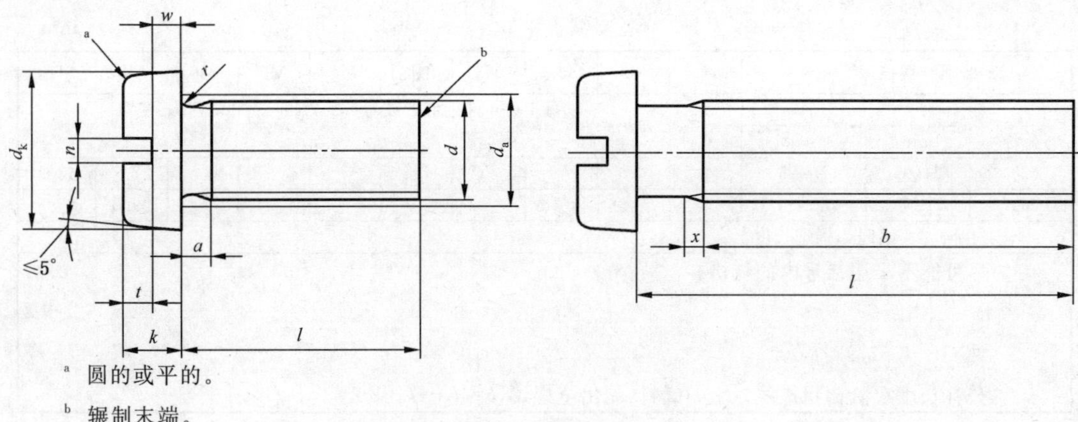

[a] 圆的或平的。

[b] 辗制末端。

图 1-32 开槽圆柱头螺钉

1.30.2 规格尺寸

开槽圆柱头螺钉规格尺寸见表 1-30。

表 1-30 开槽圆柱头螺钉规格尺寸 mm

螺纹规格 d			M1.6	M2	M2.5	M3	(M3.5)[a]	M4	M5	M6	M8	M10
P[b]			0.35	0.4	0.45	0.5	0.6	0.7	0.8	1	1.25	1.5
a		max	0.7	0.8	0.9	1.0	1.2	1.4	1.6	2.0	2.5	3.0
b		min	25	25	25	25	38	38	38	38	38	38
d_a		max	2.0	2.6	3.1	3.6	4.1	4.7	5.7	6.8	9.2	11.2
d_k	公称=	max	3.00	3.80	4.50	5.50	6.00	7.00	8.50	10.00	13.00	16.00
		min	2.86	3.62	4.32	5.32	5.82	6.78	8.28	9.78	12.73	15.73
k	公称=	max	1.10	1.40	1.80	2.00	2.40	2.60	3.30	3.9	5.0	6.0
		min	0.96	1.26	1.66	1.86	2.26	2.46	3.12	3.6	4.7	5.7
n		公称	0.4	0.5	0.6	0.8	1	1.2	1.2	1.6	2	2.5
		max	0.60	0.70	0.80	1.00	1.20	1.51	1.51	1.91	2.31	2.81
		min	0.46	0.56	0.66	0.86	1.06	1.26	1.26	1.66	2.06	2.56
r		min	0.10	0.10	0.10	0.10	0.10	0.20	0.20	0.25	0.40	0.40
t		min	0.45	0.60	0.70	0.85	1.00	1.10	1.30	1.60	2.00	2.40
w		min	0.40	0.50	0.70	0.75	1.00	1.10	1.30	1.60	2.00	2.40
x		max	0.90	1.00	1.10	1.25	1.50	1.75	2.00	2.50	3.20	3.80
l[c]			每 1 000 件钢螺钉的质量(ρ=7.85 kg/dm^3)≈ kg									
公称[a]	min	max										
2	1.80	2.20	0.07									
3	2.80	3.20	0.082	0.16	0.272							
4	3.76	4.24	0.094	0.179	0.302	0.515						
5	4.76	5.24	0.105	0.198	0.332	0.56	0.786	1.09				
6	5.76	6.24	0.117	0.217	0.362	0.604	0.845	1.17	2.06			
8	7.71	8.29	0.14	0.254	0.422	0.692	0.966	1.33	2.3	3.56		

续表 1-30　　mm

螺纹规格 d			M1.6	M2	M2.5	M3	(M3.5)[a]	M4	M5	M6	M8	M10
l[c]			每 1 000 件钢螺钉的质量(ρ=7.85 kg/dm³)≈ kg									
公称[a]	min	max										
10	9.71	10.29	0.163	0.291	0.482	0.78	1.08	1.47	2.55	3.92	7.85	
12	11.65	12.35	0.186	0.329	0.542	0.868	1.2	1.63	2.8	4.27	8.49	14.6
(14)	13.65	14.35	0.209	0.365	0.602	0.956	1.32	1.79	3.05	4.62	9.13	15.6
16	15.65	16.35	0.232	0.402	0.662	1.04	1.44	1.95	3.3	4.98	9.77	16.6
20	19.58	20.42		0.478	0.782	1.22	1.68	2.25	3.78	5.69	11	18.6
25	24.58	25.42			0.932	1.44	1.98	2.64	4.4	6.56	12.6	21.1
30	29.58	30.42				1.66	2.28	3.02	5.02	7.45	14.2	23.6
35	34.50	35.50					2.57	3.41	5.62	8.25	15.8	26.1
40	39.50	40.50						3.8	6.25	9.2	17.4	28.6
45	44.50	45.50							6.88	10	18.9	31.1
50	49.50	50.50							7.5	10.9	20.6	33.6
(55)	54.05	55.95								11.8	22.1	36.1
60	59.05	60.95								12.7	23.7	38.6
(65)	64.05	65.95									25.2	41.1
70	69.05	70.95									26.8	43.6
(75)	74.05	75.95									28.3	46.1
80	79.05	80.95									29.8	48.6
注：在阶梯实线间为优选长度。												

[a] 尽可能不采用括号内的规格。

[b] P——螺距。

[c] 公称长度在阶梯虚线以上的螺钉，制出全螺纹($b=l-a$)。

1.30.3 技术条件

(1) 螺钉材料：钢、不锈钢、有色金属。

(2) 机械性能等级

1) 钢的机械性能等级：$d<3$ mm，按协议；$d\geqslant 3$ mm，4.8、5.8。

2) 不锈钢的机械性能等级：A2-50、A2-70。

3) 有色金属的机械性能等级：$d<3$ mm，按协议；$d\geqslant 3$ mm，CU2、CU3、AL4。

(3) 表面处理

1) 钢的表面处理：

——不经处理；

——电镀技术要求按 GB/T 5267.1 的规定；

——非电解锌片涂层技术要求按 GB/T 5267.2 的规定；

——如需其他技术要求或表面处理，应由供需双方协议。

2) 不锈钢的表面处理：

——简单处理；

——钝化处理技术要求按 GB/T 5267.4 的规定；

——如需其他技术要求或表面处理，应由供需双方协议。

3）有色金属的表面处理：

——简单处理；

——电镀技术要求按 GB/T 5267.1 的规定；

——如需其他技术要求或表面处理，应由供需双方协议。

1.30.4　标记示例

螺纹规格为 M5、公称长度 l=20 mm、性能等级为 4.8 级、表面不经处理的 A 级开槽圆柱头螺钉的标记：

螺钉　GB/T 65　M5×20

1.31　开槽平端紧定螺钉

（GB/T 73—2017 开槽平端紧定螺钉）

1.31.1　型式

开槽平端紧定螺钉型式见图 1-33。

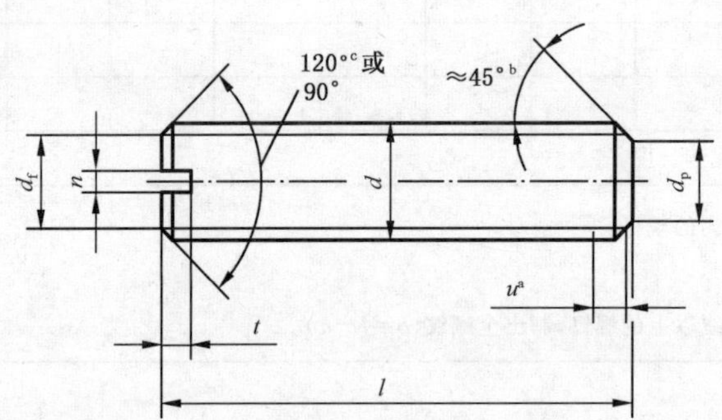

[a] 不完整螺纹的长度 $u \leqslant 2P$。

[b] 45°仅适用于螺纹小径以内的末端部分。

[c] 表中在虚阶梯线以上的短螺钉应制成 120°。

图 1-33　开槽平端紧定螺钉

1.31.2　规格尺寸

开槽平端紧定螺钉规格尺寸见表 1-31。

表 1-31 开槽平端紧定螺钉规格尺寸 mm

螺纹规格			M1.2	M1.6	M2	M2.5	M3	(M3.5)[a]	M4	M5	M6	M8	M10	M12
P[b]			0.25	0.35	0.4	0.45	0.5	0.6	0.7	0.8	1	1.25	1.5	1.75
d_f	max		螺纹小径											
d_p	min		0.35	0.55	0.75	1.25	1.75	1.95	2.25	3.20	3.70	5.20	6.64	8.14
	max		0.60	0.80	1.00	1.50	2.00	2.20	2.50	3.50	4.00	5.50	7.00	8.50
n	公称		0.2	0.25	0.25	0.4	0.4	0.5	0.6	0.8	1	1.2	1.6	2
	min		0.26	0.31	0.31	0.46	0.46	0.56	0.66	0.86	1.06	1.26	1.66	2.06
	max		0.40	0.45	0.45	0.60	0.60	0.70	0.80	1.00	1.20	1.51	1.91	2.31
t	min		0.40	0.56	0.64	0.72	0.80	0.96	1.12	1.28	1.60	2.00	2.40	2.80
	max		0.52	0.74	0.84	0.95	1.05	1.21	1.42	1.63	2.00	2.50	3.00	3.60
l[c]														
公称	min	max												
2	1.8	2.2												
2.5	2.3	2.7												
3	2.8	3.2												
4	3.7	4.3												
5	4.7	5.3												
6	5.7	6.3												
8	7.7	8.3												
10	9.7	10.3												
12	11.6	12.4												
(14)[a]	13.6	14.4												
16	15.6	16.4												
20	19.6	20.4												
25	24.6	25.4												
30	29.6	30.4												
35	34.5	35.5												
40	39.5	40.5												
45	44.5	45.5												
50	49.5	50.5												
55	54.4	55.6												
60	59.4	60.6												

注：阶梯实线间为优选长度范围。

[a] 尽可能不采用括号内的规格。

[b] P——螺距。

[c] 最小和最大值按 GB/T 3103.1 规定，并圆整到小数点后 1 位。

1.31.3　技术条件

（1）螺钉材料：钢、不锈钢、有色金属。

（2）机械性能等级

1）钢的机械性能等级：d<1.6 mm，按协议；d≥1.6 mm，14H、22H。

2）不锈钢的机械性能等级：d<1.6 mm，按协议；d≥1.6 mm，A1-12H。

3）有色金属的机械性能等级：CU2、CU3。

（3）表面处理

1）钢的表面处理：

——不经处理；

——电镀技术要求按 GB/T 5267.1 的规定；

——非电解锌片涂层技术要求按 GB/T 5267.2 的规定；

——如需其他技术要求或表面处理，应由供需双方协议。

2）不锈钢的表面处理：

——简单处理；

——钝化处理技术要求按 GB/T 5267.4 的规定；

——如需其他技术要求或表面处理，应由供需双方协议。

3）有色金属的表面处理：

——简单处理；

——电镀技术要求按 GB/T 5267.1 的规定；

——如需其他技术要求或表面处理，应由供需双方协议。

1.31.4　标记示例

螺纹规格为 M5、公称长度 l=12 mm、钢制、硬度等级 14H 级、表面不经处理、产品等级 A 级的开槽平端紧定螺钉的标记：

螺钉　GB/T 73　M5×12

1.32　内六角花形低圆柱头螺钉

（GB/T 2671.1—2017 内六角花形低圆柱头螺钉）

1.32.1　型式

内六角花形低圆柱头螺钉型式见图 1-34。

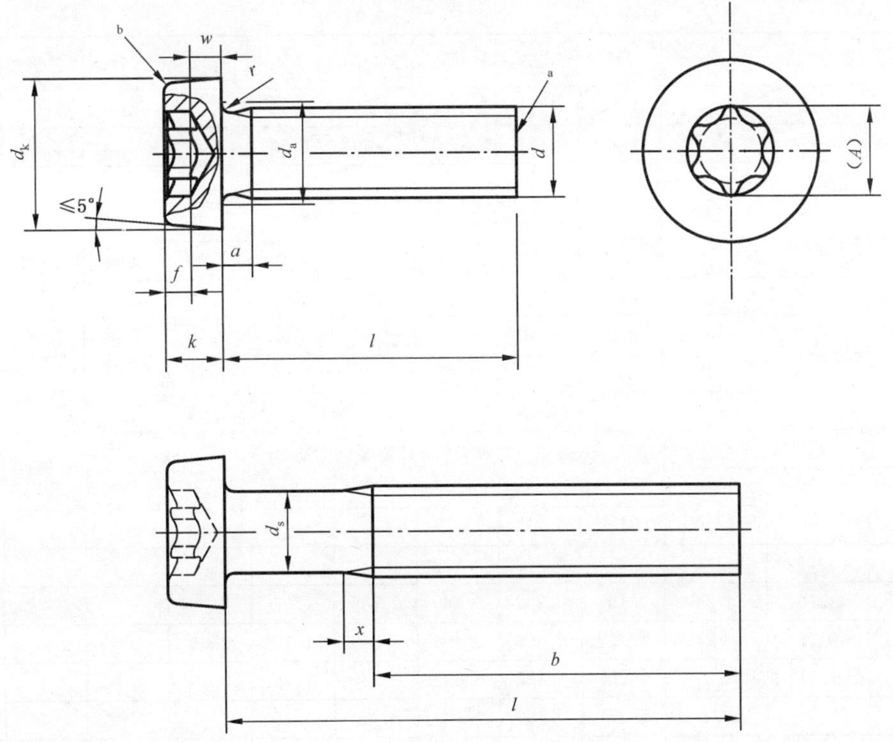

注：无螺纹杆径 d_s 约等于螺纹中径或螺纹大径。

[a] 辗制末端见 GB/T 2。

[b] 棱边可以是圆的或直的，由制造者任选。

图 1-34 内六角花形低圆柱头螺钉

1.32.2 规格尺寸

内六角花形低圆柱头螺钉规格尺寸见表 1-32。

表 1-32 内六角花形低圆柱头螺钉规格尺寸 mm

螺纹规格 d		M2	M2.5	M3	(M3.5)[a]	M4	M5	M6	M8	M10
P[b]		0.4	0.45	0.5	0.6	0.7	0.8	1	1.25	1.5
a	max	0.8	0.9	1.0	1.2	1.4	1.6	2.0	2.5	3.0
b	min	25	25	25	38	38	38	38	38	38
d_k	公称＝max	3.80	4.50	5.50	6.00	7.00	8.50	10.00	13.00	16.00
	min	3.62	4.32	5.32	5.82	6.78	8.28	9.78	12.73	15.73
d_a	max	2.60	3.10	3.60	4.10	4.70	5.70	6.80	9.20	11.20

续表 1-32

mm

螺纹规格 d			M2	M2.5	M3	(M3.5)[a]	M4	M5	M6	M8	M10
k[c]	公称=max		1.55	1.85	2.40	2.60	3.10	3.65	4.40	5.80	6.90
	min		1.41	1.71	2.26	2.46	2.92	3.47	4.10	5.50	6.54
r	min		0.10	0.10	0.10	0.10	0.20	0.20	0.25	0.40	0.40
w	min		0.50	0.70	0.75	1.00	1.10	1.30	1.60	2.00	2.40
x	max		1.00	1.10	1.25	1.50	1.75	2.00	2.50	3.20	3.80
内六角花形[d]	槽号 No.		6	8	10	15	20	25	30	45	50
	A 参考		1.75	2.40	2.80	3.35	3.95	4.50	5.60	7.95	8.95
	t	max	0.84	0.91	1.27	1.33	1.66	1.91	2.29	3.05	3.43
		min	0.71	0.78	1.01	1.07	1.27	1.52	1.90	2.66	3.04
l[e]			每1 000件钢螺钉的质量(ρ=7.85 kg/dm^3)≈								
公称[a]	min	max	kg								
3	2.80	3.20	0.160	0.272							
4	3.76	4.24	0.179	0.302	0.515						
5	4.76	5.24	0.198	0.332	0.560	0.786	1.09				
6	5.76	6.24	0.217	0.362	0.604	0.845	1.17	2.06			
8	7.71	8.29	0.254	0.422	0.692	0.966	1.33	2.30	3.56		
10	9.71	10.29	0.291	0.482	0.780	1.08	1.47	2.55	3.92	7.85	
12	11.65	12.35	0.329	0.542	0.868	1.20	1.63	2.80	4.27	8.49	14.6
(14)	13.65	14.35	0.365	0.602	0.956	1.32	1.79	3.05	4.62	9.13	15.6
16	15.65	16.35	0.402	0.662	1.04	1.44	1.95	3.30	4.98	9.77	16.6
20	19.58	20.42	0.478	0.782	1.22	1.68	2.25	3.78	5.69	11.0	18.6
25	24.58	25.42		0.932	1.44	1.98	2.64	4.40	6.56	12.6	21.1
30	29.58	30.42			1.66	2.28	3.02	5.02	7.45	14.2	23.6
35	34.50	35.50				2.57	3.41	5.62	8.25	15.8	26.1
40	39.50	40.50					3.80	6.25	9.20	17.4	28.6
45	44.50	45.50						6.88	10.0	18.9	31.1
50	49.50	50.50						7.50	10.9	20.6	33.6
(55)	54.40	55.60							11.8	22.1	36.1
60	59.40	60.60							12.7	23.7	38.6
(65)	64.40	65.60								25.2	41.1
70	69.40	70.60								26.8	43.6
(75)	74.40	75.60								28.3	46.1
80	79.40	80.60								29.8	48.6

注：阶梯实线间为优选长度范围。

[a] 尽可能不采用括号内的规格。

[b] P——螺距。

[c] 比 GB/T 65 增加了头部高度，以改善头部强度。

[d] 内六角花形的验收检查见 GB/T 6188。

[e] 虚线以上的长度，螺纹制到头部($b=l-a$)。

1.32.3 技术条件

(1) 螺钉材料:钢、不锈钢、有色金属。

(2) 机械性能等级

1) 钢的机械性能等级:$d<3$ mm,按协议;$d\geqslant3$mm,4.8、5.8。

2) 不锈钢的机械性能等级:A2-50、A2-70、A3-50、A3-70。

3) 有色金属的机械性能等级:$d<3$ mm,按协议;$d\geqslant3$ mm,CU2、CU3。

(3) 表面处理

1) 钢的表面处理:

——不经处理;

——电镀技术要求按 GB/T 5267.1 的规定;

——非电解锌片涂层技术要求按 GB/T 5267.2 的规定;

——如需其他技术要求或表面处理,应由供需双方协议。

2) 不锈钢的表面处理:

——简单处理;

——钝化处理技术要求按 GB/T 5267.4 的规定;

——如需其他技术要求或表面处理,应由供需双方协议。

3) 有色金属的表面处理:

——简单处理;

——电镀技术要求按 GB/T 5267.1 的规定;

——如需其他技术要求或表面处理,应由供需双方协议。

1.32.4 标记示例

螺纹规格为 M5、公称长度 $l=20$ mm、钢制、性能等级 4.8 级、表面不经处理、产品等级 A 级的内六角花形低圆柱头螺钉的标记:

螺钉 GB/T 2671.1 M5×20

1.33 内六角花形圆柱头螺钉

(GB/T 2671.2—2017 内六角花形圆柱头螺钉)

1.33.1 型式

内六角花形圆柱头螺钉型式见图 1-35。

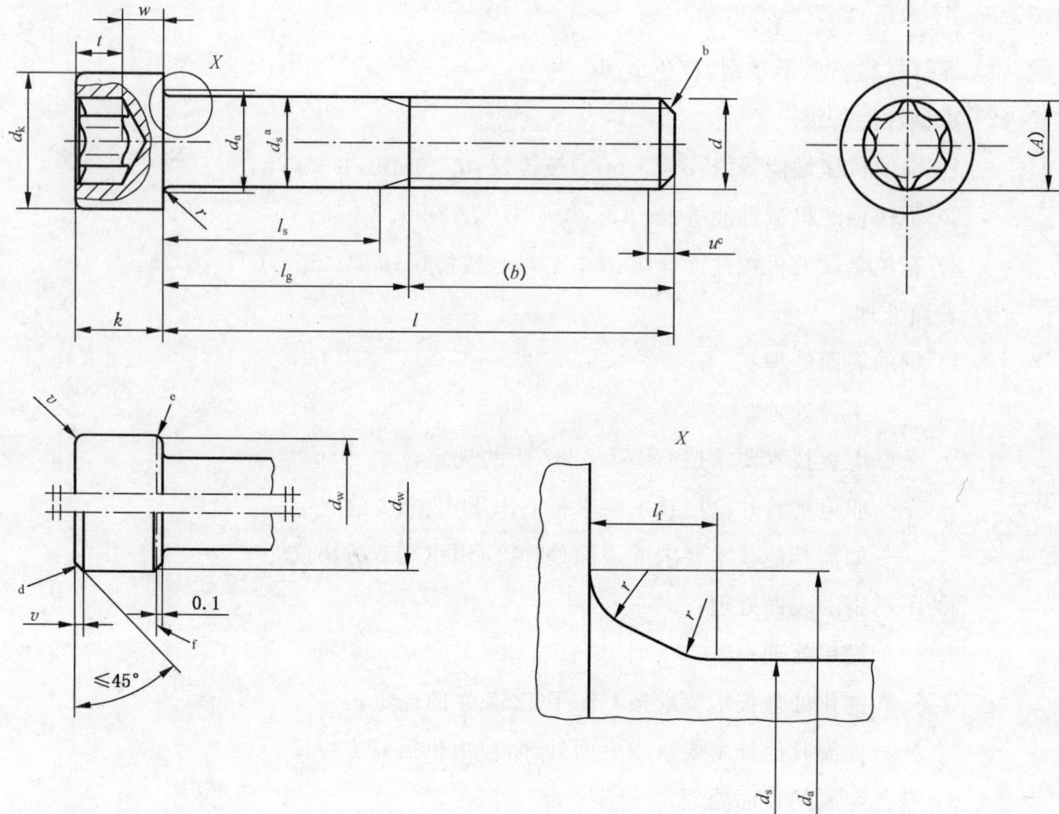

最大的头下圆角：

$l_{f\max}=1.7r_{\max}$

$r_{\max}=\dfrac{d_{a\max}-d_{s\max}}{2}$

$r_{\min}$ 见表1-33。

[a] d_s 适用于规定了 $l_{s\min}$ 数值的产品。

[b] 末端倒角，或 $d\leqslant$M4 的规格为辗制末端，见 GB/T 2。

[c] 不完整螺纹的长度 $u\leqslant 2P$。

[d] 头的顶部棱边可以是圆的或倒角的，由制造者任选。

[e] 底部棱边可以是圆的或倒角到 d_w，但均不得有毛刺。

[f] d_w 的仲裁基准。

图1-35　内六角花形圆柱头螺钉

1.33.2　规格尺寸

内六角花形圆柱头螺钉规格尺寸见表1-33。

表 1-33 内六角花形圆柱头螺钉规格尺寸 mm

螺纹规格 d			M2	M2.5	M3	M4	M5	M6	M8
P[a]			0.4	0.45	0.5	0.7	0.8	1	1.25
b[b]	参考		16	17	18	20	22	24	28
d_k	max[c]		3.80	4.50	5.50	7.00	8.50	10.00	13.00
	max[d]		3.98	4.68	5.68	7.22	8.72	10.22	13.27
	min		3.62	4.32	5.32	6.78	8.28	9.78	12.73
d_a	max		2.60	3.10	3.60	4.70	5.70	6.80	9.20
d_s	max		2.00	2.50	3.00	4.00	5.00	6.00	8.00
	min		1.86	2.36	2.86	3.82	4.82	5.82	7.78
l_f	max		0.51	0.51	0.51	0.60	0.60	0.68	1.02
k	max		2.00	2.50	3.00	4.00	5.00	6.00	8.00
	min		1.86	2.36	2.86	3.82	4.82	5.70	7.64
r	min		0.10	0.10	0.10	0.20	0.20	0.25	0.40
v	max		0.20	0.25	0.30	0.40	0.50	0.60	0.80
d_w	min		3.48	4.18	5.07	6.53	8.03	9.38	12.33
w	min		0.55	0.85	1.15	1.40	1.90	2.30	3.30
内六角花形[e]	槽号 No.		6	8	10	20	25	30	45
	A 参考		1.75	2.40	2.80	3.95	4.50	5.60	7.95
	t	max	0.84	1.04	1.27	1.80	2.03	2.42	3.31
		min	0.71	0.91	1.01	1.42	1.65	2.02	2.92

l[g]			l_s 和 l_g														
公称	min	max	l_s min	l_g max	l_s min	l_g max	l_s min	l_g max	l_s min	l_g max	l_s min	l_g max	l_s min	l_g max	l_s min	l_g max
3	2.8	3.2														
4	3.76	4.24														
5	4.76	5.24														
6	5.76	6.24														
8	7.71	8.29														
10	9.71	10.29														
12	11.65	12.35														
16	15.65	16.35														
20	19.58	20.42	2	4												
25	24.58	25.42			5.75	8	4.5	7								
30	29.58	30.42					9.5	12	6.5	10	4	8				
35	34.5	35.5							11.5	15	9	13	6	11		
40	39.5	40.5							16.5	20	14	18	11	16	5.75	12
45	44.5	45.5									19	23	16	21	10.75	17
50	49.5	50.5									24	28	21	26	15.75	22
55	54.4	55.6											26	31	20.75	27
60	59.4	60.6											31	36	25.75	32
65	64.4	65.6													30.75	37
70	69.4	70.6													35.75	42
80	79.4	80.6													45.75	52

续表 1-33

mm

螺纹规格 d			M10	M12	(M14)[f]	M16	(M18)[f]	M20
P[a]			1.5	1.75	2	2	2.5	2.5
b[b]	参考		32	36	40	44	48	52
d_k	max[c]		16.00	18.00	21.00	24.00	27.00	30.00
	max[d]		16.27	18.27	21.33	24.33	27.33	30.33
	min		15.73	17.73	20.67	23.67	26.67	29.67
d_a	max		11.20	13.70	15.70	17.70	20.20	22.40
d_s	max		10.00	12.00	14.00	16.00	18.00	20.00
	min		9.78	11.73	13.73	15.73	17.73	19.67
l_f	max		1.02	1.45	1.45	1.45	1.87	2.04
k	max		10.00	12.00	14.00	16.00	18.00	20.00
	min		9.64	11.57	13.57	15.57	17.57	19.48
r	min		0.4	0.6	0.6	0.6	0.6	0.8
v	max		1.0	1.2	1.4	1.6	1.8	2.0
d_w	min		15.33	17.23	20.17	23.17	25.87	28.87
w	min		4.0	4.8	5.8	6.8	7.8	8.6
内六角花形[e]	槽号 No.		50	55	60	70	80	90
	A 参考		8.95	11.35	13.45	15.70	17.75	20.20
	t	max	4.02	5.21	5.99	7.01	8.00	9.20
		min	3.62	4.82	5.62	6.62	7.50	8.69

l[g]			l_s 和 l_g											
公称	min	max	l_s min	l_g max	l_s min	l_g max	l_s min	l_g max	l_s min	l_g max	l_s min	l_g max	l_s min	l_g max
16	15.65	16.35												
20	19.58	20.42												
25	24.58	25.42												
30	29.58	30.42												
35	34.50	35.50												
40	39.50	40.50												
45	44.50	45.50	5.5	13										
50	49.50	50.50	10.5	18										
55	54.40	55.60	15.5	23	10.25	29								
60	59.40	60.60	20.5	28	15.25	24	10	20						
65	64.40	65.60	25.5	33	20.25	29	15	25	11	21				
70	69.40	70.60	30.5	38	25.25	34	20	30	16	26	9.5	22		
80	79.40	80.60	40.5	48	35.25	44	30	40	26	36	19.5	32	15.5	28
90	89.30	90.70	50.5	58	45.25	54	40	50	36	46	29.5	42	25.5	38

续表 1-33 mm

螺纹规格 d			M10		M12		(M14)[f]		M16		(M18)[f]		M20	
l[g]			l_s 和 l_g											
公称	min	max	l_s min	l_g max	l_s min	l_g max	l_s min	l_g max	l_s min	l_g max	l_s min	l_g max	l_s min	l_g max
100	99.30	100.70	60.5	68	55.25	64	50	60	46	56	39.5	52	35.5	48
110	109.30	110.70			65.25	74	60	70	56	66	49.5	62	45.5	58
120	119.30	120.70			75.25	84	70	80	66	76	59.5	72	55.5	68
130	129.20	130.80					80	90	76	86	69.5	82	65.5	78
140	139.20	140.80					90	100	86	96	79.5	92	75.5	88
150	149.20	150.80							96	106	89.5	102	85.5	98
160	159.20	160.80							106	116	99.5	112	95.5	108
180	179.20	180.80									119.5	132	115.5	128
200	199.075	200.925											135.5	148

注：阶梯实线间为优选长度范围。

[a] P——螺距。

[b] 用于在虚线以下的长度。

[c] 对光滑头部。

[d] 对滚花头部。

[e] 内六角花形的验收检查见 GB/T 6188。

[f] 尽可能不采用括号内的规格。

[g] 虚线以上的长度，螺纹制到距头部 $3P$ 以内；虚线以下的长度，l_s 和 l_g 按下式计算：

$l_{g\,max}=l_{公称}-b$；$l_{s\,min}=l_{g\,max}-5P$

1.33.3 技术条件

(1) 螺钉材料：钢、不锈钢、有色金属。

(2) 机械性能等级

1) 钢的机械性能等级：$d<3$ mm，按协议；$d\geqslant3$ mm，8.8、9.8、10.9、12.9/12.9。

2) 不锈钢的机械性能等级：A2-70、A4-70、A3-70、A5-70。

3) 有色金属的机械性能等级：$d<3$ mm，按协议；$d\geqslant3$mm，CU2、CU3。

(3) 表面处理

1) 钢的表面处理：

——不经处理；

——电镀技术要求按 GB/T 5267.1 的规定；

——非电解锌片涂层技术要求按 GB/T 5267.2 的规定；

——如需其他技术要求或表面处理，应由供需双方协议。

2) 不锈钢的表面处理：

——简单处理；

——钝化处理技术要求按 GB/T 5267.4 的规定；

——如需其他技术要求或表面处理，应由供需双方协议。

3) 有色金属的表面处理：

——简单处理；

——电镀技术要求按 GB/T 5267.1 的规定；

——如需其他技术要求或表面处理，应由供需双方协议。

1.33.4 标记示例

螺纹规格为 M5、公称长度 $l=20$ mm、钢制、性能等级 8.8 级、表面不经处理、产品等级 A 级的内六角花形圆柱头螺钉的标记：

螺钉 GB/T 2671.2 M5×20

1.34 内六角花形半沉头螺钉

（GB/T 2674—2017 内六角花形半沉头螺钉）

1.34.1 型式

内六角花形半沉头螺钉型式见图 1-36。

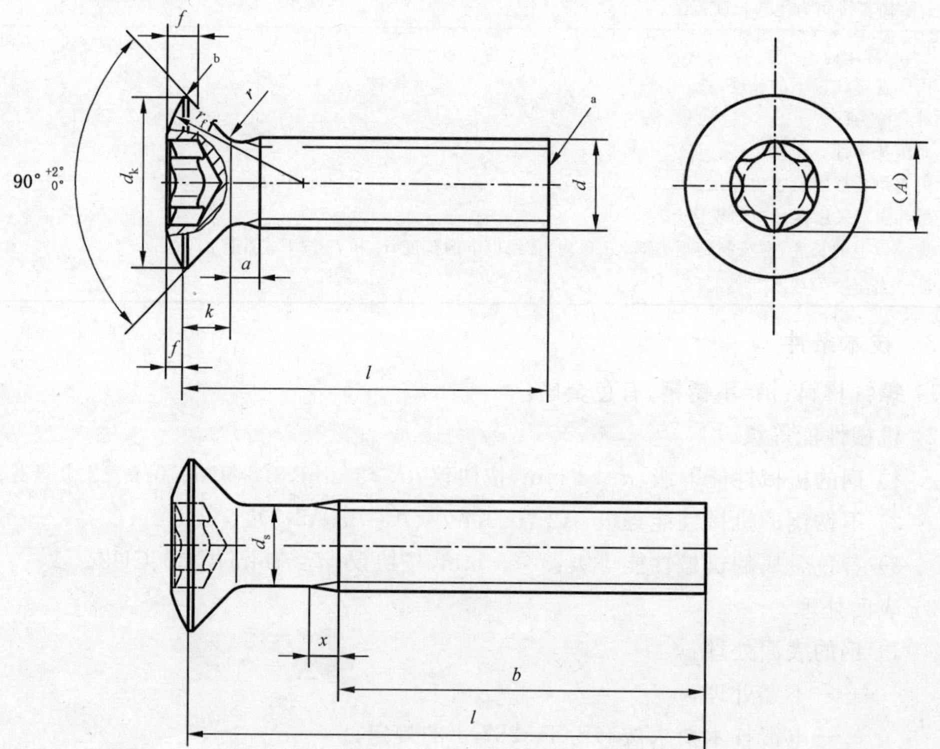

注：无螺纹杆径 d_s 约等于螺纹中径或螺纹大径。

[a] 辗制末端见 GB/T 2。

[b] 棱边可以是圆的或直的，由制造者任选。

图 1-36 内六角花形半沉头螺钉

1.34.2 规格尺寸

内六角花形半沉头螺钉规格尺寸见表 1-34。

表 1-34 内六角花形半沉头螺钉规格尺寸 mm

螺纹规格 d			M2	M2.5	M3	(M3.5)[a]	M4	M5	M6	M8	M10
P[b]			0.4	0.45	0.5	0.6	0.7	0.8	1.0	1.25	1.5
a	max		0.8	0.9	1.0	1.2	1.4	1.6	2.0	2.5	3.0
b	min		25	25	25	38	38	38	38	38	38
d_k[c]	理论值 max		4.4	5.5	6.3	8.2	9.4	10.4	12.6	17.3	20.0
	实际值	公称=max	3.80	4.70	5.50	7.30	8.40	9.30	11.30	15.80	18.30
		min	3.50	4.40	5.20	6.94	8.04	8.94	10.87	15.37	17.78
f	≈		0.5	0.6	0.7	0.8	1.0	1.2	1.4	2.0	2.3
k[c]	公称=max		1.20	1.50	1.65	2.35	2.70	2.70	3.30	4.65	5.00
r	max		0.5	0.6	0.8	0.9	1.0	1.3	1.5	2.0	2.5
r_f	≈		4.0	5.0	6.0	8.5	9.5	9.5	12.0	16.5	19.5
x	max		1.00	1.10	1.25	1.50	1.75	2.00	2.50	3.20	3.80
内六角花形[d]	槽号 No.		6	8	10	15	20	25	30	45	50
	A 参考		1.75	2.40	2.80	3.35	3.95	4.50	5.60	7.95	8.95
	t	max	0.77	1.04	1.15	1.53	1.80	2.03	2.42	3.31	3.81
		min	0.63	0.91	0.88	1.27	1.42	1.65	2.02	2.92	3.42
l[e]			每 1 000 件钢螺钉的质量(ρ=7.85 kg/dm^3)≈ kg								
公称	min	max									
3	2.8	3.2	0.119	0.212							
4	3.76	4.24	0.138	0.242	0.351						
5	4.76	5.24	0.156	0.272	0.395	0.669	0.99				
6	5.76	6.24	0.175	0.302	0.439	0.729	1.07	1.49			
8	7.71	8.29	0.212	0.362	0.527	0.849	1.23	1.73	2.79		
10	9.71	10.29	0.249	0.422	0.615	0.969	1.39	1.97	3.14	6.89	
12	11.65	12.35	0.287	0.482	0.703	1.09	1.54	2.21	3.49	7.53	11.4
(14)[a]	13.65	14.35	0.325	0.543	0.791	1.21	1.70	2.45	3.84	8.17	12.5
16	15.65	16.35	0.362	0.603	0.879	1.33	1.85	2.69	4.19	8.81	13.5
20	19.58	20.42	0.436	0.723	1.06	1.57	2.17	3.17	4.89	10.1	15.5
25	24.58	25.42		0.874	1.28	1.87	2.56	3.77	5.77	11.7	18.0
30	29.58	30.42			1.50	2.17	2.95	4.37	6.64	13.3	20.6
35	34.5	35.5				2.47	3.34	4.97	7.52	14.9	23.1
40	39.5	40.5					3.73	5.57	8.39	16.5	25.6
45	44.5	45.5						6.16	9.27	18.1	28.1
50	49.5	50.5						6.76	10.1	19.7	30.7
(55)[a]	54.4	55.6							11.0	21.3	33.2
60	59.4	60.6							11.9	22.9	35.7

注：阶梯实线间为优选长度范围。

[a] 尽可能不采用括号内的规格。

[b] P——螺距。

[c] 头部尺寸的测量按 GB/T 5279 规定。

[d] 内六角花形的验收检查见 GB/T 6188。

[e] 虚线以上的长度，螺纹制到头部[$b=l-(k+a)$]。

1.34.3　技术条件

（1）螺钉材料：钢、不锈钢、有色金属。

（2）机械性能等级

1）钢的机械性能等级：$d<3$ mm，按协议；$d\geqslant 3$ mm，4.8。

2）不锈钢的机械性能等级：A2-70、A3-70。

3）有色金属的机械性能等级：$d<3$ mm，按协议；$d\geqslant 3$ mm，CU2、CU3。

（3）表面处理

1）钢的表面处理：

——不经处理；

——电镀技术要求按 GB/T 5267.1 的规定；

——非电解锌片涂层技术要求按 GB/T 5267.2 的规定；

——如需其他技术要求或表面处理，应由供需双方协议。

2）不锈钢的表面处理：

——简单处理；

——钝化处理技术要求按 GB/T 5267.4 的规定；

——如需其他技术要求或表面处理，应由供需双方协议。

3）有色金属的表面处理：

——简单处理；

——电镀技术要求按 GB/T 5267.1 的规定；

——如需其他技术要求或表面处理，应由供需双方协议。

1.34.4　标记示例

螺纹规格为 M5、公称长度 $l=20$ mm、钢制、性能等级 4.8 级、表面不经处理、产品等级 A 级的内六角花形半沉头螺钉的标记：

螺钉　GB/T 2674　M5×20

1.35　六角头自挤螺钉

（GB/T 6563—2014 六角头自挤螺钉）

1.35.1　型式

六角头自挤螺钉型式见图 1-37。

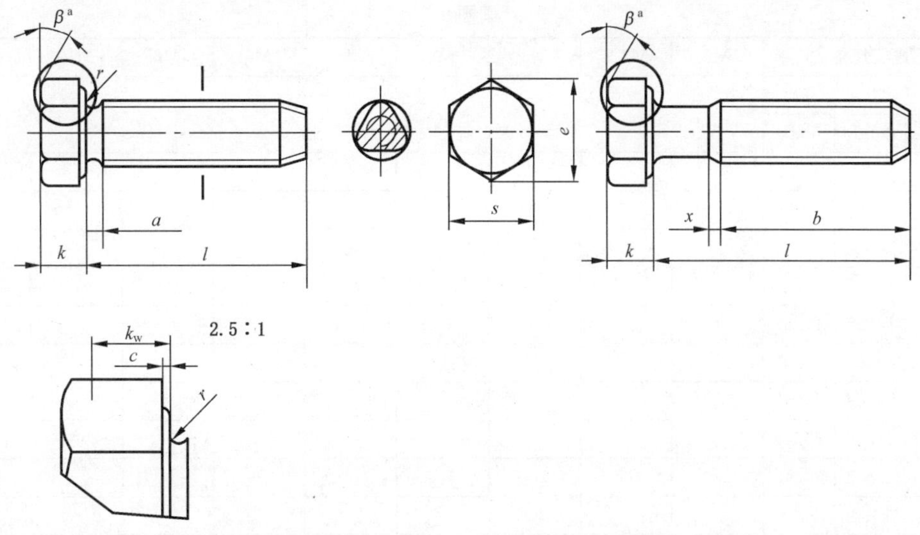

a $\beta=15°\sim30°$

图 1-37 六角头自挤螺钉

1.35.2 规格尺寸

六角头自挤螺钉规格尺寸见表 1-35。

表 1-35 六角头自挤螺钉规格尺寸

mm

螺纹规格			M2	M2.5	M3	M4	M5	M6	M8	M10	M12
P[a]			0.4	0.45	0.5	0.7	0.8	1	1.25	1.5	1.75
y[b]	max		1.6	1.8	2	2.8	3.2	4	5	6	7
a	max		1.2	1.35	1.5	2.1	2.4	3	4	4.5	5.3
b	min		25	25	25	38	38	38	38	38	38
c	max		0.25	0.25	0.4	0.4	0.5	0.5	0.6	0.6	0.6
	min		0.10	0.10	0.15	0.15	0.15	0.15	0.15	0.15	0.15
e	min		4.32	5.45	6.01	7.66	8.79	11.05	14.38	17.77	20.03
k	公称		1.4	1.7	2	2.8	3.5	4	5.3	6.4	7.5
	max		1.525	1.825	2.125	2.925	3.65	4.15	5.45	6.58	7.68
	min		1.275	1.575	1.875	2.675	3.35	3.85	5.15	6.22	7.32
k_w	min		0.89	1.1	1.31	1.87	2.35	2.7	3.61	4.35	5.12
r	min		0.1	0.1	0.1	0.2	0.2	0.25	0.4	0.4	0.6
x	max		1	1.1	1.25	1.75	2	2.5	3.2	3.8	4.4
s	max		4	5	5.5	7	8	10	13	16	18
	min		3.82	4.82	5.32	6.78	7.78	9.78	12.78	15.73	17.73
l[c]											
公称	min	max									
3	2.8	3.2									
4	3.76	4.24									
5	4.76	5.24									

续表 1-35 mm

螺纹规格			M2	M2.5	M3	M4	M5	M6	M8	M10	M12
l^{c}											
公称	min	max									
6	5.76	6.24									
8	7.71	8.29									
10	9.71	10.29									
12	11.65	12.35									
(14)	13.65	14.35									
16	15.65	16.35									
20	19.58	20.42									
25	24.58	25.42									
30	29.58	30.42									
35	34.5	35.5									
40	39.5	40.5									
45	44.5	45.5									
50	49.5	50.5									
(55)	54.4	55.6									
60	59.05	60.95									
70	69.05	70.95									
80	79.05	80.95									

注：阶梯粗实线间为优选长度。

a P——螺距。

b y——螺纹末端长度(见 GB/T 6559)。

c 尽可能不采用括号内的规格。

d 公称长度在阶梯虚线以上的螺钉，制出全螺纹($b=l-a$)。

1.35.3 螺钉材料

(1) 螺钉材料：钢。

(2) 钢的表面处理：

——电镀技术要求按 GB/T 5267.1 的规定；

——非电解锌片涂层技术要求按 GB/T 5267.2 的规定。

1.35.4 标记示例

螺纹规格为 M6、公称长度 $l=30$ mm、表面镀锌(A3L：镀锌、厚度 8 μm、光亮、黄彩虹铬酸盐处理)的 A 级六角头自挤螺钉的标记：

自挤螺钉 GB/T 6563 M6×30

1.36 内六角花形圆柱头自挤螺钉

(GB/T 6564.1—2014 内六角花形圆柱头自挤螺钉)

1.36.1 型式

内六角花形圆柱头自挤螺钉型式见图 1-38。

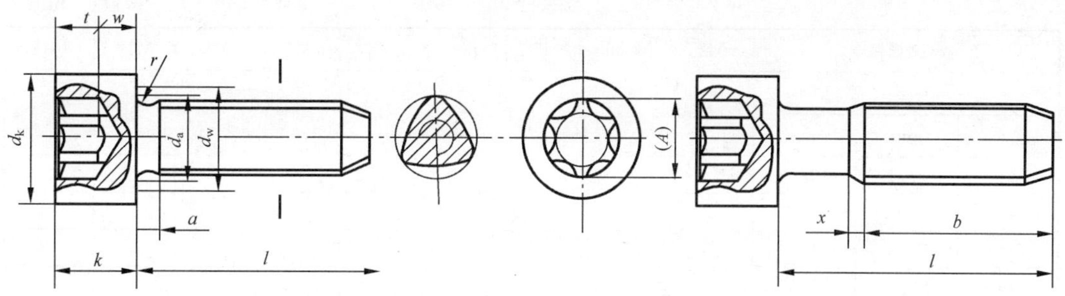

图 1-38 内六角花形圆柱头自挤螺钉

1.36.2 规格尺寸

内六角花形圆柱头自挤螺钉规格尺寸见表 1-36。

表 1-36 内六角花形圆柱头自挤螺钉规格尺寸

mm

螺纹规格			M2	M2.5	M3	M4	M5	M6	M8	M10	M12
P[a]			0.4	0.45	0.5	0.7	0.8	1	1.25	1.5	1.75
y[b]		max	1.6	1.8	2	2.8	3.2	4	5	6	7
a		max	0.8	0.9	1	1.4	1.6	2	2.5	3	3.5
b		min	25	25	25	38	38	38	38	38	38
d_k		max[c]	3.8	4.5	5.5	7	8.5	10	13	16	18
		max[d]	3.98	4.68	5.68	7.22	8.72	10.22	13.27	16.27	18.27
		min	3.62	4.32	5.32	6.78	8.28	9.78	12.73	15.73	17.73
d_a		max	2.6	3.1	3.6	4.7	5.7	6.8	9.2	11.2	13.7
k		max	2	2.5	3	4	5	6	8	10	12
		min	1.86	2.36	2.86	3.82	4.82	5.7	7.64	9.64	11.57
r		min	0.1	0.1	0.1	0.2	0.2	0.25	0.4	0.4	0.6
d_w		min	3.48	4.18	5.07	6.53	8.03	9.38	12.33	15.33	17.23
w		min	0.55	0.85	1.15	1.4	1.9	2.3	3.3	4	4.8
内六角花形	槽号 No.		6	8	10	20	25	30	45	50	55
	A	参考	1.75	2.4	2.8	3.95	4.5	5.6	7.95	8.95	11.35
	t	max	0.84	1.04	1.27	1.8	2.03	2.42	3.31	4.02	5.21
		min	0.71	0.91	1.01	1.42	1.65	2.02	2.92	3.62	4.82
x		max	1	1.1	1.25	1.75	2	2.5	3.2	3.8	4.4
l[e,f]											
公称	min	max									
3	2.8	3.2									
4	3.76	4.24									
5	4.76	5.24									
6	5.76	6.24									
8	7.71	8.29									

续表 1-36　　mm

螺纹规格			M2	M2.5	M3	M4	M5	M6	M8	M10	M12
$l^{e,f}$											
公称	min	max									
10	9.71	10.29									
12	11.65	12.35									
(14)	13.65	14.35									
16	15.65	16.35									
20	19.58	20.42									
25	24.58	25.42									
30	29.58	30.42									
35	34.5	35.5									
40	39.5	40.5									
45	44.5	45.5									
50	49.5	50.5									
(55)	54.4	55.6									
60	59.05	60.95									
70	69.05	70.95									
80	79.05	80.95									

注：阶梯粗实线间为优选长度。

[a] P——螺距。

[b] y——螺纹末端长度(见 GB/T 6559)。

[c] 对光滑头部。

[d] 对滚花头部。

[e] 尽可能不采用括号内的规格。

[f] 公称长度在阶梯虚线以上的螺钉，制出全螺纹($b=l-a$)。

1.36.3　螺钉材料

(1) 螺钉材料：钢。

(2) 钢的表面处理：

——电镀技术要求按 GB/T 5267.1 的规定；

——非电解锌片涂层技术要求按 GB/T 5267.2 的规定。

1.36.4　标记示例

螺纹规格为 M6、公称长度 $l=30$ mm、表面镀锌(A3L：镀锌、厚度 8 μm、光亮、黄彩虹铬酸盐处理)的 A 级内六角花形圆柱头自挤螺钉的标记：

自挤螺钉　GB/T 6564.1　M6×30

1.37　内六角平圆头螺钉

(GB/T 70.2—2015 内六角平圆头螺钉)

1.37.1　型式

内六角平圆头螺钉型式见图 1-39。

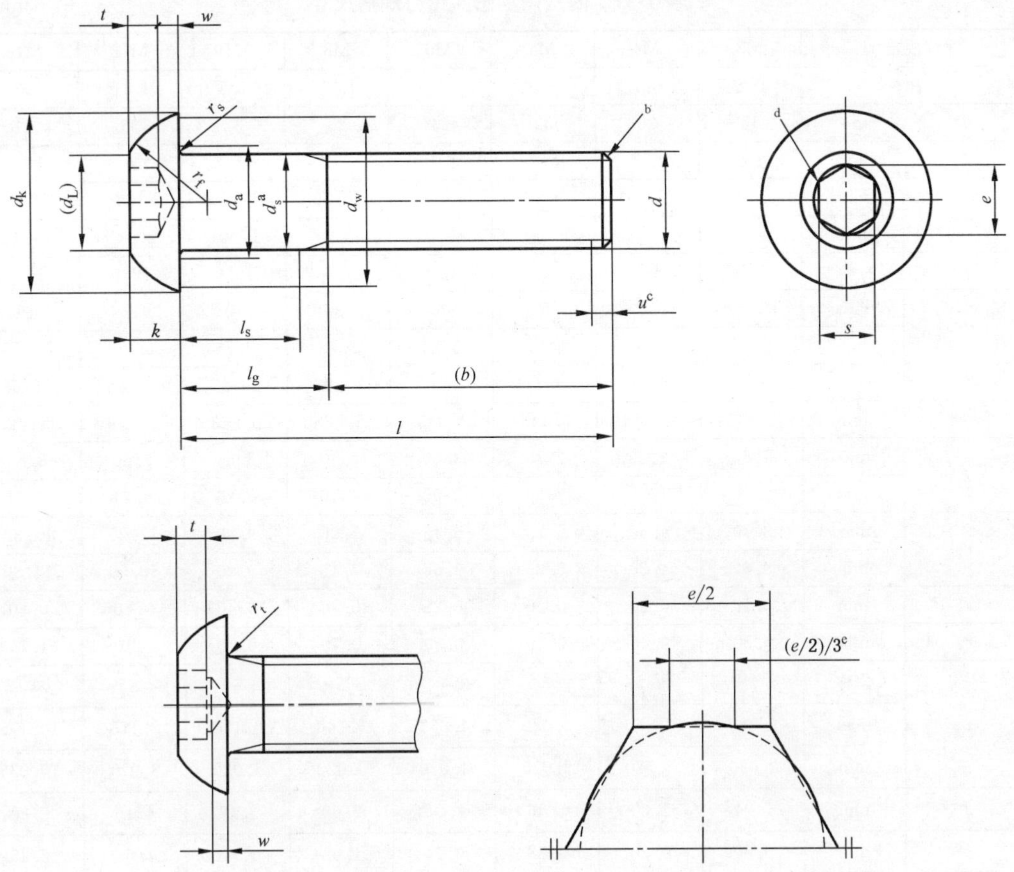

r_s——带无螺纹杆部的螺钉头下圆角半径；

r_t——全螺纹螺钉头下圆角半径。

[a] 在 $l_{s\,min}$ 范围内，d_s 应符合规定。

[b] 按 GB/T 2 倒角端或对 M4 及其以下“辗制末端”。

[c] 不完整螺纹的长度 $u \leqslant 2P$。

[d] 内六角口部允许倒圆或沉孔。

[e] 对切制内六角，当尺寸达到最大极限时，由于钻孔造成的过切不应超过内六角任何一面长度($e/2$)的1/3。

图 1-39 内六角平圆头螺钉

1.37.2 规格尺寸

内六角平圆头螺钉规格尺寸见表 1-37。

表 1-37 内六角平圆头螺钉规格尺寸 mm

螺纹规格 d		M3	M4	M5	M6	M8	M10	M12	M16
P[a]		0.5	0.7	0.8	1	1.25	1.5	1.75	2
b[b]	≈	18	20	22	24	28	32	36	44
d_a	max	3.6	4.7	5.7	6.8	9.2	11.2	13.7	17.7
d_k	max	5.70	7.60	9.50	10.50	14.00	17.50	21.00	28.00
	min	5.40	7.24	9.14	10.07	13.57	17.07	20.48	27.48
d_L	≈	2.6	3.8	5.0	6.0	7.7	10.0	12.0	16.0
d_s	max	3	4	5	6	8	10	12	16
	min	2.86	3.82	4.82	5.82	7.78	9.78	11.73	15.73
d_w	min	5.00	6.84	8.74	9.57	13.07	16.57	19.68	26.68
e[c,d]	min	2.303	2.873	3.443	4.583	5.723	6.863	9.149	11.429
k	max	1.65	2.20	2.75	3.30	4.40	5.50	6.60	8.80
	min	1.40	1.95	2.50	3.00	4.10	5.20	6.24	8.44
r_f	max	3.70	4.60	5.75	6.15	7.95	9.80	11.20	15.30
	min	3.30	4.20	5.25	5.65	7.45	9.20	10.50	14.50
r_s	min	0.10	0.20	0.20	0.25	0.40	0.40	0.60	0.60
r_t	min	0.30	0.40	0.45	0.50	0.70	0.70	1.10	1.10
s[d]	公称	2	2.5	3	4	5	6	8	10
	max	2.080	2.580	3.080	4.095	5.140	6.140	8.175	10.175
	min	2.020	2.520	3.020	4.020	5.020	6.020	8.025	10.025
t	min	1.04	1.30	1.56	2.08	2.60	3.12	4.16	5.20
w	min	0.20	0.30	0.38	0.74	1.05	1.45	1.63	2.25

螺纹规格 d			M3		M4		M5		M6	
l[e]			l_s 和 l_g[f]							
公称	min	max	l_s min	l_g max	l_s min	l_g max	l_s min	l_g max	l_s min	l_g max
6	5.76	6.24								
8	7.71	8.29								
10	9.71	10.29								
12	11.65	12.35								
16	15.65	16.35								
20	19.58	20.42								
25	24.58	25.42	4.5	7						
30	29.58	30.42	9.5	12	6.5	10	4	8		
35	34.5	35.5			11.5	15	9	13	6	11
40	39.5	40.5			16.5	20	14	18	11	16
45	44.5	45.5					19	23	16	21
50	49.5	50.5					24	28	21	26
55	54.4	55.6							26	31
60	59.4	60.6							31	36

续表 1-37　　mm

螺纹规格 d			M8		M10		M12		M16	
l[e]			l_s 和 l_g[f]							
公称	min	max	l_s min	l_g max	l_s min	l_g max	l_s min	l_g max	l_s min	l_g max
12	11.65	12.35								
16	15.65	16.35								
20	19.58	20.42								
25	24.58	25.42								
30	29.58	30.42								
35	34.5	35.5								
40	39.5	40.5	5.75	12						
45	44.5	45.5	10.5	17	5.5	13				
50	49.5	50.5	15.75	22	10.5	18				
55	54.4	55.6	20.75	27	15.5	23	10.25	19		
60	59.4	60.6	25.75	32	20.5	28	15.25	24		
65	64.4	65.6	30.75	37	25.5	33	20.25	29	11	21
70	69.4	70.6	35.75	42	30.5	38	25.25	34	16	26
80	79.4	80.6	45.75	52	40.5	48	35.25	44	26	36
90	89.4	90.6			50.5	58	45.25	54	36	46

[a] P——螺距。

[b] 用于粗阶梯实线与无阴影区之间的长度。

[c] $e_{min}=1.14s_{min}$。

[d] e 和 s 内六角尺寸综合测量，见 GB/T 70.5。

[e] 粗阶梯实线间为优选长度范围。

[f] 阴影区内长度的螺钉制成全螺纹(距头部 3P 以内)。长度在阴影区以下的 l_g 和 l_s 尺寸按下式计算：

$l_{g,max}=l_{公称}-b$；$l_{s,min}=l_{g,max}-5P$

1.37.3　技术条件

(1) 螺钉材料：钢、不锈钢。

(2) 机械性能等级

1) 钢的机械性能等级：08.8、010.9、012.9、/012.9；

2) 不锈钢的机械性能等级：A2-070、A3-070、A4-070、A5-070、A2-080、A3-080、A4-080、A5-080。

(3) 表面处理

1) 钢的表面处理：

——不经处理；

——电镀技术要求按 GB/T 5267.1 的规定；

——非电解锌片涂层技术要求按 GB/T 5267.2 的规定；

——如需其他技术要求或表面处理，应由供需双方协议。

2）不锈钢的表面处理：

——简单处理；

——钝化处理技术要求按 GB/T 5267.4 的规定；

——如需其他技术要求或表面处理，应由供需双方协议。

1.37.4　标记示例

螺纹规格为 M12、公称长度 l＝40 mm、性能等级为 08.8、表面不经处理的 A 级内六角平圆头螺钉的标记：

自螺钉　GB/T 70.2　M12×40

1.38　内六角花形盘头螺钉

（GB/T 2672—2017 内六角花形盘头螺钉）

1.38.1　型式

内六角花形盘头螺钉型式见图 1-40。

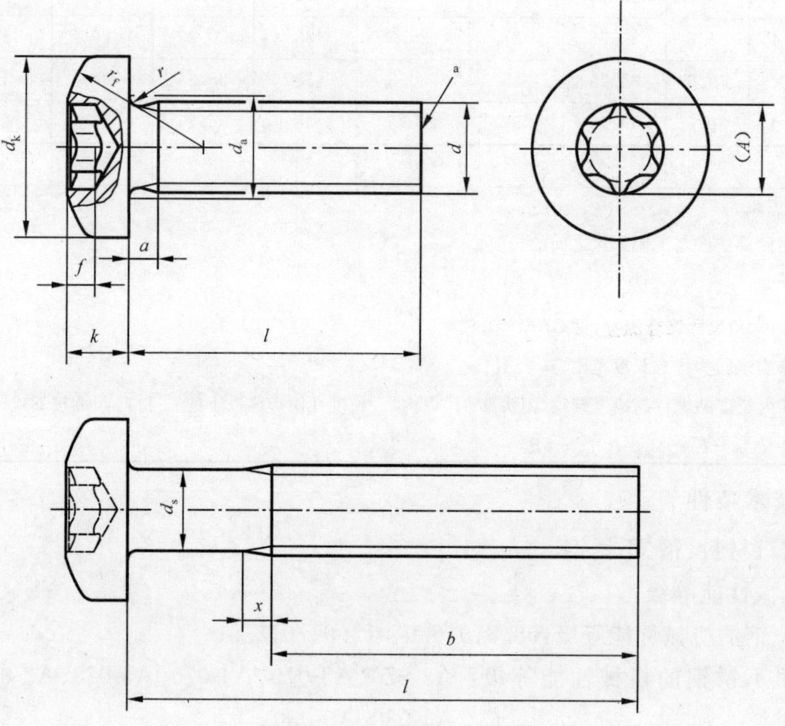

注：无螺纹杆径 d_s 约等于螺纹中径或螺纹大径。

[a] 辗制末端见 GB/T 2。

图 1-40　内六角花形盘头螺钉

1.38.2　规格尺寸

内六角花形盘头螺钉规格尺寸见表 1-38。

表 1-38 内六角花形盘头螺钉规格尺寸 mm

螺纹规格 d			M2	M2.5	M3	(M3.5)[a]	M4	M5	M6	M8	M10
P[b]			0.4	0.45	0.5	0.6	0.7	0.8	1.0	1.25	1.5
a	max		0.8	0.9	1.0	1.2	1.4	1.6	2.0	2.5	3.0
b	min		25	25	25	38	38	38	38	38	38
d_a	max		2.6	3.1	3.6	4.1	4.7	5.7	6.8	9.2	11.2
d_k	公称=max		4.00	5.00	5.60	7.00	8.00	9.50	12.00	16.00	20.00
	min		3.70	4.70	5.30	6.64	7.64	9.14	11.57	15.57	19.48
k	公称=max		1.60	2.10	2.40	2.60	3.10	3.70	4.60	6.00	7.50
	min		1.46	1.96	2.26	2.46	2.92	3.52	4.30	5.70	7.14
r	min		0.10	0.10	0.10	0.10	0.20	0.20	0.25	0.40	0.40
r_f	≈		3.2	4.0	5.0	6.0	6.5	8.0	10.0	13.0	16.0
x	max		1.00	1.10	1.25	1.50	1.75	2.00	2.50	3.20	3.80
内六角花形[c]	槽号 No.		6	8	10	15	20	25	30	45	50
	A 参考		1.75	2.40	2.80	3.35	3.95	4.50	5.60	7.95	8.95
	t	max	0.77	1.04	1.27	1.33	1.66	1.91	2.42	3.18	4.02
		min	0.63	0.91	1.01	1.07	1.27	1.52	2.02	2.79	3.62
l[d]			每 1 000 件钢螺钉的质量(ρ=7.85 kg/dm^3)≈ kg								
公称	min	max									
3	2.80	3.20	0.178	0.336							
4	3.76	4.24	0.196	0.366	0.544						
5	4.76	5.24	0.215	0.396	0.588	0.891	1.30				
6	5.76	6.24	0.233	0.426	0.632	0.951	1.38	2.32			
8	7.71	8.29	0.270	0.486	0.720	1.07	1.53	2.57	4.37		
10	9.71	10.29	0.307	0.546	0.808	1.19	1.69	2.81	4.72	9.96	
12	11.65	12.35	0.344	0.606	0.896	1.31	1.84	3.06	5.07	10.6	19.8
(14)[a]	13.65	14.35	0.381	0.666	0.984	1.43	2.00	3.31	5.42	11.2	20.5
16	15.65	16.35	0.418	0.726	1.07	1.55	2.15	3.56	5.78	11.9	21.8
20	19.58	20.42	0.492	0.846	1.25	1.79	2.46	4.05	6.48	13.2	23.8
25	24.58	25.42		0.996	1.47	2.09	2.85	4.67	7.36	14.8	26.3
30	29.58	30.42			1.69	2.39	3.23	5.29	8.24	16.4	28.8
35	34.50	35.50				2.68	3.62	5.91	9.12	18.0	31.3
40	39.50	40.50					4.01	6.52	10.0	19.6	33.9
45	44.50	45.50						7.14	10.9	21.2	36.4
50	49.50	50.50						7.76	11.8	22.8	38.9
(55)[a]	54.40	55.60							12.6	24.4	41.4
60	59.40	60.60							13.5	26.0	43.9

注：阶梯实线间为优选长度范围。

[a] 尽可能不采用括号内的规格。

[b] P——螺距。

[c] 内六角花形的验收检查见 GB/T 6188。

[d] 虚线以上的长度，螺纹制到头部($b=l-a$)。

1.38.3 技术条件

(1) 螺钉材料:钢、不锈钢、有色金属。

(2) 机械性能等级

1) 钢的机械性能等级:$d<3$ mm,按协议;$d\geqslant 3$ mm,4.8。

2) 不锈钢的机械性能等级:A2-70、A3-70。

3) 有色金属的机械性能等级:$d<3$ mm,按协议;$d\geqslant 3$ mm,CU2、CU3。

(3) 表面处理

1) 钢的表面处理:

——不经处理;

——电镀技术要求按 GB/T 5267.1 的规定;

——非电解锌片涂层技术要求按 GB/T 5267.2 的规定;

——如需其他技术要求或表面处理,应由供需双方协议。

2) 不锈钢的表面处理:

——简单处理;

——钝化处理技术要求按 GB/T 5267.4 的规定;

——如需其他技术要求或表面处理,应由供需双方协议。

3) 有色金属的表面处理:

——简单处理;

——电镀技术要求按 GB/T 5237.1 的规定;

——如需其他技术要求或表面处理,应由供需双方协议。

1.38.4 标记示例

螺纹规格为 M5、公称长度 $l=20$ mm、钢制、性能等级 4.8 级、表面不经处理、产品等级 A 级内六角花形盘头螺钉的标记:

螺钉 GB/T 2672 M5×20

1.39 内六角平圆头凸缘螺钉

(GB/T 70.4—2015 内六角平圆头凸缘螺钉)

1.39.1 型式

内六角平圆头凸缘螺钉型式见图 1-41。

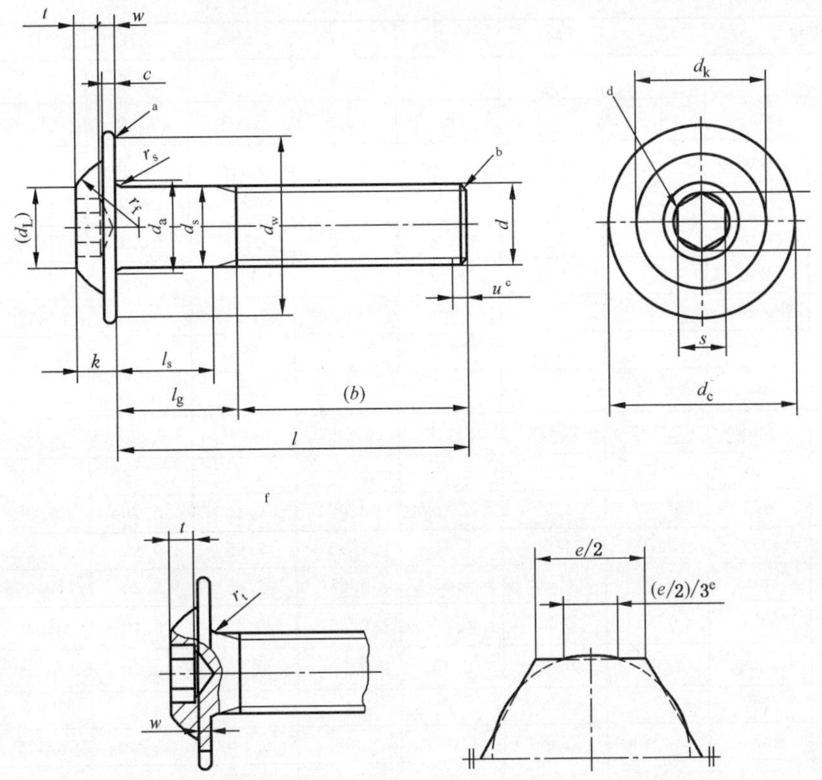

r_s——带无螺纹杆部的螺钉头下圆角半径；

r_t——全螺纹螺钉头下圆角半径。

[a] 形状由制造者确定。

[b] 按 GB/T 2 倒角端或对 M4 及其以下“辗制末端”。

[c] 不完整螺纹的长度 $u \leqslant 2P$。

[d] 内六角口部允许倒圆或沉孔。

[e] 对切制内六角，当尺寸达到最大极限时，由于钻孔造成的过切不应超过内六角任何一面长度($e/2$)的 1/3。

[f] 允许制造的型式。

图 1-41　内六角平圆头凸缘螺钉

1.39.2　规格尺寸

内六角平圆头凸缘螺钉规格尺寸见表 1-39。

表 1-39　内六角平圆头凸缘螺钉规格尺寸　mm

螺纹规格 d		M3	M4	M5	M6	M8	M10	M12	M16
P^a		0.5	0.7	0.8	1	1.25	1.5	1.75	2
b^b	≈	18	20	22	24	28	32	36	44
c	max	0.7	0.8	1.0	1.2	1.5	2.0	2.4	2.8
	min	0.55	0.65	0.80	1.00	1.25	1.70	2.10	2.50

续表 1-39

螺纹规格 d		M3	M4	M5	M6	M8	M10	M12	M16
d_a	max	3.6	4.7	5.7	6.8	9.2	11.2	13.7	17.7
d_c	max	6.9	9.4	11.8	13.6	17.8	21.9	26.0	34.0
	min	6.32	8.82	11.10	12.90	17.10	21.06	25.16	33.00
d_k	max	5.2	7.2	8.8	10.0	13.2	16.5	19.4	26.0
	min	4.9	6.8	8.4	9.6	12.8	16.1	18.9	25.5
d_L	参考	2.6	3.8	5.0	6.0	7.7	10.0	12.0	16.0
d_s	max	3	4	5	6	8	10	12	16
	min	2.86	3.82	4.82	5.82	7.78	9.78	11.73	15.73
d_w	min	5.74	8.24	10.40	12.20	16.40	20.22	24.32	32.00
$e^{c,d}$	min	2.303	2.873	3.443	4.583	5.723	6.863	9.149	11.429
k	max	1.65	2.20	2.75	3.30	4.40	5.50	6.60	8.80
	min	1.40	1.95	2.50	3.00	4.10	5.20	6.24	8.44
r_f	max	3.70	4.60	5.75	6.15	7.95	9.80	11.20	15.30
	min	3.30	4.20	5.25	5.65	7.45	9.20	10.50	14.50
r_s	min	0.10	0.20	0.20	0.25	0.40	0.40	0.60	0.60
r_t	min	0.30	0.40	0.45	0.50	0.70	0.70	1.10	1.10
s^d	公称	2	2.5	3	4	5	6	8	10
	max	2.080	2.580	3.080	4.095	5.140	6.140	8.175	10.175
	min	2.020	2.520	3.020	4.020	5.020	6.020	8.025	10.025
t	min	1.04	1.30	1.56	2.08	2.60	3.12	4.16	5.20
w	min	0.20	0.30	0.38	0.74	1.05	1.45	1.63	2.25

螺纹规格 d			M3		M4		M5		M6	
l^e			l_s 和 l_g [f]							
公称	min	max	l_s min	l_g max	l_s min	l_g max	l_s min	l_g max	l_s min	l_g max
6	5.76	6.24								
8	7.71	8.29								
10	9.71	10.29								
12	11.65	12.35								
16	15.65	16.35								
20	19.58	20.42								
25	24.58	25.42	4.5	7						
30	29.58	30.42	9.5	12	6.5	10	4	8		
35	34.5	35.5			11.5	15	9	13	6	11
40	39.5	40.5			16.5	20	14	18	11	16
45	44.5	45.5					19	23	16	21
50	49.5	50.5					24	28	21	26
55	54.4	55.6							26	31
60	59.4	60.6							31	36

续表 1-39

螺纹规格 d			M3		M4		M5		M6	
l[e]			l_s 和 l_g[f]							
公称	min	max	l_s min	l_g max	l_s min	l_g max	l_s min	l_g max	l_s min	l_g max
12	11.65	12.35								
16	15.65	16.35								
20	19.58	20.42								
25	24.58	25.42								
30	29.58	30.42								
35	34.5	35.5								
40	39.5	40.5	5.75	12						
45	44.5	45.5	10.75	17	5.5	13				
50	49.5	50.5	15.75	22	10.5	18				
55	54.4	55.6	20.75	27	15.5	23	10.25	19		
60	59.4	60.6	25.75	32	20.5	28	15.25	24		
65	64.4	65.6	30.75	37	25.5	33	20.25	29	11	21
70	69.4	70.6	35.75	42	30.5	38	25.25	34	16	26
80	79.4	80.6	45.75	52	40.5	48	35.25	44	26	36
90	89.4	90.6			50.5	58	45.25	54	36	46

[a] P——螺距。

[b] 用于粗阶梯实线与无阴影区之间的长度。

[c] $e_{min}=1.14s_{min}$。

[d] e 和 s 内六角尺寸综合测量，见 GB/T 70.5。

[e] 粗阶梯实线间为优选长度范围。

[f] 阴影区内的长度的螺钉制成全螺纹(距头部 3P 以内)。长度在阴影区以下的 l_g 和 l_s 尺寸按下式计算：

$l_{g,max}=l_{公称}-b$；$l_{s,min}=l_{g,max}-5P$

1.39.3 螺钉材料

(1) 螺钉材料：钢。

(2) 钢的机械性能等级：08.8、010.9。

(3) 钢的表面处理：

——不经处理；

——电镀技术要求按 GB/T 5267.1 的规定；

——非电解锌片涂层技术要求按 GB/T 5267.2 的规定；

——如需其他技术要求或表面处理，应由供需双方协议。

1.39.4 标记示例

螺纹规格为 M12、公称长度 $l=40$ mm、性能等级为 08.8、表面不经处理的 A 级内六角平圆头凸缘螺钉的标记：

螺钉 GB/T 70.4 M12×40

1.40 内六角锥端紧定螺钉

（GB/T 78—2007 内六角锥端紧定螺钉）

1.40.1 型式

内六角锥端紧定螺钉型式见图1-42。

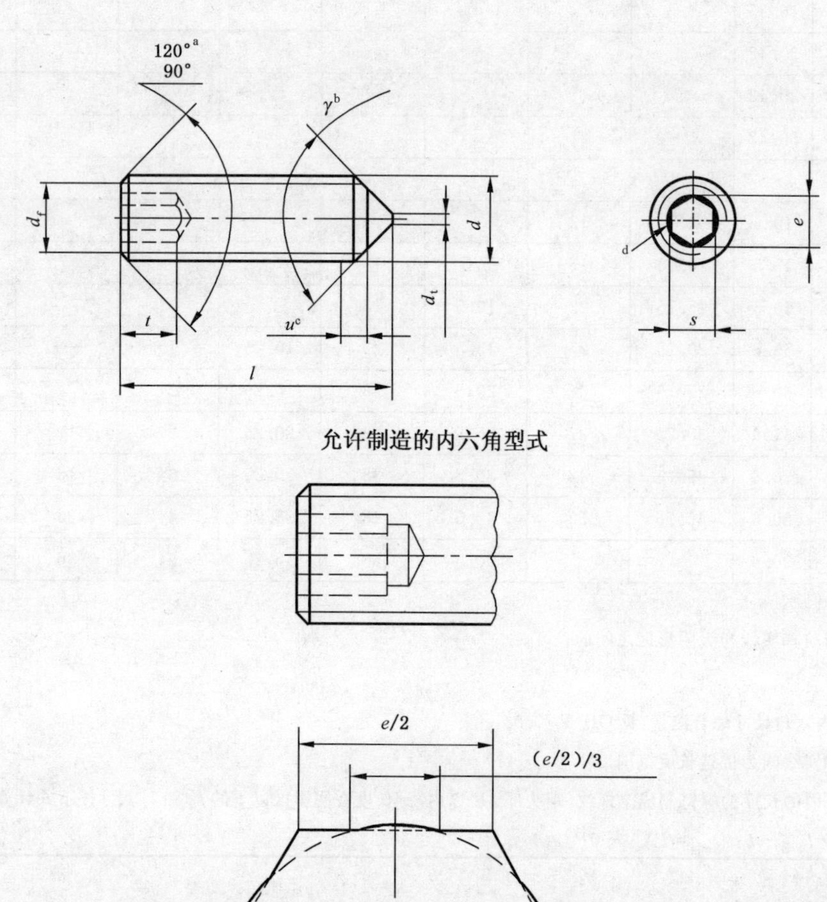

注：对切制内六角，当尺寸达到最大极限时，由钻孔造成的过切不应超过内六角任何一面长度($e/2$)的1/3。

[a] 公称长度 l 在表1-40阴影部分的短螺钉应制成120°。

[b] γ 角仅适用于螺纹小径以内的末端部分；$\gamma=120°$ 适用于在表1-40阴影部分的公称长度，而 $\gamma=90°$ 用于其余长度。

[c] 不完整螺纹的长度 $u \leqslant 2P$。

[d] 内六角口部允许稍许倒圆或沉孔。

图1-42 内六角锥端紧定螺钉

1.40.2 规格尺寸

内六角锥端紧定螺钉规格尺寸见表 1-40。

表 1-40 内六角锥端紧定螺钉规格尺寸 mm

螺纹规格 d			M1.6	M2	M2.5	M3	M4	M5	M6	M8	M10	M12	M16	M20	M24
P[a]			0.35	0.4	0.45	0.5	0.7	0.8	1	1.25	1.5	1.75	2	2.5	3
d_t		max	0.4	0.5	0.65	0.75	1	1.25	1.5	2	2.5	3	4	5	6
d_f		min	≈螺纹小径												
e[b,c]		min	0.809	1.011	1.454	1.733	2.303	2.873	3.443	4.583	5.723	6.863	9.149	11.429	13.716
s[c]		公称	0.7	0.9	1.3	1.5	2	2.5	3	4	5	6	8	10	12
		max	0.724	0.913	1.300	1.58	2.08	2.58	3.08	4.095	5.14	6.14	8.175	10.175	12.212
		min	0.710	0.887	1.275	1.52	2.02	2.52	3.02	4.02	5.02	6.02	8.025	10.025	12.032
t		min[d]	0.7	0.8	1.2	1.2	1.5	2	2	3	4	4.8	6.4	8	10
		min[e]	1.5	1.7	2	2	2.5	3	3.5	5	6	8	10	12	15
l			每 1 000 件钢螺钉的质量(ρ=7.85 kg/dm^3)≈ kg												
公称	min	max													
2	1.8	2.2	0.021	0.029											
2.5	2.3	2.7	0.025	0.037	0.063										
3	2.8	3.2	0.029	0.044	0.075	0.09									
4	3.76	4.24	0.037	0.059	0.1	0.13	0.18								
5	4.76	5.24	0.046	0.074	0.125	0.17	0.26	0.37							
6	5.76	6.24	0.054	0.089	0.15	0.21	0.34	0.49	0.69						
8	7.71	8.29	0.07	0.119	0.199	0.29	0.5	0.73	1.04	1.72					
10	9.71	10.29		0.148	0.249	0.37	0.66	0.97	1.39	2.35	3.41				
12	11.65	12.35			0.299	0.45	0.82	1.21	1.74	2.98	4.42	6.1			
16	15.65	16.35				0.61	1.14	1.69	2.44	4.24	6.43	8.9	14.9		
20	19.58	20.42					1.46	2.17	3.14	5.5	8.44	11.7	20.1	30.4	
25	24.58	25.42						2.77	4.02	7.08	10.9	15.3	26.6	40.7	54.2
30	29.58	30.42							4.89	8.65	13.5	18.8	33.1	51	68.7
35	34.5	35.5								10.2	16	22.3	39.6	61.3	83.2
40	39.5	40.5								11.8	18.5	25.8	46.1	71.6	97.7
45	44.5	45.5									21	29.3	52.6	81.9	112
50	49.5	50.5									23.5	32.8	59.1	92.2	127
55	54.4	55.6										36.3	65.6	103	141
60	59.4	60.6										39.8	72.2	113	156

注：阶梯实线间为商品长度规格。

[a] P——螺距。

[b] $e_{min}=1.14s_{min}$。

[c] 内六角尺寸 e 和 s 的综合测量见 ISO 23429:2004。

[d] 适用于公称长度处于阴影部分的螺钉。

[e] 适用于公称长度在阴影部分以下的螺钉。

1.40.3　技术条件

（1）螺钉材料：钢、不锈钢、有色金属。

（2）机械性能等级

1）钢的机械性能等级：45H；

2）不锈钢的机械性能等级：A1-12H、A2-21H、A3-21H、A4-21H、A5-21H；

3）有色金属的机械性能等级：CU2、CU3、AL4。

（3）表面处理

1）钢的表面处理：

——不经处理；

——氧化；

——电镀技术要求按 GB/T 5267.1 的规定；

——非电解锌片涂层技术要求按 GB/T 5267.2 的规定。

2）不锈钢的表面处理：

——简单处理。

3）有色金属的表面处理：

——简单处理；

——电镀技术要求按 GB/T 5267.1 的规定。

1.40.4　标记示例

螺纹规格为 M6、公称长度 l=12 mm、性能等级为 45H、表面氧化处理的 A 级内六角锥端紧定螺钉的标记：

螺钉　GB/T 78　M6×12

1.41　内六角圆柱端紧定螺钉

（GB/T 79—2007 内六角圆柱端紧定螺钉）

1.41.1　型式

内六角圆柱端紧定螺钉型式见图 1-43。

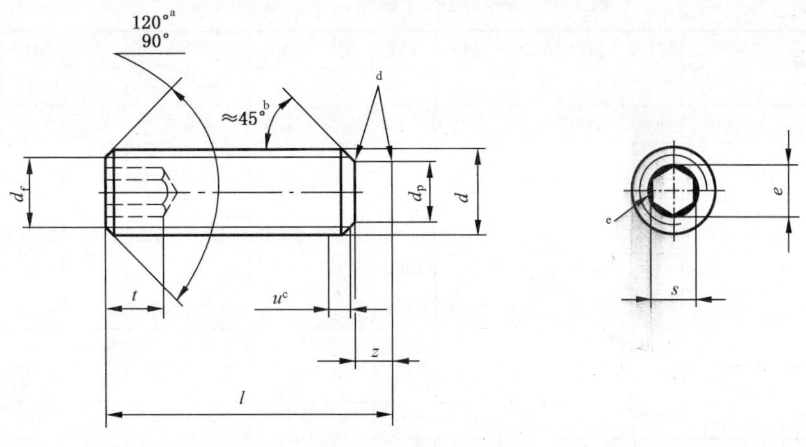

允许制造的内六角型式

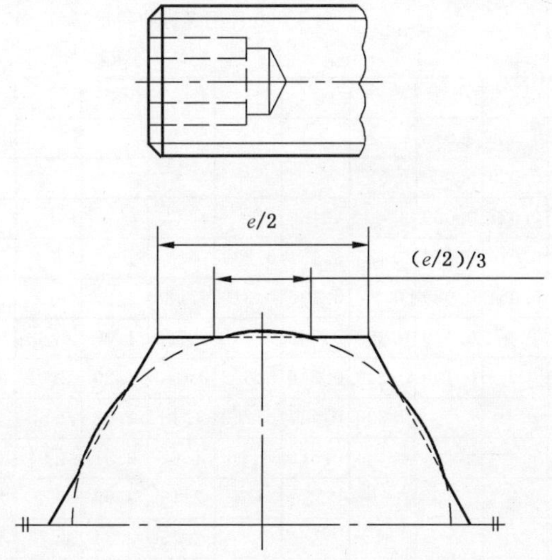

注：对切制内六角，当尺寸达到最大极限时，由钻孔造成的过切不应超过内六角任何一面长度($e/2$)的1/3。

[a] 公称长度 l 在表 1-41 阴影部分的短螺钉应制成 120°。

[b] 45°仅适用于螺纹小径以内的末端部分。

[c] 不完整螺纹的长度 $u \leqslant 2P$。

[d] 稍许倒圆。

[e] 内六角口部允许稍许倒圆或沉孔。

图 1-43 内六角圆柱端紧定螺钉

1.41.2 规格尺寸

内六角圆柱端紧定螺钉规格尺寸见表 1-41。

表1-41 内六角圆柱端紧定螺钉规格尺寸 mm

螺纹规格 d			M1.6	M2	M2.5	M3	M4	M5	M6	M8	M10	M12	M16	M20	M24
P[a]			0.35	0.4	0.45	0.5	0.7	0.8	1	1.25	1.5	1.75	2	2.5	3
d_p		max	0.80	1.00	1.50	2.00	2.50	3.5	4.0	5.5	7.0	8.5	12.0	15.0	18.0
		min	0.55	0.75	1.25	1.75	2.25	3.2	3.7	5.2	6.64	8.14	11.57	14.57	17.57
d_f		min	≈螺纹小径												
e[b,c]		min	0.809	1.011	1.454	1.733	2.303	2.873	3.443	4.583	5.723	6.863	9.149	11.429	13.716
s[c]		公称	0.7	0.9	1.3	1.5	2	2.5	3	4	5	6	8	10	12
		max	0.724	0.913	1.300	1.58	2.08	2.58	3.08	4.095	5.14	6.14	8.175	10.175	12.212
		min	0.710	0.887	1.275	1.52	2.02	2.52	3.02	4.02	5.02	6.02	8.025	10.025	12.032
t		min[d]	0.7	0.8	1.2	1.2	1.5	2	2	3	4	4.8	6.4	8	10
		min[e]	1.5	1.7	2	2	2.5	3	3.5	5	6	8	10	12	15
z	短圆柱端[d]	max	0.65	0.75	0.88	1.00	1.25	1.50	1.75	2.25	2.75	3.25	4.3	5.3	6.3
		min	0.40	0.50	0.63	0.75	1.00	1.25	1.50	2.00	2.50	3.0	4.0	5.0	6.0
	长圆柱端[e]	max	1.05	1.25	1.50	1.75	2.25	2.75	3.25	4.3	5.3	6.3	8.36	10.36	12.43
		min	0.80	1.00	1.25	1.50	2.00	2.50	3.0	4.0	5.0	6.0	8.0	10.0	12.0
l			每1 000件钢螺钉的质量(ρ=7.85 kg/dm^3)≈ kg												
公称	min	max													
2	1.8	2.2	0.024												
2.5	2.3	2.7	0.028	0.046											
3	2.8	3.2	0.029	0.053	0.085										
4	3.76	4.24	0.037	0.059	0.11	0.12									
5	4.76	5.24	0.046	0.074	0.125	0.161	0.239								
6	5.76	6.24	0.054	0.089	0.15	0.186	0.319	0.528							
8	7.71	8.29	0.07	0.119	0.199	0.266	0.442	0.708	1.07	1.68					
10	9.71	10.29		0.148	0.249	0.346	0.602	0.948	1.29	2.31	3.6				
12	11.65	12.35			0.299	0.427	0.763	1.19	1.63	2.68	4.78	6.06			
16	15.65	16.35				0.586	1.08	1.67	2.31	3.94	6.05	8.94	15		
20	19.58	20.42					1.4	2.15	2.99	5.2	8.02	11	20.3	28.3	
25	24.58	25.42						2.75	3.84	6.78	10.5	14.6	25.1	38.6	55.4
30	29.58	30.42							4.69	8.35	13	18.2	31.7	45.5	69.9
35	34.5	35.5								9.93	15.5	21.8	38.3	55.8	78.4
40	39.5	40.5								11.5	18	25.4	44.9	66.1	92.9
45	44.5	45.5									20.5	29	51.5	76.4	107
50	49.5	50.5									23	32.6	58.1	86.7	122
55	54.4	55.6										36.2	64.7	97	136
60	59.4	60.6										39.8	71.3	107	151

注：阶梯实线间为商品长度规格。

[a] P——螺距。

[b] $e_{min}=1.14s_{min}$。

[c] 内六角尺寸 e 和 s 的综合测量见 ISO 23429:2004。

[d] 适用于公称长度处于阴影部分的螺钉。

[e] 适用于公称长度在阴影部分以下的螺钉。

1.41.3　技术条件

(1) 螺钉材料:钢、不锈钢、有色金属。

(2) 机械性能等级

1) 钢的机械性能等级:45H;

2) 不锈钢的机械性能等级:A1-12H、A2-21H、A3-21H、A4-21H、A5-21H;

3) 有色金属的机械性能等级:CU2、CU3、AL4。

(3) 表面处理

1) 钢的表面处理:

——不经处理;

——氧化;

——电镀技术要求按 GB/T 5267.1 的规定;

——非电解锌片涂层技术要求按 GB/T 5267.2 的规定。

2) 不锈钢的表面处理:

——简单处理。

3) 有色金属的表面处理:

——简单处理;

——电镀技术要求按 GB/T 5267.1 的规定。

1.41.4　标记示例

螺纹规格为 M6、公称长度 $l=12$ mm、性能等级为 45H、表面氧化处理的 A 级内六角圆柱端紧定螺钉的标记:

螺钉　GB/T 79　M6×12

1.42　内六角凹端紧定螺钉

(GB/T 80—2007 内六角凹端紧定螺钉)

1.42.1　型式

内六角凹端紧定螺钉型式见图 1-44。

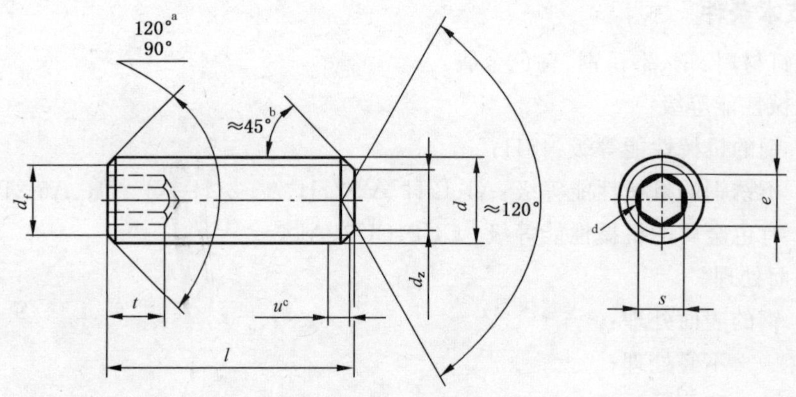

允许制造的内六角型式

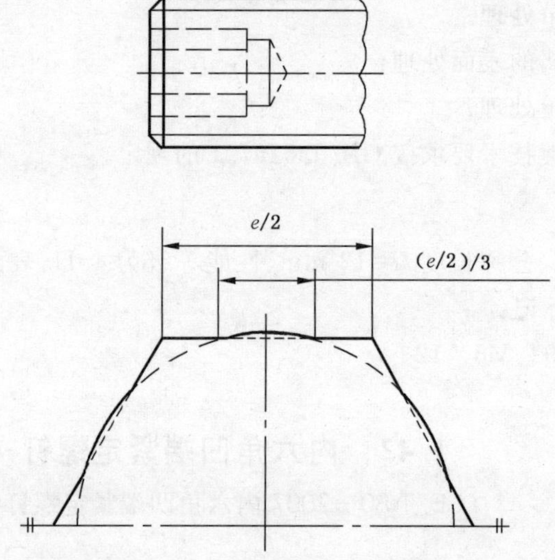

注：对切制内六角，当尺寸达到最大极限时，由钻孔造成的过切不应超过内六角任何一面长度($e/2$)的 1/3。

[a] 公称长度 l 在表 1-42 阴影部分的短螺钉制成 120°。

[b] 45°仅适用于螺纹小径以内的末端部分。

[c] 不完整螺纹长度 $u \leqslant 2P$。

[d] 内六角口部允许倒圆或沉孔。

图 1-44　内六角凹端紧定螺钉

1.42.2　规格尺寸

内六角凹端紧定螺钉规格尺寸见表 1-42。

表 1-42 内六角凹端紧定螺钉规格尺寸 mm

螺纹规格 d			M1.6	M2	M2.5	M3	M4	M5	M6	M8	M10	M12	M16	M20	M24
P[a]			0.35	0.4	0.45	0.5	0.7	0.8	1	1.25	1.5	1.75	2	2.5	3
d_z		max	0.80	1.00	1.20	1.40	2.00	2.50	3.0	5.0	6.0	8.0	10.0	14.0	16.0
		min	0.55	0.75	0.95	1.15	1.75	2.25	2.75	4.7	5.7	7.64	9.64	13.57	15.57
d_f		min	≈螺纹小径												
e[b,c]		min	0.809	1.011	1.454	1.733	2.303	2.873	3.443	4.583	5.723	6.863	9.149	11.429	13.716
s[c]		公称	0.7	0.9	1.3	1.5	2	2.5	3	4	5	6	8	10	12
		max	0.724	0.913	1.300	1.58	2.08	2.58	3.08	4.095	5.14	6.14	8.175	10.175	12.212
		min	0.710	0.887	1.275	1.52	2.02	2.52	3.02	4.02	5.02	6.02	8.025	10.025	12.032
t		min[d]	0.7	0.8	1.2	1.2	1.5	2	2	3	4	4.8	6.4	8	10
		min[e]	1.5	1.7	2	2	2.5	3	3.5	5	6	8	10	12	15
l			每 1 000 件钢螺钉的质量(ρ=7.85 kg/dm^3)≈ kg												
公称	min	max													
2	1.8	2.2	0.019	0.029											
2.5	2.3	2.7	0.025	0.037	0.063										
3	2.8	3.2	0.029	0.044	0.075	0.1									
4	3.76	4.24	0.037	0.059	0.1	0.14	0.23								
5	4.76	5.24	0.046	0.074	0.125	0.18	0.305	0.42							
6	5.76	6.24	0.054	0.089	0.15	0.22	0.38	0.54	0.74						
8	7.71	8.29	0.07	0.119	0.199	0.3	0.53	0.78	1.09	1.88					
10	9.71	10.29		0.148	0.249	0.38	0.68	1.02	1.44	2.51	3.72				
12	11.65	12.35			0.299	0.46	0.83	1.26	1.79	3.14	4.73	6.7			
16	15.65	16.35				0.62	1.13	1.74	2.49	4.4	6.73	9.5	15.7		
20	19.58	20.42					1.4	2.22	3.19	5.66	8.72	12.3	20.9	31.1	
25	24.58	25.42						2.82	4.07	7.24	11.2	15.8	27.4	41.4	55.4
30	29.58	30.42							4.94	8.81	13.7	19.3	33.9	51.7	70.3
35	34.5	35.5								10.4	16.2	22.7	40.4	62	85.3
40	39.5	40.5								12	18.7	26.2	46.9	72.3	100
45	44.5	45.5									21.2	29.7	53.3	82.6	115
50	49.5	50.5									23.6	33.2	59.8	92.6	130
55	54.4	55.6										36.6	66.3	103	145
60	59.4	60.6										40.1	72.8	114	160
注：阶梯实线间为商品长度规格。															

[a] P——螺距。

[b] $e_{min}=1.14s_{min}$。

[c] 内六角尺寸 e 和 s 的综合测量见 ISO 23429:2004。

[d] 适用于公称长度处于阴影部分的螺钉。

[e] 适用于公称长度在阴影部分以下的螺钉。

1.42.3 技术条件

(1) 螺钉材料：钢、不锈钢、有色金属。

(2) 机械性能等级

1) 钢的机械性能等级：45H；

2) 不锈钢的机械性能等级：A1-12H、A2-21H、A3-21H、A4-21H、A5-21H；

3) 有色金属的机械性能等级：CU2、CU3、AL4。

(3) 表面处理

1) 钢的表面处理：

——不经处理；

——氧化；

——电镀技术要求按 GB/T 5267.1 的规定；

——非电解锌片涂层技术要求按 GB/T 5267.2 的规定。

2) 不锈钢的表面处理：

——简单处理。

3) 有色金属的表面处理：

——简单处理；

——电镀技术要求按 GB/T 5267.1 的规定。

1.42.4 标记示例

螺纹规格为 M6、公称长度 l=12 mm、性能等级为 45H、表面氧化处理的 A 级内六角凹端紧定螺钉的标记：

螺钉 GB/T 80 M6×12

1.43 内六角平端紧定螺钉

(GB/T 77—2007 内六角平端紧定螺钉)

1.43.1 型式

内六角平端紧定螺钉型式见图 1-45。

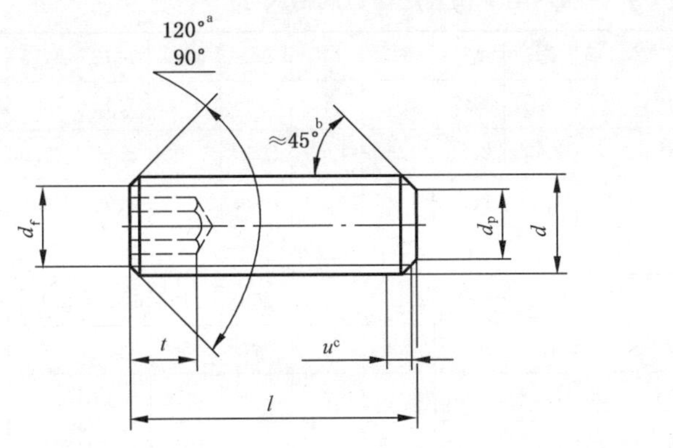

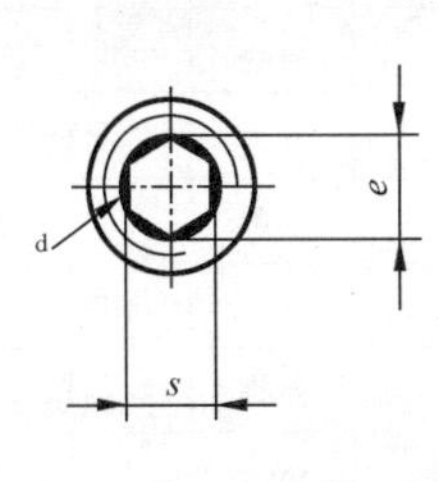

允许制造的内六角型式

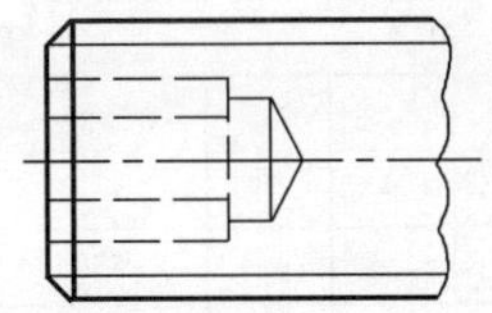

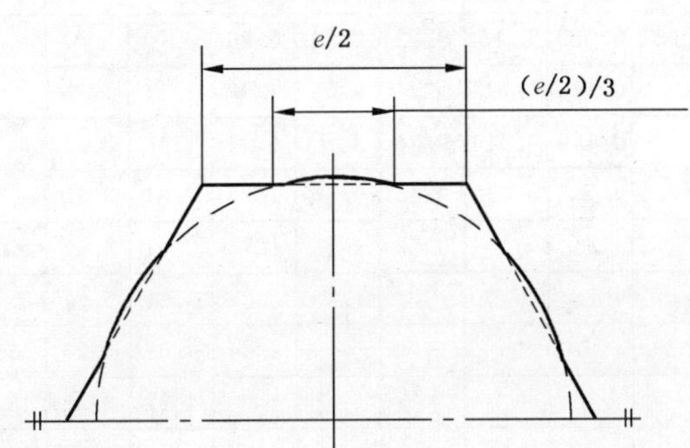

注：对切制内六角，当尺寸达到最大极限时，由钻孔造成的过切不应超过内六角任何一面长度($e/2$)的1/3。

[a] 公称长度 l 在表 1-43 阴影部分的短螺钉制成 120°。

[b] 45°仅适用于螺纹小径以内的末端部分。

[c] 不完整螺纹的长度 $u \leqslant 2P$。

[d] 内六角口部允许倒圆或沉孔。

图 1-45 内六角平端紧定螺钉

1.43.2 规格尺寸

内六角平端紧定螺钉规格尺寸见表 1-43。

表 1-43　内六角平端紧定螺钉规格尺寸　　mm

螺纹规格 d			M1.6	M2	M2.5	M3	M4	M5	M6	M8	M10	M12	M16	M20	M24
P[a]			0.35	0.4	0.45	0.5	0.7	0.8	1	1.25	1.5	1.75	2	2.5	3
d_p		max	0.80	1.00	1.50	2.00	2.50	3.50	4.00	5.50	7.00	8.50	12.0	15.0	18.0
		min	0.55	0.75	1.25	1.75	2.25	3.20	3.70	5.20	6.64	8.14	11.57	14.57	17.57
d_f		min	≈螺纹小径												
e[b,c]		min	0.809	1.011	1.454	1.733	2.303	2.873	3.443	4.583	5.723	6.863	9.149	11.429	13.716
s[c]		公称	0.7	0.9	1.3	1.5	2	2.5	3	4	5	6	8	10	12
		max	0.724	0.913	1.300	1.58	2.08	2.58	3.08	4.095	5.14	6.14	8.175	10.175	12.212
		min	0.710	0.887	1.275	1.52	2.02	2.52	3.02	4.02	5.02	6.02	8.025	10.025	12.032
t		min[d]	0.7	0.8	1.2	1.2	1.5	2	2	3	4	4.8	6.4	8	10
		min[e]	1.5	1.7	2	2	2.5	3	3.5	5	6	8	10	12	15
l			每1 000件钢螺钉的质量(ρ=7.85 kg/dm³)≈ kg												
公称	min	max													
2	1.8	2.2	0.021	0.029											
2.5	2.3	2.7	0.025	0.037	0.063										
3	2.8	3.2	0.029	0.044	0.075	0.1									
4	3.76	4.24	0.037	0.059	0.1	0.14	0.22								
5	4.76	5.24	0.046	0.074	0.125	0.18	0.3	0.44							
6	5.76	6.24	0.054	0.089	0.15	0.22	0.38	0.56	0.76						
8	7.71	8.29	0.07	0.119	0.199	0.3	0.54	0.8	1.11	1.89					
10	9.71	10.29		0.148	0.249	0.38	0.7	1.04	1.46	2.52	3.78				
12	11.65	12.35			0.299	0.46	0.86	1.28	1.81	3.15	4.78	6.8			
16	15.65	16.35				0.62	1.18	1.76	2.51	4.41	6.78	9.6	16.3		
20	19.58	20.42					1.49	2.24	3.21	5.67	8.76	12.4	21.5	32.3	
25	24.58	25.42						2.84	4.09	7.25	11.2	15.9	28	42.6	57
30	29.58	30.42							4.97	8.82	13.7	19.4	34.6	52.9	72
35	34.5	35.5								10.4	16.2	22.9	41.1	63.2	87
40	39.5	40.5								12	18.7	26.4	47.7	73.5	102
45	44.5	45.5									21.2	29.9	54.2	83.8	117
50	49.5	50.5									23.7	33.4	60.7	94.1	132
55	54.4	55.6										36.8	67.3	104	147
60	59.4	60.6										40.3	73.7	115	162

注：阶梯实线间为商品长度规格。

[a] P——螺距。

[b] $e_{min}=1.14s_{min}$。

[c] 内六角尺寸 e 和 s 的综合测量见 ISO 23429:2004。

[d] 适用于公称长度处于阴影部分的螺钉。

[e] 适用于公称长度在阴影部分以下的螺钉。

1.43.3 技术条件

(1) 螺钉材料:钢、不锈钢、有色金属。

(2) 机械性能等级

1) 钢的机械性能等级:45H;

2) 不锈钢的机械性能等级:A1-12H、A2-21H、A3-21H、A4-21H、A5-21H;

3) 有色金属的机械性能等级:CU2、CU3、AL4。

(3) 表面处理

1) 钢的表面处理:

——不经处理;

——氧化;

——电镀技术要求按 GB/T 5267.1 的规定;

——非电解锌片涂层技术要求按 GB/T 5267.2 的规定。

2) 不锈钢的表面处理:

——简单处理。

3) 有色金属的表面处理:

——简单处理;

——电镀技术要求按 GB/T 5267.1 的规定。

1.43.4 标记示例

螺纹规格为 M6、公称长度 l=12 mm、性能等级为 45H、表面氧化处理的 A 级内六角平端紧定螺钉的标记:

螺钉 GB/T 77 M6×12

1.44 内六角圆柱头螺钉

(GB/T 70.1—2008 内六角圆柱头螺钉)

1.44.1 型式

内六角圆柱头螺钉型式见图 1-46。

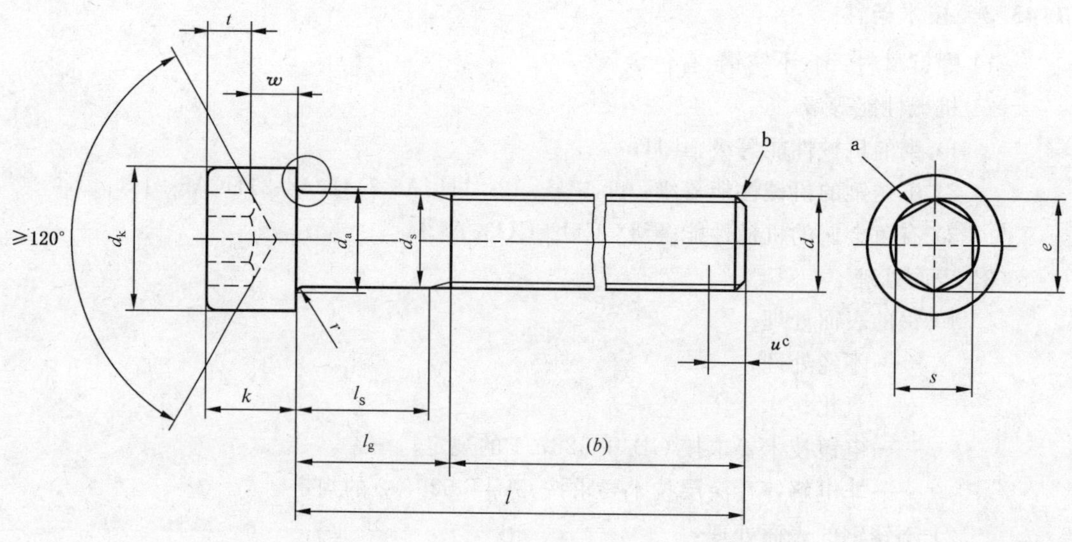

5:1

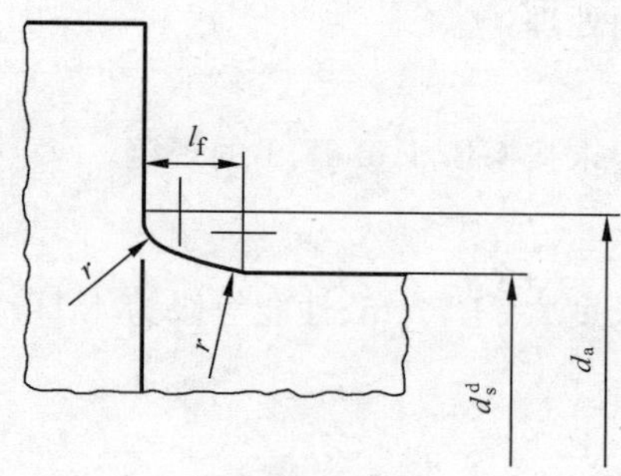

允许制造的型式

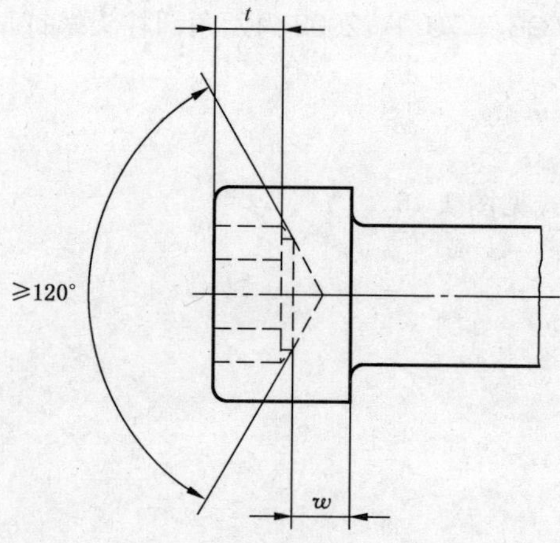

头的顶部和底部棱边

图 1-46 内六角圆柱头螺钉

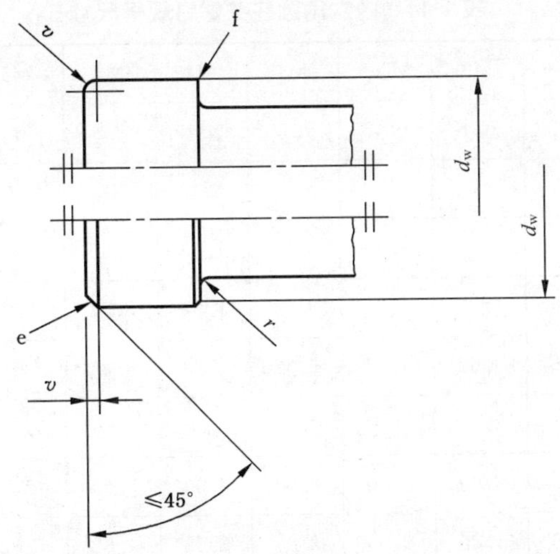

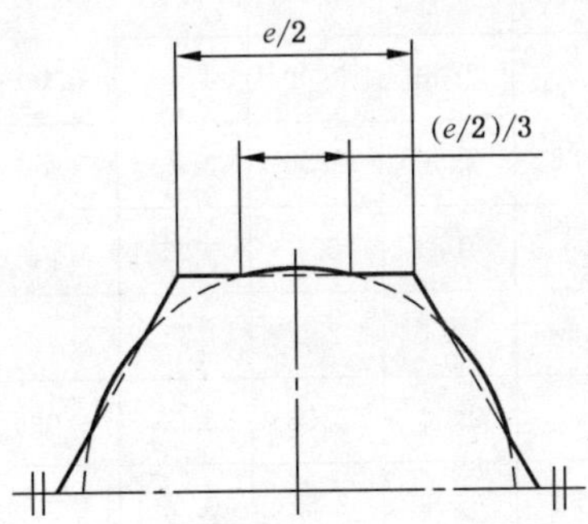

最大的头下圆角：

$l_{f\,max}=1.7r_{max}$

$$r_{max}=\frac{d_{a\,max}-d_{s\,max}}{2}$$

r_{min} 见表 1-44。

注：对切制内六角，当尺寸达到最大极限时，由于钻孔造成的过切不应超过内六角任何一面长度($e/2$)的 1/3。

[a] 内六角口部允许稍许倒圆或沉孔。

[b] 末端倒角，$d\leqslant$M4 的为辗制末端，见 GB/T 2。

[c] 不完整螺纹的长度 $u\leqslant 2P$。

[d] d_s 适用于规定了 $l_{s\,min}$ 数值的产品。

[e] 头的顶部棱边可以是圆的或倒角的，由制造者任选。

[f] 底部棱边可以是圆的或倒角到 d_a，但均不得有毛刺。

续图 1-46

1.44.2 规格尺寸

内六角圆柱头螺钉规格尺寸见表 1-44。

表1-44 内六角圆柱头螺钉规格尺寸

mm

螺纹规格 d		M1.6	M2	M2.5	M3	M4	M5	M6	M8	M10	M12
P[a]		0.35	0.4	0.45	0.5	0.7	0.8	1	1.25	1.5	1.75
b[b]	参考	15	16	17	18	20	22	24	28	32	36
d_k	max[c]	3.00	3.80	4.50	5.50	7.00	8.50	10.00	13.00	16.00	18.00
	max[d]	3.14	3.98	4.68	5.68	7.22	8.72	10.22	13.27	16.27	18.27
	min	2.86	3.62	4.32	5.32	6.78	8.28	9.78	12.73	15.73	17.73
d_a	max	2	2.6	3.1	3.6	4.7	5.7	6.8	9.2	11.2	13.7
d_s	max	1.60	2.00	2.50	3.00	4.00	5.00	6.00	8.00	10.00	12.00
	min	1.46	1.86	2.36	2.86	3.82	4.82	5.82	7.78	9.78	11.73
e[e,f]	min	1.733	1.733	2.303	2.873	3.443	4.583	5.723	6.683	9.149	11.429
l_f	max	0.34	0.51	0.51	0.51	0.6	0.6	0.68	1.02	1.02	1.45
k	max	1.60	2.00	2.50	3.00	4.00	5.00	6.00	8.00	10.00	12.00
	min	1.46	1.86	2.36	2.86	3.82	4.82	5.7	7.64	9.64	11.57
r	min	0.1	0.1	0.1	0.1	0.2	0.2	0.25	0.4	0.4	0.6
s[f]	公称	1.5	1.5	2	2.5	3	4	5	6	8	10
	max	1.58	1.58	2.08	2.58	3.08	4.095	5.14	6.14	8.175	10.175
	min	1.52	1.52	2.02	2.52	3.02	4.020	5.02	6.02	8.025	10.025
t	min	0.7	1	1.1	1.3	2	2.5	3	4	5	6
v	max	0.16	0.2	0.25	0.3	0.4	0.5	0.6	0.8	1	1.2
d_w	min	2.72	3.48	4.18	5.07	6.53	8.03	9.38	12.33	15.33	17.23
w	min	0.55	0.55	0.85	1.15	1.4	1.9	2.3	3.3	4	4.8

l[g]			l_s 和 l_g																			
公称	min	max	l_s min	l_g max	l_s min	l_g max	l_s min	l_g max	l_s min	l_g max	l_s min	l_g max	l_s min	l_g max	l_s min	l_g max	l_s min	l_g max	l_s min	l_g max	l_s min	l_g max
2.5	2.3	2.7																				
3	2.8	3.2																				
4	3.76	4.24																				
5	4.76	5.24																				
6	5.76	6.24																				
8	7.71	8.29																				
10	9.71	10.29																				
12	11.65	12.35																				

续表 1-44

螺纹规格 d			M1.6		M2		M2.5		M3		M4		M5		M6		M8		M10		M12	
l^g			l_s 和 l_g																			
公称	min	max	l_s min	l_g max	l_s min	l_g max	l_s min	l_g max	l_s min	l_g max	l_s min	l_g max	l_s min	l_g max	l_s min	l_g max	l_s min	l_g max	l_s min	l_g max	l_s min	l_g max
16	15.65	16.35																				
20	19.58	20.42			2	4																
25	24.58	25.42					5.75	8	4.5	7												
30	29.58	30.42							9.5	12	6.5	10	4	8								
35	34.5	35.5									11.5	15	9	13	6	11						
40	39.5	40.5									16.5	20	14	18	11	16	5.75	12				
45	44.5	45.5											19	23	16	21	10.75	17	5.5	13		
50	49.5	50.5											24	28	21	26	15.75	22	10.5	18		
55	54.4	55.6													26	31	20.75	27	15.5	23	10.25	19
60	59.4	60.6													31	36	25.75	32	20.5	28	15.25	24
65	64.4	65.6															30.75	37	25.5	33	20.25	29
70	69.4	70.6															35.75	42	30.5	38	25.25	34
80	79.4	80.6															45.75	52	40.5	48	35.25	44
90	89.3	90.7																	50.5	58	45.25	54
100	99.3	100.7																	60.5	68	55.25	64
110	109.3	110.7																			65.25	74
120	119.3	120.7																			75.25	84
130	129.2	130.8																				
140	139.2	140.8																				
150	149.2	150.8																				
160	159.2	160.8																				
180	179.2	180.8																				
200	199.075	200.925																				
220	219.075	220.925																				
240	239.075	240.925																				
260	258.95	261.05																				
280	278.95	281.05																				
300	298.95	301.05																				

续表 1-44

螺纹规格 d		(M14)[h]	M16	M20	M24	M30	M36	M42	M48	M56	M64
P[a]		2	2	2.5	3	3.5	4	4.5	5	5.5	6
b[b]	参考	40	44	52	60	72	84	96	108	124	140
d_k	max[c]	21.00	24.00	30.00	36.00	45.00	54.00	63.00	72.00	84.00	96.00
	max[d]	21.33	24.33	30.33	36.39	45.39	54.46	63.46	72.46	84.54	96.54
	min	20.67	23.67	29.67	35.61	44.61	53.54	62.54	71.54	83.46	95.46
d_a	max	15.7	17.7	22.4	26.4	33.4	39.4	45.6	52.6	63	71
d_s	max	14.00	16.00	20.00	24.00	30.00	36.00	42.00	48.00	56.00	64.00
	min	13.73	15.73	19.67	23.67	29.67	35.61	41.61	47.61	55.54	63.54
e[e,f]	min	13.716	15.996	19.437	21.734	25.154	30.854	36.571	41.131	46.831	52.531
l_f	max	1.45	1.45	2.04	2.04	2.89	2.89	3.06	3.91	5.95	5.95
k	max	14.00	16.00	20.00	24.00	30.00	36.00	42.00	48.00	56.00	64.00
	min	13.57	15.57	19.48	23.48	29.48	35.38	41.38	47.38	55.26	63.26
r	min	0.6	0.6	0.8	0.8	1	1	1.2	1.6	2	2
s[f]	公称	12	14	17	19	22	27	32	36	41	46
	max	12.212	14.212	17.23	19.275	22.275	27.275	32.33	36.33	41.33	46.33
	min	12.032	14.032	17.05	19.065	22.065	27.065	32.08	36.08	41.08	46.08
t	min	7	8	10	12	15.5	19	24	28	34	38
v	max	1.4	1.6	2	2.4	3	3.6	4.2	4.8	5.6	6.4
d_w	min	20.17	23.17	28.87	34.81	43.61	52.54	61.34	70.34	82.26	94.26
w	min	5.8	6.8	8.6	10.4	13.1	15.3	16.3	17.5	19	22

l[g]			l_s 和 l_g																			
公称	min	max	l_s min	l_g max	l_s min	l_g max	l_s min	l_g max	l_s min	l_g max	l_s min	l_g max	l_s min	l_g max	l_s min	l_g max	l_s min	l_g max	l_s min	l_g max	l_s min	l_g max
2.5	2.3	2.7																				
3	2.8	3.2																				
4	3.76	4.24																				
5	4.76	5.24																				
6	5.76	6.24																				
8	7.71	8.29																				
10	9.71	10.29																				
12	11.65	12.35																				

续表 1-44

螺纹规格 d			(M14)[h]		M16		M20		M24		M30		M36		M42		M48		M56		M64	
l[g]			l_s 和 l_g																			
公称	min	max	l_s min	l_g max	l_s min	l_g max	l_s min	l_g max	l_s min	l_g max	l_s min	l_g max	l_s min	l_g max	l_s min	l_g max	l_s min	l_g max	l_s min	l_g max	l_s min	l_g max
16	15.65	16.35																				
20	19.58	20.42																				
25	24.58	25.42																				
30	29.58	30.42																				
35	34.5	35.5																				
40	39.5	40.5																				
45	44.5	45.5																				
50	49.5	50.5																				
55	54.4	55.6																				
60	59.4	60.6	10	20																		
65	64.4	65.6	15	25	11	21																
70	69.4	70.6	20	30	16	26																
80	79.4	80.6	30	40	26	36	15.5	28														
90	89.3	90.7	40	50	36	46	25.5	38	15	30												
100	99.3	100.7	50	60	46	56	35.5	48	25	40												
110	109.3	110.7	60	70	56	66	45.5	58	35	50	20.5	38										
120	119.3	120.7	70	80	66	76	55.5	68	45	60	30.5	48	16	36								
130	129.2	130.8	80	90	76	86	65.5	78	55	70	40.5	58	26	46								
140	139.2	140.8	90	100	86	96	75.5	88	65	80	50.5	68	36	56	21.5	44						
150	149.2	150.8			96	106	85.5	98	75	90	60.5	78	46	66	31.5	54						
160	159.2	160.8			106	116	95.5	108	85	100	70.5	88	56	76	41.5	64	27	52				
180	179.2	180.8					115.5	128	105	120	90.5	108	76	96	61.5	84	47	72	28.5	56		
200	199.075	200.925					135.5	148	125	140	110.5	128	96	116	81.5	104	67	92	48.5	76	30	60
220	219.075	220.925													101.5	124	87	112	68.5	96	50	80
240	239.075	240.925													121.5	155	107	132	88.5	116	70	100
260	258.95	261.05													141.5	164	127	152	108.5	136	90	120
280	278.95	281.05													161.5	184	147	172	128.5	156	110	140
300	298.95	301.05													181.5	204	167	192	148.5	176	130	160

[a] P——螺距。

[b] 用于在粗阶梯线之间的长度。

[c] 对光滑头部。

[d] 对滚花头部。

[e] $e_{min}=1.14s_{min}$。

[f] 内六角组合量规尺寸见 GB/T 70.5。

[g] 粗阶梯线间为商品长度规格。阴影部分长度，螺纹制到距头部 $3P$ 以内；阴影以下的长度，l_s 和 l_g 值按下式计算：

$l_{g\,max}=l_{公称}-b$；

$l_{s\,min}=l_{g\,max}-5P$。

[h] 尽可能不采用括号内的规格。

1.44.3 技术条件

(1) 螺钉材料：钢、不锈钢、有色金属。

(2) 机械性能等级

1) 钢的机械性能等级：$d<3$ mm，按协议；3 mm$\leqslant d \leqslant$39 mm，8.8、10.9、12.9；$d>39$ mm，按协议。

2) 不锈钢的机械性能等级：$d\leqslant24$ mm，A2-70、A3-70、A4-70、A5-70；24 mm$\leqslant d\leqslant$39 mm，A3-50、A4-50、A5-50；$d>39$ mm，按协议。

3) 有色金属的机械性能等级：CU2、CU3。

(3) 表面处理

1) 钢的表面处理：

——氧化；

——电镀技术要求按 GB/T 5267.1 的规定；

——非电解锌片涂层技术要求按 GB/T 5267.2 的规定。

2) 不锈钢的表面处理：

——简单处理。

3) 有色金属的表面处理：

——简单处理；

——电镀技术要求按 GB/T 5267.1 的规定。

1.44.4 标记示例

螺纹规格为 d=M5、公称长度 l=20 mm、性能等级为 8.8 级、表面氧化的 A 级内六角圆柱头螺钉的标记：

螺钉 GB/T 70.1 M5×20

1.45 内六角沉头螺钉

(GB/T 70.3—2008 内六角沉头螺钉)

1.45.1 型式

(1) 内六角沉头螺钉型式见图 1-47。

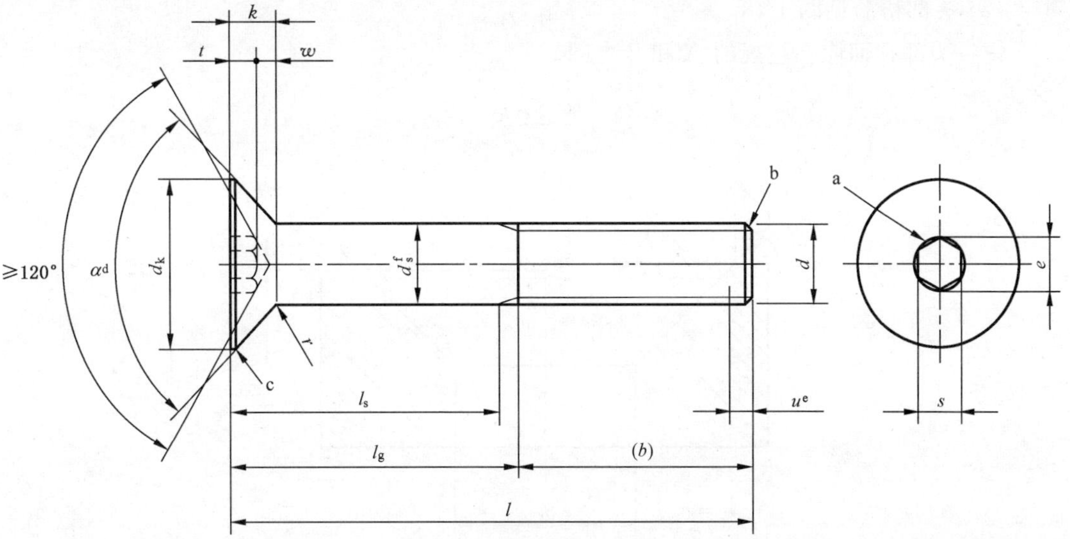

允许制造的型式

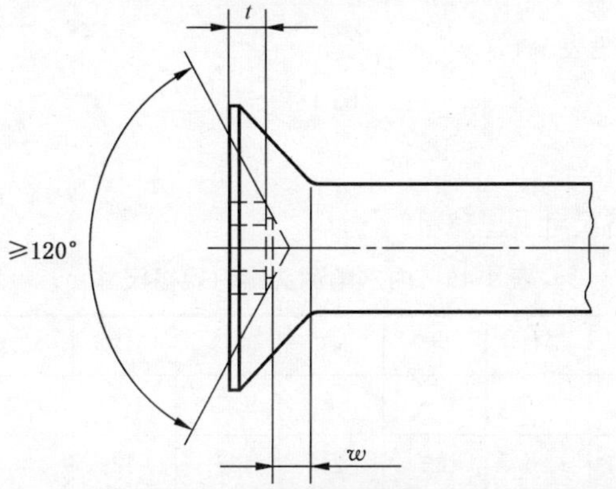

头的顶部和底部棱边

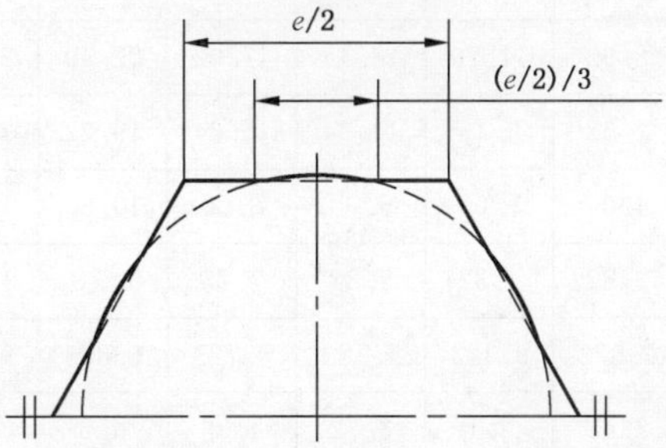

注：对切制内六角，当尺寸达到最大极限时，由于钻孔造成的过切不应超过内六角任何一面长度($e/2$)的 1/3。

[a] 内六角口部允许稍许倒圆或沉孔。

[b] 末端倒角，$d \leqslant$ M4 的为辗制末端，见 GB/T 2。

[c] 头部棱边可以是圆的或平的，由制造者任选。

[d] $\alpha = 90° \sim 92°$。

[e] 不完整螺纹的长度 $u \leqslant 2P$。

[f] d_s 适用于规定了 $l_{s\,min}$ 数值的产品。

图 1-47　内六角沉头螺钉

(2) 头部检验见图 1-48。

螺钉头部顶面应在量规的 A 和 B 之间。

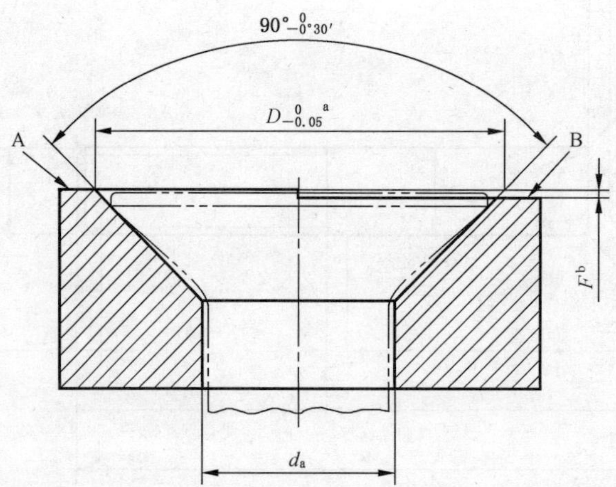

[a] $D=d_{k,理论值,max}$(见表 1-45)。

[b] F 是头部的沉头公差(见表 1-45)。

图 1-48

1.45.2 规格尺寸

内六角沉头螺钉规格尺寸见表 1-45。

表 1-45 内六角沉头螺钉规格尺寸 mm

螺纹规格 d		M3	M4	M5	M6	M8	M10	M12	(M14)[g]	M16	M20
P^{a}		0.5	0.7	0.8	1	1.25	1.5	1.75	2	2	2.5
b^{b}	参考	18	20	22	24	28	32	36	40	44	52
d_a	max	3.3	4.4	5.5	6.6	8.54	10.62	13.5	15.5	17.5	22
d_k	理论值 max[c]	6.72	8.96	11.20	13.44	17.92	22.40	26.88	30.8	33.60	40.32
	实际值 max[d]	5.54	7.53	9.43	11.34	15.24	19.22	23.12	26.52	29.01	36.05
d_s	max	3.00	4.00	5.00	6.00	8.00	10.00	12.00	14.00	16.00	20.00
	min	2.86	3.82	4.82	5.82	7.78	9.78	11.73	13.73	15.73	19.67
$e^{c,d}$	min	2.303	2.873	3.443	4.583	5.723	6.863	9.149	11.429	11.429	13.716
k	max	1.86	2.48	3.1	3.72	4.96	6.2	7.44	8.4	8.8	10.16
F^{e}	max	0.25	0.25	0.3	0.35	0.4	0.4	0.45	0.5	0.6	0.75
r	min	0.1	0.2	0.2	0.25	0.4	0.4	0.6	0.6	0.6	0.8
s^{d}	公称	2	2.5	3	4	5	6	8	10	10	12
	max	2.08	2.58	3.08	4.095	5.14	6.140	8.175	10.175	10.175	12.212
	min	2.02	2.52	3.02	4.020	5.02	6.020	8.025	10.025	10.025	12.032
t	min	1.1	1.5	1.9	2.2	3	3.6	4.3	4.5	4.8	5.6
w	min	0.25	0.45	0.66	0.7	1.16	1.62	1.8	1.62	2.2	2.2

续表 1-45

螺纹规格 d			M3		M4		M5		M6		M8		M10		M12		(M14)[g]		M16		M20	
l[f]			l_s 和 l_g																			
公称	min	max	l_s min	l_g max	l_s min	l_g max	l_s min	l_g max	l_s min	l_g max	l_s min	l_g max	l_s min	l_g max	l_s min	l_g max	l_s min	l_g max	l_s min	l_g max	l_s min	l_g max
8	7.71	8.29																				
10	9.71	10.29																				
12	11.65	12.35																				
16	15.65	16.35																				
20	19.58	20.42																				
25	24.58	25.42																				
30	29.58	30.42	9.5	12	6.5	10																
35	34.5	35.5			11.5	15	9	13														
40	39.5	40.5			16.5	20	14	18	11	16												
45	44.5	45.5					19	23	16	21												
50	49.5	50.5					24	28	21	26	15.75	22										
55	54.4	55.6							26	31	20.75	27	15.5	23								
60	59.4	60.6							31	36	25.75	32	20.5	28								
65	64.4	65.6									30.75	37	25.5	33	20.25	29						
70	69.4	70.6									35.75	42	30.5	38	25.25	34	20	30				
80	79.4	80.6									45.75	52	40.5	48	35.25	44	30	40	26	36		
90	89.3	90.7											50.5	58	45.25	54	40	50	36	46		
100	99.3	100.7											60.5	68	55.25	64	50	60	46	56	35.5	48

[a] P——螺距。

[b] 用于在粗阶梯线之间的长度。

[c] $e_{min}=1.14s_{min}$。

[d] 内六角组合量规尺寸见 GB/T 70.5。

[e] F 是头部的沉头公差，见图 1-48。量规的 F 尺寸公差为：${}^{0}_{-0.01}$。

[f] 粗阶梯线间为商品长度规格。阴影部分，螺纹长度制到距头部 $3P$ 以内；阴影以下的长度，l_s 和 l_g 值按下式计算：

$l_{gmax}=l_{公称}-b$；

$l_{smin}=l_{gmax}-5P$。

[g] 尽可能不采用括号内的规格。

1.45.3 螺钉材料

（1）螺钉材料：钢。

（2）钢的机械性能等级：8.8、10.9、12.9。

（3）钢的表面处理：

——氧化；

——电镀技术要求按 GB/T 5267.1 的规定；

——非电解锌片涂层技术要求按 GB/T 5267.2 的规定。

1.45.4　标记示例

螺纹规格为 d＝M12、公称长度 l＝40 mm、性能等级为 8.8 级、表面氧化的 A 级内六角沉头螺钉的标记：

螺钉　GB/T 70.3　M12×40

1.46　开槽无头螺钉

（GB/T 878—2007 开槽无头螺钉）

1.46.1　型式

开槽无头螺钉型式见图 1-49。

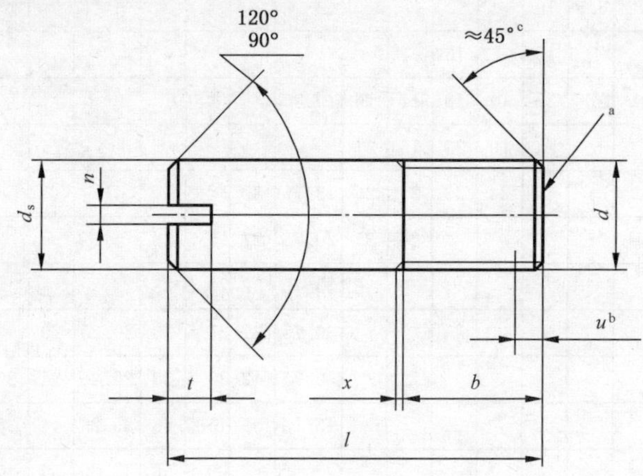

[a] 平端(GB/T 2)。

[b] 不完整螺纹的长度 $u \leqslant 2P$。

[c] 45°仅适用于螺纹小径以内的末端部分。

图 1-49　开槽无头螺钉

1.46.2　规格尺寸

开槽无头螺钉规格尺寸见表 1-46。

表 1-46　开槽无头螺钉规格尺寸

mm

螺纹规格 d		M1	M1.2	M1.6	M2	M2.5	M3	(M3.5)[a]	M4	M5	M6	M8	M10
P^b		0.25	0.25	0.35	0.4	0.45	0.5	0.6	0.7	0.8	1	1.25	1.5
b	$^{+2P}_{0}$	1.2	1.4	1.9	2.4	3	3.6	4.2	4.8	6	7.2	9.6	12
d_s	min	0.86	1.06	1.46	1.86	2.36	2.86	3.32	3.82	4.82	5.82	7.78	9.78
	max	1.0	1.2	1.6	2.0	2.5	3.0	3.5	4.0	5.0	6.0	8.0	10.0
n	公称	0.2	0.25	0.3	0.3	0.4	0.5	0.5	0.6	0.8	1	1.2	1.6
	min	0.26	0.31	0.36	0.36	0.46	0.56	0.56	0.66	0.86	1.06	1.26	1.66
	max	0.40	0.45	0.50	0.50	0.60	0.70	0.70	0.80	1.0	1.2	1.51	1.91
t	min	0.63	0.63	0.88	1.0	1.10	1.25	1.5	1.75	2.0	2.5	3.1	3.75
	max	0.78	0.79	1.06	1.2	1.33	1.5	1.78	2.05	2.35	2.9	3.6	4.25
x	max	0.6	0.6	0.9	1	1.1	1.25	1.5	1.75	2	2.5	3.2	3.8

续表 1-46 mm

螺纹规格 d			M1	M1.2	M1.6	M2	M2.5	M3	(M3.5)[a]	M4	M5	M6	M8	M10
l														
公称	min	max												
2.5	2.3	2.7												
3	2.8	3.2												
4	3.7	4.3												
5	4.7	5.3												
6	5.7	6.3												
8	7.7	8.3												
10	9.7	10.3												
12	11.6	12.4												
(14)[a]	13.6	14.4												
16	15.6	16.4												
20	19.6	20.4												
25	24.6	25.4												
30	29.6	30.4												
35	34.5	35.5												

注：阶梯实线间为商品长度规格。

[a] 尽可能不采用括号内的规格。

[b] P——螺距。

1.46.3 技术条件

(1) 螺钉材料：钢、不锈钢、有色金属。

(2) 机械性能等级

1) 钢的机械性能等级：14H、22H、45H；

2) 不锈钢的机械性能等级：A1-12H；

3) 有色金属的机械性能等级：CU2、CU3、AL4。

(3) 表面处理

1) 钢的表面处理：

——不经处理；

——氧化；

——电镀技术要求按 GB/T 5267.1 的规定；

——非电解锌片涂层技术要求按 GB/T 5267.2 的规定。

2) 不锈钢的表面处理：

——简单处理。

3) 有色金属的表面处理：

——简单处理；

——电镀技术要求按 GB/T 5267.1 的规定。

1.46.4　标记示例

螺纹规格为 M4、公称长度 l=10 mm、性能等级为 14H、表面氧化处理 A 级开槽无头螺钉的标记：

螺钉　GB/T 878　M4×10

1.47　方头短圆柱锥端紧定螺钉

（GB/T 86—2018 方头短圆柱锥端紧定螺钉）

1.47.1　型式

方头短圆柱锥端紧定螺钉型式见图 1-50。

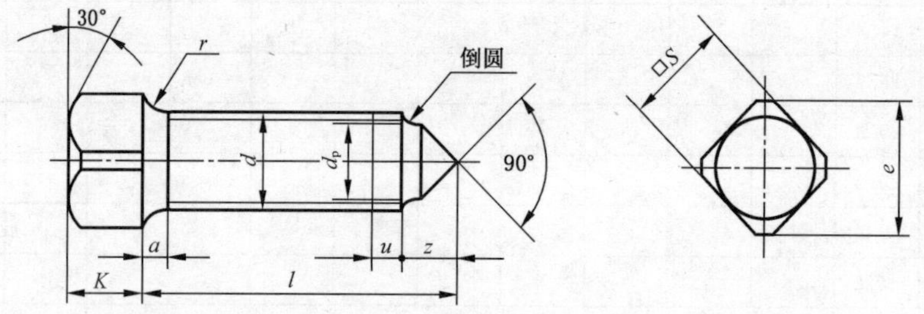

$a \leqslant 4P$；

不完整螺纹的长度 $u \leqslant 2P$；

P——螺距。

图 1-50　方头短圆柱锥端紧定螺钉

1.47.2　规格尺寸

方头短圆柱锥端紧定螺钉规格尺寸见表 1-47。

表 1-47　方头短圆柱锥端紧定螺钉规格尺寸　　mm

螺纹规格 d		M5	M6	M8	M10	M12	M16	M20
d_p	min	3.20	3.70	5.20	6.64	8.14	11.57	14.57
	max	3.50	4.00	5.50	7.00	8.50	12.00	15.00
e	min	6.0	7.3	9.7	12.2	14.7	20.9	27.1
K	公称	5	6	7	8	10	14	18
	min	4.85	5.8	6.82	7.82	9.82	13.785	17.785
	max	5.15	6.1	7.18	8.18	10.18	14.215	18.215
r	min	0.2	0.25	0.4	0.4	0.6	0.6	0.8
S	公称	5	6	8	10	12	17	22
	min	4.82	5.82	7.78	9.78	11.73	16.73	21.67
	max	5	6	8	10	12	17	22

续表 1-47 mm

螺纹规格 d			M5	M6	M8	M10	M12	M16	M20
l									
公称	min	max							
8	7.71	8.29							
10	9.71	10.29							
12	11.65	12.35							
(14)[a]	13.65	14.35							
16	15.65	16.35							
20	19.58	20.42							
25	24.58	25.42							
30	29.58	30.42							
35	34.50	35.50							
40	39.50	40.50							
45	44.50	45.50							
50	49.50	50.50							
55	54.40	55.60							
60	59.40	60.60							
70	69.40	70.60							
80	79.40	80.60							
90	89.30	90.70							
100	99.30	100.70							
注：阶梯实线间为优选长度范围。									
[a] 尽量不采用括号内的规格。									

1.47.3 技术条件

（1）螺钉材料：钢、不锈钢、有色金属。

（2）机械性能等级

1）钢的机械性能等级：33H、45H；

2）不锈钢的机械性能等级：A1-12H、A2-12H、A2-21H、A4-21H；

3）有色金属的机械性能等级：CU2、CU3。

（3）表面处理

1）钢的表面处理：

——不经处理；

——电镀技术要求按 GB/T 5267.1 的规定；

——非电解锌片涂层技术要求按 GB/T 5267.2 的规定；

——如需其他技术要求或表面处理，应由供需双方协议。

2）不锈钢的表面处理：

——简单处理；

——钝化处理技术要求按 GB/T 5267.4 的规定；

——如需其他技术要求或表面处理，应由供需双方协议。

3）有色金属的表面处理：

——简单处理；

——电镀技术要求按 GB/T 5267.1 的规定；

——如需其他技术要求或表面处理，应由供需双方协议。

1.47.4 标记示例

螺纹规格为 M10、公称长度 $l=30$ mm、钢制、硬度等级为 33H 级、表面不经处理、产品等级 A 级的方头短圆柱锥端紧定螺钉的标记：

螺钉　GB/T 86　M10×30

1.48 方头平端紧定螺钉

（GB/T 821—2018 方头平端紧定螺钉）

1.48.1 型式

方头平端紧定螺钉型式见图 1-51。

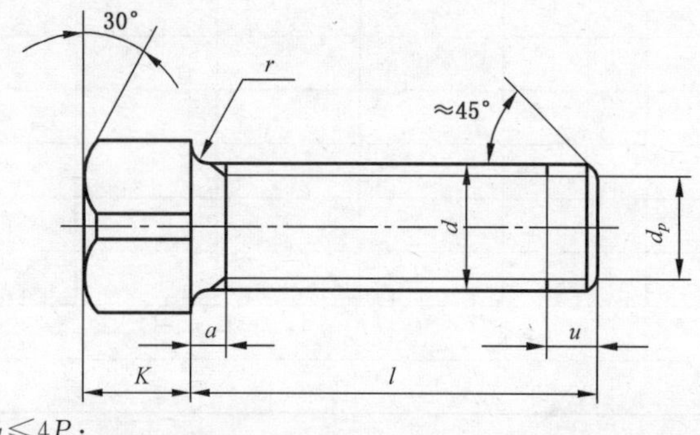

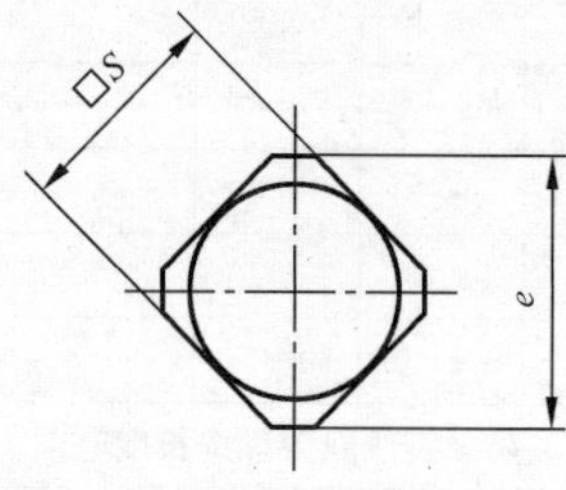

$a \leqslant 4P$；

不完整螺纹的长度 $u \leqslant 2P$；

P——螺距。

图 1-51　方头平端紧定螺钉

1.48.2 规格尺寸

方头平端紧定螺钉规格尺寸见表 1-48。

表 1-48　方头平端紧定螺钉规格尺寸　　mm

螺纹规格 d		M5	M6	M8	M10	M12	M16	M20
d_p	min	3.20	3.70	5.20	6.64	8.14	11.57	14.57
	max	3.50	4.00	5.50	7.00	8.50	12.00	15.00
e	min	6.0	7.3	9.7	12.2	14.7	20.9	27.1
K	公称	5	6	7	8	10	14	18
	min	4.85	5.8	6.82	7.82	9.82	13.785	17.785
	max	5.15	6.1	7.18	8.18	10.18	14.215	18.215
r	min	0.2	0.25	0.4	0.4	0.6	0.6	0.8

续表 1-48 mm

螺纹规格 d			M5	M6	M8	M10	M12	M16	M20
S	公称		5	6	8	10	12	17	22
	min		4.82	5.82	7.78	9.78	11.73	16.73	21.67
	max		5	6	8	10	12	17	22
l									
公称	min	max							
8	7.71	8.29							
10	9.71	10.29							
12	11.65	12.35							
(14)[a]	13.65	14.35							
16	15.65	16.35							
20	19.58	20.42							
25	24.58	25.42							
30	29.58	30.42							
35	34.50	35.50							
40	39.50	40.50							
45	44.50	45.50							
50	49.50	50.50							
55	54.40	55.60							
60	59.40	60.60							
70	69.40	70.60							
80	79.40	80.60							
90	89.30	90.70							
100	99.30	100.70							

注：阶梯实线间为优选长度范围。

[a] 尽量不采用括号内的规格。

1.48.3 技术条件

(1) 螺钉材料：钢、不锈钢、有色金属。

(2) 机械性能等级

1) 钢的机械性能等级：33H、45H；

2) 不锈钢的机械性能等级：A1-12H、A2-12H、A2-21H、A4-21H；

3) 有色金属的机械性能等级：GU2、CU3。

(3) 表面处理

1) 钢的表面处理:

——不经处理;

——电镀技术要求按 GB/T 5267.1 的规定;

——非电解锌片涂层技术要求按 GB/T 5267.2 的规定;

——如需其他技术要求或表面处理,应由供需双方协议。

2) 不锈钢的表面处理:

——简单处理;

——钝化处理技术要求按 GB/T 5267.4 的规定;

——如需其他技术要求或表面处理,应由供需双方协议。

3) 有色金属的表面处理:

——简单处理;

——电镀技术要求按 GB/T 5267.1 的规定;

——如需其他技术要求或表面处理,应由供需双方协议。

1.48.4 标记示例

螺纹规格为 M10、公称长度 l=30 mm、钢制、硬度等级为 33H 级、表面不经处理、产品等级 A 级的方头平端紧定螺钉的标记:

螺钉 GB/T 821 M10×30

1.49 方头长圆柱端紧定螺钉

(GB/T 85—2018 方头长圆柱端紧定螺钉)

1.49.1 型式

方头长圆柱端紧定螺钉型式见图 1-52。

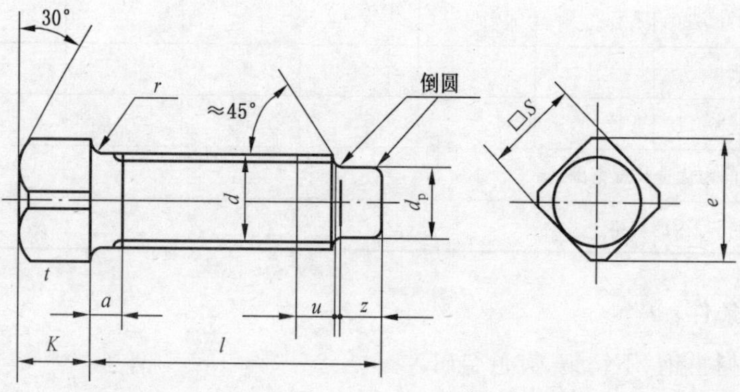

$a \leqslant 4P$;

不完整螺纹的长度 $u \leqslant 2P$;

P——螺距。

图 1-52 方头长圆柱端紧定螺钉

1.49.2 规格尺寸

方头长圆柱端紧定螺钉规格尺寸见表 1-49。

表 1-49 方头长圆柱端紧定螺钉规格尺寸 mm

螺纹规格 d			M5	M6	M8	M10	M12	M16	M20
d_p	min		3.20	3.70	5.20	6.64	8.14	11.57	14.57
	max		3.50	4.00	5.50	7.00	8.50	12.00	15.00
e	min		6	7.3	9.7	12.2	14.7	20.9	27.1
k	公称		5	6	7	8	10	14	18
	min		4.85	5.85	6.82	7.82	9.82	13.785	17.785
	max		5.15	6.15	7.18	8.18	10.18	14.215	18.215
r	min		0.2	0.25	0.4	0.4	0.6	0.6	0.8
z	min		2.5	3.0	4.0	5.0	6.0	8.0	10.0
	max		2.75	3.25	4.30	5.30	6.30	8.36	10.36
S	公称		5	6	8	10	12	17	22
	min		4.82	5.82	7.78	9.78	11.73	16.73	21.67
	max		5	6	8	10	12	17	22
l									
公称	min	max							
12	11.65	12.35							
(14)[a]	13.65	14.35							
16	15.65	16.35							
20	19.58	20.42							
25	24.58	25.42							
30	29.58	30.42							
35	34.50	35.50							
40	39.50	40.50							
45	44.50	45.50							
50	49.50	50.50							
55	54.40	55.60							
60	59.40	60.60							
70	69.40	70.60							
80	79.40	80.60							
90	89.30	90.70							
100	99.30	100.70							
注：阶梯实线间为优选长度范围。									
[a] 尽量不采用括号内的规格。									

1.49.3 技术条件

(1) 螺钉材料：钢、不锈钢、有色金属。

(2) 机械性能等级

1) 钢的机械性能等级：33H、45H；

2) 不锈钢的机械性能等级：A1-12H、A2-12H、A2-21H、A4-21H；

3）有色金属的机械性能等级：GU2、CU3。

（3）表面处理

1）钢的表面处理：

——不经处理；

——电镀技术要求按 GB/T 5267.1 的规定；

——非电解锌片涂层技术要求按 GB/T 5267.2 的规定；

——如需其他技术要求或表面处理，应由供需双方协议。

2）不锈钢的表面处理：

——简单处理；

——钝化处理技术要求按 GB/T 5267.4 的规定；

——如需其他技术要求或表面处理，应由供需双方协议。

3）有色金属的表面处理：

——简单处理；

——电镀技术要求按 GB/T 5267.1 的规定；

——如需其他技术要求或表面处理，应由供需双方协议。

1.49.4 标记示例

螺纹规格为 M10、公称长度 $l=30$ mm、钢制、硬度等级为 33H 级、表面不经处理、产品等级 A 级的方头长圆柱端紧定螺钉的标记：

螺钉 GB/T 85 M10×30

1.50 方头凹端紧定螺钉

（GB/T 84—2018 方头凹端紧定螺钉）

1.50.1 型式

方头凹端紧定螺钉型式见图 1-53。

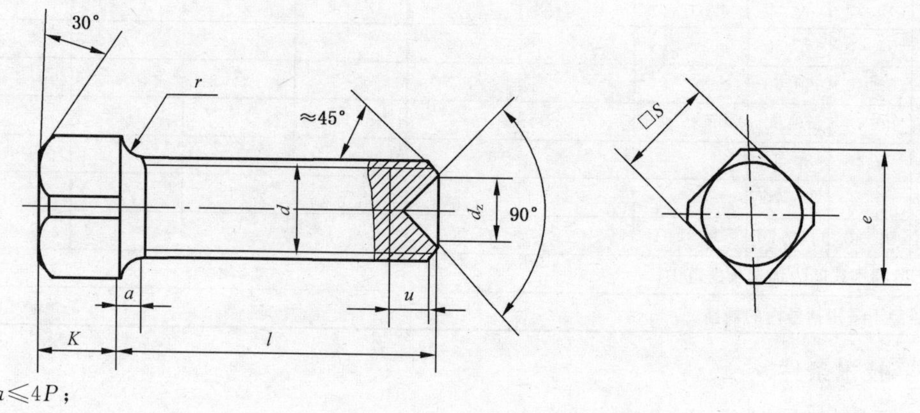

$a \leqslant 4P$；

不完整螺纹的长度 $u \leqslant 2P$；

P——螺距。

图 1-53 方头凹端紧定螺钉

1.50.2 规格尺寸

方头凹端紧定螺钉规格尺寸见表 1-50。

表 1-50 方头凹端紧定螺钉规格尺寸 mm

螺纹规格 d			M5	M6	M8	M10	M12	M16	M20
d_z	min		2.25	2.75	4.70	5.70	6.64	9.64	12.57
	max		2.5	3.0	5.0	6.0	7.0	10.0	13.0
e	min		6.0	7.3	9.7	12.2	14.7	20.9	27.1
k	公称		5	6	7	8	10	14	18
	min		4.85	5.85	6.82	7.82	9.82	13.785	17.785
	max		5.15	6.15	7.18	8.18	10.18	14.215	18.215
r	≈		0.20	0.25	0.40	0.50	0.60	0.60	0.80
S	公称		5	6	8	10	12	17	22
	min		4.82	5.82	7.78	9.78	11.73	16.73	21.67
	max		5	6	8	10	12	17	22
l									
公称	min	max							
10	9.71	10.29							
12	11.65	12.35							
(14)[a]	13.65	14.35							
16	15.65	16.35							
20	19.58	20.42							
25	24.58	25.42							
30	29.58	30.42							
35	34.50	35.50							
40	39.50	40.50							
45	44.50	45.50							
50	49.50	50.50							
55	54.40	55.60							
60	59.40	60.60							
70	69.40	70.60							
80	79.40	80.60							
90	89.30	90.70							
100	99.30	100.70							

注：阶梯实线间为优选长度范围。

[a] 尽量不采用括号内的规格。

1.50.3 技术条件

（1）螺钉材料：钢、不锈钢、有色金属。

（2）机械性能等级

1）钢的机械性能等级：33H、45H；

2）不锈钢的机械性能等级：A1-12H、A2-12H、A2-21H、A4-21H；

3）有色金属的机械性能等级：GU2、CU3。

（3）表面处理

1）钢的表面处理：

——不经处理；

——电镀技术要求按 GB/T 5267.1 的规定；

——非电解锌片涂层技术要求按 GB/T 5267.2 的规定；

——如需其他技术要求或表面处理，应由供需双方协议。

2）不锈钢的表面处理：

——简单处理；

——钝化处理技术要求按 GB/T 5267.4 的规定；

——如需其他技术要求或表面处理，应由供需双方协议。

3）有色金属的表面处理：

——简单处理；

——电镀技术要求按 GB/T 5267.1 的规定；

——如需其他技术要求或表面处理，应由供需双方协议。

1.50.4　标记示例

螺纹规格为 M10、公称长度 $l=30$ mm、钢制、硬度等级为 33H 级、表面不经处理、产品等级 A 级的方头凹端紧定螺钉的标记：

螺钉　GB/T 84　M10×30

1.51　开槽凹端紧定螺钉

（GB/T 74—2018 开槽凹端紧定螺钉）

1.51.1　型式

开槽凹端紧定螺钉型式见图 1-54。

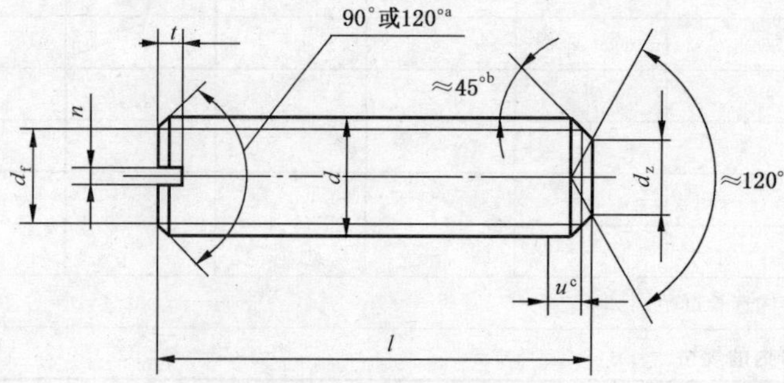

[a] 公称长度在表 1-51 中虚线以上的短螺钉应制成 120°。

[b] 45°仅适用于螺纹小径的末端部分。

[c] 不完整螺纹的长度 $u \leqslant 2P$。

图 1-54　开槽凹端紧定螺钉

1.51.2 规格尺寸

开槽凹端紧定螺钉规格尺寸见表1-51。

表1-51 开槽凹端紧定螺钉规格尺寸 mm

螺纹规格 d			M1.6	M2	M2.5	M3	(M3.5)[a]	M4	M5	M6	M8	M10	M12
P[b]			0.35	0.4	0.45	0.5	0.6	0.7	0.8	1	1.25	1.5	1.75
d_f	≈		螺纹小径										
d_z	min		0.55	0.75	0.95	1.15	1.45	1.75	2.25	2.75	4.70	5.70	7.70
	max		0.80	1.00	1.20	1.40	1.70	2.00	2.50	3.00	5.00	6.00	8.00
n	公称		0.25	0.25	0.4	0.4	0.5	0.6	0.8	1	1.2	1.6	2
	min		0.31	0.31	0.46	0.46	0.56	0.66	0.86	1.06	1.26	1.66	2.06
	max		0.45	0.45	0.60	0.60	0.70	0.80	1.00	1.20	1.51	1.91	2.31
t	min		0.56	0.64	0.72	0.80	0.96	1.12	1.28	1.60	2.00	2.40	2.80
	max		0.74	0.84	0.95	1.05	1.21	1.42	1.63	2.00	2.50	3.00	3.60
l													
公称	min	max											
2	1.8	2.2											
2.5	2.3	2.7											
3	2.8	3.2											
4	3.7	4.3											
5	4.7	5.3											
6	5.7	6.3											
8	7.7	8.3											
10	9.7	10.3											
12	11.6	12.4											
(14)[a]	13.6	14.4											
16	15.6	16.4											
20	19.6	20.4											
25	24.6	25.4											
30	29.6	30.4											
35	34.5	35.5											
40	39.5	40.5											
45	44.5	45.5											
50	49.5	50.5											
55	54.4	55.6											
60	59.4	60.6											

注：阶梯实线间为优选长度范围。

[a] 尽可能不采用括号内的规格。

[b] P——螺距。

1.51.3 技术条件

(1) 螺钉材料：钢、不锈钢、有色金属。

(2) 机械性能等级

1) 钢的机械性能等级：14H、22H；

2) 不锈钢的机械性能等级：A1-12H、A2-12H、A4-12H；

3) 有色金属的机械性能等级：GU2、CU3。

(3) 表面处理

1) 钢的表面处理：

——不经处理；

——电镀技术要求按GB/T 5267.1的规定；

——非电解锌片涂层技术要求按 GB/T 5267.2 的规定；
——如需其他技术要求或表面处理，应由供需双方协议。

2）不锈钢的表面处理：
——简单处理；
——钝化处理技术要求按 GB/T 5267.4 的规定；
——如需其他技术要求或表面处理，应由供需双方协议。

3）有色金属的表面处理：
——简单处理；
——电镀技术要求按 GB/T 5267.1 的规定；
——如需其他技术要求或表面处理，应由供需双方协议。

1.51.4　标记示例

螺纹规格为 M5、公称长度 l=12 mm、钢制、硬度等级为 14H 级、表面不经处理、产品等级 A 级的开槽凹端紧定螺钉的标记：

螺钉　GB/T 74　M5×12

1.52　开槽长圆柱端紧定螺钉

（GB/T 75—2018 开槽长圆柱端紧定螺钉）

1.52.1　型式

开槽长圆柱端紧定螺钉型式见图 1-55。

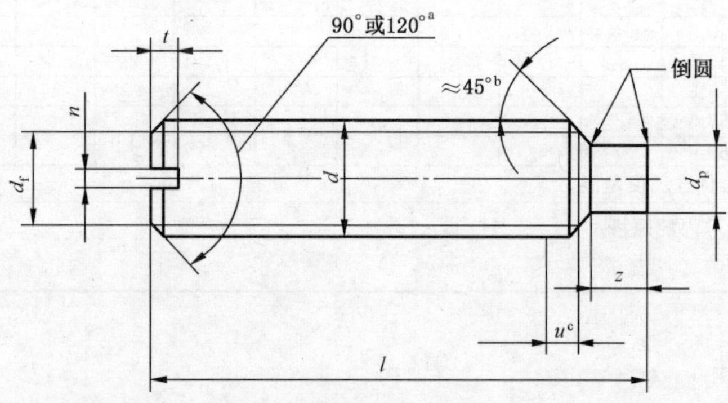

[a] 公称长度在表 1-52 中虚线以上的短螺钉应制成 120°。

[b] 45°仅适用于螺纹小径的末端部分。

[c] 不完整螺纹的长度 $u \leqslant 2P$。

图 1-55　开槽长圆柱端紧定螺钉

1.52.2　规格尺寸

开槽长圆柱端紧定螺钉规格尺寸见表 1-52。

表 1-52 开槽长圆柱端紧定螺钉规格尺寸 mm

螺纹规格 d			M1.6	M2	M2.5	M3	(M3.5)[a]	M4	M5	M6	M8	M10	M12
P[b]			0.35	0.4	0.45	0.5	0.6	0.7	0.8	1	1.25	1.5	1.75
d_f	≈		螺纹小径										
d_p	min		0.55	0.75	1.25	1.75	1.95	2.25	3.20	3.70	5.20	6.64	8.14
	max		0.80	1.00	1.50	2.00	2.20	2.50	3.50	4.00	5.50	7.00	8.50
n	公称		0.25	0.25	0.4	0.4	0.5	0.6	0.8	1	1.2	1.6	2
	min		0.31	0.31	0.46	0.46	0.56	0.66	0.86	1.06	1.26	1.66	2.06
	max		0.45	0.45	0.60	0.60	0.70	0.80	1.00	1.20	1.51	1.91	2.31
t	min		0.56	0.64	0.72	0.80	0.96	1.12	1.28	1.60	2.00	2.40	2.80
	max		0.74	0.84	0.95	1.05	1.21	1.42	1.63	2.00	2.50	3.00	3.60
z	min		0.80	1.00	1.25	1.50	1.75	2.00	2.50	3.00	4.00	5.00	6.00
	max		1.05	1.25	1.50	1.75	2.00	2.25	2.75	3.25	4.30	5.30	6.30
l													
公称	min	max											
2	1.8	2.2											
2.5	2.3	2.7											
3	2.8	3.2											
4	3.7	4.3											
5	4.7	5.3											
6	5.7	6.3											
8	7.7	8.3											
10	9.7	10.3											
12	11.6	12.4											
(14)[a]	13.6	14.4											
16	15.6	16.4											
20	19.6	20.4											
25	24.6	25.4											
30	29.6	30.4											
35	34.5	35.5											
40	39.5	40.5											
45	44.5	45.5											
50	49.5	50.5											
55	54.4	55.6											
60	59.4	60.6											

注：阶梯实线间为优选长度范围。

[a] 尽可能不采用括号内的规格。

[b] P——螺距。

1.52.3 技术条件

（1）螺钉材料：钢、不锈钢、有色金属。

（2）机械性能等级

1）钢的机械性能等级：14H、22H；

2）不锈钢的机械性能等级：A1-12H、A2-12H、A4-12H；

3）有色金属的机械性能等级：GU2、CU3。

（3）表面处理

1）钢的表面处理：

——不经处理；

——电镀技术要求按 GB/T 5267.1 的规定；

——非电解锌片涂层技术要求按 GB/T 5267.2 的规定；

——如需其他技术要求或表面处理，应由供需双方协议。

2）不锈钢的表面处理：

——简单处理；

——钝化处理技术要求按 GB/T 5267.4 的规定；

——如需其他技术要求或表面处理，应由供需双方协议。

3）有色金属的表面处理：

——简单处理；

——电镀技术要求按 GB/T 5267.1 的规定；

——如需其他技术要求或表面处理，应由供需双方协议。

1.52.4 标记示例

螺纹规格为 M5、公称长度 l＝12 mm、钢制、硬度等级为 14H 级、表面不经处理、产品等级 A 级的开槽长圆柱端紧定螺钉的标记：

螺钉 GB/T 75 M5×12

1.53 开槽锥端紧定螺钉

（GB/T 71—2018 开槽锥端紧定螺钉）

1.53.1 型式

开槽锥端紧定螺钉型式见图 1-56。

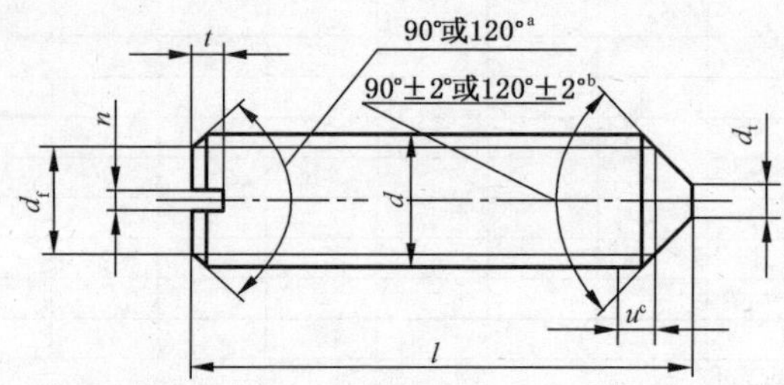

[a] 公称长度在表 1-53 中虚线以上的短螺钉应制成 120°。

[b] 公称长度在表 1-53 中虚线以上的长螺钉应制成 90°，虚线以上的短螺钉应制成 120°。90°或 120°仅适用于螺纹小径以内的末端部分。

[c] 不完整螺纹的长度 $u \leqslant 2P$。

图 1-56 开槽锥端紧定螺钉

1.53.2 规格尺寸

开槽锥端紧定螺钉规格尺寸见表 1-53。

表 1-53　开槽锥端紧定螺钉规格尺寸　　mm

螺纹规格 d			M1.2	M1.6	M2	M2.5	M3	(M3.5)[a]	M4	M5	M6	M8	M10	M12
P[b]			0.25	0.35	0.4	0.45	0.5	0.6	0.7	0.8	1	1.25	1.5	1.75
d_f	≈		螺纹小径											
d_t[c]	min		—	—	—	—	—	—	—	—	—	—	—	—
	max		0.12	0.16	0.20	0.25	0.30	0.35	0.40	0.50	1.50	2.00	2.50	3.00
n	公称		0.2	0.25	0.25	0.4	0.4	0.5	0.6	0.8	1	1.2	1.6	2
	min		0.26	0.31	0.31	0.46	0.46	0.56	0.66	0.86	1.06	1.26	1.66	2.06
	max		0.40	0.45	0.45	0.60	0.60	0.70	0.80	1.00	1.20	1.51	1.91	2.31
t	min		0.40	0.56	0.64	0.72	0.80	0.96	1.12	1.28	1.60	2.00	2.40	2.80
	max		0.52	0.74	0.84	0.95	1.05	1.21	1.42	1.63	2.00	2.50	3.00	3.60
l														
公称	min	max												
2	1.8	2.2												
2.5	2.3	2.7												
3	2.8	3.2												
4	3.7	4.3												
5	4.7	5.3												
6	5.7	6.3												
8	7.7	8.3												
10	9.7	10.3												
12	11.6	12.4												
(14)[a]	13.6	14.4												
16	15.6	16.4												
20	19.6	20.4												
25	24.6	25.4												
30	29.6	30.4												
35	34.5	35.5												
40	39.5	40.5												
45	44.5	45.5												
50	49.5	50.5												
55	54.4	55.6												
60	59.4	60.6												

注：阶梯实线间为优选长度范围。

[a] 尽可能不采用括号内的规格。

[b] P——螺距。

[c] ≤M5 的螺钉不要求锥端平面部分尺寸(d_t)，可以倒圆。

1.53.3 技术条件

(1) 螺钉材料:钢、不锈钢、有色金属。

(2) 机械性能等级

1) 钢的机械性能等级:$d<1.6$ mm,按协议;$d\geqslant 1.6$ mm,14H、22H。

2) 不锈钢的机械性能等级:$d<1.6$ mm,按协议;$d\geqslant 1.6$ mm,A1-12H、A2-12H、A4-12H。

3) 有色金属的机械性能等级:GU2、CU3。

(3) 表面处理

1) 钢的表面处理:

——不经处理;

——电镀技术要求按GB/T 5267.1的规定;

——非电解锌片涂层技术要求按GB/T 5267.2的规定;

——如需其他技术要求或表面处理,应由供需双方协议。

2) 不锈钢的表面处理:

——简单处理;

——钝化处理技术要求按GB/T 5267.4的规定;

——如需其他技术要求或表面处理,应由供需双方协议。

3) 有色金属的表面处理:

——简单处理;

——电镀技术要求按GB/T 5267.1的规定;

——如需其他技术要求或表面处理,应由供需双方协议。

1.53.4 标记示例

螺纹规格为M5、公称长度$l=12$ mm、钢制、硬度等级14H级、表面不经处理、产品等级A级的开槽锥端紧定螺钉的标记:

螺钉 GB/T 71 M5×12

1.54 内六角花形沉头螺钉

(GB/T 2673.1—2018 内六角花形沉头螺钉)

1.54.1 型式

内六角花形沉头螺钉型式见图1-57。

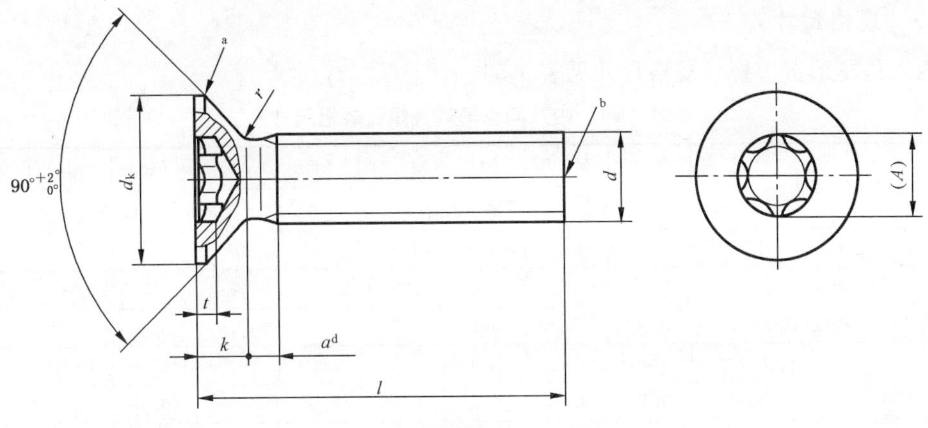

a）无轴肩全螺纹螺钉　M2～M4

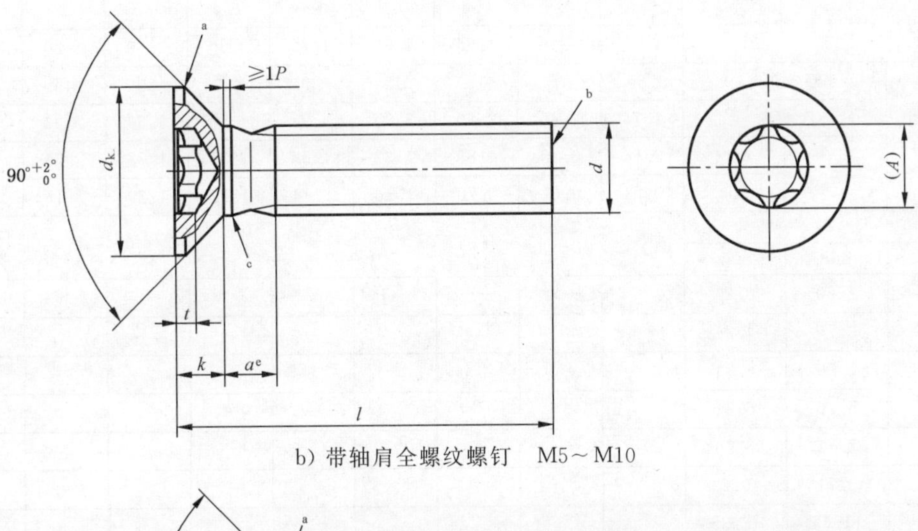

b）带轴肩全螺纹螺钉　M5～M10

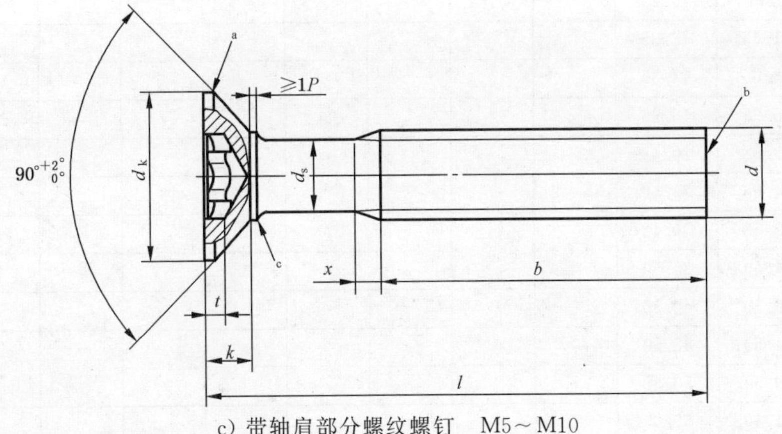

c）带轴肩部分螺纹螺钉　M5～M10

注：无螺纹杆径 d_a 约等于螺纹中经或螺纹大径。

[a] 棱边可以是圆的或直的。

[b] 碾制末端见 GB/T 2。

[c] 轴肩的形状和尺寸由制造商确定，但最大直径不能超过 d。

[d] $a_{max} \leqslant 2P$。

[e] $a_{max} \leqslant 2.5P$。

图 1-57　内六角花形沉头螺钉

1.54.2 规格尺寸

内六角花形沉头螺钉规格尺寸见表1-54。

表1-54 内六角花形沉头螺钉规格尺寸

mm

螺纹规格 d			M2	M2.5	M3	(M3.5)[a]	M4	M5	M6	M8	M10
			不带轴肩						带轴肩		
P[b]			0.4	0.45	0.5	0.6	0.7	0.8	1	1.25	1.5
b	min		25	25	25	38	38	38	38	38	38
d_k[c]	理论值	max	4.4	5.5	6.3	8.2	9.4	10.4	12.6	17.3	20.0
	实际值	公称=max	3.80	4.70	5.50	7.30	8.40	9.30	11.30	15.80	18.30
		min	3.50	4.40	5.20	6.94	8.04	8.94	10.87	15.37	17.78
k[c]	公称=max		1.20	1.50	1.65	2.35	2.70	2.70	3.30	4.65	5.00
r	max		0.5	0.6	0.8	0.9	1.0	1.3	1.5	2.0	2.5
x	max		1.00	1.10	1.25	1.50	1.75	2.00	2.50	3.20	3.80
内六角花形[d]	槽号No.		6	8	10	15	20	25	30	45	50
	A 参考		1.75	2.40	2.80	3.35	3.95	4.50	5.60	7.93	8.95
	t	max	0.64	0.79	0.83	1.32	1.53	1.51	1.78	2.54	2.80
		min	0.51	0.66	0.70	1.16	1.14	1.12	1.39	2.15	2.41
l[e]											
公称	min	max									
3	2.80	3.20									
4	3.76	4.24									
5	4.76	5.24									
6	5.76	6.24									
8	7.71	8.29									
10	9.71	10.29									
12	11.65	12.35									
(14)[a]	13.65	14.35									
16	15.65	16.35									
20	19.58	20.42									
25	24.58	25.42									
30	29.58	30.42									
35	34.50	35.50									
40	39.50	40.50									
45	44.50	45.50									
50	49.50	50.50									
(55)[a]	54.40	55.60									
60	59.40	60.60									

注：阶梯实线间为优选长度范围。

[a] 尽可能不采用括号内的规格。

[b] P——螺距。

[c] 头部尺寸的测量按GB/T 5279规定。

[d] 内六角花形的验收检查见GB/T 6188。

[e] 虚线以上的长度，螺纹制到头部[$b=l-(k+a)$]。

1.54.3 技术条件

(1) 螺钉材料:钢、不锈钢。

(2) 机械性能等级

1) 钢的机械性能等级:04.8、08.8;

2) 不锈钢的机械性能等级:A2-050、A4-050、A2-070、A4-070。

(3) 表面处理

1) 钢的表面处理:

——不经处理;

——电镀技术要求按 GB/T 5267.1 的规定;

——非电解锌片涂层技术要求按 GB/T 5267.2 的规定;

——热浸镀锌技术要求按 GB/T 5267.3 的规定;

——如需其他技术要求或表面处理,应由供需双方协议。

2) 不锈钢的表面处理:

——简单处理;

——钝化处理技术要求按 GB/T 5267.4 的规定;

——如需其他技术要求或表面处理,应由供需双方协议。

1.54.4 标记示例

螺纹规格为 M5、公称长度 $l=20$ mm、性能等级为 4.8 级、符合 GB/T 3098.1 规定的内六角花形沉头螺钉的标记:

螺钉 GB/T 2673.1-M5×20-04.8

螺纹规格为 M5、公称长度 $l=20$ mm、不锈钢组别和性能等级为 A2-50、符合 GB/T 3098.6 的内六角花形沉头螺钉的标记:

螺钉 GB/T 2673.1-M5×20-A2-50

1.55 尼龙螺钉

1.55.1 圆头十字槽尼龙螺钉

表 1-55 圆头十字槽尼龙螺钉规格

系列	规格
M2	M2×4、M2×6、M2×8、M2×10
M2.5	M2.5×4、M2.5×5、M2.5×6、M2.5×8、M2.5×10
M3	M3×4、M3×5、M3×6、M3×8、M3×10、M3×12、M3×15、M3×16、M3×18、M3×20、M3×25、M3×30、M3×35
M4	M4×4、M4×5、M4×6、M4×8、M4×10、M4×12、M4×15、M4×16、M4×18、M4×20、M4×25、M4×30、M4×35、M4×40、M4×45
M5	M5×6、M5×8、M5×10、M5×12、M5×15、M5×16、M5×18、M5×20、M5×25、M5×30、M5×35、M5×40、M5×45、M5×50

续表 1-55

系列	规　格
M6	M6×6、M6×8、M6×10、M6×12、M6×15、M6×16、M6×18、M6×20、M6×25、M6×30、M6×35、M6×40、M6×45、M6×50、M6×55、M6×60、M6×65
M8	M8×6、M8×8、M8×10、M8×12、M8×15、M8×16、M8×18、M8×20、M8×25、M8×30、M8×35、M8×40、M8×45、M8×50、M8×55、M8×60、M8×65
注：表中系列及规格表只是常用产品，其他系列或规格请与厂商咨询。	

1.55.2　沉头十字槽尼龙螺钉

表 1-56　沉头十字槽尼龙螺钉规格

系列	规　格
M2	M2×4、M2×6、M2×8、M2×10
M2.5	M2.5×4、M2.5×5、M2.5×6、M2.5×8、M2.5×10
M3	M3×4、M3×5、M3×6、M3×8、M3×10、M3×12、M3×15、M3×16、M3×18、M3×20、M3×25、M3×30、M3×35
M4	M4×4、M4×5、M4×6、M4×8、M4×10、M4×12、M4×15、M4×16、M4×18、M4×20、M4×25、M4×30、M4×35、M4×40、M4×45
M5	M5×6、M5×8、M5×10、M5×12、M5×15、M5×16、M5×18、M5×20、M5×25、M5×30、M5×35、M5×40、M5×45、M5×50
M6	M6×6、M6×8、M6×10、M6×12、M6×15、M6×16、M6×18、M6×20、M6×25、M6×30、M6×35、M6×40、M6×45、M6×50、M6×55、M6×60、M6×65
M8	M8×6、M8×8、M8×10、M8×12、M8×15、M8×16、M8×18、M8×20、M8×25、M8×30、M8×35、M8×40、M8×45、M8×50、M8×55、M8×60、M8×65
M10	M10×15、M10×20、M10×25、M10×30、M10×35、M10×40、M10×45、M10×50、M10×60、M10×70、M10×80、M10×90、M10×100
M12	M12×20、M12×25、M12×30、M12×35、M12×40、M12×45、M12×50、M12×60、M12×70、M12×80、M12×90、M12×100
注：表中系列及规格表只是常用产品，其他系列或规格请与厂商咨询。	

1.55.3　内六角尼龙螺钉

表 1-57　内六角尼龙螺钉规格

螺纹尺寸	规　格
M3	M3×6、M3×8、M3×10、M3×12、M3×15、M3×16、M3×18、M3×20、M3×25、M3×30、M3×35
M4	M4×4、M4×5、M4×6、M4×8、M4×10、M4×12、M4×15、M4×16、M4×18、M4×20、M4×25、M4×30、M4×35、M4×40、M4×45
M5	M5×6、M5×8、M5×10、M5×12、M5×15、M5×16、M5×18、M5×20、M5×25、M5×30、M5×35、M5×40、M5×45、M5×50
M6	M6×10、M6×12、M6×16、M6×20、M6×25、M6×30、M6×35、M6×40、M6×45、M6×50
M8	M8×15、M8×20、M8×25、M8×30、M8×35、M8×40、M6×45、M8×45、M8×50
M10	M10×20、M10×25、M10×30、M10×35、M10×40、M10×45、M8×50、M10×70、M10×80、M10×90、M10×100
M12	M12×20、M12×25、M12×30、M13×35、M12×40、M12×50
注：表中系列及规格表只是常用产品，其他系列或规格请与厂商咨询。	

第2章 螺栓

2.1 沉头方颈螺栓

（GB/T 10—2013 沉头方颈螺栓）

2.1.1 型式

沉头方颈螺栓型式见图2-1。

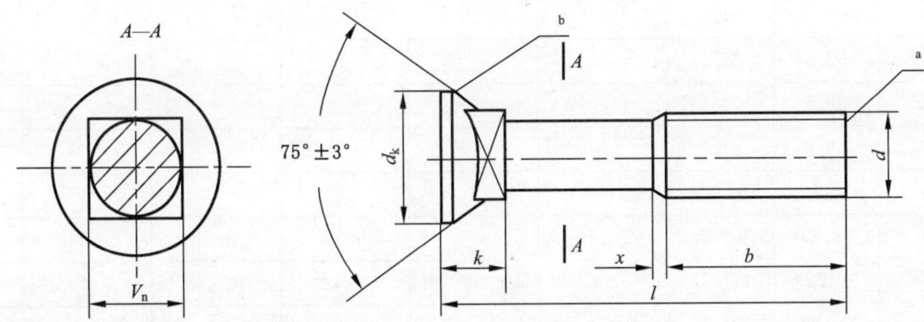

无螺纹部分杆径约等于螺纹中径或螺纹大径。

[a] 辗至末端(GB/T 2)。

[b] 圆的或平的。

图2-1 沉头方颈螺栓

2.1.2 规格尺寸

沉头方颈螺栓规格尺寸见表2-1。

表2-1 沉头方颈螺栓规格尺寸 mm

螺纹规格 d		M6	M8	M10	M12	M16	M20
P[a]		1	1.25	1.5	1.75	2	2.5
b	$l \leqslant 125$	18	22	26	30	38	46
	$125 < l \leqslant 200$	—	28	32	36	44	52
d_k	max	11.05	14.55	17.55	21.65	28.65	36.80
	min	9.95	13.45	16.45	20.35	27.35	35.2
k	max	6.1	7.25	8.45	11.05	13.05	15.05
	min	5.3	6.35	7.55	9.95	11.95	13.95
V_n	max	6.36	8.36	10.36	12.43	16.43	20.52
	min	5.84	7.8	9.8	11.76	15.76	19.72
x	max	2.5	3.2	3.8	4.3	5	6.3

续表 2-1

mm

螺纹规格 d			M6	M8	M10	M12	M16	M20
l								
公称	min	max						
25	23.95	26.05						
30	28.95	31.05						
35	33.75	36.25						
40	38.75	41.25	通用					
45	43.75	46.25						
50	48.75	51.25						
(55)[b]	53.5	56.5		长度				
60	58.5	61.5						
(65)[b]	63.5	66.5						
70	68.5	71.5			规格			
80	78.5	81.5						
90	88.25	91.75						
100	98.25	101.75				范围		
110	108.25	111.75						
120	118.25	121.75						
130	128	132						
140	138	142						
150	148	152						
160	156	164						
180	176	184						
200	195.4	204.6						

[a] P——螺距。

[b] 尽可能不采用括号内的规格。

2.1.3 技术条件

(1) 螺栓材料:钢。

(2) 钢的机械性能等级:4.6、4.8。

(3) 钢的表面处理:

——不经处理;

——氧化;

——如需其他表面处理,应由供需双方协议。

2.1.4 标记示例

螺纹规格 d=M12、公称长度 l=80 mm、性能等级 4.8 级、不经表面处理、产品等级为 C 级的沉头方颈螺栓的标记:

螺栓 GB/T 10 M12×80

2.2 沉头带榫螺栓

(GB/T 11—2013 沉头带榫螺栓)

2.2.1 型式

沉头带榫螺栓型式见图 2-2。

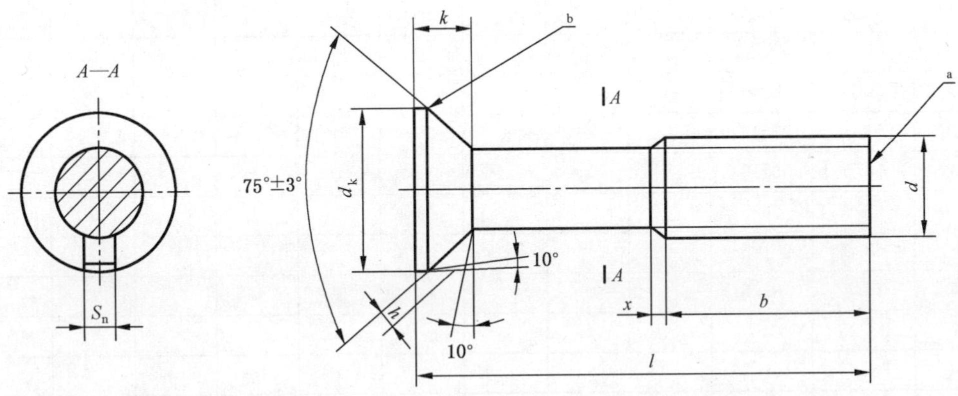

无螺纹部分杆径约等于螺纹中径或螺纹大径。

[a] 辗至末端(GB/T 2)。

[b] 圆的或平的。

图 2-2 沉头带榫螺栓

2.2.2 规格尺寸

沉头带榫螺栓规格尺寸见表 2-2。

表 2-2 沉头带榫螺栓规格尺寸 mm

螺纹规格 d		M6	M8	M10	M12	(M14)[b]	M16	M20	(M22)[b]	M24
P[a]		1	1.25	1.5	1.75	2	2	2.5	2.5	3
b	$l \leqslant 125$	18	22	26	30	34	38	46	50	54
	$125 < l \leqslant 200$	—	28	32	36	40	44	52	56	60
d_k	max	11.05	14.55	17.55	21.65	24.65	28.65	36.8	40.8	45.8
	min	9.95	13.45	16.45	20.35	23.35	27.35	35.2	39.2	44.2
S_n	max	2.7	2.7	3.8	3.8	4.3	4.8	4.8	6.3	6.3
	min	2.3	2.3	3.2	3.2	3.7	4.2	4.2	5.7	5.7
h	max	1.2	1.6	2.1	2.4	2.9	3.3	4.2	4.5	5
	min	0.8	1.1	1.4	1.6	1.9	2.2	2.8	3	3.3
k	≈	4.1	5.3	6.2	8.5	8.9	10.2	13	14.3	16.5
x	max	2.5	3.2	3.8	4.3	5	5	6.3	6.3	7.5

续表 2-2

mm

螺纹规格 d			M6	M8	M10	M12	(M14)[b]	M16	M20	(M22)[b]	M24
l											
公称	min	max									
25	23.95	26.05									
30	28.95	31.05									
35	33.75	36.25	通								
40	38.75	41.25									
45	43.75	46.25		用							
50	48.75	51.25									
(55)[b]	53.5	56.5			长						
60	58.5	61.5									
(65)[b]	63.5	66.5				度					
70	68.5	71.5									
80	78.5	81.5					规				
90	88.25	91.75									
100	98.25	101.75						格			
110	108.25	111.75									
120	118.25	121.75							范		
130	128	132									
140	138	142								围	
150	148	152									
160	156	164									
180	176	184									
200	195.4	204.6									

[a] P——螺距。

[b] 尽可能不采用括号内的规格。

2.2.3　技术条件

(1) 螺栓材料：钢。

(2) 钢的机械性能等级：4.6、4.8。

(3) 钢的表面处理：

——不经处理；

——电镀技术要求按 GB/T 5267.1 的规定；

——如需其他表面处理，应由供需双方协议。

2.2.4　标记示例

螺纹规格 d=M12、公称长度 l=80 mm、性能等级为 4.8 级、不经表面处理、产品等级 C 级的沉头带榫螺栓的标记：

螺栓　GB/T 11　M12×80

2.3 圆头方颈螺栓

（GB/T 12—2013 圆头方颈螺栓）

2.3.1 型式

圆头方颈螺栓型式见图 2-3。

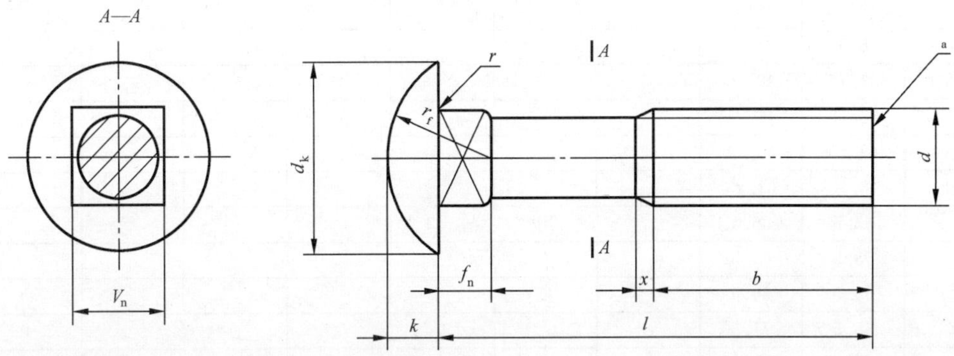

无螺纹部分杆径约等于螺纹中径或螺纹大径。

[a] 辗制末端(GB/T 2)。

图 2-3 圆头方颈螺栓

2.3.2 规格尺寸

圆头方颈螺栓规格尺寸见表 2-3。

表 2-3 圆头方颈螺栓规格尺寸 mm

螺纹规格 d		M6	M8	M10	M12	(M14)[b]	M16	M20
P[a]		1	1.25	1.5	1.75	2	2	2.5
b	$l \leqslant 125$	18	22	26	30	34	38	46
	$125 < l \leqslant 200$	—	28	32	36	40	44	52
d_k	max	13.1	17.1	21.3	25.3	29.3	33.6	41.6
	min	11.3	15.3	19.16	23.16	27.16	31	39
f_n	max	4.4	5.4	6.4	8.45	9.45	10.45	12.55
	min	3.6	4.6	5.6	7.55	8.55	9.55	11.45
k	max	4.08	5.28	6.48	8.9	9.9	10.9	13.1
	min	3.2	4.4	5.6	7.55	8.55	9.55	11.45
V_n	max	6.3	8.36	10.36	12.43	14.43	16.43	20.82
	min	5.84	7.8	9.8	11.76	13.76	15.76	19.22
r	min	0.5	0.5	0.5	0.8	0.8	1	1
r_f	≈	7	9	11	13	15	18	22
x	max	2.5	3.2	3.8	4.3	5	5	6.3

续表 2-3

mm

螺纹规格 d			M6	M8	M10	M12	(M14)[b]	M16	M20
l									
公称	min	max							
16	15.1	16.9							
20	18.95	21.05							
25	23.95	26.05							
30	28.95	31.05							
35	33.75	36.25							
40	38.75	41.25							
45	43.75	46.25	通						
50	48.75	51.25							
(55)[b]	53.5	56.5		用					
60	58.5	61.5							
(65)[b]	63.5	66.5		长					
70	68.5	71.5			度				
80	78.5	81.5				规			
90	88.25	91.75					格		
100	98.25	101.75							
110	108.25	111.75						范	
120	118.25	121.75							围
130	128	132							
140	138	142							
150	148	152							
160	156	164							
180	176	184							
200	195.4	204.6							

[a] P——螺距。

[b] 尽可能不采用括号内的规格。

2.3.3 技术条件

(1) 螺栓材料：钢、不锈钢。

(2) 机械性能等级

1) 钢的机械性能等级：4.6、4.8；

2) 不锈钢的机械性能等级：A2-50、A2-70。

(3) 表面处理

1) 钢的表面处理：

——不经处理；

——电镀技术要求按 GB/T 5267.1 的规定；

——如需其他表面处理，应由供需双方协议。

2) 不锈钢的表面处理：

——简单处理；

——如需其他表面处理，应由供需双方协议。

2.3.4 标记示例

螺纹规格 d=M12、公称长度 l=80 mm、性能等级为4.8级、不经表面处理、产品等级为C级的圆头方颈螺栓的标记：

螺栓 GB/T 12 M12×80

2.4 圆头带榫螺栓

(GB/T 13—2013 圆头带榫螺栓)

2.4.1 型式

圆头带榫螺栓型式见图2-4。

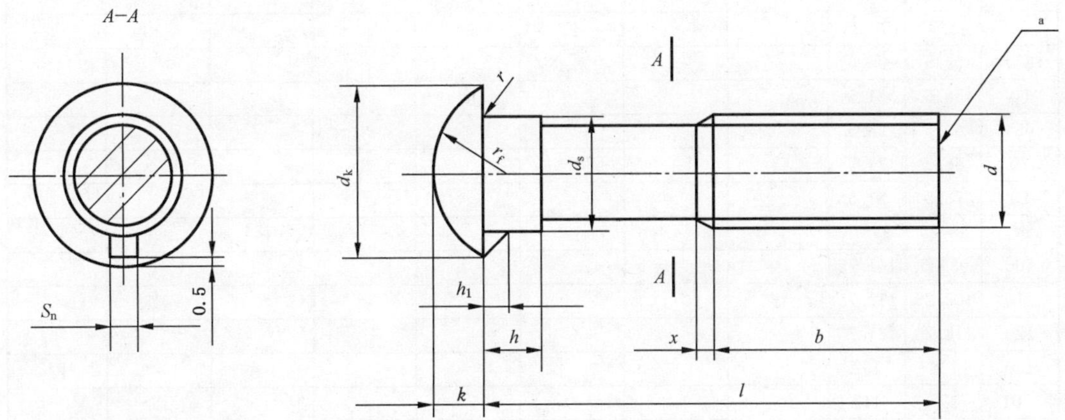

无螺纹部分杆径约等于螺纹中径或螺纹大径。

[a] 辗制末端(GB/T 2)。

图2-4 圆头带榫螺栓

2.4.2 规格尺寸

圆头带榫螺栓规格尺寸见表2-4。

表2-4 圆头带榫螺栓规格尺寸 mm

螺纹规格 d		M6	M8	M10	M12	(M14)[b]	M16	M20	M24
P[a]		1	1.25	1.5	1.75	2	2	2.5	3
b	$l \leqslant 125$	18	22	26	30	34	38	46	54
	$125 < l \leqslant 200$	—	28	32	36	40	44	52	60
d_k	max	12.1	15.1	18.1	22.3	25.3	29.3	35.6	43.6
	min	10.3	13.3	16.3	20.16	23.16	27.16	33	41
S_n	max	2.7	2.7	3.8	3.8	4.8	4.8	4.8	6.3
	min	2.3	2.3	3.2	3.2	4.2	4.2	4.2	5.7
h_1	max	2.7	3.2	3.8	4.3	5.3	5.3	6.3	7.4
	min	2.3	2.8	3.2	3.7	4.7	4.7	5.7	6.6
k	max	4.08	5.28	6.48	8.9	9.9	10.9	13.1	17.1
	min	3.2	4.4	5.6	7.55	8.55	9.55	11.45	15.45
d_s	max	6.48	8.58	10.58	12.7	14.7	16.7	20.84	24.84
	min	5.52	7.42	9.42	11.3	13.3	15.3	19.16	23.16

续表 2-4 mm

螺纹规格 d			M6	M8	M10	M12	(M14)[b]	M16	M20	M24
h	min		4	5	6	7	8	9	11	13
r	min		0.5	0.5	0.5	0.8	0.8	1	1	1.5
r_f	≈		6	7.5	9	11	13	15	18	22
x	max		2.5	3.2	3.8	4.3	5	5	6.3	7.5
l										
公称	min	max								
20	18.95	21.05								
25	23.95	26.05								
30	28.95	31.05	通							
35	33.75	36.25								
40	38.75	41.25		用						
45	43.75	46.25								
50	48.75	51.25			长					
(55)[b]	53.5	56.5								
60	58.5	61.5				度				
(65)[b]	63.5	66.5								
70	68.5	71.5					规			
80	78.5	81.5								
90	88.25	91.75						格		
100	98.25	101.75								
110	108.25	111.75							范	
120	118.25	121.75								
130	128	132								围
140	138	142								
150	148	152								
160	156	164								
180	176	184								
200	195.4	204.6								

[a] P——螺距。

[b] 尽可能不采用括号内的规格。

2.4.3 技术条件

(1) 螺栓材料：钢。

(2) 钢的机械性能等级：4.6、4.8。

(3) 钢的表面处理：

——不经处理；

——电镀技术要求按 GB/T 5267.1 的规定；

——如需其他表面处理，应由供需双方协议。

2.4.4 标记示例

螺纹规格 d=M12、公称长度 l=80 mm、性能等级为 4.8 级、不经表面处理、产品等级为 C 级的圆头带榫螺栓的标记：

螺栓 GB/T 13 M12×80

2.5 扁圆头方颈螺栓

（GB/T 14—2013 扁圆头方颈螺栓）

2.5.1 型式

扁圆头方颈螺栓型式见图 2-5。

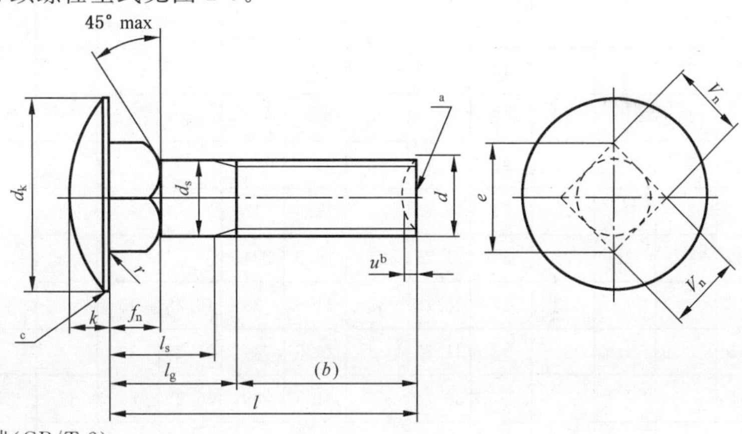

[a] 辗制末端(GB/T 2)。

[b] 不完整螺纹的长度 $u \leqslant 2P$。

[c] 圆的或平的。

图 2-5 扁圆头方颈螺栓

2.5.2 规格尺寸

扁圆头方颈螺栓规格尺寸见表 2-5。

表 2-5 扁圆头方颈螺栓规格尺寸 mm

螺纹规格 d		M5	M6	M8	M10	M12	M16	M20
P^a		0.8	1	1.25	1.5	1.75	2	2.5
b^b	$l \leqslant 125$	16	18	22	26	30	38	46
	$125 < l \leqslant 200$	—	—	28	32	36	44	52
	$l > 200$	—	—	—	—	—	57	65
d_k	max=公称	13	16	20	24	30	38	46
	min	11.9	14.9	18.7	22.7	28.7	36.4	44.4
d_s	max	5.48	6.48	8.58	10.58	12.7	16.7	20.84
	min	≈ 螺纹中径						
e^c	min	5.9	7.2	9.6	12.2	14.7	19.9	24.9
f_n	max	4.1	4.6	5.6	6.6	8.8	12.9	15.9
	min	2.9	3.4	4.4	5.4	7.2	11.1	14.1
k	max	3.1	3.6	4.6	5.8	6.8	8.9	10.9
	min	2.5	3	4	5	6	8	10
r	max	0.4	0.5	0.8	0.8	1.2	1.2	1.6
V_n	max	5.48	6.48	8.58	10.58	12.7	16.7	20.84
	min	4.52	5.52	7.42	9.42	11.3	15.3	19.16

续表 2-5

mm

$l^{d,h}$			无螺纹杆部长度 $l_s{}^f$ 和夹紧长度 $l_g{}^g$													
公称	min	max	l_s min	l_g max	l_s min	l_g max	l_s min	l_g max	l_s min	l_g max	l_s min	l_g max	l_s min	l_g max	l_s min	l_g max
20	18.95	21.05		4												
25	23.95	26.05	5	9												
30	28.95	31.05	10	14	7	12										
35	33.75	36.25	15	19	12	17										
40	38.75	41.25	20	24	17	22	11.75	18								
45	43.75	46.25	25	29	22	27	16.75	23	11.5	19						
50	48.75	51.25	30	34	27	32	21.75	28	16.5	24						
(55)[e]	53.5	56.5			32	37	26.75	33	21.5	29	16.25	25				
60	58.5	61.5			37	42	31.75	38	26.5	34	21.25	30				
(65)[e]	63.5	66.5					36.75	43	31.5	39	26.25	35	17	27		
70	68.5	71.5					41.75	48	36.5	44	31.25	40	22	32		
80	78.5	81.5					45.75	52	40.5	48	36.25	44	26	36	15.5	28
90	88.25	91.75							50.5	58	45.25	54	36	46	25.5	38
100	98.25	101.75							60.5	68	55.25	64	46	56	35.5	48
110	108.25	111.75									65.25	74	56	66	45.5	58
120	118.25	121.75									75.25	84	66	76	55.5	68
130	128	132											64	74	52.5	65
140	138	142											74	84	62.5	75
150	148	152											84	94	72.5	85
160	156	164											94	104	82.5	95
180	176	184											114	124	102.5	115
200	195.4	204.6											134	144	122.5	135

[a] P——螺距。

[b] 公称长度 $l \leqslant 70$ mm 和螺纹直径 $d \leqslant$ M12 的螺栓，允许制出全螺纹（$l_{gmax} = f_{nmax} + 2P$）。

[c] e_{min} 的测量范围：从支承面起长度等于 $0.8 f_{nmin}$（$e_{min} = 1.3\ V_{nmin}$）。

[d] 公称长度在 200 mm 以上，采用按 20 mm 递增的尺寸。

[e] 尽可能不采用括号内的规格。

[f] $l_{smin} = l_{gmax} - 5P$。

[g] $l_{gmax} = l_{公称} - b$。

[h] 阶梯实线间为通用长度规格范围。

2.5.3 技术条件

(1) 螺栓材料：钢、不锈钢。

(2) 机械性能等级

1) 钢的机械性能等级:4.6,4.8,8.8;

2) 不锈钢的机械性能等级:A2-50、A2-70;

(3) 表面处理

1) 钢的表面处理:

——不经处理;

——电镀技术要求按 GB/T 5267.1 的规定;

——热浸镀锌技术要求按 GB/T 5267.3 的规定;

——如需其他表面处理,应由供需双方协议。

2) 不锈钢的表面处理:

——简单处理;

——如需其他表面处理,应由供需双方协议。

2.5.4 标记示例

螺纹规格 d=M12、公称长度 l=80 mm、性能等级为 4.8 级、不经表面处理、产品等级为 C 级的扁圆头方颈螺栓的标记:

螺栓 GB/T 14 M12×80

2.6 扁圆头带榫螺栓

(GB/T 15—2013 扁圆头带榫螺栓)

2.6.1 型式

扁圆头带榫螺栓型式见图 2-6。

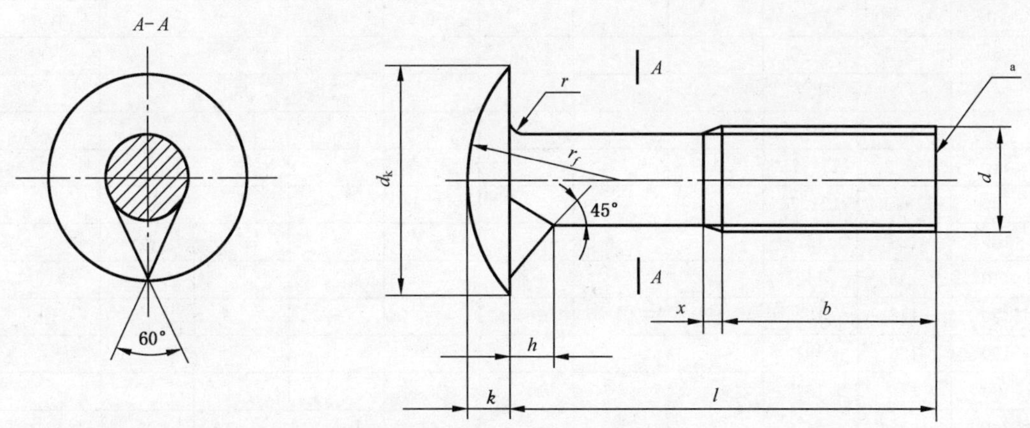

无螺纹部分杆径约等于螺纹中径或螺纹大径。

[a] 辗制末端(GB/T 2)。

图 2-6 扁圆头带榫螺栓

2.6.2 规格尺寸

扁圆头带榫螺栓规格尺寸见表 2-6。

表 2-6 扁圆头带榫螺栓规格尺寸 mm

螺纹规格 d			M6	M8	M10	M12	(M14)[b]	M16	M20	M24
P[a]			1	1.25	1.5	1.75	2	2	2.5	3
b	$l \leqslant 125$		18	22	26	30	34	38	46	54
	$125 < l \leqslant 200$		—	28	32	36	40	44	52	60
d_k	max		15.1	19.1	24.3	29.3	33.6	36.6	45.6	53.9
	min		13.3	17.3	22.16	27.16	31	34	43	50.8
h	max		3.5	4.3	5.5	6.7	7.7	8.8	9.9	12
	min		2.9	3.5	4.5	5.5	6.3	7.2	8.1	10
k	max		3.48	4.48	5.48	6.48	7.9	8.9	10.9	13.1
	min		2.7	3.6	4.6	5.6	6.55	7.55	9.55	11.45
r	min		0.5	0.5	0.5	0.8	0.8	1	1	1.5
r_f	≈		11	14	18	22	22	26	32	34
x	max		2.5	3.2	3.8	4.3	5	5	6.3	7.5
l										
公称	min	max								
20	18.95	21.05								
25	23.95	26.05								
30	28.95	31.05								
35	33.75	36.25								
40	38.75	41.25	通							
45	43.75	46.25								
50	48.75	51.25		用						
(55)[b]	53.5	56.5								
60	58.5	61.5			长					
(65)[b]	63.5	66.5								
70	68.5	71.5				度				
80	78.5	81.5								
90	88.25	91.75					规			
100	98.25	101.75								
110	108.25	111.75						格		
120	118.25	121.75								
130	128	132							范	
140	138	142								
150	148	152								围
160	156	164								
180	176	184								
200	195.4	204.6								

[a] P——螺距。

[b] 尽可能不采用括号内的规格。

2.6.3 技术条件

(1) 螺栓材料:钢。

(2) 钢的机械性能等级:4.8。

（3）钢的表面处理：

——不经处理；

——电镀技术要求按 GB/T 5267.1 的规定；

——如需其他表面处理，应由供需双方协议。

2.6.4 标记示例

螺纹规格 d＝M12、公称长度 l＝80 mm、性能等级为 4.8 级、不经表面处理、产品等级为 C 级的扁圆头带榫螺栓的标记：

螺栓 GB/T 15 M12×80

2.7 小系列六角法兰面螺栓

（GB/T 16674.1—2016 六角法兰面螺栓 小系列）

2.7.1 型式

小系列六角法兰面螺栓型式见图 2-7、图 2-8 和图 2-9。

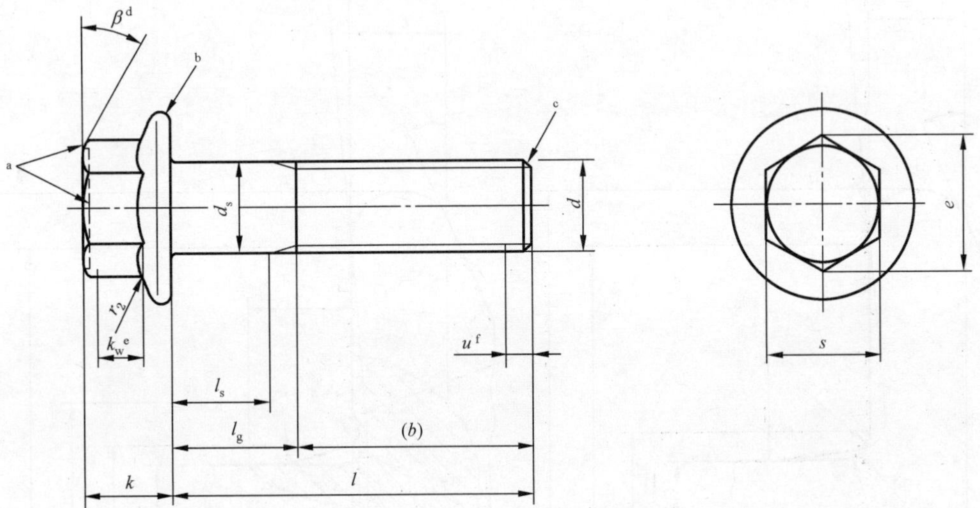

a 头部顶面应为平的或凹穴的，由制造者选择。顶面应倒角或倒圆。倒角或倒圆起始的最小直径应为对边宽度的最大值减去其数值的 15%。如头部顶面制成凹穴型，其边缘可以倒圆。

b 边缘形状可由制造者任选。

c 倒角端（GB/T 2）。

d β＝15°～30°。

e 扳拧高度 k_w，见表 2-7 注。

f 不完整螺纹的长度 $u \leqslant 2P$。

图 2-7 六角法兰面螺栓 粗杆（标准型）

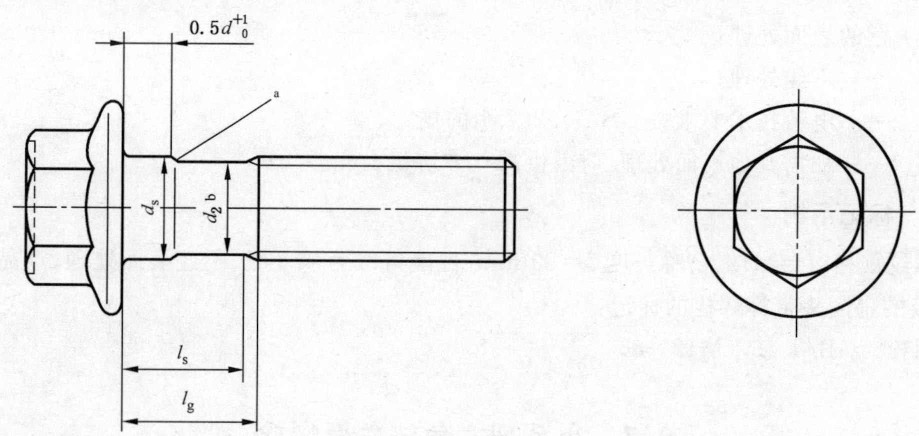

注：其他尺寸，见图 2-7。

[a] 倒圆或倒角或圆锥的。

[b] d_2≈螺纹中径(辗制螺纹坯径)。

图 2-8　六角法兰面螺栓　细杆(R 型)(使用要求时)

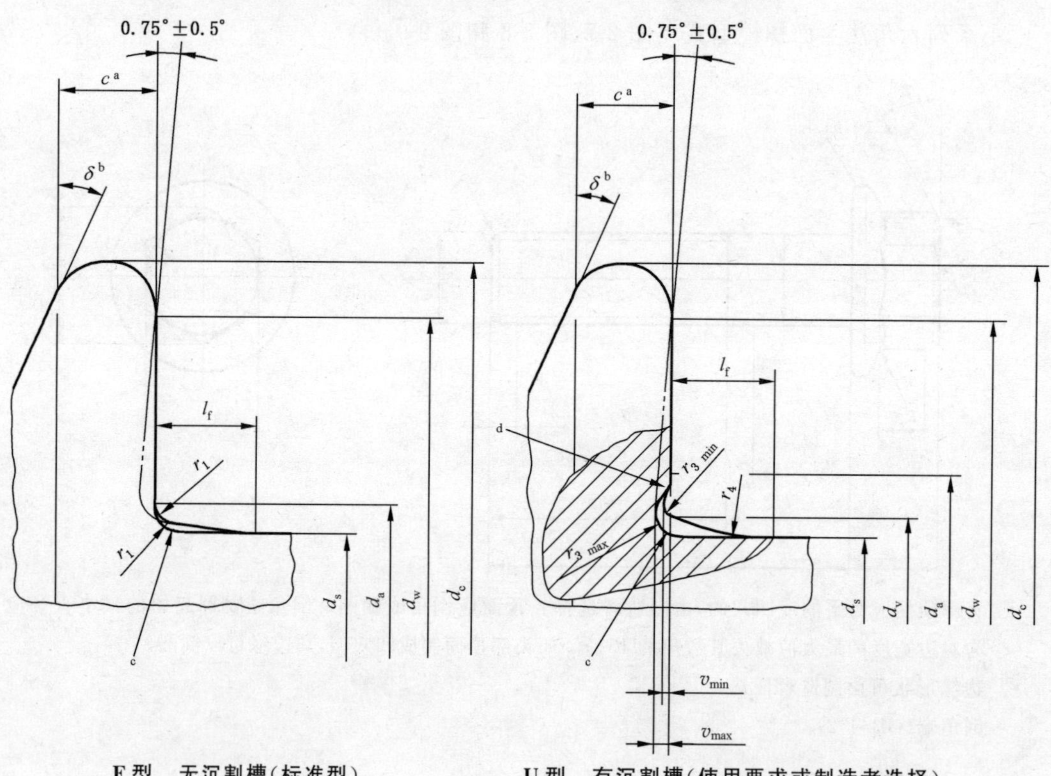

F 型　无沉割槽(标准型)　　　　U 型　有沉割槽(使用要求或制造者选择)

[a] c 在 $d_{w\ min}$ 处测量。

[b] δ＝15°～25°。

[c] 最大和最小头下圆角。

[d] 支承面与圆角应光滑连接。

图 2-9　六角法兰面螺栓　头下形状(支承面)

2.7.2　规格尺寸

小系列六角法兰面螺栓规格尺寸见表 2-7。

表 2-7 小系列六角法兰面螺栓规格尺寸 mm

螺纹规格 d			M5	M6	M8	M10	M12	(M14)[a]	M16
P^{b}			0.8	1	1.25	1.5	1.75	2	2
$b_{参考}$	c		16	18	22	26	30	34	38
	d		—	—	28	32	36	40	44
	e		—	—	—	—	—	—	57
c		min	1	1.1	1.2	1.5	1.8	2.1	2.4
d_a	F 型	max	5.7	6.8	9.2	11.2	13.7	15.7	17.7
	U 型		6.2	7.5	10	12.5	15.2	17.7	20.5
d_c		max	11.4	13.6	17	20.8	24.7	28.6	32.8
d_s		max	5.00	6.00	8.00	10.00	12.00	14.00	16.00
		min	4.82	5.82	7.78	9.78	11.73	13.73	15.73
d_v		max	5.5	6.6	8.8	10.8	12.8	14.8	17.2
d_w		min	9.4	11.6	14.9	18.7	22.5	26.4	30.6
e		min	7.59	8.71	10.95	14.26	16.5	19.86	23.15
k		max	5.6	6.9	8.5	9.7	12.1	12.9	15.2
k_w		min	2.3	2.9	3.8	4.3	5.4	5.6	6.8
l_f		max	1.4	1.6	2.1	2.1	2.1	2.1	3.2
r_1		min	0.2	0.25	0.4	0.4	0.6	0.6	0.6
r_2^{f}		max	0.3	0.4	0.5	0.6	0.7	0.9	1
r_3		max	0.25	0.26	0.36	0.45	0.54	0.63	0.72
		min	0.10	0.11	0.16	0.20	0.24	0.28	0.32
r_4		参考	4	4.4	5.7	5.7	5.7	5.7	8.8
s		max	7.00	8.00	10.00	13.00	15.00	18.00	21.00
		min	6.78	7.78	9.78	12.73	14.73	17.73	20.67
v		max	0.15	0.20	0.25	0.30	0.35	0.45	0.50
		min	0.05	0.05	0.10	0.15	0.15	0.20	0.25

$l^{g,h}$			l_s 和 l_g													
公称	min	max	l_s min	l_g max	l_s min	l_g max	l_s min	l_g max	l_s min	l_g max	l_s min	l_g max	l_s min	l_g max	l_s min	l_g max
10	9.71	10.29	—	—												
12	11.65	12.35	—	—	—	—										
16	15.65	16.35	—	—	—	—	—	—								
20	19.58	20.42	—	—	—	—	—	—	—	—						
25	24.58	25.42	5	9	—	—	—	—	—	—	—	—				
30	29.58	30.42	10	14	7	12	—	—	—	—	—	—	—	—		
35	34.5	35.5	15	19	12	17	6.75	13	—	—	—	—	—	—	—	—
40	39.5	40.5	20	24	17	22	11.75	18	6.5	14	—	—	—	—	—	—
45	44.5	45.5	25	29	22	27	16.75	23	11.5	19	6.25	15	—	—	—	—
50	49.5	50.5	30	34	27	32	21.75	28	16.5	24	11.25	20	6	16	—	—
55	54.4	55.6			32	37	26.75	33	21.5	29	16.25	25	11	21	7	17
60	59.4	60.6			37	42	31.75	38	26.5	34	21.25	30	16	26	12	22
65	64.4	65.6					36.75	43	31.5	39	26.25	35	21	31	17	27
70	69.4	70.6					41.75	48	36.5	44	31.25	40	26	36	22	32

续表 2-7

mm

螺纹规格 d			M5		M6		M8		M10		M12		(M14)[a]		M16	
$l^{g,h}$			l_s 和 l_g													
公称	min	max	l_s min	l_g max	l_s min	l_g max	l_s min	l_g max	l_s min	l_g max	l_s min	l_g max	l_s min	l_g max	l_s min	l_g max
80	79.4	80.6					51.75	58	46.5	54	41.25	50	36	46	32	42
90	89.3	90.7							56.5	64	51.25	60	46	56	42	52
100	99.3	100.7							66.5	74	61.25	70	56	66	52	62
110	109.3	110.7									71.25	80	66	76	62	72
120	119.3	120.7									81.25	90	76	86	72	82
130	129.2	130.8											80	90	76	86
140	139.2	140.8											90	100	86	96
150	149.2	150.8													96	106
160	159.2	160.8													106	116

注：如果产品通过了六角和法兰的检验，则应视为满足了尺寸 c、e 和 k_w 的要求。

[a] 尽可能不采用括号内的规格。

[b] P——螺距。

[c] $l_{公称} \leqslant 125$ mm。

[d] 125 mm$< l_{公称} \leqslant 200$ mm。

[e] $l_{公称} > 200$ mm。

[f] r_2 适用于棱角和六角面。

[g] 阶梯虚线以上“—”，即未规定 l_s 和 l_g 尺寸的螺栓应制出全螺纹。

[h] 细杆型(R 型)仅适用于虚线以下的规格。

2.7.3 技术条件

(1) 螺栓材料：钢、不锈钢。

(2) 机械性能等级

1) 钢的机械性能等级：8.8、9.8、10.9；

2) 不锈钢的机械性能等级：A2-70。

(3) 表面处理

1) 钢的表面处理：

——不经处理；

——电镀技术要求按 GB/T 5267.1 的规定；

——非电解锌片涂层技术要求按 GB/T 5267.2 的规定；

——如需其他要求或表面处理，应由供需双方协议。

2) 不锈钢的表面处理：

——简单处理；

——钝化处理技术要求按 GB/T 5267.4 的规定；

——如需其他要求或表面处理，应由供需双方协议。

2.7.4 标记示例

螺纹规格 d=M12、公称长度 l=80 mm、由制造者任选的 F 或 U 型、小系列、性能等级 8.8 级、表面不经处理、产品等级为 A 级的六角法兰面螺栓的标记：

螺栓 GB/T 16674.1 M12×80

螺纹规格 d=M12、公称长度 l=80 mm、F 型、小系列、性能等级为 8.8 级、表面不经处理、产品等级为 A 级的六角法兰面螺栓的标记：

螺栓 GB/T 16674.1 M12×80 F

殊情况下，如要求细杆 R 型时，则应在标记中增加“R”：

螺栓 GB/T 16674.1 M12×80 R

2.8 小系列细牙六角法兰面螺栓

（GB/T 16674.2—2016 六角法兰面螺栓 细牙 小系列）

2.8.1 型式

小系列细牙六角法兰面螺栓型式见图 2-10、图 2-11、图 2-12、图 2-13。

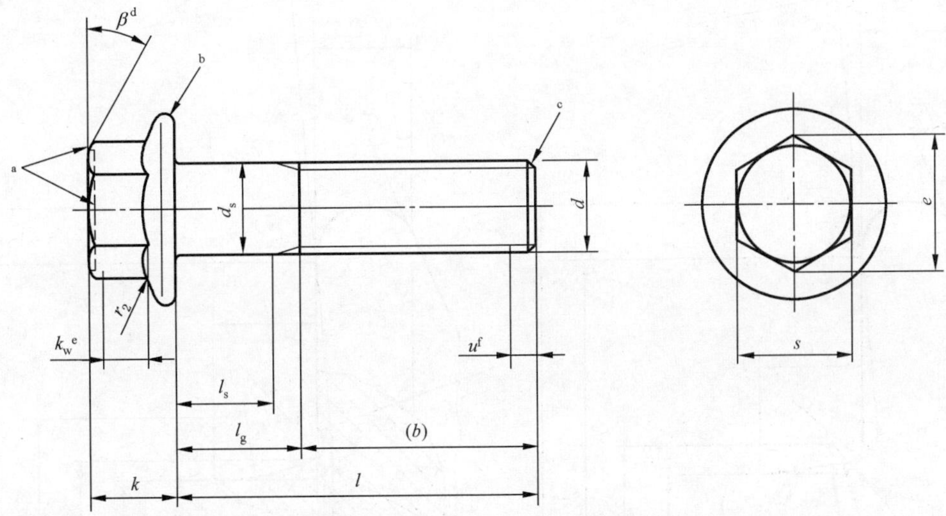

a 头部顶面应为平的或凹穴的，由制造者选择。顶面应倒角或倒圆。倒角或倒圆起始的最小直径应为对边宽度的最大值减去其数值的 15%。如头部顶面制成凹穴型，其边缘可以倒圆。

b 边缘形状可由制造者任选。

c 倒角端(GB/T 2)。

d $\beta=15^\circ\sim30^\circ$。

e 扳拧高度 k_w，见表 2-8 注。

f 不完整螺纹的长度 $u\leqslant2P$。

图 2-10 六角法兰面螺栓 粗杆(标准型)

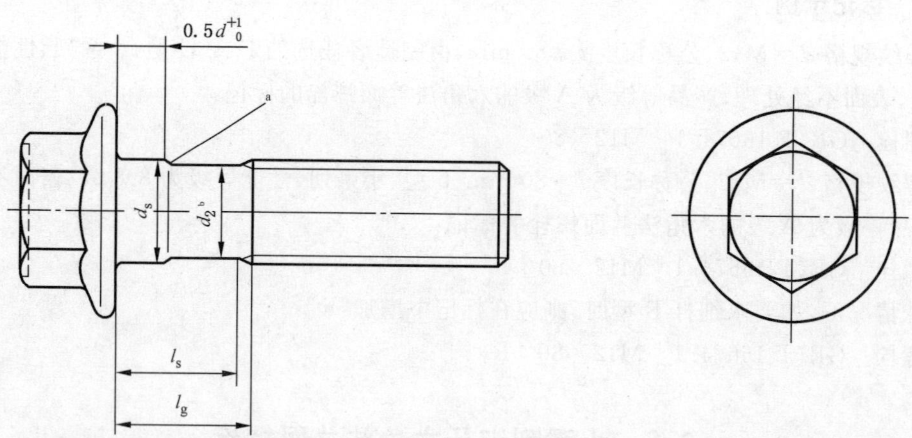

注：其他尺寸，见图 2-10。

[a] 倒圆或倒角或圆锥的。

[b] d_2≈螺纹中径(辗制螺纹坯径)。

图 2-11 六角法兰面螺栓 细杆(R 型)(使用要求时)

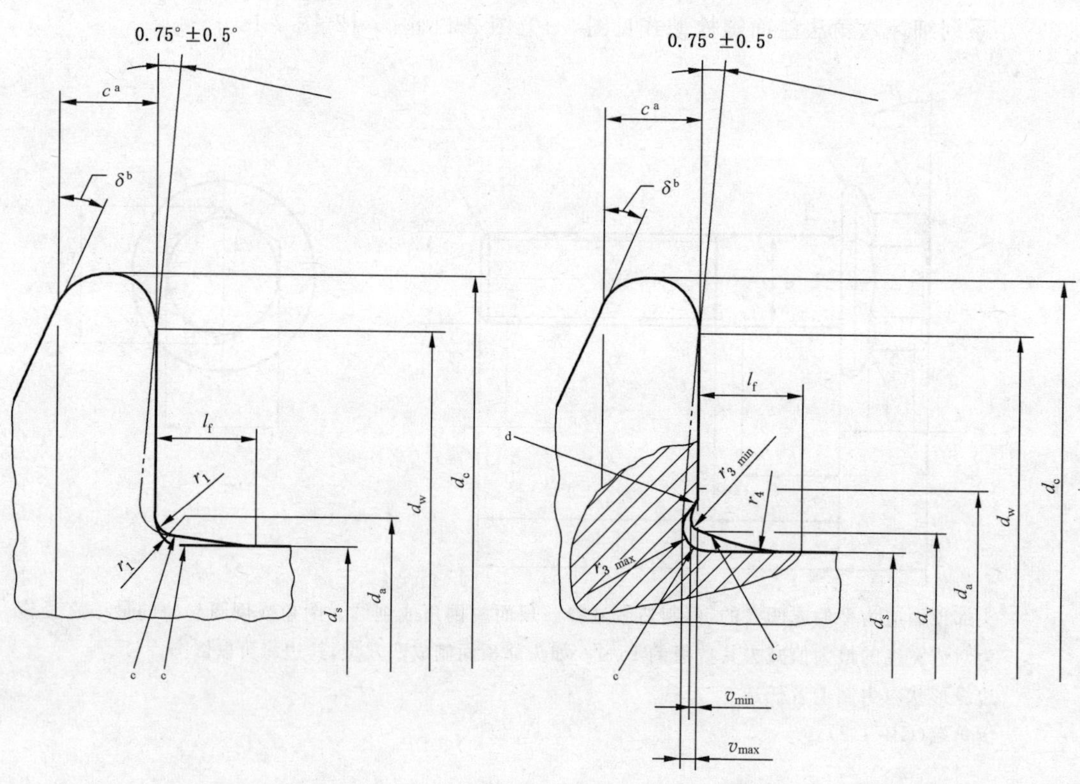

F 型 无沉割槽(标准型) **U 型 有沉割槽(使用要求或制造者选择)**

[a] c 在 $d_{w\ min}$ 处测量。

[b] $\delta=15°\sim25°$。

[c] 最大和最小头下圆角。

[d] 支承面与圆角应光滑连接。

图 2-12 六角法兰面螺栓 头下形状(支承面)

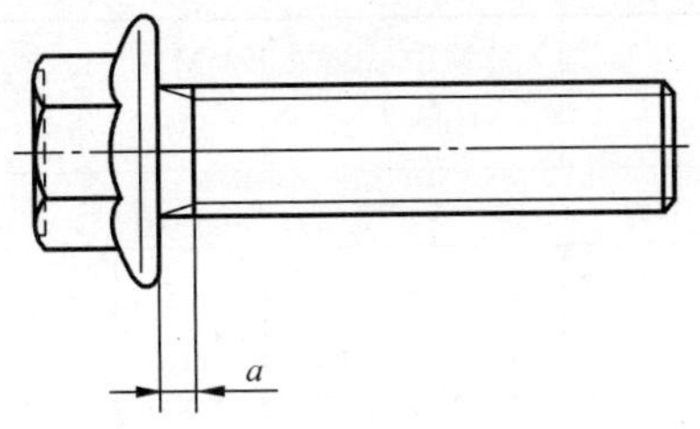

图 2-13 全螺纹六角法兰面螺栓

2.8.2 规格尺寸

小系列细牙六角法兰面螺栓规格尺寸见表 2-8。

表 2-8 小系列细牙六角法兰面螺栓规格尺寸 mm

螺纹规格 $d \times P$[a]			M8×1	M10×1 M10×1.25	M12×1.25 M12×1.5	(M14×1.5)[b]	M16×1.5
a	max		3.0	3.0	4.5	4.5	4.5
	min		1.0	1.0	1.5	1.5	1.5
$b_{参考}$	c		22	26	30	34	38
	d		28	32	36	40	44
	e		—	—	—	—	57
c	min		1.2	1.5	1.8	2.1	2.4
d_a	F 型	max	9.2	11.2	13.7	15.7	17.7
	U 型		10.0	12.5	15.2	17.7	20.5
d_c	max		17.0	20.8	24.7	28.6	32.8
d_s	max		8.00	10.00	12.00	14.00	16.00
	min		7.78	9.78	11.73	13.73	15.73
d_v	max		8.8	10.8	12.8	14.8	17.2
d_w	min		14.9	18.7	22.5	26.5	30.6
e	min		10.95	14.26	16.50	19.86	23.15
k	max		8.5	9.7	12.1	12.9	15.2
k_w	min		3.8	4.3	5.4	5.6	6.8
l_f	max		2.1	2.1	2.1	2.1	3.2
r_1	min		0.4	0.4	0.6	0.6	0.6
r_2^f	max		0.5	0.6	0.7	0.9	1.0
r_3	max		0.36	0.45	0.54	0.63	0.72
	min		0.16	0.20	0.24	0.28	0.32
r_4	参考		5.7	5.7	5.7	5.7	8.8
s	max		10.00	13.00	15.00	18.00	21.00
	min		9.78	12.73	14.73	17.73	20.67
v	max		0.25	0.30	0.35	0.45	0.50
	min		0.10	0.15	0.15	0.20	0.25

续表 2-8

mm

螺纹规格 $d\times P$[a]			M8×1		M10×1 M10×1.25		M12×1.25 M12×1.5		(M14×1.5)[b]		M16×1.5	
l[g,h]			l_s 和 l_g[i]									
公称	min	max	l_s min	l_g max	l_s min	l_g max	l_s min	l_g max	l_s min	l_g max	l_s min	l_g max
16	15.65	16.35	—	—								
20	19.58	20.42	—	—								
25	24.58	25.42	—	—	—	—	—	—				
30	29.58	30.42	—	—	—	—	—	—	—	—		
35	34.5	35.5	6.75	13	—	—	—	—	—	—	—	—
40	39.5	40.5	11.75	18	6.5	14	—	—	—	—	—	—
45	44.5	45.5	16.75	23	11.5	19	6.25	15	—	—	—	—
50	49.5	50.5	21.75	28	16.5	24	11.25	20	6	16	—	—
55	54.4	55.6	26.75	33	21.5	29	16.25	25	11	21	7	17
60	59.4	60.6	31.75	38	26.5	34	21.25	30	16	26	12	22
65	64.4	65.6	36.75	43	31.5	39	26.25	35	21	31	17	27
70	69.4	70.6	41.75	48	36.5	44	31.25	40	26	36	22	32
80	79.4	80.6	51.75	58	46.5	54	41.25	50	36	46	32	42
90	89.3	90.7			56.5	64	51.25	60	46	56	42	52
100	99.3	100.7			66.5	74	61.25	70	56	66	52	62
110	109.3	110.7					71.25	80	66	76	62	72
120	119.3	120.7					81.25	90	76	86	72	82
130	129.2	130.8							80	90	76	86
140	139.2	140.8							90	100	86	96
150	149.2	150.8									96	106
160	159.2	160.8									106	116

注：如果产品通过了六角和法兰的检验，则应视为满足了尺寸 c、e 和 k_w 的要求。

[a] P——螺距。

[b] 尽可能不采用括号内的规格。

[c] $l_{公称}\leqslant 125$ mm。

[d] 125 mm$<l_{公称}\leqslant 200$ mm。

[e] $l_{公称}>200$ mm。

[f] r_2 适用于棱角和六角面。

[g] 阶梯虚线以上"—"，即未规定 l_s 和 l_g 尺寸的螺栓应制出全螺纹。

[h] 细杆型(R 型)仅适用于虚线以下的规格。

[i] $l_{g\,max}=l_{公称}-b$。

$l_{s\,min}=l_{g\,max}-5P$(P—按 GB/T 193 规定的粗牙螺距)。

2.8.3　技术条件

（1）螺栓材料：钢、不锈钢。

（2）机械性能等级

1）钢的机械性能等级：8.8、9.8、10.9、12.9/<u>12.9</u>；

2）不锈钢的机械性能等级：A2-70。

（3）表面处理

1）钢的表面处理：

——不经处理；

——电镀技术要求按 GB/T 5267.1 的规定；

——非电解锌片涂层技术要求按 GB/T 5267.2 的规定；

——如需其技术要求或其他表面处理，应由供需双方协议。

2）不锈钢的表面处理：

——简单处理；

——钝化处理技术要求按 GB/T 5267.4 的规定；

——如需其技术要求或其他表面处理，应由供需双方协议。

2.8.4　标记示例

示例 1：

螺纹规格 d＝M12×1.25、公称长度 l＝80 mm、由制造者任选的 F 或 U 型、细牙螺纹、小系列、性能等级 8.8 级、表面不经处理、产品等级 A 级的六角法兰面螺栓的标记：

螺栓　GB/T 16674.2　M12×1.25×80

示例 2：

螺纹规格 d＝M12×1.25、公称长度 l＝80 mm、F 型、细牙螺纹、小系列、性能等级为 8.8 级、表面不经处理、产品等级 A 级的六角法兰面螺栓的标记：

螺栓　GB/T 16674.2　M12×1.25×80　F

示例 3：

在特殊情况下，如要求细杆 R 型时，则应在标记中增加“R”：

螺栓　GB/T 16674.2　M12×1.25×80　R

2.9　六角头加强杆螺栓

（GB/T 27—2013 六角头加强杆螺栓）

2.9.1　型式

六角头加强杆螺栓型式见图 2-14。

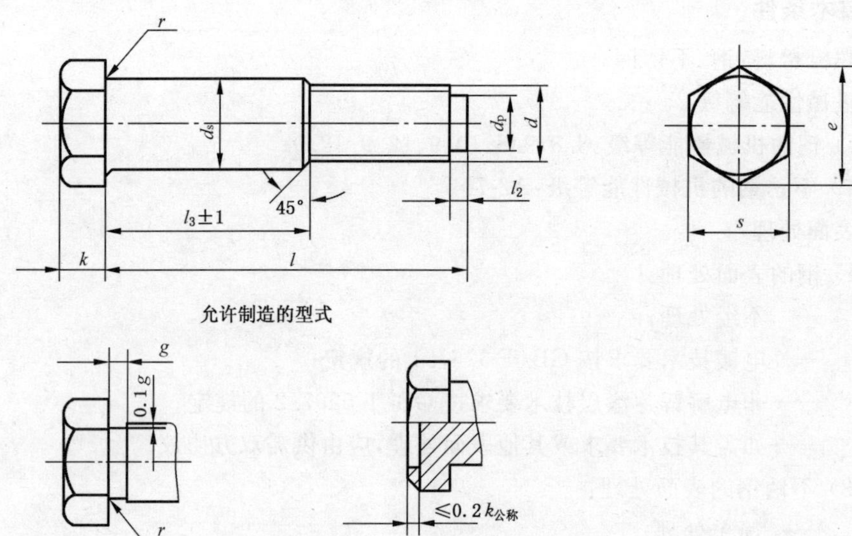

注：无螺纹部分杆径(d_s)末端 45°倒角根据制造工艺要求，允许制成大于 45°、小于 1.5P(粗牙螺纹螺距)的颈部。

图 2-14　六角头加强杆螺栓

2.9.2　规格尺寸

六角头加强杆螺栓规格尺寸见表 2-9、表 2-10。

表 2-9　六角头加强杆螺栓规格尺寸　　mm

螺纹规格 d			M6	M8	M10	M12	M16	M20	M24	M30	M36	M42	M48
P^a			1	1.25	1.5	1.75	2	2.5	3	3.5	4	4.5	5
d_s (h9)	max		7	9	11	13	17	21	25	32	38	44	50
	min		6.964	8.964	10.957	12.957	16.957	20.948	24.948	31.938	37.938	43.938	49.938
s	max		10	13	16	18	24	30	36	46	55	65	75
	min	A	9.78	12.73	15.73	17.73	23.67	29.67	35.38	—	—	—	—
		B	9.64	12.57	15.57	17.57	23.16	29.16	35	45	53.8	63.8	73.1
k	公称		4	5	6	7	9	11	13	17	20	23	26
	A	min	3.85	4.85	5.85	6.82	8.82	10.78	12.78	—	—	—	—
		max	4.15	5.15	6.15	7.18	9.18	11.22	13.22	—	—	—	—
	B	min	3.76	4.76	5.76	6.71	8.71	10.65	12.65	16.65	19.58	22.58	25.58
		max	4.24	5.24	6.24	7.29	9.29	11.35	13.35	17.35	20.42	23.42	26.42
r	min		0.25	0.4	0.4	0.6	0.6	0.8	0.8	1	1	1.2	1.6
d_p			4	5.5	7	8.5	12	15	18	23	28	33	38
l_2			1.5		2		3	4		5	6	7	8
e min	A		11.05	14.38	17.77	20.03	26.75	33.53	39.98	—	—	—	—
	B		10.89	14.20	17.59	19.85	26.17	32.95	39.55	50.85	60.79	72.02	82.60
g			2.5				3.5		5				

续表 2-9

mm

长度 l[b]					螺纹规格 d										
公称	产品等级				M6	M8	M10	M12	M16	M20	M24	M30	M36	M42	M48
	A		B		l_3										
	min	max	min	max											
25	24.58	25.42	—	—	13	10									
(28)[c]	27.58	28.42	—	—	16	13									
30	29.58	30.42	—	—	18	15	12								
(32)[c]	31.50	32.50	—	—	20	17	14								
35	34.50	35.50	—	—	23	20	17	13							
(38)[c]	37.50	38.50	—	—	26	23	20	16							
40	39.50	40.50	—	—	28	25	22	18							
45	44.50	45.50	—	—	33	30	27	23	17						
50	49.50	50.50	—	—	38	35	32	28	22						
(55)[c]	54.50	55.95	—	—	43	40	37	33	27	23					
60	59.05	60.95	58.50	61.50	48	45	42	38	32	28					
(65)[c]	64.05	65.95	63.50	66.50	53	50	47	43	37	33	27				
70	69.05	70.95	68.50	71.50		55	52	48	42	38	32				
(75)[c]	74.05	75.95	73.50	76.50		60	57	53	47	43	37				
80	79.05	80.95	78.50	81.50		65	62	58	52	48	42	30			
(85)[c]	83.90	86.10	83.25	86.75			67	63	57	53	47	35			
90	88.90	91.10	88.25	91.75			72	68	62	58	52	40	35		
(95)[c]	93.90	96.10	93.25	96.75			77	73	67	63	57	45	40		
100	98.90	101.10	98.25	101.75			82	78	72	68	62	50	45		
110	108.90	111.10	108.25	111.75			92	88	82	78	72	60	55	45	
120	118.90	121.10	118.25	121.75			102	98	92	88	82	70	65	55	50
130	128.75	131.10	128.00	132.00				108	102	98	92	80	75	65	60
140	138.75	141.25	138.00	142.00				118	112	108	102	90	85	75	70
150	148.75	151.25	148.00	152.00				128	122	118	112	100	95	85	80
160	—	—	158.00	162.00				138	132	128	122	110	105	95	90
170	—	—	168.00	172.00				148	142	138	132	120	115	105	100
180	—	—	178.00	182.00				158	152	148	142	130	125	115	110
190	—	—	187.70	192.30					162	158	152	140	135	125	120
200	—	—	197.70	202.30					172	168	162	150	145	135	130
210	—	—	207.70	212.30								160	155	145	140
220	—	—	217.70	222.30								170	165	155	150
230	—	—	227.70	232.30								180	175	165	160
240	—	—	237.70	242.30									185	175	170
250	—	—	247.70	252.30									195	185	180
260	—	—	257.40	262.60									205	195	190
280	—	—	277.40	282.60									225	215	210
300	—	—	297.40	302.60									245	235	230

注：根据使用要求，无螺纹部分杆径(d_s)允许按 m6 或 u8 制造，但应在标记中注明。

[a] P——螺距。

[b] 阶梯实线间为通用长度规格范围。

[c] 尽可能不采用括号内的规格。

表 2-10 非优选的规格及长度尺寸 mm

螺纹规格 d			M14	M18	M22	M27
P[a]			2	2.5	2.5	3
d_s (h9)	max		15	19	23	28
	min		14.957	18.948	22.948	27.948
s	max		21	27	34	41
	min	A	20.67	26.67	33.38	—
		B	20.16	26.16	33	40
k	公称		8	10	12	15
	A	min	7.82	9.82	11.78	—
		max	8.18	10.18	12.22	—
	B	min	7.71	9.71	11.65	14.65
		max	8.29	10.29	12.35	15.35
r	min		0.6	0.6	0.8	1
d_p			10	13	17	21
l_2			3		4	5
e min	A		23.35	30.14	37.72	—
	B		22.78	29.56	37.29	45.2
g			3.5			5

长度 l[b]					螺纹规格 d			
公称	产品等级				M14	M18	M22	M27
	A		B		l_3			
	min	max	min	max				
40	39.50	40.50	—	—	15			
45	44.50	45.50	—	—	20			
50	49.50	50.50	—	—	25	20		
(55)[c]	54.50	55.95	—	—	30	25		
60	59.05	60.95	58.50	61.50	35	30	25	
(65)[c]	64.05	65.95	63.50	66.50	40	35	30	
70	69.05	70.95	68.50	71.50	45	40	35	
(75)[c]	74.05	75.95	73.50	76.50	50	45	40	33
80	79.05	80.95	78.50	81.50	55	50	45	38
(85)[c]	83.90	86.10	83.25	86.75	60	55	50	43
90	88.90	91.10	88.25	91.75	65	60	55	48
(95)[c]	93.90	96.10	93.25	96.75	70	65	60	53

续表 2-10　　mm

长度 l^b					螺纹规格 d			
公称	产品等级				M14	M18	M22	M27
	A		B		l_3			
	min	max	min	max				
100	98.90	101.10	98.25	101.75	75	70	65	58
110	108.90	111.10	108.25	111.75	85	80	75	68
120	118.90	121.10	118.25	121.75	95	90	85	78
130	128.75	131.10	128.00	132.00	105	100	95	88
140	138.75	141.25	138.00	142.00	115	110	105	98
150	148.75	151.25	148.00	152.00	125	120	115	108
160	—	—	158.00	162.00	135	130	125	118
170	—	—	168.00	172.00	145	140	135	128
180	—	—	178.00	182.00	155	150	145	138
190	—	—	187.70	192.30		160	155	148
200	—	—	197.70	202.30		170	165	158
210	—	—	207.70	212.30				
220	—	—	217.70	222.30				
230	—	—	227.70	232.30				
240	—	—	237.70	242.30				
250	—	—	247.70	252.30				
260	—	—	257.40	262.60				
280	—	—	277.40	282.60				
300	—	—	297.40	302.60				

注：根据使用要求，无螺纹部分杆径（d_s）允许按 m6 或 u8 制造，但应在标记中注明。

[a] P——螺柱。

[b] 阶梯实线间为通用长度规格范围。

[c] 尽可能不采用括号内的规格。

2.9.3 技术条件

（1）螺栓材料：钢。

（2）钢的机械性能等级：$d \leqslant 39$ mm，8.8 级；$d > 39$ mm，按协议。

（3）钢的表面处理：

——氧化；

——如需其他表面处理，应由供需双方协议。

2.9.4 标记示例

螺纹规格 d＝M12、d_a 见表 2-9、公称长度 l＝80 mm、机械性能等级为 8.8 级、表面氧化处理、产品等级 A 级的六角头加强杆螺栓的标记：

螺栓 GB/T 27 M12×80

若 d_a 按 m6 制造，其余条件同上时，应标记为：

螺栓 GB/T 27 M12m6×80

2.10 六角头螺杆带孔加强杆螺栓

（GB/T 28—2013 六角头螺杆带孔加强杆螺栓）

2.10.1 型式

六角头螺杆带孔加强杆螺栓型式见图 2-15。

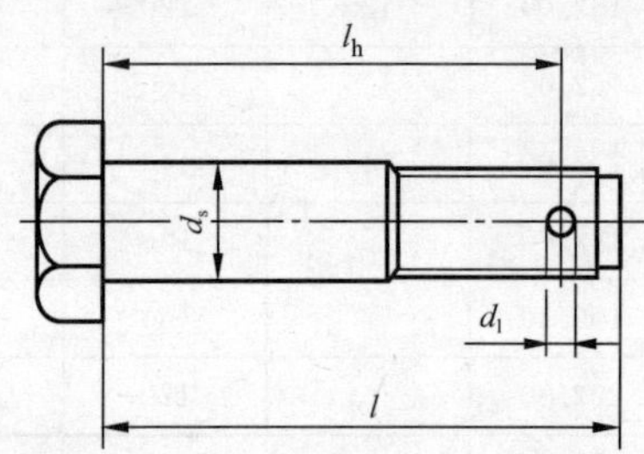

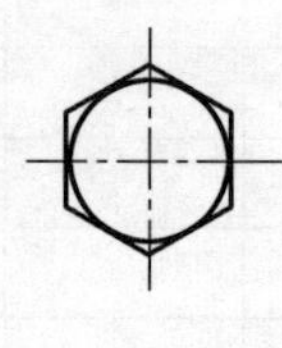

图 2-15 六角头螺杆带孔加强杆螺栓

2.10.2 规格尺寸

六角头螺杆带孔加强杆螺栓优选和非优选的规格尺寸见表 2-11、表 2-12。

表 2-11 优选的规格尺寸

mm

螺纹规格 d		M6	M8	M10	M12	M16	M20	M24	M30	M36	M42	M48
d_1	max	1.85	2.25	2.75	3.5	4.3	4.3	5.3	6.66	6.66	8.36	8.36
	min	1.6	2	2.5	3.2	4	4	5	6.3	6.3	8	8
l[a] 公称		l_h+IT14										
25		20.5	19.5									
(28)[b]		23.5	22.5									
30		25.5	24.5	24								
(32)[b]		27.5	26.5	26								
35		30.5	29.5	29	28							
(38)[b]		33.5	32.5	32	31							
40		35.5	34.5	34	33							
45		40.5	39.5	39	38	36						
50		45.5	44.5	44	43	41						
(55)[b]		50.5	49.5	49	48	46	45					

续表 2-11

mm

螺纹规格 d	M6	M8	M10	M12	M16	M20	M24	M30	M36	M42	M48
l[a] 公称	l_h+IT14										
60	55.5	54.5	54	53	51	50					
(65)[b]	60.5	59.5	59	58	56	55	54				
70		64.5	64	63	61	60	59				
(75)[b]		69.5	69	68	66	65	64				
80		74.5	74	73	71	70	69	66			
(85)[b]			79	78	76	75	74	71			
90			84	83	81	80	79	76	74		
(95)[b]			89	88	86	85	84	81	79		
100			94	93	91	90	89	86	84		
110			104	103	101	100	99	96	94	91	
120			114	113	111	110	109	106	104	101	100
130				123	121	120	119	116	114	111	110
140				133	131	130	129	126	124	121	120
150				143	141	140	139	136	134	131	130
160				153	151	150	149	146	144	141	140
170				163	161	160	159	156	154	151	150
180				173	171	170	169	166	164	161	160
190					181	180	179	176	174	171	170
200					191	190	189	186	184	181	180
210								196	194	191	190
220								206	204	201	200
230								216	214	211	210
240									224	221	220
250									234	231	230
260									244	241	240
280									264	261	260
300									284	281	280

[a] 阶梯实线间为通用长度规格范围。

[b] 尽可能不采用括号内的规格。

表 2-12 非优选的规格及尺寸 mm

螺纹规格 d		M14	M18	M22	M27
d_1	max	3.5	4.3	5.3	5.3
	min	3.2	4	5	5
l[a] 公称		l_h+IT14			
40		32			
45		37			
50		42	41		
(55)[b]		47	46		
60		52	51	49	
(65)[b]		57	56	54	
70		62	61	59	
(75)[b]		67	66	64	62
80		72	71	69	67
(85)[b]		77	76	74	72
90		82	81	79	77
(95)[b]		87	86	84	82
100		92	91	89	87
110		102	101	99	97
120		112	111	109	107
130		122	121	119	117
140		132	131	129	127
150		142	141	139	137
160		152	151	149	147
170		162	161	159	157
180		172	171	169	167
190			181	179	177
200			191	189	187

[a] 阶梯实线间为通用长度规格范围。

[b] 尽可能不采用括号内的规格。

2.10.3 技术条件

(1) 螺栓材料:钢。

(2) 钢的机械性能等级:$d \leqslant 39$ mm,8.8级;$d > 39$ mm,按协议。

(3) 钢的表面处理:

——氧化;

——如需其他表面处理,应由供需双方协议。

2.10.4 标记示例

螺纹规格 d=M12、d_a 按 GB/T 27 规定、公称长度 l=60 mm、机械性能等级为 8.8 级、表面氧化处理、产品等级 A 级的螺杆带 3.2 mm 开口销孔的六角头螺杆带孔加强杆螺栓的标记：

螺栓 GB/T 28 M12×60

若 d_a 按 m6 制造，其余条件同上时，应标记为：

螺栓 GB/T 28 M12m6×60

2.11 六角头带槽螺栓

（GB/T 29.1—2013 六角头带槽螺栓）

2.11.1 型式

六角头带槽螺栓型式见图 2-16。

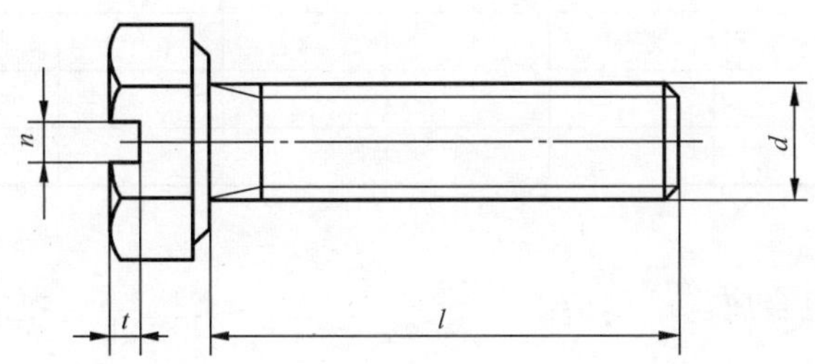

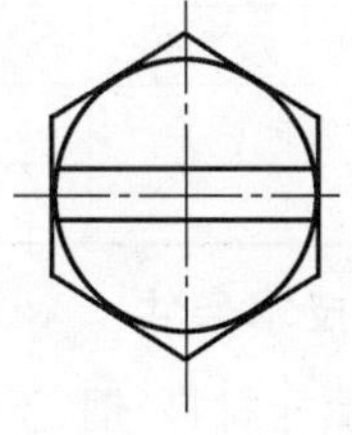

图 2-16 六角头带槽螺栓

2.11.2 规格尺寸

六角头带槽螺栓规格尺寸见表 2-13。

表 2-13 六角头带槽螺栓规格尺寸 mm

螺纹规格 d		M3	M4	M5	M6	M8	M10	M12
n	公称	0.8	1.2	1.2	1.6	2	2.5	3
	min	0.86	1.26	1.28	1.66	2.06	2.56	3.06
	max	1	1.51	1.51	1.91	2.31	2.81	3.31
t min		0.7	1	1.2	1.4	1.9	2.4	3
l 公称								
6								
8								
10								
12								
16			通用					

续表 2-13

mm

螺纹规格 d	M3	M4	M5	M6	M8	M10	M12
l 公称							
20							
25			长度				
30							
35				规格			
40							
45							
50					范围		
55							
60							
65							
70							
80							
90							
100							
110							
120							

2.11.3 技术条件

(1) 螺栓材料:钢、不锈钢、有色金属。

(2) 机械性能等级

1) 钢的机械性能等级:5.6、8.8、10.9。

2) 不锈钢的机械性能等级:A2-70、A4-70。

3) 有色金属的机械性能等级:CU2、CU3、AL4。

(3) 表面处理

1) 钢的表面处理:

——氧化;

——电镀技术要求按 GB/T 5267.1 的规定;

——非电解锌片涂层技术要求按 GB/T 5267.2 的规定;

——如需其他表面处理,应由供需协双方协议。

2) 不锈钢的表面外观:

——简单处理;

——如需其他表面处理,应由供需协双方协议。

3) 有色金属的表面外观:

——简单处理;

——如需其他表面处理,应由供需协双方协议。

2.11.4 标记示例

螺纹规格 d=M12、公称长度 l=80 mm、机械性能等级为 8.8 级、表面氧化处理、产品等级为A级的六角头带槽螺栓的标记：

螺栓 GB/T 29.1 M12×80

2.12 六角头带十字槽螺栓

（GB/T 29.2—2013 六角头带十字槽螺栓）

2.12.1 型式

六角头带十字槽螺栓型式见图2-17。

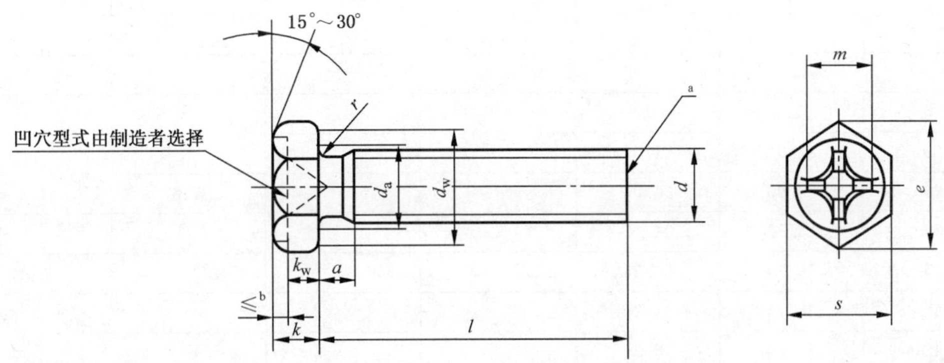

[a] 辗制末端（GB/T 2）。

[b] $0.2k_{公称}$。

图2-17 六角头带十字槽螺栓

2.12.2 规格尺寸

六角头带十字槽螺栓规格尺寸见表2-14。

表2-14 六角头带十字槽螺栓规格尺寸 mm

螺纹规格 d		M4	M5	M6	M8
a max		2.1	2.4	3	3.75
d_a max		4.7	5.7	6.8	9.2
d_w min		5.7	6.7	8.7	11.4
e min		7.5	8.53	10.89	14.2
k	公称	2.8	3.5	4	5.3
	min	2.6	3.26	3.76	5.06
	max	3	3.74	4.24	5.54
k_w	min	1.8	2.3	2.6	3.5
r	max	0.2	0.2	0.25	0.4
s	max	7	8	10	13
	min	6.64	7.64	9.64	12.57

续表 2-14 mm

螺纹规格 d			M4	M5	M6	M8
十字槽 H 型	槽号	No.	2		3	
	m	参考	4	4.8	6.2	7.2
	插入深度	max	1.93	2.73	2.86	3.86
		min	1.4	2.19	2.31	3.24
l						
公称	min	max				
8	7.25	8.75				
10	9.25	10.75	通用			
12	11.1	12.9				
(14)[a]	13.1	14.9		长度		
16	15.1	16.9				
20	18.95	21.05				
25	23.95	26.05			规格	
30	28.95	31.05				
35	33.75	36.25				范围
40	38.75	41.25				
45	43.75	46.25				
50	48.75	51.25				
(55)[a]	53.5	56.5				
60	58.5	61.5				

[a] 尽可能不采用括号内的规格。

2.12.3 技术条件

(1) 螺栓材料:钢。

(2) 钢的机械性能等级:5.8。

(3) 钢的表面处理:

——不经处理;

——电镀技术要求按 GB/T 5267.1 的规定;

——如需其他表面处理,应由供需双方协议。

2.12.4 标记示例

螺纹规格 d=M6、公称长度 l=40 mm、性能等级为 5.8 级、不经表面处理、产品等级 B 级的六角头带十字槽螺栓的标记:

螺栓 GB/T 29.2 M6×40

2.13 六角头螺杆带孔螺栓

(GB/T 31.1—2013 六角头螺杆带孔螺栓)

2.13.1 型式

六角头螺杆带孔螺栓型式见图 2-18。

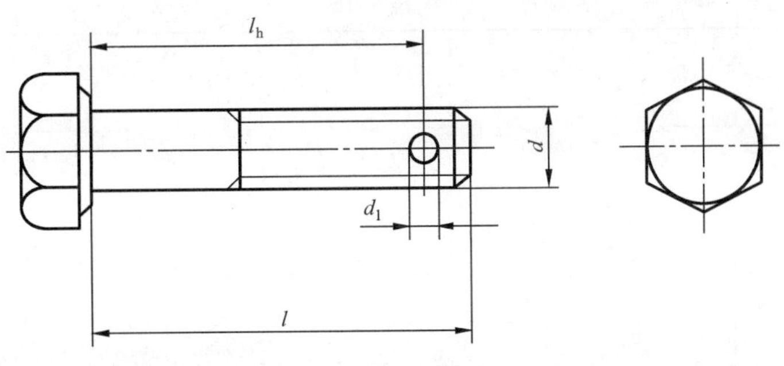

图 2-18　六角头螺杆带孔螺栓

2.13.2　规格尺寸

六角头螺杆带孔螺栓规格尺寸见表 2-15。

表 2-15　六角头螺杆带孔螺栓规格尺寸　　mm

螺纹规格 d		M6	M8	M10	M12	M16	M20	M24	M30	M36	M42	M48
d_1	max	1.85	2.25	2.75	3.5	4.3	4.3	5.3	6.66	6.66	8.36	8.36
	min	1.6	2	2.5	3.2	4	4	5	6.3	6.3	8	8
l[a] 公称		l_h+IT14										
30		26.7										
35		31.7	31									
40		36.7	36	35								
45		41.7	41	40	39							
50		46.7	46	45	44							
(55)[b]		51.7	51	50	49	48						
60		56.7	56	55	54	53						
(65)[b]			61	60	59	58	57					
70			66	65	64	63	62					
80			76	75	74	73	72	70				
90				85	84	83	82	80	78			
100				95	94	93	92	90	88			
110					104	103	102	100	98	97		
120					114	113	112	110	108	107		
130						123	122	120	118	117	115	
140						133	132	130	128	127	125	124
150						143	142	140	138	137	135	134
160						153	152	150	148	147	145	144
180							172	170	168	167	165	164

续表 2-15

mm

螺纹规格 d	M6	M8	M10	M12	M16	M20	M24	M30	M36	M42	M48
l[a] 公称	l_h+IT14										
200						182	190	188	187	185	184
220							210	208	207	205	204
240							230	228	227	225	224
260								248	247	245	244
280								268	267	265	264
300								288	287	285	284

[a] 阶梯实线间为通用长度规格范围。

[b] 尽可能不采用括号内的规格。

2.13.3　技术条件

(1) 螺栓材料:钢、不锈钢。

(2) 机械性能等级

1) 钢的机械性能等级:$d \leqslant 39$ mm,5.6、8.8、10.9;$d > 39$ mm,按协议。

2) 不锈钢机械性能等级:$d \leqslant 24$ mm,A2-70、A4-70;24 mm$< d \leqslant 39$ mm,A2-50、A9-50;$d > 39$ mm,按协议。

(3) 表面处理

1) 钢的表面处理:

——氧化;

——电镀技术条件按 GB/T 5267.1 的规定;

——非电解锌片涂层按 GB/T 5267.2 的规定;

——如需其他表面处理,应由供需双方协议。

2) 不锈钢的表面处理:

——简单处理;

——如需其他表面处理,应由供需双方协议。

2.13.4　标记示例

螺纹规格 d=M12、公称长度 l=60 mm、性能等级为 8.8 级、表面氧化处理、产品等级为 A 级的螺杆带 3.2 mm 开口销孔的六角头螺杆带孔螺栓的标记:

螺栓　GB/T 31.1　M12×60

2.14　C 级六角头螺栓

(GB/T 5780—2016　六角头螺栓　C 级)

2.14.1　型式

C 级六角头螺栓型式见图 1-19。

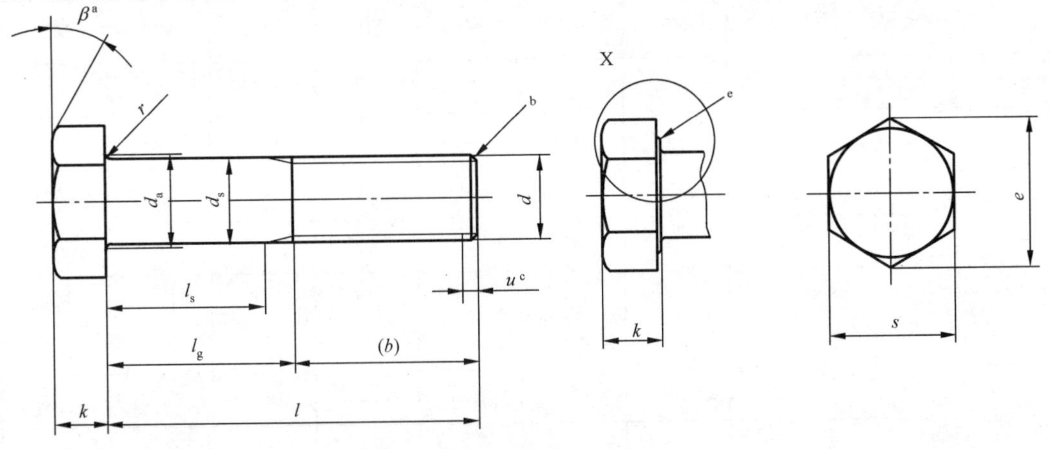

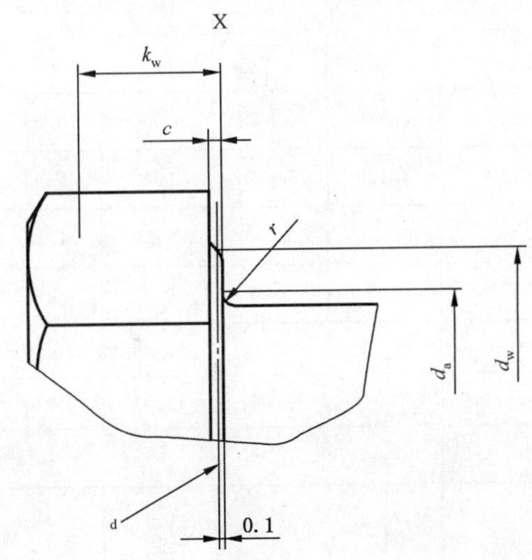

[a] $\beta=15°\sim30°$。

[b] 无特殊要求的末端。

[c] 不完整螺纹的长度 $u\leqslant 2P$。

[d] d_w 的仲裁基准。

[e] 允许的垫圈面型式。

图 1-19 C级六角头螺栓

2.14.2 规格尺寸

C级六角头螺栓优选和非优选的规格尺寸见表 2-16、表 2-17。

表 2-16 优选的螺栓规格尺寸

mm

螺纹规格 d		M5	M6	M8	M10	M12	M16	M20
P[a]		0.8	1	1.25	1.5	1.75	2	2.5
$b_{参考}$	[b]	16	18	22	26	30	38	46
	[c]	22	24	28	32	36	44	52
	[d]	35	37	41	45	49	57	65
c	max	0.5	0.5	0.6	0.6	0.6	0.8	0.8
d_a	max	6	7.2	10.2	12.2	14.7	18.7	24.4
d_s	max	5.48	6.48	8.58	10.58	12.7	16.7	20.84
	min	4.52	5.52	7.42	9.42	11.3	15.3	19.16
d_w	min	6.74	8.74	11.47	14.47	16.47	22	27.7
e	min	8.63	10.89	14.2	17.59	19.85	26.17	32.95
k	公称	3.5	4	5.3	6.4	7.5	10	12.5
	max	3.875	4.375	5.675	6.85	7.95	10.75	13.4
	min	3.125	3.625	4.925	5.95	7.05	9.25	11.6
k_w[e]	min	2.19	2.54	3.45	4.17	4.94	6.48	8.12
r	min	0.2	0.25	0.4	0.4	0.6	0.6	0.8
s	公称 =max	8.00	10.00	13.00	16.00	18.00	24.00	30.00
	min	7.64	9.64	12.57	15.57	17.57	23.16	29.16

l			l_s 和 l_g[f]														
公称	min	max	l_s min	l_g max	l_s min	l_g max	l_s min	l_g max	l_s min	l_g max	l_s min	l_g max	l_s min	l_g max	l_s min	l_g max
25	23.95	26.05	5	9												
30	28.95	31.05	10	14	7	12										
35	33.75	36.25	15	19	12	17										
40	38.75	41.25	20	24	17	22	11.75	18								
45	43.75	46.25	25	29	22	27	16.75	23	11.5	19						
50	48.75	51.25	30	34	27	32	21.75	28	16.5	24						
55	53.5	56.5			32	37	26.75	33	21.5	29	16.25	25				
60	58.5	61.5			37	42	31.75	38	26.5	34	21.25	30				
65	63.5	66.5					36.75	43	31.5	39	26.25	35	17	27		

折线以上的规格推荐采用GB/T 5781

续表 2-16

mm

螺纹规格 d			M5		M6		M8		M10		M12		M16		M20	
l			l_s 和 l_g f													
公称	min	max	l_s min	l_g max	l_s min	l_g max	l_s min	l_g max	l_s min	l_g max	l_s min	l_g max	l_s min	l_g max	l_s min	l_g max
70	68.5	71.5					41.75	48	36.5	44	31.25	40	22	32		
80	78.5	81.5					51.75	58	46.5	54	41.25	50	32	42	21.5	34
90	88.25	91.75							56.5	64	51.25	60	42	52	31.5	44
100	98.25	101.75							66.5	74	61.25	70	52	62	41.5	54
110	108.25	111.75									71.25	80	62	72	51.5	64
120	118.25	121.75									81.25	90	72	82	61.5	74
130	128	132											76	86	65.5	78
140	138	142											86	96	75.5	88
150	148	152											96	106	85.5	98
160	156	164											106	116	95.5	108
180	176	184													115.5	128
200	195.4	204.6													135.5	148
220	215.4	224.6														
240	235.4	244.6														
260	254.8	265.2														
280	274.8	285.2														
300	294.8	305.2														
320	314.3	325.7														
340	334.3	345.7														
360	354.3	365.7														
380	374.3	385.7														
400	394.3	405.7														
420	413.7	426.3														
440	433.7	446.3														
460	453.7	466.3														
480	473.7	486.3														
500	493.7	506.3														

续表 2-16

mm

螺纹规格 d		M24	M30	M36	M42	M48	M56	M64
P^a		3	3.5	4	4.5	5	5.5	6
$b_{参考}$	b	54	66	—	—	—	—	—
	c	60	72	84	96	108	—	—
	d	73	85	97	109	121	137	153
c	max	0.8	0.8	0.8	1	1	1	1
d_a	max	28.4	35.4	42.4	48.6	56.6	67	75
d_s	max	24.84	30.84	37	43	49	57.2	65.2
	min	23.16	29.16	35	41	47	54.8	62.8
d_w	min	33.25	42.75	51.11	59.95	69.45	78.66	88.16
e	min	39.55	50.85	60.79	71.3	82.6	93.56	104.86
k	公称	15	18.7	22.5	26	30	35	40
	max	15.9	19.75	23.55	27.05	31.05	36.25	41.25
	min	14.1	17.65	21.45	24.95	28.95	33.75	38.75
k_w^e	min	9.87	12.36	15.02	17.47	20.27	23.63	27.13
r	min	0.8	1	1	1.2	1.6	2	2
s	公称 =max	36	46	55.0	65.0	75.0	85.0	95.0
	min	35	45	53.8	63.1	73.1	82.8	92.8

l			l_s 和 l_g[f]													
公称	min	max	l_s min	l_g max	l_s min	l_g max	l_s min	l_g max	l_s min	l_g max	l_s min	l_g max	l_s min	l_g max	l_s min	l_g max
25	23.95	26.05														
30	28.95	31.05														
35	33.75	36.25														
40	38.75	41.25														
45	43.75	46.25														
50	48.75	51.25														
55	53.5	56.5														
60	58.5	61.5														
65	63.5	66.5														
70	68.5	71.5														
80	78.5	81.5														
90	88.25	91.75														

折线以上的规格推荐采用GB/T 5781

续表 2-16

mm

螺纹规格 d			M24		M30		M36		M42		M48		M56		M64	
l			l_s 和 l_g [f]													
公称	min	max	l_s min	l_g max	l_s min	l_g max	l_s min	l_g max	l_s min	l_g max	l_s min	l_g max	l_s min	l_g max	l_s min	l_g max
100	98.25	101.75	31	46												
110	108.25	111.75	41	56												
120	118.25	121.75	51	66	36.5	54										
130	128	132	55	70	40.5	58										
140	138	142	65	80	50.5	68	36	56								
150	148	152	75	90	60.5	78	46	66								
160	156	164	85	100	70.5	88	56	76								
180	176	184	105	120	90.5	108	76	96	61.5	84						
200	195.4	204.6	125	140	110.5	128	96	116	81.5	104	67	92				
220	215.4	224.6	132	147	117.5	135	103	123	88.5	111	74	99				
240	235.4	244.6	152	167	137.5	155	123	143	108.5	131	94	119	75.5	103		
260	254.8	265.2			157.5	175	143	163	128.5	151	114	139	95.5	123	77	107
280	274.8	285.2			177.5	195	163	183	148.5	171	134	159	115.5	143	97	127
300	294.8	305.2			197.5	215	183	203	168.5	191	154	179	135.5	163	117	147
320	314.3	325.7					203	223	188.5	211	174	199	155.5	183	137	167
340	334.3	345.7					223	243	208.5	231	194	219	175.5	203	157	187
360	354.3	365.7					243	263	228.5	251	214	239	195.5	223	177	207
380	374.3	385.7							248.5	271	234	259	215.5	243	197	227
400	394.3	405.7							268.5	291	254	279	235.5	263	217	247
420	413.7	426.3							288.5	311	274	299	255.5	283	237	267
440	433.7	446.3									294	319	275.5	303	257	287
460	453.7	466.3									314	339	295.5	323	277	307
480	473.7	486.3									334	359	315.5	343	297	327
500	493.7	506.3											335.5	363	317	347

注：优选长度由 $l_{s\,min}$ 和 $l_{g\,max}$ 确定。

[a] P——螺距。

[b] $l_{公称} \leqslant 125$ mm。

[c] 125 mm$< l_{公称} \leqslant$200 mm。

[d] $l_{公称} >$200 mm。

[e] $k_{w\,min} = 0.7k_{min}$。

[f] $l_{g\,max} = l_{公称} - b$。

$l_{s\,min} = l_{g\,max} - 5P$。

表 2-17 非优选的螺栓规格尺寸

mm

螺纹规格 d			M14		M18		M22		M27		M33	
P[a]			2		2.5		2.5		3		3.5	
$b_{参考}$	[b]		34		42		50		60		—	
	[c]		40		48		56		66		78	
	[d]		53		61		69		79		91	
c	max		0.6		0.8		0.8		0.8		0.8	
d_a	max		16.7		21.2		26.4		32.4		38.4	
d_s	max		14.7		18.7		22.84		27.84		34	
	min		13.3		17.3		21.16		26.16		32	
d_w	min		19.15		24.85		31.35		38		46.55	
e	min		22.78		29.56		37.29		45.2		55.37	
k	公称		8.8		11.5		14		17		21	
	max		9.25		12.4		14.9		17.9		22.05	
	min		8.35		10.6		13.1		16.1		19.95	
k_w[e]	min		5.85		7.42		9.17		11.27		13.97	
r	min		0.6		0.6		0.8		1		1	
s	公称 =max		21.00		27.00		34		41		50	
	min		20.16		26.16		33		40		49	
l			l_s 和 l_g[f]									
公称	min	max	l_s min	l_g max	l_s min	l_g max	l_s min	l_g max	l_s min	l_g max	l_s min	l_g max
60	58.5	61.5	16	26	折线以上的规格推荐采用GB/T 5781							
65	63.5	66.5	21	31								
70	68.5	71.5	26	36								
80	78.5	81.5	36	46	25.5	38						
90	88.25	91.75	46	56	35.5	48	27.5	40				
100	98.25	101.75	56	66	45.5	58	37.5	50				

续表 2-17

mm

螺纹规格 d			M14		M18		M22		M27		M33	
l			l_s 和 l_g [f]									
公称	min	max	l_s min	l_g max	l_s min	l_g max	l_s min	l_g max	l_s min	l_g max	l_s min	l_g max
110	108.25	111.75	66	76	55.5	68	47.5	60	35	50		
120	118.25	121.75	76	86	65.5	78	57.5	70	45	60		
130	128	132	80	90	69.5	82	61.5	74	49	64	34.5	52
140	138	142	90	100	79.5	92	71.5	84	59	74	44.5	62
150	148	152			89.5	102	81.5	94	69	84	54.5	72
160	156	164			99.5	112	91.5	104	79	94	64.5	82
180	176	184			119.5	132	111.5	124	99	114	84.5	102
200	195.4	204.6					131.5	144	119	134	104.5	122
220	215.4	224.6					138.5	151	126	141	111.5	129
240	235.4	244.6							146	161	131.5	149
260	254.8	265.2							166	181	151.5	167
280	274.8	285.2									171.5	189
300	294.8	305.2									191.5	209
320	314.3	325.7									211.5	229
340	334.3	345.7										
360	354.3	365.7										
380	374.3	385.7										
400	394.3	405.7										
420	413.7	426.3										
440	433.7	446.3										
460	453.7	466.3										
480	473.7	486.3										
500	493.7	506.3										

续表 2-17

mm

螺纹规格 d			M39		M45		M52		M60	
P[a]			4		4.5		5		5.5	
$b_{参考}$	[b]		—		—		—		—	
	[c]		90		102		116		—	
	[d]		103		115		129		145	
c	max		1		1		1		1	
d_a	max		45.4		52.6		62.6		71	
d_s	max		40		46		53.2		61.2	
	min		38		44		50.8		58.8	
d_w	min		55.86		64.7		74.2		83.41	
e	min		66.44		76.95		88.25		99.21	
k	公称		25		28		33		38	
	max		26.05		29.05		34.25		39.25	
	min		23.95		26.95		31.75		36.75	
k_w[e]	min		16.77		18.87		22.23		25.73	
r	min		1		1.2		1.6		2	
s	公称 =max		60.0		70.0		80.0		90.0	
	min		58.8		68.1		78.1		87.8	
l			l_s 和 l_g[f]							
公称	min	max	l_s min	l_g max	l_s min	l_g max	l_s min	l_g max	l_s min	l_g max
60	58.5	61.5	折线以上的规格推荐采用 GB/T 5781							
65	63.5	66.5								
70	68.5	71.5								
80	78.5	81.5								
90	88.25	91.75								
100	98.25	101.75								
110	108.25	111.75								
120	118.25	121.75								
130	128	132								
140	138	142								
150	148	152	40	60						
160	156	164	50	70						
180	176	184	70	90	55.5	78				
200	195.4	204.6	90	110	75.5	98	59	84		
220	215.4	224.6	97	117	82.5	105	66	91		
240	235.4	244.6	117	137	102.5	125	86	111	67.5	95
260	254.8	265.2	137	157	122.5	145	106	131	87.5	115
280	274.8	285.2	157	177	142.5	165	126	151	107.5	135
300	294.8	305.2	177	197	162.5	185	146	171	127.5	155
320	314.3	325.7	197	217	182.5	205	166	191	147.5	175
340	334.3	345.7	217	237	202.5	225	186	211	167.5	195

续表 2-17 mm

螺纹规格 d			M39		M45		M52		M60	
l			l_s 和 l_g [f]							
公称	min	max	l_s min	l_g max	l_s min	l_g max	l_s min	l_g max	l_s min	l_g max
360	354.3	365.7	237	257	222.5	245	206	231	187.5	215
380	374.3	385.7	257	277	242.5	265	226	251	207.5	235
400	394.3	405.7	277	297	262.5	285	246	271	227.5	255
420	413.7	426.3			282.5	305	266	291	247.5	275
440	433.7	446.3			302.5	325	286	311	267.5	295
460	453.7	466.3					306	331	287.5	315
480	473.7	486.3					326	351	307.5	335
500	493.7	506.3					346	371	327.5	355

注：优选长度由 $l_{s\,min}$ 和 $l_{g\,max}$ 确定。

[a] P——螺距。

[b] $l_{公称} \leqslant 125$ mm。

[c] 125 mm $< l_{公称} \leqslant 200$ mm。

[d] $l_{公称} > 200$ mm。

[e] $k_{w\,min} = 0.7k_{min}$。

[f] $l_{g\,max} = l_{公称} - b$。

$l_{s\,min} = l_{g\,max} - 5P$。

2.14.3 技术条件

（1）螺栓材料：钢。

（2）钢的机械性能等级：$d \leqslant 39$ mm，4.6、4.8；$d > 39$ mm，按协议。

（3）钢的表面处理：

——不经处理；

——电镀技术要求按 GB/T 5267.1 的规定；

——非电解锌片涂层技术要求按 GB/T 5267.2 的规定；

——如需其他技术要求或表面处理，应由供需双方协议。

2.14.4 标记示例

螺纹规格为 M12、公称长度 $l=80$ mm、性能等级为 4.8 级、表面不经处理、产品等级为 C 级的六角头螺栓的标记：

螺栓 GB/T 5780 M12×80

2.15 C级全螺纹六角头螺栓

（GB/T 5781—2016 六角头螺栓 全螺纹 C级）

2.15.1 型式

C 级全螺纹六角头螺栓型式见图 2-20。

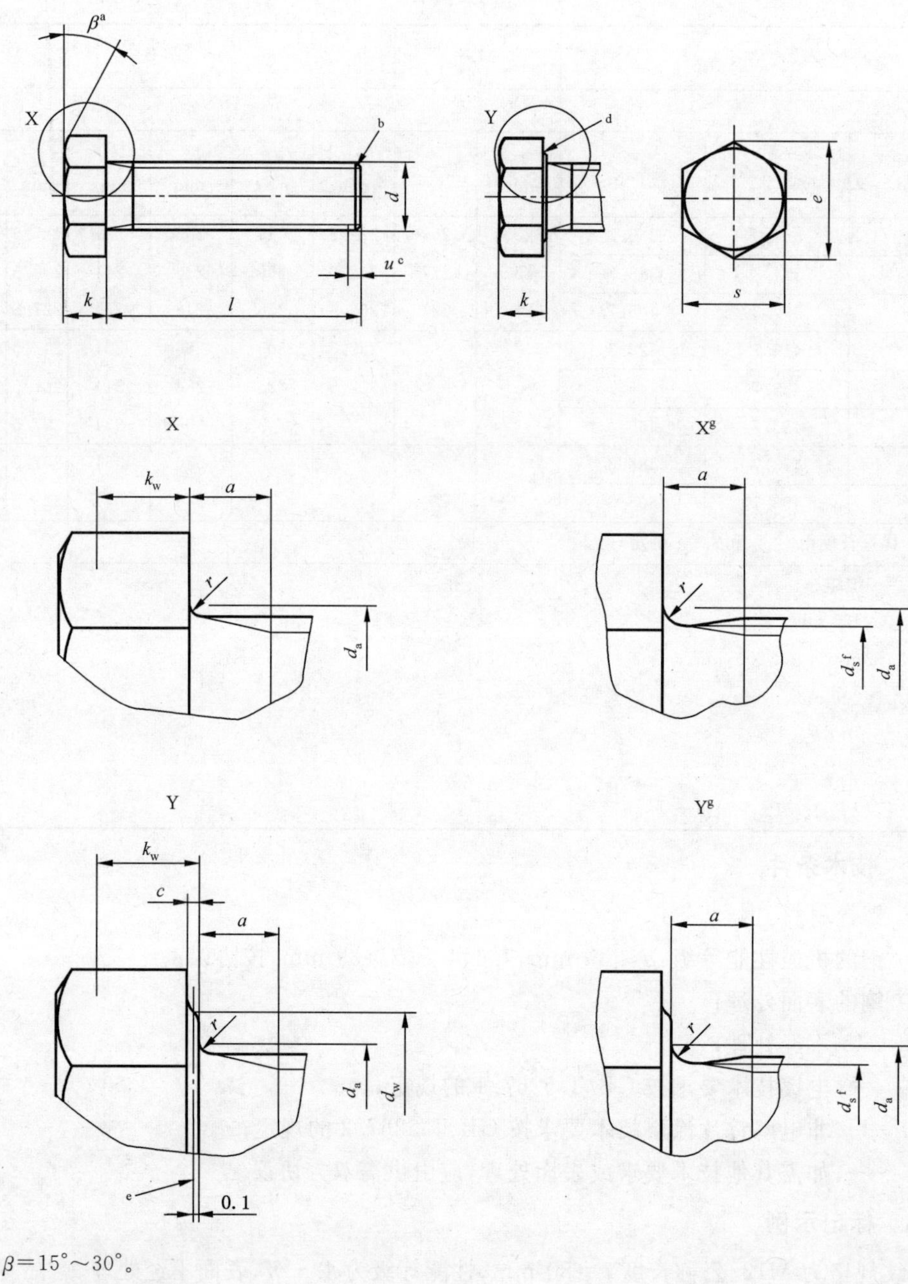

[a] $\beta=15°\sim30°$。

[b] 无特殊要求的末端。

[c] 不完整螺纹的长度 $u \leqslant 2P$。

[d] 允许的垫圈面型式。

[e] d_w 的仲裁基准。

[f] $d_s \approx$ 螺纹中径。

[g] 允许的形状。

图 2-20　C 级全螺纹六角头螺栓

2.15.2　规格尺寸

C 级全螺纹六角头螺栓优选和非优选螺纹规格尺寸见表 2-18、表 2-19。

表 2-18 C级全螺纹六角头螺栓优选的螺纹规格尺寸

mm

螺纹规格 d			M5	M6	M8	M10	M12	M16	M20	M24	M30	M36	M42	M48	M56	M64
P[a]			0.8	1	1.25	1.5	1.75	2	2.5	3	3.5	4	4.5	5	5.5	6
a	max		2.4	3	4	4.5	5.3	6	7.5	9	10.5	12	13.5	15	16.5	18
	min		0.8	1	1.25	1.5	1.75	2	2.5	3	3.5	4	4.5	5	5.5	6
c	max		0.5	0.5	0.6	0.6	0.6	0.8	0.8	0.8	0.8	0.8	1	1	1	1
d_a	max		6	7.2	10.2	12.2	14.7	18.7	24.4	28.4	35.4	42.4	48.6	56.6	67	75
d_w	min		6.74	8.74	11.47	14.47	16.47	22	27.7	33.25	42.75	51.11	59.95	69.45	78.66	88.16
e	min		8.63	10.89	14.2	17.59	19.85	26.17	32.95	39.55	50.85	60.79	71.3	82.6	93.56	104.86
k	公称		3.5	4	5.3	6.4	7.5	10	12.5	15	18.7	22.5	26	30	35	40
	max		3.875	4.375	5.675	6.85	7.95	10.75	13.4	15.9	19.75	23.55	27.05	31.05	36.25	41.25
	min		3.125	3.625	4.925	5.95	7.05	9.25	11.6	14.1	17.65	21.45	24.95	28.95	33.75	38.75
k_w[b]	min		2.19	2.54	3.45	4.17	4.94	6.48	8.12	9.87	12.36	15.02	17.47	20.27	23.63	27.13
r	min		0.2	0.25	0.4	0.4	0.6	0.6	0.8	0.8	1	1	1.2	1.6	2	2
s	公称=max		8.00	10.00	13.00	16.00	18.00	24.00	30.00	36	46	55.0	65.0	75.0	85.0	95.0
	min		7.64	9.64	12.57	15.57	17.57	23.16	29.16	35	45	53.8	63.1	73.1	82.8	92.8
l[c]																
公称	min	max														
10	9.25	10.75														
12	11.1	12.9														
16	15.1	16.9														
20	18.95	21.05														
25	23.95	26.05														
30	28.95	31.05														
35	33.75	36.25														
40	38.75	41.25														
45	43.75	46.25														
50	48.75	51.25														
55	53.5	56.5														
60	58.5	61.5														
65	63.5	66.5														
70	68.5	71.5														
80	78.5	81.5														

续表 2-18

mm

螺纹规格 d			M5	M6	M8	M10	M12	M16	M20	M24	M30	M36	M42	M48	M56	M64
l^c																
公称	min	max														
90	88.25	91.75														
100	98.25	101.75														
110	108.25	111.75														
120	118.25	121.75														
130	128	132														
140	138	142														
150	148	152														
160	156	164														
180	176	184														
200	195.4	204.6														
220	215.4	224.6														
240	235.4	244.6														
260	254.8	265.2														
280	274.8	285.2														
300	294.8	305.2														
320	314.3	325.7														
340	334.3	345.7														
360	354.3	365.7														
380	374.3	385.7														
400	394.3	405.7														
420	413.7	426.3														
440	433.7	446.3														
460	453.7	466.3														
480	473.7	486.3														
500	493.7	506.3														

[a] P——螺距。

[b] $k_{w\,min} = 0.7k_{min}$。

[c] 在阶梯实线间为优选长度。

表 2-19 C级全螺纹六角头螺栓非优选螺纹规格尺寸

mm

螺纹规格 d			M14	M18	M22	M27	M33	M39	M45	M52	M60
P[a]			2	2.5	2.5	3	3.5	4	4.5	5	5.5
a		max	6	7.5	7.5	9	10.5	12	13.5	15	16.5
		min	2	2.5	2.5	3	3.5	4	4.5	5	5.5
c		max	0.6	0.8	0.8	0.8	0.8	1	1	1	1
d_a		max	16.7	21.2	26.4	32.4	38.4	45.4	52.6	62.6	71
d_w		min	19.15	24.85	31.35	38	46.55	55.86	64.7	74.2	83.41
e		min	22.78	29.56	37.29	45.2	55.37	66.44	76.95	88.25	99.21
k		公称	8.8	11.5	14	17	21	25	28	33	38
		max	9.25	12.4	14.9	17.9	22.05	26.05	29.05	34.25	39.25
		min	8.35	10.6	13.1	16.1	19.95	23.95	26.95	31.75	36.75
k_w[b]		min	5.85	7.42	9.17	11.27	13.97	16.77	18.87	22.23	25.73
r		min	0.6	0.6	0.8	1	1	1	1.2	1.6	2
s		公称=max	21.00	27.00	34	41	50	60.0	70.0	80.0	90.0
		min	20.16	26.16	33	40	49	58.8	68.1	78.1	87.8
l[c]											
公称	min	max									
30	28.95	31.05									
35	33.75	36.25									
40	38.75	41.25									
45	43.75	46.25									
50	48.75	51.25									
55	53.5	56.5									
60	58.5	61.5									
65	63.5	66.5									
70	68.5	71.5									
80	78.5	81.5									
90	88.25	91.75									
100	98.25	101.75									
110	108.25	111.75									
120	118.25	121.75									
130	128	132									

续表 2-19

mm

螺纹规格 d			M14	M18	M22	M27	M33	M39	M45	M52	M60
l^{c}											
公称	min	max									
140	138	142									
150	148	152									
160	156	164									
180	176	184									
200	195.4	204.6									
220	215.4	224.6									
240	235.4	244.6									
260	254.8	265.2									
280	274.8	285.2									
300	294.8	305.2									
320	314.3	325.7									
340	334.3	345.7									
360	354.3	365.7									
380	374.3	385.7									
400	394.3	405.7									
420	413.7	426.3									
440	433.7	446.3									
460	453.7	466.3									
480	473.7	486.3									
500	493.7	506.3									

[a] P——螺距。

[b] $k_{w\,min}=0.7k_{min}$。

[c] 在阶梯实线间为优选长度。

2.15.3 技术条件

（1）螺栓材料：钢。

（2）钢的机械性能等级：$d \leqslant 39$ mm，4.6、4.8；$d > 39$ mm，按协议。

（3）钢的表面处理：

——不经处理；

——电镀技术要求按 GB/T 5267.1 的规定；

——非电解锌片涂层技术要求按 GB/T 5267.2 的规定；

——如需其他技术要求或表面处理，应由供需双方协议。

2.15.4 标记示例

螺纹规格为 M12、公称长度 $l = 80$ mm、全螺纹、性能等级为 4.8 级、表面不经处理、产品等级 C 级的六角头螺栓的标记：

螺栓 GB/T 5781 M12×80

2.16 六角头螺栓

（GB/T 5782—2016 六角头螺栓）

2.16.1 型式

六角头螺栓型式见图 2-21。

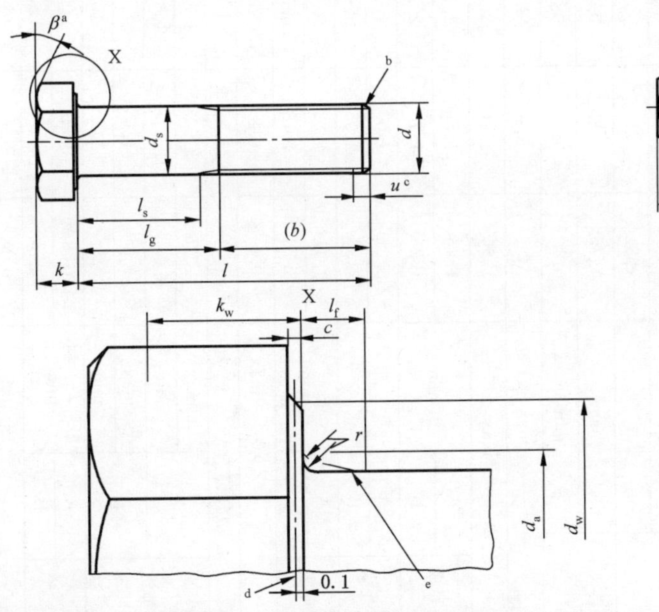

a $\beta = 15° \sim 30°$。

b 末端应倒角，对螺纹规格≤M4 可为辗制末端（GB/T 2）。

c 不完整螺纹的长度 $u \leqslant 2P$。

d d_w 的仲裁基准。

e 最大圆弧过渡。

图 2-21 六角头螺栓

2.16.2 规格尺寸

六角头螺栓优选和非优选螺纹规格尺寸见表 2-20、表 2-21。

表 2-20 优选的螺纹规格尺寸

mm

螺纹规格 d				M1.6	M2	M2.5	M3	M4	M5	M6	M8	M10
P[a]				0.35	0.4	0.45	0.5	0.7	0.8	1	1.25	1.5
b 参考	[b]			9	10	11	12	14	16	18	22	26
	[c]			15	16	17	18	20	22	24	28	32
	[d]			28	29	30	31	33	35	37	41	45
c	max			0.25	0.25	0.25	0.40	0.40	0.50	0.50	0.60	0.60
	min			0.10	0.10	0.10	0.15	0.15	0.15	0.15	0.15	0.15
d_a	max			2	2.6	3.1	3.6	4.7	5.7	6.8	9.2	11.2
d_s	公称 = max			1.60	2.00	2.50	3.00	4.00	5.00	6.00	8.00	10.00
	产品等级	A	min	1.46	1.86	2.36	2.86	3.82	4.82	5.82	7.78	9.78
		B		1.35	1.75	2.25	2.75	3.70	4.70	5.70	7.64	9.64
d_w	产品等级	A	min	2.27	3.07	4.07	4.57	5.88	6.88	8.88	11.63	14.63
		B		2.30	2.95	3.95	4.45	5.74	6.74	8.74	11.47	14.47
e	产品等级	A	min	3.41	4.32	5.45	6.01	7.66	8.79	11.05	14.38	17.77
		B		3.28	4.18	5.31	5.88	7.50	8.63	10.89	14.20	17.59
l_f	max			0.6	0.8	1	1	1.2	1.2	1.4	2	2
k	公称			1.1	1.4	1.7	2	2.8	3.5	4	5.3	6.4
	产品等级	A	max	1.225	1.525	1.825	2.125	2.925	3.65	4.15	5.45	6.58
			min	0.975	1.275	1.575	1.875	2.675	3.35	3.85	5.15	6.22
		B	max	1.3	1.6	1.9	2.2	3.0	3.74	4.24	5.54	6.69
			min	0.9	1.2	1.5	1.8	2.6	3.26	3.76	5.06	6.11
k_w[e]	产品等级	A	min	0.68	0.89	1.10	1.31	1.87	2.35	2.70	3.61	4.35
		B		0.63	0.84	1.05	1.26	1.82	2.28	2.63	3.54	4.28
r	min			0.1	0.1	0.1	0.1	0.2	0.2	0.25	0.4	0.4
s	公称 = max			3.20	4.00	5.00	5.50	7.00	8.00	10.00	13.00	16.00
	产品等级	A	min	3.02	3.82	4.82	5.32	6.78	7.78	9.78	12.73	15.73
		B		2.90	3.70	4.70	5.20	6.64	7.64	9.64	12.57	15.57

续表 2-20

mm

螺纹规格 d					M1.6		M2		M2.5		M3		M4		M5		M6		M8		M10	
l					l_s 和 l_g [f]																	
公称	产品等级																					
	A		B		l_s	l_g	l_s	l_g	l_s	l_g	l_s	l_g	l_s	l_g	l_s	l_g	l_s	l_g	l_s	l_g	l_s	l_g
	min	max	min	max	min	max	min	max	min	max	min	max	min	max	min	max	min	max	min	max	min	max
12	11.65	12.35	—	—	1.2	3																
16	15.65	16.35	—	—	5.2	7	4	6	2.75	5												
20	19.58	20.42	18.95	21.05			8	10	6.75	9	5.5	8										
25	24.58	25.42	23.95	26.05					11.75	14	10.5	13	7.5	11	5	9						
30	29.58	30.42	28.95	31.05							15.5	18	12.5	16	10	14	7	12				
35	34.5	35.5	33.75	36.25									17.5	21	15	19	12	17				
40	39.5	40.5	38.75	41.25									22.5	26	20	24	17	22	11.75	18		
45	44.5	45.5	43.75	46.25											25	29	22	27	16.75	23	11.5	19
50	49.5	50.5	48.75	51.25											30	34	27	32	21.75	28	16.5	24
55	54.4	55.6	53.5	56.5													32	37	26.75	33	21.5	29
60	59.4	60.6	58.5	61.5													37	42	31.75	38	26.5	34
65	64.4	65.6	63.5	66.5															36.75	43	31.5	39
70	69.4	70.6	68.5	71.5															41.75	48	36.5	44
80	79.4	80.6	78.5	81.5															51.75	58	46.5	54
90	89.3	90.7	88.25	91.75																	56.5	64
100	99.3	100.7	98.25	101.75																	66.5	74
110	109.3	100.7	108.25	111.75																		
120	119.3	120.7	118.25	121.75																		

折线以上的规格推荐采用GB/T 5783

续表 2-20

mm

螺纹规格 d				M12	M16	M20	M24	M30	M36	M42	M48	M56	M64
P^a				1.75	2	2.5	3	3.5	4	4.5	5	5.5	6
b 参考	b			30	38	46	54	66	—	—	—	—	—
	c			36	44	52	60	72	84	96	108	—	—
	d			49	57	65	73	85	97	109	121	137	153
c			max	0.60	0.8	0.8	0.8	0.8	0.8	1.0	1.0	1.0	1.0
			min	0.15	0.2	0.2	0.2	0.2	0.2	0.3	0.3	0.3	0.3
d_a			max	13.7	17.7	22.4	26.4	33.4	39.4	45.6	52.6	63	71
d_s	公称 = max			12.00	16.00	20.00	24.00	30.00	36.00	42.00	48.00	56.00	64.00
	产品等级	A	min	11.73	15.73	19.67	23.67	—	—	—	—	—	—
		B		11.57	15.57	19.48	23.48	29.48	35.38	41.38	47.38	55.26	63.26
d_w	产品等级	A	min	16.63	22.49	28.19	33.61	—	—	—	—	—	—
		B		16.47	22	27.7	33.25	42.75	51.11	59.95	69.45	78.66	88.16
e	产品等级	A	min	20.03	26.75	33.53	39.98	—	—	—	—	—	—
		B		19.85	26.17	32.95	39.55	50.85	60.79	71.3	82.6	93.56	104.86
l_t			max	3	3	4	4	6	6	8	10	12	13
k	公称			7.5	10	12.5	15	18.7	22.5	26	30	35	40
	产品等级	A	max	7.68	10.18	12.715	15.215	—	—	—	—	—	—
			min	7.32	9.82	12.285	14.785	—	—	—	—	—	—
		B	max	7.79	10.29	12.85	15.35	19.12	22.92	26.42	30.42	35.5	40.5
			min	7.21	9.71	12.15	14.65	18.28	22.08	25.58	29.58	34.5	39.5
k_w^e	产品等级	A	min	5.12	6.87	8.6	10.35	—	—	—	—	—	—
		B		5.05	6.8	8.51	10.26	12.8	15.46	17.91	20.71	24.15	27.65
r			min	0.6	0.6	0.8	0.8	1	1	1.2	1.6	2	2
s	公称 = max			18.00	24.00	30.00	36.00	46	55.0	65.0	75.0	85.0	95.0
	产品等级	A	min	17.73	23.67	29.67	35.38	—	—	—	—	—	—
		B		17.57	23.16	29.16	35.00	45	53.8	63.1	73.1	82.8	92.8

续表 2-20

mm

螺纹规格 d					M12		M16		M20		M24		M30		M36		M42		M48		M56		M64	
l					l_s 和 l_g [f]																			
公称	产品等级																							
	A		B		l_s	l_g	l_s	l_g	l_s	l_g	l_s	l_g	l_s	l_g	l_s	l_g	l_s	l_g	l_s	l_g	l_s	l_g	l_s	l_g
	min	max	min	max	min	max	min	max	min	max	min	max	min	max	min	max	min	max	min	max	min	max	min	max
50	49.5	50.5	—	—	11.25	20																		
55	54.4	55.6	53.5	56.5	16.25	25																		
60	59.4	60.6	58.5	61.5	21.25	30																		
65	64.4	65.6	63.56	66.5	26.25	35	17	27																
70	69.4	70.6	68.5	71.5	31.25	40	22	32																
80	79.4	80.6	78.5	81.5	41.25	50	32	42	21.5	34														
90	89.3	90.7	88.25	91.75	51.25	60	42	52	31.5	44	21	36												
100	99.3	100.7	98.25	101.75	61.25	70	52	62	41.5	54	31	46												
110	109.3	110.7	108.25	111.75	71.25	80	62	72	51.5	64	41	56	26.5	44										
120	119.3	120.7	118.25	121.75	81.25	90	72	82	61.5	74	51	66	36.5	54										
130	129.2	130.8	128	132			76	86	65.5	78	55	70	40.5	58										
140	139.2	140.8	138	142			86	96	75.5	88	65	80	50.5	68	36	56								
150	149.2	150.8	148	152			96	106	85.5	98	75	90	60.5	78	46	66								
160	—	—	158	162			106	116	95.5	108	85	100	70.5	88	56	76	41.5	64						
180	—	—	178	182					115.5	128	105	120	90.5	108	76	96	61.5	84	47	72				
200	—	—	197.7	202.3					135.5	148	125	140	110.5	128	96	116	81.5	104	67	92				
220	—	—	217.7	222.3							132	147	117.5	135	103	123	88.5	111	74	99	55.5	83		
240	—	—	237.7	242.3							152	167	137.5	155	123	143	108.5	131	94	119	75.5	103		
260	—	—	257.4	262.6									157.5	175	143	163	128.5	151	114	139	95.5	123	77	107

续表 2-20

mm

螺纹规格 d					M12		M16		M20		M24		M30		M36		M42		M48		M56		M64	
公称	产品等级				l_s 和 l_g [f]																			
	A		B																					
	l				l_s	l_g	l_s	l_g	l_s	l_g	l_s	l_g	l_s	l_g	l_s	l_g	l_s	l_g	l_s	l_g	l_s	l_g	l_s	l_g
	min	max	min	max	min	max	min	max	min	max	min	max	min	max	min	max	min	max	min	max	min	max	min	max
280	—	—	277.4	282.6									177.5	195	163	183	148.5	171	134	159	115.5	143	97	127
300	—	—	297.4	302.6									197.5	215	183	203	168.5	191	154	179	135.5	163	117	147
320	—	—	317.15	322.85											203	223	188.5	211	174	199	155.5	183	137	167
340	—	—	337.15	342.85											233	243	208.5	231	194	219	175.5	203	157	187
360	—	—	357.15	362.85											243	263	228.5	251	214	239	195.5	223	177	207
380	—	—	377.15	382.85													248.5	271	234	259	215.5	243	197	227
400	—	—	397.15	402.85													268.5	291	254	279	235.5	263	217	247
420	—	—	416.85	423.15													288.5	311	274	299	255.5	283	237	267
440	—	—	436.85	443.15													308.5	331	294	319	275.5	303	257	287
460	—	—	456.85	463.15															314	339	295.5	323	277	307
480	—	—	476.85	483.15															334	359	315.5	343	297	327
500	—	—	496.85	503.15																	335.5	363	317	347

注：优选长度由 l_s,min 和 l_g,max 确定。

——阶梯虚线以上为 A 级；

——阶梯虚线以下为 B 级。

[a] P——螺距。

[b] $l_{公称} \leqslant 125$ mm。

[c] 125 mm$< l_{公称} \leqslant 200$ mm。

[d] $l_{公称} > 200$ mm。

[e] $k_{wmin} = 0.7k$min。

[f] $l_{gmax} = l_{公称} - b$。

$l_{smin} = l_{gmax} - 5P$。

表 2-21 非优选螺纹规格尺寸 mm

螺纹规格 d				M3.5	M14	M18	M22	M27
P[a]				0.6	2	2.5	2.5	3
b 参考			[b]	13	34	42	50	60
			[c]	19	40	48	56	66
			[d]	32	53	61	69	79
c			max	0.40	0.60	0.8	0.8	0.8
			min	0.15	0.15	0.2	0.2	0.2
d_a			max	4.1	15.7	20.2	24.4	30.4
d_s	公称 = max			3.50	14.00	18.00	22.0	27.00
	产品等级	A	min	3.32	13.73	17.73	21.67	—
		B		3.20	13.57	17.57	21.48	26.48
d_w	产品等级	A	min	5.07	19.64	25.34	31.71	—
		B		4.95	19.15	24.85	31.35	38
e	产品等级	A	min	6.58	23.36	30.14	37.72	—
		B		6.44	22.78	29.56	37.29	45.2
l_f			max	1	3	3	4	6
k	公称			2.4	8.8	11.5	14	17
	产品等级	A	max	2.525	8.98	11.715	14.215	—
			min	2.275	8.62	11.285	13.785	—
		B	max	2.6	9.09	11.85	14.35	17.35
			min	2.2	8.51	11.15	13.65	16.65
k_w[e]	产品等级	A	min	1.59	6.03	7.9	9.65	—
		B		1.54	5.96	7.81	9.56	11.66
r			min	0.1	0.6	0.6	0.8	1
s	公称 = max			6.00	21.00	27.00	34.00	41
	产品等级	A	min	5.82	20.67	26.67	33.38	—
		B		5.70	20.16	26.16	33.00	40

l					l_s 和 l_g[f]									
公称	产品等级 A		产品等级 B		l_s	l_g	l_s	l_g	l_s	l_g	l_s	l_g	l_s	l_g
	min	max	min	max	min	max	min	max	min	max	min	max	min	max
20	19.58	20.42	—	—	4	7								
25	24.58	25.42	—	—	9	12								
30	29.58	30.42	—	—	14	17								
35	34.5	35.5	—	—	19	22								
40	39.5	40.5	38.75	41.25			折线以上的规格推荐采用 GB/T 5783							
45	44.5	45.5	43.75	46.25										

续表 2-21

mm

螺纹规格 d					M3.5		M14		M18		M22		M27	
l					l_s 和 l_g[f]									
公称	产品等级													
	A		B		l_s	l_g	l_s	l_g	l_s	l_g	l_s	l_g	l_s	l_g
	min	max	min	max	min	max	min	max	min	max	min	max	min	max
50	49.5	50.5	48.75	51.25										
55	54.4	55.6	53.5	56.5										
60	59.4	60.6	58.5	61.5			16	26						
65	64.4	65.6	63.5	66.5			21	31						
70	69.4	70.6	68.5	71.5			26	36	15.5	28				
80	79.4	80.6	78.5	81.5			36	46	25.5	38				
90	89.3	90.7	88.25	91.75			46	56	35.5	48	27.5	40		
100	99.3	100.7	98.25	101.75			56	66	45.5	58	37.5	50	25	40
110	109.3	110.7	108.25	111.75			66	76	55.5	68	47.5	60	35	50
120	119.3	120.7	118.25	121.75			76	86	65.5	78	57.5	70	45	60
130	129.2	130.8	128	132			80	90	69.5	82	61.5	74	49	64
140	139.2	140.8	138	142			90	100	79.5	92	71.5	84	59	74
150	149.2	150.8	148	152					89.5	102	81.5	94	69	84
160	—	—	158	162					99.5	112	91.5	104	79	94
180	—	—	178	182					119.5	132	111.5	124	99	114
200	—	—	197.7	202.3							131.5	144	119	134
220	—	—	217.7	222.3							138.5	151	126	141
240	—	—	237.7	242.3									146	161
260	—	—	257.4	262.6									166	181

螺纹规格 d				M33	M39	M45	M52	M60
P[a]				3.5	4	4.5	5	5.5
b 参考			[b]	—	—	—	—	—
			[c]	78	90	102	116	—
			[d]	91	103	115	129	145
c			max	0.8	1.0	1.0	1.0	1.0
			min	0.2	0.3	0.3	0.3	0.3
d_a			max	36.4	42.4	48.6	56.6	67
d_s	公称 = max			33.00	39.00	45.00	52.00	60.00
	产品等级	A	min	—	—	—	—	—
		B		32.38	38.38	44.38	51.26	59.26
d_w	产品等级	A	min	—	—	—	—	—
		B		46.55	55.86	64.7	74.2	83.41
e	产品等级	A	min	—	—	—	—	—
		B		55.37	66.44	76.95	88.25	99.21
l_f			max	6	6	8	10	12

续表 2-21

mm

螺纹规格 d				M33	M39	M45	M52	M60
k	公称			21	25	28	33	38
	产品等级	A	max	—	—	—	—	—
			min	—	—	—	—	—
		B	max	21.42	25.42	28.42	33.5	38.5
			min	20.58	24.58	27.58	32.5	37.5
k_w^e	产品等级	A	min	—	—	—	—	—
		B		14.41	17.21	19.31	22.75	26.25
r			min	1	1	1.2	1.6	2
s	公称 = max			50	60.0	70.0	80.0	90.0
	产品等级	A	min	—	—	—	—	—
		B		49	58.8	68.1	78.1	87.8

l					l_s 和 l_g^f									
公称	产品等级													
	A		B		l_s	l_g	l_s	l_g	l_s	l_g	l_s	l_g	l_s	l_g
	min	max	min	max	min	max	min	max	min	max	min	max	min	max
130	129.2	130.8	128	132	34.5	52	折线以上的规格推荐采用GB/T 5783							
140	139.2	140.8	138	142	44.5	62								
150	149.2	150.8	148	152	54.5	72	40	60						
160	—	—	158	162	64.5	82	50	70						
180	—	—	178	182	84.5	102	70	90	55.5	78				
200	—	—	197.7	202.3	104.5	122	90	110	75.5	98	59	84		
220	—	—	217.7	222.3	111.5	129	97	117	82.5	105	66	91		
240	—	—	237.7	242.3	131.5	149	117	137	102.5	125	86	11	67.5	95
260	—	—	257.4	262.6	151.5	169	137	157	122.5	145	106	131	87.5	115
280	—	—	277.4	282.6	171.5	189	157	177	142.5	165	126	151	107.5	135
300	—	—	297.4	302.6	191.5	209	177	197	162.5	185	146	171	127.5	155
320	—	—	317.15	322.85	211.5	229	197	217	182.5	205	166	191	147.5	175
340	—	—	337.15	342.85			217	237	202.5	225	186	211	167.5	195
360	—	—	357.15	362.85			237	257	222.5	245	206	231	187.5	215
380	—	—	377.15	382.85			257	277	242.5	265	226	251	207.5	235
400	—	—	397.15	402.85					262.5	285	246	271	227.5	255
420	—	—	416.85	423.15					282.5	305	266	291	247.5	275
440	—	—	436.85	443.15					302.5	325	286	311	267.5	295
460	—	—	456.85	463.15							306	331	287.5	315
480	—	—	476.85	483.15							326	351	307.5	335

续表 2-21

mm

螺纹规格 d					M33		M39		M45		M52		M60	
l					l_s 和 l_g[f]									
公称	产品等级													
	A		B		l_s	l_g	l_s	l_g	l_s	l_g	l_s	l_g	l_s	l_g
	min	max	min	max	min	max	min	max	min	max	min	max	min	max
500	—	—	496.85	503.15									327.5	355

注：优选长度由 $l_{s,min}$ 和 $l_{g,max}$ 确定。

——阶梯虚线以上为A级；

——阶梯虚线以下为B级。

[a] P——螺距。

[b] $l_{公称} \leqslant 125$ mm。

[c] 125 mm$<l_{公称} \leqslant 200$ mm。

[d] $l_{公称} > 200$ mm。

[e] $k_{w\,min} = 0.7k_{min}$。

[f] $l_{g\,max} = l_{公称} - b$。

$l_{s\,min} = l_{g\,max} - 5P$。

2.16.3 技术条件

(1) 螺栓材料：钢、不锈钢、有色金属。

(2) 机械性能等级

1) 钢的机械性能等级：$d<3$ mm，按协议；3 mm$\leqslant d \leqslant 39$ mm，5.6、8.8、10.9；3 mm$\leqslant d \leqslant 16$ mm，9.8；$d>39$ mm，按协议。

2) 不锈钢的机械性能等级：$d \leqslant 24$ mm，A2-70、A4-70；24 mm$<d \leqslant 39$ mm，A2-50、A4-50；$d>39$ mm，按协议。

3) 有色金属的机械性能等级：CU2、CU3、AL4。

(3) 表面处理

1) 钢的表面处理：

——不经处理：电镀技术要求按 GB/T 5267.1 的规定；

——非电解锌片涂层技术要求按 GB/T 5267.2 的规定；

——如需其他技术要求或表面处理，应由供需双方协议。

2) 不锈钢的表面处理：

——简单处理：钝化处理技术要求按 GB/T 5267.4 的规定；

——如需其他技术要求或表面处理，应由供需双方协议。

3) 有色金属的表面处理：

——简单处理：电镀技术要求按 GB/T 5267.1 的规定；

——如需其他技术要求或表面处理，应由供需双方协议。

2.16.4 标记示例

螺纹规格为 M12、公称长度 $l=80$ mm、性能等级为 8.8 级、表面不经处理、产品等级为 A 级的六角头螺栓的标记：

螺栓 GB/T 5782 M12×80

2.17 全螺纹六角头螺栓

（GB/T 5783—2016 六角头螺栓　全螺纹）

2.17.1 型式

全螺纹六角头螺栓型式见图 2-22。

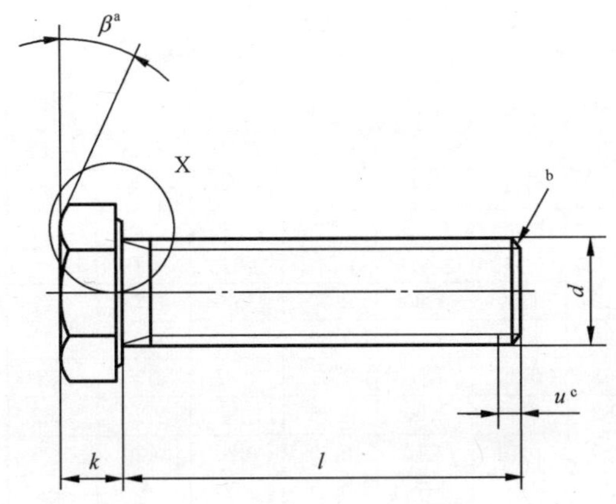

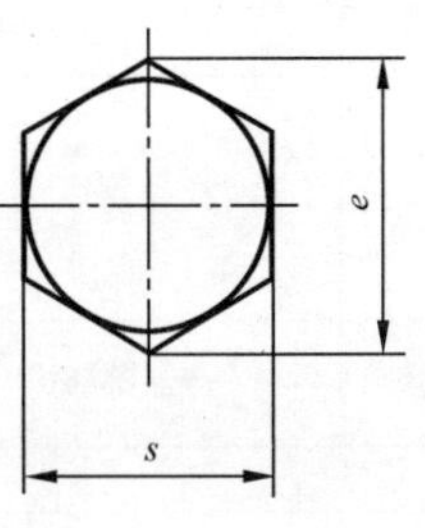

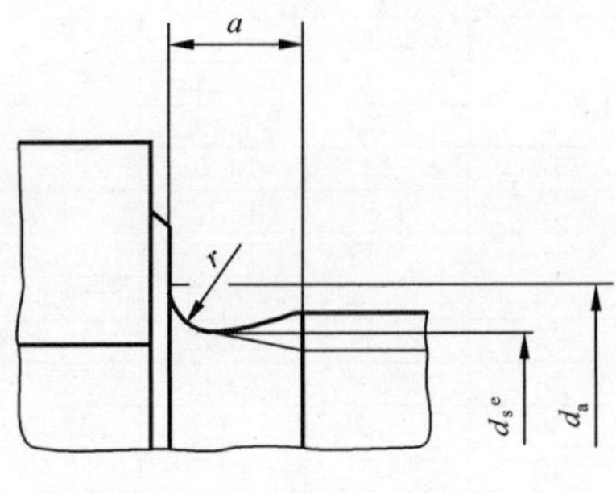

[a] $\beta=15°\sim30°$。

[b] 末端应倒角，对螺纹规格≤M4 可为辗制末端（GB/T 2）。

[c] 不完整螺纹的长度 $u\leqslant 2P$。

[d] d_w 的仲裁基准。

[e] $d_s\approx$螺纹中径。

[f] 允许的形状。

图 2-22　全螺纹六角头螺栓

2.17.2 规格尺寸

全螺纹六角头螺栓优选与非优选的螺栓规格尺寸见表 2-22、表 2-23。

表 2-22　优选的螺栓规格尺寸　　mm

螺纹规格 d				M1.6	M2	M2.5	M3	M4	M5	M6
P[a]				0.35	0.4	0.45	0.5	0.7	0.8	1
a			max[b]	1.05	1.20	1.35	1.50	2.10	2.40	3.00
			min	0.35	0.40	0.45	0.50	0.70	0.80	1.00
c			max	0.25	0.25	0.25	0.40	0.40	0.50	0.50
			min	0.10	0.10	0.10	0.15	0.15	0.15	0.15
d_a			max	2.00	2.60	3.10	3.60	4.70	5.70	6.80
d_w	产品等级	A	min	2.27	3.07	4.07	4.57	5.88	6.88	8.88
		B		2.30	2.95	3.95	4.45	5.74	6.74	8.74
e	产品等级	A	min	3.41	4.32	5.45	6.01	7.66	8.79	11.05
		B		3.28	4.18	5.31	5.88	7.50	8.63	10.89
k			公称	1.1	1.4	1.7	2	2.8	3.5	4
	产品等级	A	max	1.225	1.525	1.825	2.125	2.925	3.65	4.15
			min	0.975	1.275	1.575	1.875	2.675	3.35	3.85
		B	max	1.30	1.60	1.90	2.20	3.00	3.74	4.24
			min	0.90	1.20	1.50	1.80	2.60	3.26	3.76
k_w[c]	产品等级	A	min	0.68	0.89	1.10	1.31	1.87	2.35	2.70
		B		0.63	0.84	1.05	1.26	1.82	2.28	2.63
r			min	0.10	0.10	0.10	0.10	0.20	0.20	0.25
s		公称=	max	3.2	4	5	5.5	7	8	10
	产品等级	A	min	3.02	3.82	4.82	5.32	6.78	7.78	9.78
		B		2.90	3.70	4.70	5.20	6.64	7.64	9.64

l										
公称	产品等级									
	A		B							
	min	max	min	max						
2	1.8	2.2	—	—						
3	2.8	3.2	—	—						
4	3.76	4.24	—	—						
5	4.76	5.24	—	—						
6	5.76	6.24	—	—						
8	7.71	8.29	—	—						
10	9.71	10.29	—	—						
12	11.65	12.35	—	—						
16	15.65	16.35	—	—						
20	19.58	20.42	18.95	21.05						
25	24.58	25.42	23.95	26.05						
30	29.58	30.42	28.95	31.05						
35	34.5	35.5	33.75	36.25						
40	39.5	40.5	38.75	41.25						
45	44.5	45.5	43.75	46.25						
50	49.5	50.5	48.75	51.25						
55	54.4	55.6	53.5	56.5						
60	59.4	60.6	58.5	61.5						
65	64.4	65.6	63.5	66.5						
70	69.4	70.6	68.5	71.5						
80	79.4	80.6	78.5	81.5						
90	89.3	90.7	88.25	91.75						
100	99.3	100.7	98.25	101.75						
110	109.3	110.7	108.25	111.75						
120	119.3	120.7	118.25	121.75						
130	129.2	130.8	128	132						
140	139.2	140.8	138	142						
150	149.2	150.8	148	152						
160	—	—	158	162						
180	—	—	178	182						
200	—	—	197.7	202.3						

续表 2-22 mm

螺纹规格 d					M8	M10	M12	M16	M20	M24
P[a]					1.25	1.5	1.75	2	2.5	3
a			max[b]		4.00	4.50	5.30	6.00	7.50	9.00
			min		1.25	1.5	1.75	2.00	2.50	3.00
c			max		0.60	0.60	0.60	0.80	0.80	0.80
			min		0.15	0.15	0.15	0.20	0.20	0.20
d_a			max		9.20	11.20	13.70	17.70	22.40	26.40
d_w	产品等级	A	min		11.63	14.63	16.63	22.49	28.19	33.61
		B			11.47	14.47	16.47	22.00	27.70	33.25
e	产品等级	A	min		14.38	17.77	20.03	26.75	33.53	39.98
		B			14.20	17.59	19.85	26.17	32.95	39.55
k	公称				5.3	6.4	7.5	10	12.5	15
	产品等级	A	max		5.45	6.58	7.68	10.18	12.715	15.215
			min		5.15	6.22	7.32	9.82	12.285	14.785
		B	max		5.54	6.69	7.79	10.29	12.85	15.35
			min		5.06	6.11	7.21	9.71	12.15	14.65
k_w[c]	产品等级	A	min		3.61	4.35	5.12	6.87	8.6	10.35
		B			3.54	4.28	5.05	6.8	8.51	10.26
r			min		0.40	0.40	0.60	0.60	0.80	0.80
s	公称=		max		13	16	18	24	30	36
	产品等级	A	min		12.73	15.73	17.73	23.67	29.67	35.38
		B			12.57	15.57	17.57	23.16	29.16	35.00
l										
公称	产品等级									
	A		B							
	min	max	min	max						
2	1.8	2.2	—	—						
3	2.8	3.2	—	—						
4	3.76	4.24	—	—						
5	4.76	5.24	—	—						
6	5.76	6.24	—	—						
8	7.71	8.29	—	—						
10	9.71	10.29	—	—						
12	11.65	12.35	—	—						
16	15.65	16.35	—	—						
20	19.58	20.42	18.95	21.05						
25	24.58	25.42	23.95	26.05						
30	29.58	30.42	28.95	31.05						
35	34.5	35.5	33.75	36.25						
40	39.5	40.5	38.75	41.25						
45	44.5	45.5	43.75	46.25						
50	49.5	50.5	48.75	51.25						
55	54.4	55.6	53.5	56.5						
60	59.4	60.6	58.5	61.5						
65	64.4	65.6	63.5	66.5						
70	69.4	70.6	68.5	71.5						
80	79.4	80.6	78.5	81.5						
90	89.4	90.7	88.25	91.75						
100	99.3	100.7	98.25	101.75						
110	109.3	110.7	108.25	111.75						
120	119.3	120.7	118.25	121.75						
130	129.2	130.8	128	132						
140	139.2	140.8	138	142						
150	149.2	150.8	148	152						
160	—	—	158	162						
180	—	—	178	182						
200	—	—	197.7	202.3						

续表 2-22

mm

螺纹规格 d				M30	M36	M42	M48	M56	M64
P[a]				3.5	4	4.5	5	5.5	6
a			max[b]	10.50	12.00	13.5	15.00	16.5	18.00
			min	3.50	4.00	4.50	5.00	5.50	6.00
c			max	0.80	0.80	1.00	1.00	1.00	1.00
			min	0.20	0.20	0.30	0.30	0.30	0.30
d_a			max	33.40	39.40	45.60	52.60	63.00	71.00
d_w	产品等级	A	min	—	—	—	—	—	—
		B		42.75	51.11	59.95	69.45	78.66	88.16
e	产品等级	A	min	—	—	—	—	—	—
		B		50.85	60.79	71.30	82.60	93.56	104.86
k			公称	18.7	22.5	26	30	35	40
	产品等级	A	max	—	—	—	—	—	—
			min	—	—	—	—	—	—
		B	max	19.12	22.92	26.42	30.42	35.50	40.50
			min	18.28	22.08	25.58	29.58	34.50	39.50
k_w[c]	产品等级	A	min	—	—	—	—	—	—
		B		12.80	15.46	17.91	20.71	24.15	27.65
r			min	1.00	1.00	1.20	1.60	2.00	2.00
s		公称=	max	46	55	65	75	85	95
	产品等级	A	min	—	—	—	—	—	—
		B		45.00	53.80	63.10	73.10	82.80	92.80

l										
公称	产品等级									
	A		B							
	min	max	min	max	M30	M36	M42	M48	M56	M64
2	1.8	2.2	—	—						
3	2.8	3.2	—	—						
4	3.76	4.24	—	—						
5	4.76	5.24	—	—						
6	5.76	6.24	—	—						
8	7.71	8.29	—	—						
10	9.71	10.29	—	—						
12	11.65	12.35	—	—						
16	15.65	16.35	—	—						
20	19.58	20.42	18.95	21.05						
25	24.58	25.42	23.95	26.05						
30	29.58	30.42	28.95	31.05						
35	34.5	35.5	33.75	36.25						
40	39.5	40.5	38.75	41.25						
45	44.5	45.5	43.75	46.25						
50	49.5	50.5	48.75	51.25						
55	54.4	55.6	53.5	56.5						
60	59.4	60.6	58.5	61.5						
65	64.4	65.6	63.5	66.5						
70	69.4	70.6	68.5	71.5						
80	79.4	80.6	78.5	81.5						
90	89.3	90.7	88.25	91.75						
100	99.3	100.7	98.25	101.75						
110	109.3	110.7	108.25	111.75						
120	119.3	120.7	118.25	121.75						
130	129.2	130.8	128	132						
140	139.2	140.8	138	142						
150	149.2	150.8	148	152						
160	—	—	158	162						
180	—	—	178	182						
200	—	—	197.7	202.3						

注：在阶梯实线间为优选长度范围。

——阶梯虚线以上为 A 级；

——阶梯虚线以下为 B 级。

[a] p——螺距。

[b] 按 GB/T 3 标准系列 a_{max} 值。

[c] $k_{w\min}=0.7k_{\min}$。

表 2-23 非优选的螺栓规格尺寸 mm

螺纹规格 d				M3.5	M14	M18	M22	M27
P[a]				0.6	2	2.5	2.5	3
a			max[b]	1.80	6.00	7.50	7.50	9.00
			min	0.60	2.00	2.50	2.50	3.00
c			max	0.40	0.60	0.80	0.80	0.80
			min	0.15	0.15	0.20	0.20	0.20
d_a			max	4.10	15.70	20.20	24.40	30.40
d_w	产品等级	A	min	5.07	19.64	25.34	31.71	—
		B		4.95	19.15	24.85	31.35	38.00
e	产品等级	A	min	6.58	23.36	30.14	37.72	—
		B		6.44	22.78	29.56	37.29	45.20
k			公称	2.4	8.8	11.5	14	17
	产品等级	A	max	2.525	8.98	11.715	14.215	—
			min	2.275	8.62	11.285	13.785	—
		B	max	2.60	9.09	11.85	14.35	17.35
			min	2.20	8.51	11.15	13.65	16.65
k_w[c]	产品等级	A	min	1.59	6.03	7.90	9.65	—
		B		1.54	5.96	7.81	9.56	11.66
r			min	0.10	0.60	0.60	0.80	1.00
s		公称=	max	6	21	27	34	41
	产品等级	A	min	5.82	20.67	26.67	33.38	—
		B		5.70	20.16	26.16	33.00	40.00

l					M3.5	M14	M18	M22	M27
公称	产品等级								
	A		B						
	min	max	min	max					
8	7.71	8.29	—	—					
10	9.71	10.29	—	—					
12	11.65	12.35	—	—					
16	15.65	16.35	—	—					
20	19.58	20.42	—	—					
25	24.58	25.42	—	—					
30	29.58	30.42	—	—					
35	34.5	35.5	—	—					
40	39.5	40.5	38.75	41.25					
45	44.5	45.5	43.75	46.25					
50	49.5	50.5	48.75	51.25					
55	54.4	55.6	53.5	56.5					
60	59.4	60.6	58.5	61.5					
65	64.4	65.6	63.5	66.5					
70	69.4	70.6	68.5	71.5					
80	79.4	80.6	78.5	81.5					
90	89.3	90.7	88.25	91.75					
100	99.3	100.7	98.25	101.75					
110	109.3	110.7	108.25	111.75					
120	119.3	120.7	118.25	121.75					
130	129.2	130.8	128	132					
140	139.2	140.8	138	142					
150	149.2	150.8	148	152					
160	—	—	158	162					
180	—	—	178	182					
200	—	—	197.7	202.3					

续表 2-23

mm

螺纹规格 d				M33	M39	M45	M52	M60
P[a]				3.5	4	4.5	5	5.5
a			max[b]	10.50	12.00	13.50	15.00	16.50
			min	3.50	4.00	4.50	5.00	5.50
c			max	0.80	1.00	1.00	1.00	1.00
			min	0.20	0.30	0.30	0.30	0.30
d_a			max	36.40	42.40	48.60	56.60	67.00
d_w	产品等级	A	min	—	—	—	—	—
		B		46.55	55.86	64.70	74.20	83.41
e	产品等级	A	min	—	—	—	—	—
		B		55.37	66.44	76.95	88.25	99.21
k			公称	21	25	28	33	38
	产品等级	A	max	—	—	—	—	—
			min	—	—	—	—	—
		B	max	21.42	25.42	28.42	33.50	38.50
			min	20.58	24.58	27.58	32.50	37.50
k_w[c]	产品等级	A	min	—	—	—	—	—
		B		14.41	17.21	19.31	22.75	26.25
r			min	1	1	1.20	1.60	2.00
s		公称=	max	50	60	70	80	90
	产品等级	A	min	—	—	—	—	—
		B		49.00	58.80	68.10	78.10	87.80

l									
公称	产品等级								
	A		B						
	min	max	min	max					
8	7.71	8.29	—	—					
10	9.71	10.29	—	—					
12	11.65	12.35	—	—					
16	15.65	16.35	—	—					
20	19.58	20.42	—	—					
25	24.58	25.42	—	—					
30	29.58	30.42	—	—					
35	34.5	35.5	—	—					
40	39.5	40.5	38.75	41.25					
45	44.5	45.5	43.75	46.25					
50	49.5	50.5	48.75	51.25					
55	54.4	55.6	53.5	56.5					
60	59.4	60.6	58.5	61.5					
65	64.4	65.6	63.5	66.5					
70	69.4	70.6	68.5	71.5					
80	79.4	80.6	78.5	81.5					
90	89.3	90.7	88.25	91.75					
100	99.3	100.7	98.25	101.75					
110	109.3	110.7	108.25	111.75					
120	119.3	120.7	118.25	121.75					
130	129.2	130.8	128	132					
140	139.2	140.8	138	142					
150	149.2	150.8	148	152					
160	—	—	158	162					
180	—	—	178	182					
200	—	—	197.7	202.3					

注：在阶梯实线间为优选长度范围。

——阶梯虚线以上为 A 级；

——阶梯虚线以下为 B 级。

[a] P——螺距。

[b] 按 GB/T 3 标准系列 a_{max} 值。

[c] $k_{w\min}=0.7k_{\min}$。

2.17.3　技术条件

(1) 螺栓材料：钢、不锈钢、有色金属。

(2) 机械性能等级

1) 钢的机械性能等级：$d<3$ mm，按协议，3 mm$\leqslant d \leqslant$39 mm，5.6、8.8、10.9；3 mm$\leqslant d \leqslant$16 mm，9.8；$d>39$ mm，按协议。

2) 不锈钢的机械性能等级：$d\leqslant 24$ mm，A2-70、A4-70；24 mm$<d\leqslant$39 mm，A2-50、A4-50；$d>39$ mm，按协议。

3) 有色金属的机械性能等级：CU2、CU3、AL4。

(3) 表面处理

1) 钢的表面处理：

——不经处理；

——电镀技术要求按 GB/T 5267.1 的规定；

——非电解锌片涂层技术要求按 GB/T 5267.2 的规定；

——热浸镀锌层技术要求按 GB/T 5267.3 的规定；

——如需其他技术要求或表面处理，应由供需双方协议。

2) 不锈钢的表面处理：

——简单处理；

——钝化处理技术要求按 GB/T 5267.4 的规定；

——如需其他技术要求或表面处理，应由供需双方协议。

3) 有色金属的表面处理：

——简单处理；

——电镀技术要求按 GB/T 5267.1 的规定；

——如需其他技术要求或表面处理，应由供需双方协议。

2.17.4　标记示例

螺纹规格为 M12、公称长度 $l=80$ mm、全螺纹、性能等级为 8.8 级、表面不经处理、产品等级为 A 级的六角头螺栓的标记：

螺栓　GB/T 5783　M12×80

2.18　细牙六角头螺栓

(GB/T 5785—2016 六角头螺栓　细牙)

2.18.1　型式

细牙六角头螺栓型式见图 2-23。

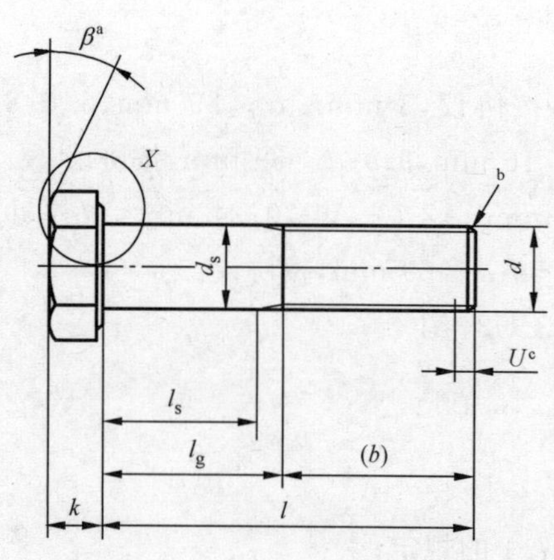

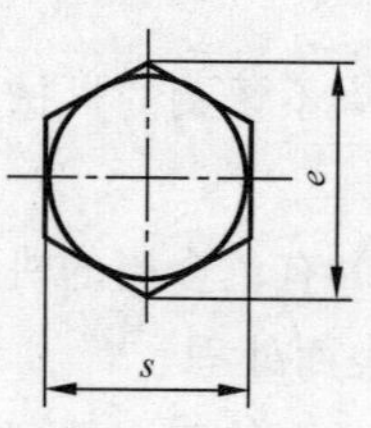

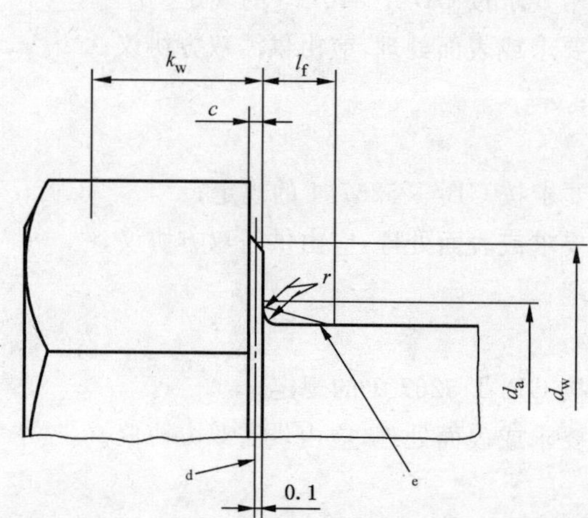

[a] $\beta=15°\sim30°$。

[b] 末端应倒角(GB/T 2)。

[c] 不完整螺纹的长度 $u\leqslant 2P$。

[d] d_w 的仲裁基准。

[e] 最大圆弧过渡。

图 2-23　细牙六角头螺栓

2.18.2　规格尺寸

细牙六角头螺栓优选和非优选螺纹规格尺寸见表 2-24、表 2-25。

表 2-24 优选的螺纹规格尺寸

mm

螺纹规格($d \times P$)				M8×1	M10×1	M12×1.5	M16×1.5	M20×1.5	M24×2	M30×2	M36×3	M42×3	M48×3	M56×4	M64×4
$b_{参考}$			a	22	26	30	38	46	54	66	—	—	—	—	—
			b	28	32	36	44	52	60	72	84	96	108	—	—
			c	41	45	49	57	65	73	85	97	109	121	137	153
c			max	0.60	0.60	0.60	0.8	0.8	0.8	0.8	0.8	1.0	1.0	1.0	1.0
			min	0.15	0.15	0.15	0.2	0.2	0.2	0.2	0.2	0.3	0.3	0.3	0.3
d_a			max	9.2	11.2	13.7	17.7	22.4	26.4	33.4	39.4	45.6	52.6	63	71
d_s	公称=max			8.00	10.00	12.00	16.00	20.00	24.00	30.00	36.00	42.00	48.00	56.00	64.00
	产品等级	A	min	7.78	9.78	11.73	15.73	19.67	23.67	—	—	—	—	—	—
		B		7.64	9.64	11.57	15.57	19.48	23.48	29.48	35.38	41.38	47.38	55.26	63.26
d_w	产品等级	A	min	11.63	14.63	16.63	22.49	28.19	33.61	—	—	—	—	—	—
		B		11.47	14.47	16.47	22	27.7	33.25	42.75	51.11	59.95	69.45	78.66	88.16
e	产品等级	A	min	14.38	17.77	20.03	26.75	33.53	39.98	—	—	—	—	—	—
		B		14.20	17.59	19.85	26.17	32.95	39.55	50.85	60.79	71.3	82.6	93.56	104.86
l_f			max	2	2	3	3	4	4	6	6	8	10	12	13
k	公称			5.3	6.4	7.5	10	12.5	15	18.7	22.5	26	30	35	40
	产品等级 A		max	5.45	6.58	7.68	10.18	12.715	15.215	—	—	—	—	—	—
			min	5.15	6.22	7.32	9.82	12.285	14.785	—	—	—	—	—	—
	产品等级 B		max	5.54	6.69	7.79	10.29	12.85	15.35	19.12	22.92	26.42	30.42	35.5	40.5
			min	5.06	6.11	7.21	9.71	12.15	14.65	18.28	22.08	25.58	29.58	34.5	39.5
k_w^d	产品等级	A	min	3.61	4.35	5.12	6.87	8.6	10.35	—	—	—	—	—	—
		B		3.54	4.28	5.05	6.8	8.51	10.26	12.8	15.46	17.91	20.71	24.15	27.65
r			min	0.4	0.4	0.6	0.6	0.8	0.8	1	1	1.2	1.6	2	2
s	公称=max			13.00	16.00	18.00	24.00	30.00	36.00	46	55.0	65.0	75.0	85.0	95.0
	产品等级	A	min	12.73	15.73	17.73	23.67	29.67	35.38	—	—	—	—	—	—
		B		12.57	15.57	17.57	23.16	29.16	35	45	53.8	63.1	73.1	82.8	92.8

续表 2-24

mm

螺纹规格($d\times P$)					M8×1		M10×1		M12×1.5		M16×1.5		M20×1.5		M24×2		M30×2		M36×3		M42×3		M48×3		M56×4		M64×4	
l					l_s 和 l_g [e]																							
公称	产品等级 A		产品等级 B																									
	min	max	min	max	l_s min	l_g max	l_s min	l_g max	l_s min	l_g max	l_s min	l_g max	l_s min	l_g max	l_s min	l_g max	l_s min	l_g max	l_s min	l_g max	l_s min	l_g max	l_s min	l_g max	l_s min	l_g max	l_s min	l_g max
35	34.5	35.5	—	—																								
40	39.5	40.5	—	—	11.75	18																						
45	44.5	45.5	—	—	16.75	23	11.5	19																				
50	49.5	50.5	—	—	21.75	28	16.5	24	11.25	20																		
55	54.4	55.6	—	—	26.75	33	21.5	29	16.25	25																		
60	59.4	60.6	—	—	31.75	38	26.5	34	21.25	30																		
65	64.4	65.6	—	—	36.75	43	31.5	39	26.25	35	17	27																
70	69.4	70.6	—	—	41.75	48	36.5	44	31.25	40	22	32																
80	79.4	80.6	—	—	51.75	58	46.5	54	41.25	50	32	42	21.5	34														
90	89.3	90.7	88.25	91.75			56.5	64	51.25	60	42	52	31.5	44														
100	99.3	100.7	98.25	101.75			66.5	74	61.25	70	52	62	41.5	54	31	46												
110	109.3	110.7	108.25	111.75					71.25	80	62	72	51.5	64	41	56												
120	119.3	120.7	118.25	121.75					81.25	90	72	82	61.5	74	51	66	36.5	54										
130	129.2	130.8	128	132							76	86	65.5	78	55	70	40.5	58										
140	139.2	140.8	138	142							86	96	75.5	88	65	80	50.5	68	36	56								
150	149.2	150.8	148	152							96	106	85.5	98	75	90	60.5	78	46	66								
160	—	—	158	162							106	116	95.5	108	85	100	70.5	88	56	76	41.5	64						
180	—	—	178	182									115.5	128	105	120	90.5	108	76	96	61.5	84						
200	—	—	197.7	202.3									135.5	148	125	140	110.5	128	96	116	81.5	104	67	92				
220	—	—	217.7	222.3											132	147	117.5	135	103	123	88.5	111	74	99	55.5	83		
240	—	—	237.7	242.3											152	167	137.5	155	123	143	108.5	131	94	119	75.5	103		
260	—	—	257.4	262.6													157.5	175	143	163	128.5	151	114	139	95.5	123	77	107
280	—	—	277.4	282.6													177.5	195	163	183	148.5	171	134	159	115.5	143	97	127
300	—	—	297.4	302.6													197.5	215	183	203	168.5	191	154	179	135.5	163	117	147

阶梯实线以上的规格推荐采用 GB/T 5786

续表 2-24

mm

螺纹规格($d×P$)					M8×1		M10×1		M12×1.5		M16×1.5		M20×1.5		M24×2		M30×2		M36×3		M42×3		M48×3		M56×4		M64×4	
l					l_s 和 l_g[e]																							
公称	产品等级																											
	A		B																									
	min	max	min	max	l_s min	l_g max	l_s min	l_g max	l_s min	l_g max	l_s min	l_g max	l_s min	l_g max	l_s min	l_g max	l_s min	l_g max	l_s min	l_g max	l_s min	l_g max	l_s min	l_g max	l_s min	l_g max	l_s min	l_g max
320	—	—	317.15	322.85																	203	223	188.5	211	174	199	155.5	183	137	167
340	—	—	337.15	342.85																	223	243	208.5	231	194	219	175.5	203	157	187
360	—	—	357.15	362.85																	243	263	228.5	251	214	239	195.5	223	177	207
380	—	—	377.15	382.85																			248.5	271	234	259	215.5	243	197	227
400	—	—	397.15	402.85																			268.5	291	254	279	235.5	263	217	247
420	—	—	416.85	423.15																			288.5	311	274	299	255.5	283	237	267
440	—	—	436.85	443.15																			308.5	331	294	319	275.5	303	257	287
460	—	—	456.85	463.15																					314	339	295.5	323	277	307
480	—	—	476.85	483.15																					334	259	315.5	343	297	327
500	—	—	496.85	503.15																							335.5	363	317	347

注：选用的长度规格由 $l_{s\,min}$ 和 $l_{g\,max}$ 确定：

——阶梯虚线以上为 A 级；

——阶梯虚线以下为 B 级。

[a] $l_{公称} \leqslant 125$ mm。

[b] 125 mm $< l_{公称} \leqslant 200$ mm。

[c] $l_{公称} > 200$ mm。

[d] $k_{w\,min} = 0.7k_{min}$。

[e] $l_{g\,max} = l_{公称} - b$。

$l_{s\,min} = l_{g\,max} - 5P$。

P——螺距。

表 2-25 非优选螺纹规格尺寸

mm

螺纹规格($d \times P$)				M10×1.25	M12×1.25	M14×1.5	M18×1.5	M20×2	M22×1.5	M27×2	M33×2	M39×3	M45×3	M52×4	M60×4
$b_{参考}$			a	26	30	34	42	46	50	60	—	—	—	—	—
			b	32	36	40	48	52	56	66	78	90	102	116	—
			c	45	49	57	61	65	69	79	91	103	115	129	145
c			max	0.60	0.60	0.60	0.8	0.8	0.8	0.8	0.8	1.0	1.0	1.0	1.0
			min	0.15	0.15	0.15	0.2	0.2	0.2	0.2	0.2	0.3	0.3	0.3	03
d_a			max	11.2	13.7	15.7	20.2	22.4	24.4	30.4	36.4	42.4	48.6	56.6	67
d_s	公称=max			10.00	12.00	14.00	18.00	20.00	22.00	27.00	33.00	39.00	45.00	52.00	60.00
	产品等级	A	min	9.78	11.73	13.73	17.73	19.67	21.67	—	—	—	—	—	—
		B		9.64	11.57	13.54	17.57	19.48	21.48	26.48	32.38	38.38	44.38	51.26	59.26
d_w	产品等级	A	min	14.63	16.63	19.37	25.34	28.19	31.71	—	—	—	—	—	—
		B		14.47	16.47	19.15	24.85	27.7	31.35	38	46.55	55.86	64.7	74.2	83.41
e	产品等级	A	min	17.77	20.03	23.36	30.14	33.53	37.72	—	—	—	—	—	—
		B		17.59	19.85	22.78	29.56	32.95	37.29	45.2	55.37	66.44	76.95	88.25	99.21
l_f			max	2	3	3	3	4	4	6	6	6	8	10	12
k	公称			6.4	7.5	8.8	11.5	12.5	14	17	21	25	28	33	38
	产品等级 A		max	6.58	7.68	8.98	11.715	12.715	14.215	—	—	—	—	—	—
			min	6.22	7.32	8.62	11.285	12.285	13.785	—	—	—	—	—	—
	产品等级 B		max	6.69	7.79	9.09	11.85	12.85	14.35	17.35	21.42	25.42	28.42	33.5	38.5
			min	6.11	7.21	8.51	11.15	12.15	13.65	16.65	20.58	24.58	27.58	32.5	37.5
k_w^d	产品等级	A	min	4.35	5.12	6.03	7.9	8.6	9.65	—	—	—	—	—	—
		B		4.28	5.05	5.96	7.81	8.51	9.56	11.66	14.41	17.21	19.31	22.75	26.25
r			min	0.4	0.6	0.6	0.6	0.8	0.8	1	1	1	1.2	1.6	2
s	公称=max			16.00	18.00	21.00	27.00	30.00	34.00	41	50	60.0	70.0	80.0	90.0
	产品等级	A	min	15.73	17.73	20.67	26.67	29.67	33.38	—	—	—	—	—	—
		B		15.57	17.57	20.16	26.16	29.16	33	40	49	58.8	68.1	78.1	87.8

续表 2-25

mm

螺纹规格($d\times P$)					M10×1.25		M12×1.25		M14×1.5		M18×1.5		M20×2		M22×1.5		M27×2		M33×2		M39×3		M45×3		M52×4		M60×4	
l					l_s 和 l_g[e]																							
公称	产品等级																											
	A		B																									
	min	max	min	max	l_s min	l_g max	l_s min	l_g max	l_s min	l_g max	l_s min	l_g max	l_s min	l_g max	l_s min	l_g max	l_s min	l_g max	l_s min	l_g max	l_s min	l_g max	l_s min	l_g max	l_s min	l_g max	l_s min	l_g max
45	44.5	45.5	—	—	11.5	19																						
50	49.5	50.5	—	—	16.5	24	11.25	20																				
55	54.4	55.6	—	—	21.5	29	16.25	25																				
60	59.4	60.6	—	—	26.5	34	21.25	30	16	26																		
65	64.4	65.6	—	—	31.5	39	26.25	35	21	31																		
70	69.4	70.6	—	—	36.5	44	31.25	40	26	36	15.5	28																
80	79.4	80.6	—	—	46.5	54	41.25	50	36	46	25.5	38	21.5	34														
90	89.3	90.7	—	—	56.5	64	51.25	60	46	56	35.5	48	31.5	44	27.5	40												
100	99.3	100.7	—	—	66.5	74	61.25	70	56	66	45.5	58	41.5	54	37.5	50												
110	109.3	110.7	108.25	111.75			71.25	80	66	76	55.5	68	51.5	64	47.5	60	35	50										
120	119.3	120.7	118.25	121.75			81.25	90	76	86	65.5	78	61.5	74	57.5	70	45	60										
130	129.2	130.8	128	132					80	90	69.5	82	65.5	78	61.5	74	49	64	34.5	52								
140	139.2	140.8	138	142					90	100	79.5	92	75.5	88	71.5	84	59	74	44.5	62								
150	149.2	150.8	148	152							89.5	102	85.5	98	81.5	94	69	84	54.5	72	40	60						
160	—	—	158	162							99.5	112	95.5	108	91.5	104	79	94	64.5	82	50	70						
180	—	—	178	182							119.5	132	115.5	128	111.5	124	99	114	84.5	102	70	90	55.5	78				
200	—	—	197.7	202.3									135.5	148	131.5	144	119	134	104.5	122	90	110	75.5	98	59	84		
220	—	—	217.7	222.3											138.5	151	126	141	111.5	129	97	117	82.5	105	66	91		
240	—	—	237.7	242.3													146	161	131.5	149	117	137	102.5	125	86	111	67.5	95
260	—	—	257.4	262.6													166	181	151.5	169	137	157	122.5	145	106	131	87.5	115
280	—	—	277.4	282.6															171.5	189	157	177	142.5	165	126	151	107.5	135
300	—	—	297.4	302.6															191.5	209	177	197	162.5	185	146	171	127.5	155
320	—	—	317.15	322.85															211.5	229	197	217	182.5	205	166	191	147.5	175
340	—	—	337.15	342.85																	217	237	202.5	225	186	211	167.5	195

阶梯实线以上的规格推荐采用 GB/T 5786

续表 2-25

mm

螺纹规格($d \times P$)					M10×1.25		M12×1.25		M14×1.5		M18×1.5		M20×2		M22×1.5		M27×2		M33×2		M39×3		M45×3		M52×4		M60×4	
l					l_s 和 l_g[e]																							
公称	产品等级																											
	A		B																									
	min	max	min	max	l_s min	l_g max	l_s min	l_g max	l_s min	l_g max	l_s min	l_g max	l_s min	l_g max	l_s min	l_g max	l_s min	l_g max	l_s min	l_g max	l_s min	l_g max	l_s min	l_g max	l_s min	l_g max	l_s min	l_g max
360	—	—	357.15	362.85																	237	257	222.5	245	206	231	187.5	215
380	—	—	377.15	382.85																	257	277	242.5	265	226	251	207.5	235
400	—	—	397.15	402.85																			262.5	285	246	271	227.5	255
420	—	—	416.85	423.15																			282.5	305	266	291	247.5	275
440	—	—	436.85	443.15																			302.5	325	286	311	267.5	295
460	—	—	456.85	463.15																					306	331	287.5	315
480	—	—	476.85	483.15																					326	351	307.5	335
500	—	—	496.85	503.15																							327.5	355

注：选用的长度规格由 $l_{s\,min}$ 和 $l_{g\,max}$ 确定：

——阶梯虚线以上为A级；

——阶梯虚线以下为B级。

[a] $l_{公称} \leqslant 125$ mm。

[b] 125 mm $< l_{公称} \leqslant 200$ mm。

[c] $l_{公称} > 200$ mm。

[d] $k_{w\,min} = 0.7k_{min}$。

[e] $l_{g\,max} = l_{公称} - b$。

$l_{s\,min} = l_{g\,max} - 5P$。

P——螺距。

2.18.3 技术条件

(1) 螺栓材料:钢、不锈钢、有色金属。

(2) 机械性能等级

1) 钢的机械性能等级:$d \leqslant 39$ mm,5.6、8.8、10.9;$d > 39$ mm,按协议。

2) 不锈钢的机械性能等级:$d \leqslant 24$ mm,A2-70、A4-70;24 mm$< d \leqslant 39$ mm,A2-50、A4-50;$d > 39$ mm,按协议。

3) 有色金属的机械性能等级:CU2、CU3、AL4。

(3) 表面处理

1) 钢的表面处理:

——不经处理;

——电镀技术要求按 GB/T 5267.1 的规定;

——非电解锌片涂层技术要求按 GB/T 5267.2 的规定;

——如需其他技术要求或表面处理,应由供需双方协议。

2) 不锈钢的表面处理:

——简单处理;

——钝化处理技术要求按 GB/T 5267.4 的规定;

——如需其他技术要求或表面处理,应由供需双方协议。

3) 有色金属的表面处理:

——简单处理;

——电镀技术要求按 GB/T 5267.1 的规定;

——如需其他技术要求或表面处理,应由供需双方协议。

2.18.4 标记示例

螺纹规格为 M12×1.5、公称长度 $l=80$ mm、细牙螺纹、性能等级为 8.8 级、表面不经处理、产品等级 A 级的六角头螺栓的标记:

螺栓 GB/T 5785 M12×1.5×80

2.19 细牙全螺纹六角头螺栓

(GB/T 5786—2016 六角头螺栓 细牙 全螺纹)

2.19.1 型式

细牙全螺纹六角头螺栓型式见图 2-24。

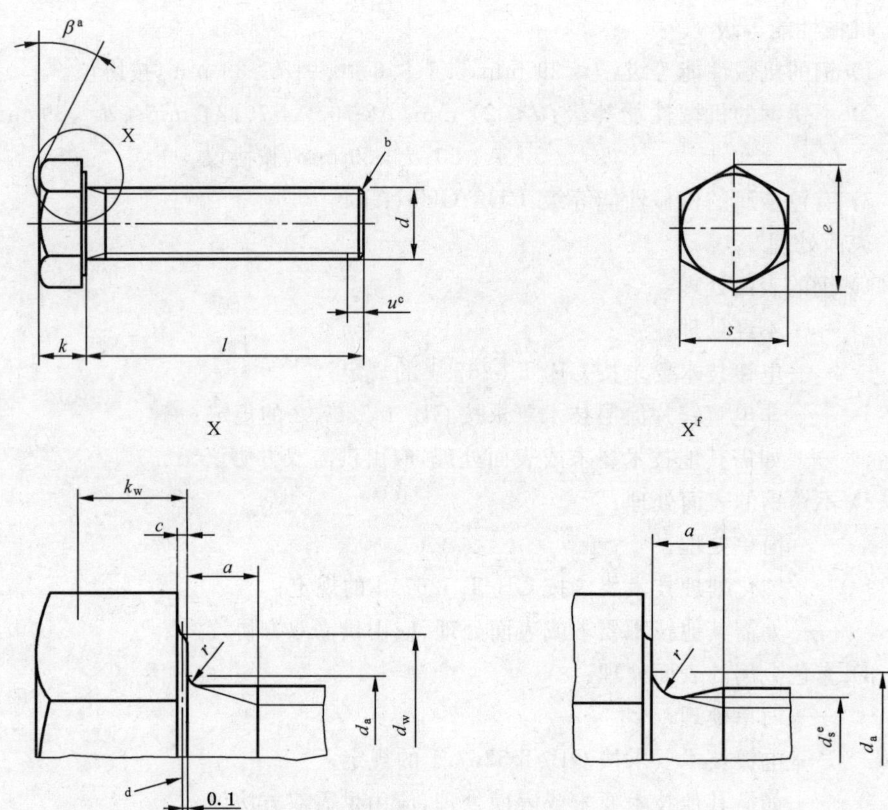

[a] $\beta=15°\sim30°$；

[b] 末端应倒角(GB/T 2)；

[c] 不完整螺纹的长度 $u\leqslant 2P$；

[d] d_w 的仲裁基准；

[e] $d_s\approx$螺纹中径；

[f] 允许的形状。

图 2-24 细牙全螺纹六角头螺栓

2.19.2 规格尺寸

细牙全螺纹六角头螺栓优选和非优选螺纹尺寸见表 2-26、表 2-27。

表 2-26 细牙全螺纹六角头螺栓优选的螺纹规格尺寸

mm

螺纹规格($d \times P$)				M8×1	M10×1	M12×1.5	M16×1.5	M20×1.5	M24×2	M30×2	M36×3	M42×3	M48×3	M56×4	M64×4
a			max	3	3	4.5	4.5	4.5	6	6	9	9	9	12	12
			min	1	1	1.5	1.5	1.5	2	2	3	3	3	4	4
c			max	0.60	0.60	0.60	0.8	0.8	0.8	0.8	0.8	1.0	1.0	1.0	1.0
			min	0.15	0.15	0.15	0.2	0.2	0.2	0.2	0.2	0.3	0.3	0.3	0.3
d_a			max	9.2	11.2	13.7	17.7	22.4	26.4	33.4	39.4	45.6	52.6	63	71
d_w	产品等级	A	min	11.63	14.63	16.63	22.49	28.19	33.61	—	—	—	—	—	—
		B		11.47	14.47	16.47	22	27.7	33.25	42.75	51.11	59.95	69.45	78.66	88.16
e	产品等级	A	min	14.38	17.77	20.03	26.75	33.53	39.98	—	—	—	—	—	—
		B		14.20	17.59	19.85	26.17	32.95	39.55	50.85	60.79	71.3	82.6	93.56	104.86
k			公称	5.3	6.4	7.5	10	12.5	15	18.7	22.5	26	30	35	40
	产品等级	A	max	5.45	6.58	7.68	10.18	12.715	15.215	—	—	—	—	—	—
			min	5.15	6.22	7.32	9.82	12.285	14.785	—	—	—	—	—	—
		B	max	5.54	6.69	7.79	10.29	12.85	15.35	19.15	22.92	26.42	30.42	35.5	40.5
			min	5.06	6.11	7.21	9.71	12.15	14.65	18.28	22.08	25.58	29.58	34.5	39.5
k_w[a]	产品等级	A	min	3.61	4.35	5.12	6.87	8.6	10.35	—	—	—	—	—	—
		B		3.54	4.28	5.05	6.8	8.51	10.26	12.8	15.46	17.91	20.71	24.15	27.65
r			min	0.4	0.4	0.6	0.6	0.8	0.8	1	1	1.2	1.6	2	2
s			公称=max	13.00	16.00	18.00	24.00	30.00	36.00	46	55.0	65.0	75.0	85.0	95.0
	产品等级	A	min	12.73	15.73	17.73	23.67	29.67	35.38	—	—	—	—	—	—
		B		12.57	15.57	17.57	23.16	29.16	35	45	53.8	63.1	73.1	82.8	92.8

续表 2-26

mm

螺纹规格（$d \times P$）					M8×1	M10×1	M12×1.5	M16×1.5	M20×1.5	M24×2	M30×2	M36×3	M42×3	M48×3	M56×4	M64×4
l^b																
公称	产品等级															
	A		B													
	min	max	min	max												
16	15.65	16.35	—	—												
20	19.58	20.42	—	—												
25	24.58	25.42	—	—												
30	29.58	30.42	—	—												
35	34.5	35.5	—	—												
40	39.5	40.5	38.75	41.25												
45	44.5	45.5	43.75	46.25												
50	49.5	50.5	48.75	51.25												
55	54.4	55.6	53.5	56.5												
60	59.4	60.6	58.5	61.5												
65	64.4	65.6	63.5	66.5												
70	69.4	70.6	68.5	71.5												
80	79.4	80.6	78.5	81.5												
90	89.3	90.7	88.25	91.75												
100	99.3	100.7	98.25	101.75												
110	109.3	110.7	108.25	111.75												
120	119.3	120.7	118.25	121.75												
130	129.2	130.8	128	132												
140	139.2	140.8	138	142												
150	149.2	150.8	148	152												
160	—	—	158	162												
180	—	—	178	182												
200	—	—	197.7	202.3												
220	—	—	217.7	222.3												

续表 2-26

mm

螺纹规格($d \times P$)					M8×1	M10×1	M12×1.5	M16×1.5	M20×1.5	M24×2	M30×2	M36×3	M42×3	M48×3	M56×4	M64×4
l[b]																
公称	产品等级															
	A		B													
	min	max	min	max												
240	—	—	237.7	242.3												
260	—	—	257.4	262.6												
280	—	—	277.4	282.6												
300	—	—	297.4	302.6												
320	—	—	317.15	322.85												
340	—	—	337.15	342.85												
360	—	—	357.15	362.85												
380	—	—	377.15	382.85												
400	—	—	397.15	402.85												
420	—	—	416.85	423.15												
440	—	—	436.85	443.15												
460	—	—	456.85	463.15												
480	—	—	476.85	483.15												
500	—	—	496.85	503.15												

[a] $k_{w\,min} = 0.7\,k_{min}$。

[b] 在阶梯实线间选用长度规格：

——阶梯虚线以上为 A 级；

——阶梯虚线以下为 B 级。

表 2-27 细牙全螺纹六角头螺栓非优选螺纹规格尺寸

mm

螺纹规格($d\times P$)				M10×1.25	M12×1.25	M14×1.5	M18×1.5	M20×2	M22×1.5	M27×2	M33×2	M39×3	M45×3	M52×4	M60×4
a			max	4	4	4.5	4.5	6	4.5	6	6	9	9	12	12
			min	1.25	1.25	1.5	1.5	2	1.5	2	2	3	3	4	4
c			max	0.60	0.60	0.60	0.8	0.8	0.8	0.8	0.8	1.0	1.0	1.0	1.0
			min	0.15	0.15	0.15	0.2	0.2	0.2	0.2	0.2	0.3	0.3	0.3	0.3
d_a			max	11.2	13.7	15.7	20.2	22.4	24.4	30.4	36.4	42.4	48.6	56.6	67
d_w	产品等级	A	min	14.63	16.63	19.64	25.34	28.19	31.71	—	—	—	—	—	—
		B		14.47	16.47	19.15	24.85	27.7	31.35	38	46.55	55.88	64.7	74.2	83.41
e	产品等级	A	min	17.77	20.03	23.36	30.14	33.53	37.72	—	—	—	—	—	—
		B		17.59	19.85	22.78	29.56	32.95	37.29	45.2	55.37	66.44	76.95	88.25	99.21
k			公称	6.4	7.5	8.8	11.5	12.5	14	17	21	25	28	33	38
	产品等级	A	max	6.58	7.68	8.98	11.715	12.715	14.215	—	—	—	—	—	—
			min	6.22	7.32	8.62	11.285	12.285	13.785	—	—	—	—	—	—
		B	max	6.69	7.79	9.09	11.85	12.85	14.35	17.35	21.42	25.42	28.42	33.5	38.5
			min	6.11	7.21	8.51	11.15	12.15	13.65	16.65	20.58	24.58	27.58	32.5	37.5
k_w[a]	产品等级	A	min	4.35	5.12	6.03	7.9	8.6	9.65	—	—	—	—	—	—
		B		4.28	5.05	5.96	7.81	8.51	9.56	11.66	14.41	17.21	19.31	22.75	26.25
r			min	0.4	0.6	0.6	0.6	0.8	0.8	1	1	1	1.2	1.6	2
s			公称=max	16.00	18.00	21.00	27.00	30.00	34.00	41	50	60.0	70.0	80.0	90.0
	产品等级	A	min	15.73	17.73	20.67	26.67	29.67	33.38	—	—	—	—	—	—
		B		15.57	17.57	20.16	26.16	29.16	33	40	49	58.8	68.1	78.1	87.8

续表 2-27

mm

螺纹规格($d \times P$)					M10×1.25	M12×1.25	M14×1.5	M18×1.5	M20×2	M22×1.5	M27×2	M33×2	M39×3	M45×3	M52×4	M60×4
l^b																
公称	产品等级															
	A		B													
	min	max	min	max												
20	19.58	20.42	—	—												
25	24.58	25.42	—	—												
30	29.58	30.42	—	—												
35	34.5	35.5	—	—												
40	39.5	40.5	—	—												
45	44.5	45.5	—	—												
50	49.5	50.5	—	—												
55	54.4	55.6	53.5	56.5												
60	59.4	60.6	58.5	61.5												
65	64.4	65.6	63.5	66.5												
70	69.4	70.6	68.5	71.5												
80	79.4	80.6	78.5	81.5												
90	89.3	90.7	88.25	91.75												
100	99.3	100.7	98.25	101.75												
110	109.3	110.7	108.25	111.75												
120	119.3	120.7	118.25	121.75												
130	129.2	130.8	128	132												
140	139.2	140.8	138	142												
150	149.2	150.8	148	152												
160	—	—	158	162												
180	—	—	178	182												

续表 2-27

mm

螺纹规格($d \times P$)					M10×1.25	M12×1.25	M14×1.5	M18×1.5	M20×2	M22×1.5	M27×2	M33×2	M39×3	M45×3	M52×4	M60×4
l^{b}																
公称	产品等级															
	A		B													
	min	max	min	max												
200	—	—	197.7	202.3												
220	—	—	217.7	222.3												
240	—	—	237.7	242.3												
260	—	—	257.4	262.6												
280	—	—	277.4	282.6												
300	—	—	297.4	302.6												
320	—	—	317.15	322.85												
340	—	—	337.15	342.85												
360	—	—	357.15	362.85												
380	—	—	377.15	382.85												
400	—	—	397.15	402.85												
420	—	—	416.85	423.15												
440	—	—	436.85	443.15												
460	—	—	456.85	463.15												
480	—	—	476.85	483.15												
500	—	—	496.85	503.15												

[a] $k_{w\,min}=0.7\,k_{min}$。

[b] 在阶梯实线间选用长度规格：

——阶梯虚线以上为A级；

——阶梯虚线以下为B级。

2.19.3 技术条件

(1) 螺栓材料:钢、不锈钢、有色金属。

(2) 机械性能等级

1) 钢的机械性能等级:$d \leqslant 39$ mm,5.6、8.8、10.9;$d > 39$ mm,按协议。

2) 不锈钢的机械性能等级:$d \leqslant 24$ mm,A2-70、A4-70,24 mm$< d \leqslant 39$ mm,A2-50、A4-50;$d > 39$ mm,按协议。

3) 有色金属的机械性能等级:CU2、CU3、AL4。

(3) 表面处理

1) 钢的表面处理:

——不经处理;

——电镀技术要求按 GB/T 5267.1 的规定;

——非电解锌片涂层技术要求按 GB/T 5267.2 的规定;

——如需其他技术要求或表面处理,应由供需双方协议。

2) 不锈钢的表面处理:

——简单处理;

——钝化处理技术要求按 GB/T 5267.4 的规定;

——如需其他技术要求或表面处理,应由供需双方协议。

3) 有色金属的表面处理:

——简单处理;

——电镀技术要求按 GB/T 5267.1 的规定;

——如需其他技术要求或表面处理,应由供需双方协议。

2.19.4 标记示例

螺纹规格为 M12×1.5、公称长度 l=80 mm、细牙螺纹、全螺纹、性能等级为 8.8 级、表面不经处理、产品等级为 A 级的六角头螺栓的标记:

螺栓 GB/T 5786 M12×1.5×80

2.20 小方头螺栓

(GB/T 35—2013 小方头螺栓)

2.20.1 型式

小方头螺栓型式见图 2-25。

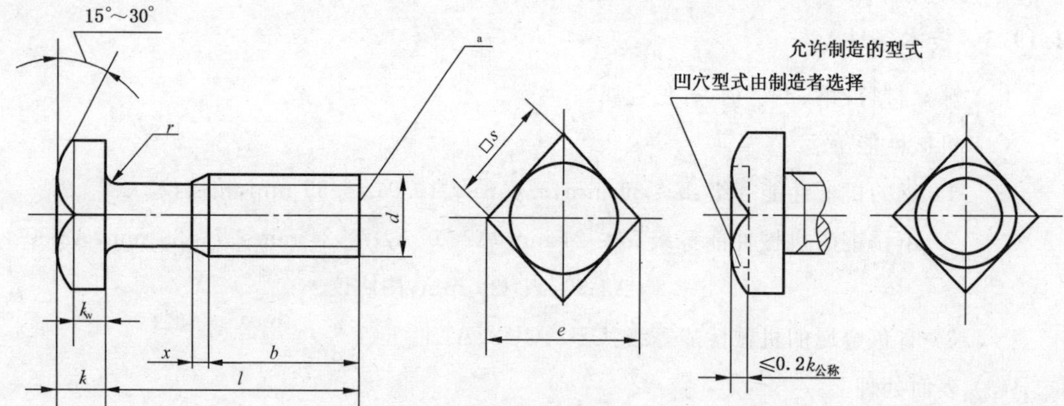

无螺纹部分杆径约等于螺纹中径或螺纹大径。

[a] 辗制末端(GB/T 2)。

图 2-25 小方头螺栓

2.20.2 规格尺寸

小方头螺栓优选和非优选的螺栓规格尺寸见表 2-28、表 2-29。

表 2-28 优选的螺栓规格尺寸

mm

螺纹规格 d			M5	M6	M8	M10	M12	M16	M20	M24	M30	M36	M42	M48
P[a]			0.8	1	1.25	1.5	1.75	2	2.5	3	3.5	4	4.5	5
b	l≤125		16	18	22	26	30	38	46	54	66	78	—	—
	125<l≤200		—	—	28	32	36	44	52	60	72	84	96	108
	l>200		—	—	—	—	—	57	65	73	85	97	109	121
e min			9.93	12.53	16.34	20.24	22.84	30.11	37.91	45.5	58.5	69.94	82.03	95.05
k	公称		3.5	4	5	6	7	9	11	13	17	20	23	26
	min		3.26	3.76	4.76	5.76	6.71	8.71	10.65	12.65	16.65	19.58	22.58	25.58
	max		3.74	4.24	5.24	6.24	7.29	9.29	11.35	13.35	17.35	20.42	23.42	26.42
k_w min			2.28	2.63	3.33	4.03	4.70	6.1	7.45	8.85	11.65	13.71	15.81	17.91
r min			0.2	0.25	0.4	0.4	0.6	0.6	0.8	0.8	1	1	1.2	1.6
s	max		8	10	13	16	18	24	30	36	46	55	65	75
	min		7.64	9.64	12.57	15.57	17.57	23.16	29.16	35	45	53.5	63.1	73.1
x max			2	2.5	3.2	3.8	4.3	5	6.3	7.5	8.8	10	11.3	12.5
l														
公称	min	max												
20	18.95	21.05												
25	23.95	26.05												
30	28.95	31.05												
35	33.75	36.25												
40	38.75	41.25												
45	43.75	46.25												
50	48.75	51.25												
(55)[b]	53.5	56.5												
60	58.5	61.5												
(65)[b]	63.5	66.5												

续表 2-28 mm

螺纹规格 d			M5	M6	M8	M10	M12	M16	M20	M24	M30	M36	M42	M48
l														
公称	min	max												
70	68.5	71.5				通用								
80	78.5	81.5												
90	88.25	91.75						长度						
100	98.25	101.75												
110	108.25	111.75												
120	118.25	121.75								规格				
130	128	132												
140	138	142												
150	148	152										范围		
160	156	164												
180	176	184												
200	195.4	204.6												
220	215.4	224.6												
240	235.4	244.6												
260	254.8	265.2												
280	274.8	285.2												
300	294.8	305.2												

[a] P——螺距。

[b] 尽可能不使用括号内的规格。

表 2-29 非优选的螺栓规格尺寸 mm

螺纹规格 d		M14	M18	M22	M27
P[a]		2	2.5	2.5	3
b	$l \leqslant 125$	34	42	50	60
	$125 < l \leqslant 200$	40	48	56	66
	$l > 200$	—	61	69	79
e min		26.21	34.01	42.9	52
k	公称	8	10	12	15
	min	7.71	9.7	11.65	14.65
	max	8.29	10.29	12.35	15.35
k_w min		5.4	6.8	8.15	10.25
r min		0.6	0.8	0.8	1
s	max	21	27	34	41
	min	20.16	26.16	33	40
x max		5	6.3	6.3	7.5

续表 2-29　　mm

螺纹规格 d			M14	M18	M22	M27
l						
公称	min	max				
(55)[b]	53.5	56.5				
60	58.5	61.5				
(65)[b]	63.5	66.5				
70	68.5	71.5	通用			
80	78.5	81.5				
90	88.25	91.75				
100	98.25	101.75		长度		
110	108.25	111.75				
120	118.25	121.75				
130	128	132			规格	
140	138	142				
150	148	152				
160	156	164				范围
180	176	184				
200	195.4	204.6				
220	215.4	224.6				
240	235.4	244.6				
260	254.8	265.2				

[a] P——螺距。

[b] 尽可能不使用括号内的规格。

2.20.3　技术条件

(1) 螺栓材料：钢。

(2) 钢的机械性能等级：$d \leqslant 39$ mm，5.8、8.8；$d > 39$ mm，按协议。

(3) 钢的表面处理：

——不经处理；

——电渡技术要求按 GB/T 5267.1 的规定；

——如需其他表面处理，应由供需双方协议。

2.20.4　标记示例

螺纹规格 d=M12、公称长度 l=80 mm、性能等级为 5.8 级、不经表面处理、产品等级 B 级的小方头螺栓的标记：

螺栓　GB/T 35　M12×80

2.21　机床减振螺栓

(JB/T 11565—2013 机床减振螺栓)

2.21.1　型式

机床减振螺栓型式见图 2-26。

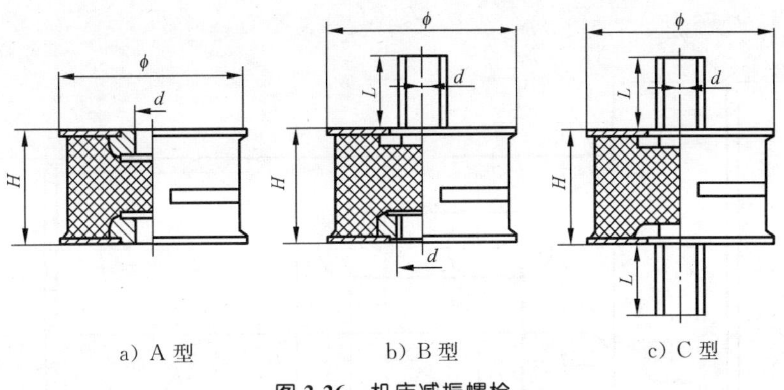

图 2-26 机床减振螺栓

2.21.2 规格尺寸

机床减振螺栓规格尺寸见表 2-30。

表 2-30 机床减振螺栓规格尺寸

螺栓外径 ϕ mm	螺柱长度 L mm	螺纹 d mm	胶体高度 H mm	单件承载/kg	
				剪切	压缩
30	25	M8	20	9～30	12～40
			25	8.6～28.5	11.4～38
			30	8～27	10.5～35
40	25	M10	30	16～55	21～70
			40	15～50	19.5～65
50	30	M10	20	40～135	54～180
			30	29～100	39～130
			40	25～85	33～110
			50	22～75	30～100
70	40	M12	40	54～180	72～240
			60	50～160	63～210
100	50	M16	40	160～530	210～700
			55	110～380	150～500
			75	95～320	126～420
160	50	M16	75	335～1 100	450～1 500
200	50	M16	70	350～1 200	550～2 000

2.22 钢网架螺栓球节点用高强度螺栓

（GB/T 16939—2016 钢网架螺栓球节点用高强度螺栓）

2.22.1 型式

钢网架螺栓球节点用高强度螺栓型式见图 2-27。

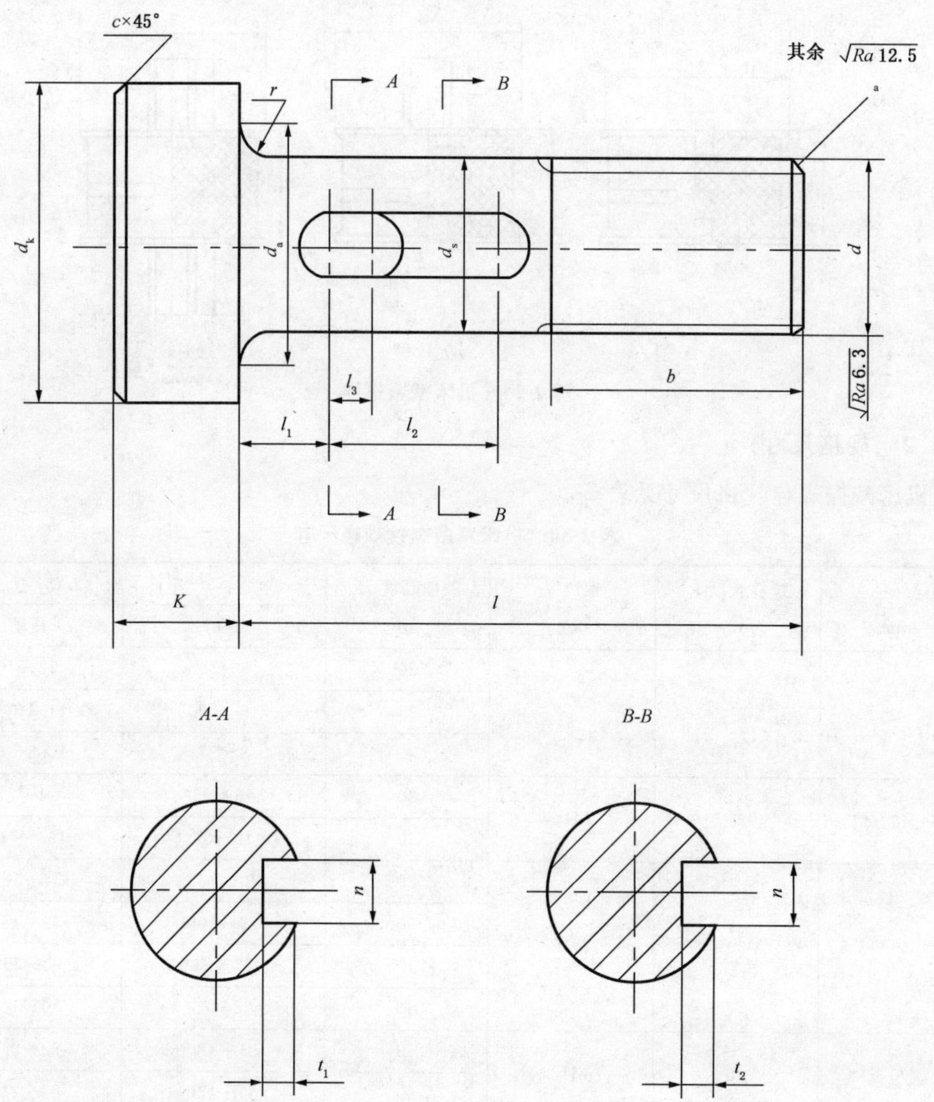

[a] 末端倒角(GB/T 2)。

图 2-27　钢网架螺栓球节点用高强度螺栓

2.22.2　规格尺寸

钢网架螺栓球节点用高强度螺栓规格尺寸见表 2-31。

表 2-31 钢网架螺栓球节点用高强度螺栓规格尺寸 mm

螺纹规格 d		M12	M14	M16	M20	M24	M27	M30	M36	M39	M42	M45	M48
P		1.75	2	2	2.5	3	3	3.5	4	4	4.5	4.5	5
b	min	15	17	20	25	30	33	37	44	47	50	55	58
	max	18.5	21	24	30	36	39	44	52	55	59	64	68
c	≈	1.5				2.0		2.5		3.0			
d_k	max	18	21	24	30	36	41	46	55	60	65	70	75
	min	17.38	20.38	23.48	29.48	35.38	40.38	45.38	54.26	59.26	64.26	69.26	74.26
d_s	max	12.35	14.35	16.35	20.42	24.42	27.42	30.42	36.50	39.50	42.50	45.50	48.50
	min	11.65	13.65	15.65	19.58	23.58	26.58	29.58	35.50	38.50	41.50	44.50	47.50
K	公称	6.4	7.5	10	12.5	15	17	18.7	22.5	25	26	28	30
	max	7.15	8.25	10.75	13.4	15.9	17.9	19.75	23.55	26.05	27.05	29.05	31.05
	min	5.65	6.75	9.25	11.6	14.1	16.1	17.65	21.45	23.95	24.95	26.95	28.95
r	min	0.8			1.0		1.5			2.0			
d_a	max	15.20	17.20	19.20	24.40	28.40	32.40	35.40	42.40	45.40	48.60	52.60	56.60
l	公称	50	54	62	73	82	90	98	125	128	136	145	148
	max	50.80	54.95	62.95	73.95	83.1	91.1	99.1	126.25	129.25	137.25	146.25	149.25
	min	49.20	53.05	61.05	72.05	80.9	88.9	96.9	123.75	126.75	134.75	143.75	146.75
l_1	公称	18		22	24		28		43			48	
	max	18.35		22.42	24.42		28.42		43.50			48.50	
	min	17.65		21.58	23.58		27.58		42.50			47.50	
l_2	参考	10		13	16	18	20	24	26		30		
l_3		4											
n	max	3.3			5.3		6.3		8.36				
	min	3			5		6		8				
t_1	max	2.8			3.30		4.38		5.38				
	min	2.2			2.70		3.62		4.62				
t_2	max	2.3			2.80		3.30		4.38				
	min	1.7			2.20		2.70		3.62				

P		4	4	4	4	4	4	4	4
b	min	66	70	74	78	83	87	92	98
	max	74	78	82	86	91	95	100	106

续表 2-31　　mm

螺纹规格 *d*		M56×4	M60×4	M64×4	M68×4	M72×4	M76×4	M80×4	M85×4
c	≈	3.0	3.5					4.0	
d_k	max	90	95	100	100	105	110	125	125
	min	89.13	94.13	99.13	99.13	104.13	109.13	124	124
d_s	max	56.60	60.60	64.60	68.68	72.72	76.76	80.80	85.85
	min	55.86	59.86	63.86	67.94	71.98	76.02	80.06	84.98
K	公称	35	38	40	45	45	50	55	55
	max	36.25	39.25	41.25	46.39	46.39	51.55	56.71	56.71
	min	33.75	36.75	38.75	43.56	43.56	48.4	53.24	53.24
r	min	2.5				3.0			
d_a	max	67.00	71.00	75.00	79.00	83.00	87.00	91.00	96.00
l	公称	172	196	205	215	230	240	245	265
	max	173.25	197.45	206.45	217.3	232.3	242.3	247.3	267.6
	min	170.75	194.55	203.55	212.3	227.7	237.7	242.7	262.4
l_1	公称	53		58		63			68
	max	53.60		58.60		63.60			68.60
	min	52.40		57.40		62.40			67.40
l_2	参考	42	57		65	70	75	80	85
l_3		4							
n	max	8.36							
	min	8							
t_1	max	5.38							
	min	4.62							
t_2	max	4.38							
	min	3.62							

2.22.3　技术条件

(1) 螺栓材料：

1) M12～M24：20MnTiB、40Cr、35CrMo。

2) M27～M36：40Cr、35CrMo。

3) M39～M85×4：42CrMo、40Cr。

(2) 机械性能等级：

1) M12～M24：10.9S。

2) M27～M36：10.9S。

3) M39～M85×4：9.8S。

(3) 表面处理：氧化。

2.22.4　标记示例

螺纹规格为M30、公称长度 l=98 mm、性能等级为10.9S、表面氧化的钢网架螺栓球节点用高强度螺栓的标记：

螺栓 GB/T 16939 M30×98

2.23 扩口式管接头用空心螺栓

（GB/T 5650—2008 扩口式管接头用空心螺栓）

2.23.1 型式

扩口式管接头用空心螺栓型式见图 2-28。

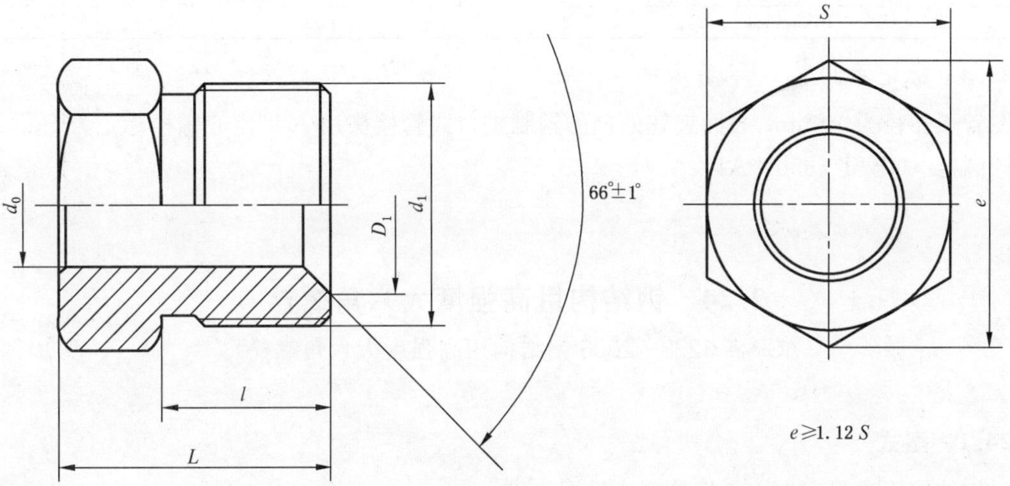

$e \geqslant 1.12\,S$

a) A 型

$e \geqslant 1.12\,S$

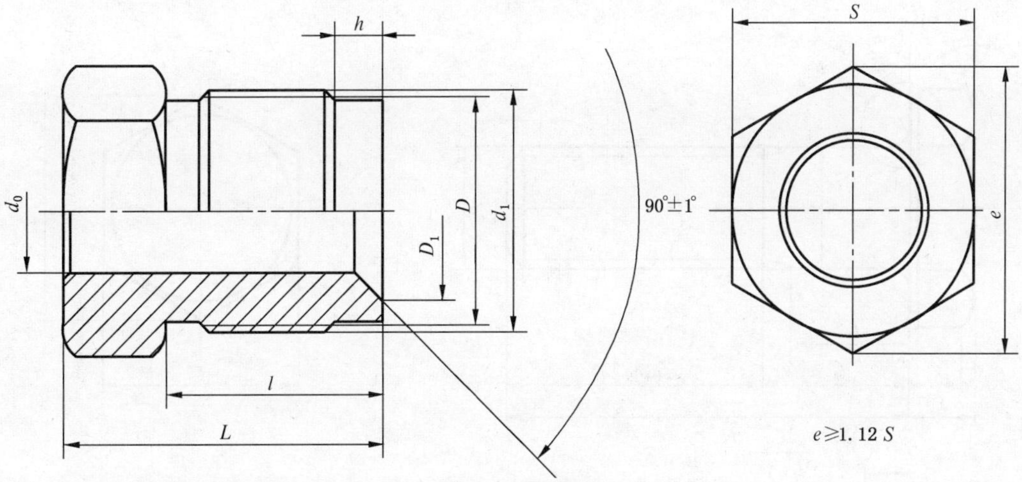

b) B 型

图 2-28 扩口式管接头用空心螺栓

2.23.2 规格尺寸

扩口式管接头用空心螺栓规格尺寸见表 2-32。

2.23.3 技术条件

技术条件按 GB/T 5653 的规定。

表 2-32 扩口式管接头用空心螺栓规格尺寸 mm

管子外径 D_0	d_0 +0.25 +0.15	d_1	D	D_1	h	l		L		S
						A型	B型	A型	B型	
4	4	M10×1	8.4	7	4.5	8.5	12.5	13.5	17.5	12
5	5							14.5	18.5	
6	6	M12×1.5	10	8.5		11	14.5	17	20.5	14
8	8	M14×1.5	11.7	10.5	5.5	13	18	19	24	17
10	10	M16×1.5	13.7	12.5		13.5	18.5	20.5	25.5	19
12	12	M18×1.5	15.7	14.5						22
14	14	M22×1.5	19.7	17.5				21.5	26.5	24
16	16	M24×1.5	21.7	19.2						27
18	18	M27×1.5	24.7	22.2						30

2.23.4 标记示例

管子外径为 10 mm，表面镀锌处理的钢制扩口式管接头用 A 型空心螺栓标记为：

螺栓 GB/T 5650 A10

2.24 钢结构用高强度大六角螺栓

（GB/T 1228—2006 钢结构用高强度大六角螺栓）

2.24.1 型式

钢结构用高强度大六角螺栓型式见图 2-29。

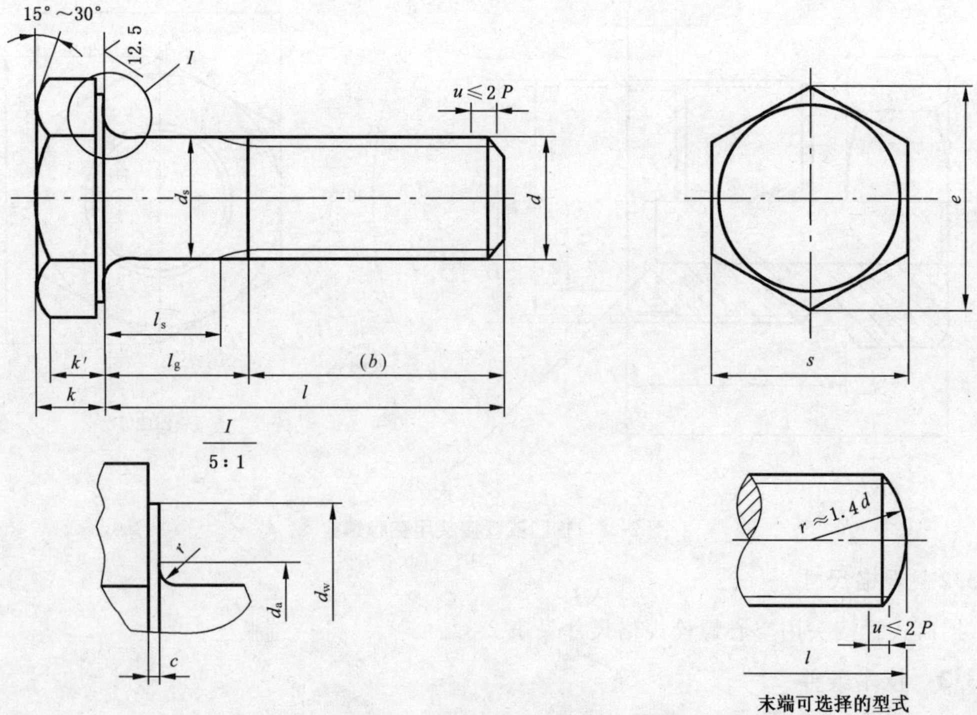

图 2-29 钢结构用高强度大六角螺栓

2.24.2 规格尺寸

钢结构用高强度大六角螺栓规格尺寸见表2-33、表2-34、表2-35。

表2-33 钢结构用高强度大六角螺栓规格尺寸 mm

螺纹规格 d		M12	M16	M20	(M22)	M24	(M27)	M30
P		1.75	2	2.5	2.5	3	3	3.5
c	max	0.8	0.8	0.8	0.8	0.8	0.8	0.8
	min	0.4	0.4	0.4	0.4	0.4	0.4	0.4
d_a	max	15.23	19.23	24.32	26.32	28.32	32.84	35.84
d_s	max	12.43	16.43	20.52	22.52	24.52	27.84	30.84
	min	11.57	15.57	19.48	21.48	23.48	26.16	29.16
d_w	min	19.2	24.9	31.4	33.3	38.0	42.8	46.5
e	min	22.78	29.56	37.29	39.55	45.20	50.85	55.37
k	公称	7.5	10	12.5	14	15	17	18.7
	max	7.95	10.75	13.40	14.90	15.90	17.90	19.75
	min	7.05	9.25	11.60	13.10	14.10	16.10	17.65
k'	min	4.9	6.5	8.1	9.2	9.9	11.3	12.4
r	min	1.0	1.0	1.5	1.5	1.5	2.0	2.0
s	max	21	27	34	36	41	46	50
	min	20.16	26.16	33	35	40	45	49
注：括号内的规格为第二选择系列。								

表2-34 钢结构用高强度大六角螺栓规格尺寸 mm

螺纹规格 d			M12		M16		M20		(M22)		M24		(M27)		M30	
l			无螺纹杆部长度 l_s 和夹紧长度 l_g													
公称	min	max	l_s min	l_g max	l_s min	l_g max	l_s min	l_g max	l_s min	l_g max	l_s min	l_g max	l_s min	l_g max	l_s min	l_g max
35	33.75	36.25	4.8	10												
40	38.75	41.25	9.8	15												
45	43.75	46.25	9.8	15	9	15										
50	48.75	51.25	14.8	20	14	20	7.5	15								
55	53.5	56.5	19.8	25	14	20	12.5	20	7.5	15						
60	58.5	61.5	24.8	30	19	25	17.5	25	12.5	20	6	15				

续表 2-34

mm

螺纹规格 d			M12		M16		M20		(M22)		M24		(M27)		M30	
l			无螺纹杆部长度 l_s 和夹紧长度 l_g													
公称	min	max	l_s min	l_g max	l_s min	l_g max	l_s min	l_g max	l_s min	l_g max	l_s min	l_g max	l_s min	l_g max	l_s min	l_g max
65	63.5	66.5	29.8	35	24	30	17.5	25	17.5	25	11	20	6	15		
70	68.5	71.5	34.8	40	29	35	22.5	30	17.5	25	16	25	11	20	4.5	15
75	73.5	76.5	39.8	45	34	40	27.5	35	22.5	30	16	25	16	25	9.5	20
80	78.5	81.5			39	45	32.5	40	27.5	35	21	30	16	25	14.5	25
85	83.25	86.75			44	50	37.5	45	32.5	40	26	35	21	30	14.5	25
90	88.25	91.75			49	55	42.5	50	37.5	45	31	40	26	35	19.5	30
95	93.25	96.75			54	60	47.5	55	42.5	50	36	45	31	40	24.5	35
100	98.25	101.75			59	65	52.5	60	47.5	55	41	50	36	45	29.5	40
110	108.25	111.75			69	75	62.5	70	57.5	65	51	60	46	55	39.5	50
120	118.25	121.75			79	85	72.5	80	67.5	75	61	70	56	65	49.5	60
130	128	132			89	95	82.5	90	77.5	85	71	80	66	75	59.5	70
140	138	142					92.5	100	87.5	95	81	90	76	85	69.5	80
150	148	152					102.5	110	97.5	105	91	100	86	95	79.5	90
160	156	164					112.5	120	107.5	115	101	110	96	105	89.5	100
170	166	174							117.5	125	111	120	106	115	99.5	110
180	176	184							127.5	135	121	130	116	125	109.5	120
190	185.4	194.6							137.5	145	131	140	126	135	119.5	130
200	195.4	204.6							147.5	155	141	150	136	145	129.5	140
220	215.4	224.6							167.5	175	161	170	156	165	149.5	160
240	235.4	244.6									181	190	179	185	169.5	180
260	254.8	265.2											196	205	189.5	200

注 1：括号内的规格为第二选择系列。

注 2：$l_{gmax}=l_{公称}-b_{参考}$；

$l_{smin}=l_{gmax}-3P$。

表 2-35　钢结构用高强度大六角螺栓规格尺寸　　mm

<table>
<tr><td>螺纹规格 d</td><td>M12</td><td>M16</td><td>M20</td><td>(M22)</td><td>M24</td><td>(M27)</td><td>M30</td><td>M12</td><td>M16</td><td>M20</td><td>(M22)</td><td>M24</td><td>(M27)</td><td>M30</td></tr>
<tr><td>l
公称尺寸</td><td colspan="7">(b)</td><td colspan="7">每 1 000 个钢螺栓的理论质量/kg</td></tr>
<tr><td>35</td><td rowspan="2">25</td><td rowspan="2"></td><td rowspan="3"></td><td rowspan="4"></td><td rowspan="5"></td><td rowspan="6"></td><td rowspan="7"></td><td>49.4</td><td></td><td></td><td></td><td></td><td></td><td></td></tr>
<tr><td>40</td><td>54.2</td><td></td><td></td><td></td><td></td><td></td><td></td></tr>
<tr><td>45</td><td rowspan="7">30</td><td rowspan="2">30</td><td>57.8</td><td>113.0</td><td></td><td></td><td></td><td></td><td></td></tr>
<tr><td>50</td><td rowspan="3">35</td><td>62.5</td><td>121.3</td><td>207.3</td><td></td><td></td><td></td><td></td></tr>
<tr><td>55</td><td rowspan="13">35</td><td rowspan="3">40</td><td>67.3</td><td>127.9</td><td>220.3</td><td>269.3</td><td></td><td></td><td></td></tr>
<tr><td>60</td><td rowspan="3">45</td><td>72.1</td><td>136.2</td><td>233.3</td><td>284.9</td><td>357.2</td><td></td><td></td></tr>
<tr><td>65</td><td rowspan="14">40</td><td rowspan="3">50</td><td>76.8</td><td>144.5</td><td>243.6</td><td>300.5</td><td>375.7</td><td>503.2</td><td></td></tr>
<tr><td>70</td><td rowspan="18">45</td><td rowspan="3">55</td><td>81.6</td><td>152.8</td><td>256.5</td><td>313.2</td><td>394.2</td><td>527.1</td><td>658.2</td></tr>
<tr><td>75</td><td rowspan="18">50</td><td>86.3</td><td>161.2</td><td>269.5</td><td>328.9</td><td>409.1</td><td>551.0</td><td>687.5</td></tr>
<tr><td>80</td><td rowspan="18"></td><td rowspan="18">55</td><td></td><td>169.5</td><td>282.5</td><td>344.5</td><td>428.6</td><td>570.2</td><td>716.8</td></tr>
<tr><td>85</td><td rowspan="17">60</td><td></td><td>177.8</td><td>295.5</td><td>360.1</td><td>446.1</td><td>594.1</td><td>740.3</td></tr>
<tr><td>90</td><td></td><td>186.4</td><td>308.5</td><td>375.8</td><td>464.7</td><td>617.9</td><td>769.6</td></tr>
<tr><td>95</td><td></td><td>194.4</td><td>321.4</td><td>391.4</td><td>483.2</td><td>641.8</td><td>799.0</td></tr>
<tr><td>100</td><td></td><td>202.8</td><td>334.4</td><td>407.0</td><td>501.7</td><td>665.7</td><td>828.3</td></tr>
<tr><td>110</td><td></td><td>219.4</td><td>360.4</td><td>438.3</td><td>538.8</td><td>713.5</td><td>886.9</td></tr>
<tr><td>120</td><td></td><td>236.1</td><td>386.3</td><td>469.6</td><td>575.9</td><td>761.3</td><td>945.6</td></tr>
<tr><td>130</td><td></td><td>252.7</td><td>412.3</td><td>500.8</td><td>612.9</td><td>809.1</td><td>1 004.2</td></tr>
<tr><td>140</td><td rowspan="10"></td><td></td><td></td><td>438.3</td><td>532.1</td><td>650.0</td><td>856.9</td><td>1 062.8</td></tr>
<tr><td>150</td><td></td><td></td><td>464.2</td><td>563.4</td><td>687.1</td><td>904.7</td><td>1 121.5</td></tr>
<tr><td>160</td><td></td><td></td><td>490.2</td><td>594.6</td><td>724.2</td><td>952.4</td><td>1 180.1</td></tr>
<tr><td>170</td><td rowspan="7"></td><td></td><td></td><td></td><td>625.9</td><td>761.2</td><td>1 000.2</td><td>1 238.7</td></tr>
<tr><td>180</td><td></td><td></td><td></td><td>657.2</td><td>798.3</td><td>1 048.0</td><td>1 297.4</td></tr>
<tr><td>190</td><td></td><td></td><td></td><td>688.4</td><td>835.4</td><td>1 095.8</td><td>1 356.0</td></tr>
<tr><td>200</td><td></td><td></td><td></td><td>719.7</td><td>872.4</td><td>1 143.6</td><td>1 414.7</td></tr>
<tr><td>220</td><td></td><td></td><td></td><td>782.2</td><td>946.6</td><td>1 239.2</td><td>1 531.9</td></tr>
<tr><td>240</td><td rowspan="2"></td><td></td><td></td><td></td><td></td><td>1 020.7</td><td>1 334.7</td><td>1 649.2</td></tr>
<tr><td>260</td><td></td><td></td><td></td><td></td><td></td><td></td><td>1 430.3</td><td>1 766.5</td></tr>
<tr><td colspan="15">注：括号内的规格为第二选择系列。</td></tr>
</table>

2.24.3　技术条件

技术条件按 GB/T 1231 的规定。

2.24.4　标记示例

螺纹规格 d＝M20、公称长度 l＝100 mm、性能等级为 10.9S 级的钢结构用高强度大六角头螺栓的标记：

螺栓　GB/T 1228　M20×100

螺纹规格 d＝M20、公称长度 l＝100 mm、性能等级为 8.8S 级的钢结构用高强度大六角头螺栓的标记：

螺栓 GB/T 1228 M20×100-8.8S

2.25 六角花形法兰面螺栓

（GB/T 35481—2017 六角花形法兰面螺栓）

2.25.1 型式

六角花形法兰面螺栓型式见图 2-30、图 2-31、图 2-32、图 2-33。

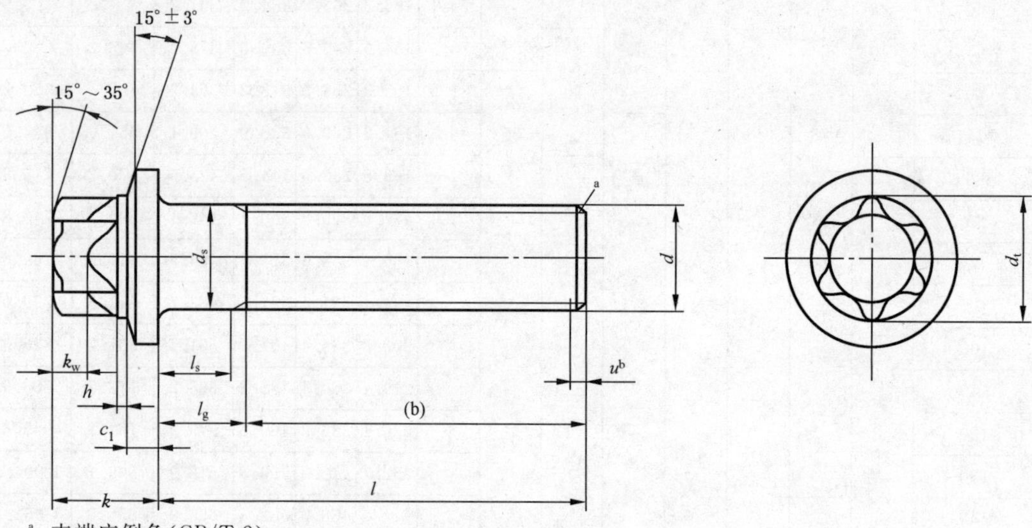

a 末端应倒角(GB/T 2)。

b 不完整螺纹的长度 $u \leqslant 2P$。

图 2-30 六角花形法兰面螺栓——粗杆(标准型)

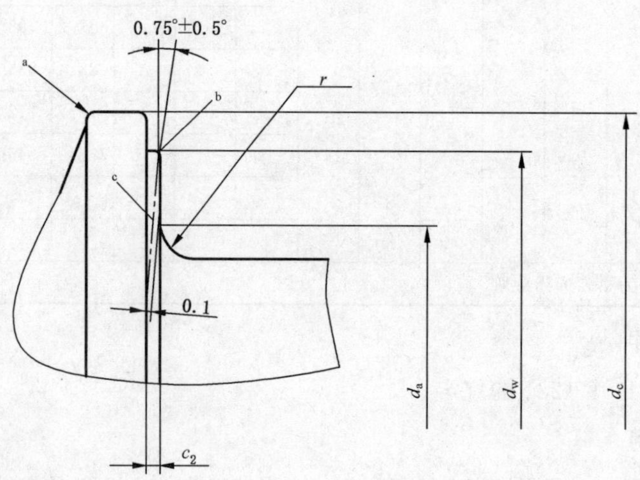

a 自然成型。

b 允许选用的法兰底部边缘型式。

c d_w 的仲裁基准。

图 2-31 六角花形法兰面螺栓——头下形状(支承面)

$l \geqslant 10d$:

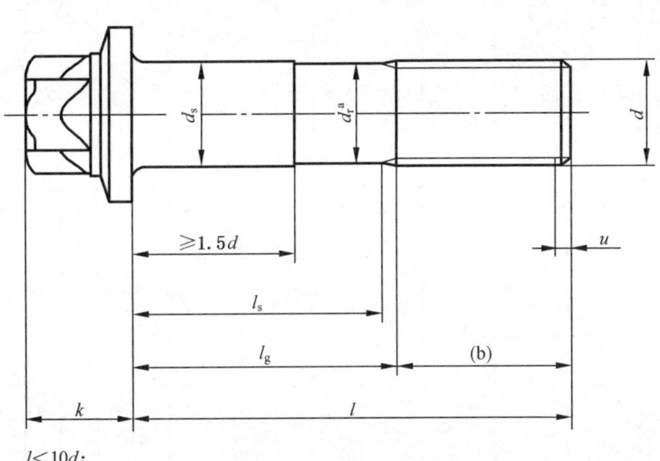

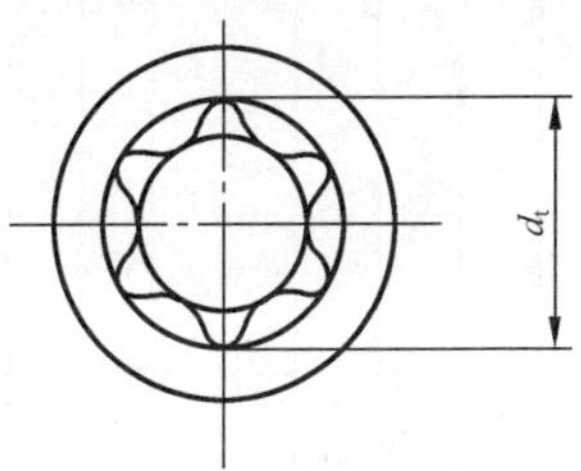

$l < 10d$:

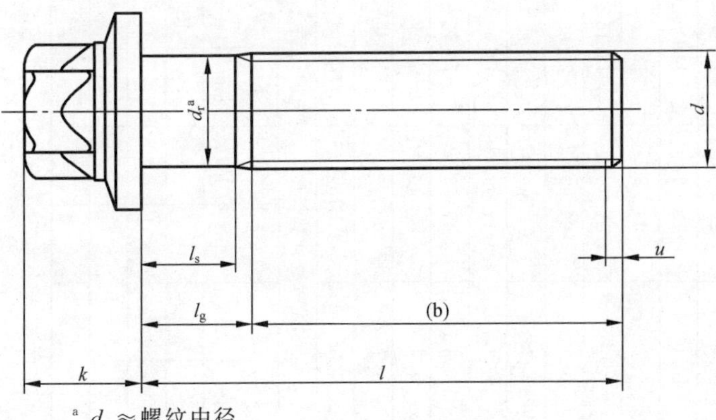

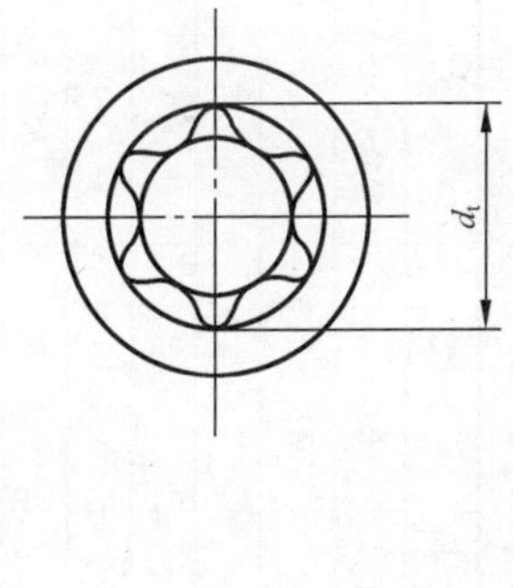

[a] $d_r \approx$ 螺纹中径。

图 2-32　六角花形法兰面螺栓——细杆

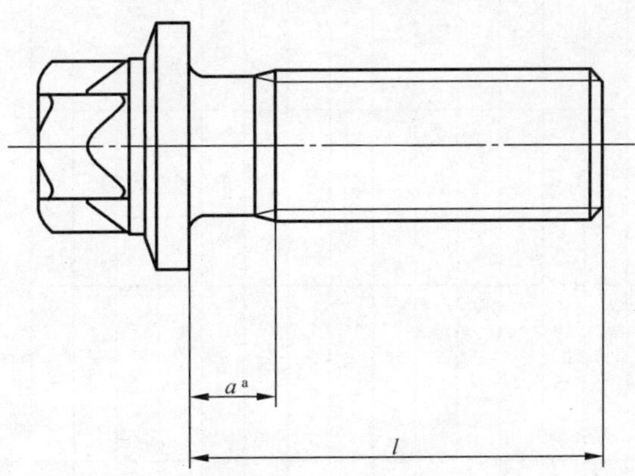

[a] $a \leqslant 3P$。

图 2-33　六角花形法兰面螺栓——全螺纹

2.25.2　规格尺寸

六角花形法兰面螺栓规格尺寸见表 2-36。

表 2-36 六角花形法兰面螺栓规格尺寸

mm

螺纹规格 d			M5		M6		M8		M10		M12		M14		M16		M18		M20	
			—		—		M8×1		M10×1		M12×1.25		M14×1.5		M16×1.5		M18×1.5		M20×1.5	
			—		—		—		M10×1.25		M12×1.5		—		—		M18×2		M20×2	
P[a]			0.8		1		1.25		1.5		1.75		2		2		2.5		2.5	
$b_{参考}$			40		50		65		80		80		80		80		80		80	
c_1	max		1.70		2.00		2.90		3.90		4.40		5.40		5.80		6.40		6.90	
	min		1.45		1.75		2.65		3.60		4.10		5.10		5.50		6.00		6.50	
c_2	max		0.5		0.5		0.6		0.6		0.6		0.6		0.8		0.8		0.8	
d_a	max		5.70		6.80		9.20		11.20		13.70		15.70		17.70		20.20		22.40	
d_c	max		11.80		14.20		17.90		21.80		26.00		29.90		34.50		38.60		42.80	
d_s	max		5.00		6.00		8.00		10.00		12.00		14.00		16.00		18.00		20.00	
	min		4.82		5.82		7.78		9.78		11.73		13.73		15.73		17.73		19.67	
d_t	公称		7.30		9.20		10.95		12.65		16.40		18.15		21.85		25.40		28.90	
d_w	min		9.80		12.20		15.80		19.60		23.80		27.60		31.90		35.90		39.90	
h	max		0.90		0.90		0.90		1.30		1.30		1.30		1.30		1.40		1.40	
k	max		6.50		7.50		10.00		12.00		14.00		16.00		19.00		21.50		24.00	
	min		6.25		7.25		9.75		11.75		13.75		15.75		18.75		21.25		23.75	
k_w	min		1.80		2.00		3.10		3.70		3.90		4.50		6.10		7.10		8.70	
r	min		0.20		0.25		0.40		0.40		0.60		0.60		0.60		0.60		0.80	
代号[b]			E8		E10		E12		E14		E18		E20		E24		E28		E32	
l			无螺纹杆部长度 l_s 和夹紧长度 l_g																	
公称	min	max	l_s min	l_g max	l_s min	l_g max	l_s min	l_g max	l_s min	l_g max	l_s min	l_g max	l_s min	l_g max	l_s min	l_g max	l_s min	l_g max	l_s min	l_g max
10	9.71	10.29																		
12	11.65	12.35																		
16	15.65	16.35																		
20	19.58	20.42																		

2.25.3 技术条件

(1) 螺母材料：钢、不锈钢。

(2) 材料的机械性能等级

1) 钢的机械性能等级：8.8、10.9；

2) 不锈钢的机械性能等级：A2-70、A4-70。

(3) 表面处理

1) 钢的表面处理：

——不经处理；

——电镀技术要求按 GB/T 5267.1 的规定；

——非电解锌片涂层技术按 GB/T 5267.2 的规定；

——如需其他技术要求或表面处理，应由供需双方协议。

2) 不锈钢的表面处理：

——简单处理；

——钝化处理技术按 GB/T 5267.4 的规定；

——如需其他技术要求或表面处理，应由供需双方协议。

2.25.4 标记示例

螺纹规格 d=M12、公称长度 l=80 mm、性能等级为 8.8 级、镀锌钝化、产品等级为 A 级的六角花形法兰面螺栓的标记：

螺母 GB/T 35481 M12×80

2.26 土方机械沉头方颈螺栓

(GB/T 21934—2008 土方机械 沉头方颈螺栓)

2.26.1 型式

土方机械沉头方颈螺栓型式见图 2-34。

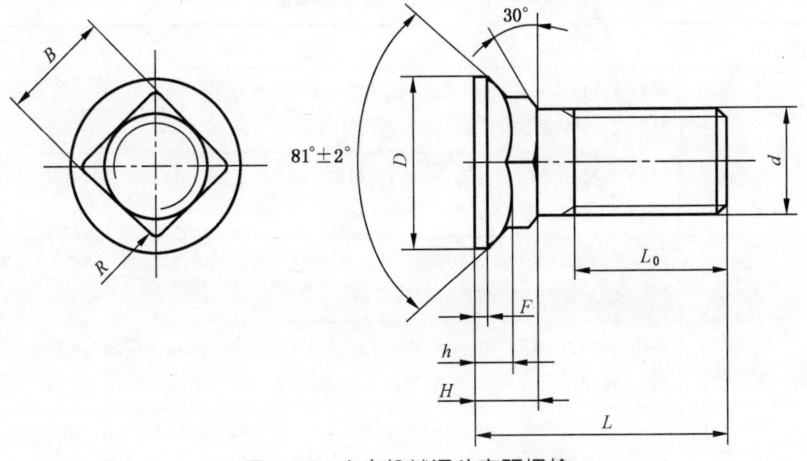

图 2-34 土方机械沉头方颈螺栓

2.26.2　规格尺寸

土方机械沉头方颈螺栓规格尺寸见表 2-37。

表 2-37　土方机械沉头方颈螺栓规格尺寸　　mm

规格	B		R	D		F	H		h	L_0
d	公称尺寸	公差	≈	公称尺寸	公差	max	max	min	≈	参考
12	12.7	$^{+0.4}_{0}$	2.0	22.2	$^{+0.8}_{0}$	1.1	9.4	8.3	6.7	25
16	15.9			27.0		1.3	12.3	11.1	7.8	28
20	19.0			31.0		2.0	14.4	13.2	9.0	30
22	22.2	$^{+0.8}_{0}$	2.4	35.7	$^{+0.9}_{0}$	3.2	17.2	15.6	11.1	35
24	25.4			40.5		5.0	20.0	18.4	13.8	40
32	31.8			53.5	$^{+1.4}_{0}$	8.0	27.0	25.4	17.7	50

2.26.3　技术条件

（1）螺栓抗拉强度≥1 098 MPa。

（2）螺栓屈服强度≥980 MPa。

（3）螺栓硬度:34 HRC～40 HRC。

（4）螺纹为粗牙普通螺纹。

2.26.4　标记示例

粗牙普通螺纹、直径 16 mm、长度 L 为 90 mm 的沉头方颈螺栓的标记：

螺栓　M16×90　GB/T 21934—2008

2.27　六角尼龙螺栓

2.27.1　规格尺寸

六角尼龙螺栓尺寸见表 2-38。

表 2-38　六角尼龙螺栓规格表

系列	规　　格
M3	M3×4、M3×5、M3×6、M3×8、M3×10、M3×12、M3×15、M3×18、M3×20、M3×25、M3×30
M4	M4×5、M4×6、M4×8、M4×10、M4×12、M4×15、M4×18、M4×20、M4×25、M4×30、M4×35、M4×40、M4×45
M5	M5×6、M5×8、M5×10、M5×12、M5×15、M5×18、M5×20、M5×25、M5×30、M5×35、M5×40、M5×45、M5×50
M6	M6×10、M6×12、M6×15、M6×18、M6×20、M6×25、M6×30、M6×35、M6×40、M6×45、M6×50、M6×55、M6×60、M6×65、M6×70
M8	M8×10、M8×12、M8×15、M8×18、M8×20、M8×25、M8×30、M8×35、M8×40、M8×45、M8×50、M8×55、M8×60、M8×65、M8×70

续表 2-38

系列	规　格
M10	M10×15、M10×18、M10×20、M10×25、M10×30、M10×35、M10×40、M10×45、M10×50、M10×55、M10×60、M10×65、M10×70
M12	M12×20、M12×25、M12×30、M12×35、M12×40、M12×45、M12×50、M12×55、M12×60、M12×65、M12×70
M16～M30	咨询厂商
注：表中只列出部分规格，用户选用时可与厂商联系。	

第3章 螺 母

3.1 C级1型六角螺母

（GB/T 41—2016 1型六角螺母 C级）

3.1.1 型式

C级1型六角螺母型式见图3-1。

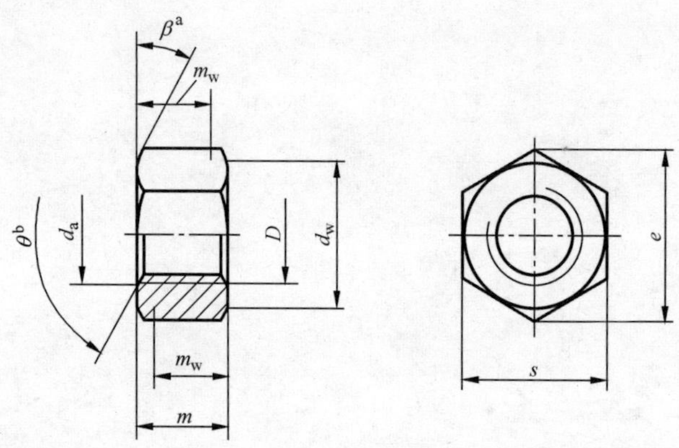

[a] $\beta=15°\sim30°$；

[b] $\theta=90°\sim120°$。

图3-1 C级1型六角螺母

3.1.2 规格尺寸

C级1型六角螺母优选和非优选螺纹规格尺寸见表3-1和表3-2。

表3-1 优选的螺纹规格尺寸 mm

螺纹规格 D		M5	M6	M8	M10	M12	M16	M20
P^{a}		0.8	1	1.25	1.5	1.75	2	2.5
d_w	min	6.70	8.70	11.50	14.50	16.50	22.00	27.70
e	min	8.63	10.89	14.20	17.59	19.85	26.17	32.95
m	max	5.60	6.40	7.90	9.50	12.20	15.90	19.00
	min	4.40	4.90	6.40	8.00	10.40	14.10	16.90
m_w	min	3.50	3.70	5.10	6.40	8.30	11.30	13.50
s	公称＝max	8.00	10.00	13.00	16.00	18.00	24.00	30.00
	min	7.64	9.64	12.57	15.57	17.57	23.16	29.16

续表 3-1　　mm

螺纹规格 D		M24	M30	M36	M42	M48	M56	M64
P[a]		3	3.5	4	4.5	5	5.5	6
d_w	min	33.30	42.80	51.10	60.00	69.50	78.70	88.20
e	min	39.55	50.85	60.79	71.30	82.60	93.56	104.86
m	max	22.30	26.40	31.90	34.90	38.90	45.90	52.40
	min	20.20	24.30	29.40	32.40	36.40	43.40	49.40
m_w	min	16.20	19.40	23.20	25.90	29.10	34.70	39.50
s	公称=max	36.00	46.00	55.00	65.00	75.00	85.00	95.00
	min	35.00	45.00	53.80	63.10	73.10	82.80	92.80

[a] P—螺距。

表 3-2　非优选的螺纹规格尺寸　　mm

螺纹规格 D		M14	M18	M22	M27	M33	M39	M45	M52	M60
P[a]		2	2.5	2.5	3	3.5	4	4.5	5	5.5
d_w	min	19.20	24.90	31.40	38.00	46.60	55.90	64.70	74.20	83.40
e	min	22.78	29.56	37.29	45.20	55.37	66.44	76.95	88.25	99.21
m	max	13.90	16.90	20.20	24.70	29.50	34.30	36.90	42.90	48.90
	min	12.10	15.10	18.10	22.60	27.40	31.80	34.40	40.40	46.40
m_w	min	9.70	12.10	14.50	18.10	21.90	25.40	27.50	32.30	37.10
s	公称=max	21.00	27.00	34.00	41.00	50.00	60.00	70.00	80.00	90.00
	min	20.16	26.16	33.00	40.00	49.00	58.80	68.10	78.10	87.80

[a] P—螺距。

3.1.3　技术条件

(1) 螺母材料：钢。

(2) 钢的机械性能等级：M5 < D ≤ M39，5；D > M39，按协议。

(3) 钢的表面处理：

——不经处理；

——电镀技术要求按 GB/T 5267.1 的规定；

——非电解锌片涂层技术要求按 GB/T 5267.2 的规定；

——热浸镀锌层技术要求按；GB/T 5267.3 的规定；

——如需其他技术要求或表面处理，应由供需双方协议。

3.1.4　标记示例

螺纹规格为 M12、性能等级为 5 级、表面不经处理、产品等级为 C 级的 1 型六角螺母的标记：

螺母　GB/T 41　M12

3.2 1型六角螺母

（GB/T 6170—2015 1型六角螺母）

3.2.1 型式

1型六角螺母型式见图3-2。

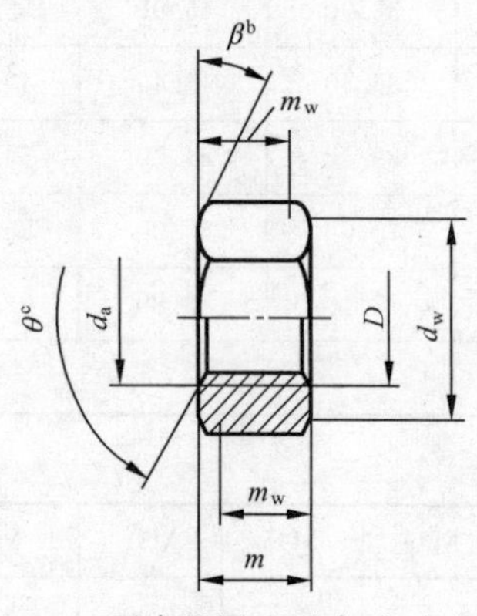

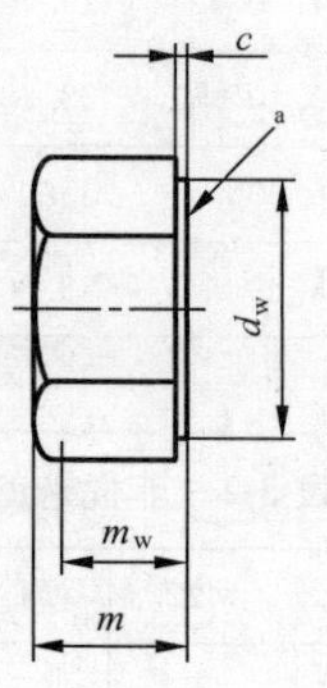

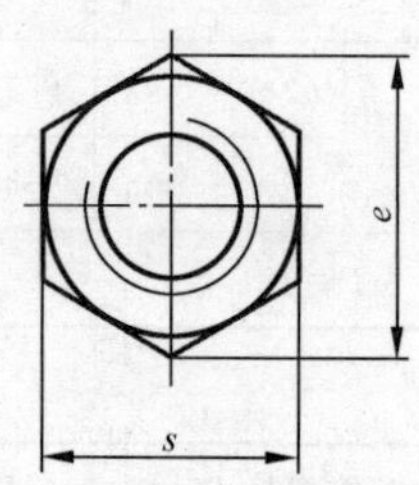

[a] 要求垫圈面型式时，应在订单中注明。

[b] $\beta=15°\sim30°$。

[c] $\theta=90°\sim120°$。

图3-2 1型六角螺母

3.2.2 规格尺寸

1型六角螺母优选和非优选螺纹规格尺寸见表3-3、表3-4。

表3-3 优选的螺纹规格尺寸

mm

螺纹规格 D		M1.6	M2	M2.5	M3	M4	M5	M6	M8	M10	M12
P[a]		0.35	0.4	0.45	0.5	0.7	0.8	1	1.25	1.5	1.75
c	max	0.20	0.20	0.30	0.40	0.40	0.50	0.50	0.60	0.60	0.60
	min	0.10	0.10	0.10	0.15	0.15	0.15	0.15	0.15	0.15	0.15
d_a	max	1.84	2.30	2.90	3.45	4.60	5.75	6.75	8.75	10.80	13.00
	min	1.60	2.00	2.50	3.00	4.00	5.00	6.00	8.00	10.00	12.00
d_w	min	2.40	3.10	4.10	4.60	5.90	6.90	8.90	11.60	14.60	16.60
e	min	3.41	4.32	5.45	6.01	7.66	8.79	11.05	14.38	17.77	20.03
m	max	1.30	1.60	2.00	2.40	3.20	4.70	5.20	6.80	8.40	10.80
	min	1.05	1.35	1.75	2.15	2.90	4.40	4.90	6.44	8.04	10.37
m_w	min	0.80	1.10	1.40	1.70	2.30	3.50	3.90	5.20	6.40	8.30
s	公称=max	3.20	4.00	5.00	5.50	7.00	8.00	10.0	13.00	16.00	18.00
	min	3.02	3.82	4.82	5.32	6.78	7.78	9.78	12.73	15.73	17.73

续表 3-3 mm

螺纹规格 D		M16	M20	M24	M30	M36	M42	M48	M56	M64
P[a]		2	2.5	3	3.5	4	4.5	5	5.5	6
c	max	0.80	0.80	0.80	0.80	0.80	1.00	1.00	1.00	1.00
	min	0.20	0.20	0.20	0.20	0.20	0.30	0.30	0.30	0.30
d_a	max	17.30	21.60	25.90	32.40	38.90	45.40	51.80	60.50	69.10
	min	16.00	20.00	24.00	30.00	36.00	42.00	48.00	56.00	64.00
d_w	min	22.50	27.70	33.30	42.80	51.10	60.00	69.50	78.70	88.20
e	min	26.75	32.95	39.55	50.85	60.79	71.30	82.60	93.56	104.86
m	max	14.80	18.00	21.50	25.60	31.00	34.00	38.00	45.00	51.00
	min	14.10	16.90	20.20	24.30	29.40	32.40	36.40	43.40	49.10
m_w	min	11.30	13.50	16.20	19.40	23.50	25.90	29.10	34.70	39.30
s	公称=max	24.00	30.00	36.00	46.00	55.00	65.00	75.00	85.00	95.00
	min	23.67	29.16	35.00	45.00	53.80	63.10	73.10	82.80	92.80

[a] P——螺距。

表 3-4 非优选的螺纹规格尺寸 mm

螺纹规格 D		M3.5	M14	M18	M22	M27	M33	M39	M45	M52	M60
P[a]		0.6	2	2.5	2.5	3	3.5	4	4.5	5	5.5
c	max	0.40	0.60	0.80	0.80	0.80	0.80	1.00	1.00	1.00	1.00
	min	0.15	0.15	0.20	0.20	0.20	0.20	0.30	0.30	0.30	0.30
d_a	max	4.00	15.10	19.50	23.70	29.10	35.60	42.10	48.60	56.20	64.80
	min	3.50	14.00	18.00	22.00	27.00	33.00	39.00	45.00	52.00	60.00
d_w	min	5.00	19.60	24.90	31.40	38.00	46.60	55.90	64.70	74.20	83.40
e	min	6.58	23.36	29.56	37.29	45.20	55.37	66.44	76.95	88.25	99.21
m	max	2.80	12.80	15.80	19.40	23.80	28.70	33.40	36.00	42.00	48.00
	min	2.55	12.10	15.10	18.10	22.50	27.40	31.80	34.40	40.40	46.40
m_w	min	2.00	9.70	12.10	14.50	18.00	21.90	25.40	27.50	32.30	37.10
s	公称=max	6.00	21.00	27.00	34.00	41.00	50.00	60.00	70.00	80.00	90.00
	min	5.82	20.67	26.16	33.00	40.00	49.00	58.80	68.10	78.10	87.80

[a] P——螺距。

3.2.3 技术条件

(1) 螺母材料：钢、不锈钢、有色金属。

(2) 机械性能等级

1) 钢的机械性能等级：$D<$M5，按协议；M5$\leqslant D\leqslant$M16，6、8、10(QT)；M16$<D\leqslant$M39，6.8(QT)、10(QT)；$D>$M39，按协议。

2) 不锈钢的机械性能等级：$D\leqslant$M24，A2-70、A4-70；M24$<D\leqslant$M39，A2-50、A4-50；$D>$M39，按协议。

3) 有色金属的机械性能等级：CU2、CU3、AL4。

(3) 表面处理

1) 钢的表面处理：

——不经处理；

——电镀技术要求按 GB/T 5267.1 的规定；

——非电解锌片涂层技术要求按 GB/T 5267.2 的规定；

——热浸镀锌层技术要求按 GB/T 5267.3 的规定；

——如需其他技术要求或表面处理，应由供需双方协议。

2) 不锈钢的表面处理：

——简单处理；

——钝化处理技术要求按 GB/T 5267.1 的规定；

——如需其他技术要求或表面处理，应由供需双方协议。

3) 有色金属的表面处理：

——简单处理；

——电镀技术要求按 GB/T 5267.1 的规定；

——如需其他技术要求或表面处理，应由供需双方协议。

3.2.4　标记示例

螺纹规格为 M12、性能等级为 8 级、表面不经处理、产品等级 A 级的 1 型六角螺母的标记：

螺母　GB/T 6170　M12

3.3　1 型非金属嵌件六角锁紧螺母

(GB/T 889.1—2015 1 型非金属嵌件六角锁紧螺母)

3.3.1　型式

1 型非金属嵌件六角锁紧螺母型式见图 3-3。

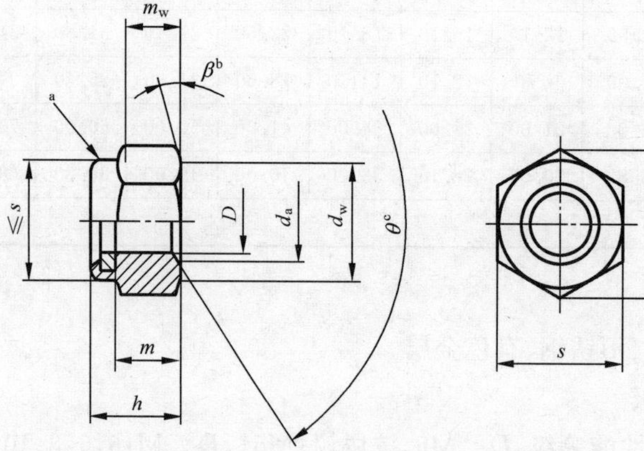

[a] 有效力矩部分形状由制造者自选。

[b] $\beta=15°\sim30°$。

[c] $\theta=90°\sim120°$。

图 3-3　1 型非金属嵌件六角锁紧螺母

3.3.2 规格尺寸

1型非金属嵌件六角锁紧螺母规格尺寸见表3-5。

表3-5 1型非金属嵌件六角锁紧螺母规格尺寸 mm

螺纹规格 D		M3	M4	M5	M6	M8	M10	M12	(M14)[a]	M16	M20	M24	M30	M36
P[b]		0.5	0.7	0.8	1	1.25	1.5	1.75	2	2	2.5	3	3.5	4
d_a	max	3.45	4.60	5.75	6.75	8.75	10.80	13.00	15.10	17.30	21.60	25.90	32.40	38.90
	min	3.00	4.00	5.00	6.00	8.00	10.00	12.00	14.00	16.00	20.00	24.00	30.00	36.00
d_w	min	4.57	5.88	6.88	8.88	11.63	14.63	16.63	19.64	22.49	27.70	33.25	42.75	51.11
e	min	6.01	7.66	8.79	11.05	14.38	17.77	20.03	23.36	26.75	32.95	39.55	50.85	60.79
h	max	4.50	6.00	6.80	8.00	9.50	11.90	14.90	17.00	19.10	22.80	27.10	32.60	38.90
	min	4.02	5.52	6.22	7.42	8.92	11.20	14.20	15.90	17.80	20.70	25.00	30.10	36.40
m	min	2.15	2.90	4.40	4.90	6.44	8.04	10.37	12.10	14.10	16.90	20.20	24.30	29.40
m_w	min	1.72	2.32	3.52	3.92	5.15	6.43	8.30	9.68	11.28	13.52	16.16	19.44	23.52
s	max	5.50	7.00	8.00	10.00	13.00	16.00	18.00	21.00	24.00	30.00	36.00	46.00	55.00
	min	5.32	6.78	7.78	9.78	12.73	15.73	17.73	20.67	23.67	29.16	35.00	45.00	53.80

[a] 尽可能不采用括号内的规格。

[b] P——螺距。

3.3.3 技术条件

(1) 螺母材料:钢。

(2) 钢的机械性能等级:M5≤D≤M16,5、8、10(QT);M16<D≤M36,5、8(QT)、10(QT);D<M5,按协议。

(3) 钢的表面处理:

——不经处理;

——电镀技术要求按GB/T 5267.1的规定;

——非电解锌片涂层技术要求按GB/T 5267.2的规定;

——如需其他技术要求或表面处理,应由供需双方协议。

3.3.4 标记示例

螺纹规格为M12、性能等级为8级、表面不经处理、产品等级为A级的1型非金属嵌件六角锁紧螺母的标记:

螺母 GB/T 889.1 M12

3.4 细牙1型非金属嵌件六角锁紧螺母

（GB/T 889.2—2016 1型非金属嵌件六角锁紧螺母 细牙）

3.4.1 型式

细牙1型非金属嵌件六角锁紧螺母型式见图3-4。

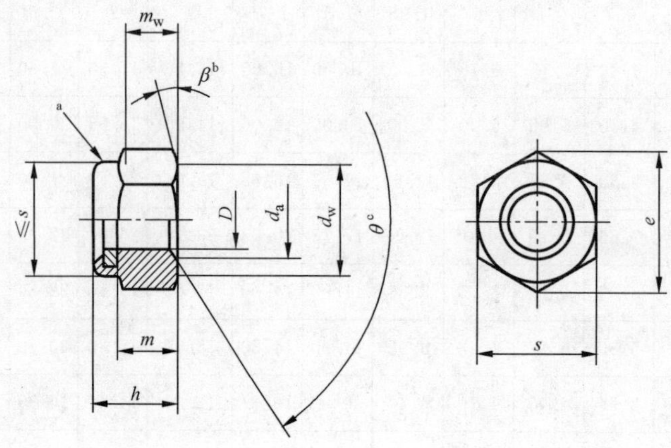

[a] 有效力矩部分形状由制造者自选。

[b] $\beta=15^\circ\sim30^\circ$。

[c] $\theta=90^\circ\sim120^\circ$。

图3-4 细牙1型非金属嵌件六角锁紧螺母

3.4.2 规格尺寸

细牙1型非金属嵌件六角锁紧螺母规格尺寸见表3-6。

表3-6 细牙1型非金属嵌件六角锁紧螺母规格尺寸　　mm

螺纹规格 ($D\times P^a$)		M8×1	M10×1 M10×1.25	M12×1.25 M12×1.5	(M14×1.5)[b]	M16×1.5	M20×1.5	M24×2	M30×2	M36×3
d_a	max	8.75	10.80	13	15.10	17.30	21.60	25.90	32.40	38.90
	min	8.00	10.00	12.00	14.00	16.00	20.00	24.00	30.00	36.00
d_w	min	11.63	14.63	16.63	19.64	22.49	27.70	33.25	42.75	51.11
e	min	14.38	17.77	20.03	23.36	26.75	32.95	39.55	50.85	60.79
h	max	9.50	11.90	14.90	17.00	19.10	22.80	27.10	32.60	38.90
	min	8.92	11.20	14.20	15.90	17.80	20.70	25.00	30.10	36.40
m	min	6.44	8.04	10.37	12.10	14.10	16.90	20.20	24.30	29.40
m_w	min	5.15	6.43	8.30	9.68	11.28	13.52	16.16	19.44	23.52
s	max	13.00	16.00	18.00	21.00	24.00	30.00	36.00	46.00	55.00
	min	12.73	15.73	17.73	20.67	23.67	29.16	35.00	45.00	53.80

[a] P——螺距。

[b] 尽可能不采用括号内的规格。

3.4.3 技术条件

(1) 螺母材料:钢。

(2) 钢的机械性能等级:8 mm≤D≤16 mm,6、8(QT)、10(QT);16 mm<D≤36 mm,6(QT)、8(QT)、10(QT)。

(3) 钢的表面处理:

——不经处理;

——电镀技术要求按 GB/T 5267.1 的规定;

——非电解锌片涂层技术要求按 GB/T 5267.2 的规定;

——如需其他技术要求或表面处理,应由供需双方协议。

3.4.4 标记示例

螺纹规格为 M12×1.5、细牙螺纹、性能等级为 8 级、表面不经处理、产品等级 A 级的 1 型非金属嵌件六角锁紧螺母的标记:

螺母 GB/T 889.2 M12×1.5

3.5 1 型全金属六角锁紧螺母

(GB/T 6184—2000 1 型全金属六角锁紧螺母)

3.5.1 型式

1 型全金属六角锁紧螺母型式见图 3-5。

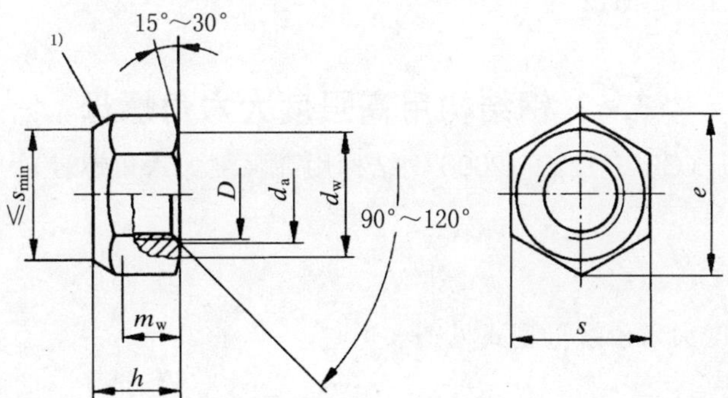

1) 有效力矩部分,形状任选。

图 3-5 1 型全金属六角锁紧螺母

3.5.2 规格尺寸

1 型全金属六角锁紧螺母规格尺寸见表 3-7。

表 3-7 1 型全金属六角锁紧螺母规格尺寸 mm

螺纹规格 D		M5	M6	M8	M10	M12	(M14)[1]	M16	(M18)[1]	M20	(M22)[1]	M24	M30	M36
P[2]		0.8	1	1.25	1.5	1.75	2	2	2.5	2.5	2.5	3	3.5	4
d_a	max	5.75	6.75	8.75	10.8	13	15.1	17.3	19.5	21.6	23.7	25.9	32.4	38.9
	min	5.00	6.00	8.00	10.0	12	14.0	16.0	18.0	20.0	22.0	24.0	30.0	36.0
d_w	min	6.88	8.88	11.63	14.63	16.63	19.64	22.49	24.9	27.7	31.4	33.25	42.75	51.11

续表 3-7

mm

螺纹规格 D		M5	M6	M8	M10	M12	(M14)[1]	M16	(M18)[1]	M20	(M22)[1]	M24	M30	M36
e	min	8.79	11.05	14.38	17.77	20.03	23.36	26.75	29.56	32.95	37.29	39.55	50.85	60.79
h	max	5.3	5.9	7.10	9.00	11.60	13.2	15.2	17.00	19.0	21.0	23.0	26.9	32.5
	min	4.8	5.4	6.44	8.04	10.37	12.1	14.1	15.01	16.9	18.1	20.2	24.3	29.4
m_w	min	3.52	3.92	5.15	6.43	8.3	9.68	11.28	12.08	13.52	14.5	16.16	19.44	23.52
s	max	8.00	10.00	13.00	16.00	18.00	21.00	24.00	27.00	30.00	34	36	46	55.0
	min	7.78	9.78	12.73	15.73	17.73	20.67	23.67	26.16	29.16	33	35	45	53.8

1) 尽可能不采用括号内的规格。

2) P——螺距。

3.5.3 技术条件

(1) 螺母材料:钢。

(2) 钢的机械性能等级:5、8、10。

(3) 钢的表面处理:

——氧化;

——电镀技术要求按 GB/T 5267.1 的规定;

——如需其他表面镀层或表面处理,应由供需协议。

3.5.4 标记示例

螺纹规格 D=M12、性能等级为8级、表面氧化、产品等级A级的1型全金属六角锁紧螺母的标记:

螺母 GB/T 6184 M12

3.6 钢结构用高强度大六角螺母

(GB/T 1229—2006 钢结构用高强度大六角螺母)

3.6.1 型式

钢结构用高强度大六角螺母型式见图 3-9。

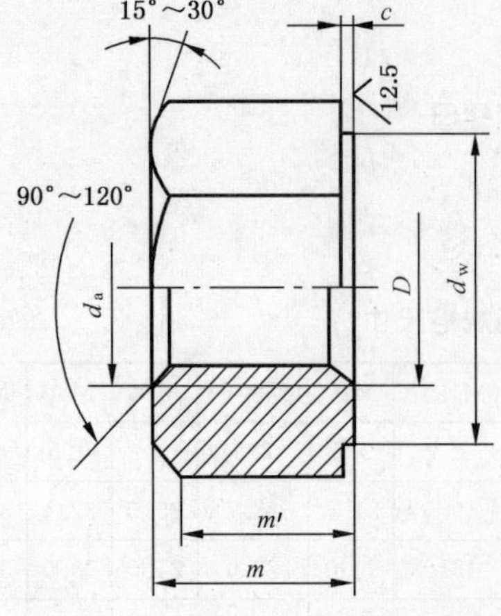

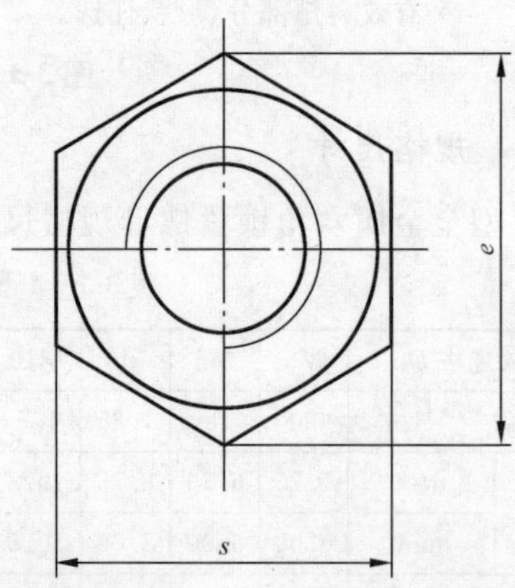

图 3-6 钢结构用高强度大六角螺母

3.6.2 规格尺寸

钢结构用高强度大六角螺母规格尺寸见表3-8。

表3-8 钢结构用高强度大六角螺母规格尺寸 mm

螺纹规格 D		M12	M16	M20	(M22)	M24	(M27)	M30
P		1.75	2	2.5	2.5	3	3	3.5
d_a	max	13	17.3	21.6	23.8	25.9	29.1	32.4
	min	12	16	20	22	24	27	30
d_w	min	19.2	24.9	31.4	33.3	38.0	42.8	46.5
e	min	22.78	29.56	37.29	39.55	45.20	50.85	55.37
m	max	12.3	17.1	20.7	23.6	24.2	27.6	30.7
	min	11.87	16.4	19.4	22.3	22.9	26.3	29.1
m'	min	8.3	11.5	13.6	15.6	16.0	18.4	20.4
c	max	0.8	0.8	0.8	0.8	0.8	0.8	0.8
	min	0.4	0.4	0.4	0.4	0.4	0.4	0.4
s	max	21	27	34	36	41	46	50
	min	20.16	26.16	33	35	40	45	49
支承面对螺纹轴线的垂直度公差		0.29	0.38	0.47	0.50	0.57	0.64	0.70
每1 000个钢螺母的理论质量/kg		27.68	61.51	118.77	146.59	202.67	288.51	374.01
注：括号内的规格为第二选择系列。								

3.6.3 技术条件

技术条件按GB/T 1237的规定。

3.6.4 标记示例

螺纹规格 D=M20、性能等级为10H级的钢结构用高强度大六角螺母的标记：

螺母 GB/T 1229 M20

螺纹规格为 D=M20、性能等级为8H级的钢结构用高强度大六角螺母的标记：

螺母 GB/T 1229 M20-8H

3.7 2型六角螺母

(GB/T 6175—2016 2型六角螺母)

3.7.1 型式

2型六角螺母型式见图3-7。

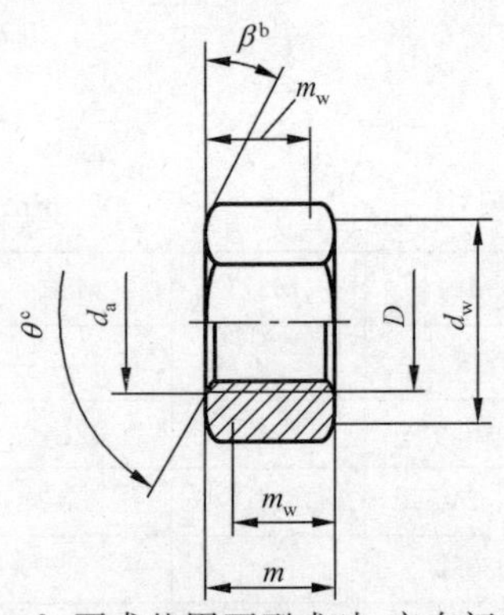

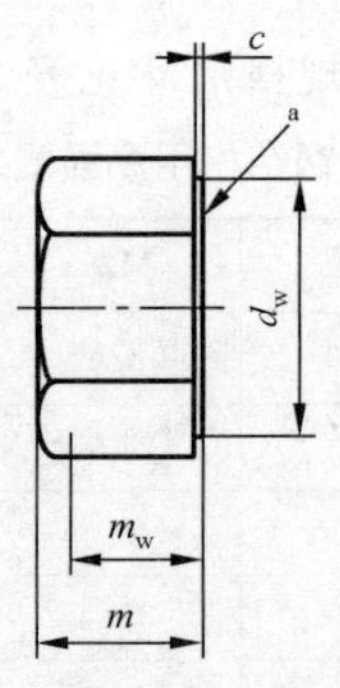

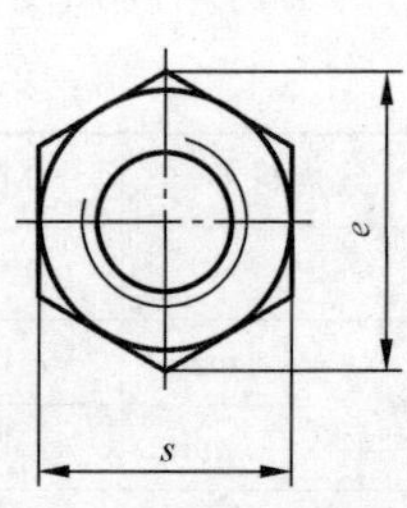

[a] 要求垫圈面型式时，应在订单中注明。

[b] $\beta=15°\sim30°$。

[c] $\theta=90°\sim120°$。

图 3-7　2 型六角螺母

3.7.2　规格尺寸

2 型六角螺母规格尺寸见表 3-9。

表 3-9　2 型六角螺母规格尺寸　　mm

螺纹规格 D		M5	M6	M8	M10	M12	(M14)[a]
P^b		0.8	1	1.25	1.5	1.75	2
c	max	0.50	0.50	0.60	0.60	0.60	0.60
d_a	max	5.75	6.75	8.75	10.80	13.00	15.10
	min	5.00	6.00	8.00	10.00	12.00	14.00
d_w	min	6.90	8.90	11.60	14.60	16.60	19.60
e	min	8.79	11.05	14.38	17.77	20.03	23.36
m	max	5.10	5.70	7.50	9.30	12.00	14.10
	min	4.80	5.40	7.14	8.94	11.57	13.40
m_w	min	3.84	4.32	5.71	7.15	9.26	10.70
s	max	8.00	10.00	13.00	16.00	18.00	21.00
	min	7.78	9.78	12.73	15.73	17.73	20.67

螺纹规格 D		M16	M20	M24	M30	M36
P^b		2	2.5	3	3.5	4
c	max	0.80	0.80	0.80	0.80	0.80
d_a	max	17.30	21.60	25.90	32.40	38.90
	min	16.00	20.00	24.00	30.00	36.00
d_w	min	22.50	27.70	33.20	42.70	51.10
e	min	26.75	32.95	39.55	50.85	60.79
m	max	16.40	20.30	23.90	28.60	34.70
	min	15.70	19.00	22.60	27.30	33.10
m_w	min	12.60	15.20	18.10	21.80	26.50
s	max	24.00	30.00	36.00	46.00	55.00
	min	23.67	29.16	35.00	45.00	53.80

[a] 尽可能不采用括号内的规格。

[b] P——螺距。

3.7.3　技术条件

（1）螺母材料：钢。

（2）钢的机械性能等级：10（QT）、12（QT）。

（3）钢的表面处理：

——不经处理；

——电镀技术要求按GB/T 5267.1的规定；

——非电解锌片涂层技术要求按GB/T 5267.2的规定；

——热浸镀锌层技术要求按GB/T 5267.3的规定；

——如需其他技术要求或表面处理，应由供需双方协议。

3.7.4　标记示例

螺纹规格M12、性能等级10级、表面不经处理、产品等级A级的2型六角螺母的标记：

螺母　GB/T 6175　M12

3.8　细牙2型六角螺母

（GB/T 6176—2016 2型六角螺母　细牙）

3.8.1　型式

细牙2型六角螺母型式见图3-8。

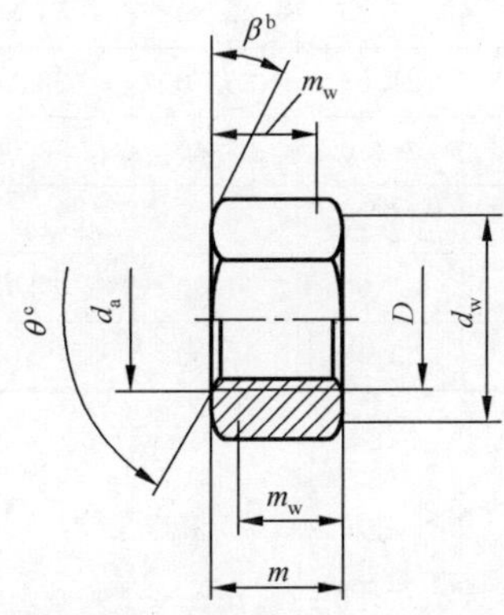

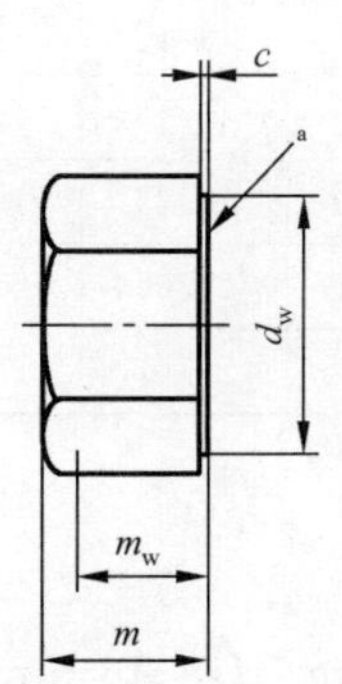

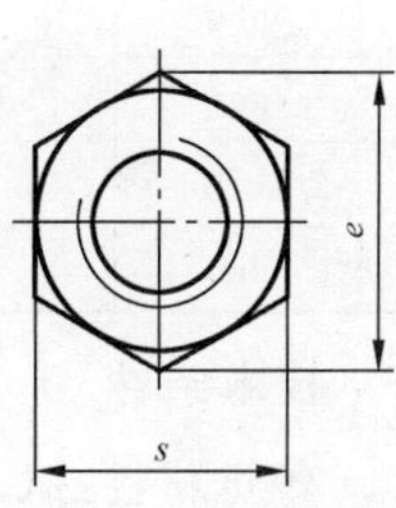

[a] 要求垫圈面型式时，应在订单中注明。

[b] $\beta=15°\sim30°$。

[c] $\theta=90°\sim120°$。

图3-8　细牙2型六角螺母

3.8.2　规格尺寸

细牙2型六角螺母优选和非优选螺纹规格尺寸见表3-10、表3-11。

表3-10　优选螺纹规格尺寸　mm

螺纹规格($D\times P$)		M8×1	M10×1	M12×1.5	M16×1.5	M20×1.5	M24×2	M30×2	M36×3
c	max	0.60	0.60	0.60	0.80	0.80	0.80	0.80	0.80
	min	0.15	0.15	0.15	0.20	0.20	0.20	0.20	0.20
d_a	max	8.75	10.80	13.00	17.30	21.60	25.90	32.40	38.90
	min	8.00	10.00	12.00	16.00	20.00	24.00	30.00	36.00
d_w	min	11.63	14.63	16.63	22.49	27.70	33.25	42.75	51.11
e	min	14.38	17.77	20.03	26.75	32.95	39.55	50.85	60.79
m	max	7.50	9.30	12.00	16.40	20.30	23.90	28.60	34.70
	min	7.14	8.94	11.57	15.70	19.00	22.60	27.30	33.10
m_w	min	5.71	7.15	9.26	12.56	15.20	18.08	21.84	26.48
s	公称=max	13.00	16.00	18.00	24.00	30.00	36.00	46.00	55.00
	min	12.73	15.73	17.73	23.67	29.16	35.00	45.00	53.80

表3-11　非优选螺纹规格尺寸　mm

螺纹规格($D\times P$)		M10×1.25	M12×1.25	M14×1.5	M18×1.5	M20×2	M22×1.5	M27×2	M33×2
c	max	0.60	0.60	0.60	0.80	0.80	0.80	0.80	0.80
	min	0.15	0.15	0.15	0.20	0.20	0.20	0.20	0.20
d_a	max	10.80	13.00	15.10	19.50	21.60	23.70	29.10	35.60
	min	10.00	12.00	14.00	18.00	20.00	22.00	27.00	33.00
d_w	min	14.63	16.63	19.64	24.85	27.70	31.35	38.00	46.55
e	min	17.77	20.03	23.36	29.56	32.95	37.29	45.20	55.37
m	max	9.30	12.00	14.10	17.60	20.30	21.80	26.70	32.50
	min	8.94	11.57	13.40	16.90	19.00	20.50	25.40	30.90
m_w	min	7.15	9.26	10.72	13.52	15.20	16.40	20.32	24.72
s	公称=max	16.00	18.00	21.00	27.00	30.00	34.00	41.00	50.00
	min	15.73	17.73	20.67	26.16	29.16	33.00	40.00	49.00

3.8.3　技术条件

(1) 螺母材料:钢。

(2) 钢的机械性能等级:8 mm$\leqslant D \leqslant$16 mm,8、10(QT)、12(QT);16 mm$<D\leqslant$36 mm,10(QT)。

(3) 钢的表面处理:

——不经处理;

——电镀技术要求按 GB/T 5267.1 的规定;

——非电解锌片涂层技术要求按 GB/T 5267.2 的规定;

——热浸镀锌层技术要求按 GB/T 5267.3 的规定;

——如需其他技术要求或表面处理,应由供需双方协议。

3.8.4　标记示例

螺纹规格为 M16×1.5、性能等级为 10 级、表面不经处理、产品等级为 A 级、细牙螺纹的2型六角螺母的标记：

螺母 GB/T 6176 M16×1.5

3.9 2型六角法兰面螺母

（GB/T 6177.1—2016 2型六角法兰面螺母）

3.9.1 型式

2型六角法兰面螺母型式见图3-9。

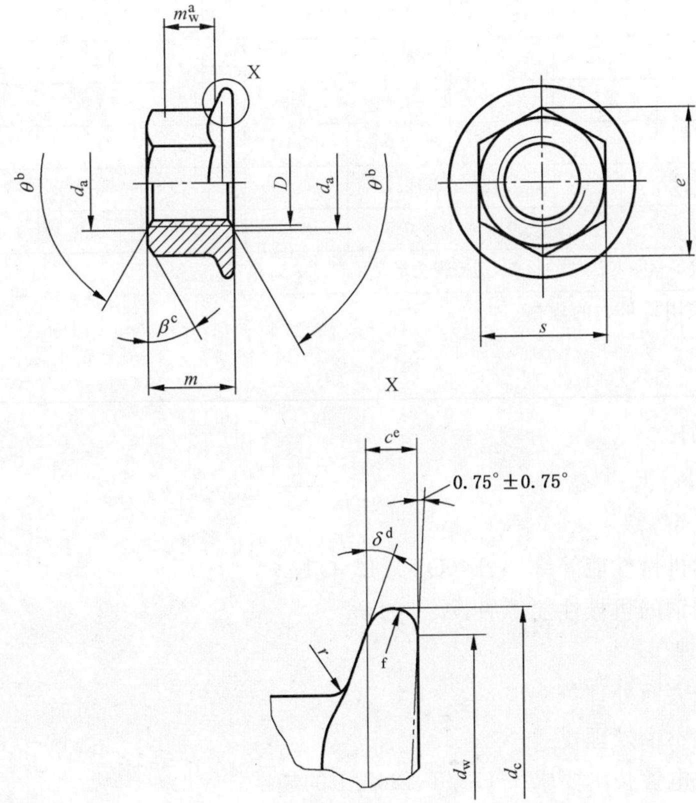

[a] m_w 是扳拧高度，见表3-12注。

[b] $\theta=90°\sim120°$。

[c] $\beta=15°\sim30°$。

[d] $\delta=15°\sim25°$。

[e] c 在 d_{wmin} 处测量。

[f] 棱边形状由制造者任选。

图3-9 2型六角法兰面螺母

3.9.2 规格尺寸

2型六角法兰面螺母规格尺寸见表3-12。

表 3-12 2型六角法兰面螺母规格尺寸

mm

螺纹规格 *D*		M5	M6	M8	M10	M12	(M14)[a]	M16	M20
P[b]		0.8	1	1.25	1.5	1.75	2	2	2.5
c	min	1.0	1.1	1.2	1.5	1.8	2.1	2.4	3.0
d_a	max	5.75	6.75	8.75	10.80	13.00	15.10	17.30	21.60
	min	5.00	6.00	8.00	10.00	12.00	14.00	16.00	20.00
d_c	max	11.8	14.2	17.9	21.8	26.0	29.9	34.5	42.8
d_w	min	9.8	12.2	15.8	19.6	23.8	27.6	31.9	39.9
e	min	8.79	11.05	14.38	16.64	20.03	23.36	26.75	32.95
m	max	5.00	6.00	8.00	10.00	12.00	14.00	16.00	20.00
	min	4.70	5.70	7.64	9.64	11.57	13.30	15.30	18.70
m_w	min	2.5	3.1	4.6	5.6	6.8	7.7	8.9	10.7
s	max	8.00	10.00	13.00	15.00	18.00	21.00	24.00	30.00
	min	7.78	9.78	12.73	14.73	17.73	20.67	23.67	29.16
r[c]	max	0.3	0.4	0.5	0.6	0.7	0.9	1.0	1.2

注：如产品通过了六角和法兰的检验，则应视为满足了尺寸 e、c 和 m_w 的要求。

[a] 尽可能不采用括号内的规格。

[b] P——螺距。

[c] r 适用于棱角和六角面。

3.9.3 技术条件

(1) 螺母材料：钢、不锈钢。

(2) 机械性能等级

1) 钢的机械性能等级：8、10(QT)、12(QT)；

2) 不锈钢的机械性能等级：A2-70。

(3) 表面处理

1) 钢的表面处理：

——不经处理；

——电镀技术要求按 GB/T 5267.1 的规定；

——非电解锌片涂层技术要求按 GB/T 5267.2 的规定；

——热浸镀锌层技术要求按 GB/T 5267.3 的规定；

——如需其他技术要求或表面处理，应由供需双方协议。

2) 不锈钢的表面处理：

——简单处理；

——钝化处理技术按 GB/T 5267.4 的规定；

——如需其他技术要求或表面处理，应由供需双方协议。

3.9.4 标记示例

螺纹规格为 M12、性能等级为 10 级、表面不经处理、产品等级为 A 级的 2 型六角法兰面螺母的标记：

螺母 GB/T 6177.1 M12

3.10 细牙2型六角法兰面螺母

(GB/T 6177.2—2016 2型六角法兰面螺母 细牙)

3.10.1 型式

细牙2型六角法兰面螺母型式见图3-10。

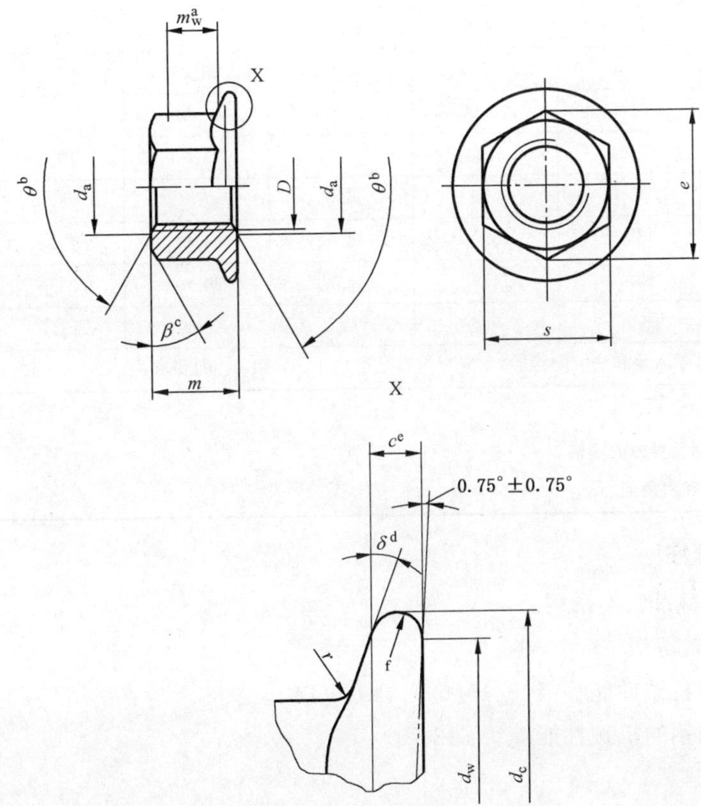

[a] m_w 是扳拧高度，见表3-13注。

[b] $\theta=90°\sim120°$。

[c] $\beta=15°\sim30°$。

[d] $\delta=15°\sim25°$。

[e] c 在 $d_{w\,min}$ 处测量。

[f] 棱边形状由制造者任选。

图3-10 细牙2型六角法兰面螺母

3.10.2 规格尺寸

细牙2型六角法兰面螺母规格尺寸见表3-13。

表 3-13 细牙 2 型六角法兰面螺母规格尺寸

mm

螺纹规格 ($D\times P^{a}$)		M8×1	M10×1.25 (M10×1)[b]	M12×1.25 (M12×1.5)[b]	(M14×1.5)[b]	M16×1.5	M20×1.5
c	min	1.2	1.5	1.8	2.1	2.4	3.0
d_a	max	8.75	10.80	13.00	15.10	17.30	21.60
	min	8.00	10.00	12.00	14.00	16.00	20.00
d_c	max	17.9	21.8	26.0	29.9	34.5	42.8
d_w	min	15.8	19.6	23.8	27.6	31.9	39.9
e	min	14.38	16.64	20.03	23.36	26.75	32.95
m	max	8.00	10.00	12.00	14.00	16.00	20.00
	min	7.64	9.64	11.57	13.30	15.30	18.70
m_w	min	4.6	5.6	6.8	7.7	8.9	10.7
s	max	13.00	15.00	18.00	21.00	24.00	30.00
	min	12.73	14.73	17.73	20.67	23.67	29.16
r^{c}	max	0.5	0.6	0.7	0.9	1.0	1.2

注：如产品通过了六角和法兰的检验，则应视为满足了尺寸 e、c 和 m_w 的要求。

[a] P——螺距。

[b] 尽可能不采用括号内的规格。

[c] r 适用于棱角和六角面。

3.10.3 技术条件

(1) 螺母材料：钢、不锈钢。

(2) 机械性能等级

1) 钢的机械性能等级：8、10(QT)、12(QT)。

2) 不锈钢的机械性能等级：A2-70。

(3) 表面处理

1) 钢的表面处理：

——不经处理；

——电镀技术要求按 GB/T 5267.1 的规定；

——非电解锌片涂层技术要求按 GB/T 5267.2 的规定；

——如需其他技术要求或表面处理，应由供需双方协议。

2) 不锈钢的表面处理：

——简单处理；

——钝化处理技术按 GB/T 5267.4 的规定；

——如需其他技术要求或表面处理，应由供需双方协议。

3.10.4 标记示例

螺纹规格为 M12×1.25、细牙螺纹、性能等级为 10 级、表面不经处理、产品等级为 A 级的 2 型六角法兰面螺母的标记：

螺母 GB/T 6177.2 M12×2.5

3.11　2型非金属嵌件六角锁紧螺母

（GB/T 6182—2016 2型非金属嵌件六角锁紧螺母）

3.11.1　型式

2型非金属嵌件六角锁紧螺母型式见图3-11。

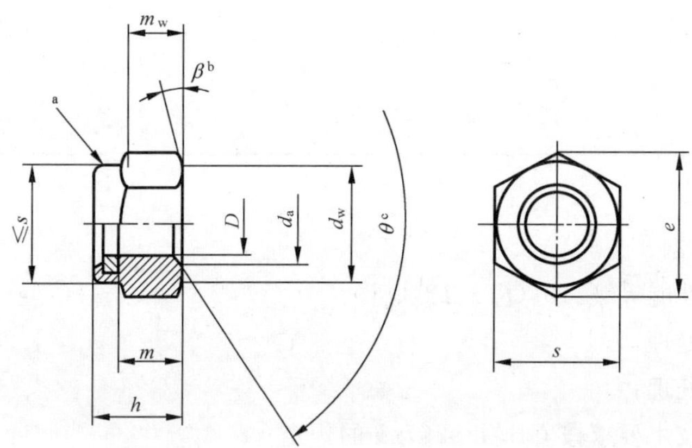

[a] 有效力矩部分，形状由制造者任选。

[b] $\beta = 15° \sim 30°$。

[c] $\theta = 90° \sim 120°$。

图3-11　2型非金属嵌件六角锁紧螺母

3.11.2　规格尺寸

2型非金属嵌件六角锁紧螺母规格尺寸见表3-14。

表3-14　2型非金属嵌件六角锁紧螺母规格尺寸　　mm

螺纹规格 D		M5	M6	M8	M10	M12	(M14)[a]	M16	M20	M24	M30	M36
P^b		0.8	1	1.25	1.5	1.75	2	2	2.5	3	3.5	4
d_a	max.	5.75	6.75	8.75	10.80	13.00	15.10	17.30	21.60	25.90	32.40	38.90
	min.	5.00	6.00	8.00	10.00	12.00	14.00	16.00	20.00	24.00	30.00	36.00
d_w	min.	6.88	8.88	11.63	14.63	16.63	19.64	22.49	27.70	33.25	42.75	51.11
e	min.	8.79	11.05	14.38	17.77	20.03	23.36	26.75	32.95	39.55	50.85	60.79
h	max.	7.20	8.50	10.20	12.80	16.10	18.30	20.70	25.10	29.50	35.60	42.60
	min.	6.62	7.92	9.50	12.10	15.40	17.00	19.40	23.00	27.40	33.10	40.10
m^c	min.	4.80	5.40	7.14	8.94	11.57	13.40	15.70	19.00	22.60	27.30	33.10
$m_w{}^d$	min.	3.84	4.32	5.71	7.15	9.26	10.70	12.60	15.20	18.10	21.80	26.50

续表 3-14 mm

螺纹规格 D		M5	M6	M8	M10	M12	(M14)[a]	M16	M20	M24	M30	M36
s	max.	8.00	10.00	13.00	16.00	18.00	21.00	24.00	30.00	36.00	46.00	55.00
	min.	7.78	9.78	12.73	15.73	17.73	20.67	23.67	29.16	35.00	45.00	53.80

[a] 尽可能不采用括号内的规格。

[b] P——螺距。

[c] 最小螺纹高度。

[d] 最小扳拧高度。

3.11.3 技术条件

(1) 螺母材料:钢。

(2) 钢的机械性能等级:10(QT)、12(QT)。

(3) 钢的表面处理:

——不经处理;

——电镀技术要求按 GB/T 5267.1 的规定;

——非电解锌片涂层技术要求按 GB/T 5267.2 的规定;

——如需其他技术要求和表面处理,应由供需双方协议。

3.11.4 标记示例

螺纹规格为 M12、性能等级为 10 级、表面不经处理、产品等级 A 级的 2 型非金属嵌件六角锁紧螺母的标记:

螺母 GB/T 6182 M12

3.12 2型非金属嵌件六角法兰面锁紧螺母

(GB/T 6183.1—2016 2 型非金属嵌件六角法兰面锁紧螺母)

3.12.1 型式

2 型非金属嵌件六角法兰面锁紧螺母型式见图 3-12。

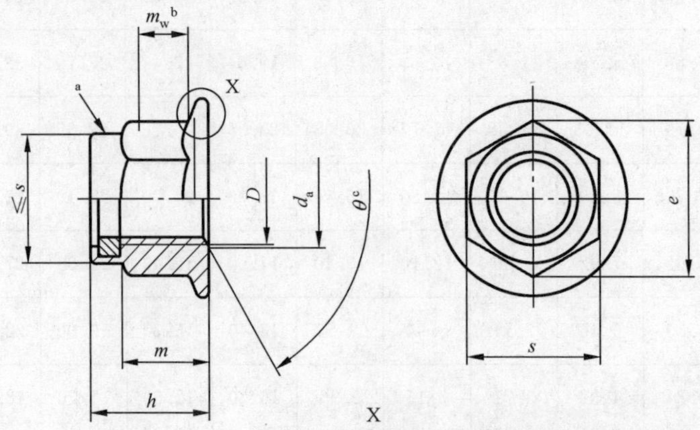

图 3-12 2 型非金属嵌件六角法兰面锁紧螺母

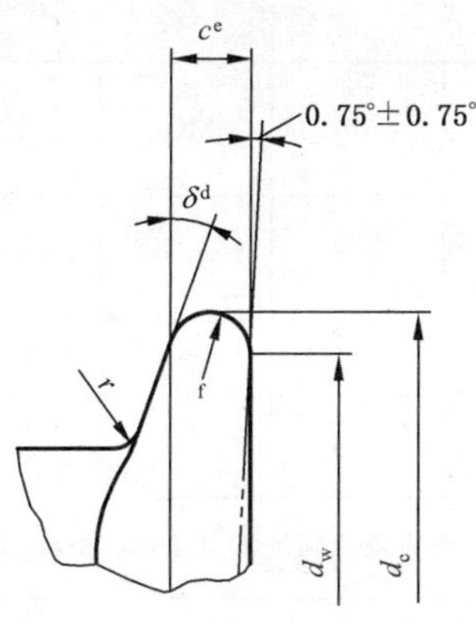

a 有效力矩部分形状由制造者自选。

b m_w——扳拧高度，见表 3-15 注。

c $\theta=90°\sim120°$。

d $\delta=15°\sim25°$。

e c 在 $d_{w\,min}$ 处测量。

f 棱边形状由制造者任选。

续图 3-12

3.12.2 规格尺寸

2 型非金属嵌件六角法兰面锁紧螺母规格尺寸见表 3-15。

表 3-15 2 型非金属嵌件六角法兰面锁紧螺母规格尺寸 mm

螺纹规格 D		M5	M6	M8	M10	M12	(M14)[a]	M16	M20
P[b]		0.8	1	1.25	1.5	1.75	2	2	2.5
c	min	1.0	1.1	1.2	1.5	1.8	2.1	2.4	3.0
d_a	max	5.75	6.75	8.75	10.80	13.00	15.10	17.30	21.60
	min	5.00	6.00	8.00	10.00	12.00	14.00	16.00	20.00
d_c	max	11.8	14.2	17.9	21.8	26.0	29.9	34.5	42.8
d_w	min	9.8	12.2	15.8	19.6	23.8	27.6	31.9	39.9
e	min	8.79	11.05	14.38	16.64	20.03	23.36	26.75	32.95
h	max	7.10	9.10	11.10	13.50	16.10	18.20	20.30	24.80
	min	6.52	8.52	10.40	12.80	15.40	16.90	19.00	22.70
m[c]	min	4.70	5.70	7.64	9.64	11.57	13.30	15.30	18.70
m_w	min	2.5	3.1	4.6	5.6	6.8	7.7	8.9	10.7

续表 3-15 mm

螺纹规格 D		M5	M6	M8	M10	M12	(M14)[a]	M16	M20
s	max	8.00	10.00	13.00	15.00	18.00	21.00	24.00	30.00
	min	7.78	9.78	12.73	14.73	17.73	20.67	23.67	29.16
r[d]	max	0.3	0.4	0.5	0.6	0.7	0.9	1.0	1.2
注：如产品通过了六角和法兰的检验，则应视为满足了尺寸 e、c 和 m_w 的要求。									

[a] 尽可能不采用括号内的规格。

[b] P——螺距。

[c] 最小螺纹高度。

[d] r 适用于棱角和六角面。

3.12.3 技术条件

(1) 螺母材料：钢。

(2) 钢的机械性能等级：8、10(QT)。

(3) 钢的表面处理：

——不经处理；

——电镀技术要求按 GB/T 5267.1 的规定；

——非电解锌片涂层技术要求按 GB/T 5267.2 的规定；

——如需其他技术要求和表面处理，应由供需双方协议。

3.12.4 标记示例

螺纹规格为 M12、性能等级为 8 级、表面不经处理、产品等级 A 级的 2 型非金属嵌件六角法兰面锁紧螺母的标记：

螺母 GB/T 6183.1 M12

3.13 细牙 2 型非金属嵌件六角法兰面锁紧螺母

(GB/T 6183.2—2016 2 型非金属嵌件六角法兰面锁紧螺母 细牙)

3.13.1 型式

细牙 2 型非金属嵌件六角法兰面锁紧螺母型式见图 3-13。

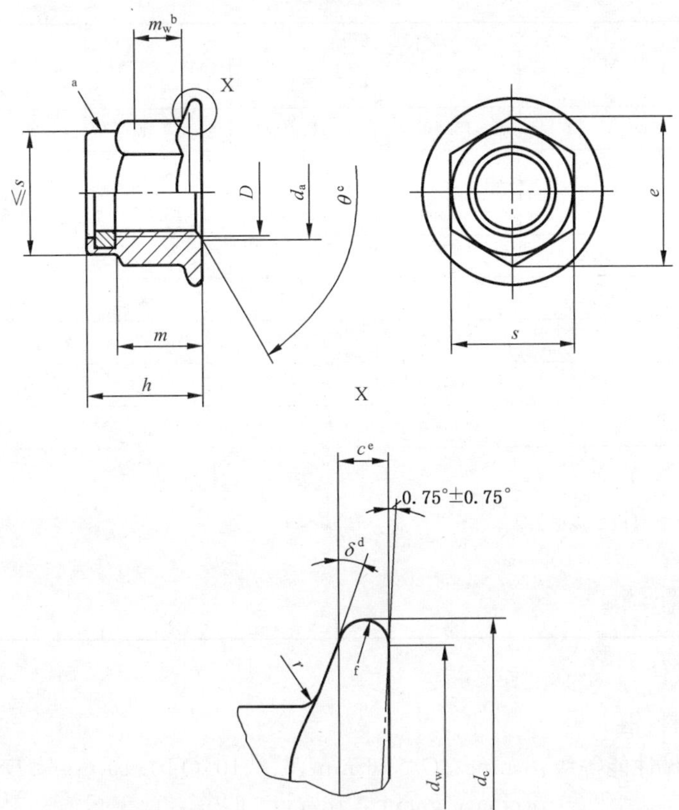

[a] 有效力矩部分形状由制造者自选。

[b] m_w——扳拧高度，见表3-16注。

[c] $\theta=90°\sim120°$。

[d] $\delta=15°\sim25°$。

[e] c 在 $d_{w\,min}$ 处测量。

[f] 棱边形状由制造者任选。

图3-13　细牙2型非金属嵌件六角法兰面锁紧螺母

3.13.2　规格尺寸

细牙2型非金属嵌件六角法兰面锁紧螺母规格尺寸见表3-16。

表3-16　细牙2型非金属嵌件六角法兰面锁紧螺母规格尺寸　mm

螺纹规格 ($D\times P$[a])		M8×1	M10×1 (M10×1.25)[b]	M12×1.5 (M12×1.25)[b]	(M14×1.5)[b]	M16×1.5	M20×1.5
c		1.2	1.5	1.8	2.1	2.4	3.0
d_a	max	8.75	10.80	13.00	15.10	17.30	21.60
	min	8.00	10.00	12.00	14.00	16.00	20.00
d_c	max	17.9	21.8	26.00	29.9	34.5	42.8
d_w	min	15.8	19.6	23.8	27.6	31.9	39.9
e	min	14.38	16.64	20.03	23.36	26.75	32.95

续表 3-16

mm

螺纹规格 ($D\times P$[a])		M8×1	M10×1 (M10×1.25)[b]	M12×1.5 (M12×1.25)[b]	(M14×1.5)[b]	M16×1.5	M20×1.5
h	max	11.10	13.50	16.10	18.20	20.30	24.80
	min	8.74	10.30	12.57	14.80	17.20	20.30
m[c]	min	7.64	9.64	11.57	13.30	15.30	18.70
m_w	min	4.6	5.6	6.8	7.7	8.9	10.7
s	max	13.00	15.00	18.00	21.00	24.00	30.00
	min	12.73	14.73	17.73	20.67	23.67	29.16
r[d]	max	0.5	0.6	0.7	0.9	1.0	1.2

注：如产品通过了六角和法兰的检验，则应视为满足了尺寸 e、c 和 m_w 的要求。

[a] P——螺距。

[b] 尽可能不采用括号内的规格。

[c] 最小螺纹高度。

[d] r 适用于棱角和六角面。

3.13.3　技术条件

(1) 螺母材料：钢。

(2) 钢的机械性能等级：8 mm≤D≤16 mm，6、8、10(QT)；16 mm<D≤20 mm，6(QT)、8(QT)、10(QT)。

(3) 钢的表面处理：

——不经处理；

——电镀技术要求按 GB/T 5267.1 的规定；

——非电解锌片涂层技术要求按 GB/T 5267.2 的规定；

——如需其他技术要求和表面处理，应由供需双方协议。

3.13.4　标记示例

螺纹规格为 M12×1.5、细牙螺纹、性能等级为 8 级、表面不经处理、产品等级为 A 级的 2 型非金属嵌件六角锁紧螺母的标记：

螺母　GB/T 6183.2　M12×1.5

3.14　2 型全金属六角锁紧螺母

(GB/T 6185.1—2016 2 型全金属六角锁紧螺母)

3.14.1　型式

2 型全金属六角锁紧螺母型式见图 3-14。

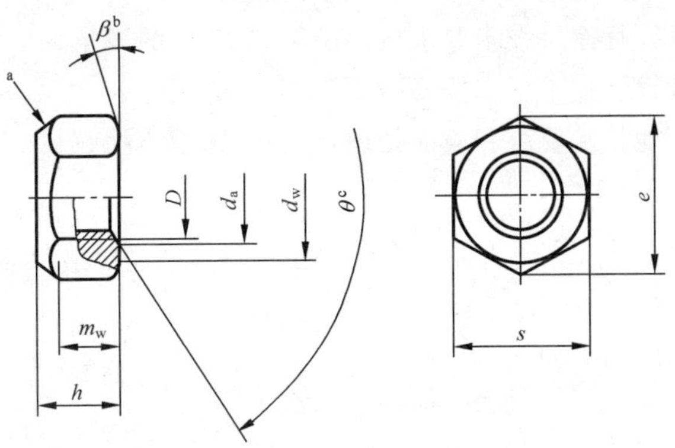

[a] 有效力矩部分形状由制造者自选。

[b] $\beta=15^\circ\sim30^\circ$。

[c] $\theta=90^\circ\sim120^\circ$。

图 3-14 2型全金属六角锁紧螺母

3.14.2 规格尺寸

2型全金属六角锁紧螺母规格尺寸见表3-17。

表 3-17 2型全金属六角锁紧螺母规格尺寸 mm

螺纹规格 D		M5	M6	M8	M10	M12	(M14)[a]	M16	M20	M24	M30	M36
P^{b}		0.8	1	1.25	1.5	1.75	2	2	2.5	3	3.5	4
d_a	max	5.75	6.75	8.75	10.80	13.00	15.10	17.30	21.60	25.90	32.40	38.90
	min	5.00	6.00	8.00	10.00	12.00	14.00	16.00	20.00	24.00	30.00	36.00
d_w	min	6.88	8.88	11.63	14.63	16.63	19.64	22.49	27.70	33.25	42.75	51.11
e	min	8.79	11.05	14.38	17.77	20.03	23.36	26.75	32.95	39.55	50.85	60.79
h	max	5.10	6.00	8.00	10.00	13.30	14.10	16.40	20.30	23.90	30.00	36.00
	min	4.80	5.40	7.14	8.94	11.57	13.40	15.70	19.00	22.60	27.30	33.10
m_w	min	3.52	3.92	5.15	6.43	8.30	9.68	11.28	13.52	16.16	19.44	23.52
s	max	8.00	10.00	13.00	16.00	18.00	21.00	24.00	30.00	36.00	46.00	55.00
	min	7.78	9.78	12.73	15.73	17.73	20.67	23.67	29.16	35.00	45.00	53.80

[a] 尽可能不采用括号内的规格。

[b] P——螺距。

3.14.3 技术条件

(1) 螺母材料:钢。

(2) 钢的机械性能等级:5、8、10(QT)、12(QT)。

(3) 钢的表面处理:

——不经处理;

——电镀技术要求按 GB/T 5267.1 的规定；

——非电解锌片涂层技术要求按 GB/T 5267.2 的规定；

——热浸镀锌层技术要求按 GB/T 5267.3 的规定；

——如需其他技术要求和表面处理，应由供需双方协议。

3.14.4 标记示例

螺纹规格为 M12、性能等级为 8 级、表面不经处理、产品等级 A 级的 2 型全金属六角锁紧螺母的标记：

螺母 GB/T 6185.1 M12

3.15 细牙 2 型全金属六角锁紧螺母

（GB/T 6185.2—2016 2 型全金属六角锁紧螺母 细牙）

3.15.1 型式

细牙 2 型全金属六角锁紧螺母型式见图 3-15。

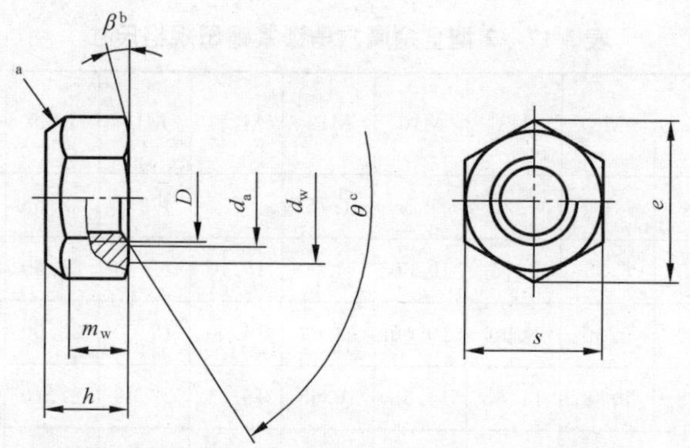

[a] 有效力矩部分形状由制造者自选。

[b] $\beta=15°\sim30°$。

[c] $\theta=90°\sim120°$。

图 3-15 细牙 2 型全金属六角锁紧螺母

3.15.2 规格尺寸

细牙 2 型全金属六角锁紧螺母规格尺寸见表 3-18。

表 3-18 细牙 2 型全金属六角锁紧螺母规格尺寸 mm

螺纹规格 ($D\times P^a$)		M8×1	M10×1 M10×1.25	M12×1.25 M12×1.5	(M14×1.5)[b]	M16×1.5	M20×1.5	M24×2	M30×2	M36×3
d_a	max	8.75	10.80	13.00	15.10	17.30	21.60	25.90	32.40	38.90
	min	8.00	10.00	12.00	14.00	16.00	20.00	24.00	30.00	36.00

续表 3-18 mm

螺纹规格 ($D\times P$[a])		M8×1	M10×1 M10×1.25	M12×1.25 M12×1.5	(M14×1.5)[b]	M16×1.5	M20×1.5	M24×2	M30×2	M36×3
d_w	min	11.63	14.63	16.63	19.64	22.49	27.70	33.25	42.75	51.11
e	min	14.38	17.77	20.03	23.36	26.75	32.95	39.55	50.85	60.79
h	max	8.00	10.00	13.30	14.10	16.40	20.30	23.90	30.00	36.00
	min	7.14	8.94	11.57	13.40	15.70	19.00	22.60	27.30	33.10
m_w	min	5.15	6.43	8.30	9.68	11.28	13.52	16.16	19.44	23.52
s	max	13.00	16.00	18.00	21.00	24.00	30.00	36.00	46.00	55.00
	min	12.73	15.73	17.73	20.67	23.67	29.16	35.00	45.00	53.80

[a] P——螺距。

[b] 尽可能不采用括号内的规格。

3.15.3 技术条件

(1) 螺母材料:钢。

(2) 钢的机械性能等级:8 mm≤D≤16 mm,8、10(QT)、12(QT);16 mm<D≤36 mm,8(QT)、10(QT)。

(3) 钢的表面处理:

——不经处理;

——电镀技术要求按 GB/T 5267.1 的规定;

——非电解锌片涂层技术要求按 GB/T 5267.2 的规定;

——如需其他技术要求和表面处理,应由供需双方协议。

3.15.4 标记示例

螺纹规格为 M12×1.5、细牙螺纹、性能等级为 8 级、表面不经处理、产品等级 A 级的 2 型全金属六角锁紧螺母的标记:

螺母 GB/T 6185.2 M12×1.5

3.16 2型全金属六角法兰面锁紧螺母

(GB/T 6187.1—2016 2 型全金属六角法兰面锁紧螺母)

3.16.1 型式

2 型全金属六角法兰面锁紧螺母型式见图 3-16。

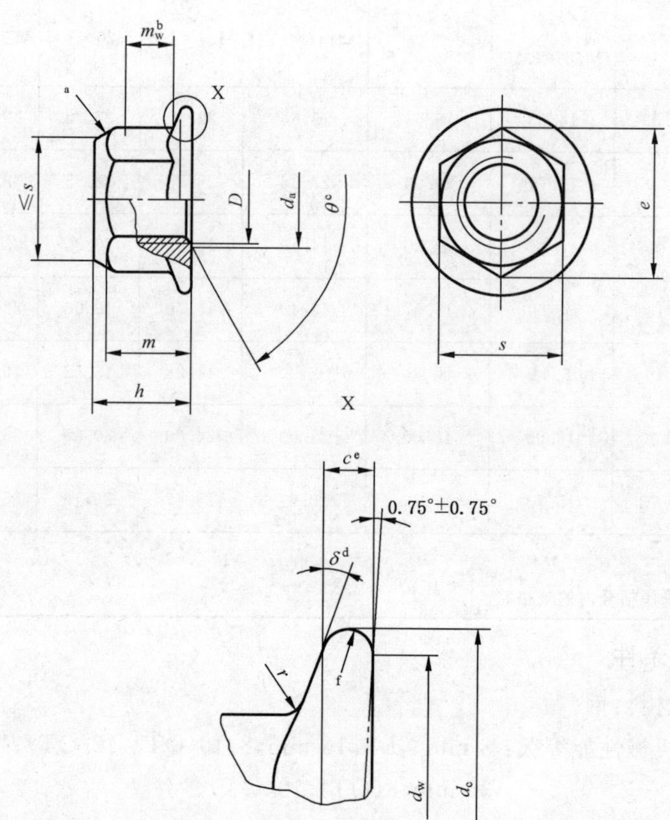

[a] 有效力矩部分形状由制造者自选。

[b] m_w——扳拧高度，见表3-19注。

[c] $\theta=90°\sim 120°$。

[d] $\delta=15°\sim 25°$。

[e] c 在 $d_{w\,min}$ 处测量。

[f] 棱边形状由制造者任选。

图3-16 2型全金属六角法兰面锁紧螺母

3.16.2 规格尺寸

2型全金属六角法兰面锁紧螺母规格尺寸见表3-19。

表3-19 2型全金属六角法兰面锁紧螺母规格尺寸 mm

螺纹规格 D		M5	M6	M8	M10	M12	(M14)[a]	M16	M20
P^b		0.8	1	1.25	1.5	1.75	2	2	2.5
c	min	1.0	1.1	1.2	1.5	1.8	2.1	2.4	3.0
d_a	max	5.75	6.75	8.75	10.80	13.00	15.10	17.30	21.60
	min	5.00	6.00	8.00	10.00	12.00	14.00	16.00	20.00
d_c	max	11.8	14.2	17.9	21.8	26.0	29.9	34.5	42.8

续表 3-19 mm

螺纹规格 D		M5	M6	M8	M10	M12	(M14)[a]	M16	M20
d_w	min	9.8	12.2	15.8	19.6	23.8	27.6	31.9	39.9
e	min	8.79	11.05	14.38	16.64	20.03	23.36	26.75	32.95
h	max	6.20	7.30	9.40	11.40	13.80	15.90	18.30	22.40
	min	5.70	6.80	8.74	10.34	12.57	14.80	17.20	20.30
m[c]	min	4.70	5.70	7.64	9.64	11.57	13.30	15.30	18.70
m_w	min	2.5	3.1	4.6	5.6	6.8	7.7	8.9	10.7
s	max	8.00	10.00	13.00	15.00	18.00	21.00	24.00	30.00
	min	7.78	9.78	12.73	14.73	17.73	20.67	23.67	29.16
r[d]	max	0.3	0.4	0.5	0.6	0.7	0.9	1.0	1.2

注：如产品通过了六角和法兰的检验，则应视为满足了尺寸 e、c 和 m_w 的要求。

[a] 尽可能不采用括号内的规格。

[b] P——螺距。

[c] m——最小螺纹高度。

[d] r 适用于棱角和六角面。

3.16.3 技术条件

(1) 螺母材料：钢。

(2) 钢的机械性能等级：8、10(QT)、12(QT)

(3) 钢的表面处理：

——不经处理；

——电镀技术要求按 GB/T 5267.1 的规定；

——非电解锌片涂层技术要求按 GB/T 5267.2 的规定；

——如需其他技术要求和表面处理，应由供需双方协议。

3.16.4 标记示例

螺纹规格为 M12、性能等级为 8 级、表面不经处理、产品等级为 A 级的 2 型全金属六角法兰面锁紧螺母的标记：

螺母 GB/T 6187.1 M12

3.17 细牙 2 型全金属六角法兰面锁紧螺母

(GB/T 6187.2—2016 2 型全金属六角法兰面锁紧螺母 细牙)

3.17.1 型式

细牙 2 型全金属六角法兰面锁紧螺母型式见图 3-17。

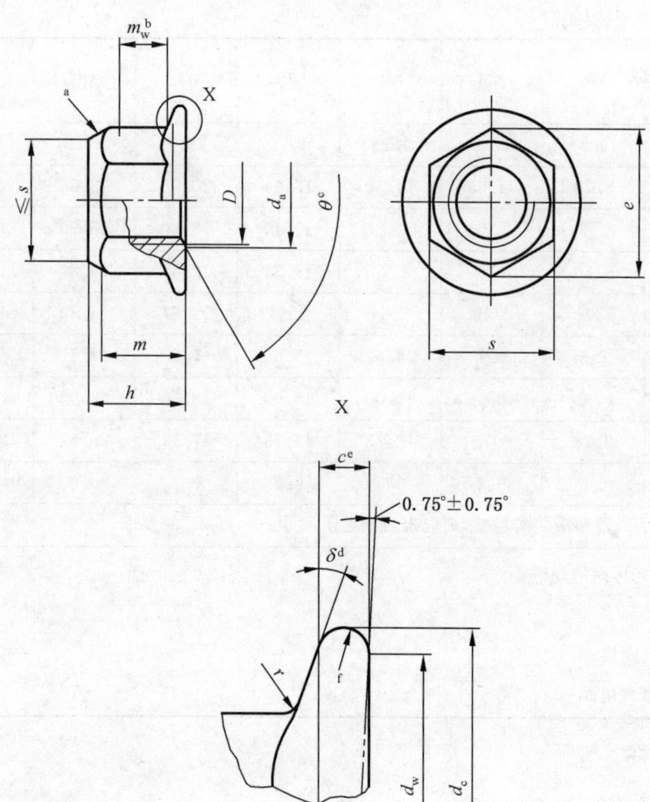

[a] 有效力矩部分形状由制造者自选。

[b] m_w——扳拧高度，见表 3-20 注。

[c] $\theta=90°\sim120°$。

[d] $\delta=15°\sim25°$。

[e] c 在 $d_{w\,min}$ 处测量。

[f] 棱边形状由制造者任选。

图 3-17 细牙 2 型全金属六角法兰面锁紧螺母

3.17.2 规格尺寸

细牙 2 型全金属六角法兰面锁紧螺母规格尺寸见表 3-20。

表 3-20 细牙 2 型全金属六角法兰面锁紧螺母规格尺寸

mm

螺纹规格 ($D\times P^a$)		M8×1	M10×1 (M10×1.25)[b]	M12×1.5 (M12×1.25)[b]	(M14×1.5)[b]	M16×1.5	M20×1.5
c	min	1.2	1.5	1.8	2.1	2.4	3.0
d_a	max	8.75	10.80	13.00	15.10	17.30	21.60
	min	8.00	10.00	12.00	14.00	16.00	20.00
d_c	max	17.9	21.8	26.0	29.9	34.5	42.8
d_w	min	15.8	19.6	23.8	27.6	31.9	39.9
e	min	14.38	16.64	20.03	23.36	26.00	32.95

续表 3-20 mm

螺纹规格 ($D\times P$[a])		M8×1	M10×1 (M10×1.25)[b]	M12×1.5 (M12×1.25)[b]	(M14×1.5)[b]	M16×1.5	M20×1.5
h	max	9.40	11.40	13.80	15.90	18.30	22.40
	min	8.74	10.34	12.57	14.80	17.20	20.30
m[c]	min	7.64	9.64	11.57	13.30	15.30	18.70
m_w	min	4.6	5.6	6.8	7.7	8.9	10.7
s	max	13.00	15.00	18.00	21.00	24.00	30.00
	min	12.73	14.73	17.73	20.67	23.67	29.16
r[d]	max	0.5	0.6	0.7	0.9	1.0	1.2

注：如产品通过了六角和法兰的检验，则应视为满足了尺寸 e、c 和 m_w 的要求。

[a] P——螺距。

[b] 尽可能不采用括号内的规格。

[c] m——最小螺纹高度。

[d] r 适用于棱角和六角面。

3.17.3 技术条件

(1) 螺母材料：钢。

(2) 钢的机械性能等级：8、10(QT)、12(QT)

(3) 钢的表面处理：

——不经处理；

——电镀技术要求按 GB/T 5267.1 的规定；

——非电解锌片涂层技术要求按 GB/T 5267.2 的规定；

——如需其他技术要求和表面处理，应由供需双方协议。

3.17.4 标记示例

螺纹规格为 M12×1.5、细牙螺纹、性能等级为 8 级、表面不经处理、产品等级为 A 级的 2 型全金属六角法兰面锁紧螺母的标记：

螺母 GB/T 6187.2 M12×1.5

3.18 细牙1型六角螺母

(GB/T 6171—2016 1型六角螺母 细牙)

3.18.1 型式

细牙1型六角螺母型式见图 3-18。

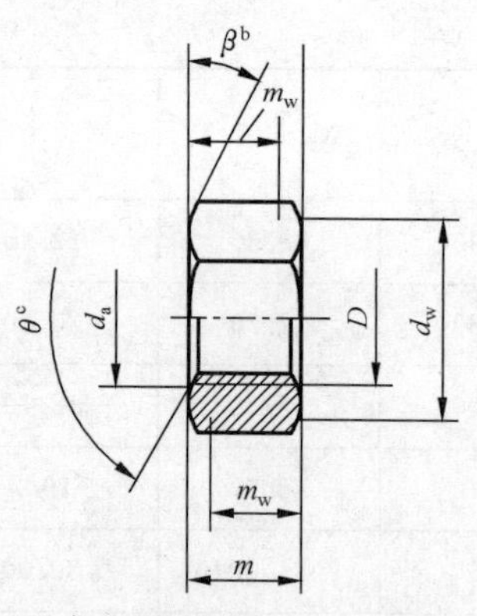

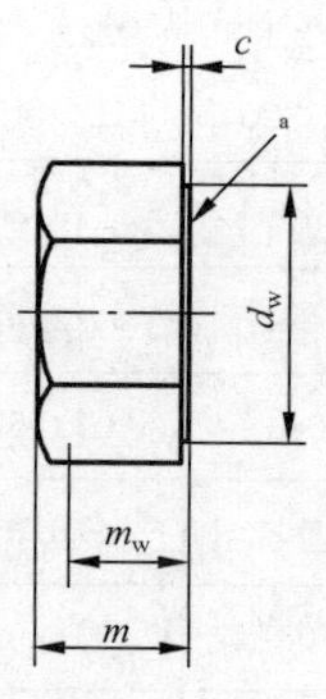

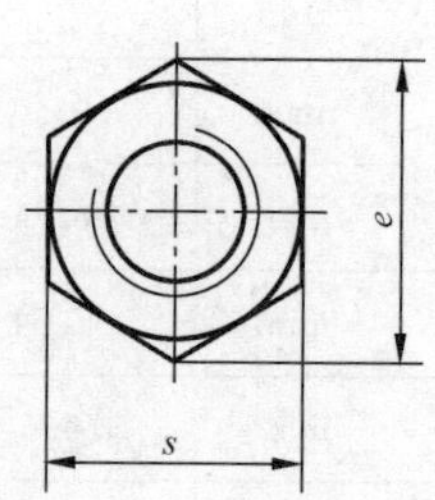

[a] 要求垫圈面型式时,应在订单中注明。

[b] $\beta=15^\circ\sim 30^\circ$。

[c] $\theta=90^\circ\sim 120^\circ$。

图 3-18 细牙 1 型六角螺母

3.18.2 规格尺寸

细牙 1 型六角螺母优选和非优选的螺纹规格尺寸见表 3-21 和表 3-22。

表 3-21 优选的螺纹规格尺寸

mm

螺纹规格 ($D\times P$)		M8 ×1	M10 ×1	M12 ×1.5	M16 ×1.5	M20 ×1.5	M24 ×2	M30 ×2	M36 ×3	M42 ×3	M48 ×3	M56 ×4	M64 ×4
c	max	0.60	0.60	0.60	0.80	0.80	0.80	0.80	0.80	1.00	1.00	1.00	1.00
	min	0.15	0.15	0.15	0.20	0.20	0.20	0.20	0.20	0.30	0.30	0.30	0.30
d_a	max	8.75	10.80	13.00	17.30	21.60	25.90	32.40	38.90	45.40	51.80	60.50	69.10
	min	8.00	10.00	12.00	16.00	20.00	24.00	30.00	36.00	42.00	48.00	56.00	64.00
d_w	min	11.63	14.63	16.63	22.49	27.70	33.25	42.75	51.11	59.95	69.45	78.66	88.16
e	min	14.38	17.77	20.03	26.75	32.95	39.55	50.85	60.79	71.30	82.60	93.56	104.86
m	max	6.80	8.40	10.80	14.80	18.00	21.50	25.60	31.00	34.00	38.00	45.00	51.00
	min	6.44	8.04	10.37	14.10	16.90	20.20	24.30	29.40	32.40	36.40	43.40	49.10
m_w	min	5.15	6.43	8.30	11.28	13.52	16.16	19.44	23.52	25.92	29.12	34.72	39.28
s	公称=max	13.00	16.00	18.00	24.00	30.00	36.00	46.00	55.00	65.00	75.00	85.00	95.00
	min	12.73	15.73	17.73	23.67	29.16	35.00	45.00	53.80	63.10	73.10	82.80	92.80

表 3-22 非优选的螺纹规格尺寸

mm

螺纹规格 ($D\times P$)		M10 ×1.25	M12 ×1.25	M14 ×1.5	M18 ×1.5	M20 ×2	M22 ×1.5	M27 ×2	M33 ×2	M39 ×3	M45 ×3	M52 ×4	M60 ×4
c	max	0.60	0.60	0.60	0.80	0.80	0.80	0.80	0.80	1.00	1.00	1.00	1.00
	min	0.15	0.15	0.15	0.20	0.20	0.20	0.20	0.20	0.30	0.30	0.30	0.30
d_a	max	10.80	13.00	15.10	19.50	21.60	23.70	29.10	35.60	42.10	48.60	56.20	64.80
	min	10.00	12.00	14.00	18.00	20.00	22.00	27.00	33.00	39.00	45.00	52.00	60.00
d_w	min	14.63	16.63	19.64	24.85	27.70	31.35	38.00	46.55	55.86	64.70	74.20	83.41
e	min	17.77	20.03	23.36	29.56	32.95	37.29	45.20	55.37	66.44	76.95	88.25	99.21

续表 3-22 mm

螺纹规格 ($D\times P$)		M10 ×1.25	M12 ×1.25	M14 ×1.5	M18 ×1.5	M20 ×2	M22 ×1.5	M27 ×2	M33 ×2	M39 ×3	M45 ×3	M52 ×4	M60 ×4
m	max	8.40	10.80	12.80	15.80	18.00	19.40	23.80	28.70	33.40	36.00	42.00	48.00
	min	8.04	10.37	12.10	15.10	16.90	18.10	22.50	27.40	31.80	34.40	40.40	46.40
m_w	min	6.43	8.30	9.68	12.08	13.52	14.48	18.00	21.92	25.44	27.52	32.32	37.12
s	公称=max	16.00	18.00	21.00	27.00	30.00	34.00	41.00	50.00	60.00	70.00	80.00	90.00
	min	15.73	17.73	20.67	26.16	29.16	33.00	40.00	49.00	58.80	68.10	78.10	87.80

3.18.3 技术条件

(1) 螺母材料:钢、不锈钢、有色金属。

(2) 机械性能等级

1) 钢的机械性能等级:8 mm≤D≤16 mm,6、8(QT)、10(QT);16 mm<D≤39 mm,6(QT)、8(QT);D>39 mm,按协议。

2) 不锈钢的机械性能等级:D≤24 mm,A2-70、A4-70;24 mm<D≤39 mm,A2-50、A4-50;D>39 mm,按协议。

3) 有色金属的机械性能等级:CU2、CU3、AL4。

(3) 表面处理

1) 钢的表面处理:

——不经处理;

——电镀技术要求按 GB/T 5267.1 的规定;

——非电解锌片涂层技术要求按 GB/T 5267.2 的规定;

——如需其他技术要求和表面处理,应由供需双方协议。

2) 不锈钢的表面处理:

——简单处理;

——钝化处理技术要求按 GB/T 5267.4 的规定;

——如需其他技术要求和表面处理,应由供需双方协议。

3) 有色金属的表面处理:

——简单处理;

——电镀技术要求按 GB/T 5267.1 的规定;

——如需其他技术要求和表面处理,应由供需双方协议。

3.18.4 标记示例

螺纹规格为 M16×1.5、性能等级为 8 级、表面不经处理、产品等级为 A 级、细牙螺纹的 1 型六角螺母的标记:

螺母 GB/T 6171 M16×1.5

3.19　六角薄螺母

（GB/T 6172.1—2016 六角薄螺母）

3.19.1　型式

六角薄螺母型式见图3-19。

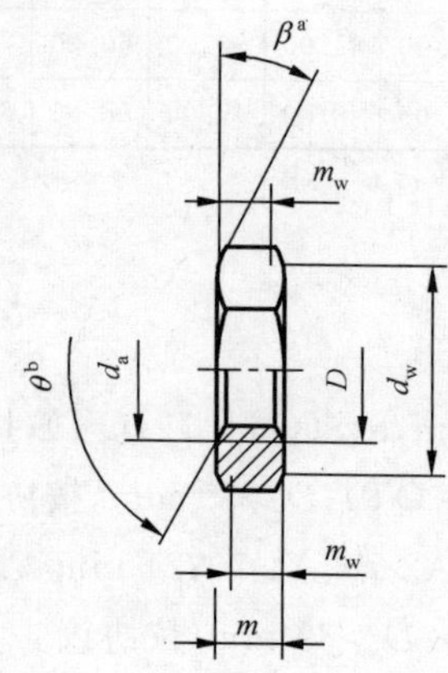

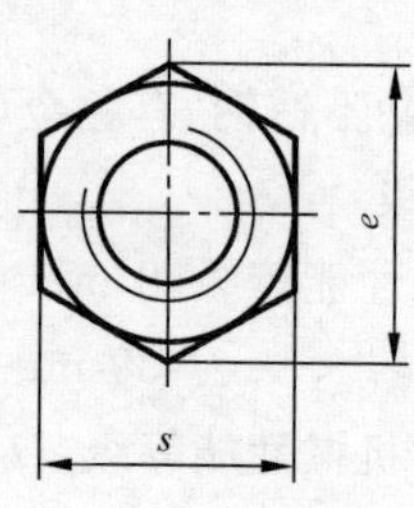

[a] β=15°～30°。

[b] θ=110°～120°。

图3-19　六角薄螺母

3.19.2　规格尺寸

六角薄螺母优选和非优选的螺纹规格尺寸见表3-23和表3-24。

表3-23　优选规格尺寸

mm

螺纹规格 D			M1.6	M2	M2.5	M3	M4	M5	M6	M8	M10	M12
P[a]			0.35	0.4	0.45	0.5	0.7	0.8	1	1.25	1.5	1.75
d_a		max	1.84	2.30	2.90	3.45	4.60	5.75	6.75	8.75	10.80	13.00
		min	1.60	2.00	2.50	3.00	4.00	5.00	6.00	8.00	10.00	12.00
d_w		min	2.40	3.10	4.1	4.60	5.90	6.90	8.90	11.60	14.60	16.60
e		min	3.41	4.32	5.45	6.01	7.66	8.79	11.05	14.38	17.77	20.03
m		max	1.00	1.20	1.60	1.80	2.20	2.70	3.20	4.00	5.00	6.00
		min	0.75	0.95	1.35	1.55	1.95	2.45	2.90	3.70	4.70	5.70
m_w		min	0.60	0.80	1.10	1.20	1.60	2.00	2.3	3.0	3.8	4.60
s	公称=	max	3.20	4.00	5.00	5.50	7.00	8.00	10.00	13.00	16.00	18.00
		min	3.02	3.82	4.82	5.32	6.78	7.78	9.78	12.73	15.73	17.73

续表 3-23

mm

螺纹规格 D		M16	M20	M24	M30	M36	M42	M48	M56	M64
P[a]		2	2.5	3	3.5	4	4.5	5	5.5	6
d_a	max	17.30	21.60	25.90	32.40	38.90	45.40	51.80	60.50	69.10
	min	16.00	20.00	24.00	30.00	36.00	42.00	48.00	56.00	64.00
d_w	min	22.50	27.70	33.20	42.80	51.10	60.00	69.50	78.70	88.20
e	min	26.75	32.95	39.55	50.85	60.79	71.30	82.60	93.56	104.86
m	max	8.00	10.00	12.00	15.00	18.00	21.00	24.00	28.00	32.00
	min	7.42	9.10	10.90	13.90	16.90	19.70	22.70	26.70	30.40
m_w	min	5.90	7.30	8.70	11.10	13.50	15.80	18.20	21.40	24.30
s	公称＝max	24.00	30.00	36.00	46.00	55.00	65.00	75.00	85.00	95.00
	min	23.67	29.16	35.00	45.00	53.80	63.10	73.10	82.80	92.80

[a] P—螺距。

表 3-24 非优选规格尺寸

mm

螺纹规格 D		M3.5	M14	M18	M22	M27	M33	M39	M45	M52	M60
P[a]		0.6	2	2.5	2.5	3	3.5	4	4.5	5	5.5
d_a	max	4.00	15.10	19.50	23.70	29.10	35.60	42.10	48.60	56.20	64.80
	min	3.50	14.00	18.00	22.00	27.00	33.00	39.00	45.00	52.00	60.00
d_w	min	5.10	19.60	24.90	31.40	38.00	46.60	55.90	64.70	74.20	83.40
e	min	6.58	23.36	29.56	37.29	45.20	55.37	66.44	76.95	88.25	99.21
m	max	2.00	7.00	9.00	11.00	13.50	16.50	19.50	22.50	26.00	30.00
	min	1.75	6.42	8.42	9.90	12.40	15.40	18.20	21.20	24.70	28.70
m_w	min	1.40	5.10	6.70	7.90	9.90	12.30	14.60	17.00	19.80	23.00
s	公称＝max	6.00	21.00	27.00	34.00	41.00	50.00	60.00	70.00	80.00	90.00
	min	5.82	20.67	26.16	33.00	40.00	49.00	58.80	68.10	78.10	87.80

[a] P——螺距。

3.19.3 技术条件

(1) 螺母材料:钢、不锈钢、有色金属。

(2) 机械性能等级

1) 钢的机械性能等级:D<M5,按协议;M5≤D≤M39,04、05(QT);D>M39,按协议;

2) 不锈钢的机械性能等级:D≤M24,A2-035、A4-035;M24<D≤M39,A2-025、A4-025;D>M39,按协议;

3) 有色金属的机械性能等级:CU2、CU3、AL4。

(3) 表面处理

1) 钢的表面处理:

——不经处理;

——电镀技术要求按 GB/T 5267.1 的规定;

——非电解锌片涂层技术要求按 GB/T 5267.2 的规定;

——热浸镀锌技术要求按 GB/T 5267.3 的规定;

——如需其他技术要求和表面处理,应由供需双方协议。

2) 不锈钢的表面处理;

——简单处理;

——钝化处理技术要求按 GB/T 5267.4 的规定;

——如需其他技术要求和表面处理,应由供需双方协议。

3) 有色金属的表面处理;

——简单处理;

——电镀技术要求按 GB/T 5267.1 的规定;

——如需其他技术要求和表面处理,应由供需双方协议。

3.19.4 标记示例

螺纹规格为 M12、性能等级为 04 级、表面不经处理、产品等级为 A 级、倒角的六角薄螺母的标记:

螺母 GB/T 6172.1 M12

3.20 非金属嵌件六角锁紧薄螺母

(GB/T 6172.2—2016 非金属嵌件六角锁紧薄螺母)

3.20.1 型式

非金属嵌件六角锁紧薄螺母型式见图 3-20。

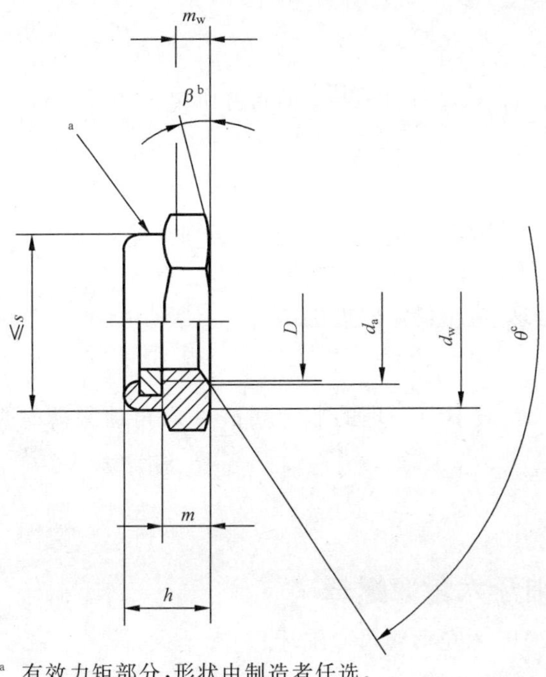

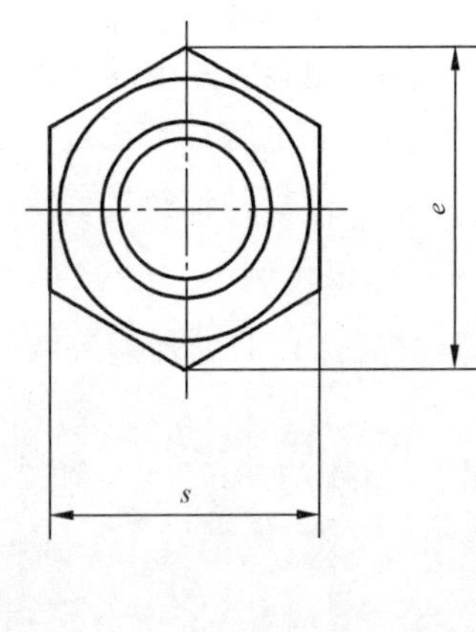

[a] 有效力矩部分，形状由制造者任选。

[b] $\beta=15°\sim30°$。

[c] $\theta=110°\sim120°$。

图 3-20　非金属嵌件六角锁紧薄螺母

3.20.2　规格尺寸

非金属嵌件六角锁紧薄螺母规格尺寸见表 3-25。

表 3-25　非金属嵌件六角锁紧薄螺母规格尺寸　　mm

螺纹规格 D		M3	M4	M5	M6	M8	M10	M12	(M14)[a]	M16	M20	M24	M30	M36
P[b]		0.5	0.7	0.8	1	1.25	1.5	1.75	2	2	2.5	3	3.5	4
d_a	max.	3.45	4.60	5.75	6.75	8.75	10.80	13.00	15.10	17.30	21.60	25.90	32.40	38.90
	min.	3.00	4.00	5.00	6.00	8.00	10.00	12.00	14.00	16.00	20.00	24.00	30.00	36.00
d_w	min.	4.56	5.90	6.90	8.90	11.60	14.60	16.60	19.60	22.50	27.70	33.20	42.80	51.10
e	min.	6.01	7.66	8.79	11.05	14.38	17.77	20.03	23.35	26.75	32.95	39.55	50.85	60.79
h	max.	3.90	5.00	5.00	6.00	6.76	8.56	10.23	11.32	12.42	14.90	17.80	22.20	25.50
	min.	3.42	4.52	4.52	5.52	6.18	7.98	9.53	10.22	11.32	13.10	16.00	20.10	23.40
m	min.	1.55	1.95	2.45	2.90	3.70	4.70	5.70	6.42	7.42	9.10	10.90	13.90	16.90
m_w	min.	1.24	1.56	1.96	2.32	2.96	3.76	4.56	5.14	5.94	7.28	8.72	11.12	13.52
s	max.	5.50	7.00	8.00	10.00	13.00	16.00	18.00	21.00	24.00	30.00	36.00	45.00	55.00
	min.	5.32	6.78	7.78	9.78	12.73	15.73	17.73	20.67	23.67	29.16	35.00	45.00	53.80

[a] 尽可能不采用括号内的规格。

[b] P——螺距。

3.20.3 技术条件

(1) 螺母材料:钢。

(2) 钢的机械性能等级:M5≤D≤M36,04、05(QT);D<M5,按协议。

(3) 钢的表面处理:

——不经处理;

——电镀技术要求按 GB/T 5267.1 的规定;

——非电解锌片涂层技术要求按 GB/T 5267.2 的规定;

——如需其他技术要求和表面处理,应由供需双方协议。

3.20.4 标记示例

螺纹规格为 M12、性能等级为 04 级、表面不经处理的非金属嵌件六角锁紧薄螺母的标记:

螺母 GB/T 6172.2 M12

3.21 细牙六角薄螺母

(GB/T 6173—2015 六角薄螺母 细牙)

3.21.1 型式

细牙六角薄螺母型式见图 3-21。

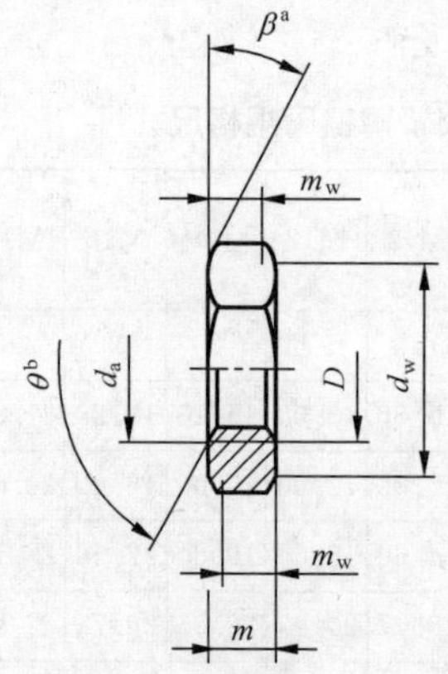

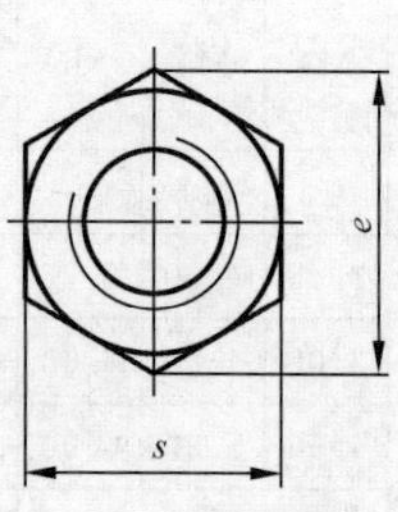

[a] $\beta=15°\sim30°$。

[b] $\theta=110°\sim120°$。

图 3-21 细牙六角薄螺母

3.21.2 规格尺寸

六角薄螺母细牙优选和非优选的螺纹规格尺寸见表 3-26 和表 3-27。

表 3-26 优选规格尺寸 mm

螺纹规格 (D×P)		M8×1	M10×1	M12×1.5	M16×1.5	M20×1.5	M24×2	M30×2	M36×3	M42×3	M48×3	M56×4	M64×4
d_a	max	8.75	10.80	13.00	17.30	21.60	25.90	32.40	38.90	45.40	51.80	60.50	69.10
	min	8.00	10.00	12.00	16.00	20.00	24.00	30.00	36.00	42.00	48.00	56.00	64.00
d_w	min	11.63	14.63	16.63	22.49	27.70	33.25	42.75	51.11	59.95	69.45	78.66	88.16
e	min	14.38	17.77	20.03	26.75	32.95	39.55	50.85	60.79	71.30	82.60	93.56	104.86
m	max	4.00	5.00	6.00	8.00	10.00	12.00	15.00	18.00	21.00	24.00	28.00	32.00
	min	3.70	4.70	5.70	7.42	9.10	10.90	13.90	16.90	19.70	22.70	26.70	30.40
m_w	min	2.96	3.76	4.56	5.94	7.28	8.72	11.12	13.52	15.76	18.16	21.36	24.32
s	公称=max	13.00	16.00	18.00	24.00	30.00	36.00	46.00	55.00	65.00	75.00	85.00	95.00
	min	12.73	15.73	17.73	23.67	29.16	35.00	45.00	53.80	63.10	73.10	82.80	92.80

表 3-27 非优选规格尺寸 mm

螺纹规格 (D×P)		M10×1.25	M12×1.25	M14×1.5	M18×1.5	M20×2	M22×1.5	M27×2	M33×2	M39×3	M45×3	M52×4	M60×4
d_a	max	10.80	13.00	15.10	19.50	21.60	23.70	29.10	35.60	42.10	48.60	56.20	64.80
	min	10.00	12.00	14.00	18.00	20.00	22.00	27.00	33.00	39.00	45.00	52.00	60.00
d_w	min	14.63	16.63	19.64	24.85	27.70	31.35	38.00	46.55	55.86	64.70	74.20	83.41
e	min	17.77	20.03	23.36	29.56	32.95	37.29	45.20	55.37	66.44	76.95	88.25	99.21
m	max	5.00	6.00	7.00	9.00	10.00	11.00	13.50	16.50	19.50	22.50	26.00	30.00
	min	4.70	5.70	6.42	8.42	9.10	9.90	12.40	15.40	18.20	21.20	24.70	28.70
m_w	min	3.76	4.56	5.14	6.74	7.28	7.92	9.92	12.32	14.56	16.96	19.76	22.96
s	公称=max	16.00	18.00	21.00	27.00	30.00	34.00	41.00	50.00	60.00	70.00	80.00	90.00
	min	15.73	17.73	20.67	26.16	29.16	33.00	40.00	49.00	58.80	68.10	78.10	87.80

3.21.3 技术条件

(1) 螺母材料：钢、不锈钢、有色金属。

(2) 机械性能等级

1) 钢的机械性能等级：$D \leqslant 39$ mm，04、05(QT)；$D > 39$，按协议。

2) 不锈钢的机械性能等级：$D \leqslant 24$ mm，A2-035、A4-035；24 mm $< D \leqslant 39$ mm，A2-025、A4-025；$D > 39$ mm，按协议。

3) 有色金属的机械性能等级：CU2、CU3、AL4。

(3) 表面处理

1) 钢的表面处理：

——不经处理；

——电镀技术要求按 GB/T 5267.1 的规定；

——非电解锌片涂层技术要求按 GB/T 5267.2 的规定；

——如需其他技术要求和表面处理，应由供需双方协议。

2) 不锈钢的表面处理：

——简单处理；

——钝化处理技术要求按 GB/T 5267.4 的规定；

——如需其他技术要求和表面处理，应由供需双方协议。

3）有色金属的表面处理：

——简单处理；

——电镀技术要求按 GB/T 5267.1 的规定；

——如需其他技术要求和表面处理，应由供需双方协议。

3.21.4　标记示例

螺纹规格为 M16×1.5、性能等级为 05 级、表面不经处理、产品等级为 A 级、细牙螺纹、倒角的六角薄螺母的标记：

螺母　GB/T 6173　M16×1.5

3.22　无倒角六角薄螺母

（GB/T 6174—2016 六角薄螺母　无倒角）

3.22.1　型式

无倒角六角薄螺母型式见图 3-22。

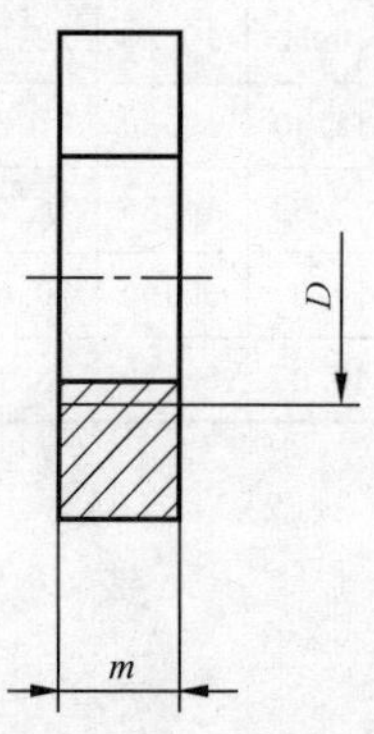

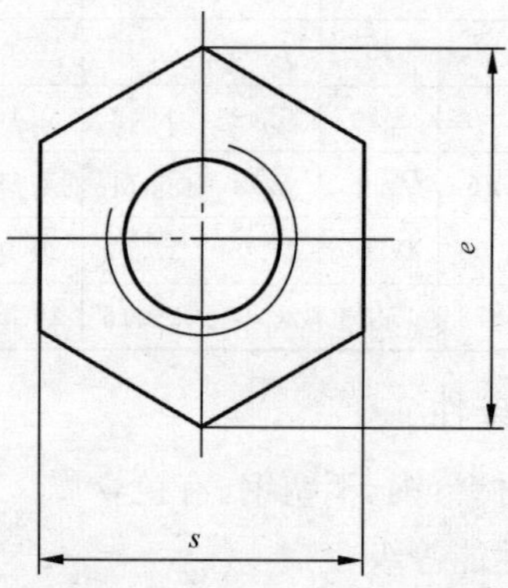

图 3-22　无倒角六角薄螺母

3.22.2　规格尺寸

无倒角六角薄螺母规格尺寸见表 3-28。

表 3-28 无倒角六角薄螺母规格尺寸 mm

螺纹规格 D		M1.6	M2	M2.5	M3	(M3.5)[a]	M4	M5	M6	M8	M10
P[b]		0.35	0.4	0.45	0.5	0.6	0.7	0.8	1	1.25	1.5
e	min	3.28	4.18	5.31	5.88	6.44	7.50	8.63	10.89	14.20	17.59
m	max	1.00	1.20	1.60	1.80	2.00	2.20	2.70	3.20	4.00	5.00
	min	0.75	0.95	1.35	1.55	1.75	1.95	2.45	2.90	3.70	4.70
s	公称＝max	3.20	4.00	5.00	5.50	6.00	7.00	8.00	10.00	13.00	16.00
	min	2.90	3.70	4.70	5.20	5.70	6.64	7.64	9.64	12.57	15.57

[a] 尽可能不采用括号内的规格。

[b] P——螺距。

3.22.3 技术条件

(1) 螺母材料：钢、有色金属。

(2) 机械性能等级

1) 钢的机械性能等级：硬度≥110 HV30。

2) 有色金属的机械性能等级：材料符合 GB/T 3098.10 的规定。

(3) 表面处理

1) 钢的表面处理：

——不经处理；

——电镀技术要求按 GB/T 5267.1 的规定；

——非电解锌片涂层技术要求按 GB/T 5267.2 的规定；

——如需其他技术要求和表面处理，应由供需双方协议。

2) 有色金属的表面处理：

——简单处理；

——电镀技术要求按 GB/T 5267.1 的规定；

——如需其他技术要求和表面处理，应由供需双方协议。

3.22.4 标记示例

螺纹规格为 M12、钢螺母硬度大于或等于 110 HV30、表面不经处理、产品等级为 B 级无倒角的六角薄螺母的标记：

螺母 GB/T 6174 M12

3.23 焊接六角法兰面螺母

(GB/T 13681.2—2017 焊接六角法兰面螺母)

3.23.1 型式

焊接六角法兰面螺母型式见图 3-23。

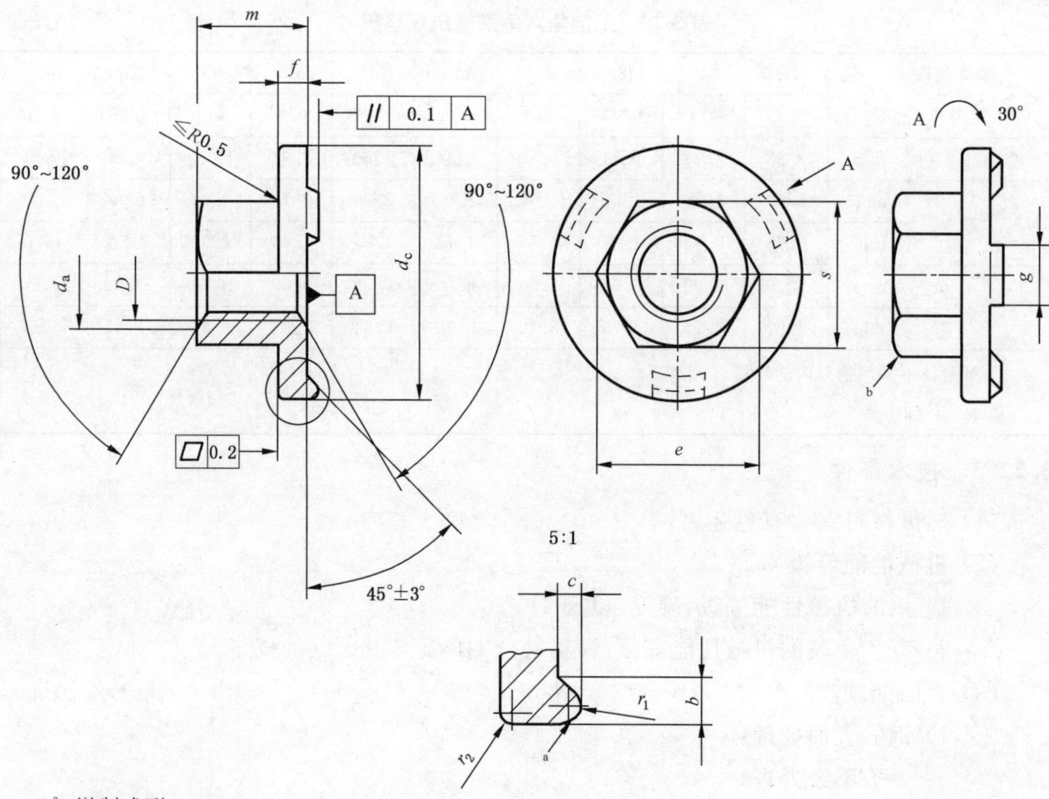

[a] 镦制成形。

[b] 镦制成形，最小 15°。

图 3-23 焊接六角法兰面螺母

3.23.2 规格尺寸

焊接六角法兰面螺母规格尺寸见表 3-29。

表 3-29 焊接六角法兰面螺母规格尺寸 mm

螺纹规格		P_2 [b]	$b_{-0.2}^{\ 0}$	c ±0.1	d_a max	$d_{c\,-1}^{\ 0}$	e min	f ±0.25	g ±0.1	m		s		r_1 ±0.1	r_2 ±0.1	每 1 000 件钢螺母的质量（ρ=7.85 g/dm³）≈ kg
D	$D\times P_1$ [a]									min	max	min	公称=max			
M5	—	0.8	2.20	0.8	6.0	15.5	8.2	1.7	4.0	4.70	5.00	7.7	8	0.6	0.3	2.9
M6	—	1	2.70	0.8	7.0	18.5	10.6	2.0	5.0	6.64	7.00	9.7	10	0.6	0.5	5.7
M8	M8×1	1.25	2.70	1.0	9.5	22.5	13.6	2.5	6.0	9.64	10.00	12.64	13	0.8	0.8	12.2
M10	M10×1.25 M10×1	1.5	2.95	1.2	11.5	26.5	16.9	3.0	7.0	12.57	13.00	15.64	16	1.0	1.0	21.8
M12	M12×1.5 M12×1.25	1.75	3.20	1.2	14.0	30.5	19.4	3.0	8.0	14.57	15.00	17.57	18	1.0	1.2	29.4
M14	M14×1.5	2	3.45	1.2	16.0	33.5	22.4	4.0	8.0	16.16	17.00	20.57	21	1.0	1.2	45.8
M16	M16×1.5	2	3.70	1.2	18.0	36.5	25.0	4.0	8.0	18.66	19.50	23.57	24	1.0	1.2	63.1

[a] 细牙螺纹螺距。

[b] 粗牙螺纹螺距。

3.23.3 技术条件

（1）螺母材料：

——含碳量大于0.25%，且按以下公式确定的碳当量(CEN)不超过0.53%：

$$CEV=C+\frac{Mn}{6}+\frac{Cr+Mo+V}{5}+\frac{Ni+Cu}{15}$$

——如要求螺母淬火并回火，硬度应不大于300 HV；

——不准许使用易切钢；

——如需规定材料牌号，应由供需协议。

（2）材料的机械性能等级：见表3-30。

（3）表面处理：

——应交付无涂镀层的螺母；

——在运输或贮存过程中，无涂镀层的螺母可能受到腐蚀，故制造者应采取不削弱螺母焊接性能的防腐措施。

表3-30 保证载荷值

螺纹规格 D	保证载荷 N	螺纹规格 $D\times P_1$	保证载荷 N
M5	14 800	—	—
M6	20 900	—	—
M8	38 100	M8×1	43 100
M10	60 300	M10×1.25	67 300
		M10×1	71 000
M12	88 500	M12×1.5	97 800
		M12×1.25	102 200
M14	120 800	M14×1.5	138 800
M16	164 900	M16×1.5	185 400

3.23.4 标记示例

螺纹规格M10、不经淬火并回火、可与10.9级的螺栓或螺钉搭配的钢制焊接六角法兰面螺母的标记：

螺母 GB/T 13681.2 M10

如果协议要求经淬火并回火的螺母，标记中应增加代号QT。

螺纹规格M12×1.5、经淬火并回火、可与10.9级螺栓或螺钉搭配的钢制焊接六角法兰面螺母的标记：

螺母 GB/T 13681.2 M12×1.5 QT

3.24 圆翼蝶形螺母

（GB/T 62.1—2004 蝶形螺母 圆翼）

3.24.1 型式

圆翼蝶形螺母型式见图3-24。

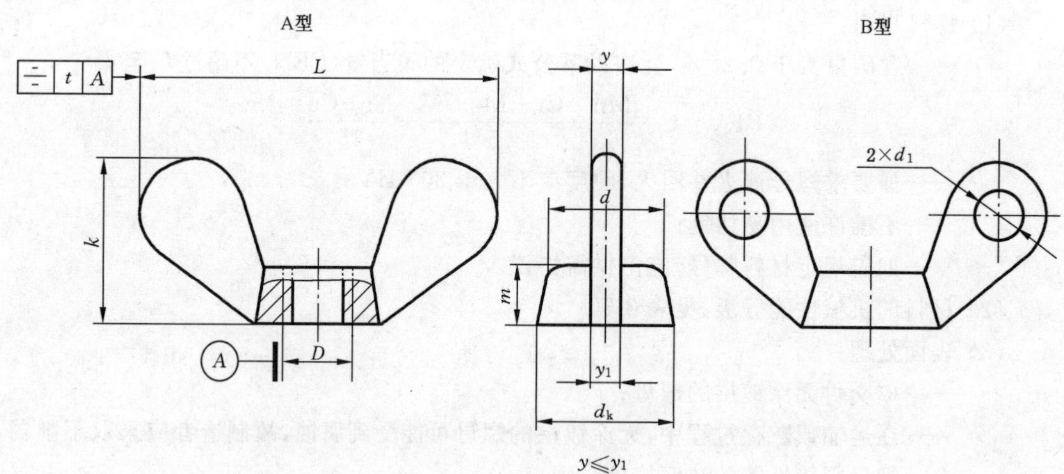

图 3-24 圆翼蝶形螺母

3.24.2 规格尺寸

圆翼蝶形螺母规格尺寸见表 3-31。

表 3-31 圆翼蝶形螺母规格尺寸

mm

螺纹规格 D	d_k min	d ≈	L		k		m min	y max	y_1 max	d_1 max	t max
M2	4	3	12		6		2	2.5	3	2	0.3
M2.5	5	4	16		8		3	2.5	3	2.5	0.3
M3	5	4	16	±1.5	8		3	2.5	3	3	0.4
M4	7	6	20		10		4	3	4	4	0.4
M5	8.5	7	25		12	±1.5	5	3.5	4.5	4	0.5
M6	10.5	9	32		16		6	4	5	5	0.5
M8	14	12	40		20		8	4.5	5.5	6	0.6
M10	18	15	50		25		10	5.5	6.5	7	0.7
M12	22	18	60	±2	30		12	7	8	8	1
(M14)	26	22	70		35		14	8	9	9	1.1
M16	26	22	70		35		14	8	9	10	1.2
(M18)	30	25	80		40		16	8	10	10	1.4
M20	34	28	90		45	±2	18	9	11	11	1.5
(M22)	38	32	100	±2.5	50		20	10	12	11	1.6
M24	43	36	112		56		22	11	13	12	1.8

注：尽可能不采用括号内的规格。

3.24.3 技术条件

（1）螺母材料：钢、不锈钢、有色金属。

(2) 机械性能等级

1) 钢的保证扭矩等级：Ⅰ级。

2) 不锈钢的保证扭矩等级：Ⅰ级。

3) 有色金属的保证扭矩等级：Ⅱ级。

(3) 表面处理

1) 钢的表面处理：

——氧化；

——电镀技术要求按 GB/T 5267.1 的规定。

2) 不锈钢的表面处理：简单处理。

3) 有色金属的表面处理：简单处理。

3.24.4 标记示例

螺纹规格 D＝M10、材料为 Q215、保证扭矩为Ⅰ级、表面氧化处理、两翼为半圆形的 A 型蝶形螺母的标记：

螺母 GB/T 62.1 M10

3.25 方翼蝶形螺母

（GB/T 62.2—2004 蝶形螺母 方翼）

3.25.1 型式

方翼蝶形螺母型式见图 3-25。

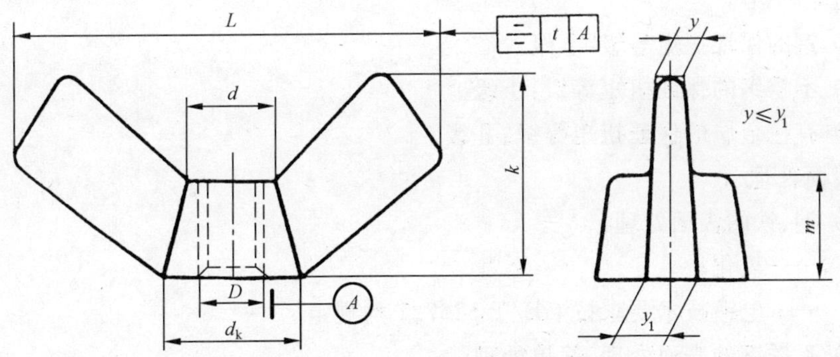

图 3-25 方翼蝶形螺母

3.25.2 规格尺寸

方翼蝶形螺母规格尺寸见表 3-32。

表 3-32 方翼蝶形螺母规格尺寸 mm

螺纹规格 D	d_k min	d ≈	L		k		m min	y max	y_1 max	t max
M3	6.5	4	17	±1.5	9	±1.5	3	3	4	0.4
M4	6.5	4	17		9		3	3	4	0.4
M5	8	6	21		11		4	3.5	4.5	0.5
M6	10	7	27	±2	13		4.5	4	5	0.5
M8	13	10	31		16		6	4.5	5.5	0.6
M10	16	12	36		18		7.5	5.5	6.5	0.7
M12	20	16	48		23	±2	9	7	8	1
(M14)	20	16	48		23		9	7	8	1.1
M16	27	22	68		35		12	8	9	1.2
(M18)	27	22	68		35		12	8	9	1.4
M20	27	22	68		35		12	8	9	1.5
注：尽可能不采用括号内的规格。										

3.25.3 技术条件

(1) 螺母材料:钢、铁、不锈钢、有色金属。

(2) 扭矩等级

1) 钢的保证扭矩等级:Ⅰ级。

2) 不锈钢的保证扭矩等级:Ⅰ级。

3) 有色金属的保证扭矩等级:Ⅱ级。

(3) 表面处理

1) 钢、铁的表面处理:

——氧化;

——电镀技术要求按 GB/T 5267.1 的规定。

2) 不锈钢的表面处理:简单处理。

3) 有色金属的表面处理:简单处理。

3.25.4 标记示例

螺纹规格 D=M10、材料为 Q215、保证扭矩为Ⅰ级、表面氧化处理、两翼为长方形的 A 型蝶形螺母的标记:

螺母 GB/T 62.2 M10

3.26 冲压蝶形螺母

(GB/T 62.3—2004 蝶形螺母 冲压)

3.26.1 型式

冲压蝶形螺母型式见图 3-26。

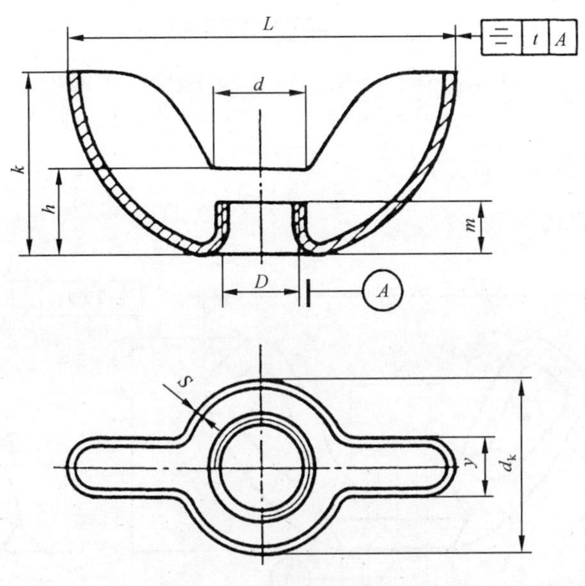

图 3-26 冲压蝶形螺母

3.26.2 规格尺寸

冲压蝶形螺母规格尺寸见表 3-33。

表 3-33 冲压蝶形螺母规格尺寸 mm

螺纹规格 D	d_k max	d ≈	L		k		h ≈	y max	A型(高型) m		A型(高型) S	B型(低型) m		B型(低型) S	t max
M3	10	5	16	±1	6.5	±1	2	4	3.5	±0.5	1	1.4	±0.3	0.8	0.4
M4	12	6	19		8.5		2.5	5	4			1.6			0.4
M5	13	7	22		9		3	5.5	4.5			1.8			0.5
M6	15	9	25		9.5		3.5	6	5	±0.8		2.4	±0.4	1	0.5
M8	17	10	28		11		5	7	6		1.2	3.1	±0.5	1.2	0.6
M10	20	12	35	±1.5	12		6	8	7			3.8			0.7

3.26.3 技术条件

(1) 螺母材料:钢。

(2) 钢的保证扭矩等级:A 型,Ⅱ级;B 型,Ⅲ级。

(3) 钢的表面处理:

——氧化;

——电镀，技术要求按GB/T 5267.1的规定。

3.26.4 标记示例

螺纹规格D=M5、材料为Q215、保证扭矩为Ⅱ级、表面氧化处理、用钢板冲压制成的A型蝶形螺母的标记：

螺母 GB/T 62.3 M5

3.27 压铸蝶形螺母

(GB/T 62.4—2004 蝶形螺母 压铸)

3.27.1 型式

压铸蝶形螺母型式见图3-27。

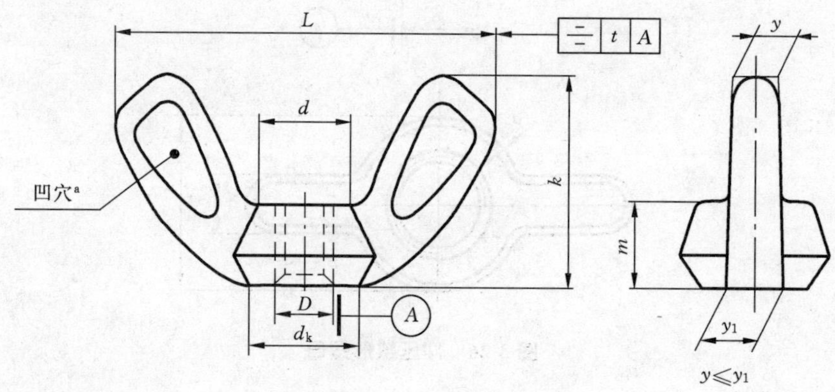

[a] 有无凹穴及其型式与尺寸，由制造者确定。

图3-27 压铸蝶形螺母

3.27.2 规格尺寸

压铸蝶形螺母规格尺寸见表3-34。

表3-34 压铸蝶形螺母规格尺寸 mm

螺纹规格 D	d_k min	d ≈	L		k		m min	y max	y_1 max	t max
M3	5	4	16	±1.5	8.5	±1.5	2.4	2.5	3	0.4
M4	7	6	21		11		3.2	3	4	0.4
M5	8.5	7	21		11		4	3.5	4.5	0.5
M6	10.5	9	23		14		5	4	5	0.5
M8	13	10	30		16		6.5	4.5	5.5	0.6
M10	16	12	37	±2	19		8	5.5	6.5	0.7

3.27.3 技术条件

(1) 螺母材料：锌合金。

(2) 锌合金的保证扭矩等级：Ⅱ级。

3.27.4 标记示例

螺纹规格 D=M5、材料为 ZZnAlD4-3、保证扭矩为Ⅱ级、表面氧化处理、用锌合金压铸制成的蝶形螺母的标记：

螺母 GB/T 62.4 M5

3.28 液力螺母

（JB/T 7553—2007 液力螺母）

3.28.1 型式

液力螺母型式见图 3-28～图 3-31。

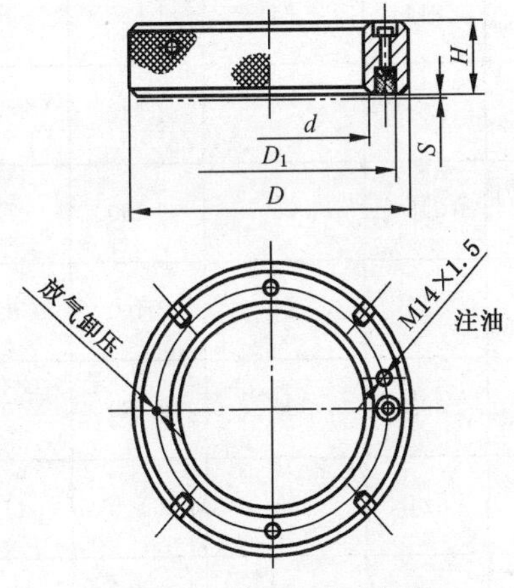

图 3-28 YMZ 型液力螺母

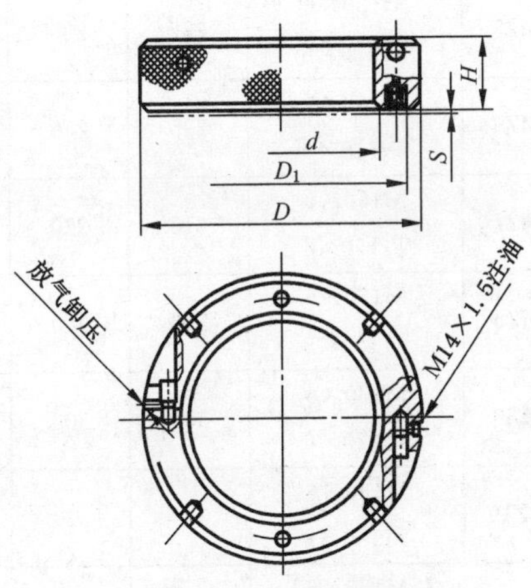

图 3-29 YMJ 型液力螺母

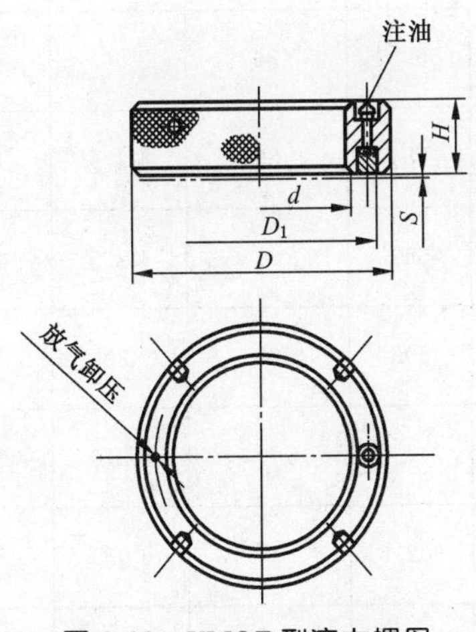

图 3-30 YMQZ 型液力螺母

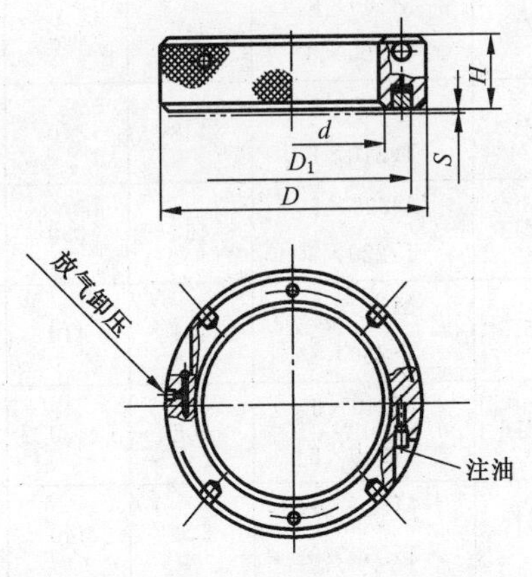

图 3-31 YMQJ 型液力螺母

3.28.2 规格尺寸

液力螺母规格尺寸见表 3-35～表 3-38。

表 3-35 YMZ 型液力螺母规格尺寸

mm

型号	螺纹规格 d mm	D mm	D_1 mm	H mm	活塞环		油腔压力 MPa max	公称拉力 kN	质量 ≈ kg
					行程 S mm	面积 cm^2			
YMZ1	M100×6 Tr100×4	210	175	100	10	127.4	80	900	21.0
YMZ2	M110×6 Tr110×4	225	190	110	10	150	83	1 100	27.0
YMZ3	M120×6 Tr120×6	248	200	120	10	192	79	1 340	35
YMZ4	M125×6 Tr125×6	260	220	130	10	203	81	1 450	41
YMZ5	M130×6 Tr130×6	272	230	130	10	214	84	1 585	46
YMZ6	M140×6 Tr140×6	295	250	140	10	264	79	1 840	57
YMZ7	M150×6 Tr150×6	318	270	150	10	318	76	2 130	71
YMZ8	M160×6 Tr160×6	330	280	160	10	332	84	2 460	82
YMZ9	M170×6 Tr170×6	354	300	170	10	392	80	2 760	102
YMZ10	M180×6 Tr180×8	378	320	180	10	424	83	3 100	119
YMZ11	M190×6 Tr190×8	402	340	190	10	492	80	3 470	147
YMZ12	M200×6 Tr200×8	415	350	200	10	509.7	86	3 865	162
YMZ13	M210×6 Tr210×8	438	370	210	10	584	83	4 275	191
YMZ14	M220×6 Tr220×8	462	390	220	10	663	81	4 735	225
YMZ15	M230×6 Tr230×8	484	410	230	10	693	85	5 200	255
YMZ16	M240×6 Tr240×8	508	430	240	10	747.5	79	5 210	300
YMZ17	M250×6 Tr250×8	520	440	250	10	802.6	85	6 020	325
YMZ18	M260×6 Tr260×8	544	460	260	10	907	83	6 640	372
YMZ19	M270×6 Tr270×8	567	480	270	10	1 005	81	7 180	410
YMZ20	M280×6 Tr280×8	590	500	280	10	1 108	79	7 720	465

续表 3-35 mm

型号	螺纹规格 d mm	D mm	D_1 mm	H mm	活塞环		油腔压力 MPa max	公称拉力 kN	质量 ≈ kg
					行程 S mm	面积 cm^2			
YMZ21	M290×6 Tr290×8	614	520	290	10	1 161	80	8 290	530
YMZ22	M300×6 Tr300×8	638	540	300	10	1 272	81	8 975	583
YMZ23	M320×6 Tr320×8	673	570	320	15	1 417	83	10 100	680
YMZ24	M340×6 Tr340×8	710	600	320	15	1 517	83	11 500	770
YMZ25	M360×6 Tr360×12	756	640	320	15	1 764	83	12 910	865
YMZ26	M380×6 Tr380×12	790	670	340	15	1 935	85	14 500	1 140
YMZ27	M400×6 Tr400×12	838	710	360	15	2 149	85	16 110	1 185
YMZ28	M420×6 Tr420×12	885	750	380	20	2 454	82	17 750	1 140
YMZ29	M440×6 Tr440×12	910	770	400	20	2 533	87	19 435	1 580
YMZ30	M450×6 Tr450×12	932	794	420	20	2 695	86	20 440	1 680
YMZ31	M460×6 Tr460×12	968	820	420	20	2 905	86	21 265	1 850
YMZ32	M480×6 Tr480×12	1 004	850	440	20	3 122	84	23 130	2 080
YMZ33	M500×6 Tr500×12	1 050	890	450	20	3 487	82	25 220	2 320
YMZ34	M520×6 Tr520×12	1 110	940	470	20	3 920	79	27 310	2 770
YMZ35	M540×6 Tr540×12	1 134	960	480	20	4 021	83	29 440	2 920
YMZ36	M550×6 Tr550×12	1 168	990	500	20	4 379	79	30 510	3 260
YMZ37	M560×6 Tr560×12	1 180	1 000	500	20	4 432	81	31 660	3 350
YMZ38	M580×6 Tr580×12	1 228	1 040	520	20	4 728	82	34 190	3 670
YMZ39	M600×6 Tr600×12	1 265	1 070	540	20	5 032	82	36 390	4 100

表3-36　YMJ型液力螺母规格尺寸　mm

型号	螺纹规格 d mm	D mm	D_1 mm	H mm	活塞环		油腔压力 MPa max	公称拉力 kN	质量 ≈ kg
					行程 S mm	面积 cm^2			
YMJ1	M100×6 Tr100×4	210	175	100	10	127.4	80	900	21.0
YMJ2	M110×6 Tr110×4	225	190	110	10	150	83	1 100	27.0
YMJ3	M120×6 Tr120×6	248	200	120	10	192	79	1 340	35
YMJ4	M125×6 Tr125×6	260	220	130	10	203	81	1 450	41
YMJ5	M130×6 Tr130×6	272	230	130	10	214	84	1 585	46
YMJ6	M140×6 Tr140×6	295	250	140	10	264	79	1 840	57
YMJ7	M150×6 Tr150×6	318	270	150	10	318	76	2 130	71
YMJ8	M160×6 Tr160×6	330	280	160	10	332	84	2 460	82
YMJ9	M170×6 Tr170×6	354	300	170	10	392	80	2 760	102
YMJ10	M180×6 Tr180×8	378	320	180	10	424	83	3 100	119
YMJ11	M190×6 Tr190×8	402	340	190	10	492	80	3 470	147
YMJ12	M200×6 Tr200×8	415	350	200	10	509.7	86	3 865	162
YMJ13	M210×6 Tr210×8	438	370	210	10	584	83	4 275	191
YMJ14	M220×6 Tr220×8	462	390	220	10	663	81	4 735	225
YMJ15	M230×6 Tr230×8	484	410	230	10	693	85	5 200	255
YMJ16	M240×6 Tr240×8	508	430	240	10	747.5	79	5 210	300
YMJ17	M250×6 Tr250×8	520	440	250	10	802.6	85	6 020	325
YMJ18	M260×6 Tr260×8	544	460	260	10	907	83	6 640	372
YMJ19	M270×6 Tr270×8	567	480	270	10	1 005	81	7 180	410

续表 3-36

mm

型号	螺纹规格 d mm	D mm	D_1 mm	H mm	活塞环		油腔压力 MPa max	公称 拉力 kN	质量 ≈ kg
					行程 S mm	面积 cm^2			
YMJ20	M280×6 Tr280×8	590	500	280	10	1 108	79	7 720	465
YMJ21	M290×6 Tr290×8	614	520	290	10	1 161	80	8 290	530
YMJ22	M300×6 Tr300×8	638	540	300	10	1 272	81	8 975	583
YMJ23	M320×6 Tr320×8	673	570	320	15	1 417	83	10 100	680
YMJ24	M340×6 Tr340×8	710	600	320	15	1 517	83	11 500	770
YMJ25	M360×6 Tr360×12	756	640	320	15	1 764	83	12 910	865
YMJ26	Tr380×6 Tr380×12	790	670	340	15	1 935	85	14 500	1 140
YMJ27	M400×6 Tr400×12	838	710	360	15	2 149	85	16 110	1 185
YMJ28	M420×6 Tr420×12	885	750	380	20	2 454	82	17 750	1 140
YMJ29	M440×6 Tr440×12	910	770	400	20	2 533	87	19 435	1 580
YMJ30	M450×6 Tr450×12	932	794	420	20	2 695	86	20 440	1 680
YMJ31	M460×6 Tr460×12	968	820	420	20	2 905	86	21 265	1 850
YMJ32	M480×6 Tr480×12	1 004	850	440	20	3 122	84	23 130	2 080
YMJ33	M500×6 Tr500×12	1 050	890	450	20	3 487	82	25 220	2 320
YMJ34	M520×6 Tr520×12	1 110	940	470	20	3 920	79	27 310	2 770
YMJ35	M540×6 Tr540×12	1 134	960	480	20	4 021	83	29 440	2 920
YMJ36	M550×6 Tr550×12	1 168	990	500	20	4 379	79	30 510	3 260
YMJ37	M560×6 Tr560×12	1 180	1 000	500	20	4 432	81	31 660	3 350
YMJ38	M580×6 Tr580×12	1 228	1 040	520	20	4 728	82	34 190	3 670
YMJ39	M600×6 Tr600×12	1 265	1 070	540	20	5 032	82	36 390	4 100

表3-37 YMQZ型液力螺母规格尺寸 mm

型号	螺纹规格 d mm	D mm	D_1 mm	H mm	活塞环		油腔压力 MPa max	公称拉力 kN	质量 ≈ kg
					行程 S mm	面积 cm^2			
YMQZ1	M100×2 Tr100×4	190	160	60	5	68	40	240	9.6
YMQZ2	M110×2 Tr110×4	210	170	60	5	73	40	260	11.8
YMQZ3	M120×2 Tr120×6	220	180	60	5	77	40	270	12.4
YMQZ4	M125×2 Tr125×6	230	180	60	5	77	40	70	13
YMQZ5	M130×2 Tr130×6	240	190	60	5	82	40	290	13.4
YMQZ6	M140×2 Tr140×6	270	200	60	5	87	40	310	14
YMQZ7	M150×2 Tr150×6	280	220	70	5	125	40	440	21.5
YMQZ8	M160×3 Tr160×6	290	230	70	8	132	40	465	23.0
YMQZ9	M170×3 Tr170×6	290	240	70	8	138	40	485	24
YMQZ10	M180×3 Tr180×8	300	250	70	8	145	40	510	25
YMQZ11	M190×3 Tr190×8	310	260	70	8	150	40	530	26
YMQZ12	M200×3 Tr200×8	320	270	70	8	157	40	550	27
YMQZ13	M210×4 Tr210×8	330	280	70	8	163	40	575	28
YMQZ14	M220×4 Tr220×8	340	290	70	8	169	40	600	29
YMQZ15	M230×4 Tr230×8	350	300	70	8	176	40	620	30
YMQZ16	M240×4 Tr240×8	360	310	80	10	182	40	640	36
YMQZ17	M250×4 Tr250×8	370	320	80	10	188	40	660	37
YMQZ18	M260×4 Tr260×8	380	330	80	10	195	40	685	38
YMQZ19	M270×4 Tr270×8	390	340	80	12	201	40	710	39
YMQZ20	M280×4 Tr280×8	400	350	80	12	207	40	730	40

续表 3-37

mm

型号	螺纹规格 d mm	D mm	D_1 mm	H mm	活塞环		油腔压力 MPa max	公称拉力 kN	质量 ≈ kg
					行程 S mm	面积 cm^2			
YMQZ21	M290×4 Tr290×8	410	360	80	12	213	40	750	41
YMQZ22	M300×4 Tr300×8	420	370	90	15	220	40	780	47
YMQZ23	M320×6 Tr320×8	440	390	90	15	232	40	820	50
YMQZ24	M340×6 Tr340×8	460	410	90	15	245	40	860	53
YMQZ25	M360×6 Tr360×12	480	430	90	15	257	40	910	56
YMQZ26	M380×6 Tr380×12	500	450	100	20	270	40	950	66
YMQZ27	M400×6 Tr400×12	520	470	100	20	283	40	1 000	70
YMQZ28	M420×6 Tr420×12	540	490	100	20	295	40	1 040	72
YMQZ29	M440×6 Tr440×12	560	510	100	20	307	40	1 080	76
YMQZ30	M450×6 Tr450×12	570	520	100	20	314	40	1 110	77
YMQZ31	M460×6 Tr460×12	580	530	100	20	320	40	1 130	78
YMQZ32	M480×6 Tr480×12	600	550	100	20	333	40	1 170	80
YMQZ33	M500×6 Tr500×12	650	590	120	20	443.7	40	1 565	118
YMQZ34	M520×6 Tr520×12	680	620	120	20	467	40	1 647	131
YMQZ35	M540×6 Tr540×12	700	640	120	20	483	40	1 700	134
YMQZ36	M550×6 Tr550×12	710	650	120	20	490	40	1 730	137
YMQZ37	M560×6 Tr560×12	720	660	120	20	498	40	1 760	140
YMQZ38	M580×6 Tr580×12	740	680	120	20	514	40	1 810	143
YMQZ39	M600×6 Tr600×12	760	700	120	20	530	40	1 870	147

表 3-38　YMQJ 型液力螺母规格尺寸　　mm

型号	螺纹规格 d mm	D mm	D_1 mm	H mm	活塞环		油腔压力 MPa max	公称拉力 kN	质量 ≈ kg
					行程 S mm	面积 cm^2			
YMQJ1	M100×2 Tr100×4	190	160	60	5	68	40	240	9.6
YMQJ2	M110×2 Tr110×4	210	170	60	5	73	40	260	11.8
YMQJ3	M120×2 Tr120×6	220	180	60	5	77	40	270	12.4
YMQJ4	M125×2 Tr125×6	220	180	60	5	77	40	270	13
YMQJ5	M130×2 Tr130×6	230	190	60	5	82	40	290	13.4
YMQJ6	M140×2 Tr140×6	240	200	60	5	87	40	310	14
YMQJ7	M150×2 Tr150×6	270	220	70	5	125	40	440	21.5
YMQJ8	M160×3 Tr160×6	280	230	70	8	132	40	465	23
YMQJ9	M170×3 Tr170×4	290	240	70	8	138	40	485	24
YMQJ10	M180×3 Tr180×8	300	250	70	8	145	40	510	25
YMQJ11	M190×3 Tr190×8	310	260	70	8	150	40	530	26
YMQJ12	M200×3 Tr200×8	320	270	70	8	157	40	550	27
YMQJ13	M210×4 Tr210×8	330	280	70	8	163	40	575	28
YMQJ14	M220×4 Tr220×8	340	290	70	8	169	40	600	29
YMQJ15	M230×4 Tr230×8	350	300	70	8	176	40	620	30
YMQJ16	M240×4 Tr240×8	360	310	80	10	182	40	640	36
YMQJ17	M250×4 Tr250×8	370	320	80	10	188	40	660	37
YMQJ18	M260×4 Tr260×8	380	330	80	10	195	40	685	38
YMQJ19	M270×4 Tr270×8	390	340	80	12	201	40	710	39
YMQJ20	M280×4 Tr280×8	400	350	80	12	207	40	730	40

续表 3-38

mm

型号	螺纹规格 d mm	D mm	D_1 mm	H mm	活塞环		油腔压力 MPa max	公称拉力 kN	质量 ≈ kg
					行程 S mm	面积 cm^2			
YMQJ21	M290×4 Tr290×8	410	360	80	12	213	40	750	41
YMQJ22	M300×4 Tr300×8	420	370	90	15	220	40	780	47
YMQJ23	M320×6 Tr320×8	440	390	90	15	232	40	820	50
YMQJ24	M340×6 Tr340×8	460	410	90	15	245	40	860	53
YMQJ25	M360×6 Tr360×8	480	430	90	15	257	40	910	56
YMQJ26	M380×6 Tr380×12	500	450	100	20	270	40	950	66
YMQJ27	M400×6 Tr400×12	520	470	100	20	283	40	1 000	70
YMQJ28	M420×6 Tr420×12	540	490	100	20	295	40	1 040	72
YMQJ29	M440×6 Tr440×12	560	510	100	20	307	40	1 080	76
YMQJ30	M450×6 Tr450×12	570	520	100	20	314	40	1 110	77
YMQJ31	M460×6 Tr460×12	580	530	100	20	320	40	1 130	78
YMQJ32	M480×6 Tr480×12	600	550	100	20	333	40	1 170	80
YMQJ33	M500×6 Tr500×12	650	590	120	20	443.7	40	1 565	118
YMQJ34	M520×6 Tr520×12	680	620	120	20	467	40	1 647	131
YMQJ35	M540×6 Tr540×12	700	640	120	20	483	40	1 700	134
YMQJ36	M550×6 Tr550×12	710	650	120	20	490	40	1 730	137
YMQJ37	M560×6 Tr560×12	720	660	120	20	498	40	1 760	140
YMQJ38	M580×6 Tr580×12	740	680	120	20	514	40	1 810	143
YMQJ39	M600×6 Tr600×12	760	700	120	20	530	40	1 870	147

3.28.3 标记示例

示例 1:普通螺纹规格为 M100×6 的轴向注油型液力螺母的标记:

YMZ1 液力螺母 M100×6　JB/T 7553—2007

示例 2:梯螺纹规格为 Tr100×4 的轻型轴向注油型液力螺母的标记:

YMQZ1 液力螺母 Tr100×4　JB/T 7553—2007

示例 3:普通螺纹规格为 M190×6 的径向注油型液力螺母的标记:

YMJ11 液力螺母 M190×6　JB/T 7553—2007

示例 4:梯型螺纹规格为 Tr190×8 的轻型径向注油型液力螺母的标记:

3.29　组合式盖形螺母

(GB/T 802.1—2008 组合式盖形螺母)

3.29.1　型式

组合式盖形螺母型式见图 3-32。

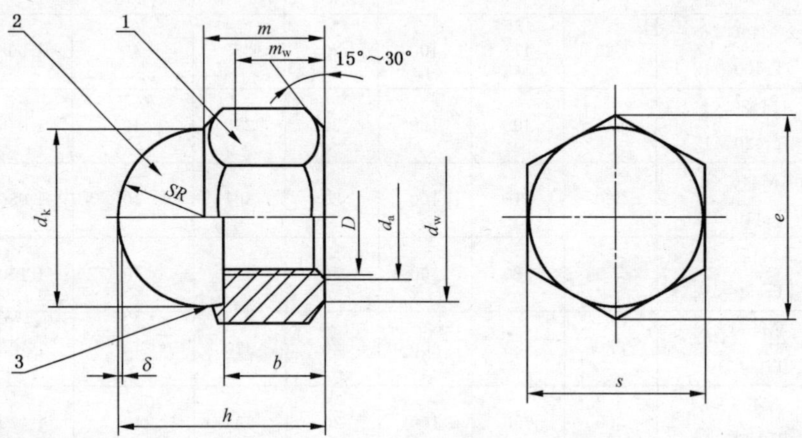

1——螺母体。

2——螺母盖。

3——铆合部位,形状由制造者任选。

图 3-32　组合式盖形螺母

3.29.2　规格尺寸

组合式盖形螺母规格尺寸见表 3-39。

表 3-39　组合式盖形螺母规格尺寸　mm

螺纹规格 D^a		M4	M5	M6	M8	M10	M12
	第 1 系列	M4	M5	M6	M8	M10	M12
	第 2 系列	—	—	—	M8×1	M10×1	M12×1.5
	第 3 系列	—	—	—	—	M10×1.25	M12×1.25
P^b		0.7	0.8	1	1.25	1.5	1.75
d_a	max	4.6	5.75	6.75	8.75	10.8	13
	min	4	5	6	8	10	12
d_k	≈	6.2	7.2	9.2	13	16	18

续表 3-39

mm

螺纹规格 D^a		M4	M5	M6	M8	M10	M12
	第 1 系列	M4	M5	M6	M8	M10	M12
	第 2 系列	—	—	—	M8×1	M10×1	M12×1.5
	第 3 系列	—	—	—	—	M10×1.25	M12×1.25
d_w	min	5.9	6.9	8.9	11.6	14.6	16.6
e	min	7.66	8.79	11.05	14.38	17.77	20.03
h	max=公称	7	9	11	15	18	22
m	≈	4.5	5.5	6.5	8	10	12
b	≈	2.5	4	5	6	8	10
m_w	min	3.6	4.4	5.2	6.4	8	9.6
SR	≈	3.2	3.6	4.6	6.5	8	9
s	公称	7	8	10	13	16	18
	min	6.78	7.78	9.78	12.73	15.73	17.73
δ	≈	0.5	0.5	0.8	0.8	0.8	1
P^b		2	2	2.5	2.5	2.5	3
d_a	max	15.1	17.3	19.5	21.6	23.7	25.9
	min	14	16	18	20	22	24
d_k	≈	20	22	25	28	30	34
d_w	min	19.6	22.5	24.9	27.7	31.4	33.3
e	min	23.35	26.75	29.56	32.95	37.29	39.55
h	max=公称	24	26	30	35	38	40
m	≈	13	15	17	19	21	22
b	≈	11	13	14	16	18	19
m_w	min	10.4	12	13.6	15.2	16.8	17.6
SR	≈	10	11.5	12.5	14	15	17
s	公称	21	24	27	30	34	36
	min	20.67	23.67	26.16	29.16	33	35
δ	≈	1	1	1.2	1.2	1.2	1.2

[a] 尽可能不采用括号内的规格；按螺纹规格第 1 至第 3 系列，依次优先选用。

[b] P——粗牙螺纹螺距。

3.29.3 技术条件

(1) 螺母材料：钢、不锈钢、有色金属。

(2) 机械性能等级

1) 钢的机械性能等级：6、8。

2) 不锈钢的机械性能等级：A2-50、A2-70、A4-50、A4-70。

3) 有色金属的机械性能等级：CU2、CU3、AL4。

(3) 表面处理

1) 钢的表面处理：

——氧化；

——电镀技术要求按 GB/T 5267.1 的规定；

——非电解锌片涂层技术要求按 GB/T 5267.2 的规定；

——热浸镀锌技术要求按 GB/T 5267.3 的规定。

2）不锈钢的表面处理：简单处理。

3）有色金属的表面处理：简单处理。

3.29.4　标记示例

螺纹规格 D＝M12、性能等级为 6 级、表面氧化处理的组合式盖形螺母的标记：

螺母　GB/T 802.1　M12

3.30　扩口式管接头用 A 型螺母

（GB/T 5647—2008 扩口式管接头用 A 型螺母）

3.30.1　型式

扩口式管接头用 A 型螺母型式见图 3-33。

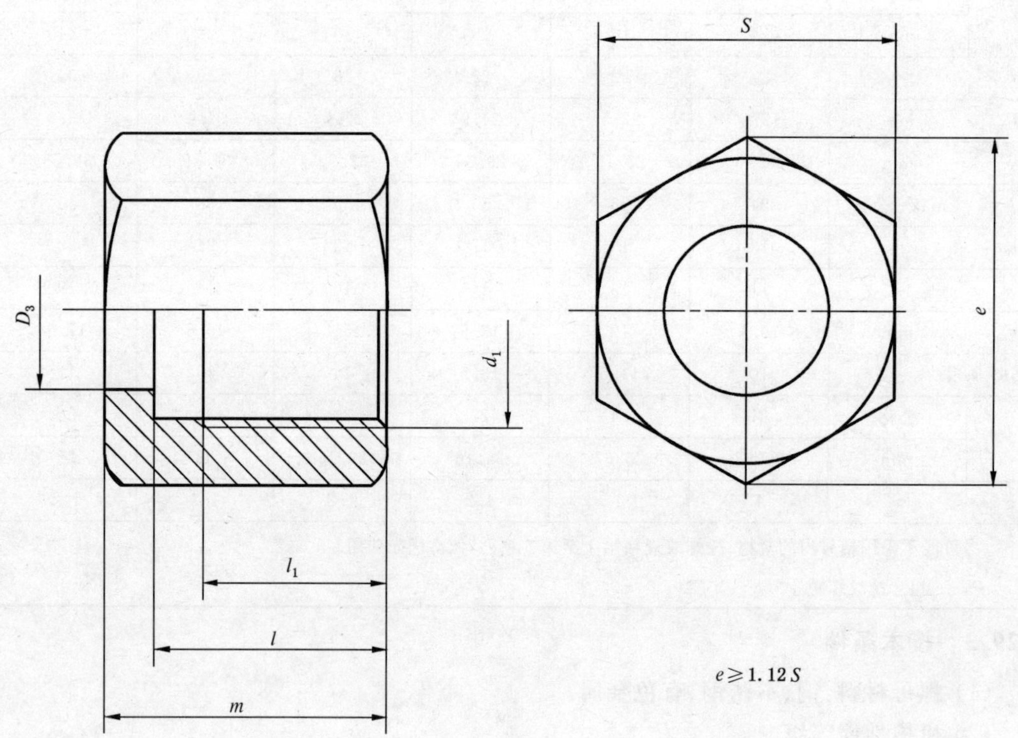

图 3-33　扩口式管接头用 A 型螺母

3.30.2　规格尺寸

扩口式管接头用 A 型螺母规格尺寸见表 3-40。

表 3-40 扩口式管接头用 A 型螺母规格尺寸 mm

管子外径 D_0	d_1	D_3		l_1	l	m	S
		公称尺寸	极限公差				
4	M10×1	5.5	$^{+0.075}_{0}$	6.5	11.5	13.5	12
5		6.5	+0.09				
6	M12×1.5	7.5		7.5	13.5	16.5	14
8	M14×1.5	9.5		8.5	15.5	18.5	17
10	M16×1.5	11.5	$^{+0.11}_{0}$	9.5	16.5	19.5	19
12	M18×1.5	13.5					22
14	M22×1.5	16					27
16	M24×1.5	18	$^{+0.13}_{0}$	10	17	20	30
18	M27×1.5	20					32
20	M30×2	22		10.5	20.5	24.5	36
22	M33×2	24		11.5	21.5	25.5	
25	M36×2	27		12	22	26	41
28	M39×2	30	$^{+0.16}_{0}$	13	23	27.5	46
32	M42×2	34		13.5	23.5	28.5	50
34	M45×2	36		14	24	29	

3.30.3 技术条件

技术要求按 GB/T 5653 的规定。

3.30.4 标记示例

管子外径为 10 mm、表面镀锌处理的钢制扩口式管接头用 A 型螺母的标记：

螺母 GB/T 5647 A10

3.31 扩口式管接头用 B 型螺母

(GB/T 5648—2008 扩口式管接头用 B 型螺母)

3.31.1 型式

扩口式管接头用 B 型螺母型式见图 3-34。

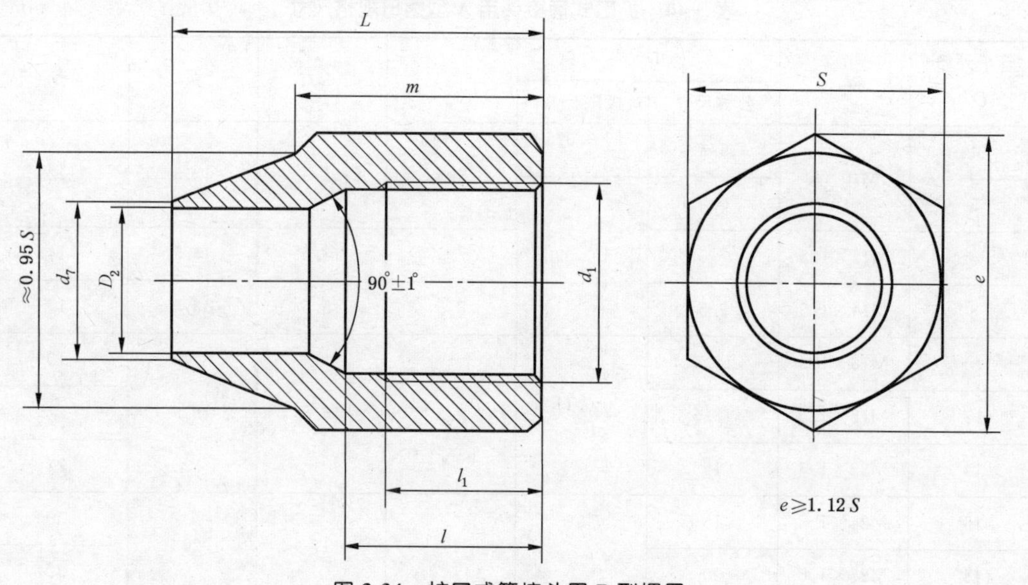

图 3-34 扩口式管接头用 B 型螺母

3.31.2 规格尺寸

扩口式管接头用 B 型螺母规格尺寸见表 3-41。

表 3-41 扩口式管接头用 B 型螺母规格尺寸 mm

管子外径 D_0	d_1	D_2 $^{+0.25}_{+0.15}$	d_7	l	l_1	L	m	S
4	M10×1	4	6	7	5	16	10	12
5		5	8					
6	M12×1.5	6	9	9.5	7			14
8	M14×1.5	8	11	11	8	20	12	17
10	M16×1.5	10	14	11.5	8.5	26	14	19
12	M18×1.5	12	16			28	16	22
14	M22×1.5	14	17	12	9	32	18	27
16	M24×1.5	16	19	13	10	34	20	
18	M27×1.5	18	22	14	11	38	22	30

3.31.3 技术条件

技术要求按 GB/T 5653 的规定。

3.31.4 标记示例

管子外径为 10 mm、表面镀锌处理的钢制扩口式管接头用 B 型螺母的标记：

螺母 GB/T 5648 B10

3.32 精密机械用六角螺母

（GB/T 18195—2000 精密机械用六角螺母）

3.32.1 型式

精密机械用六角螺母型式见图 3-35。

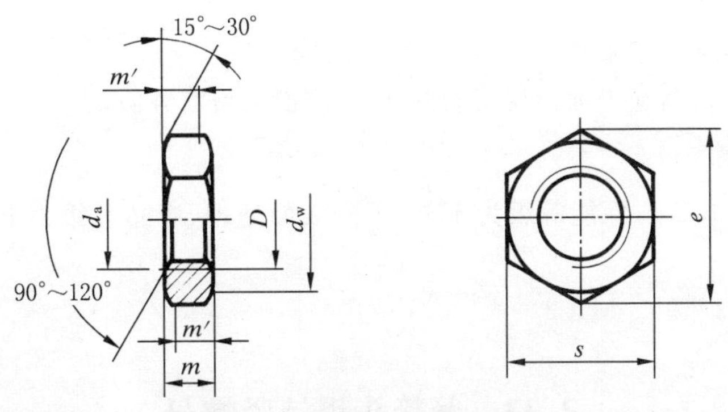

图 3-35 精密机械用六角螺母

3.32.2 规格尺寸

精密机械用六角螺母规格尺寸见表 3-42。

表 3-42 精密机械用六角螺母规格尺寸 mm

螺纹规格 D		M1	M1.2	M1.4
P[1)]		0.25	0.25	0.3
d_a	min	1	1.2	1.4
	max	1.15	1.35	1.6
d_w	min	2.25	2.7	2.7
e	min	2.69	3.25	3.25
m	max	0.8	1	1.2
	min	0.66	0.86	1.06
m'	min	0.53	0.69	0.85
s	max	2.5	3	3
	min	2.4	2.9	2.9
1) P——螺距。				

3.32.3 技术条件

（1）螺母材料：钢、不锈钢。

（2）机械性能等级

1）钢的机械性能等级：

——11H，维氏硬度≥110 HV；

——14H，维氏硬度≥140 HV。

2）不锈钢的机械性能等级：A1-50、A4-50。

（3）表面处理

1）钢的表面处理：

——不经处理；

——电镀技术要求按 GB/T 5267.1 的规定；

——如需其他表面镀层或表面处理，应由供需双方协议。

2）不锈钢的表面处理：

——简单处理；

——电镀技术要求按 GB/T 5267.1 的规定；

——如需其他表面镀层或表面处理，应由供需双方协议。

3.32.4 标记示例

螺纹规格 D=M1.2、性能等级为 11H、不经表面处理、产品等级为 F 级的精密机械用六角螺母的标记：

螺母 GB/T 18195 M1.2

3.33 管接头用锁紧螺母

（GB/T 5649—2008 管接头用锁紧螺母和垫圈）

3.33.1 型式

管接头用锁紧螺母型式见图 3-36。

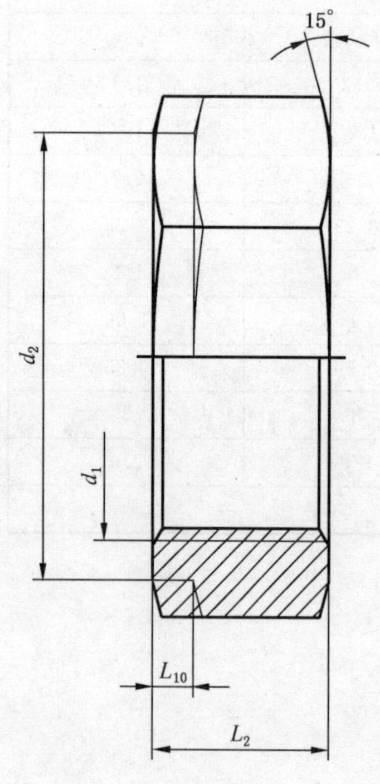

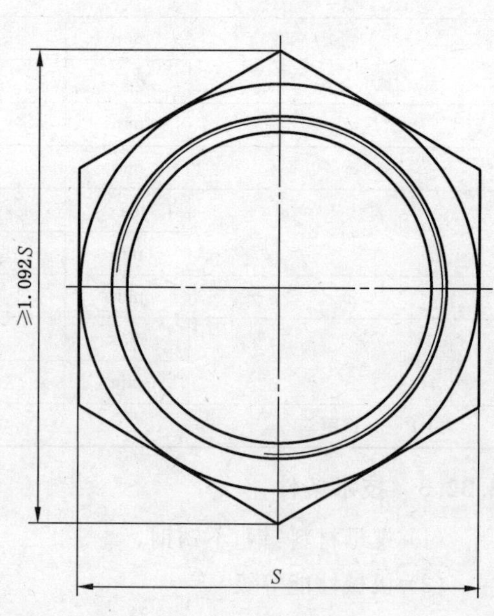

图 3-36 管接头用锁紧螺母

3.33.2 规格尺寸

管接头用锁紧螺母规格尺寸见表 3-43。

表 3-43　管接头用锁紧螺母规格尺寸　　mm

d_1	d_2 ±0.2	L_{10} ±0.1	L_2 ±0.2		S
			L 系列	S 系列	
M10×1	13.8	1.5	6	7	14
M12×1.5	16.8	2	7.5	8.5	17
M14×1.5	18.8	2	7.5	8.5	19
M16×1.5	21.8	2	7.5	9	22
M18×1.5	23.8	2.5	7.5	10.5	24
M20×1.5	26.8	2.5	8	11	27
M22×1.5	26.8	2.5	8	11	27
M27×2	31.8	2.5	10	13.5	32
M33×2	40.8	3	10	13.5	41
M42×2	49.8	3	10	14	50
M48×2	54.8	3	10	15	55

3.33.3　技术条件

技术条件按 GB/T 5653 的规定。

3.33.4　标记示例

螺纹规格为 M20×1.5、表面镀锌处理的钢制管接头用锁紧螺母的标记：

螺母　GB/T 5649　M20×1.5

3.34　管接头用六角薄螺母

(GB/T 3763—2008 管接头用六角薄螺母)

3.34.1　型式

管接头用六角薄螺母型式见图 3-37。

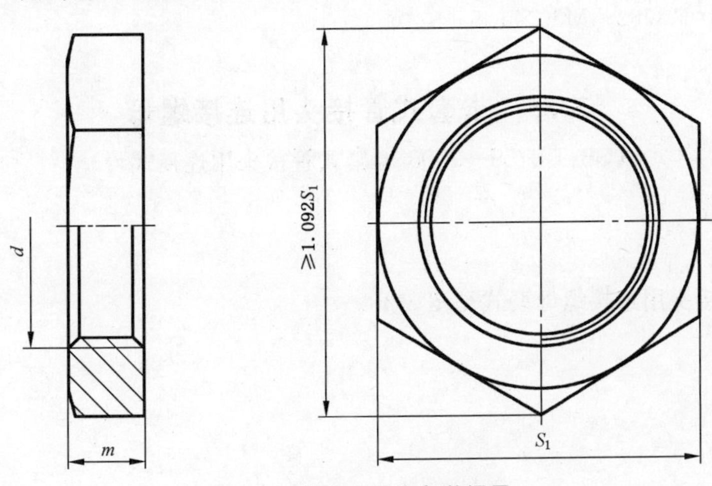

图 3-37　管接头用六角薄螺母

3.34.2 规格尺寸

管接头用六角薄螺母规格尺寸见表3-44。

表3-44 管接头用六角薄螺母规格尺寸 mm

d	S_1	m ±0.2
M10×1	14	6
M12×1.5	17	6
M14×1.5	19	6
M16×1.5	22	6
M18×1.5	24	6
M20×1.5	27	6
M22×1.5	30	7
M24×1.5	32	7
M26×1.5	36	8
M27×1.5	36	8
M30×2	41	8
M33×2	46	8
M36×2	46	9
M39×2	50	9
M42×2	50	9
M45×2	55	9
M52×2	65	10

3.34.3 技术条件

技术条件按GB/T 3765的规定。

3.34.4 标记示例

螺纹规格为M20×1.5、表面镀锌处理的钢制管接头用六角薄螺母的标记：

螺母 GB/T 3763 M20×1.5

3.35 卡套式管接头用连接螺母

（GB/T 3759—2008 卡套式管接头用连接螺母）

3.35.1 型式

卡套式管接头用连接螺母型式见图3-38。

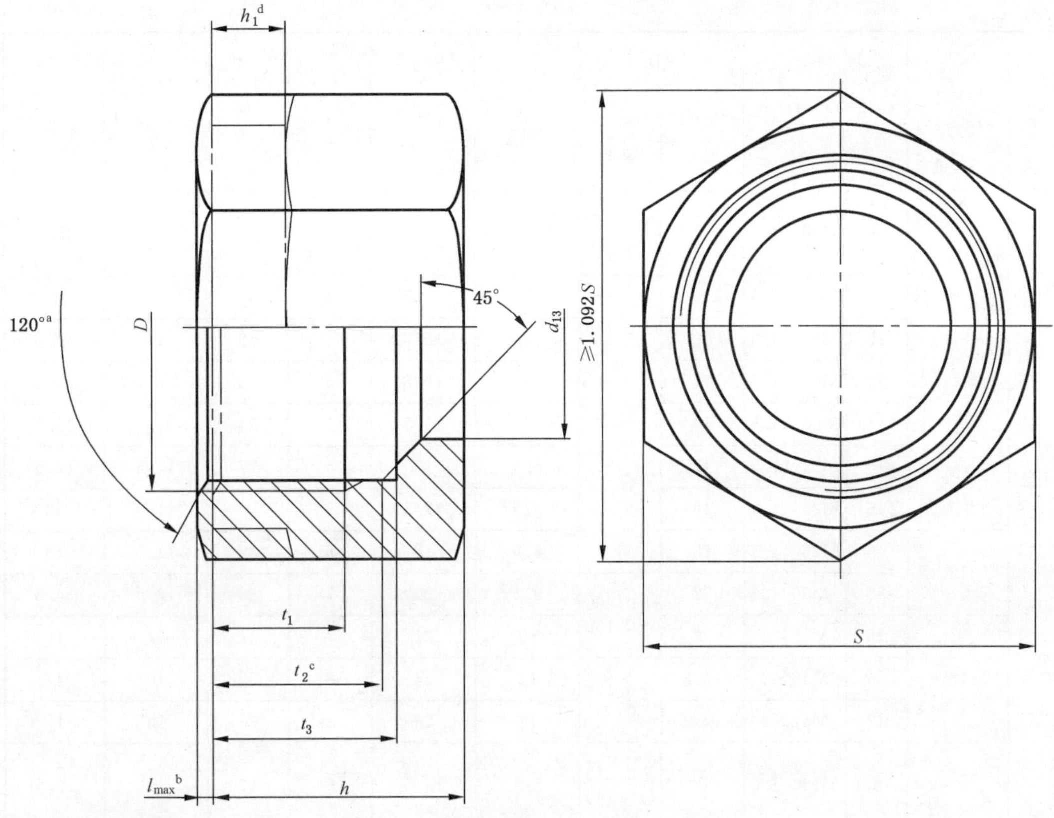

[a] 螺口例角。

[b] 冷成型时许用加高。

[c] 全锥面时尺寸。

图 3-38 卡套式管接头用连接螺母

3.35.2 规格尺寸

卡套式管接头用连接螺母规格尺寸见表 3-45。

表 3-45 卡套式管接头用连接螺母规格尺寸 mm

系列	最大工作压力/MPa	管子外径 D_0	D	d_{13} 公称尺寸	d_{13} 极限偏差	t_1 min	h +0.5 −0.2	h_1[a]	S	t_2 +0.2 0	t_3 +0.2 0
LL	10	4	M8×1	4	+0.215 +0.140	5	11	3.5	10	7.5	8
		5	M10×1	5		5.5	11.5	3.5	12	7.8	8.5
		6	M10×1	6		5.5	11.5	3.5	12	8.2	8.5
		8	M12×1	8	+0.240 +0.150	6	12	3.5	14	8.7	9

续表 3-45　　　　mm

系列	最大工作压力/MPa	管子外径 D_0	D	d_{13}		t_1	h	h_1[a]	S	t_2	t_3
				公称尺寸	极限偏差	min	+0.5 −0.2			+0.2 0	+0.2 0
L	25	6	M12×1.5	6	+0.215 +0.140	7	14.5	4	14	10	10.5
		8	M14×1.5	8	+0.240 +0.150	7	14.5	4	17	10	10.5
		10	M16×1.5	10		8	15.5	4	19	11	11.5
		12	M18×1.5	12	+0.260 +0.150	8	15.5	5	22	11	11.5
		(14)	M20×1.5	14		8	15.5	5	24	11	11.5
		15	M22×1.5	15		8.5	17	5	27	11.5	12.5
		(16)	M24×1.5	16		8.5	17.5	5	30	11.5	13
	16	18	M26×1.5	18		8.5	18	5	32	11.5	13
		22	M30×2	22	+0.290 +0.160	9.5	20	7	36	13.5	14.5
	10	28	M36×2	28		10	21	7	41	14	15
		35	M45×2	35.3	+0.100 0	12	24	8	50	16	17
		42	M52×2	42.3		12	24	8	60	16	17
S	63	6	M14×1.5	6	+0.215 +0.140	8.5	16.5	5	17	11	12.5
		8	M16×1.5	8	+0.240 +0.150	8.5	16.5	5	19	11	12.5
		10	M18×1.5	10		8.5	17.5	5	22	11	12.5
		12	M20×1.5	12	+0.260 +0.150	8.5	17.5	5	24	11	12.5
		(14)	M22×1.5	14		10	19	6	27	12	13.5
	40	16	M24×1.5	16		10.5	20.5	6	30	13	14.5
		20	M30×2	20	+0.290 +0.160	12	24	8	36	15.5	17
		25	M36×2	25		14	27	9	46	17	19
	25	30	M42×2	30		15	29	10	50	18	20
		38	M52×2	38.3	+0.100 0	17	32.5	10	60	19.5	22.5
注：尽可能不采用括号内的规格。											
[a] 尺寸 h_1 为可选机加工圆柱肩高。											

3.35.3 技术条件

技术条件按 GB/T 3765 的规定。

3.35.4 标记示例

连接螺母系列为 L、与外径为 10 mm 的管子配套使用、表面镀锌处理的钢制卡套式管接头用连接螺母的标记：

螺母　GB/T 3759　L10

3.36　全金属弹簧箍六角锁紧螺母

（JB/T 6545—2007 全金属弹簧箍六角锁紧螺母）

3.36.1　型式

全金属弹簧箍六角锁紧螺母型式见图 3-39。

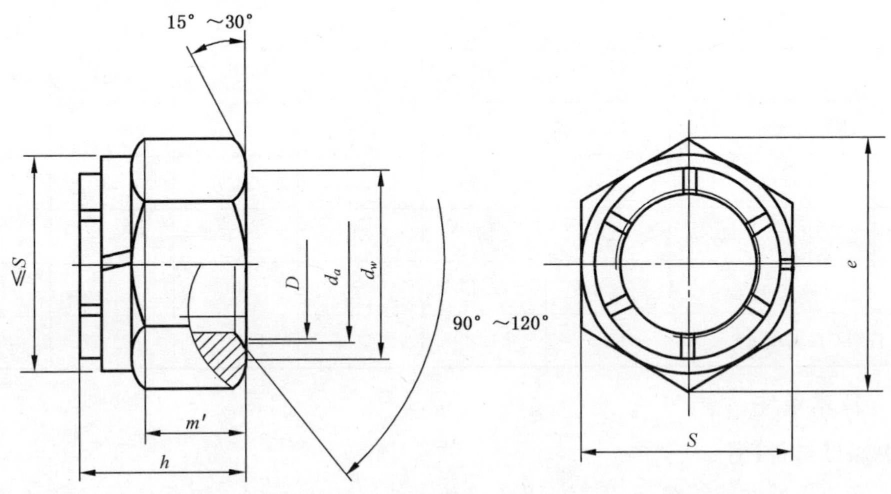

图 3-39　全金属弹簧箍六角锁紧螺母

3.36.2　规格尺寸

全金属弹簧箍六角锁紧螺母优选与非优选规格尺寸见表 3-46、表 3-47。

表 3-46　优选规格尺寸　　mm

螺纹规格　D		M8	M10	M12	M16	M20	M24	M30	M36	M42	M48
d_a	max	8.75	10.8	13	17.3	21.6	25.9	32.4	38.9	45.4	51.8
	min	8	10	12	16	20	24	30	36	42	48
d_w	min	11.6	14.6	16.6	22.5	27.7	33.2	42.7	51.1	60.6	69.4
e	min	14.38	17.77	20.03	26.75	32.95	39.55	50.85	0.79	72.02	82.6
h	max	9	11	13	16.4	20.3	23.9	30	36	42	48
	min	8.14	9.94	12.57	15.7	19	22.6	27.3	33.1	39	45
m'	min	4.5	5.5	6.6	8.8	11	13.2	16.5	19.8	25	27
S	max	13	16	18	24	30	36	46	55	65	75
	min	12.73	15.73	17.73	23.67	29.16	35	45	53.8	63.8	73.1
每 1 000 件钢制品的质量　≈kg		4.10	7.65	10.8	25.1	45.8	79.05	174.08	300.63	546.08	783.51

表3-47 非优选规格尺寸 mm

螺纹规格 D		M14	M18	M22	M27	M33	M39
d_a	max	15.1	19.5	23.7	29.1	35.6	42.1
	min	14	15	22	27	33	39
d_w	min	19.6	24.8	31.4	38	46.6	55.9
e	min	23.35	29.56	37.29	45.2	55.37	66.44
h	max	14.1	18	22	27	33	39
	min	13.1	17.3	20.7	25.7	31.7	37.4
m'	min	7.7	9.2	12.1	13.7	19	22
S	max	21	27	34	41	50	60
	min	20.67	26.16	33	40	49	58.8
每1 000件钢制品的质量 ≈kg		16.5	31.53	66.72	111.68	235.77	401.75

3.36.3 技术条件

(1) 螺母材料:钢。

(2) 钢的机械性能等级:5、8、10、12、(12级D≤M16)。

(3) 钢的表面处理:

——不经处理;

——镀锌钝化;

——氧化。

3.36.4 标记示例

螺纹规格M12、性能等级为8级、不经表面处理、A级锁紧螺母的标记:

螺母 M12 JB/T 6545—2007

3.37 尼龙螺母

3.37.1 六角尼龙螺母

六角尼龙螺母型式见图3-40,规格尺寸见表3-48。

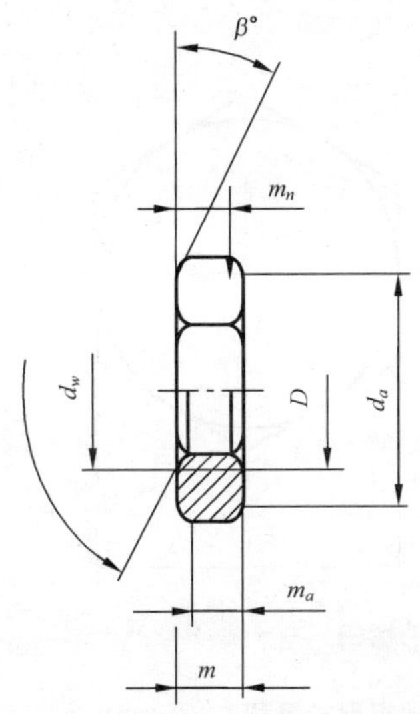

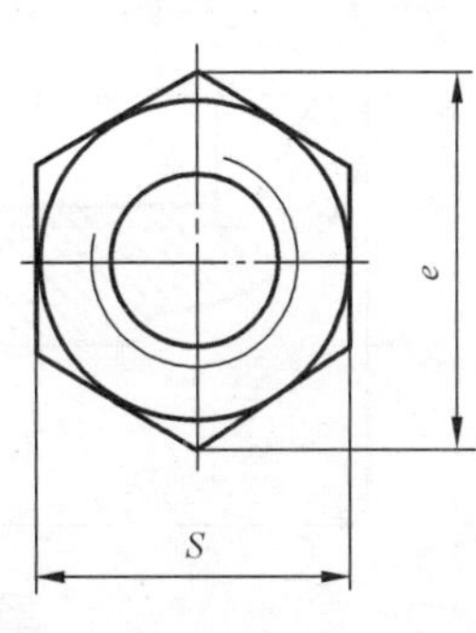

图 3-40 六角尼龙螺母

表 3-48 六角尼龙螺母规格尺寸

规格	D mm	m mm	S mm	螺距 P	材料	
					尼龙	PC
M2	2	1.2	3.9	0.4		
M2.5	2.5	2	5	0.45		
M3	3	2.4	5.6	0.5		
M4	4	3.2	7	0.7		
M5	5	4	8	0.8		
M6	6	5	10	1	白色 黑色	白色 黑色
M8	8	6.5	12.8	1.25		
M10	10	9.5	16	1.5		
M12	12	12.2	18	1.75		
M16	16	15.9	24	2		
P——螺距。						

3.37.2 尼龙盖形螺母

尼龙盖形螺母型式见图 3-41,规格尺寸见表 3-49。

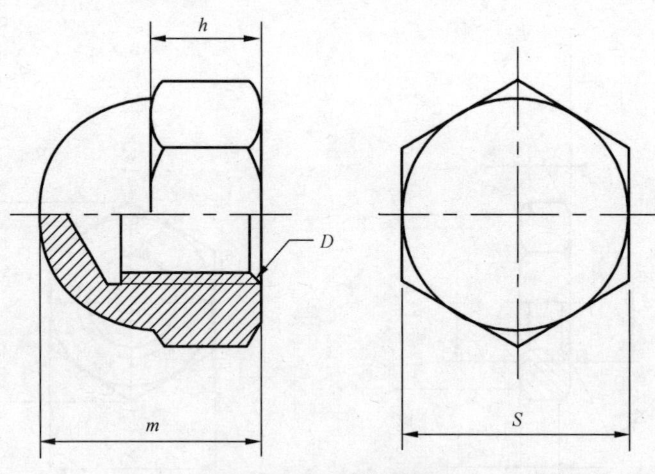

图 3-41 尼龙盖形螺母

表 3-49 尼龙盖形螺母规格尺寸系列 mm

公称直径 D	螺距 P	b	m	S	
				max	min
M3	0.5	2.5	6	5.5	5.32
M4	0.7	3	7	7	6.78
M5	0.8	4	9	8	7.78
M6	1	5	11	10	9.78
M8	1/1.25	6	15	13	12.73
M10	1/1.25/1.5	8	18	16	15.73
M12	1.25/1.5/1.75	10	22	18	17.73
M14	1.5/2	11	24	21	20.67
M16	1.5/2	13	26	24	23.67
M18	1.5/2/2.5	14	29	27	26.16
M20	1.5/2/2.5	16	32	30	29.16
M22	1.5/2/2.5	18	35	34	33
P——螺距。					

3.37.3 尼龙蝶形螺母

尼龙蝶形螺母型式见图 3-42，规格尺寸见表 3-50。

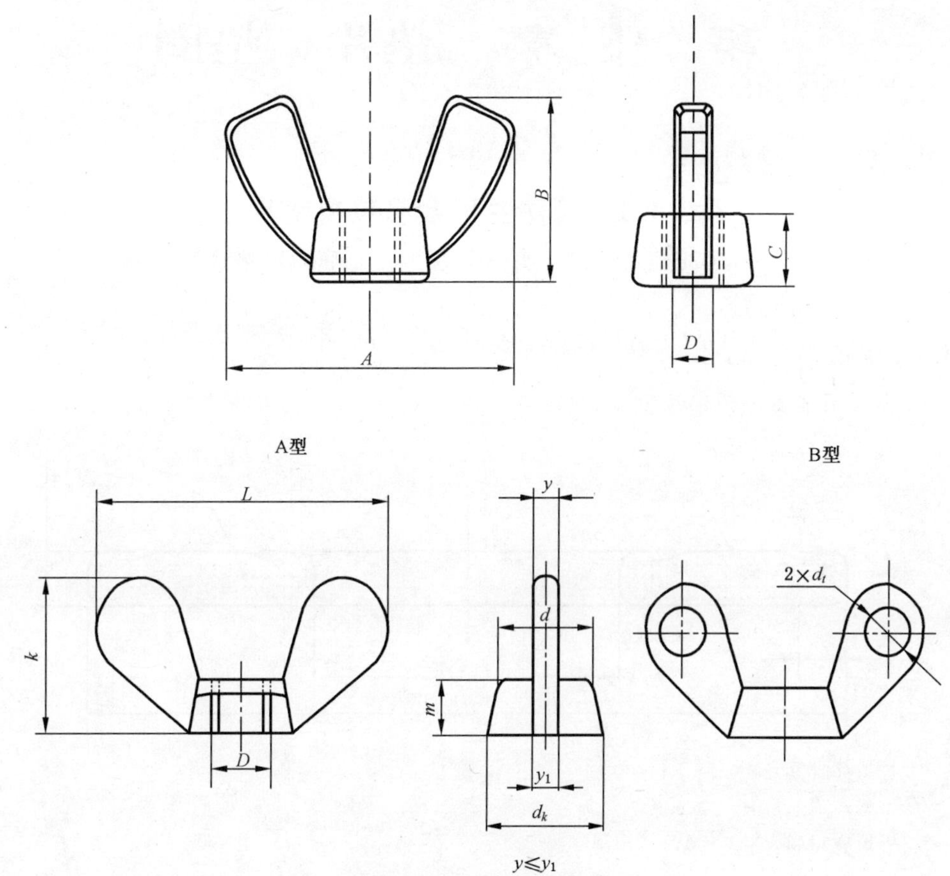

图 3-42 尼龙蝶形螺母

表 3-50 尼龙蝶形螺母规格尺寸 mm

公称直径 D	L	K	m	y_1
M4	19.5	10	4	2.5
M5	23.5	12	5	2.8
M6	27.2	14	6	3
M8	34.5	18	8	3.8
M10	42.5	22	10	4.0
M12	52.5	26	12	5.0

第 4 章　垫片、垫圈

4.1　管法兰用金属包覆垫片

（GB/T 15601—2013 管法兰用金属包覆垫片）

4.1.1　型式

管法兰用金属包覆垫片型式，见图 4-1、图 4-2。

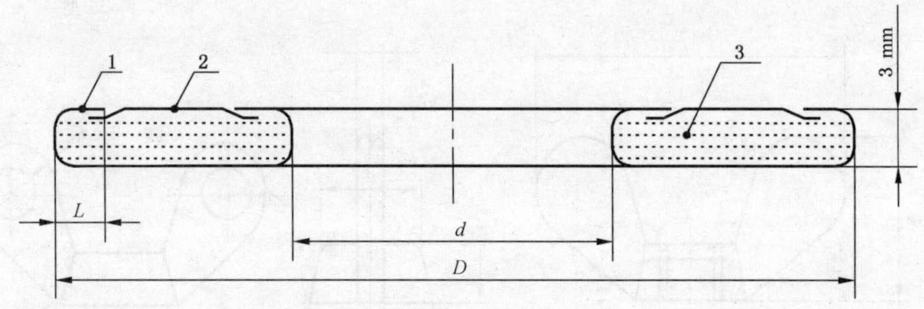

1——垫片外壳。

2——垫片盖。

3——填充材料。

图 4-1　平面型(F 型)垫片结构

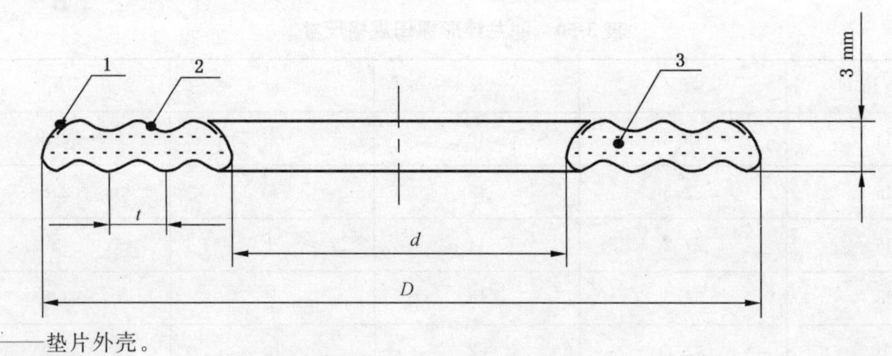

1——垫片外壳。

2——垫片盖。

3——填充材料。

图 4-2　波纹型(C 型) 垫片结构

4.1.2　垫片尺寸

管法兰用金属包覆垫片尺寸见表 4-1～表 4-4。

表 4-1 PN 标记的管法兰用垫片的尺寸

mm

公称尺寸 DN	垫片内径 d	垫片外径 D						
		PN 2.5	PN 6	PN 10	PN 16	PN 25	PN 40	PN 63
10	18	39	39	46	46	46	46	56
15	22	44	44	51	51	51	51	61
20	27	54	54	61	61	61	61	72
25	34	64	64	71	71	71	71	82
32	43	76	76	82	82	82	82	88
40	49	86	86	92	92	92	92	103
50	61	96	96	107	107	107	107	113
65	77	116	116	127	127	127	127	138
80	89	132	132	142	142	142	142	148
100	115	152	152	162	162	168	168	174
125	141	182	182	192	192	194	194	210
150	169	207	207	218	218	224	224	247
200	220	262	262	273	273	284	290	309
250	273	317	317	328	329	340	352	364
300	324	373	373	378	384	400	417	424
350	377	423	423	438	444	457	474	486
400	426	473	473	489	495	514	546	543
450	480	528	528	539	555	564	571	—
500	530	578	578	594	617	624	628	—
600	630	679	679	695	734	731	747	—
700	727	784	784	810	804	833	—	—
800	826	890	890	917	911	942	—	—
900	924	990	990	1 017	1 011	1 042	—	—
1 000	1 020	1 090	1 090	1 124	1 128	1 154	—	—
1 200	1 222	1 290	1 307	1 341	1 342	1 364	—	—
1 400	1 422	1 490	1 524	1 548	1 542	1 578	—	—
1 600	1 626	1 700	1 724	1 772	1 764	1 798	—	—
1 800	1 827	1 900	1 931	1 972	1 964	2 000	—	—
2 000	2 028	2 100	2 138	2 182	2 168	2 230	—	—
2 200	2 231	2 307	2 348	2 384	—	—	—	—
2 400	2 434	2 507	2 558	2 594	—	—	—	—
2 600	2 626	2 707	2 762	2 794	—	—	—	—
2 800	2 828	2 924	2 972	3 014	—	—	—	—

续表 4-1　mm

公称尺寸 DN	垫片内径 d	垫片外径 D						
		PN 2.5	PN 6	PN 10	PN 16	PN 25	PN 40	PN 63
3 000	3 028	3 124	3 172	3 228	—	—	—	—
3 200	3 228	3 324	3 382	—	—	—	—	—
3 400	3 428	3 524	3 592	—	—	—	—	—
3 600	3 634	3 734	3 804	—	—	—	—	—
3 800	3 834	3 931	—	—	—	—	—	—
4 000	4 034	4 131	—	—	—	—	—	—

表 4-2　Class 标记的管法兰用垫片的尺寸　mm

公称尺寸		垫片内径 d	垫片外径 D		
NPS	DN		Class 150	Class 300	Class 600
1/2	15	22.4	44.5	50.8	50.8
3/4	20	28.7	54.1	63.5	63.5
1	25	38.1	63.5	69.9	69.9
1¼	32	47.8	73.2	79.5	79.5
1½	40	54.1	82.6	92.2	92.2
2	50	73.2	101.6	108.0	108.0
2½	65	85.9	120.7	127.0	127.0
3	80	108.0	133.4	146.1	146.1
4	100	131.8	171.5	177.8	190.5
5	125	152.4	193.8	212.9	238.3
6	150	190.5	219.2	247.7	263.7
8	200	238.3	276.4	304.8	317.5
10	250	285.8	336.6	358.9	397.0
12	300	342.9	406.4	419.1	454.2
14	350	374.7	447.8	482.6	489.0
16	400	425.5	511.3	536.7	562.1
18	450	489.0	546.1	593.9	609.6
20	500	533.4	603.3	651.0	679.5
24	600	641.4	714.5	771.7	787.4

表 4-3 Class 标记的管法兰(A 系列)用垫片的尺寸 mm

公称尺寸		垫片内径 d	垫片外径 D		
NPS	DN		Class 150	Class 300	Class 600
26	650	673.1	771.7	831.9	863.6
28	700	723.9	828.8	895.4	911.4
30	750	774.7	879.6	949.5	968.5
32	800	825.5	936.8	1 003.3	1 019.3
34	850	876.3	987.6	1 054.1	1 070.1
36	900	927.1	1 044.7	1 114.6	1 127.3
38	950	977.9	1 108.2	1 051.1	1 101.9
40	1 000	1 028.7	1 159.0	1 111.3	1 152.7
42	1 050	1 079.5	1 216.2	1 162.1	1 216.2
44	1 100	1 130.3	1 273.3	1 216.2	1 267.0
46	1 150	1 181.1	1 324.1	1 270.0	1 324.1
48	1 200	1 231.9	1 381.3	1 320.8	1 387.6
50	1 250	1 282.7	1 432.1	1 374.9	1 444.8
52	1 300	1 333.5	1 489.2	1 425.7	1 495.6
54	1 350	1 384.3	1 546.4	1 489.2	1 552.7
56	1 400	1 435.1	1 603.5	1 540.0	1 603.5
58	1 450	1 485.9	1 660.7	1 590.8	1 660.7
60	1 500	1 536.7	1 711.5	1 641.6	1 730.5

表 4-4 Class 标记的大直径管法兰(B 系列)用垫片的尺寸 mm

公称尺寸		垫片内径 d	垫片外径 D		
NPS	DN		Class 150	Class 300	Class 600
26	650	673.1	722.4	768.4	762.0
28	700	723.9	773.2	822.5	816.1
30	750	774.7	824.0	882.7	876.3
32	800	825.5	877.8	936.8	930.4
34	850	876.3	931.9	990.6	993.9
36	900	927.1	984.3	1 044.7	1 044.7
38	950	977.9	1 041.4	1 095.5	1 101.9
40	1 000	1 028.7	1 092.2	1 146.3	1 152.7
42	1 050	1 079.5	1 143.0	1 197.1	1 216.2
44	1 100	1 130.3	1 193.8	1 247.9	1 267.0
46	1 150	1 181.1	1 252.5	1 314.5	1 324.1
48	1 200	1 231.9	1 303.3	1 365.3	1 387.6

续表 4-4　　　mm

公称尺寸		垫片内径 d	垫片外径 D		
NPS	DN		Class 150	Class 300	Class 600
50	1 250	1 282.7	1 354.1	1 416.1	1 444.8
52	1 300	1 333.5	1 404.9	1 466.9	1 495.6
54	1 350	1 384.3	1 460.5	1 527.3	1 552.7
56	1 400	1 435.1	1 511.3	1 590.8	1 603.5
58	1 450	1 485.9	1 576.3	1 652.5	1 660.7
60	1 500	1 536.7	1 627.1	1 703.3	1 730.5

4.1.3 技术要求

(1) 垫片材料

1) 包覆层金属材料

包覆层金属材料见表 4-5，根据供需方协商，允许采用表 4-5 以外的其他材料。

表 4-5　包覆层金属材料执行标准、代号及推荐的最高工作温度

名称或牌号	标准编号	代号	最高工作温度/℃
铜板	GB/T 2040	Cu	315
钛板	GB/T 3621	Ti2	350
铝板	GB/T 3880.1	Al	400
镀锡钢板(马口铁)	GB/T 2520	St	450
软铁	GB/T 6983	D	450
低碳钢	GB/T 700	CS	450
022Cr17Ni12Mo2	GB/T 3280	316L	450
022Cr18Ni10	GB/T 3280	304L	450
022Cr19Ni13Mo3	GB/T 3280	317L	450
NCu30	GB/T 5235	MON	500
0Cr13	GB/T 3280	410	540
06Cr19Ni10	GB/T 3280	304	600
06Cr18Ni11Ti	GB/T 3280	321	600
NS111	YB/T 5354	IN 800	600
NS334	YB/T 5354	HAST C	980
NS312	YB/T 5354	INC 600	980
NS336	YB/T 5354	INC 625	980

2) 填充材料

填充材料见表 4-6，根据供需方协商，允许采用表 4-6 以外的其他材料。

表 4-6 填充材料执行标准、代号及推荐的最高工作温度

名称	标准编号	代号	最高工作温度/℃
陶瓷纤维板	GB/T 3003	CER	800
石棉纸板	JC/T 69	ASB	400
柔性石墨板	JB/T 7758.2	FG	650[a]
柔性石墨复合增强板	JB/T 6628	ZQB	600
石棉橡胶板	GB/T 3985	XB	300
耐油石棉橡胶板	GB/T 539	NY	300
非石棉纤维橡胶板	JC/T 2052	NAS	有机纤维 200 无机纤维 290
聚四氟乙烯板	QB/T 3625	PTFE	260

[a] 柔性石墨类材料用于氧化介质时最高使用温度为 450 ℃。

(2) 垫片性能

垫片的性能指标应符合表 4-7 的规定。

表 4-7 垫片的性能指标

试样规格	低碳钢+石墨			低碳钢+非石棉		
	压缩率 %	回弹率 %	泄漏率 (cm^3/s)	压缩率 %	回弹率 %	泄漏率 cm^3/s
DN 80、PN 20,厚 3.0 mm	25~35	≥10	$\leqslant 1.0\times10^{-2}$	15~25	≥10	$\leqslant 1.0\times10^{-2}$

4.1.4 标记示例

示例 1:

平面型、公称尺寸 DN 300、包覆层材料为 06Cr19Ni10,填充材料为柔性石墨的垫片,其标记为:

示例 2:

金属包覆垫片 DN 300-PN 25 304/FG GB/T 15601

波纹型、DN 80(NPS 3)、Class 150、包覆层材料为 06Cr19Ni10,填充材料为柔性石墨的垫片,其标记为:

金属包覆垫片 C 型 3"(或 DN 80)-CL150 304/ FG GB/T 15601

4.2 船用法兰非金属垫片

(GB/T 17727—2017 船用法兰非金属垫片)

4.2.1 型式

船用法兰非金属垫片型式见图 4-3、图 4-4。

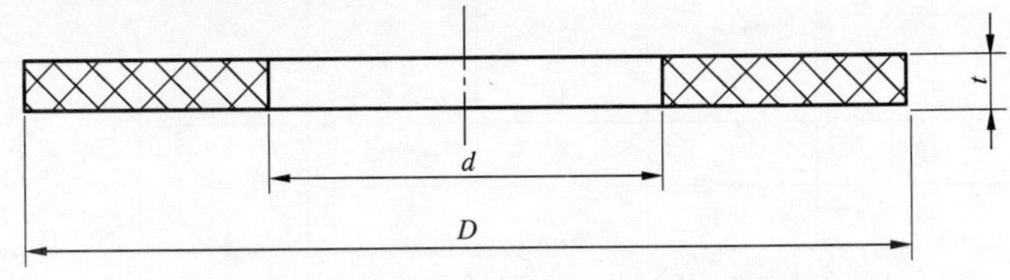

图 4-3 A 型、AS 型、JB 型、JC 型、JD 型垫片

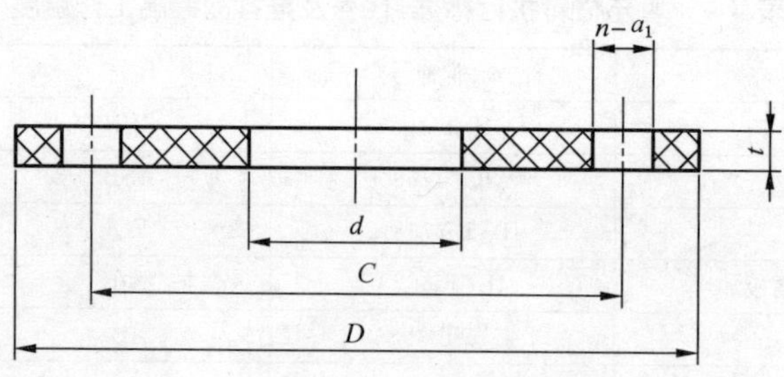

图 4-4　JA 型垫片

4.2.2　垫片的基本尺寸

船用法兰非金属垫片基本尺寸见表 4-8～表 4-12。

表 4-8　A 型垫片的基本尺寸

mm

公称尺寸 DN	公称压力 PN						
	PN6～PN25	PN6	PN10	PN16	PN25	PN40、PN63	
	内径 d	外径 D				内径 d	外径 D
15	20	42	—			—	
20	26	52				35	51
25	34	60				42	58
32	42	68				50	66
40	50	78				60	76
50	62	88				72	88
65	78	108		115		94	110
80	94	123		130		105	121
100	114	143		150		128	150
125	140	168		170	174	154	176
150	165	193		200	205	182	204
175	196	223	231	235	240	212	234
200	222	249	256	259	265	238	260
225	248	279	284	285	290	265	287
250	276	309	314	315	320	291	313
300	328	364	369	370	375	342	364
350	380	414	419	421	431	394	422
400	431	464	470	476	481	—	—
450	483	514	525	526	—		
500	535	569	575	581			

垫片的厚度 t：DN15～DN100 为 2 mm；DN125～DN500 为 3 mm。

表 4-9 AS 型垫片的基本尺寸

mm

公称尺寸 DN	公称压力 PN							
	PN2.5～PN25	PN2.5	PN6	PN10	PN16	PN25	PN40、PN63	
	内径 *d*	外径 *D*					内径 *d*	外径 *D*
10	18	39		46			24	34
15	22	44		51			29	39
20	27	54		61			36	50
25	34	64		71			43	57
32	43	76		82			51	65
40	49	86		92			61	75
50	61	96		107			73	87
65	77	116		127			95	109
80	89	132		142			106	120
100	115	152		162		168	129	149
125	141	182		192		194	155	175
150	169	207		218		224	183	203
175	194	237		248		254	213	233
200	220	262		273		284	239	259
225	245	287		303		310	266	286
250	273	317		328	329	340	292	312
300	324	373		378	384	400	343	363
350	361	423		438	444	457	395	421
400	410	473		489	495	514	447	473
450	464	528		539	555	564	497	523
500	514	578		594	617	624	549	575
600	614	679		695	734	731	649	675
700	712	784		810	804	833		
800	813	890		917	911	942		
900	915	990		1 017	1 011	1 042		
1 000	1 016	1 090		1 124	1 128	1 154		
1 200	1 220	1 290	1 307	1 341	1 342		—	—
1 400	1 420	1 490	1 524	1 548	1 542			
1 600	1 620	1 700	1 724	1 772	1 764	—		
1 800	1 820	1 900	1 931	1 972	1 964			
2 000	2 020	2 100	2 138	2 182	2 168			
垫片的厚度 *t*：DN10～DN100 为 2 mm；DN125～DN2 000 为 3 mm。								

表 4-10　JA 型垫片的基本尺寸

mm

公称尺寸 DN	内径 d	公称压力 PN											
		2 K			5 K			10 K[a]			16 K		
		D	C	n-d_1	D	C	n-d_1	D	C	n-d_1	D	C	n-d_1
10	18	—	—	—	75	55	4-12	90	65	4-15	90	65	4-15
15	22				80	60		95	70		95	70	
20	28				85	65		100	75		100′	75	
25	35				95	75		125	90	4-19	125	90	4-19
32	43				115	90	4-15	135	100		135	100	
40	49				120	95		140	105		140	105	
50	61				130	105		155	120		155	120	8-19
65	84				155	130		175	140		175	140	
80	90				180	145	4-19	185	150	8-19	200	160	8-23
90	102				190	155		195	160		210	170	
100	115				200	165	8-19	210	175		225	185	
125	141				235	200		250	210	8-23	270	225	8-25
150	167				265	230		280	240		305	260	12-25
175	192				300	260	8-23	305	265	12-23	—		
200	218				320	280		330	290		350	305	12-25
225	244				345	305	12-23	350	310		—		
250	270				385	345		400	355	12-25	430	380	12-27
300	321				430	390		445	400	16-25	480	430	16-27
350	359				480	435	12-25	490	445		540	480	16-33
400	410				540	495	16-25	560	510	16-27	605	540	
450	460	605	555	16-23	605	555		620	565	20-27	675	605	20-33
500	513	655	605	20-23	655	605	20-25	675	620		730	660	
550	564	720	665	20-25	720	665	20-27	745	680	20-33	795	720	20-39
600	615	770	715		770	715		795	730	24-33	845	770	24-39
650	667	825	770	24-25	825	770	24-27	845	780		—	—	—
700	718	875	820		875	820		905	840				
750	770	945	880	24-27	945	880	24-33	970	900				
800	820	995	930		995	930		1 020	950	28-33			
850	870	1 045	980		1 045	980		1 070	1 000				
900	923	1 095	1 030		1 195	1 030		1 120	1 050				
1 000	1 025	1 195	1 130	28-27	1 195	1 130	28-33	1 235	1 160	28-39			
1 100	1 130	1 305	1 240		1 305	1 240		1 345	1 270				

表 4-11 JB 型垫片的基本尺寸 mm

公称尺寸 DN	内径 *d*	公称压力 PN					
		5 K	10 K	10 K 薄形	16 K	20 K	30 K
		外径 *D*					
10	18	45	53	55	53		59
15	22	50	58	60	58		64
20	28	55	63	65	63		69
25	35	65	74	78	74		79
32	43	78	84	88	84		89
40	49	83	89	93	89		100
50	61	93	104	108	104		114
65	84	118	124	128	124		140
80	90	129	134	138	140		150
90	102	139	144	148	150		163
100	115	149	159	163	165		173
125	141	184	190	194	203		208
150	167	214	220	224	238		251
175	192	240	245	249	—		
200	218	260	270	274	283		296
225	244	285	290	294	—		
250	270	325	333	335	356		360
300	321	370	378	380	406		420
350	359	413	423	425	450		465
400	410	473	486	488	510		524
450	460	533	541		575		
500	513	583	596		630		
550	564	641	650		684		
600	615	691	700		734		
650	667	746	750				
700	718	796	810				
750	770	850	870				
800	820	900	920	—			—
850	872	950	970				
900	923	1 000	1 020		—		
1 000	1 025	1 100	1 124				
1 100	1 130	1 210	1 234				
1 200	1 230	1 320	1 344				
1 350	1 385	1 475	1 498				
1 500	1 540	1 630	1 658				
垫片的厚度 *t*:DN10～DN100 为 2 mm;DN125～DN1 500 为 3 mm。							

表 4-12　JC 型、JD 型垫片的基本尺寸

mm

公称尺寸 DN	JC 型		JD 型	
	内径 d	外径 D	内径 d	外径 D
10	18	38	28	38
15	22	42	32	42
20	28	50	38	50
25	35	60	45	60
32	43	70	55	70
40	49	75	60	75
50	61	90	70	90
65	77	110	90	110
80	90	120	100	120
90	102	130	110	130
100	115	145	125	145
125	141	175	150	175
150	167	215(212)	190(187)	215(212)
200	218	260	230	260
250	270	325	295	325
300	321	375(370)	340	375(370)
350	359	415	380	415
400	410	475	440	475
450	460	523	483	523
500	513	575	535	575
550	564	625	585	625
600	615	675	635	675
650	667	727	682	727
700	718	777	732	777
750	770	832	787	832
800	820	882	837	882
850	872	934	889	934
900	923	987	937	987
1 000	1 025	1 092	1 042	1 092
1 100	1 130	1 192	1 142	1 192
1 200	1 230	1 292	1 237	1 292
1 350	1 385	1 442	1 387	1 442
1 500	1 540	1 592	1 537	1 592
垫片的厚度 t 为 3 mm。括号内的尺寸适用于公称压力为 10 K 的法兰。				

4.2.3 技术要求

(1) 垫片材料

垫片材料见表 4-13。

表 4-13 垫片的材料

名称	牌号	标准号
非石棉纤维增强橡胶(芳纶耐油橡胶板)	KQG-001	GB/T 22209—2008
聚四氟乙烯	SFB-2	QB/T 3625—1999
增强聚四氟乙烯	—	—
硅橡胶	—	GJB 228—1986
氟橡胶、丁腈橡胶	—	HB 5429—1989

垫片材料及其适用范围见表 4-14。

表 4-14 垫片材料及其适用范围

垫片材料	代号	适用介质	设计压力 P MPa	使用温度 ℃
非石棉纤维增强橡胶板(芳纶耐油橡胶板)	FL	滑油、海水、淡水、压缩空气、空气和惰性气体	≤6.0	≤120
硅橡胶	GXJ	饮用水	0.25~1.6	
聚四氟乙烯板	SFB	滑油、饱和蒸汽和燃油	0.25~4.0	≤260
增强聚四氟乙烯	ZSFB			
丁腈橡胶	DJ	滑油、燃油	≤1.0	≤120
氟橡胶	FXJ			≤260

(2) 垫片的基本参数见表 4-15。

表 4-15 垫片的基本参数

型式	公称压力 PN	设计压力 P MPa	公称尺寸 DN	型式	公称压力 PN	设计压力 P MPa	公称尺寸 DN
A	6	0.6	15~500	JA	2K	0.2~0.3	450~1 500
	10、16	1.0、1.6	20~500	JA、JB	5 K	0.5~0.7	10~1 500
					10 K	1.0~1.4	
					16 K	1.6~1.7	10~600
	25	2.5	20~400	JB	20 K	2.0~3.4	
	40、63	4.0、6.3	20~350		30 K	3.0~5.1	10~400
AS	2.5~16	0.25~1.6	10~2 000	JC、JD	10 K	1.0~1.4	10~1 500
	25	2.5	10~1 000		16 K	1.6~2.7	10~600
	40、63	4.0、6.3	10~600		20 K	2.0~3.4	
	—	—	—		30 K	3.0~5.1	10~400

4.2.4　产品标记

(1) 型号表示方法

垫片的型号表示方法如下：

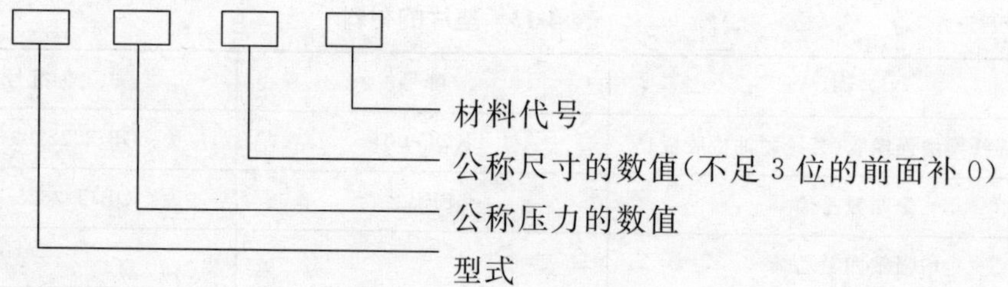

(2) 标记示例

公称压力为 PN6、公称尺寸为 DN25、材料为非石棉纤维增强橡胶(芳纶耐油橡胶板)、法兰连接尺寸和密封面 GB/T 4196—2011 的垫片标记为：

垫片　GB/T 17727—2017　A6025FL

公称压力为 PN16K、公称尺寸为 DN400、材料为聚四氟乙烯、法兰连接尺寸和密封面按 JIS B 2220:2012 的全平面垫片标记为：

垫片　GB/T 17727—2017　JA6400SFB

4.3　金属包垫片

(JB/T 8559—2014 金属包垫片)

4.3.1　材料及代号

(1) 填充材料

填充材料及代号见表 4-16。

表 4-16　填充材料及代号

填充材料	代号
纤维板[a]	X
柔性石墨板	R
耐火纤维板	N

[a] 纤维板包括无石棉板、石棉板。

(2) 金属包覆材料

金属包覆材料及代号见表 4-17。

表 4-17　金属包覆材料及代号

金属包覆材料	代号
镀锡薄钢板	A
镀锌薄钢板	B
08F	C

续表 4-17

mm

金属包覆材料	代号
铜 T2	D
铝 1060	E
06Cr13	F
06Cr19Ni10	G
022 Cr 19Ni10	H
022 Cr17 Ni12Mo2	I
06Cr18Ni11Ti	J

4.3.2 技术要求

(1) 金属包覆材料性能应符合材料标准的相关规定,厚度为 0.25 mm～0.5 mm。

(2) 填充材料性能应符合材料标准的相关规定,厚度一般应不小于为 1.5 mm。

(3) 公差尺寸

垫片的尺寸公差见表 4-18。

表 4-18 垫片的尺寸公差

mm

公称通径	外径	内径	厚度
<600	0 −1.5	+1.5 0	+0.8 0
≥600	0 −3.0	+3.0 0	+0.8 0

(4) 性能

垫片性能见表 4-19。

表 4-19 垫片性能

性能	压缩率/%	回弹率/%	泄漏率/(cm^3/s)
指标	20～35	≥15	≤1.0×10^{-2}

4.3.3 标记

金属包垫片方法:

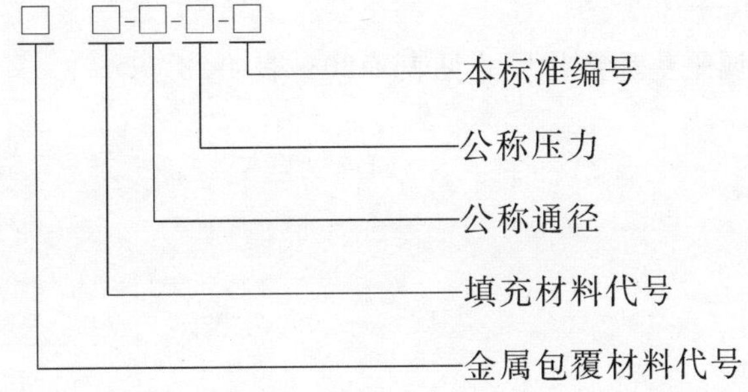

示例:

公称通径为 100 mm、公称压力为 4.0 MPa、金属包覆材料为铜 T2、填充材料为纤维板标的金属包垫片标记为：

DX-100-40-JB/T 8559

4.4　管路法兰用非金属平垫片

（JB/T 87—2015 管路法兰用非金属平垫片）

4.4.1　型式

管路法兰用非金属平垫片型式见图 4-5、图 4-6。

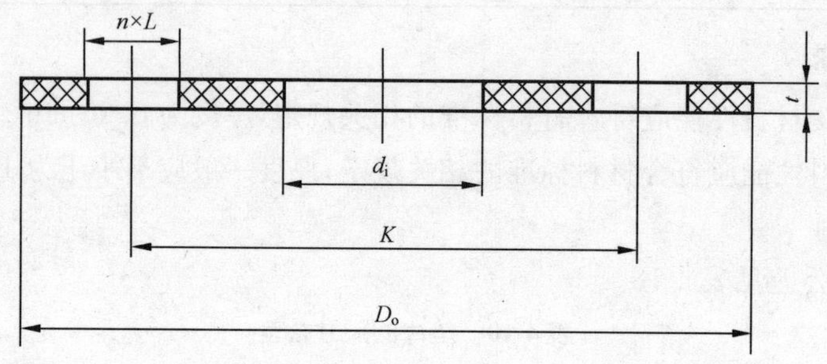

图 4-5　FF 垫片

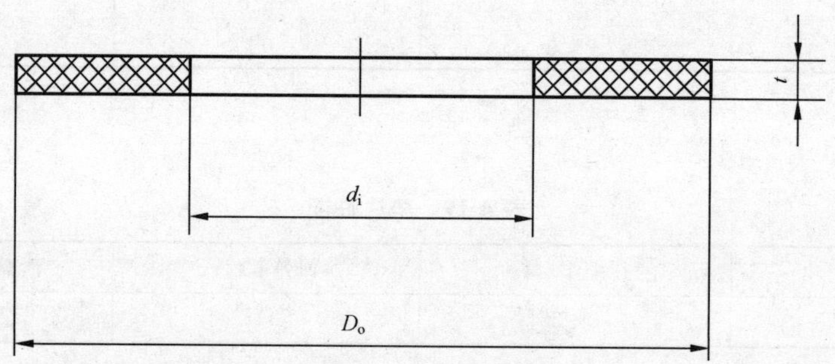

图 4-6　RF 型、MF 型、TG 型垫片

4.4.2　垫片尺寸

管路法兰用非金属平垫片垫片尺寸见表 4-20～表 4-23。

表 4-20 全平面管路法兰(FF 型)用垫片规格尺寸

mm

公称尺寸 DN	垫片内径 d_1	公称压力																								垫片厚度 t
		PN2.5				PN6				PN10				PN16				PN25				PN40				
		垫片外径 D_o	螺栓孔中心圆直径 K	螺栓孔径 L	螺栓孔数 n	垫片外径 D_o	螺栓孔中心圆直径 K	螺栓孔径 L	螺栓孔数 n	垫片外径 D_o	螺栓孔中心圆直径 K	螺栓孔径 L	螺栓孔数 n	垫片外径 D_o	螺栓孔中心圆直径 K	螺栓孔径 L	螺栓孔数 n	垫片外径 D_o	螺栓孔中心圆直径 K	螺栓孔径 L	螺栓孔数 n	垫片外径 D_o	螺栓孔中心圆直径 K	螺栓孔径 L	螺栓孔数 n	
10	18					75	50	11	4													90	60	14	4	
15	22					80	55	11	4													95	65	14	4	
20	27					90	65	11	4													105	75	14	4	
25	34					100	75	11	4													115	85	14	4	
32	43					120	90	14	4	使用 PN40 的尺寸				使用 PN40 的尺寸								10	100	18	4	
40	49					130	100	14	4									使用 PN40 的尺寸				150	110	18	4	
50	61					140	110	14	4													165	125	18	4	
65	77					160	130	14	4													185	145	18	8	
80	89					190	150	18	4													200	160	18	8	
100	115	使用 PN6 的尺寸				210	170	18	4					220	180	18	8					235	190	22	8	0.8~3.0
125	141					240	200	18	8	使用 PN16 的尺寸				250	210	18	8					270	220	26	8	
150	169					265	225	18	8					285	240	22	8					300	250	26	8	
200	220					320	280	18	8	340	295	22	8	340	295	22	12	360	310	26	12	375	320	30	12	
250	273					375	335	18	12	395	350	22	12	405	355	26	12	425	370	30	12	450	385	33	12	
300	324					440	395	22	12	445	400	22	12	460	410	26	12	485	430	30	16	515	450	33	16	
350	377					490	445	22	12	505	460	22	16	520	470	26	16	555	490	33	16	580	510	36	16	
400	426					540	495	22	16	565	515	26	16	580	525	30	16	620	550	36	16	660	585	39	16	
450	480					595	550	22	16	615	565	26	20	640	585	30	20	670	600	36	20	685	610	39	20	
500	530					645	600	22	20	670	620	26	20	715	650	33	20	730	660	36	20	755	670	42	20	

续表 4-20

mm

公称尺寸 DN	垫片内径 d_1	公称压力																								垫片厚度 t
		PN2.5				PN6				PN10				PN16				PN25				PN40				
		垫片外径 D_o	螺栓孔中心圆直径 K	螺栓孔径 L	螺栓孔数 n	垫片外径 D_o	螺栓孔中心圆直径 K	螺栓孔径 L	螺栓孔数 n	垫片外径 D_o	螺栓孔中心圆直径 K	螺栓孔径 L	螺栓孔数 n	垫片外径 D_o	螺栓孔中心圆直径 K	螺栓孔径 L	螺栓孔数 n	垫片外径 D_o	螺栓孔中心圆直径 K	螺栓孔径 L	螺栓孔数 n	垫片外径 D_o	螺栓孔中心圆直径 K	螺栓孔径 L	螺栓孔数 n	
600	630	使用 PN6 的尺寸				755	705	26	20	780	725	30	20	840	770	36	20	845	770	39	20	890	795	48	20	0.8～3.0
700	720	—				—				895	840	30	24	910	840	36	24	960	875	42	24	—				
800	820									1 015	950	33	24	1 025	950	39	24	1 085	990	48	24					
900	920									1 115	1 050	33	28	1 125	1 050	39	28	1 185	1 090	48	28					
1 000	1 020									1 230	1 160	36	28	1 255	1 170	44	28	1 320	1 210	56	28					
1 200	1 220									1 455	1 380	39	32	1 485	1 390	50	32	1 530	1 420	56	32					
1 400	1 420									1 675	1 590	42	36	1 685	1 590	48	36	1 755	1 640	62	36					
1 600	1 620									1 915	1 820	48	40	1 930	1 820	56	40	1 975	1 860	62	40					
1 800	1 820									2 115	2 020	48	44	2 130	2 020	56	44	2 195	2 070	70	44					
2 000	2 020									2 325	2 230	48	48	2 345	2 230	62	48	2 425	2 300	70	48					

表 4-21 突面管路法兰(RF型)用垫片尺寸

mm

公称尺寸 DN	垫片内径 d_i	公称压力						垫片厚度 t
		PN2.5	PN6	PN10	PN16	PN25	PN40	
		垫片外径 D_o						
10	18	使用PN6的尺寸	39	使用PN40的尺寸	使用PN40的尺寸	使用PN40的尺寸	46	0.8～3.0
15	22		44				51	
20	27		54				61	
25	34		64				71	
32	43		76				82	
40	49		86				92	
50	61		96				107	
65	77		116				127	
80	89		132				142	
100	115		152	162	162		168	
125	141		182	192	192		194	
150	169		207	218	218		224	
(175)[a]	194		237	247	247	255	265	
200	220		262	273	273	284	290	
(225)[a]	245		287	302	302	310	321	
250	273		317	328	329	340	352	
300	324		373	378	384	400	417	
350	377		423	438	444	457	474	
400	426		473	489	495	514	546	
450	480		528	539	555	564	571	
500	530		578	594	617	624	628	
600	630		679	695	734	731	747	
700	720		784	810	804	833	—	由用户根据垫片材料和使用条件选择垫片厚度
800	820		890	917	911	942		
900	920		990	1 017	1 011	1 042		
1 000	1 020		1 090	1 124	1 128	1 154		
1 200	1 220	1 290	1 307	1 341	1 342	1 364		
1 400	1 420	1 490	1 524	1 548	1 542	1 578		
1 600	1 620	1 700	1 724	1 772	1 764	1 798		
1 800	1 820	1 900	1 931	1 972	1 964	2 000		
2 000	2 020	2 100	2 138	2 182	2 168	2 230		
2 200	2 220	2 307	2 348	2 384	—	—		
2 400	2 420	2 507	2 558	2 594				
2 600	2 620	2 707	2 762	2 794				
2 800	2 820	2 924	2 972	3 014				

续表 4-21　　mm

公称尺寸 DN	垫片内径 d_i	公称压力						垫片厚度 t
		PN2.5	PN6	PN10	PN16	PN25	PN40	
		垫片外径 D_o						
3 000	3 020	3 124	3 172	3 228	—	—	—	由用户根据垫片材料和使用条件选择垫片厚度
3 200	3 220	3 324	3 382	—				
3 400	3 420	3 524	3 592	—				
3 600	3 620	3 734	3 804	—	—	—	—	
3 800	3 820	3 931	—	—				
4 000	4 020	4 131	—	—	—	—	—	

[a] 括号内的公称尺寸不推荐使用。

表 4-22　凸凹面管路法兰（MF 型）用垫片尺寸　　mm

公称尺寸 DN	垫片内径 d_i	公称压力					垫片厚度 t
		PN10	PN16	PN15	PN40	PN63	
		垫片外径 D_o					
10	18	34	34	34	34	34	
15	22	39	39	39	39	39	
20	27	50	50	50	50	50	
25	34	57	57	57	57	57	
32	43	65	65	65	65	65	
40	49	75	75	75	75	75	
50	61	87	87	87	87	87	
65	77	109	109	109	109	109	
80	89	120	120	120	120	120	
100	115	149	149	149	149	149	
125	141	175	175	175	175	175	
150	169	203	203	203	203	203	0.8～3.0
(175)[a]	194	—	233	233	233	233	
200	220	259	259	259	259	259	
(225)[a]	245	—	286	286	286	286	
250	273	312	312	312	312	312	
300	324	363	363	363	363	363	
350	377	421	421	421	421	421	
400	426	473	473	473	473	473	
450	480	523	523	523	523	523	
500	530	575	575	575	575	575	
600	630	675	675	675	675		

续表 4-22

mm

公称尺寸 DN	垫片内径 d_i	公称压力					垫片厚度 t
		PN10	PN16	PN15	PN40	PN63	
		垫片外径 D_o					
700	720	777	777	777		—	1.5～3.0
800	820	882	882	882			
900	920	987	987	987			
1 000	1 020	1 092	1 092	1 092			
[a] 括号内的公称尺寸不推荐使用。							

表 4-23 榫槽面管路法兰(TG 型)用垫片尺寸

mm

公称尺寸 DN	垫片内径 d_i	公称压力					垫片厚度 t
		PN10	PN16	PN25	PN40	PN63	
		垫片外径 D_o					
10	24	34	34	34	34	34	0.8～3.0
15	29	39	39	39	39	39	
20	36	50	50	50	50	50	
25	43	57	57	57	57	57	
32	51	65	65	65	65	65	
40	61	75	75	75	75	75	
50	73	87	87	87	87	87	
65	95	109	109	109	109	109	
80	106	120	120	120	120	120	
100	129	149	149	149	149	149	
125	155	175	175	175	175	175	
150	183	203	203	203	203	203	
(175)[a]	213	233	233	233	233	233	
200	239	259	259	259	259	259	
(225)[a]	266	233	233	233	233	233	
250	292	312	312	312	312	312	
300	343	363	363	363	363	363	
350	395	421	421	421	421	421	
400	447	473	473	473	473	473	
450	497	523	523	523	523	—	
500	549	575	575	575	575		
600	649	675	675	675	675		
700	751	777	777	777	—		1.5～3.0
800	856	882	882	882			
900	961	987	987	987			
1 000	1 092	1 092	1 092	1 092			
[a] 括号内的公称尺寸不推荐使用。							

4.4.3　技术要求

（1）平面和突面管路法兰用垫片尺寸偏差应符合表 4-24 的规定。

表 4-24　平面和突面管路法兰用垫片尺寸偏差　　mm

公称尺寸	≤DN300	DN350～DN1 500	≥DN1 600
垫片内径 d_i	±1.5	±3.0	±5.0
垫片外径 D_o	0 −1.5	0 −3.0	0 −5.0
垫片厚度 t	厚度 t≤1.5 mm 时，极限偏差为±0.1 mm，1.5 mm<厚度 t≤3 mm 时，极限偏差为±0.2；同一垫片的厚度差应不大于 0.2 mm		
螺栓孔中心圆直径 K	±1.5		±1.5
螺栓孔直径	+0.5 0		

（2）凸凹面和榫槽面法兰用垫片的尺寸极限偏差应符合表 4-25 的规定。

表 4-25　凸凹面和榫槽面法兰用垫片的尺寸极限偏差　　mm

垫片内径 d_i	垫片外径 D_o
+1.0 0	0 −1.0

4.4.4　标记

（1）标记方法

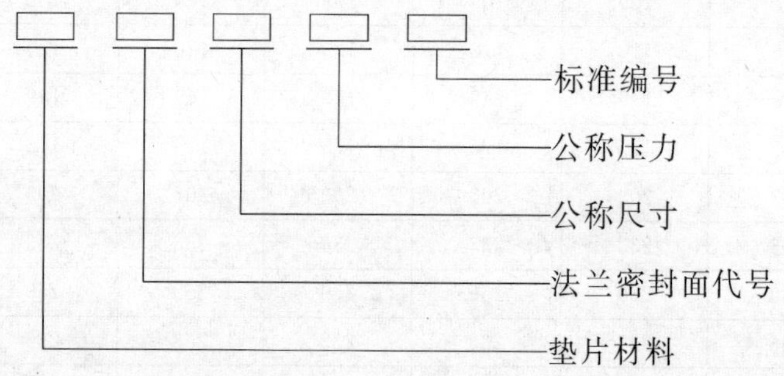

（2）标记示例

公称尺寸为 DN50，公称压力为 PN10 的全平面管路法兰用聚四氟乙烯垫片，其标记为：

聚四氟乙烯平垫片　FF　DN50-PN10　JB/T 87—2015

4.5　管路法兰用金属齿形垫片

（JB/T 88—2014 管路法兰用金属齿形垫片）

4.5.1　型式

管路法兰用金属齿形垫片型式见图 4-7～图 4-10。

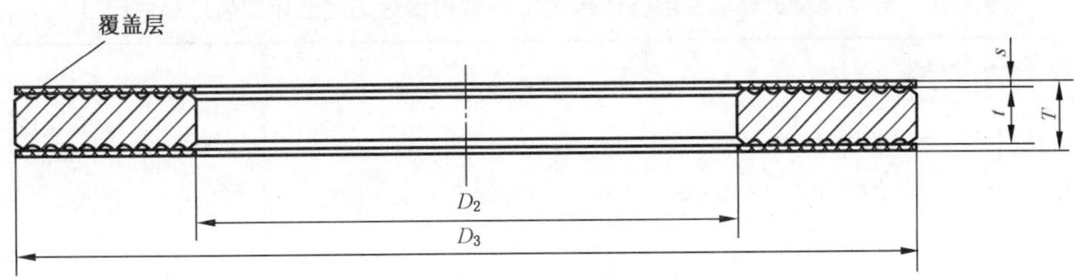

图 4-7 基本型齿形垫片结构

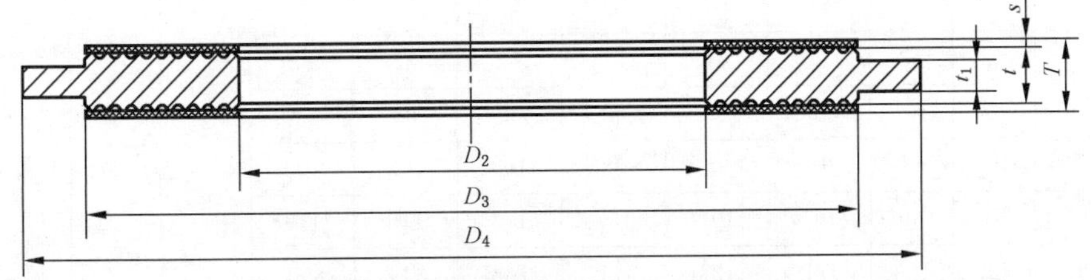

图 4-8 整体带定位环型齿形垫片结构

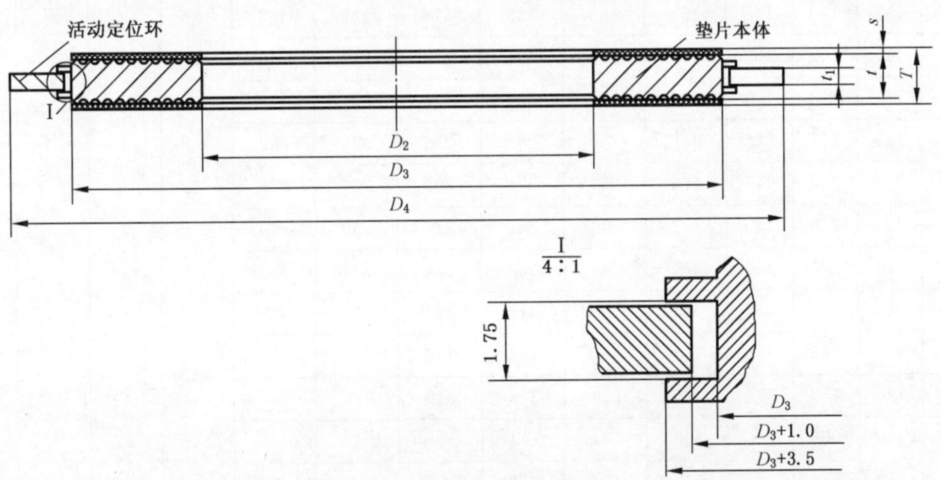

图 4-9 带活动定位环型齿形垫片结构

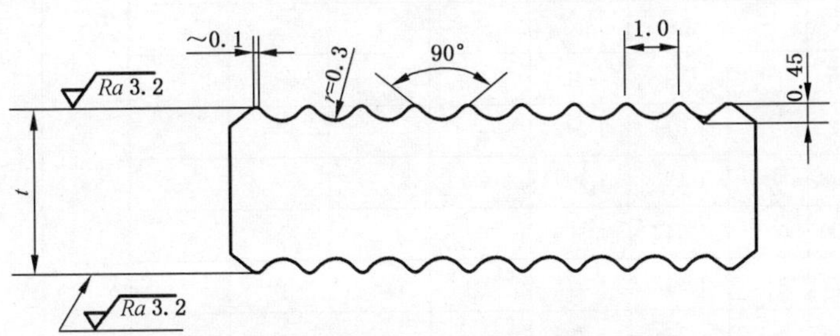

图 4-10 齿形垫片本体结构及相关尺寸

4.5.2 垫片尺寸

管路法兰用金属齿形垫片尺寸见表 4-26～表 4-28。

表 4-26 全平面及突面法兰用整体带定位环型和带活动定位环型齿形垫片尺寸 mm

公称尺寸 DN	垫片本体内外径			定位环外径 D_4						垫片本体厚度 t	整体定位环厚度 t_1	活动定位环厚度 t_2	垫片整体厚度 T
	内径 D_2	外径 D_3											
		PN16 ~40	PN63 ~160	PN16	PN25	PN40	PN63	PN100	PN160				
10	22	36	36	46	46	46	56	56	56	4.0	2.0	1.5	5.0
15	26	42	42	51	51	51	61	61	61				
20	31	47	47	61	61	61	72	72	72				
25	36	52	52	71	71	71	82	82	82				
32	46	62	62	82	82	82	88	88	88				
40	53	69	69	92	92	92	103	103	103				
50	65	81	81	107	107	107	113	119	119				
65	81	100	100	127	127	127	138	144	144				
80	95	115	115	142	142	142	148	154	154				
100	118	138	138	162	168	168	174	180	180				
125	142	162	162	192	194	194	210	217	217				
150	170	190	190	218	224	224	247	257	257				
(175)a	195	215	223	247	255	265	276	286	332				
200	220	240	248	273	284	290	309	324	324				
(225)a	250	270	280	302	310	321	336	359	396				
250	270	290	300	329	340	352	364	391	388				
300	320	340	356	384	400	417	424	458	458				
350	375	395	415	444	457	474	486	512	—				
400	426	450	474	495	514	546	543	—	—				
450	480	506	—	555	564	571	—	—	—				
500	530	560	—	617	624	628	—	—	—				
600	630	664	—	734	731	747	—	—	—				
700	730	770	—	804	833	—	—	—	—				
800	830	876	—	911	942	—	—	—	—				
900	930	982	—	1 011	1 042	—	—	—	—				
1 000	1 040	1 098	—	1 128	1 154	—	—	—	—				
1 200	1 250	1 320	—	1 342	1 364	—	—	—	—				
1 400	1 440	1 522	—	1 542	1 578	—	—	—	—				
1 600	1 650	1 742	—	1 764	1 798	—	—	—	—				
1 800	1 850	1 914	—	1 964	2 000	—	—	—	—				
2 000	2 050	2 120	—	2 168	2 230	—	—	—	—				

[a] 带括号的尺寸不推荐使用。

表 4-27 PN16～PN160 榫槽面和凹凸面法兰用基本型齿形垫片尺寸 mm

公称尺寸 DN	垫片内外直径			垫片本体厚度 t	垫片整体厚度 T
	内径 D_2		外径 D_3		
	榫槽面	凹凸面			
10	24	18	34	2.0	3.0
15	29	22	39		
20	36	28	50		
25	43	35	57		
32	51	43	65		
40	61	49	75		
50	73	61	87		
65	95	77	109		
80	106	90	120		
100	129	115	149	3.0	4.0
125	155	141	175		
150	183	169	203		
(175)[a]	213	195	233		
200	239	220	259		
(225)[a]	266	234	286		
250	292	274	312		
300	343	325	363		
350	395	368	421		
400	447	420	473		
450	497	470	523		
500	549	520	575		
600	649	620	675		
700	751	720	777		
800	856	820	882		
900	961	920	987		
1 000	1 062	1 020	1 091	4.0	5.0
1 200	1 262	1 220	1 291		
1 400	1 462	1 420	1 491		
1 600	1 662	1 620	1 691		
1 800	1 862	1 820	1 891		
2 000	2 062	2 020	2 091		

[a] 带括号的尺寸不推荐使用。

表 4-28 PN200 凹凸面法兰用基本型齿形垫片尺寸

mm

公称尺寸 DN	垫片内外径尺寸		垫片本体厚度 t	垫片整体厚度 T
	内径 D_2	外径 D_3		
15	15	27	2.0	3.0
20	22	34		
25	27	41		
32	34	49		
40	40	55		
50	51	69		
65	72	96		
80	86	115		
100	107	137	3.0	4.0
125	135	169		
150	155	189		
(175)[a]	179	213		
200	206	244		
(225)[a]	227	267		
250	268	318		

[a] 带括号的尺寸不推荐使用。

4.5.3 技术要求

(1) 垫片材料

齿形垫片本体和覆盖层常用材料见表 4-29 的规定。经供需双方协商,也可采用表 4-29 以外的其他材料,但应在订货时注明。

表 4-29 齿形垫片常用材料及代号

本体材料				覆盖层材料			
牌号	标准	最高使用温度℃	代号	材料名称	标准	最高使用温度℃	代号
06Cr19Ni10	GB/T 3280	700	304	柔性石墨[a]	JB/T 7758.2	−200～650[b]	FG
022 Cr19Ni10		450	304L	聚丙烯乙烯[c]	QB/T 3625	−200～200	PTFE
06Cr17Ni12M02		700	316				
022Cr17Ni12M02		450	316L				
06Cr18Ni11Ti		700	321				
06Cr18Ni11Nb		700	347				
06Cr25Ni20		700	310				

[a] 柔性石墨的氯含量应小于 50 μg/g。

[b] 用于氧化性介时时最高使用温度 450 ℃。

[c] 聚四氟乙烯板材不得有再生料成分。

(2) 经供需双方协议,活动定位环可选择与齿形垫片不同的其他金属材料,当采用碳钢时,材料应符合 GB/T 11253 的规定,并应做适当的表面防锈处理。

(3) 齿形垫片代号

齿形垫片代号见表4-30。

表4-30 齿形垫片代号

型式	代号	适用的法兰密封面型式
基本型	A	榫槽面、凹凸面
整体带定位环型	B	全平面、突面
带活动定位环型	C	全平面、突面

4.5.4 标记示例

(1) 标记

齿形垫片应对以下要素进行标记：

a) 产品名称；

b) 垫片型式；

c) 公称尺寸；

d) 公称压力；

e) 本体、覆盖层和活动定位环材料料代号；

f) 本标准编号。

(2) 标记示例

公称尺寸为DN80、公称压力为PN63的带活动定位环型齿形垫片，垫片本体材料代号为316，覆盖层材料为柔性石墨，活动定位环材料代号为304的齿形垫片标记为：

齿形垫片 C DN80-PN63 316/FG/304 JB/T 88

标记中各要素的含义如下：

C——带活动定位环型齿形垫片；

80——公称尺寸为DN80；

63——公称压力为PN63；

316/FG/304——垫片本体材料代号为316、覆盖层材料为柔性石墨、活动定位环材料代号为304。

4.6 管路法兰用缠绕式垫片

(JB/T 90—2015 管路法兰用缠绕式垫片)

4.6.1 型式

管路法兰用缠绕式垫片型式见图4-11～图4-14。

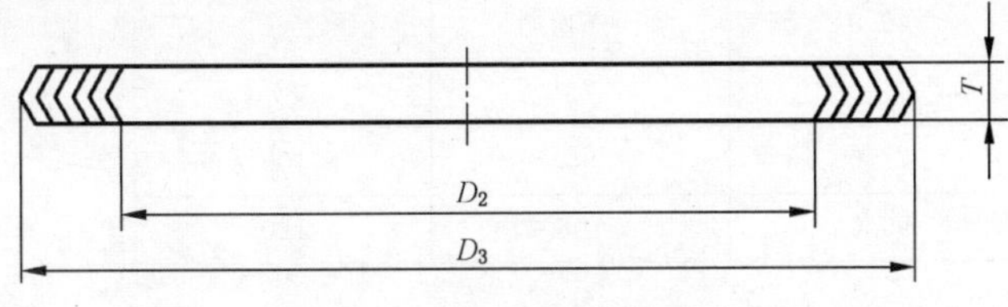

图4-11 基本型缠绕式垫片

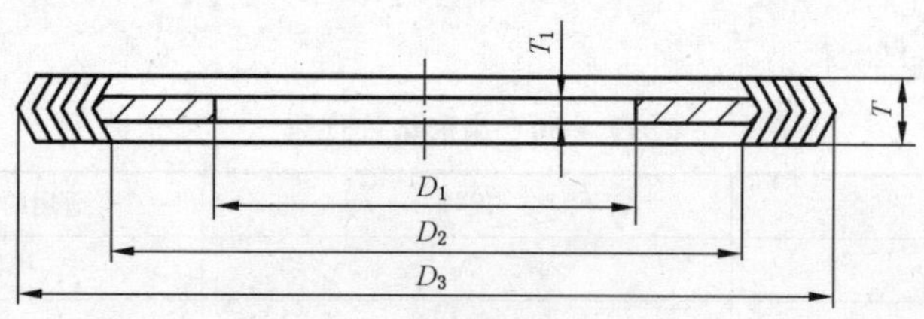

图 4-12　带内环型缠绕式垫片

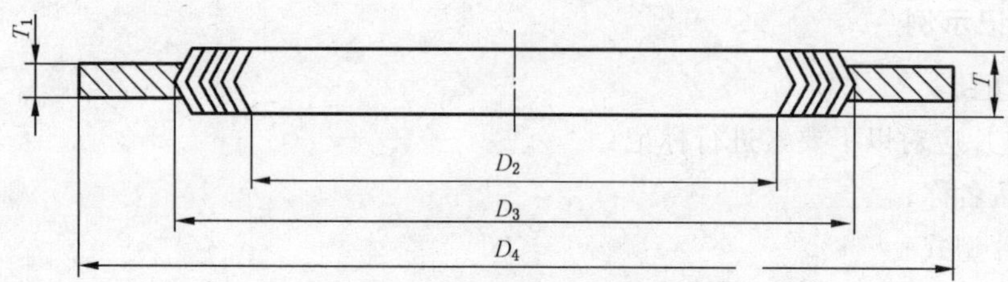

图 4-13　带定位环型缠绕式垫片

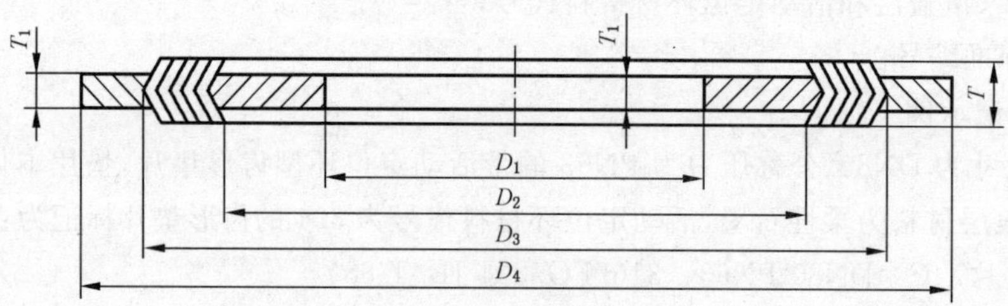

图 4-14　带内环和定位环型缠绕式垫片

4.6.2　垫片尺寸

管路法兰用缠绕式垫片尺寸见表 4-31、表 4-32。

表 4-31　榫槽面法兰用基本型或凹凸面法兰用带内环型缠绕式垫片尺寸　mm

公称尺寸 DN	公称压力			T_1	T
	PN16、PN25、PN40、PN63、PN100、PN160				
	D_1	D_2	D_3		
10	18.0	24	34	2.0	3.2
15	22.0	29	39		
20	27.0	36	50		
25	34.0	43	57		
32	43.0	51	65		
40	49.0	61	75		
50	61.0	73	87		
65	77.0	95	109		
80	90.0	106	120		

续表 4-31 mm

公称尺寸 DN	公称压力 PN16、PN25、PN40、PN63、PN100、PN160			T_1	T
	D_1	D_2	D_3		
100	116.0	129	149	2.0 或 3.0	3.2 或 4.5
125	143.0	155	175		
150	170.0	183	203		
200	222.0	239	259		
250	276.0	292	312		
300	328.0	343	363		
350	381.0	395	421	3.0	4.5
400	430.0	447	473		
450	471.0	497	523		
500	535.0	549	575		
600	636.0	649	675		
700	734.0	750.5	777.5		
800	835.0	855.5	882.5		
900	940.0	960.5	987.5		
1 000	1 040.0	1 060.5	1 093.5		
1 200	1 240.0	1 260.5	1 293.5		
1 400	1 430.0	1 460.5	1 493.5		
1 600	1 630.0	1 660.5	1 693.5		
1 800	1 830.0	1 860.5	1 893.5		
2 000	2 030.0	2 060.5	2 093.5		

表 4-32 全平面和突面法兰用带定位环型和定位环型缠绕式垫片尺寸 mm

公称尺寸 DN	公称压力										T_1	T
	PN16～PN160		PN16～PN40	PN63～PN160	PN16	PN25	PN40	PN63	PN100	PN160		
	D_1	D_{2min}	D_{3max}		D_4							
10	18	24	34	34	46	46	46	56	56	56	3.0	4.5
15	22	28	38	38	51	51	51	61	61	61		
20	27	33	45	45	61	61	61	72	72	72		
25	34	40	52	52	71	71	71	82	82	82		
32	43	49	61	61	82	82	82	88	88	88		
40	49	55	67	67	92	92	92	103	103	103		

续表 4-32

mm

公称尺寸 DN	公称压力										T_1	T
	PN16～PN160		PN16～PN40	PN63～PN160	PN16	PN25	PN40	PN63	PN100	PN160		
	D_1	D_{2min}	D_{3max}		D_4							
50	61	70	86	86	107	107	107	113	119	119		
65	77	86	102	106	127	127	127	138	144	144		
80	90	99	115	119	142	142	142	148	154	154		
100	116	128	144	148	162	168	168	174	180	180		
125	143	155	173	179	192	194	194	210	217	217	3.0	4.5
150	170	182	200	206	218	224	224	247	257	257		
200	222	234	254	258	273	284	290	309	324	324		
250	276	288	310	316	329	340	352	364	391	391		
300	328	340	364	368	384	400	417	424	458	458		
350	381	393	417	421	444	457	474	486	512	—		
400	430	442	470	476	495	514	546	543	572	—		
450	472	488	516	522	555	564	571	—	—	—		
500	535	547	575	576	617	624	628	—	—	—		
600	636	648	676	—	734	731	745	—	—	—		
700	720	732	766	—	804	833	—	—	—	—		
800	820	840	874	—	911	942	—	—	—	—	3.0 或 5.0	4.5 或 6.5
900	920	940	974	—	1 011	1 042	—	—	—	—		
1 000	1 020	1 040	1 084	—	1 128	1 155	—	—	—	—		
1 200	1 220	1 240	1 290	—	1 342	—	—	—	—	—		
1 400	1 420	1 450	1 510	—	1 542	—	—	—	—	—		
1 600	1 630	1 660	1 720	—	1 764	—	—	—	—	—		
1 800	1 830	1 860	1 920	—	1 964	—	—	—	—	—		
2 000	2 030	2 060	2 130	—	2 168	—	—	—	—	—		

4.6.3　技术要求

缠绕式垫片的材料及其他技术要求应符合 GB/T 4622.3 的规定。

4.7 C级特大垫圈

(GB/T 5287—2002 特大垫圈 C级)

4.7.1 型式

C级特大垫圈型式见图4-15。

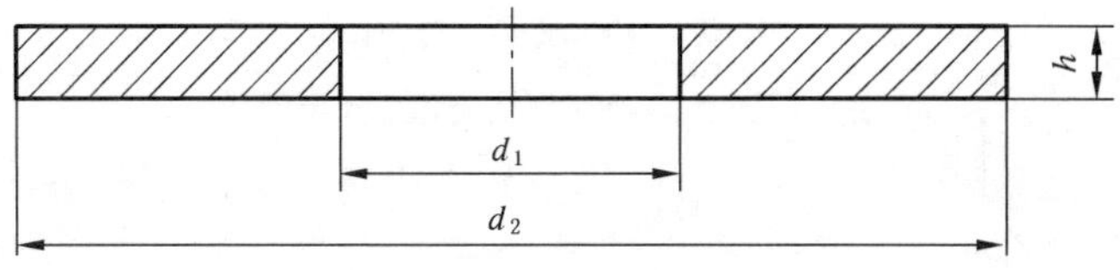

图4-15 C级特大垫圈

4.7.2 垫圈尺寸

C级特大垫圈优选和非优选尺寸见表4-33、表4-34。

表4-33 优选尺寸 mm

公称规格(螺纹大径 d)	内径 d_1		外径 d_2		厚度 h		
	公称(min)	max	公称(max)	min	公称	max	min
5	5.5	5.8	18	16.9	2	2.3	1.7
6	6.6	6.96	22	20.7	2	2.3	1.7
8	9	9.36	28	26.7	3	3.6	2.4
10	11	11.43	34	32.4	3	3.6	2.4
12	13.5	13.93	44	42.4	4	4.6	3.4
16	17.5	18.2	56	54.1	5	6	4
20	22	22.84	72	70.1	6	7	5
24	26	26.84	85	82.8	6	7	5
30	33	34	105	102.8	6	7	5
36	39	40	125	122.5	8	9.2	6.8

表4-34 非优选尺寸 mm

公称规格(螺纹大径 d)	内径 d_1		外径 d_2		厚度 h		
	公称(min)	max	公称(max)	min	公称	max	min
14	15.5	15.93	50	48.1	4	4.6	3.4
18	20	20.84	60	58.1	5	6	4
22	24	24.84	80	78.1	6	7	5
27	30	30.84	98	95.8	6	7	5
33	36	37	115	112.8	8	9.2	6.8

4.7.3 技术条件

(1) 垫圈材料:钢。

(2) 钢的机械性能等级:100 HV。

(3) 钢的表面处理:

——不经处理,即垫圈应是本色的并涂有防锈油或按供需双方协议的涂层;

——电镀技术要求按GB/T 5267.1的规定;

——非电解锌片涂层技术要求按GB/T 5267.2的规定;

——所有公差适用于涂或镀前尺寸。

4.7.4　标记示例

特大系列、公称规格 8 mm、由钢制造的硬度等级为 100 HV、为不经表面处理、产品等级为 C 级的平垫圈的标记：

垫圈　GB/T 5287　8

4.8　A 级大垫圈

（GB/T 96.1—2002 大垫圈　A 级）

4.8.1　型式

A 级大垫圈型式见图 4-16。

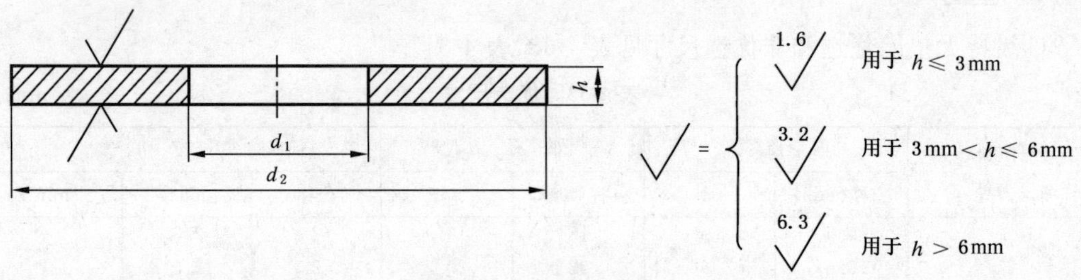

图 4-16　A 级大垫圈

4.8.2　垫圈尺寸

A 级大垫圈优选和非优选尺寸见表 4-35、表 4-36。

表 4-35　优选尺寸　mm

公称规格（螺纹大径 d）	内径 d_1		外径 d_2		厚度 h		
	公称(min)	max	公称(max)	min	公称	max	min
3	3.2	3.38	9	8.64	0.8	0.9	0.7
4	4.3	4.48	12	11.57	1	1.1	0.9
5	5.3	5.48	15	14.57	1	1.1	0.9
6	6.4	6.62	18	17.57	1.6	1.8	1.4
8	8.4	8.62	24	23.48	2	2.2	1.8
10	10.5	10.77	30	29.48	2.5	2.7	2.3
12	13	13.27	37	36.38	3	3.3	2.7
16	17	17.27	50	49.38	3	3.3	2.7
20	21	21.33	60	59.26	4	4.3	3.7
24	25	25.52	72	70.8	5	5.6	4.4
30	33	33.62	92	90.6	6	6.6	5.4
36	39	39.62	110	108.6	8	9	7

表 4-36 非优选尺寸 mm

公称规格（螺纹大径 d）	内径 d_1		外径 d_2		厚度 h		
	公称(min)	max	公称(max)	min	公称	max	min
3.5	3.7	3.88	11	10.57	0.8	0.9	0.7
14	15	15.27	44	43.38	3	3.3	2.7
18	19	19.33	56	55.26	4	4.3	3.7
22	23	23.52	66	64.8	5	5.6	4.4
27	30	30.52	85	83.6	6	6.6	5.4
33	36	36.62	105	103.6	6	6.6	5.4

4.8.3 技术条件

(1) 垫圈材料：钢、不锈钢。

(2) 机械性能等级

1) 钢的机械性能等级：200 HV、300 HV；

2) 不锈钢的机械性能等级：200 HV。

(3) 表面处理

1) 钢的表面处理：

——不经处理，即垫圈应是本色的并涂有防锈油或按供需双方协议的涂层；

——电镀技术要求按 GB/T 5267.1 的规定；

——非电解锌片涂层技术要求按 GB/T 5267.2 的规定；

——对淬火并回火的垫圈采用适当的涂或镀工艺，以避免氢脆，当电镀或磷化处理垫圈时，应在电镀或涂层后立即进行适当处理，以驱除有害的氢脆；

——所有公差适用于涂或镀前尺寸。

2) 不锈钢的表面处理：不经处理，即垫圈应是本色。

4.8.4 标记示例

大系列、公称规格 8 mm、由钢制造的硬度等级为 200 HV、不经表面处理、产品等级为 A 级的平垫圈的标记：

垫圈 GB/T 96.1 8

大系列、公称规格 8 mm、由 A2 组不锈钢制造的硬度等级为 200 HV 级、不经表面处理、产品等级为 A 级的平垫圈的标记：

垫圈 GB/T 96.1 8 A2

4.9 C级大垫圈

（GB/T 96.2—2002 大垫圈 C 级）

4.9.1 型式

C 级大垫圈型式见图 4-17。

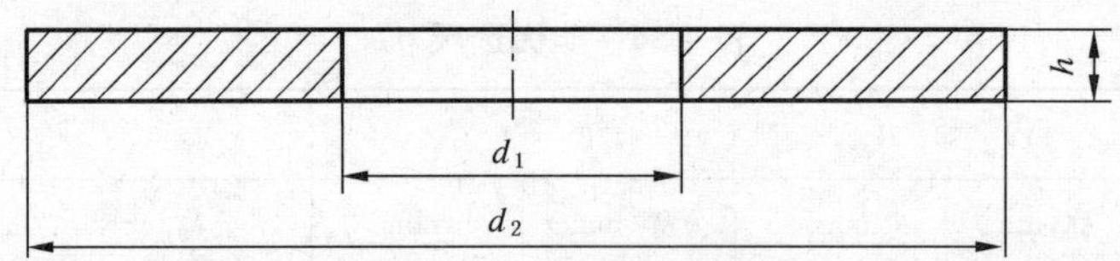

图 4-17 C级大垫圈

4.9.2 垫圈尺寸

C级大垫圈优选和非优选尺寸见表 4-37、表 4-38。

表 4-37 优选尺寸

mm

公称规格（螺纹大径，d）	内径 d_1		外径 d_2		厚度 h		
	公称(min)	max	公称(max)	min	公称	max	min
3	3.4	3.7	9	8.1	0.8	1.0	0.6
4	4.5	4.8	12	10.9	1	1.2	0.8
5	5.5	5.8	15	13.9	1	1.2	0.8
6	6.6	6.96	18	16.9	1.6	1.9	1.3
8	9	9.36	24	22.7	2	2.3	1.7
10	11	11.43	30	28.7	2.5	2.8	2.2
12	13.5	13.93	37	35.4	3	3.6	2.4
16	17.5	17.93	50	48.4	3	3.6	2.4
20	22	22.52	60	58.1	4	4.6	3.4
24	26	26.84	72	70.1	5	6	4
30	33	34	92	89.8	6	7	5
36	39	40	110	107.8	8	9.2	6.8

表 4-38 非优选尺寸

mm

公称规格（螺纹大径，d）	内径 d_1		外径 d_2		厚度 h		
	公称(min)	max	公称(max)	min	公称	max	min
3.5	3.9	4.2	11	9.9	0.8	1.0	0.6
14	15.5	15.93	44	42.4	3	3.6	2.4
18	20	20.43	56	54.9	4	4.6	3.4
22	24	24.84	66	64.9	5	6	4
27	30	30.84	85	82.8	6	7	5
33	36	37	105	102.8	6	7	5

4.9.3 技术条件

(1) 垫圈材料：钢。

(2) 钢的机械性能等级：100 HV。

(3) 钢的表面处理：

——不经处理，即垫圈应是本色的并涂有防锈油或按供需双方协议的涂层；

——电镀技术要求按 GB/T 5267.1 的规定；

——非电解锌片涂层技术要求按 GB/T 5267.2 的规定；

——所有公差适用于涂或镀前尺寸。

4.9.4 标记示例

大系列、公称规格 8 mm、由钢制造的硬度等级为 100 HV、不经表面处理、产品等级为C级的平垫圈的标记：

垫圈 GB/T 96.2 8

4.10　A 级小垫圈

(GB/T 848—2002 小垫圈　A 级)

4.10.1　型式

A 级小垫圈型式见图 4-18。

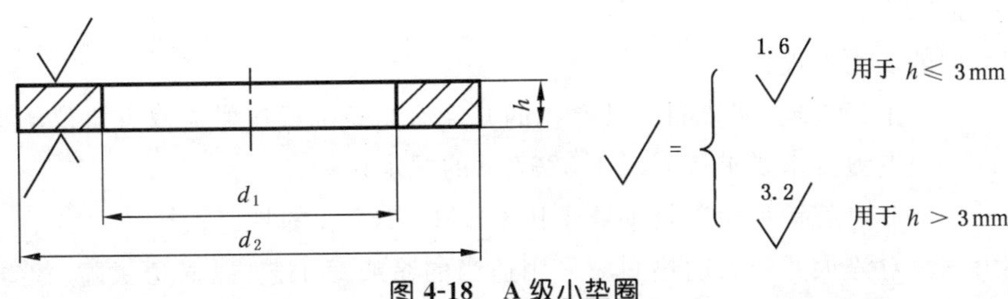

图 4-18　A 级小垫圈

4.10.2　垫圈尺寸

A 级小垫圈优选和非优选尺寸见表 4-39、表 4-40。

表 4-39　优选尺寸　mm

公称规格(螺纹大径 d)	内径 d_1		外径 d_2		厚度 h		
	公称(min)	max	公称(max)	min	公称	max	min
1.6	1.7	1.84	3.5	3.2	0.3	0.35	0.25
2	2.2	2.34	4.5	4.2	0.3	0.35	0.25
2.5	2.7	2.84	5	4.7	0.5	0.55	0.45
3	3.2	3.38	6	5.7	0.5	0.55	0.45
4	4.3	4.48	8	7.64	0.5	0.55	0.45
5	5.3	5.48	9	8.64	1	1.1	0.9
6	6.4	6.62	11	10.57	1.6	1.8	1.4
8	8.4	8.62	15	14.57	1.6	1.8	1.4
10	10.5	10.77	18	17.57	1.6	1.8	1.4
12	13	13.27	20	19.48	2	2.2	1.8
16	17	17.27	28	27.48	2.5	2.7	2.3
20	21	21.33	34	33.38	3	3.3	2.7
24	25	25.33	39	38.38	4	4.3	3.7
30	31	31.39	50	49.38	4	4.3	3.7
36	37	37.62	60	58.8	5	5.6	4.4

表 4-40　优选尺寸　mm

公称规格(螺纹大径 d)	内径 d_1		外径 d_2		厚度 h		
	公称(min)	max	公称(max)	min	公称	max	min
3.5	3.7	3.88	7	6.64	0.5	0.55	0.45
14	15	15.27	24	23.48	2.5	2.7	2.3
18	19	19.33	30	29.48	3	3.3	2.7
22	23	23.33	37	36.38	3	3.3	2.7
27	28	28.33	44	43.38	4	4.3	3.7
33	34	34.62	56	54.8	5	5.6	4.4

4.10.3　技术条件

(1) 垫圈材料：钢、不锈钢。

(2) 机械性能等级

1) 钢的机械性能等级：200 HV、300 HV。

2) 不锈钢的机械性能等级：200 HV。

(3) 表面处理

1) 钢的表面处理：

——不经处理，即垫圈应是本色的并涂有防锈油或按供需双方协议的涂层；

——电镀技术要求按 GB/T 5267.1 的规定；

——非电解锌片涂层技术要求按 GB/T 5267.2 的规定；

——对淬火并回火的垫圈应采用适当的涂或镀工艺，以避免氢脆。当电镀或磷化处理垫圈时，应在电镀或涂层后立即进行适当处理，以驱除有害的氢脆；

——所有公差适用于涂或镀前尺寸。

2) 不锈钢的表面处理：不经处理，即垫圈应是本色。

4.10.4　标记示例

小系列、公称规格 8 mm、由钢制造的硬度等级为 200 HV、不经表面处理、产品等级为 A 级的平垫圈的标记：

垫圈　GB/T 848　8

小系列、公称规格 8 mm、由 A2 钢制造的硬度等级为 200 HV、不经表面处理、产品等级为 A 级的平垫圈的标记：

垫圈　GB/T 848　8　A2

4.11　A 级平垫圈

(GB/T 97.1—2002 平垫圈　A 级)

4.11.1　型式

A 级平垫圈型式见图 4-19。

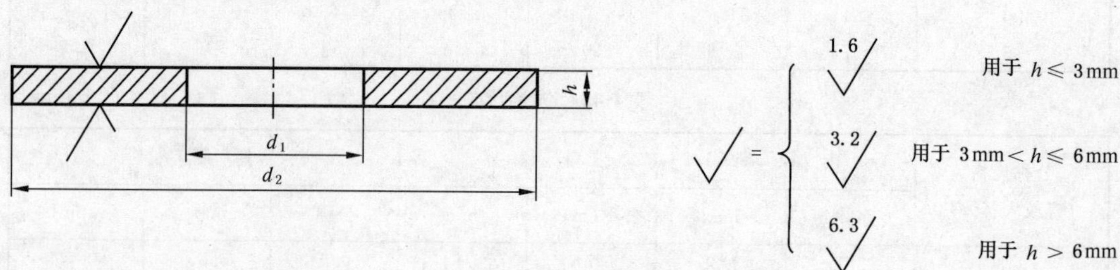

图 4-19　A 级平垫圈

4.11.2　垫圈尺寸

A 级平垫圈优选和非优选尺寸见表 4-41、表 4-42。

表 4-41 优选尺寸 mm

公称规格（螺纹大径 d）	内径 d_1		外径 d_2		厚度 h		
	公称(min)	max	公称(max)	min	公称	max	min
1.6	1.7	1.84	4	3.7	0.3	0.35	0.25
2	2.2	2.34	5	4.7	0.3	0.35	0.25
2.5	2.7	2.84	6	5.7	0.5	0.55	0.45
3	3.2	3.38	7	6.64	0.5	0.55	0.45
4	4.3	4.48	9	8.64	0.8	0.9	0.7
5	5.3	5.48	10	9.64	1	1.1	0.9
6	6.4	6.62	12	11.57	1.6	1.8	1.4
8	8.4	8.62	16	15.57	1.6	1.8	1.4
10	10.5	10.77	20	19.48	2	2.2	1.8
12	13	13.27	24	23.48	2.5	2.7	2.3
16	17	17.27	30	29.48	3	3.3	2.7
20	21	21.33	37	36.38	3	3.3	2.7
24	25	25.33	44	43.38	4	4.3	3.7
30	31	31.39	56	55.26	4	4.3	3.7
36	37	37.62	66	64.8	5	5.6	4.4
42	45	45.62	78	76.8	8	9	7
48	52	52.74	92	90.6	8	9	7
56	62	62.74	105	103.6	10	11	9
64	70	70.74	115	113.6	10	11	9

表 4-42 非优选尺寸 mm

公称规格（螺纹大径 d）	内径 d_1		外径 d_2		厚度 h		
	公称(min)	max	公称(max)	min	公称	max	min
14	15	15.27	28	27.48	2.5	2.7	2.3
18	19	19.33	34	33.38	3	3.3	2.7
22	23	23.33	39	38.38	3	3.3	2.7
27	28	28.33	50	49.38	4	4.3	3.7
33	34	34.62	60	58.8	5	5.6	4.4
39	42	42.62	72	70.8	6	6.6	5.4
45	48	48.62	85	83.6	8	9	7
52	56	56.74	98	96.6	8	9	7
60	66	66.74	110	108.6	10	11	9

4.11.3 技术条件

(1) 垫圈材料：钢、不锈钢。

(2) 机械性能等级

1) 钢的机械性能等级：200 HV、300 HV。

2) 不锈钢的机械性能等级：200 HV。

(3) 表面处理

1) 钢的表面处理：

——不经处理，即垫圈应是本色的并涂有防锈油或按供需双方协议的涂层；

——电镀技术要求按 GB/T 5267.1 的规定；

——非电解锌片涂层技术要求按 GB/T 5267.2 的规定；

——对淬火并回火的垫圈应采用适当的涂或镀工艺，以避免氢脆。当电镀或磷化处理垫圈时，应在电镀或涂层后立即进行适当处理，以驱除有害的氢脆；

——所有公差适用于涂或镀前尺寸。

2）不锈钢的表面处理：不经处理，即垫圈应是本色。

4.11.4　标记示例

示例 1：标准系列、公称规格 8 mm、由钢制造的硬度等级为 200 HV 级、不经表面处理、产品等级为 A 级的平垫圈的标记：

垫圈　GB/T 97.1　8

示例 2：标准系列、公称规格 8 mm、由 A2 组不锈钢制造的硬度等级为 200 HV 级、不经表面处理、产品等级为 A 级的平垫圈的标记：

垫圈　GB/T 97.1　8　A2

4.12　A 级倒角型平垫圈

（GB/T 97.2—2002 平垫圈　倒角型 A 级）

4.12.1　型式

A 级倒角型平垫圈型式见图 4-20。

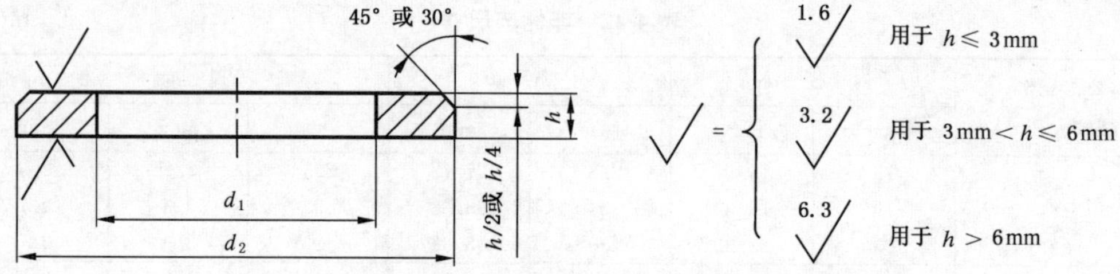

图 4-20　倒角型平垫圈　A 级

4.12.2　垫圈尺寸

A 级倒角型平垫圈优选和非优选尺寸见表 4-43、表 4-44。

表 4-43　优选尺寸

mm

公称规格（螺纹大径 d）	内径 d_1		外径 d_2		厚度 h		
	公称(min)	max	公称(max)	min	公称	max	min
5	5.3	5.48	10	9.64	1	1.1	0.9
6	6.4	6.62	12	11.57	1.6	1.8	1.4
8	8.4	8.62	16	15.57	1.6	1.8	1.4
10	10.5	10.77	20	19.48	2	2.2	1.8
12	13	13.27	24	23.48	2.5	2.7	2.3
16	17	17.27	30	29.48	3	3.3	2.7
20	21	21.33	37	36.38	3	3.3	2.7
24	25	25.33	44	43.38	4	4.3	3.7
30	31	31.39	56	55.26	4	4.3	3.7

续表 4-43

mm

公称规格（螺纹大径 d）	内径 d_1		外径 d_2		厚度 h		
	公称(min)	max	公称(max)	min	公称	max	min
36	37	37.62	66	64.8	5	5.6	4.4
42	45	45.62	78	76.8	8	9	7
48	52	52.74	92	90.6	8	9	7
56	62	62.74	105	103.6	10	11	9
64	70	70.74	115	113.6	10	11	9

表 4-44 非优选尺寸

mm

公称规格（螺纹大径 d）	内径 d_1		外径 d_2		厚度 h		
	公称(min)	max	公称(max)	min	公称	max	min
14	15	15.27	28	27.48	2.5	2.7	2.3
18	19	19.33	34	33.38	3	3.3	2.7
22	23	23.33	39	38.38	3	3.3	2.7
27	28	28.33	50	49.38	4	4.3	3.7
33	34	34.62	60	58.8	5	5.6	4.4
39	42	42.62	72	70.8	6	6.6	5.4
45	48	48.62	85	83.6	8	9	7
52	56	56.74	98	96.6	8	9	7
60	66	66.74	110	108.6	10	11	9

4.12.3 技术条件

（1）垫圈材料：钢、不锈钢。

（2）机械性能等级

1）钢的机械性能等级：200 HV、300 HV；

2）不锈钢的机械性能等级：200 HV。

（3）表面处理

1）钢的表面处理：

——不经处理，即垫圈应是本色的并涂有防锈油或按供需双方协议的涂层；

——电镀技术要求按 GB/T 5267.1 的规定；

——非电解锌片涂层技术要求按 GB/T 5267.2 的规定；

——对淬火并回火的垫圈应采用适当的涂或镀工艺，以避免氢脆。当电镀或磷化处理垫圈时，应在电镀或涂层后立即进行适当处理，以驱除有害的氢脆；

——所有公差适用于涂或镀前尺寸。

2）不锈钢的表面处理：不经处理，即垫圈应是本色。

4.12.4 标记示例

标准系列、公称规格 8 mm、由钢制造的硬度等级为 200 HV 级、不经表面处理、产品等级为 A 级、倒角型平垫圈的标记：

垫圈 GB/T 97.2 8

标准系列、公称规格 8 mm、由 A2 组不锈钢制造的硬度等级为 200 HV 级、不经表面处理、产品等级为 A 级、倒角型平垫圈的标记：

垫圈 GB/T 97.2 8 A2

4.13 C级平垫圈

（GB/T 95—2002 平垫圈 C级）

4.13.1 型式

C级平垫圈型式见图 4-21。

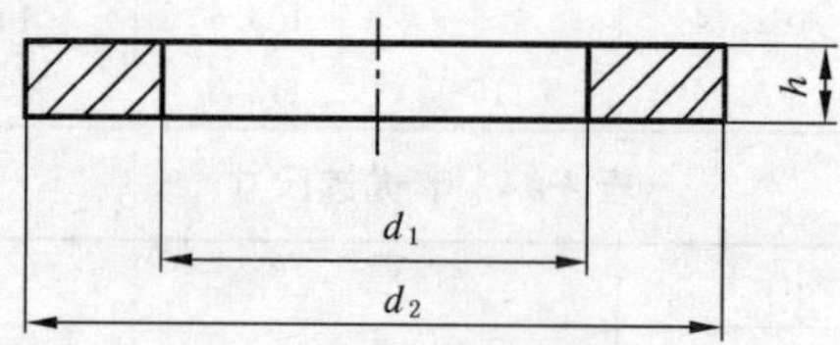

图 4-21 C级平垫圈

4.13.2 垫圈尺寸

C级平垫圈优选和非优选尺寸见表 4-45、表 4-46。

表 4-45 优选尺寸

mm

公称规格（螺纹大径 d）	内径 d_1		外径 d_2		厚度 h		
	公称（min）	max	公称（max）	min	公称	max	min
1.6	1.8	2.05	4	3.25	0.3	0.4	0.2
2	2.4	2.65	5	4.25	0.3	0.4	0.2
2.5	2.9	3.15	6	5.25	0.5	0.6	0.4
3	3.4	3.7	7	6.1	0.5	0.6	0.4
4	4.5	4.8	9	8.1	0.8	1.0	0.6
5	5.5	5.8	10	9.1	1	1.2	0.8
6	6.6	6.96	12	10.9	1.6	1.9	1.3
8	9	9.36	16	14.9	1.6	1.9	1.3
10	11	11.43	20	18.7	2	2.3	1.7
12	13.5	13.93	24	22.7	2.5	2.8	2.2
16	17.5	17.93	30	28.7	3	3.6	2.4
20	22	22.52	37	35.4	3	3.6	2.4
24	26	26.52	44	42.4	4	4.6	3.4
30	33	33.62	56	54.1	4	4.6	3.4
36	39	40	66	64.1	5	6	4
42	45	46	78	76.1	8	9.2	6.8
48	52	53.2	92	89.8	8	9.2	6.8
56	62	63.2	105	102.8	10	11.2	8.8
64	70	71.2	115	112.8	10	11.2	8.8

表 4-46 非优选尺寸 mm

公称规格（螺纹大径 d）	内径 d_1		外径 d_2		厚度 h		
	公称(min)	max	公称(max)	min	公称	max	min
3.5	3.9	4.2	8	7.1	0.5	0.6	0.4
14	15.5	15.93	28	26.7	2.5	2.8	2.2
18	20	20.43	34	32.4	3	3.6	2.4
22	24	24.52	39	37.4	3	3.6	2.4
27	30	30.52	50	48.4	4	4.6	3.4
33	36	37	60	58.1	5	6	4
39	42	43	72	70.1	6	7	5
45	48	49	85	82.8	8	9.2	6.8
52	56	57.2	98	95.8	8	9.2	6.8
60	66	67.2	110	107.8	10	11.2	8.8

4.13.3 技术条件

(1) 垫圈材料：钢。

(2) 钢的机械性能等级：100 HV。

(3) 钢的表面处理：

——不经处理，即垫圈应是本色的并涂有防锈油或按供需双方协议的涂层；

——电镀技术要求按 GB/T 5267.1 的规定；

——非电解锌片涂层技术要求按 GB/T 5267.2 的规定；

——所有公差适用于涂或镀前尺寸。

4.13.4 标记示例

标准系列、公称规格 8 mm、硬度等级为 100 HV、不经表面处理、产品等级为 C 级的平垫圈的标记：

垫圈 GB/T 95 8

4.14 销轴用平垫圈

（GB/T 97.3—2002 销轴用平垫圈）

4.14.1 型式

销轴用平垫圈型式见图 4-22。

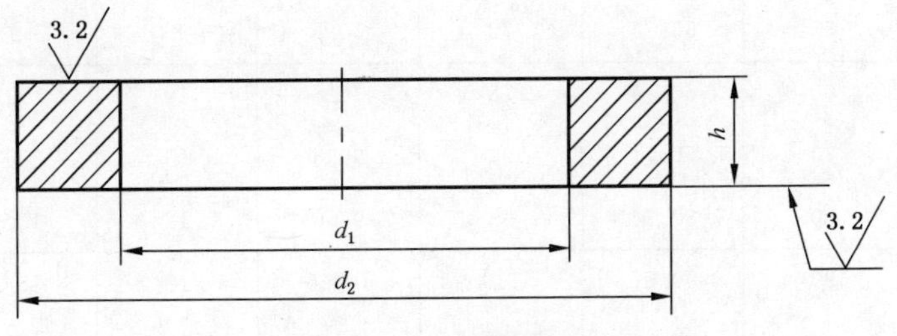

图 4-22 销轴用平垫圈

4.14.2　垫圈尺寸

销轴用平垫圈尺寸见表 4-47。

表 4-47　销轴用平垫圈尺寸　mm

公称规格	内径 d_1		外径 d_2		厚度 h		
	公称(min)	max	公称(max)	min	公称	max	min
3	3	3.14	6	5.70	0.8	0.9	0.7
4	4	4.18	8	7.64	0.8	0.9	0.7
5	5	5.18	10	9.64	1	1.1	0.9
6	6	6.18	12	11.57	1.6	1.8	1.4
8	8	8.22	15	14.57	2	2.2	1.8
10	10	10.22	18	17.57	2.5	2.7	2.3
12	12	12.27	20	19.48	3	3.3	2.7
14	14	14.27	22	21.48	3	3.3	2.7
16	16	16.27	24	23.48	3	3.3	2.7
18	18	18.27	28	27.48	4	4.3	3.7
20	20	20.33	30	29.48	4	4.3	3.7
22	22	22.33	34	33.38	4	4.3	3.7
24	24	24.33	37	36.38	4	4.3	3.7
25	25	25.33	38	37.38	4	4.3	3.7
27	27	27.52	39	38	5	5.6	4.4
28	28	28.52	40	39	5	5.6	4.4
30	30	30.52	44	43	5	5.6	4.4
32	32	32.62	46	45	5	5.6	4.4
33	33	33.62	47	46	5	5.6	4.4
36	36	36.62	50	49	6	6.6	5.4
40	40	40.62	56	54.8	6	6.6	5.4
45	45	45.62	60	58.8	6	6.6	5.4
50	50	50.62	66	64.8	8	9	7
55	55	55.74	72	70.8	8	9	7
60	60	60.74	78	76.8	10	11	9
70	70	70.74	92	90.6	10	11	9
80	80	80.74	98	96.6	12	13.2	10.8
90	90	90.87	110	108.6	12	13.2	10.8
100	100	100.87	120	118.6	12	13.2	10.8

4.14.3 技术条件

(1) 垫圈材料:钢。

(2) 钢的机械性能等级:160 HV。

(3) 钢的表面处理:

——不经处理;

——镀锌钝化按 GB/T 5267 的规定;

——磷化按 GB/T 11376 的规定;

——其他表面镀层或表面处理,应由供需双方协议。

4.14.4 标记示例

公称规格 8 mm、性能等级为 160 HV、不经表面处理的销轴用平垫圈的标记:

垫圈　GB/T 97.3　8

4.15 用于自攻螺钉和垫圈组合件的平垫圈

(GB/T 97.5—2002 平垫圈　用于自攻螺钉和垫圈组合件)

4.15.1 型式

用于自攻螺钉和垫圈组合件的平垫圈型式见图 4-23、图 4-24。

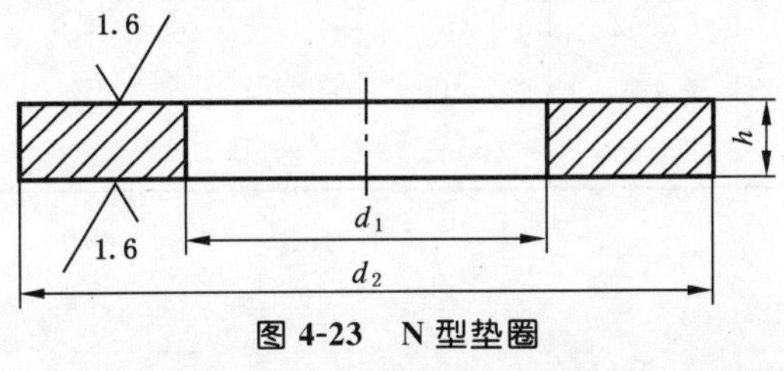

图 4-23　N 型垫圈

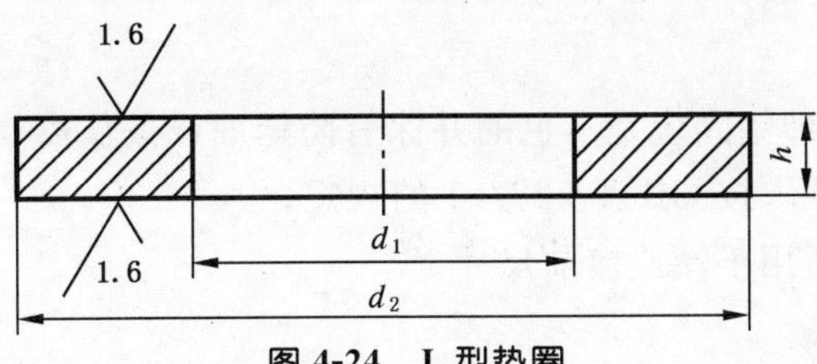

图 4-24　L 型垫圈

4.15.2 垫圈尺寸

用于自攻螺钉和垫圈组合件的平垫圈尺寸见表 4-48、表 4-49。

表 4-48　N 型垫片(标准系列)尺寸　　mm

公称规格(螺纹大径 d)	内 径 d_1		外 径 d_2		厚 度 h		
	公称(min)	max	公称(max)	min	公称	max	min
2.2	1.9	2	5	4.82	1	1.06	0.94
2.9	2.5	2.6	7	6.64	1	1.06	0.94
3.5	3	3.1	8	7.64	1	1.06	0.94

续表 4-48

mm

公称规格（螺纹大径 d）	内　径　d_1		外　径　d_2		厚　度　h		
	公称(min)	max	公称(max)	min	公称	max	min
4.2	3.55	3.67	9	8.64	1	1.06	0.94
4.8	4	4.12	10	9.64	1	1.06	0.94
5.5	4.7	4.82	12	11.57	1.6	1.68	1.52
6.3	5.4	5.52	14	13.57	1.6	1.68	1.52
8	7.15	7.3	16	15.57	1.6	1.68	1.52
9.5	8.8	8.95	20	19.48	2	2.09	1.91

表 4-49　L 型垫片(大系列)尺寸

mm

公称规格（螺纹大径 d）	内　径　d_1		外　径　d_2		厚　度　h		
	公称(min)	max	公称(max)	min	公称	max	min
2.2	1.9	2	7	6.64	1	1.06	0.94
2.9	2.5	2.6	9	8.64	1	1.06	0.94
3.5	3	3.1	11	10.57	1	1.06	0.94
4.2	3.55	3.67	12	11.57	1	1.06	0.94
4.8	4	4.12	15	14.57	1.6	1.68	1.52
5.5	4.7	4.82	15	14.57	1.6	1.68	1.52
6.3	5.4	5.52	18	17.57	1.6	1.68	1.52
8	7.15	7.3	24	23.48	2	2.09	1.91
9.5	8.8	8.95	30	29.48	2.5	2.59	2.41

4.15.3　技术条件

(1) 垫圈材料:钢。

(2) 钢的机械性能等级:180 HV。

(3) 钢的表面处理:

——不经处理,即垫圈应是本色的并涂有防锈油或按供需双方协议的涂层;

——电镀技术要求按 GB/T 5267.1 的规定;

——所有公差适用于涂或镀前尺寸。

4.15.4　标记示例

N 型(标准系列)、公称规格 4.2 mm、由钢制造的硬度等级为 180 HV 级、不经表面处理、产品等级为 A 级、自攻螺钉和垫圈组合件的平垫圈的标记:

垫圈　GB/T 97.5　4.2

4.16　用于螺钉和垫圈组合件的平垫圈

(GB/T 97.4—2002 平垫圈　用于螺钉和垫圈组合件)

4.16.1　型式

用于螺钉和垫圈组合件的平垫圈型式见图 4-25～图 4-27。

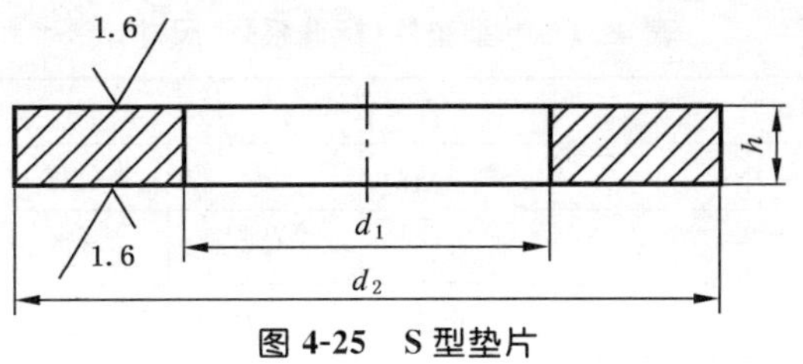

图 4-25 S 型垫片

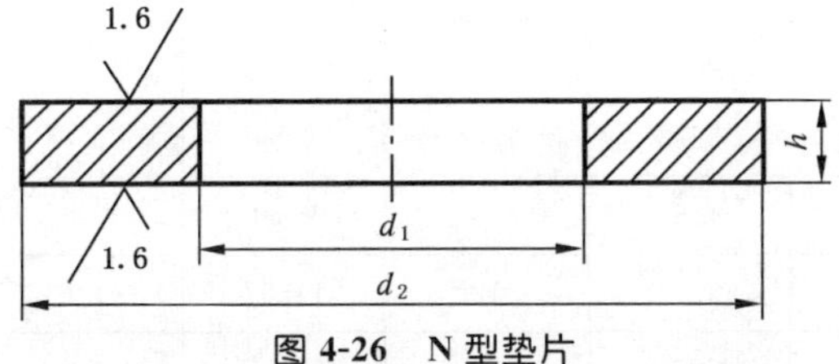

图 4-26 N 型垫片

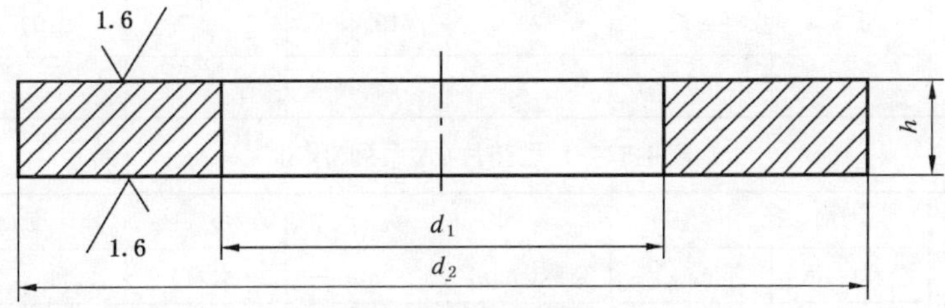

图 4-27 L 型垫片

4.16.2 垫片尺寸

用于螺钉和垫圈组合件的平垫圈垫片尺寸见表 4-50～表 4-52。

表 4-50 S 型垫片(小系列)尺寸 mm

公称规格(螺纹大径 d)	内 径 d_1		外 径 d_2		厚 度 h		
	公称(min)	max	公称(max)	min	公称	max	min
2	1.75	1.85	4.5	4.2	0.6	0.65	0.55
2.5	2.25	2.35	5	4.7	0.6	0.65	0.55
3	2.75	2.85	6	5.7	0.6	0.65	0.55
3.5	3.2	3.32	7	6.64	0.8	0.85	0.75
4	3.6	3.72	8	7.64	0.8	0.85	0.75
5	4.55	4.67	9	8.64	1	1.06	0.94
6	5.5	5.62	11	10.57	1.6	1.68	1.52
8	7.4	7.55	15	14.57	1.6	1.68	1.52
10	9.3	9.52	18	17.57	2	2.09	1.91
12	11	11.27	20	19.48	2	2.09	1.91

表 4-51　N 型垫片(标准系列)尺寸　mm

公称规格(螺纹大径 d)	内　径 d_1		外　径 d_2		厚　度 h		
	公称(min)	max	公称(max)	min	公称	max	min
2	1.75	1.85	5	4.7	0.6	0.65	0.55
2.5	2.25	2.35	6	5.7	0.6	0.65	0.55
3	2.75	2.85	7	6.64	0.6	0.65	0.55
3.5	3.2	3.32	8	7.64	0.8	0.85	0.75
4	3.6	3.72	9	8.64	0.8	0.85	0.75
5	4.55	4.67	10	9.64	1	1.06	0.94
6	5.5	5.62	12	11.57	1.6	1.68	1.52
8	7.4	7.55	16	15.57	1.6	1.68	1.52
10	9.3	9.52	20	19.48	2	2.09	1.91
12	11	11.27	24	23.48	2.5	2.6	2.4

表 4-52　L 型垫片(大系列)尺寸　mm

公称规格(螺纹大径 d)	内　径 d_1		外　径 d_2		厚　度 h		
	公称(min)	max	公称(max)	min	公称	max	min
2	1.75	1.85	6	5.7	0.6	0.65	0.55
2.5	2.25	2.35	8	7.64	0.6	0.65	0.55
3	2.75	2.85	9	8.64	0.8	0.85	0.75
3.5	3.2	3.32	11	10.57	0.8	0.85	0.75
4	3.6	3.72	12	11.57	1	1.06	0.94
5	4.55	4.67	15	14.57	1	1.06	0.94
6	5.5	5.62	18	17.57	1.6	1.68	1.52
8	7.4	7.55	24	23.48	2	2.09	1.91
10	9.3	9.52	30	29.48	2.5	2.6	2.4
12	11	11.27	37	36.38	3	3.11	2.89

4.16.3　技术条件

(1) 垫圈材料:钢。

(2) 钢的机械性能等级:200 HV、300 HV。

(3) 钢的表面处理:

——不经处理,即垫圈应是本色的并涂有防锈油或按供需双方协议的涂层;

——电镀技术要求按 GB/T 5267.1 的规定;

——所有公差适用于涂或镀前尺寸。

4.16.4　标记示例

N 型(标准系列)、公称规格 8 mm、由钢制造的硬度等级为 200 HV 级、不经表面处理、产品等级为 A 级、螺钉和垫圈组合件的平垫圈的标记:

垫圈　GB/T 97.4　8

4.17 组合件用锥形弹性垫圈

(GB/T 9074.31—2017 组合件用锥形弹性垫圈)

4.17.1 型式

组合件用锥形弹性垫圈型式见图 4-28。

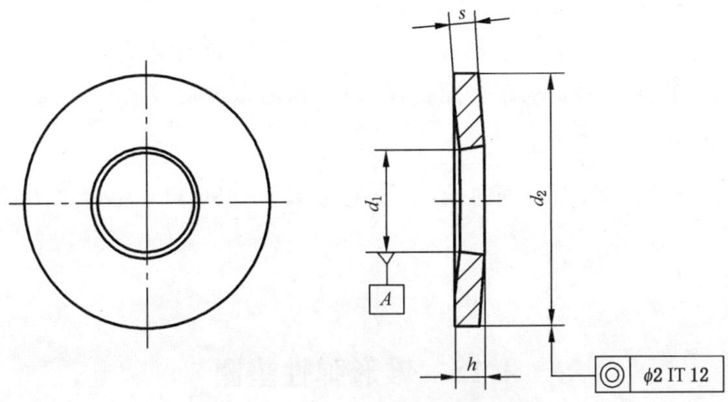

图 4-28 组合件用锥形弹簧垫圈

4.17.2 垫圈尺寸

组合件用锥形弹簧垫圈尺寸见表 4-53。

表 4-53 组合件用锥形弹簧垫圈尺寸 mm

规格		2.5[a]	3[a]	3.5[a]	4	5	6	8	10	12
d_1	max	2.35	2.85	3.32	3.72	4.67	5.62	7.55	9.45	11.18
	公称=min	2.25	2.75	3.20	3.60	4.55	5.50	7.40	9.30	11.00
d_2	公称=max	6	7	8	9	11	14	18	23	29
	min	5.70	6.64	7.64	8.64	10.57	13.57	17.57	22.48	28.48
s	max	0.55	0.70	0.90	1.10	1.40	1.70	2.20	2.70	3.30
	min	0.45	0.50	0.70	0.90	1.00	1.30	1.80	2.30	2.70
h[b,c]	max	0.72	0.85	1.06	1.30	1.55	2.60	3.10	3.60	4.10
	min	0.61	0.72	0.92	1.12	1.35	2.30	2.80	3.30	3.80
每 1 000 件钢垫圈的质量(ρ=7.85 kg/dm^3)≈ kg		0.10	0.15	0.27	0.42	0.74	1.53	3.32	6.82	13.30
适用螺纹规格		M2.5	M3	M3.5	M4	M5	M6	M8	M10	M12

[a] GB/T 94.4 未规定这些规格的残余弹力。

[b] 交货时按最大尺寸验收。

[c] 试验后应符合 GB/T 94.4 规定的最小自由高度。

4.17.3　技术条件

（1）垫圈材料：弹簧钢。

（2）弹簧钢的硬度范围：420～490 HV。

（3）弹簧钢的表面处理：

——不经处理；

——电镀技术要求按 GB/T 5267.1 的规定；

——非电解锌片涂层技术要求按 GB/T 5267.2 的规定；

——如需其他技术要求或表面处理，应由供需双方协议。

4.17.4　标记示例

规格为 8 mm、弹簧钢、不经表面处理、硬度为 420～490 HV 组合件用锥形弹簧垫圈的标记：

垫圈　GB/T 9074.31　8

4.18　锥形弹性垫圈

（GB/T 956.3—2017 锥形弹性垫圈）

4.18.1　型式

锥形弹性垫圈型式见图 4-29。

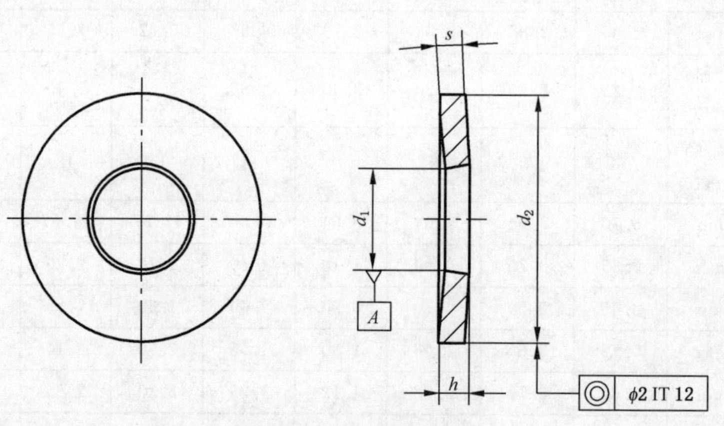

图 4-29　锥形弹性垫圈

4.18.2　垫圈尺寸

锥形弹性垫圈尺寸见表 4-54。

表 4-54 锥形弹性垫圈尺寸 mm

规格		2[a]	2.5[a]	3[a]	3.5[a]	4	5	6	7	8	10
d_1	max	2.45	2.95	3.50	4.00	4.60	5.60	6.76	7.76	8.76	10.93
	公称=min	2.20	2.70	3.20	3.70	4.30	5.30	6.40	7.40	8.40	10.50
d_2	公称=max	5	6	7	8	9	11	14	17	18	23
	min	4.7	5.7	6.64	7.64	8.64	10.57	13.57	16.57	17.57	22.48
s	max	0.45	0.55	0.70	0.90	1.10	1.40	1.70	1.95	2.20	2.70
	min	0.35	0.45	0.50	0.70	0.90	1.00	1.30	1.55	1.80	2.30
h[b,c]	max	0.6	0.72	0.85	1.06	1.3	1.55	2	2.3	2.6	3.2
	min	0.5	0.61	0.72	0.92	1.12	1.35	1.7	2	2.24	2.8
每1 000件钢垫圈的质量(ρ=7.85 kg/dm^3)≈kg		0.05	0.09	0.14	0.25	0.38	0.69	1.43	2.53	3.13	6.45
适用螺纹规格		M2	M2.5	M3	M3.5	M4	M5	M6	M7	M8	M10
规格		12	14	16	18	20	22	24	27	30	
d_1	max	13.43	15.43	17.43	19.52	21.52	23.52	25.52	28.52	31.62	
	公称=min	13	15	17	19	21	23	25	28	31	
d_2	公称=max	29	35	39	42	45	49	56	60	70	
	min	28.48	34.38	38.38	41.38	44.38	48.38	55.26	59.26	69.26	
s	max	3.30	3.80	4.30	5.10	5.60	6.10	6.60	7.50	8.00	
	min	2.70	3.20	3.70	3.90	4.40	4.90	5.40	5.50	6.00	
h[b,c]	max	3.95	4.65	5.25	5.8	6.4	7.05	7.75	8.35	9.2	
	min	3.43	4.04	4.58	5.08	5.6	6.15	6.77	7.3	8	
每1 000件钢垫圈的质量(ρ=7.85 kg/dm^3)≈kg		12.4	21.6	30.4	38.9	48.8	63.5	92.9	113	170	
适用螺纹规格		M12	M14	M16	M18	M20	M22	M24	M27	M30	

[a] GB/T 94.4 未规定这些规格的残余弹力。

[b] 交货时按最大尺寸验收。

[c] 试验后应符合 GB/T 94.4 规定的最小自由高度。

4.18.3 技术条件

(1) 垫圈材料:弹簧钢。

(2) 弹簧钢的硬度范围:420～490 HV。

(3) 弹簧钢的表面处理:

——不经处理;

——电镀技术要求按 GB/T 5267.1 的规定；

——非电解锌片涂层技术要求按 GB/T 5267.2 的规定；

——如需其他技术要求或表面处理，应由供需双方协议。

4.18.4 标记示例

规格为 12 mm、弹簧钢、表面不经处理、硬度为 420～490 HV 的锥形弹性垫圈的标记：

垫圈 GB/T 956.3 12

4.19 钢结构用高强度垫圈

(GB/T 1230—2006 钢结构用高强度垫圈)

4.19.1 型式

钢结构用高强度垫圈型式见图 4-30。

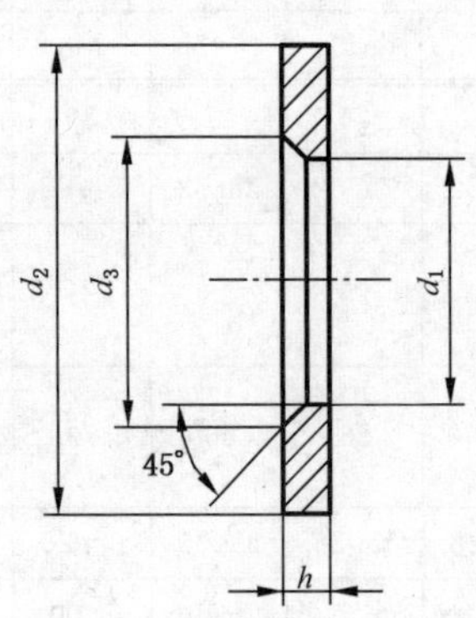

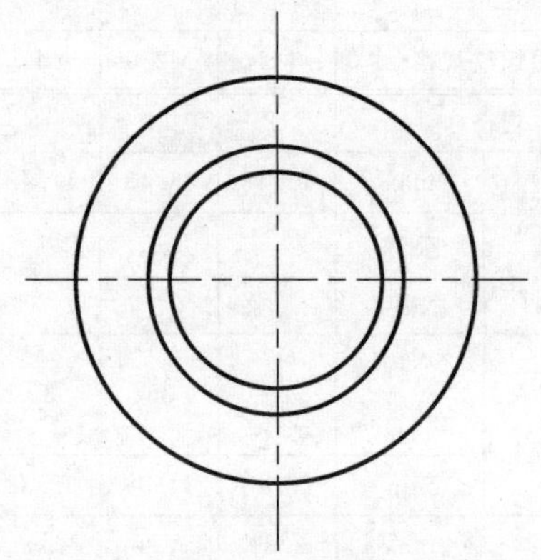

图 4-30 钢结构用高强度垫圈

4.19.2 垫圈尺寸

钢结构用高强度垫圈尺寸见表 4-55。

表 4-55 钢结构用高强度垫圈尺寸 mm

规格(螺纹大径)		12	16	20	(22)	24	(27)	30
d_1	min	13	17	21	23	25	28	31
	max	13.43	17.43	21.52	23.52	25.52	28.52	31.62
d_2	min	23.7	31.4	38.4	40.4	45.4	50.1	54.1
	max	25	33	40	42	47	52	56

续表 4-55 mm

规格(螺纹大径)		12	16	20	(22)	24	(27)	30
h	公称	3.0	4.0	4.0	5.0	5.0	5.0	5.0
	min	2.5	3.5	3.5	4.5	4.5	4.5	4.5
	max	3.8	4.8	4.8	5.8	5.8	5.8	5.8
d_3	min	15.23	19.23	24.32	26.32	28.32	32.84	35.84
	max	16.03	20.03	25.12	27.12	29.12	33.64	36.64
每 1 000 个钢垫圈的理论质量/kg		10.47	23.40	33.55	43.34	55.76	66.52	75.42
注:括号内的规格为第二选择系列。								

4.19.3 技术条件

技术条件按 GB/T 1231 的规定。

4.19.4 标记示例

规格为 20 mm、热处理硬度为 35HRC～45HRC 的钢结构用高强度垫圈的标记:

垫圈 GB/T 1230 20

4.20 管接头用锁紧垫圈

(GB/T 5649—2008 管接头用锁紧螺母和垫圈)

4.20.1 型式

管接头用锁紧垫圈型式见图 4-31。

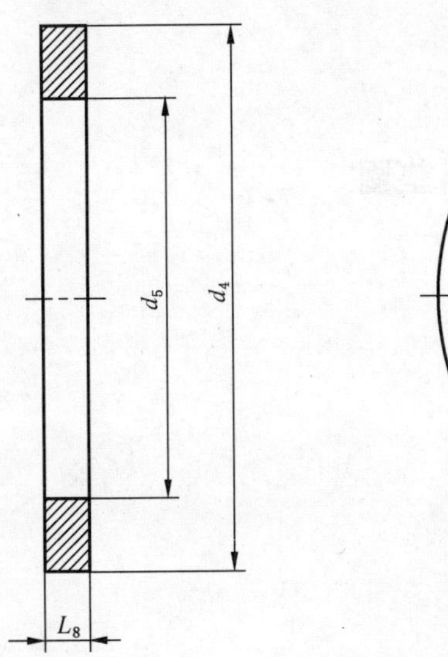

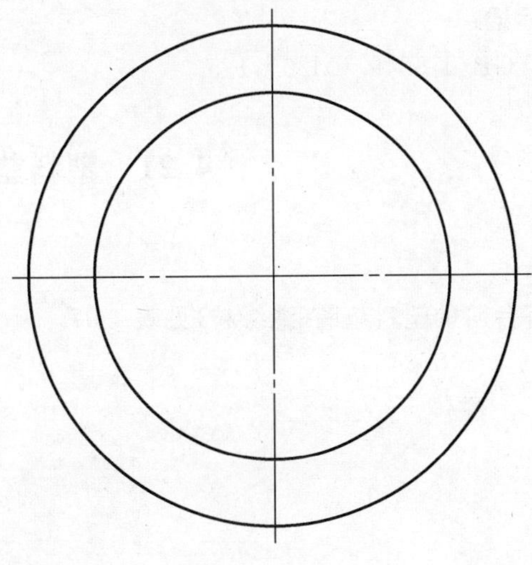

图 4-31 管接头用锁紧垫圈

4.20.2 垫圈尺寸

管接头用锁紧垫圈尺寸见表 4-56。

表 4-56 管接头用锁紧垫圈尺寸

mm

适用螺纹 d_1	d_4 ±0.4	d_5	L_8 ±0.08
M10×1	14.5	8.4	0.9
M12×1.5	17.5	9.7	0.9
M14×1.5	19.5	11.7	0.9
M16×1.5	22.5	13.7	0.9
M18×1.5	24.5	15.7	0.9
M20×1.5	27.5	17.7	1.25
M22×1.5	27.5	19.7	1.25
M27×2	32.5	24	1.25
M33×2	41.5	30	1.25
M42×2	50.5	39	1.25
M48×2	55.5	45	1.25

4.20.3 技术条件

技术条件按 GB/T 5653 的规定。

4.20.4 标记示例

与螺纹规格为 M20×1.5 的管接头用锁紧螺母配套使用，不经表面处理的管接头用锁紧垫圈的标记：

垫圈 GB/T 5649 M20×1.5

4.21 塑料垫圈

(1) 有台阶的塑料垫圈(绝缘粒)见表 4-57。

表 4-57 有台阶的塑料垫圈(绝缘粒) mm

外形尺寸图	型号	A	B	C	H	L	总高	适用孔
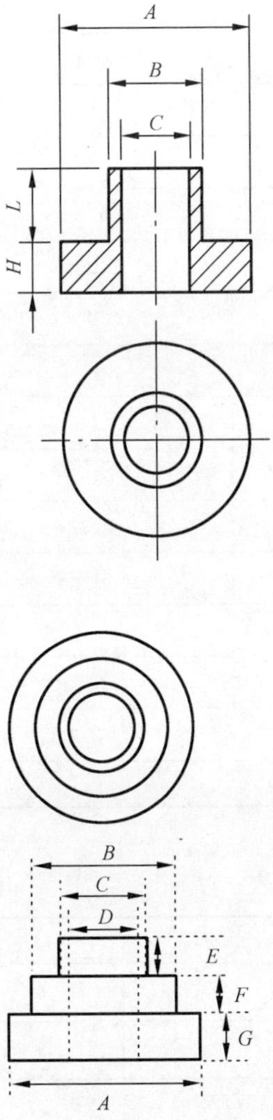	TO-220C-27	4.6	3.0	2.2	1.0	7.7	2.	2.2
	TO-220C-37	4.6	3.0	2.2	1.0	2.7	3.7	
	TO-220	6.1	3.55	3.0	1.1	1.2	2.6	3
	TO-220A	6.2	3.6	3.0	1.2	2	3.2	
	TO-220B	6.2	3.6	3.0	2.0	2.5	4.5	
	TO-220D	6.1	3.5	3.0	1.9	3.1	5.0	
	TO-220D-7.5	6.0	3.55	2.95	2	5.5	7.5	
	TO-220D-9.2	6.0	3.55	2.95	2	7.2	9.2	
	TO-220H	7.5	4.5	3.5	1.2	4.8	6.0	
	TO-3	8.0	3.8	3.0	2.0	2.5	4.5	
	TW-6	5.9	3.5	3.0	2.0	2.5	4.5	
	TO-5	10.0	5.0	3.8	1.5	5.6	7.1	4
	TO-C4	12.0	6.8	4.1	2.0	2.95	4.95	
	T606	8.0	4.9	3.9	2.0	4.5	6.5	
	T7-35	12.0	7.0	4.2	2.0	1.5	3.5	
	T7-45	12.0	7.0	4.2	2.0	2.5	4.5	
	T7-50	12.0	7.0	4.2	2.0	3.0	5.0	
	T8-20	10.0	4.9	3.9	1.0	1.0	2.0	
	T8-40	10.0	5.0	4.0	1.0	3.0	4.0	
	T8-45	10.0	5.0	4.0	1.0	3.5	4.5	
	TW10	10.0	5.0	4.0	1.5	5.5	7	
	T8-50	10.0	5.0	4.0	1.0	4.0	5.0	
	T614-10	10.0	6.0	4.2	3.0	7.0	10	
	T8-55	10.0	5.0	4.0	1.0	4.5	5.5	
	W6B	8.0	6.0	5.0	1.7	4.1	5.8	5
	T603	8.0	6.1	5.0	1.0	4.5	5.5	
	T9B-55	12.3	6.4	5.0	1.0	4.5	5.5	
	T9B-35	12.0	6.0	5.0	1.0	2.5	3.5	
	T9B-50	12.0	6.0	5.0	1.0	4.0	5.0	
3TW6C A(12)、B(8)、C(4)、 D(3)、E(3)、F(1)、 G(2)	TW-9	10.0	6.0	5.0	1.0	5.0	6.0	
	T10-70	12.0	10.0	5.0	1.0	6.0	7.0	
	T601	13.0	7.0	6.0	1.0	5.0	6.0	6
	602	14.0	8.0	6.1	2	5.5	7.7	
	T610	16.0	7.6	6.0	1.3	10	11.3	
	T612	13.0	7.0	6.0	1.0	2.5	3.5	
	T611-L11.3	16.0	8.6	7.0	1.3	10	11.3	7

（2）尼龙平垫圈型式见图 4-32、尺寸见表 4-58。

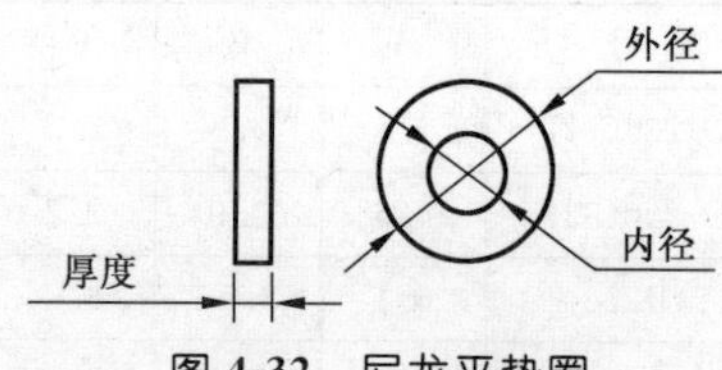

图 4-32　尼龙平垫圈

表 4-58　尼龙平垫圈规格尺寸　mm

规格	内径	外径	厚度
5-2×1	2	5	1
5-2.5×1	2.5	5	1
7-3×1	3	7	1
7-3×2	3	7	2
8-3×1	3	8	1
9-4×1	4	9	1
10-4×1	4	10	1
10-5×1	5	10	1
11.6-6.4×1.2	6.4	11.6	1.2
16-8×1	8	16	1
20-8×2	8	20	2
20-12×1	12	20	1
20-12×2	12	20	2
注：其他规格可咨询厂商。			

（3）导热绝缘矽胶（硅胶）垫片见表 4-59。

表 4-59　导热绝缘矽胶（硅胶）垫片型号、尺寸一览表　mm

外形尺寸图	型号	A	B	H	D
	TO-220	13	19	5	3
	TO-220A	16	20	6	3
	TO-3P1	18	22	15.6	3.7
	TO-3P	20	25	8	3
	TO-3P3	22	26	6	3
	TO-3P4	23	30	7	3
	TO-3P5	23	32	7.5	3.2
	TO-3P6	34	30	10	3.2

续表 4-59　　mm

外形尺寸图	型号	*A*	*B*	*H*	*D*
	TO-220	13	19		
	TO-220A	16	20		
	TO-330	20	26	—	—
	TO-3P	20	25	—	—
	TO-330C	22	30	—	—
	TO-330D	25	32	—	—
	TO-330B	24	35	—	—
	TO-3M1	40	25	24.5	3.3
	TO-3M2	37	24	24.5	3.3

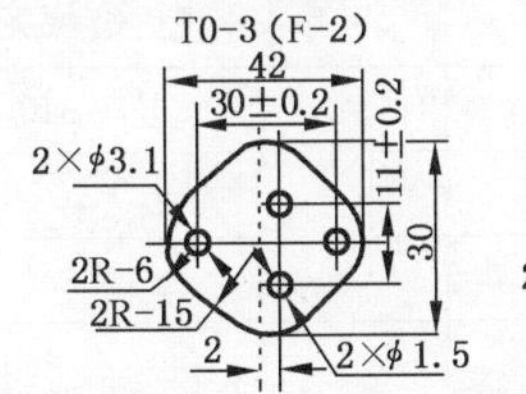

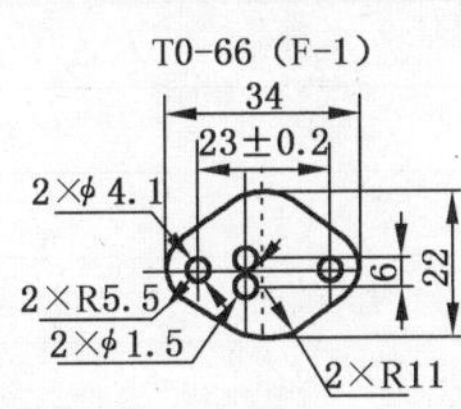

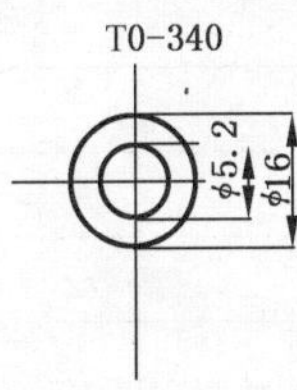

注：

1 材质：导热矽胶（硅胶）；

2 材料厚度：0.23、0.3、0.45、0.8、1.0 等；

3 颜色：灰色、兰色、红色等；

4 可背胶，单面背胶或双面背胶；

5 非标产品免费开模。

(4) 红钢纸垫片型式见图 4-33、尺寸见表 4-60。

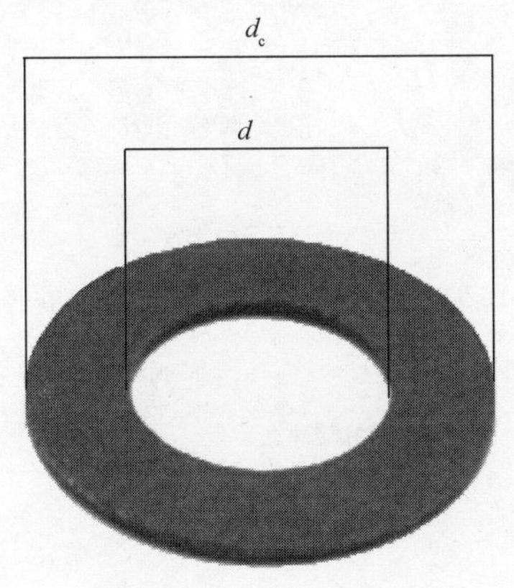

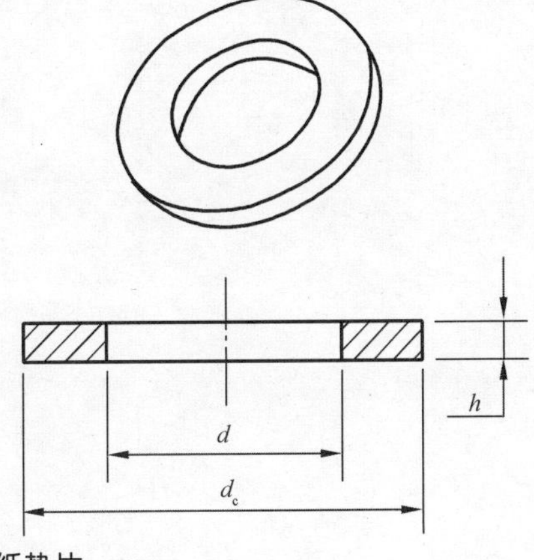

图 4-33　红钢纸垫片

表 4-60　红钢纸垫片规格尺寸

mm

规格	内径 d	外径 d_c	厚度 h
5-2×0.3	2.2	5	0.3
6.5-2.5×1	2.7	6.5	0.3
7-3×0.5	3.2	7	0.5
9-4×0.5	4.2	9	0.5
10-5×0.8	5.3	10	0.8
12.5-6×0.8	6.4	12.5	0.8
17-8×1.5	8.4	17	1.5
21-10×1.5	10.5	21	1.5
24-12×2	13	24	2——
注：其他规格可咨询厂商。			

(5) LT 导热陶瓷片型号及主要性能见表 4-61。

表 4-61　LT 导热陶瓷片型号及主要技术性能

项目	单位	氧化铝 96％A1203
弯曲强度(室温)	MPa	310
抗压强度(室温)	MPa	2 200
热膨胀系数	10^{-6}/K	8.5
硬度(Hv)	MPa	1 650
长期工作温度	℃	1 480
最高使用温度	℃	1 750
绝缘强度	KV/mm	10
耐火度	℃	2 000
导热系数(室温)	W/m-k	29.3
型号及尺寸	TO-220(12＊18,14＊20)、TO-3P(20＊25)、22＊28 均有有孔和无孔两种	
厚度	0.635、1.0	

第5章 铆 钉

5.1 11级封闭型平圆头抽芯铆钉

（GB/T 12615.1—2004 封闭型平圆头抽芯铆钉 11级）

5.1.1 型式

11级封闭型平圆头抽芯铆钉型式见图5-1。

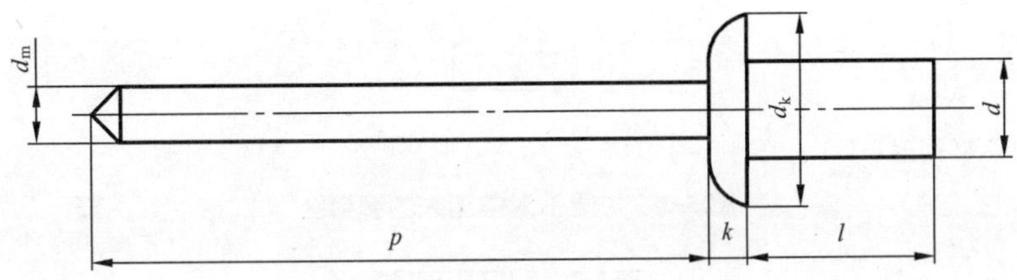

图5-1 11级封闭型平圆头抽芯铆钉

5.1.2 铆钉尺寸

11级封闭型平圆头抽芯铆钉尺寸见表5-1。

表5-1 铆钉尺寸 mm

钉体	d	公称	3.2	4	4.8	5[a]	6.4
		max	3.28	4.08	4.88	5.08	6.48
		min	3.05	3.85	4.65	4.85	6.25
	d_k	max	6.7	8.4	10.1	10.5	13.4
		min	5.8	6.9	8.3	8.7	11.6
	k	max	1.3	1.7	2	2.1	2.7
钉芯	d_m	max	1.85	2.35	2.77	2.8	3.71
	p	min	25		27		
铆钉长度 l			推荐的铆接范围[b]				
公称=min	max						
6.5	7.5		0.5～2.0				
8	9		2.0～3.5	0.5～3.5			
8.5	9.5		—	—	0.5～3.5		
9.5	10.5		3.5～5.0	3.5～5.0	3.5～5.0		
11	12		5.0～6.5	5.0～6.5	5.0～6.5		
12.5	13.5		6.5～8.0	6.5～8.0	—		1.5～6.5
13	14			—	6.5～8.0		—
14.5	15.5			8～10	8.0～9.5		—
15.5	16.5				—		6.5～9.5
16	17				9.5～11.0		—
18	19				11～13		—
21	22				13～16		—

注：铆钉体的尺寸按GB/T 12615.1中附录A给出的计算公式求出。

a ISO 15973无此规格。

b 符合表5-1尺寸和5.1.4规定的材料组合与性能等级的铆钉铆接范围，用最小和最大铆接长度表示。最小铆接长度仅为推荐值。某些使用场合可能使用更小的长度。

5.1.3 铆钉孔直径

用于被铆接件的铆钉孔直径(d_{h1})见图 5-2,其尺寸见表 5-2。

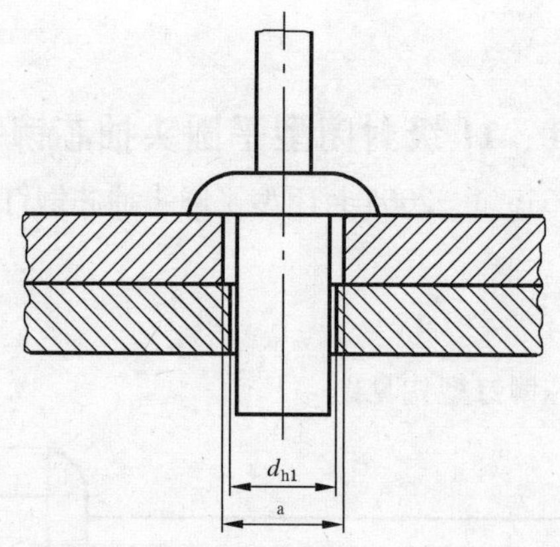

a 加大的铆钉孔。

图 5-2 为便于对中加大的铆钉孔

表 5-2 铆钉孔直径

mm

公称直径 d	d_{h1}	
	min	max
3.2	3.3	3.4
4	4.1	4.2
4.8	4.9	5.0
5	5.1	5.2
6.4	6.5	6.6

5.1.4 技术条件

(1) 材料组合与表面处理

1) 材料组合:抽芯铆钉由铝合金(AIA)材料的钉体和钢(St)材料的钉芯组成,推荐采用表 5-3 的性能等级与材料组合。

表 5-3 机械性能等级与材料组合[a]

性能等级	钉体材料			钉芯材料		
	种类	材料牌号	标准编号	种类	材料牌号	标准编号
11	铝合金	5056	GB/T 3190	钢	10、15、35、45	GB/T 699 GB/T 3206
a 按 GB/T 3098.19 规定。ISO 15973 未规定机械性能等级与材料牌号。						

2) 表面处理:抽芯铆钉的钉体和钉芯表面不经处理,即是本色的。

(2) 机械性能

机械性能见表 5-4。

表 5-4　机械性能

公称直径 d/mm	最小剪切载荷/N	最小拉力载荷/N	最大钉芯断裂载荷/N
3.2	1 100	1 450	3 500
4	1 600	2 200	5 000
4.8	2 200	3 100	7 000
5	2 420	3 500	8 000
6.4	3 600[a]	4 900[a]	10 230
[a] 按 GB/T 3098.19 规定，数据待生产验证（含选用材料牌号）。			

5.1.5　标记示例

公称直径 d=4 mm、公称长度 l=12.5 mm、钉体由铝合金（AlA）制造、钉芯由钢（St）制造的、性能等级为 11 级的封闭型平圆头抽芯铆钉的标记：

抽芯铆钉　GB/T 12615.1　4×12.5

5.2　30级封闭型平圆头抽芯铆钉

（GB/T 12615.2—2004 封闭型平圆头抽芯铆钉　30 级）

5.2.1　型式

30 级封闭型平圆头抽芯铆钉型式见图 5-3。

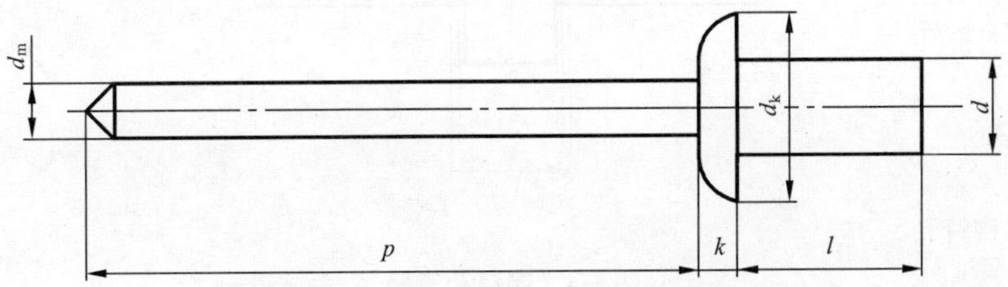

图 5-3　30 级封闭型平圆头抽芯铆钉

5.2.2　铆钉尺寸

30 级封闭型平圆头抽芯铆钉尺寸见表 5-5。

表 5-5　铆钉尺寸　　mm

钉　体	d	公称	3.2	4	4.8	6.4
		max	3.28	4.08	4.88	6.48
		min	3.05	3.85	4.65	6.25
	d_k	max	6.7	8.4	10.1	13.4
		min	5.8	6.9	8.3	11.6
	k	max	1.3	1.7	2	2.7
钉　芯	d_m	max	2	2.35	2.95	3.9
	p	min	25		27	

续表 5-5

mm

铆钉长度 l		推荐的铆接范围[a]			
公称=min	max				
6	7	0.5～1.5	0.5～1.5		
8	9	1.5～3.0	1.5～3.0	0.5～3.0	
10	11	3.0～5.0	3.0～5.0	3.0～5.0	
12	13	5.0～6.5	5.0～6.5	5.0～6.5	
15	16		6.5～10.5	6.5～10.5	3.0～6.5
16	17				6.5～8.0
21	22				8.0～12.5

[a] 符合表 5-5 尺寸和 5.2.4 规定的材料组合与性能等级的铆钉铆接范围，用最小和最大铆接长度表示。最小铆接长度仅为推荐值。某些使用场合可能使用更小的长度。

5.2.3 铆钉孔直径

用于被铆接件的铆钉孔直径 d_{h1} 见图 5-4，其尺寸见表 5-6。

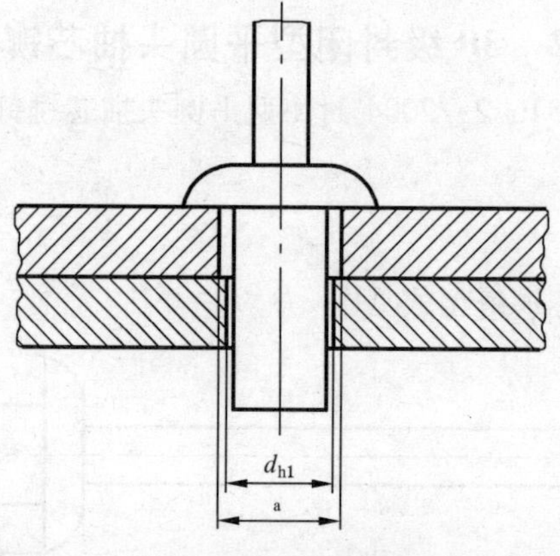

[a] 加大的铆钉孔。

图 5-4 铆钉孔直径

表 5-6 铆钉孔直径

mm

公称直径 d		3.2	4	4.8	6.1
d_{h1}	min	3.3	4.1	4.9	6.5
	max	3.4	4.2	5.0	6.6

5.2.4 技术条件

(1) 材料组合与表面处理

1) 材料组合：抽芯铆钉由钢(St)材料的钉体和钉芯组成，推荐采用表 5-7 的性能等级与材料组合。

表 5-7 机械性能等级与材料组合[a]

性能等级	钉体材料			钉芯材料		
	种类	材料牌号	标准编号	种类	材料牌号	标准编号
30	钢	08F 10	GB/T 699 GB/T 3206	钢	10、15、 35、45	GB/T 699 GB/T 3206
[a] 按 GB/T 3098.19 规定。ISO 15973 未规定机械性能等级与材料牌号。						

2）表面处理：抽芯铆钉的钉体和钉芯表面不经处理，即是本色的。

（2）机械性能

机械性能见表 5-8。

表 5-8 机械性能

公称直径 d/mm	最小剪切载荷/N	最小拉力载荷/N	最大钉芯断裂载荷/N
3.2	1 150	1 300	4 000
4	1 700	1 550	5 700
4.8	2 400	2 800	7 500
6.4	3 600[a]	4 000[a]	10 500
[a] 按 GB/T 3098.19 规定。			

5.2.5 标记示例

公称直径 d=4 mm、公称长度 l=12 mm、钉体钢（St）材料、钉芯钢（St）材料、性能等级为 30 级的封闭型平圆头抽芯铆钉的标记：

抽芯铆钉 GB/T 12615.2 4×12

5.3 06级封闭型平圆头抽芯铆钉

（GB/T 12615.3—2004 封闭型平圆头抽芯铆钉 06级）

5.3.1 型式

06级封闭型平圆头抽芯铆钉型式见图 5-5。

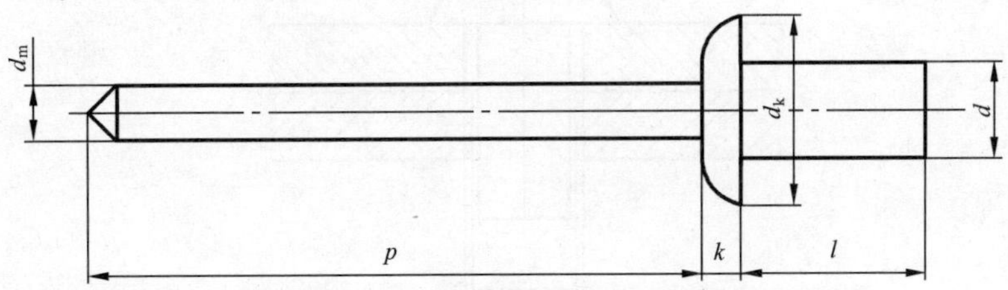

图 5-5 06级封闭型平圆头抽芯铆钉

5.3.2 铆钉尺寸

06级封闭型平圆头抽芯铆钉尺寸见表 5-9。

表 5-9　铆钉尺寸

mm

钉 体	d	公称	3.2	4	4.8	6.4[a]
		max	3.28	4.08	4.88	6.48
		min	3.05	3.85	4.65	6.25
	d_k	max	6.7	8.4	10.1	13.4
		min	5.8	6.9	8.3	11.6
	k	max	1.3	1.7	2	2.7
钉 芯	d_m	max	1.85	2.35	2.77	3.75
	p	min	25		27	
铆钉长度 l			推荐的铆接范围[b]			
公称＝min	max					
8.0	9.0		0.5～3.5	—	1.0～3.5	—
9.5	10.5		3.5～5.0	1.0～5.0	—	—
11.0	12.0		5.0～6.5	—	3.5～6.5	—
11.5	12.5		—	5.0～6.5	—	—
12.5	13.5		—	6.5～8.0	—	1.5～7.0
14.5	15.5		—	—	6.5～9.5	7.0～8.5
18.0	19.0		—	—	9.5～13.5	8.5～10.0

[a] ISO 15975 无此规格。

[b] 符合表 5-9 尺寸和 5.3.4 规定的材料组合与性能等级的铆钉铆接范围，用最小和最大铆接长度表示。最小铆接长度仅为推荐值。某些使用场合可能使用更小的长度。

5.3.3　铆钉孔直径

用于被铆接件的铆钉孔直径（d_{h1}）见图 5-4，其尺寸见表 5-10。

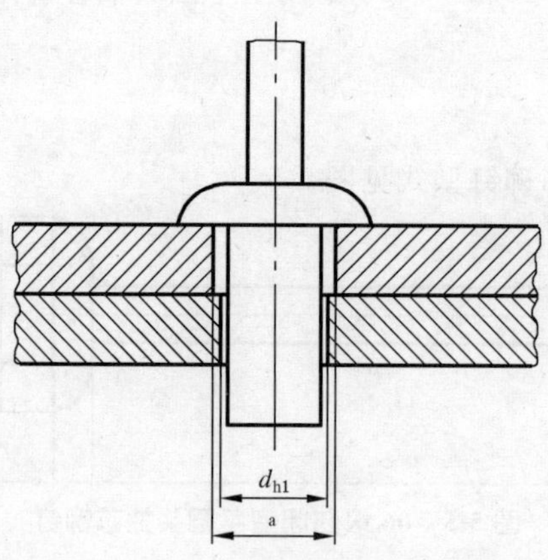

[a] 加大的铆钉孔。

图 5-6　铆钉孔直径

表 5-10　铆钉孔直径　mm

公称直径 d	d_{h1}		公称直径 d	d_{h1}	
	min	max		min	max
3.2	3.3	3.4	4.8	4.9	5.0
4	4.1	4.2	6.4	6.5	6.6

5.3.4　技术条件

(1) 材料组合与表面处理

1) 材料组合:抽芯铆钉仅 2Q 由铝(Al)材料的钉体和铝合金(AlA)材料钉芯组成，推荐采用表 5-11 的性能等级与材料组合。

表 5-11　机械性能等级与材料组合[a]

性能等级	钉体材料			钉芯材料		
	种类	材料牌号	标准编号	种类	材料牌号	标准编号
06	铝	1035	GB/T 3190	铝合金	7A03、5183	GB/T 3190

[a] 按 GB/T 3098.19 规定。ISO 15975 未规定机械性能等级与材料牌号。

2) 表面处理:抽芯铆钉的钉体和钉芯表面不经处理,即是本色的。

(2) 机械性能

机械性能见表 5-12。

表 5-12　机械性能[a]

公称直径 d/mm	最小剪切载荷/N	最小拉力载荷/N	最大钉芯断裂载荷/N
3.2	460	540	1 780
4	720	760	2 670
4.8	1 000[b]	1 400[b]	3 560
6.4	1 220	1 580	8 000

[a] 按 GB/T 3098.19 规定。

[b] 按 GB/T 3098.19 规定。数据待生产验证(含选用材料牌号)。

5.3.5　标记示例

公称直径 d=4.8 mm、公称长度 l=11 mm、钉体铝(Al)材料、钉芯铝合金(AlA)材料、性能等级为 06 级的封闭型平圆头抽芯铆钉的标记:

抽芯铆钉　GB/T 12615.3　4.8×11

5.4　51级封闭型平圆头抽芯铆钉

(GB/T 12615.4—2004 封闭型平圆头抽芯铆钉　51 级)

5.4.1　型式

51 级封闭型平圆头抽芯铆钉型式见图 5-7。

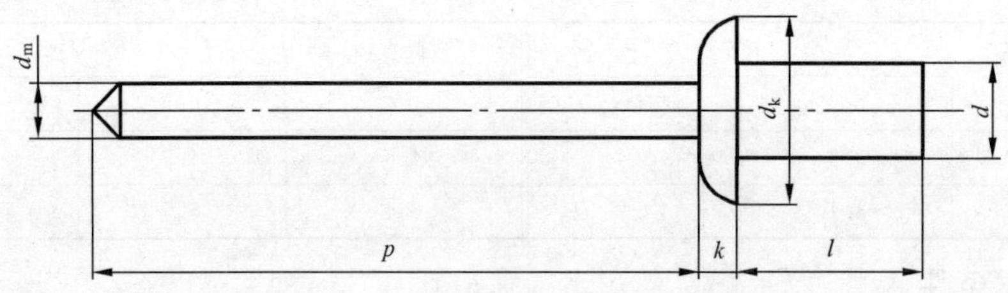

图 5-7　51 级封闭型平圆头抽芯铆钉

5.4.2　铆钉尺寸

51 级封闭型平圆头抽芯铆钉尺寸见表 5-13。

表 5-13　铆钉尺寸

mm

钉体	d	公称	3.2	4	4.8	6.4
		max	3.28	4.08	4.88	6.48
		min	3.05	3.85	4.65	6.25
	d_k	max	6.7	8.4	10.1	13.4
		min	5.8	6.9	8.3	11.6
	k	max	1.3	1.7	2	2.7
钉芯	d_m	max	2.15	2.75	3.2	3.9
	p	min	25		27	
铆钉长度 l			推荐的铆接范围[a]			
公称=min	max					
6	7		0.5～1.5	0.5～1.5		
8	9		1.5～3.0	1.5～3.0	0.5～3.0	
10	11		3.0～5.0	3.0～5.0	3.0～5.0	
12	13		5.0～6.5	5.0～6.5	5.0～6.5	1.5～6.5
14	15		6.5～8.0	6.5～8.0	—	—
16	17			8.0～11.0	6.5～9.0	6.5～8.0
20	21				9.0～12.0	8.0～12.0

[a] 符合表 5-13 尺寸和 5.4.4 规定的材料组合与性能等级的铆钉铆接范围，用最小和最大铆接长度表示。最小铆接长度仅为推荐值。某些使用场合可能使用更小的长度。

5.4.3　铆钉孔直径

用于被铆接件的铆钉孔直径（d_{h1}）见图 5-8，其尺寸见表 5-14。

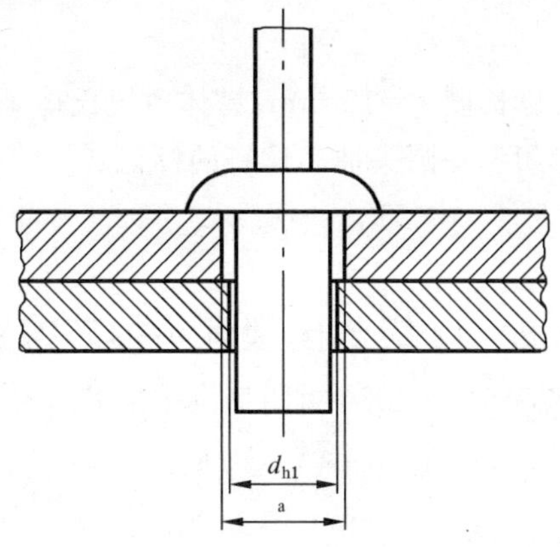

[a] 加大的铆钉孔。

图 5-8 铆钉孔直径

表 5-14 铆钉孔直径

mm

公称直径 d	d_{h1}		公称直径 d	d_{h1}	
	min	max		min	max
3.2	3.3	3.4	4.8	4.9	5.0
4	4.1	4.2	6.4	6.5	6.6

5.4.4 技术条件

(1) 材料组合与表面处理

1) 材料组合

抽芯铆钉仅由奥氏体不锈钢制造的钉体和不锈钢制造的钉芯组成,推荐采用表5-15的性能等级与材料组合。

表 5-15 机械性能等级与材料组合[a]

性能等级	钉体材料			钉芯材料		
	种类	材料牌号	标准编号	种类	材料牌号	标准编号
51	不锈钢	0Cr18Ni9 1Cr18Ni9	GB/T 1220	不锈钢	0Cr18Ni92Cr13	GB/T 4232

[a] 按 GB/T 3098.19 规定。ISO 16585 未规定机械性能等级与材料牌号。

2) 表面处理

抽芯铆钉的钉体和钉芯表面不经处理,即是本色的。

(2) 机械性能

机械性能见表 5-16。

表 5-16 机械性能[a]

公称直径 d/mm	最小剪切载荷/N	最小拉力载荷/N	最大钉芯断裂载荷/N
3.2	2 000	2 200	4 500
4	3 000	3 500	6 500
4.8	4 000	4 400	8 500
6.4	6 000	8 000	16 000

[a] 按 GB/T 3098.19 的规定。

5.4.5　标记示例

公称直径 d=4 mm、公称长度 l=12 mm、钉体由奥氏体不锈钢制造、钉芯由不锈钢制造的、性能等级为 51 级的封闭型平圆头抽芯铆钉的标记：

抽芯铆钉　GB/T 12615.4　4×12

5.5　11 级封闭型沉头抽芯铆钉

（GB/T 12616.1—2004 封闭型沉头抽芯铆钉　11 级）

5.5.1　型式

11 级封闭型沉头抽芯铆钉型式见图 5-9。

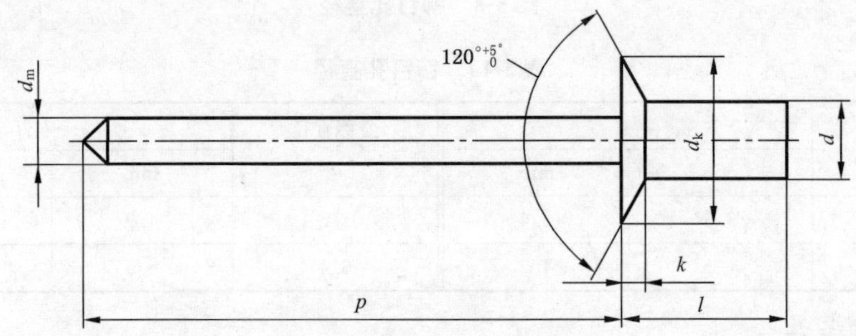

图 5-9　11 级封闭型沉头抽芯铆钉

5.5.2　铆钉尺寸

11 级封闭型沉头抽芯铆钉尺寸见表 5-17。

表 5-17　铆钉尺寸　　mm

钉　体	d	公称	3.2	4	4.8	5[a]	6.4[a]
		max	3.28	4.08	4.88	5.08	6.48
		min	3.05	3.85	4.65	4.85	6.25
	d_k	max	6.7	8.4	10.1	10.5	13.4
		min	5.8	6.9	8.3	8.7	11.6
	k	max	1.3	1.7	2	2.1	2.7
钉　芯	d_m	max	1.85	2.35	2.77	2.8	3.75
	p	min	25			27	
铆钉长度 l			推荐的铆接范围[b]				
公称=min	max						
8	9		2.0～3.5	2.0～3.5			
8.5	9.5		—	—	2.5～3.5		
9.5	10.5		3.5～5.0	3.5～5.0	3.5～5.0		
11	12		5.0～6.5	5.0～6.5	5.0～6.5		
12.5	13.5		6.5～8.0	6.5～8.0	—		1.5～6.5
13	14			—	6.5～8.0		—
14.5	15.5			8.0～10.0	8.0～9.5		—
15.5	16.5				—		6.5～9.5
16	17				9.5～11.0		—
18	19				11.0～13.0		—
21	22				13.0～16.0		—

a ISO 15974 无此规格。

b 符合表 5-17 尺寸和 5.5.4 规定的材料组合与性能等级的铆钉铆接范围，用最小和最大铆接长度表示。最小铆接长度仅为推荐值。某些使用场合可能使用更小的长度。

5.5.3 铆钉孔直径

用于被铆接件的铆钉孔直径 d_{h1} 见图 5-10，其尺寸见表 5-18。

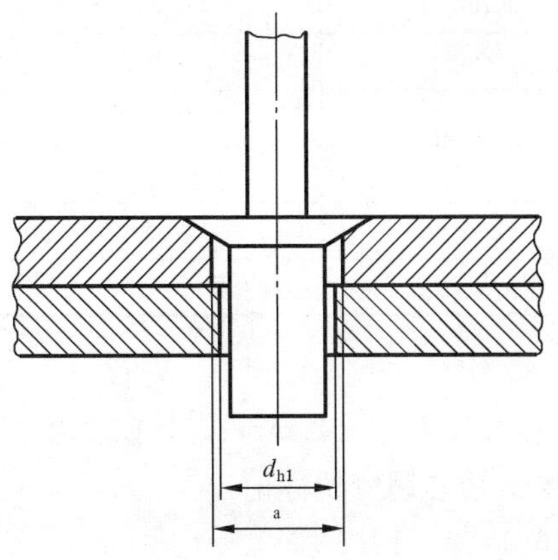

a 加大的铆钉孔。

图 5-10 铆钉孔直径

表 5-18 铆钉孔直径尺寸 mm

公称直径 d	d_{h1} min	d_{h1} max
3.2	3.3	3.4
4	4.1	4.2
4.8	4.9	5.0
5	5.1	5.2
6.4	6.5	6.6

5.5.4 技术条件

(1) 材料组合与表面处理

1) 材料组合：抽芯铆钉由铝合金(AlA)材料的钉体和钢(St)材料的钉芯组成，推荐采用表 5-19 的性能等级与材料组合。

表 5-19 机械性能等级与材料组合[a]

性能等级	钉体材料			钉芯材料		
	种类	材料牌号	标准编号	种类	材料牌号	标准编号
11	铝合金	5056	GB/T 3190	钢	10、15、35、45	GB/T 699 GB/T 3206

a 按 GB/T 3098.19 规定。ISO 15974 未规定机械性能等级与材料牌号。

2) 表面处理：抽芯铆钉的钉体和钉芯表面不经处理，即是本色的。

(2) 机械性能

机械性能见表 5-20。

表5-20 机械性能

公称直径 d/mm	最小剪切载荷/N	最小拉力载荷/N	最大钉芯断裂载荷/N
3.2	1 100	1 450	3 500
4	1 600	2 200	5 000
4.8	2 200	3 100	7 000
5	2 420	3 500	8 000
6.4	3 600[a]	4 900[a]	10 230
[a] 按GB/T 3098.19的规定，数据待生产验证（含选用材料牌号）。			

5.5.5 标记示例

公称直径 d=4 mm、公称长度 l=12.5 mm、钉体铝合金（AlA）材料、钉芯钢（St）材料、性能等级为11级的封闭型沉头抽芯铆钉的标记：

抽芯铆钉 GB/T 12616.1 4×12.5

5.6 10、11级开口型沉头抽芯铆钉

（GB/T 12617.1—2006 开口型沉头抽芯铆钉 10、11级）

5.6.1 型式

10、11级开口型沉头抽芯铆钉型式见图5-11。

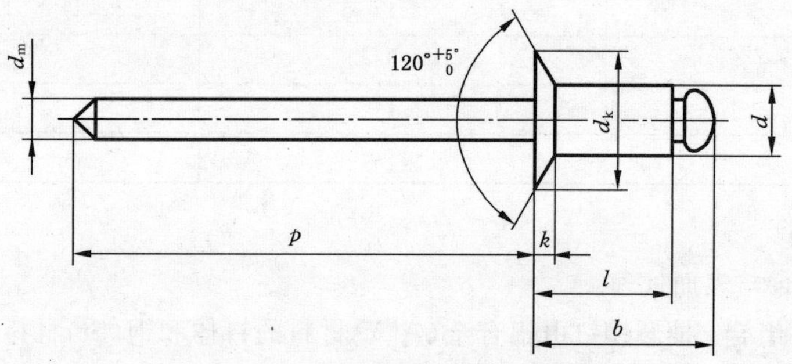

图5-11 10、11级开口型沉头抽芯铆钉

5.6.2 铆钉尺寸

10、11级开口型沉头抽芯铆钉尺寸见表5-21。

表5-21 铆钉尺寸

mm

钉体	d	公称	2.4	3	3.2	4	4.8	5
		max	2.48	3.08	3.28	4.08	4.88	5.08
		min	2.25	2.85	3.05	3.85	4.65	4.85
	d_k	max	5.0	6.3	6.7	8.4	10.1	10.5
		min	4.2	5.4	5.8	6.9	8.3	8.7
	k	max	1	1.3	1.3	1.7	2	2.1

续表 5-21

mm

钉芯	d_m	max	1.55	2	2	2.45	2.95	2.95
	p	min	25			27		
盲区长度	b	max	$l_{max}+3.5$	$l_{max}+3.5$	$l_{max}+4$	$l_{max}+4$	$l_{max}+4.5$	$l_{max}+4.5$
铆钉长度 l[a]			推荐的铆接范围[b]					
公称=min	max							
4	5		1.5～2.0	—		—	—	
6	7		2.0～4.0	2.0～3.5		—	—	
8	9		4.0～6.0	3.5～5.0		2.0～5.0	2.5～4.0	
10	11		6.0～8.0	5.0～7.0		5.0～6.5	4.0～6.0	
12	13		8.0～9.5	7.0～9.0		6.5～8.5	6.0～8.0	
16	17		—	9.0～13.0		8.5～12.5	8.0～12.0	
20	21		—	13.0～17.0		12.5～16.5	12.0～15.0	
25	26		—	17.0～22.0		16.5～21.5	15.0～20.0	
30	31		—	—		—	20.0～25.0	

注：铆钉体的尺寸按 GB/T 12617.1 附录 A 给出的计算公式求出。

[a] 公称长度大于 30 mm 时，应按 5 mm 递增。为确认其可行性以及铆接范围可向制造者咨询。

[b] 符合表 5-21 尺寸和 5.6.4 章规定的材料组合与性能等级的铆钉铆接范围，用最小和最大铆接长度表示。最小铆接长度仅为推荐值。某些使用场合可能使用更小的长度。

5.6.3 铆钉孔直径

用于被铆接件的铆钉孔直径 d_{h1} 见图 5-12，其尺寸见表 5-22。

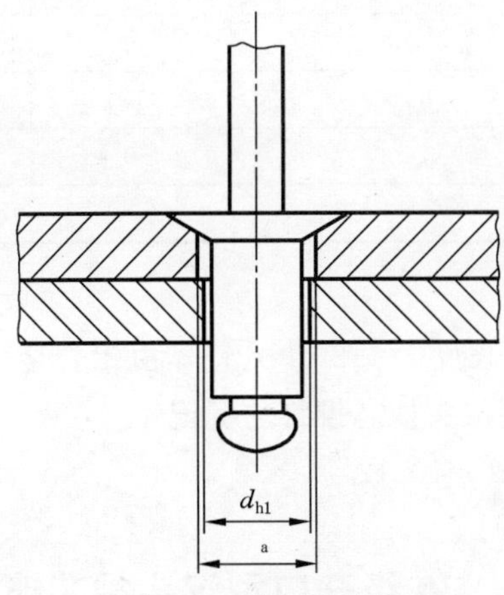

图 5-12 铆钉孔直径

表 5-22 铆钉孔直径尺寸

mm

公称直径 d	d_{h1} min	d_{h1} max	公称直径 d	d_{h1} min	d_{h1} max
2.4	2.5	2.6	4	4.1	4.2
3	3.1	3.2	4.8	4.9	5.0
3.2	3.3	3.4	5	5.1	5.2

5.6.4 技术条件

(1) 材料组合与表面处理

1) 材料组合：铆钉应由铝合金(AlA)材料的钉体和钢(St)材料的钉芯组成，推荐采用表5-23的性能等级与材料组合。

表5-23 机械性能等级与材料组合[a]

性能等级	钉体材料			钉芯材料		
	种类	材料牌号	标准编号	种类	材料牌号	标准编号
10	铝合金	5052、5A02	GB/T 3190	钢	10、15、35、45	GB/T 699 GB/T 3206
11		5056、5A05				

[a] 按GB/T 3098.19规定。ISO 15978未规定机械性能等级与材料牌号。

2) 表面处理：铆钉的钉体表面不经处理，即是本色的，钉芯表面处理由制造者确定，可以涂油、磷化涂油或镀锌。

(2) 机械性能

机械性能见表5-24。

表5-24 机械性能[a]

公称直径 d mm	10级		11级		最大钉芯断裂载荷 N
	最小剪切载荷 N	最小拉力载荷 N	最小剪切载荷 N	最小拉力载荷 N	
2.4	250	350	350	550	2 000
3	400	550	550	850	3 000
3.2	500	700	750	1 100	3 500
4	850	1 200	1 250	1 800	5 000
4.8	1 200	1 700	1 850	2 600	6 500
5	1 400	2 000	2 150	3 100	6 500

[a] 按GB/T 3098.19的规定。

5.6.5 标记示例

公称直径 $d=4$ mm、公称长度 $l=12$ mm、钉体由铝合金(AlA)制造、钉芯由钢(St)制造、性能等级为10级的开口型沉头抽芯铆钉的标记：

抽芯铆钉 GB/T 12617.1 4×12

5.7 30级开口型沉头抽芯铆钉

(GB/T 12617.2—2006 开口型沉头抽芯铆钉 30级)

5.7.1 型式

30级开口型沉头抽芯铆钉型式见图5-13。

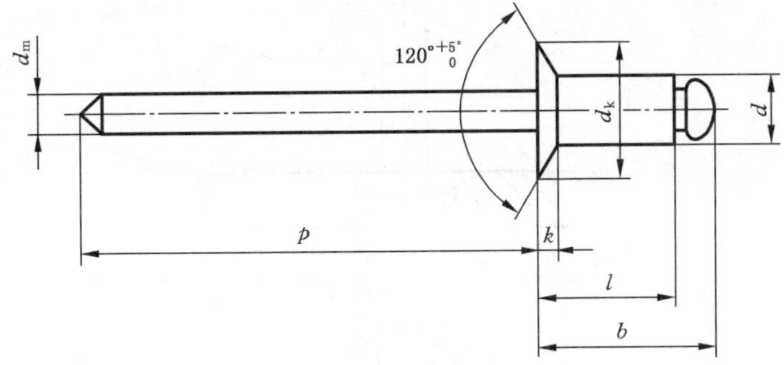

图 5-13 30 级开口型沉头抽芯铆钉

5.7.2 铆钉尺寸

30 级开口型沉头抽芯铆钉尺寸见表 5-25。

表 5-25 铆钉尺寸

mm

<table>
<tr><td rowspan="6">钉体</td><td rowspan="3">d</td><td>公称</td><td>2.4</td><td>3</td><td>3.2</td><td>4</td><td>4.8</td><td>5</td><td>6</td><td>6.4</td></tr>
<tr><td>max</td><td>2.48</td><td>3.08</td><td>3.28</td><td>4.08</td><td>4.88</td><td>5.08</td><td>6.08</td><td>6.48</td></tr>
<tr><td>min</td><td>2.25</td><td>2.85</td><td>3.05</td><td>3.85</td><td>4.65</td><td>4.85</td><td>5.85</td><td>6.25</td></tr>
<tr><td rowspan="2">d_k</td><td>max</td><td>5.0</td><td>6.3</td><td>6.7</td><td>8.4</td><td>10.1</td><td>10.5</td><td>12.6</td><td>13.4</td></tr>
<tr><td>min</td><td>4.2</td><td>5.4</td><td>5.8</td><td>6.9</td><td>8.3</td><td>8.7</td><td>10.8</td><td>11.6</td></tr>
<tr><td>k</td><td>max</td><td>1</td><td>1.3</td><td>1.3</td><td>1.7</td><td>2</td><td>2.1</td><td>2.5</td><td>2.7</td></tr>
<tr><td rowspan="2">钉芯</td><td>d_m</td><td>max</td><td>1.5</td><td>2.15</td><td>2.15</td><td>2.8</td><td>3.5</td><td>3.5</td><td>3.4</td><td>4</td></tr>
<tr><td>p</td><td>min</td><td colspan="3">25</td><td colspan="5">27</td></tr>
<tr><td>盲区长度</td><td>b</td><td>max</td><td>$l_{max}+3.5$</td><td>$l_{max}+3.5$</td><td>$l_{max}+4$</td><td>$l_{max}+4$</td><td>$l_{max}+4.5$</td><td>$l_{max}+4.5$</td><td>$l_{max}+5$</td><td>$l_{max}+5.5$</td></tr>
<tr><td colspan="3">铆钉长度 l[a]</td><td colspan="8" rowspan="2">推荐的铆接范围[b]</td></tr>
<tr><td colspan="2">公称=min</td><td>max</td></tr>
<tr><td colspan="2">6</td><td>7</td><td>1.5～3.5</td><td colspan="2">1.5～3.0</td><td>2.0～3.0</td><td colspan="2">—</td><td>—</td><td>—</td></tr>
<tr><td colspan="2">8</td><td>9</td><td>3.5～5.5</td><td colspan="2">3.0～5.0</td><td>3.0～5.0</td><td colspan="2">2.5～4.0</td><td>—</td><td>—</td></tr>
<tr><td colspan="2">10</td><td>11</td><td>—</td><td colspan="2">5.0～6.5</td><td>5.0～6.5</td><td colspan="2">4.0～6.0</td><td>3.0～4.0</td><td>3.0～4.0</td></tr>
<tr><td colspan="2">12</td><td>13</td><td>5.5～9.5</td><td colspan="2">6.5～8.0</td><td>6.5～8.0</td><td colspan="2">6.0～8.0</td><td>4.0～6.0</td><td>4.0～6.0</td></tr>
<tr><td colspan="2">16</td><td>17</td><td>—</td><td colspan="2">8.0～12.0</td><td>8.0～12.0</td><td colspan="2">8.0～11.0</td><td>6.0～10.0</td><td>6.0～9.0</td></tr>
<tr><td colspan="2">20</td><td>21</td><td>—</td><td colspan="2">12.0～16.0</td><td>12.0～16.0</td><td colspan="2">11.0～15.0</td><td>10.0～14.0</td><td>9.0～13.0</td></tr>
<tr><td colspan="2">25</td><td>26</td><td>—</td><td colspan="2">—</td><td>—</td><td colspan="2">15.0～19.5</td><td>14.0～19.0</td><td>13.0～19.0</td></tr>
<tr><td colspan="11">[a] 公称长度大于 25 mm 时，应按 5 mm 递增。为确认其可行性以及铆接范围可向制造者咨询。
[b] 符合表 5-25 尺寸和 5.7.4 章规定的材料组合与性能等级的铆钉铆接范围，用最小和最大铆接长度表示。最小铆接长度仅为推荐值。某些使用场合可能使用更小的长度。</td></tr>
</table>

5.7.3 铆钉孔直径

用于被铆接件的铆钉孔直径 d_{h1} 见图 5-14，其尺寸见表 5-26。

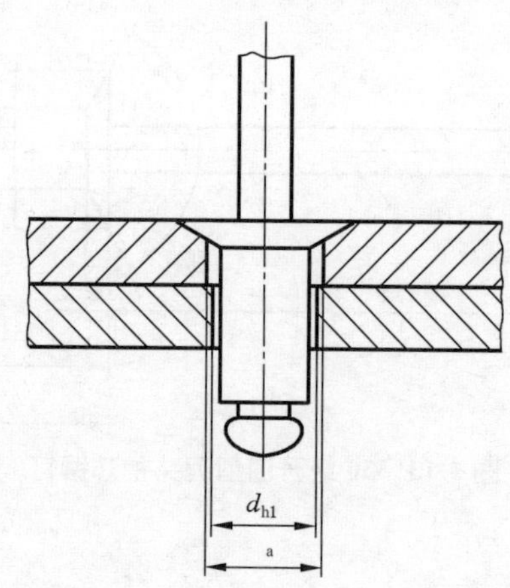

[a] 加大的铆钉孔。

图 5-14　铆钉孔直径

表 5-26　铆钉孔直径尺寸

mm

公称直径 d	d_{h1}		公称直径 d	d_{h1}	
	min	max		min	max
2.4	2.5	2.6	4.8	4.9	5.0
3	3.1	3.2	5	5.1	5.2
3.2	3.3	3.4	6	6.1	6.2
4	4.1	4.2	6.4	6.5	6.6

5.7.4　技术条件

(1) 材料组合与表面处理

1) 材料组合：铆钉应由钢(St)材料的钉体和钢(St)材料的钉芯组成，推荐采用表5-27的性能等级与材料组合。

表 5-27　机械性能等级与材料组合[a]

性能等级	钉体材料			钉芯材料		
	种类	材料牌号	标准编号	种类	材料牌号	标准编号
30	碳素钢	08F、10	GB/T 699 GB/T 3206	碳素钢	10、15、 35、45	GB/T 699 GB/T 3206

[a] 按 GB/T 3098.19 规定。ISO 15980 未规定机械性能等级与材料牌号。

2) 表面处理

铆钉钉体的表面应进行电镀锌处理，其最小镀层厚度为 5 μm，铬酸盐转化膜为 c2C(GB/T 9800)。表面处理完整标记 Fe/Zn5c2C。镀层厚度应在铆钉头部进行测量。

钉芯表面处理由制造者确定，可以涂油、磷化涂油或镀锌。

(2) 机械性能

机械性能见表5-28。

表 5-28 机械性能[a]

公称直径 d/mm	最小剪切载荷/N	最小拉力载荷/N	最大钉芯断裂载荷/N
2.4	650	700	2 000
3	950	1 100	3 200
3.2	1 100[b]	1 200	4 000
4	1 700	2 200	5 800
4.8	2 900[b]	3 100	7 500
5	3 100	4 000	8 000
6	4 300	4 800	12 500
6.4	4 900	5 700	13 000

[a] 按 GB/T 3098.19 的规定。

[b] 按 GB/T 3098.19 的规定，数据待生产验证(含选用材料牌号)。

5.7.5 标记示例

公称直径 d=4 mm、公称长度 l=12 mm、钉体钢(St)材料、钉芯钢(St)材料、性能等级为 30 级的开口型沉头抽芯铆钉的标记：

抽芯铆钉 GB/T 12617.2 4×12

5.8 12级开口型沉头抽芯铆钉

(GB/T 12617.3—2006 开口型沉头抽芯铆钉 12级)

5.8.1 型式

12 级开口型沉头抽芯铆钉型式见图 5-15。

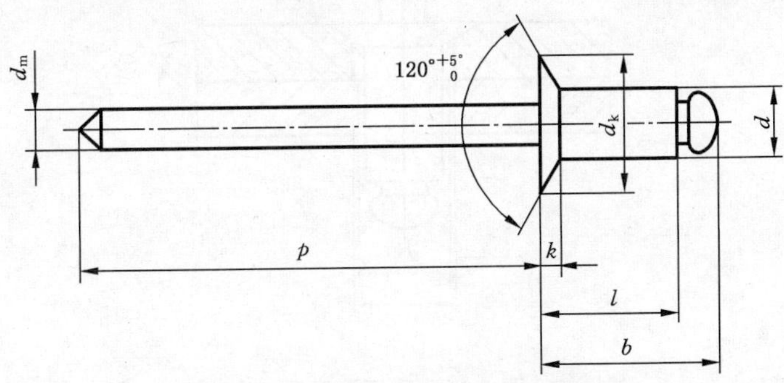

图 5-15 12 级开口型沉头抽芯铆钉

5.8.2 铆钉尺寸

12 级开口型沉头抽芯铆钉尺寸见表 5-29。

表 5-29 铆钉尺寸

mm

钉体	d	公称	2.4	3.2	4	4.8	6.4
		max	2.48	3.28	4.08	4.88	6.48
		min	2.25	3.05	3.85	4.65	6.25
	d_k	max	5.0	6.7	8.4	10.1	13.4
		min	4.2	5.8	6.9	8.3	11.6
	k	max	1	1.3	1.7	2	2.7
钉芯	d_m	max	1.6	2.1	2.55	3.05	4
	p	min	25			27	
盲区长度	b	max	$l_{max}+3$	$l_{max}+3$	$l_{max}+3.5$	$l_{max}+4$	$l_{max}+5.5$

铆钉长度 l		推荐的铆接范围[a]				
公称=min	max					
6	7	1.5～4.0	2.5～3.5	—	—	—
8	9	—	3.5～5.0	2.0～5.0	2.5～4.0	—
10	11	—	5.0～7.0	5.0～6.5	4.0～6.0	—
12	13	—	7.0～9.0	6.5～8.5	6.0～8.0	3.0～6.0
16	17	—	9.0～13.0	8.5～12.5	8.0～12.0	6.0～10.0
20	21	—	13.0～17.0	12.5～16.5	12.0～15.0	10.0～14.0

[a] 符合表 5-29 尺寸和 5.8.4 规定的材料组合与性能等级的铆钉铆接范围，用最小和最大铆接长度表示。最小铆接长度仅为推荐值。某些使用场合可能使用更小的长度。

5.8.3 铆钉孔直径

用于被铆接件的铆钉孔直径 d_{h1} 见图 5-16，其尺寸见表 5-30。

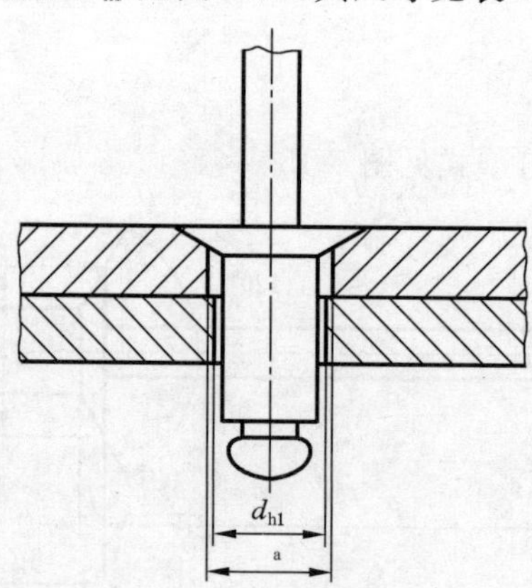

[a] 加大的铆钉孔。

图 5-16 铆钉孔直径

表 5-30 铆钉孔直径尺寸

mm

公称直径 d	d_{h1}	
	min	max
2.4	2.5	2.6
3.2	3.3	3.4
4	4.1	4.2
4.8	4.9	5.0
5	5.1	5.2

5.8.4 技术条件

(1) 材料组合与表面处理

1) 材料组合:铆钉应由铝合金(AlA)材料的钉体和铝合金(AlA)材料的钉芯组成,推荐采用表5-31的性能等级与材料组合。

表 5-31 机械性能等级与材料组合[a]

性能等级	钉体材料			钉芯材料		
	种类	材料牌号	标准编号	种类	材料牌号	标准编号
12	铝合金	5052、5A02	GB/T 3190	铝合金	7A03、5183	GB/T 3190

[a] 按 GB/T 3098.19 规定。ISO 15982 未规定机械性能等级与材料牌号。

2) 表面处理:铆钉钉体和钉芯表面不经处理,即是本色的。

(2) 机械性能

机械性能见表5-32。

表 5-32 机械性能[a]

公称直径 d/mm	最小剪切载荷/N	最小拉力载荷/N	最大钉芯断裂载荷/N
2.4	250	350	1 100
3.2	500	700[b]	1 800
4	850	1 200[b]	2 700
4.8	1 200[b]	1 700[b]	3 700
6.4	2 200[b]	3 150[b]	6 300

[a] 按 GB/T 3098.19 的规定。

[b] 按 GB/T 3098.19 的规定。

5.8.5 标记示例

公称直径 d=4 mm、公称长度 l=12 mm、钉体由铝合金(AlA)制造、钉芯由铝合金(AlA)制造、性能等级为12级的开口型沉头抽芯铆钉的标记:

抽芯铆钉 GB/T 12617.3 4×12

5.9　51级开口型沉头抽芯铆钉

（GB/T 12617.4—2006　51级开口型沉头抽芯铆钉）

5.9.1　型式

51级开口型沉头抽芯铆钉型式见图5-17。

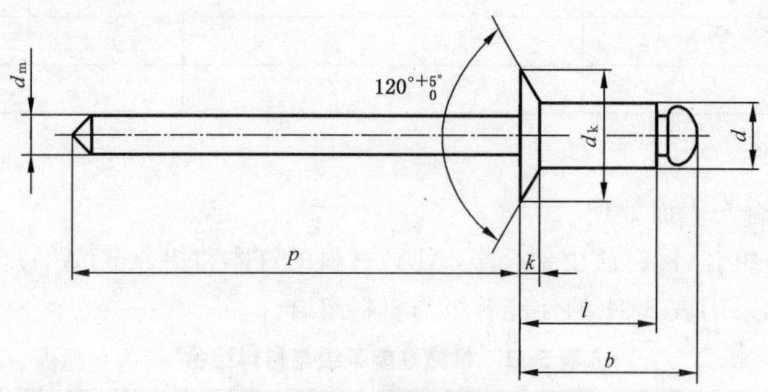

图5-17　51级开口型沉头抽芯铆钉

5.9.2　铆钉尺寸

51级开口型沉头抽芯铆钉尺寸见表5-33。

表5-33　铆钉尺寸

mm

钉体	d	公称	3	3.2	4	4.8	5
		max	3.08	3.28	4.08	4.88	5.08
		min	2.85	3.05	3.85	4.65	4.85
	d_k	max	6.3	6.7	8.4	10.1	10.5
		min	5.4	5.8	6.9	8.3	8.7
	k	max	1.3	1.3	1.7	2	2.1
钉芯	d_m	max	2.05	2.15	2.75	3.2	3.25
	p	min	25			27	
盲区长度	b	max	$l_{max}+4$	$l_{max}+4$	$l_{max}+4.5$	$l_{max}+5$	$l_{max}+5$
铆钉长度 l			推荐的铆接范围[a]				
公称＝min	max						
6	7		1.5～3.0		1.0～2.5	—	
8	9		3.0～5.0		2.5～4.5	2.5～4.0	
10	11		5.0～6.5		4.5～6.5	4.0～6.0	
12	13		6.5～8.5		6.5～8.5	6.0～8.0	
14	15		8.5～10.5		8.5～10.0	—	
16	17		10.5～12.5		10.0～12.0	8.0～11.0	
18	19		—		—	11.0～13.0	

[a] 符合表5-33尺寸和5.9.4规定的材料组合与性能等级的铆钉铆接范围，用最小和最大铆接长度表示。最小铆接长度仅为推荐值。某些使用场合可能使用更小的长度。

5.9.3 铆钉孔直径

用于被铆接件的铆钉孔直径 d_{h1} 见图 5-18，其尺寸见表 5-34。

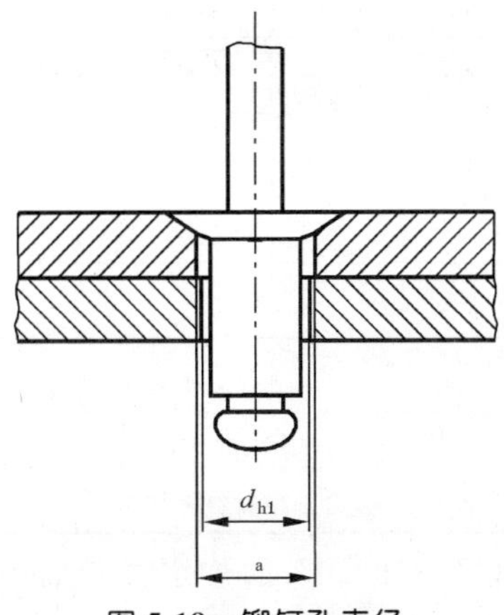

图 5-18 铆钉孔直径

表 5-34 铆钉孔直径尺寸 mm

公称直径 d	d_{h1}	
	min	max
3	3.1	3.2
3.2	3.3	3.4
4	4.1	4.2
4.8	4.9	5.0
5	5.1	5.2

5.9.4 技术条件

(1) 材料组合与表面处理

1) 材料组合：铆钉应由奥氏体不锈钢(A2，GB/T 3098.6)材料的钉体和奥氏体不锈钢(A2，GB/T 3098.6)材料的钉芯组成，推荐采用表 5-35 的性能等级与材料组合。

表 5-35 机械性能等级与材料组合[a]

性能等级	钉体材料			钉芯材料		
	种类	材料牌号	标准编号	种类	材料牌号	标准编号
51	不锈钢	0Cr18Ni9 1Cr18Ni9	GB/T 1220	不锈钢	0Cr18Ni9 2Cr13	GB/T 4232

[a] 按 GB/T 3098.19 规定。ISO 15984 未规定机械性能等级与材料牌号。

2) 表面处理：铆钉的钉体表面不经处理，即是本色的。

(2) 机械性能

1) 剪切载荷、拉力载荷、钉芯断裂载荷见表 5-36。

表 5-36 剪切载荷、拉力载荷、钉芯断裂载荷[a]

公称直径 d mm	最小剪切载荷 N	最小拉力载荷 N	最大钉芯断裂载荷 N
3	1 800[b]	2 200[b]	4 100
3.2	1 900[b]	2 500[b]	4 500
4	2 700[b]	3 500	6 500
4.8	4 000[b]	5 000	8 500
5	4 700	5 800	9 000

[a] 按 GB/T 3098.19 的规定。

[b] 按 GB/T 3098.19 的规定，数据待生产验证（含选用材料牌号）。

2）钉芯拆卸力按 GB/T 3098.18 的规定试验时，51 级的拆卸钉芯的载荷应大于 10N。

5.9.5 标记示例

公称直径 d=4 mm、公称长度 l=12 mm、钉体奥氏体不锈钢（A2）材料、钉芯奥氏体不锈钢（A2）材料、性能等级为 51 级的开口型沉头抽芯铆钉的标记：

抽芯铆钉 GB/T 12617.4 4×12

5.10 20、21、22 级开口型沉头抽芯铆钉

（GB/T 12617.5—2006 开口型沉头抽芯铆钉 20、21、22 级）

5.10.1 型式

20、21、22 级开口型沉头抽芯铆钉型式见图 5-19。

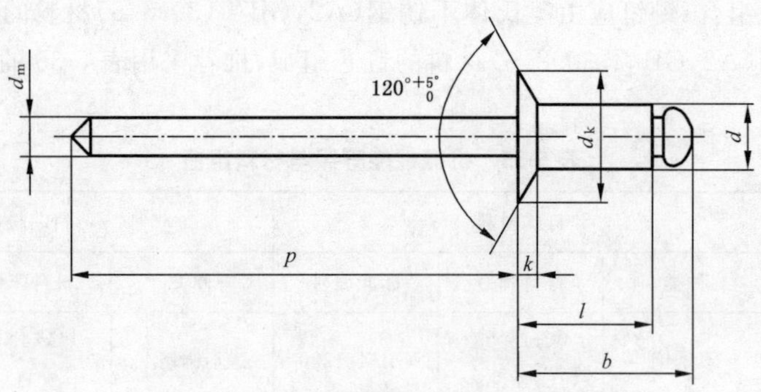

图 5-19 20、21、22 级开口型沉头抽芯铆钉

5.10.2 铆钉尺寸

20、21、22 级开口型沉头抽芯铆钉尺寸见表 5-37。

表 5-37　铆钉尺寸

mm

钉体	d	公称	3	3.2	4	4.8
		max	3.08	3.28	4.08	4.88
		min	2.85	3.05	3.85	4.65
	d_k	max	6.3	6.7	8.4	10.1
		min	5.4	5.8	6.9	8.3
	k	max	1.3	1.3	1.7	2
钉芯	d_m	max	2	2	2.45	2.95
	p	min	25			27
盲区长度	b	max	l_{max}+3.5	l_{max}+4	l_{max}+4	l_{max}+4.5
铆钉长度 l			推荐的铆接范围[a]			
公称=min	max					
5	6		1.5～2.0		2.0～2.5	—
6	7		2.0～3.0		2.5～3.5	—
8	9		2.0～3.0		3.5～5.0	2.5～4.0
10	11		5.0～7.0		5.0～7.0	4.0～6.0
12	13		7.0～9.0		7.0～8.5	6.0～8.0
14	15		9.0～11.0		8.5～10.0	8.0～10.0
16	17		—		10.0～12.5	10.0～12.0
18	19		—		—	12.0～14.0
20	21		—		—	14.0～16.0

[a] 符合表 5-37 尺寸和 5.10.4 规定的材料组合与性能等级的铆钉铆接范围，用最小和最大铆接长度表示。最小铆接长度仅为推荐值。某些使用场合可能使用更小的长度。

5.10.3　铆钉孔直径

用于被铆接件的铆钉孔直径 d_{h1} 见图 5-20，其尺寸见表 5-38。

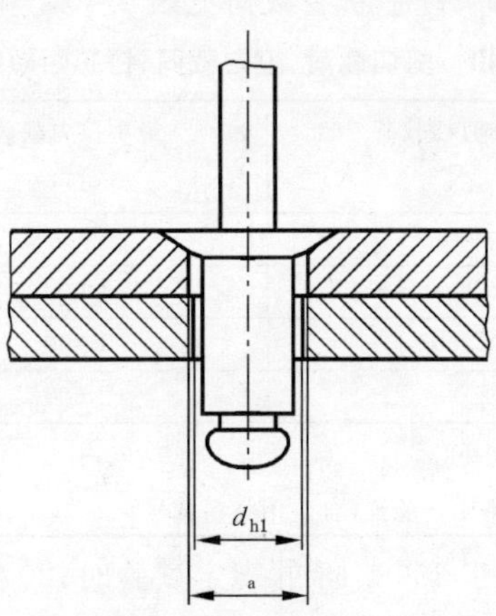

[a] 加大的铆钉孔。

图 5-20　铆钉孔直径

表5-38 铆钉孔直径尺寸 mm

公称直径 d	d_{h1}	
	min	max
3	3.1	3.2
3.2	3.3	3.4
4	4.1	4.2
4.8	4.9	5.0

5.10.4 技术条件

(1) 材料组合与表面处理

1) 材料组合：铆钉应由铜(Cu)材料的钉体和钢(St)或青铜(Br)或不锈钢(SSt)材料的钉芯组成，推荐采用表5-39的性能等级与材料组合。

表5-39 机械性能等级与材料组合[a]

<table>
<tr><th rowspan="2">性能等级</th><th colspan="3">钉 体 材 料</th><th colspan="3">钉 芯 材 料</th></tr>
<tr><th>种类</th><th>材料牌号</th><th>标准编号</th><th>种类</th><th>材料牌号</th><th>标准编号</th></tr>
<tr><td>20</td><td rowspan="3">铜</td><td rowspan="3">T1
T2
T3</td><td rowspan="3">GB/T 14956</td><td>钢</td><td>10、15、
35、45</td><td>GB/T 699
GB/T 3206</td></tr>
<tr><td>21</td><td>青铜</td><td colspan="2">由供需双方协议</td></tr>
<tr><td>22</td><td>不锈钢</td><td>0Cr18Ni9
1Cr18Ni9</td><td>GB/T 4232</td></tr>
<tr><td colspan="7">[a] 按GB/T 3098.19规定。ISO 16583未规定机械性能等级与材料牌号。</td></tr>
</table>

2) 表面处理：钉体表面不经处理，即是本色的；钢钉芯表面处理由制造者确定，可以磷化涂油或镀锌；青铜钉芯表面不经处理，即是本色的；不锈钢钉芯表面不经处理，即是本色的。

(2) 机械性能

1) 剪切载荷、拉力载荷、钉芯断裂载荷见表5-40。

表5-40 剪切载荷、拉力载荷、钉芯断裂载荷[a]

公称直径 d mm	最小剪切载荷 N	最小拉力载荷 N	最大钉芯断裂载荷 N
3	760	950	3 000
3.2	800	1 000	3 000
4	1 500[b]	1 800	4 500
4.8	2 000	2 500	5 000

[a] 按GB/T 3098.19的规定。

[b] 按GB/T 3098.19的规定，数据待生产验证(含选用材料牌号)。

2) 钉芯拆卸力按GB/T 3098.18的规定试验时，20级、21级和22级的拆卸钉芯的载荷应大于10N。

5.10.5 标记示例

公称直径 d=4 mm、公称长度 l=12 mm、钉体铜(Cu)材料、钉芯钢(St)材料、性能等级为20级的开口型沉头抽芯铆钉的标记：

抽芯铆钉 GB/T 12617.5 4×12

5.11 10、11级开口型平圆头抽芯铆钉

(GB/T 12618.1—2006 开口型平圆头抽芯铆钉 10、11级)

5.11.1 型式

10、11级开口型平圆头抽芯铆钉型式见图5-21。

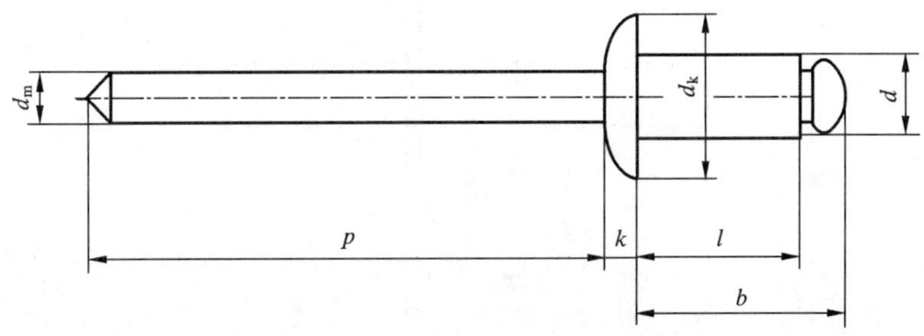

图5-21 10、11级开口型平圆头抽芯铆钉

5.11.2 铆钉尺寸

10、11级开口型平圆头抽芯铆钉尺寸见表5-41。

表5-41 铆钉尺寸 mm

钉体	d	公称	2.4	3	3.2	4	4.8	5	6	6.4
		max	2.48	3.08	3.28	4.08	4.88	5.08	6.08	6.48
		min	2.25	2.85	3.05	3.85	4.65	4.85	5.85	6.25
	d_k	max	5.0	6.3	6.7	8.4	10.1	10.5	12.6	13.4
		min	4.2	5.4	5.8	6.9	8.3	8.7	10.8	11.6
	k	max	1	1.3	1.3	1.7	2	2.1	2.5	2.7
钉芯	d_m	max	1.55	2	2	2.45	2.95	2.95	3.4	3.9
	p	min	25			27				
盲区长度	b	max	$l_{max}+3.5$	$l_{max}+3.5$	$l_{max}+4$	$l_{max}+4$	$l_{max}+4.5$	$l_{max}+4.5$	$l_{max}+5$	$l_{max}+5.5$
铆钉长度 l[a]			推荐的铆接范围[b]							
公称=min		max								
4		5	0.5~2.0	0.5~1.5		—	—		—	
6		7	2.0~4.0	1.5~3.5		1.0~3.0	1.5~2.5		—	—
8		9	4.0~6.0	3.5~5.0		3.0~5.0	2.5~4.0		2.0~3.0	
10		11	6.0~8.0	5.0~7.0		5.0~6.5	4.0~6.0		3.0~5.0	—
12		13	8.0~9.5	7.0~9.0		6.5~8.5	6.0~8.0		5.0~7.0	3.0~6.0
16		17	—	9.0~13.0		8.5~12.5	8.0~12.0		7.0~11.0	6.0~10.0
20		21	—	13.0~17.0		12.5~16.5	12.0~15.0		11.0~15.0	10.0~14.0
25		26	—	17.0~22.0		16.5~21.0	15.0~20.0		15.0~20.0	14.0~18.0
30		31	—	—		—	20.0~25.0		20.0~25.0	18.0~23.0

[a] 公称长度大于30 mm时，应按5 mm递增。为确认其可行性以及铆接范围可向制造者咨询。

[b] 符合表5-41尺寸和5.11.4规定的材料组合与性能等级的铆钉铆接范围，用最小和最大铆接长度表示。最小铆接长度仅为推荐值。某些使用场合可能使用更小的长度。

5.11.3 铆钉孔直径

用于被铆接件的铆钉孔直径 d_{h1} 见图 5-22，其尺寸见表 5-42。

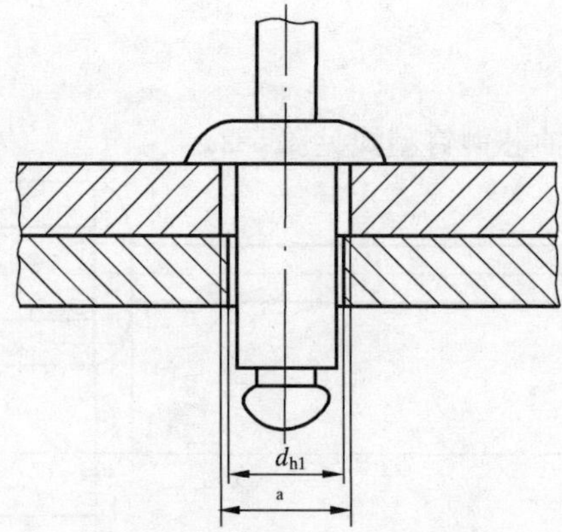

[a] 加大的铆钉孔。

图 5-22 铆钉孔直径

表 5-42 铆钉孔直径尺寸 mm

公称直径 d	d_{h1}	
	min	max
2.4	2.5	2.6
3	3.1	3.2
3.2	3.3	3.4
4	4.1	4.2
4.8	4.9	5.0
5	5.1	5.2
6	6.1	6.2
6.4	6.5	6.6

5.11.4 技术条件

(1) 材料组合与表面处理

1) 材料组合：铆钉应由铝合金(AlA)材料的钉体和钢(St)材料的钉芯组成，推荐采用表 5-43 的性能等级与材料组合。

表 5-43 机械性能等级与材料组合[a]

性能等级	钉体材料			钉芯材料		
	种类	材料牌号	标准编号	种类	材料牌号	标准编号
10	铝合金	5052 5A02	GB/T 3190	钢	10、15、 35、45	GB/T 699 GB/T 3206
11	铝合金	5056 5A05	GB/T 3190	钢	10、15、 35、45	GB/T 699 GB/T 3206

[a] 按 GB/T 3098.19 规定。ISO 15977 未规定机械性能等级与材料牌号。

2) 表面处理：钉体表面不经处理，即是本色的；钉芯表面处理由制造者确定，可以涂油、磷化涂油或镀锌。

（2）机械性能

1）剪切载荷、拉力载荷、钉芯断裂载荷见表5-44。

表5-44　剪切载荷、拉力载荷、钉芯断裂载荷[a]

公称直径 d mm	10级		11级		最大钉芯断裂载荷 N
	最小剪切载荷 N	最小拉力载荷 N	最小剪切载荷 N	最小拉力载荷 N	
2.4	250	350	350	550	2 000
3	400	550	550	850	3 000
3.2	500	700	750	1 100	3 500
4	850	1 200	1 250	1 800	5 000
4.8	1 200	1 700	1 850	2 600	6 500
5	1 400	2 000	2 150	3 100	6 500
6	2 100	3 000	3 200	4 600	9 000
6.4	2 200	3 150	3 400	4 850	11 000

[a] 按GB/T 3098.19规定。

2）钉芯拆卸力

按GB/T 3098.18的规定试验时，10级和11级的拆卸钉芯的载荷应大于10 N。

5.11.5　标记示例

公称直径 d=4 mm、公称长度 l=12 mm、钉体铝合金（AlA）材料、钉芯钢（St）材料、性能等级为10级的开口型平圆头抽芯铆钉的标记：

抽芯铆钉　GB/T 12618.1　4×12

5.12　30级开口型平圆头抽芯铆钉

（GB/T 12618.2—2006 开口型平圆头抽芯铆钉　30级）

5.12.1　型式

30级开口型平圆头抽芯铆钉型式见图5-23。

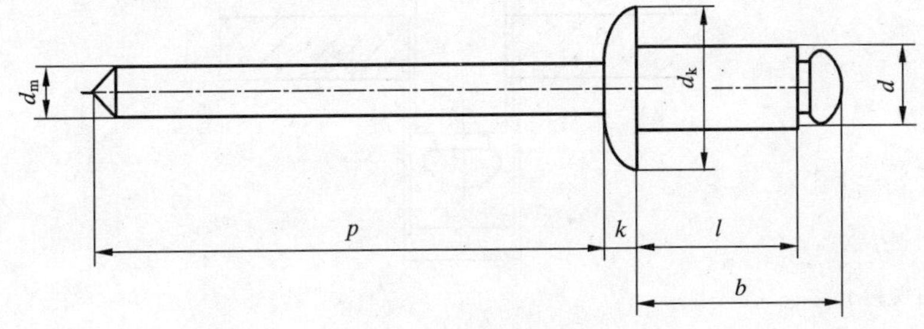

图5-23　30级开口型平圆头抽芯铆钉

5.12.2　铆钉尺寸

30级开口型平圆头抽芯铆钉尺寸见表5-45。

表 5-45 铆钉尺寸

mm

钉体	d	公称	2.4	3	3.2	4	4.8	5	6	6.4
		max	2.48	3.08	3.28	4.08	4.88	5.08	6.08	6.48
		min	2.25	2.85	3.05	3.85	4.65	4.85	5.85	6.25
	d_k	max	5.0	6.3	6.7	8.4	10.1	10.5	12.6	13.4
		min	4.2	5.4	5.8	6.9	8.3	8.7	10.8	11.6
	k	max	1	1.3	1.3	1.7	2	2.1	2.5	2.7
钉芯	d_m	max	1.5	2.15	2.15	2.8	3.5	3.5	3.4	4
	p	min	25			27				
盲区长度	b	max	$l_{max}+3.5$	$l_{max}+3.5$	$l_{max}+4$	$l_{max}+4$	$l_{max}+4.5$	$l_{max}+4.5$	$l_{max}+5$	$l_{max}+5.5$
铆钉长度 l[a]			推荐的铆接范围[b]							
公称=min		max								
6		7	0.5～3.5	0.5～3.0		1.0～3.0	—		—	—
8		9	3.5～5.5	3.0～5.0		3.0～5.0	2.5～4.0		—	—
10		11	—	5.0～6.5		5.0～6.5	4.0～6.0		3.0～4.0	3.0～4.0
12		13	5.5～9.5	6.5～8.0		6.5～9.0	6.0～8.0		4.0～6.0	4.0～6.0
16		17	—	8.0～12.0		9.0～12.0	8.0～11.0		6.0～10.0	6.0～9.0
20		21	—	12.0～16.0		12.0～16.0	11.0～15.0		10.0～14.0	9.0～13.0
25		26	—	—		—	15.0～19.5		14.0～19.0	13.0～19.0
30		31	—	—		16.0～25.0	19.5～25.0		19.0～24.0	19.0～24.0

[a] 公称长度大于 30 mm 时，应按 5 mm 递增。为确认其可行性以及铆接范围可向制造者咨询。

[b] 符合表 5-45 尺寸和 5.12.4 规定的材料组合与性能等级的铆钉铆接范围，用最小和最大铆接长度表示。最小铆接长度仅为推荐值。某些使用场合可能使用更小的长度。

5.12.3 铆钉孔直径

用于被铆接件的铆钉孔直径 d_{h1} 见图 5-24，其尺寸见表 5-46。

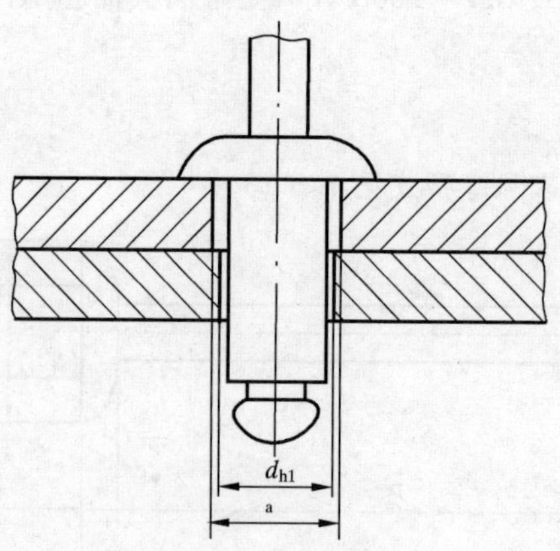

[a] 加大的铆钉孔。

图 5-24 铆钉孔直径

表 5-46　铆钉孔直径尺寸

mm

公称直径 d	d_{h1}	
	min	max
2.4	2.5	2.6
3	3.1	3.2
3.2	3.3	3.4
4	4.1	4.2
4.8	4.9	5.0
5	5.1	5.2
6	6.1	6.2
6.4	6.5	6.6

5.12.4　技术条件

（1）材料组合与表面处理

1）材料组合：铆钉应由钢（St）材料的钉体和钢（St）材料的钉芯组成，推荐采用表 5-47 的性能等级与材料组合。

表 5-47　机械性能等级与材料组合[a]

性能等级	钉体材料			钉芯材料		
	种类	材料牌号	标准编号	种类	材料牌号	标准编号
30	碳素钢	08F、10	GB/T 699 GB/T 3206	碳素钢	10、15、 35、45	GB/T 699 GB/T 3206

[a] 按 GB/T 3098.19 规定。ISO 15979 未规定机械性能等级与材料牌号。

2）表面处理：铆钉钉体表面应进行电镀锌处理，其最小镀锌厚度应为 5μm（GB/T 5267.1）；T5G 铬酸盐转化膜为 c2C（GB/T 9800）；表面处理的完整标记为 Fe/Zn5c2C，镀层厚度应在铆钉头部进行测量；钉芯表面处理由制造者确定，可以涂油、磷化涂油或镀锌。

（2）机械性能

1）剪切载荷、拉力载荷、钉芯断裂载荷见表 5-48。

表 5-48　剪切载荷、拉力载荷、钉芯断裂载荷[a]

公称直径 d mm	最小剪切载荷 N	最小拉力载荷 N	最大钉芯断裂载荷 N
2.4	250	350	2 000
3	400	550	3 000
3.2	500	700	3 500
4	850	1 200	5 000
4.8	1 200	1 700	6 500
5	1 400	2 000	6 500
6	2 100	3 000	9 000
6.4	2 200	3 150	11 000

2）钉芯拆卸力

按 GB/T 3098.18 的规定试验时，30 级的拆卸钉芯的载荷应大于 10 N。

5.12.5　标记示例

公称直径 d=4 mm、公称长度 l=12 mm、钉体钢(St)材料、钉芯钢(St)材料、性能等级为 30 级的开口型平圆头抽芯铆钉的标记：

抽芯铆钉　GB/T 12618.2　4×12

5.13　12 级开口型平圆头抽芯铆钉

（GB/T 12618.3—2006　开口型平圆头抽芯铆钉　12 级）

5.13.1　型式

12 级开口型平圆头抽芯铆钉型式见图 5-25。

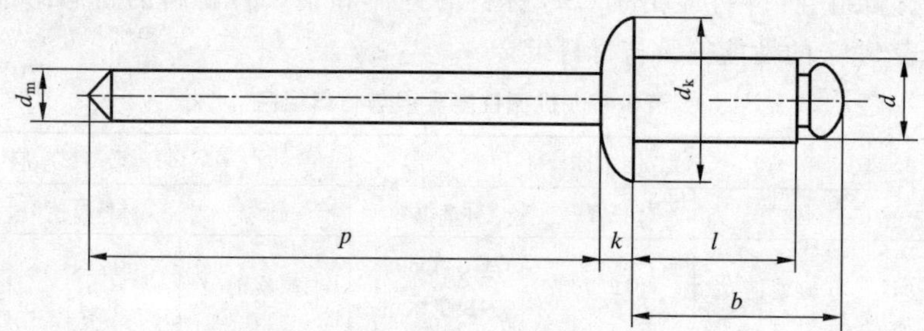

图 5-25　12 级开口型平圆头抽芯铆钉

5.13.2　铆钉尺寸

12 级开口型平圆头抽芯铆钉尺寸见表 5-49。

表 5-49　铆钉尺寸

mm

钉体	d	公称	2.4	3.2	4	4.8	6.4
		max	2.48	3.28	4.08	4.88	6.48
		min	2.25	3.05	3.85	4.65	6.25
	d_k	max	5.0	6.7	8.4	10.1	13.4
		min	4.2	5.8	6.9	8.3	11.6
	k	max	1	1.3	1.7	2	2.7
钉芯	d_m	max	1.6	2.1	2.55	3.05	4
	p	min	25			27	
盲区长度	b	max	$l_{max}+3$	$l_{max}+3$	$l_{max}+3.5$	$l_{max}+4$	$l_{max}+5.5$
铆钉长度 l			推荐的铆接范围[a]				
公称=min	max						
5	6		—	0.5~1.5	—	—	—
6	7		0.5~3.0	1.5~3.5	1.0~3.0	1.5~2.5	—
8	9		—	3.5~5.0	3.0~5.0	2.5~4.0	—

续表 5-49　　mm

铆钉长度 l		推荐的铆接范围[a]				
公称＝min	max					
9	10	3.0～6.0	—	—	—	—
10	11	—	5.0～7.0	5.0～6.5	4.0～6.0	—
12	13	6.0～9.0	7.0～9.0	6.5～8.5	6.0～8.0	3.0～6.0
16	17	—	9.0～13.0	8.5～12.5	8.0～12.0	6.0～10.0
20	21	—	13.0～17.0	12.5～16.5	12.0～15.0	10.0～14.0
25	26	—	17.0～22.0	16.5～21.5	15.0～20.0	14.0～18.0
30	31	—	—	—	20.0～25.0	18.0～23.0
[a] 符合表 5-49 尺寸和 5.13.4 规定的材料组合与性能等级的铆钉铆接范围，用最小和最大铆接长度表示。最小铆接长度仅为推荐值。某些使用场合可能使用更小的长度。						

5.13.3　铆钉孔直径

用于被铆接件的铆钉孔直径 d_{h1}，见图 5-26，其尺寸见表 5-50。

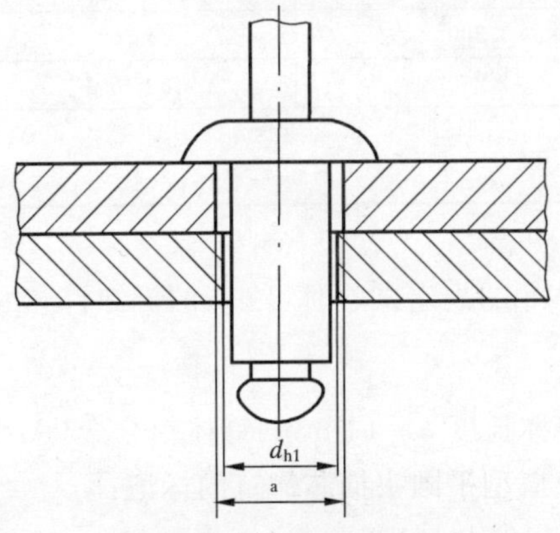

[a] 加大的铆钉孔。

图 5-26　铆钉孔直径

表 5-50　铆钉孔直径尺寸　　mm

公称直径 d	d_{h1} min	d_{h1} max
2.4	2.5	2.6
3.2	3.3	3.4
4	4.1	4.2
4.8	4.9	5.0
6.4	6.5	6.6

5.13.4　技术条件

(1) 材料组合与表面处理

1) 材料组合：铆钉应由铝合金(AlA)材料的钉体和铝合金(AlA)材料的钉芯组成，推荐采用表 5-51 的性能等级与材料组合。

表 5-51 机械性能等级与材料组合[a]

性能等级	钉体材料			钉芯材料		
	种类	材料牌号	标准编号	种类	材料牌号	标准编号
12	铝合金	5052 5A02	GB/T 3190	铝合金	7A03 5183	GB/T 3190

[a] 按 GB/T 3098.19 规定。ISO 15981 未规定机械性能等级与材料牌号。

2）表面处理：铆钉的钉体和钉芯表面不经处理，即是本色的。

(2) 机械性能

1）剪切载荷、拉力载荷、钉芯断裂载荷见表 5-52。

表 5-52 剪切载荷、拉力载荷、钉芯断裂载荷[a]

公称直径 d mm	最小剪切载荷 N	最小拉力载荷 N	最大钉芯断裂载荷 N
2.4	250	350	1 100
3.2	500	700[b]	1 800
4	850	1 200[b]	2 700
4.8	1 200[b]	1 700[b]	3 700
6.4	2 200[b]	3 150[b]	6 500

[a] 按 GB/T 3098.19 的规定。

[b] 按 GB/T 3098.19 的规定。

2）钉芯拆卸力

按 GB/T 3098.18 的规定试验时，12 级的拆卸钉芯的载荷应大于 10 N。

5.13.5 标记示例

公称直径 d=4 mm、公称长度 l=12 mm、钉体铝合金（AlA）材料、钉芯铝合金（AlA）材料、性能等级为 12 级的开口型平圆头抽芯铆钉的标记：

抽芯铆钉 GB/T 12618.3 4×12

5.14 51 级开口型平圆头抽芯铆钉

（GB/T 12618.4—2006 开口型平圆头抽芯铆钉 51 级）

5.14.1 型式

51 级开口型平圆头抽芯铆钉型式见图 5-27。

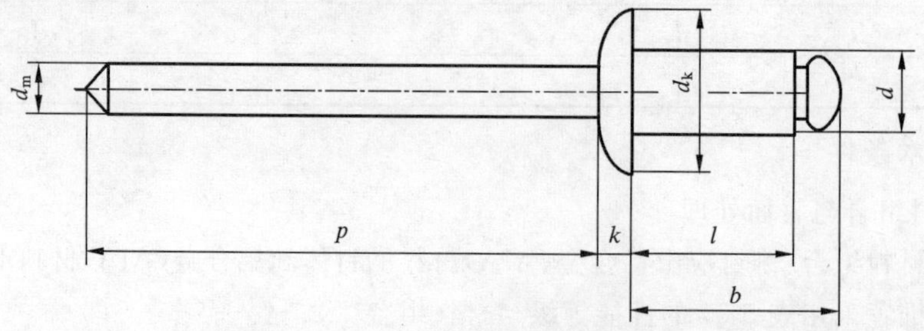

图 5-27 51 级开口型平圆头抽芯铆钉

5.14.2 铆钉尺寸

51级开口型平圆头抽芯铆钉尺寸见表5-53。

表5-53 铆钉尺寸 mm

<table>
<tr><td rowspan="7">钉体</td><td rowspan="3">d</td><td>公称</td><td>3</td><td>3.2</td><td>4</td><td>4.8</td><td>5</td></tr>
<tr><td>max</td><td>3.08</td><td>3.28</td><td>4.08</td><td>4.88</td><td>5.08</td></tr>
<tr><td>min</td><td>2.85</td><td>3.05</td><td>3.85</td><td>4.65</td><td>4.85</td></tr>
<tr><td rowspan="2">d_k</td><td>max</td><td>6.3</td><td>6.7</td><td>8.4</td><td>10.1</td><td>10.5</td></tr>
<tr><td>min</td><td>5.4</td><td>5.8</td><td>6.9</td><td>8.3</td><td>8.7</td></tr>
<tr><td>k</td><td>max</td><td>1.3</td><td>1.3</td><td>1.7</td><td>2</td><td>2.1</td></tr>
<tr><td rowspan="2">钉芯</td><td>d_m</td><td>max</td><td>2.05</td><td>2.15</td><td>2.75</td><td>3.2</td><td>3.25</td></tr>
<tr><td>p</td><td>min</td><td colspan="3">25</td><td colspan="2">27</td></tr>
<tr><td>盲区长度</td><td>b</td><td>max</td><td>$l_{max}+4$</td><td>$l_{max}+4$</td><td>$l_{max}+4.5$</td><td>$l_{max}+5$</td><td>$l_{max}+5$</td></tr>
<tr><td colspan="3">铆钉长度 l[a]</td><td colspan="5" rowspan="2">推荐的铆接范围[b]</td></tr>
<tr><td>公称=min</td><td colspan="2">max</td></tr>
<tr><td>6</td><td colspan="2">7</td><td colspan="2">0.5～3.0</td><td>1.0～2.5</td><td colspan="2">1.5～2.0</td></tr>
<tr><td>8</td><td colspan="2">9</td><td colspan="2">3.0～5.0</td><td>2.5～4.5</td><td colspan="2">2.0～4.0</td></tr>
<tr><td>10</td><td colspan="2">11</td><td colspan="2">5.0～6.5</td><td>4.5～6.5</td><td colspan="2">4.0～6.0</td></tr>
<tr><td>12</td><td colspan="2">13</td><td colspan="2">6.5～8.5</td><td>6.5～8.5</td><td colspan="2">6.0～8.0</td></tr>
<tr><td>14</td><td colspan="2">15</td><td colspan="2">8.5～10.5</td><td>8.5～10.0</td><td colspan="2">—</td></tr>
<tr><td>16</td><td colspan="2">17</td><td colspan="2">10.5～12.5</td><td>10.0～12.0</td><td colspan="2">8.0～11.0</td></tr>
<tr><td>18</td><td colspan="2">19</td><td colspan="2">—</td><td>12.0～14.0</td><td colspan="2">11.0～13.0</td></tr>
<tr><td>20</td><td colspan="2">21</td><td colspan="2">—</td><td>14.0～16.0</td><td colspan="2">13.0～16.0</td></tr>
<tr><td>25</td><td colspan="2">26</td><td colspan="2">—</td><td>16.0～21.0</td><td colspan="2">16.0～19.0</td></tr>
<tr><td colspan="8">[a] 公称长度大于25 mm时，应按5 mm递增。为确认其可行性以及铆接范围可向制造者咨询。
[b] 符合表5-53尺寸和5.14.4规定的材料组合与性能等级的铆钉铆接范围，用最小和最大铆接长度表示。最小铆接长度仅为推荐值。某些使用场合可能使用更小的长度。</td></tr>
</table>

5.14.3 铆钉孔直径

用于被铆接件的铆钉孔直径 d_{h1} 见图5-28，其尺寸见表5-54。

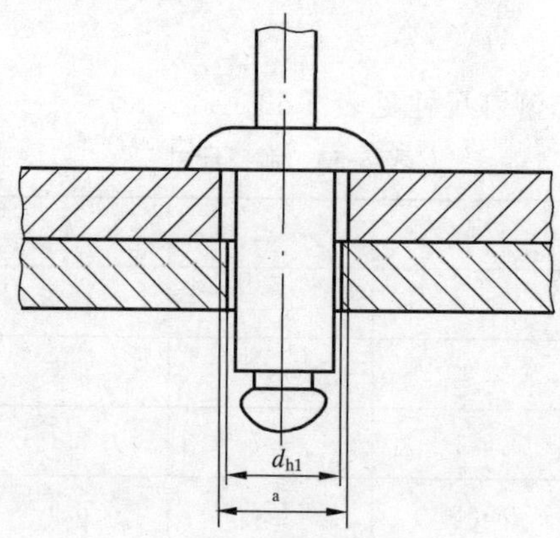

[a] 加大的铆钉孔。

图 5-28 铆钉孔直径

表 5-54 铆钉孔直径尺寸

mm

公称直径 d	d_{h1}	
	min	max
3	3.1	3.2
3.2	3.3	3.4
4	4.1	4.2
4.8	4.9	5.0
5	5.1	5.2

5.14.4 技术条件

(1) 材料组合与表面处理

1) 材料组合：铆钉应由奥氏体不锈钢(A2)材料的钉体和奥氏体不锈钢(A2)材料的钉芯组成，推荐采用表 5-55 的性能等级与材料组合。

表 5-55 机械性能等级与材料组合[a]

性能等级	钉体材料			钉芯材料		
	种类	材料牌号	标准编号	种类	材料牌号	标准编号
51	不锈钢	0Cr18Ni9 1Cr18Ni9	GB/T 1220	不锈钢	0Cr18Ni9 2Cr13	GB/T 4232
[a] 按 GB/T 3098.19 规定。ISO 15983 未规定机械性能等级与材料牌号。						

2) 表面处理：铆钉的钉体和钉芯表面不经处理，即是本色的。

(2) 机械性能

1) 剪切载荷、拉力载荷、钉芯断裂载荷见表 5-56。

表 5-56 剪切载荷、拉力载荷、钉芯断裂载荷[a]

公称直径 d mm	最小剪切载荷 N	最小拉力载荷 N	最大钉芯断裂载荷 N
3	1 800[b]	2 200[b]	4 100
3.2	1 900[b]	2 500[b]	4 500

续表 5-56

公称直径 d mm	最小剪切载荷 N	最小拉力载荷 N	最大钉芯断裂载荷 N
4	2 700	3 500	6 500
4.8	4 000	5 000	8 500
5	4 700	5 800	9 000
[a] 按 GB/T 3098.19 的规定。 [b] 按 GB/T 3098.19 的规定。			

2）钉芯拆卸力按 GB/T 3098.18 的规定试验时，51 级的拆卸钉芯的载荷应大于 10 N。

5.14.5 标记示例

公称直径 d=4 mm、公称长度 l=12 mm、钉体奥氏体不锈钢(A2)材料、钉芯奥氏体不锈钢(A2)材料、性能等级为 51 级的开口型平圆头抽芯铆钉的标记：

抽芯铆钉 GB/T 12618.4 4×12

5.15 20、21、22 级开口型平圆头抽芯铆钉

（GB/T 12618.5—2006 级开口型平圆头抽芯铆钉 20、21、22）

5.15.1 型式

20、21、22 级开口型平圆头抽芯铆钉型式见图 5-29。

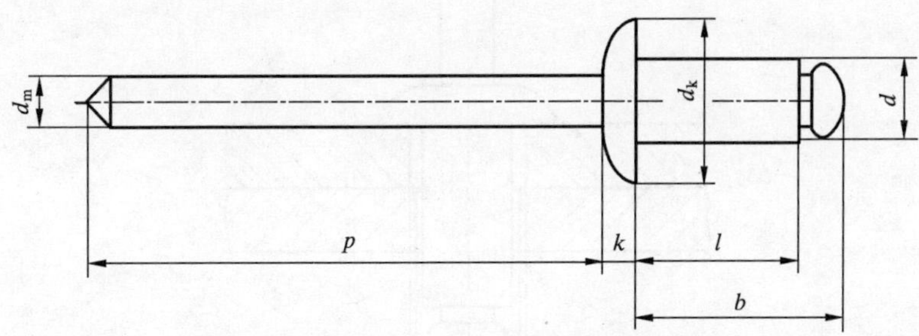

图 5-29 20、21、22 级开口型平圆头抽芯铆钉

5.15.2 铆钉尺寸

20、21、22 级开口型平圆头抽芯铆钉尺寸见表 5-57。

表 5-57 铆钉尺寸 mm

钉体	d	公称	3	3.2	4	4.8
		max	3.08	3.28	4.08	4.88
		min	2.85	3.05	3.85	4.65
	d_k	max	6.3	6.7	8.4	10.1
		min	5.4	5.8	6.9	8.3
	k	max	1.3	1.3	1.7	2
钉芯	d_m	max	2	2	2.45	2.95
	p	min	25			27
盲区长度	b	max	$l_{max}+3.5$	$l_{max}+4$	$l_{max}+4$	$l_{max}+4.5$
铆钉长度 l			推荐的铆接范围[a]			
公称=min	max					
5	6		0.5～2.0		1.0～2.5	—
6	7		2.0～3.0		2.5～3.5	—
8	9		3.0～5.0		3.5～5.0	2.5～4.0
10	11		5.0～7.0		5.0～7.0	4.0～6.0
12	13		7.0～9.0		7.0～8.5	6.0～8.0
14	15		9.0～11.0		8.5～10.0	8.0～10.0
16	17		—		10.0～12.5	10.0～12.0
18	19				—	12.0～14.0
20	21		—		—	14.0～16.0

[a] 符合表 5-57 尺寸和 5.15.4 规定的材料组合与性能等级的铆钉铆接范围，用最小和最大铆接长度表示。最小铆接长度仅为推荐值。某些使用场合可能使用更小的长度。

5.15.3 铆钉孔直径

用于被铆接件的铆钉孔直径 d_{h1} 见图 5-30，其尺寸见表 5-58。

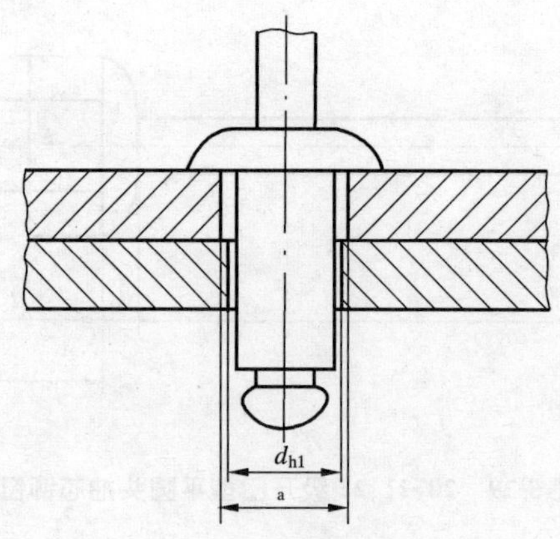

[a] 加大的铆钉孔。

图 5-30 铆钉孔直径

表 5-58 铆钉孔直径尺寸 mm

公称直径 d	d_{h1} min	d_{h1} max
3	3.1	3.2
3.2	3.3	3.4

续表 5-58　　mm

公称直径 d	d_{h1}	
	min	max
4	4.1	4.2
4.8	4.9	5.0

5.15.4　技术条件

（1）材料组合与表面处理

1）材料组合：铆钉应由铜（Cu）材料的钉体和钢（St）或青铜（Br）或不锈钢（SSt）材料的钉芯组成，推荐采用表 5-59 的性能等级与材料组合。

表 5-59　机械性能等级与材料组合[a]

性能等级	钉体材料			钉芯材料		
	种类	材料牌号	标准编号	种类	材料牌号	标准编号
20	铜	T1 T2 T3	GB/T 14956	钢	10、15、 35、45	GB/T 699 GB/T 3206
21				青铜	由供需双方协议	
22				不锈钢	0Cr18Ni9 1Cr18Ni9	GB/T 4232

[a] 按 GB/T 3098.19 规定。ISO 16582 未规定机械性能等级与材料牌号。

2）表面处理：钉体表面不经处理，即是本色的；钢钉芯表面处理由制造者确定，可以磷化涂油或镀锌；青铜钉芯面不经处理，即是本色的；不锈钢钉芯面不经处理，即是本色的。

（2）机械性能

1）剪切载荷、拉力载荷、钉芯断裂载荷见表 5-60。

表 5-60　剪切载荷、拉力载荷、钉芯断裂载荷[a]

公称直径 d mm	最小剪切载荷 N	最小拉力载荷 N	最大钉芯断裂载荷 N
3	760	950	3 000
3.2	800	1 000	3 000
4	1 500[b]	1 800	4 500
4.8	2 000	2 500	5 000

[a] 按 GB/T 3098.19 的规定。

[b] 按 GB/T 3098.19 的规定，该数据待生产验证（含选用材料牌号）。

2）钉芯拆卸力按 GB/T 3098.18 的规定试验时，20 级、21 级和 22 级的拆卸钉芯的载荷应大于 10 N。

5.15.5　标记示例

公称直径 d=4 mm、公称长度 l=12 mm、钉体铜（Cu）材料、钉芯钢（St）材料、性能等级为 20 级、21 级和 22 级的开口型平圆头抽芯铆钉的标记：

抽芯铆钉　GB/T 12618.5　4×12

5.16 40、41级开口型平圆头抽芯铆钉

（GB/T 12618.6—2006 级开口型平圆头抽芯铆钉 40、41）

5.16.1 型式

40、41级开口型平圆头抽芯铆钉型式见图5-31。

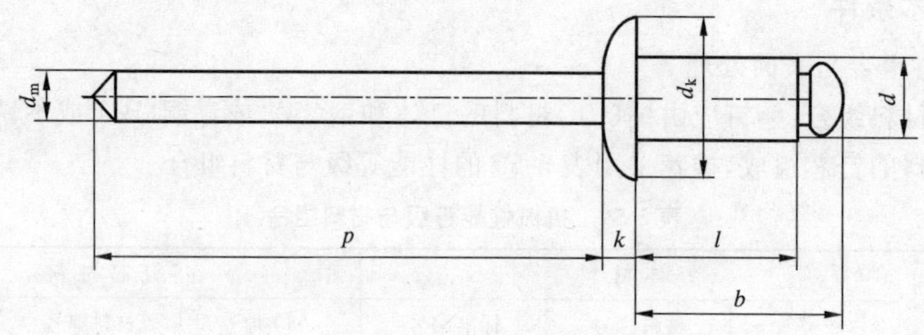

图5-31 40、41级开口型平圆头抽芯铆钉

5.16.2 铆钉尺寸

40、41级开口型平圆头抽芯铆钉尺寸见表5-61。

表5-61 铆钉尺寸 mm

钉体	d	公称	3.2	4	4.8	6.4
		max	3.28	4.08	4.88	6.48
		min	3.05	3.85	4.65	6.25
	d_k	max	6.7	8.4	10.1	13.4
		min	5.8	6.9	8.3	11.6
	k	max	1.3	1.7	2	2.7
钉芯	d_m	max	2.15	2.75	3.2	3.9
	p	min	25	27		
盲区长度	b	max	$l_{max}+4$	$l_{max}+4$	$l_{max}+4.5$	$l_{max}+5.5$
铆钉长度 l			推荐的铆接范围[a]			
公称＝min		max				
5		6	1.0～3.0	1.0～3.0	—	—
6		7	—	—	2.0～4.0	—
8		9	3.0～5.0	3.0～5.0	—	—
10		11	5.0～7.0	5.0～7.0	4.0～6.0	—
12		13	7.0～9.0	7.0～9.0	6.0～8.0	3.0～6.0
14		15	—	9.0～10.5	8.0～10.0	—
16		17	—	10.5～12.5	10.0～12.0	—
18		19	—	12.5～14.5	12.0～14.0	6.0～12.0
20		21	—	14.5～16.5	14.0～16.0	—

[a] 符合表5-61尺寸和5.16.4规定的材料组合与性能等级的铆钉铆接范围，用最小和最大铆接长度表示。最小铆接长度仅为推荐值。某些使用场合可能使用更小的长度。

5.16.3 铆钉孔直径

用于被铆接件的铆钉孔直径 d_{h1} 见图 5-32，其尺寸见表 5-62。

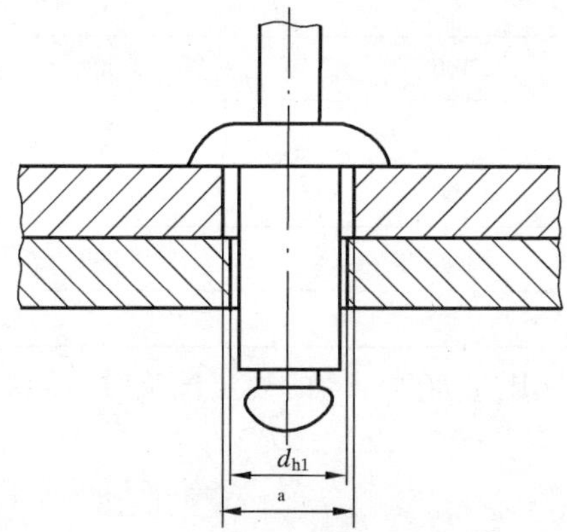

[a] 加大的铆钉孔。

图 5-32 铆钉孔直径

表 5-62 铆钉孔直径尺寸 mm

公称直径 d	d_{h1}	
	min	max
3.2	3.3	3.4
4	4.1	4.2
4.8	4.9	5.0
6.4	6.5	6.6

5.16.4 技术条件

(1) 材料组合与表面处理

1) 材料组合：铆钉应由镍铜合金(NiCu)材料的钉体和钢(St)或青铜(Br)或不锈钢(SSt)材料的钉芯组成，推荐采用表 5-63 的性能等级与材料组合。

表 5-63 机械性能等级与材料组合[a]

性能等级	钉体材料			钉芯材料		
	种类	材料牌号	标准编号	种类	材料牌号	标准编号
40	镍铜合金	28-2.5-1.5 镍铜合金 (NiCu28-2.5-1.5)	GB/T 5235	钢	10、15、35、45	GB/T 699 GB/T 3206
41				不锈钢	0Cr18Ni9 2Cr13	GB/T 4232

[a] 按 GB/T 3098.19 规定。ISO 16584 未规定机械性能等级与材料牌号。

2) 表面处理：钉体表面不经处理，即是本色的；钢钉芯表面处理由制造者确定，可以磷化涂油或镀锌；不锈钢钉芯面不经处理，即是本色的。

(2) 机械性能：

1) 剪切载荷、拉力载荷、钉芯断裂载荷见表 5-64。

表 5-64 剪切载荷、拉力载荷、钉芯断裂载荷[a]

公称直径 d mm	最小剪切载荷 N	最小拉力载荷 N	最大钉芯断裂载荷 N
3.2	1 400	1 900	4 500
4	3 200[b]	3 000	6 500
4.8	3 300	3 700	8 500
6.4	5 500	6 800	14 700
[a] 按 GB/T 3098.19 的规定。			

2）钉芯拆卸力：按 GB/T 3098.18 的规定试验时，40 级和 41 级的拆卸钉芯的载荷应大于 10 N。

5.16.5 标记示例

公称直径 d＝4 mm、公称长度 l＝12 mm、钉体镍铜（合金（NiCu）材料）、钉芯钢（St）材料、性能等级为 40 级的开口型平圆头抽芯铆钉的标记：

抽芯铆钉 GB/T 12618.6 4×12

5.17 伞花形平圆头抽芯铆钉

（JB/T 12790—2016 伞花形平圆头抽芯铆钉）

5.17.1 型式

伞花形平圆头抽芯铆钉型式见图 5-33。

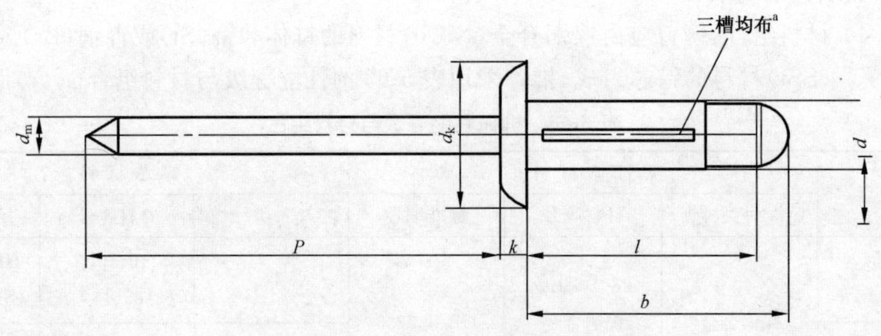

图 5-33 伞花形平圆头抽芯铆钉

5.17.2 铆钉尺寸

伞花形平圆头抽芯铆钉尺寸见表 5-65。

表 5-65 铆钉尺寸

mm

钉体	d	公称	3.2	4	4.8
	d_k	max	3.28	4.08	4.88
		min	3.05	3.85	4.65
	k	max	6.7	8.4	10.1
		min	5.8	6.9	8.3
		max	1.3	1.7	2.0
钉芯	d_m	max	2.0	2.45	2.95
	P	min	25	27	
盲区长度	b	max	$L_{max}+2.8$	$L_{max}+3.1$	$L_{max}+3.4$
铆钉长度 l			推荐的铆接范围[a]		
公称＝min		max			
14		15	1.0～3.0	1.0～2.0	1.0～2.0
16		17	1.0～5.0	1.0～4.0	1.0～4.0
18		19	1.0～7.0	1.0～6.0	1.0～6.0
20		21	4.0～9.0	1.0～8.0	1.0～8.0
22		23	—	4.0～10.0	4.0～10.0
24		25	—	4.0～12.0	4.0～12.0
26		27	—	—	4.0～14.0
28		29	—	—	8.0～16.0

[a] 铆接范围即铆接厚度范围，铆接厚度如图 5-33、图 5-34 尺寸 d 所示。

5.17.3 铆钉孔直径

用于被铆接件的铆钉孔直径 d_{h1} 见图 5-34，其尺寸见表 5-66。

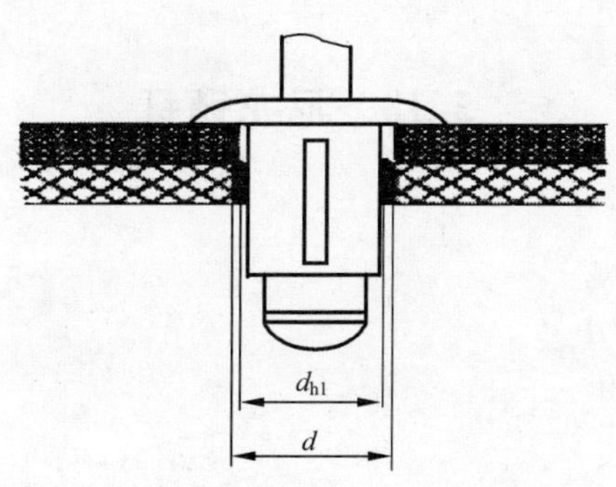

图 5-34 铆钉孔直径

表 5-66　铆钉孔直径尺寸　mm

公称直径 d	d_{h1}	
	min	max
3.2	3.4	3.7
4	4.2	4.5
4.8	5.0	4.5

5.17.4　技术条件

(1) 材料组合与表面处理

1) 材料组合：推荐采用表 5-67 的材料组合。

表 5-67　材料组合

钉体材料			钉芯材料		
种类	材料牌号	标准	种类	材料牌号	标准
变形铝合金	5052	GB/T 3190	变形铝合金	5056	GB/T 3190

2) 表面处理：铆钉的钉体表面可以不经处理(除油抛光)、烤漆或阳极氧化处理。钉芯表面处理由制造者确定。

(2) 机械性能

剪切载荷、拉力载荷、钉芯断裂载荷见表 5-68。

表 5-68　剪切载荷、拉力载荷、钉芯断裂载荷[a]

公称直径 d/mm	最小剪切载荷/N	最小拉力载荷/N	最大钉芯断裂载荷/N
3.2	500	700	1 500
4	600	800	2 000
4.8	800	1 100	3 000

5.17.5　标记示例

公称直径 $d=4$ mm、公称长度 $l=16$ mm、钉体铝合金(AlA)材料、钉芯铝合金(AlA)材料、铆钉的钉体表面不经处理(除油抛光)的伞花形平圆头抽芯铆钉的标记：

抽芯铆钉　JB/T 12790　4×16

5.18　尼龙铆钉

5.18.1　尼龙铆钉规格

尼龙铆钉规格见表 5-69。

表 5-69 尼龙铆钉规格表

mm

尺寸图	适用孔径 D	适用板厚 E	H	L	B	C	产品编号
铆接时轻轻按入 H D B C E L 铆接后	2.6～2.8	1.0～2.0	3.2	6.0	5.0	1.4	F01～2632
		3.0～4.5	5.5	7.5	5.0	1.4	F01～2655
		5.0～6.0	7.2	10.0	5.0	1.4	F01～2672
		1.0～2.0	3.5	6.5	6.5	1.5	F01～3035
		1.4～3.5	4.5	8.0	6.5	1.5	F01～3045
		2.0～4.0	5.5	8.0	6.5	1.5	F01～3055
	3.0～3.3	4.0～5.0	6.5	9.0	6.5	1.5	F01～3065
		5.0～6.0	7.5	10.5	6.5	1.5	F01～3075
		6.5～7.5	9.0	12.5	6.5	1.5	F01～309
		7.5～8.5	10.0	12.5	6.5	1.5	F01～310
	3.5～3.7	4.0～5.0	6.5	9.0	6.5	1.5	F01～3065
		5.0～6.0	7.5	10.5	6.5	1.5	F01～3075
		6.5～7.5	9.0	12.5	6.5	1.5	F01～309
		7.5～8.5	10.0	12.5	6.5	1.5	F01～310
	4.0～4.3	5.5～6.5	8.0	11.0	8.0	1.8	F01～408
		6.5～7.5	9.0	13.0	8.0	1.8	F01～409
		7.5～8.5	10.0	13.0	8.0	1.8	F01～410
		9.0～10.5	12.0	16.0	8.0	1.8	F01～412
		10.0～11.5	13.0	16.0	8.0	1.8	F01～413
	6.0～6.3	2.0～4.5	7.0	12.7	11.0	2.7	F01～607

第6章 销

6.1 圆锥销

（GB/T 117—2000 圆锥销）

6.1.1 型式

圆锥销型式见图 6-1。

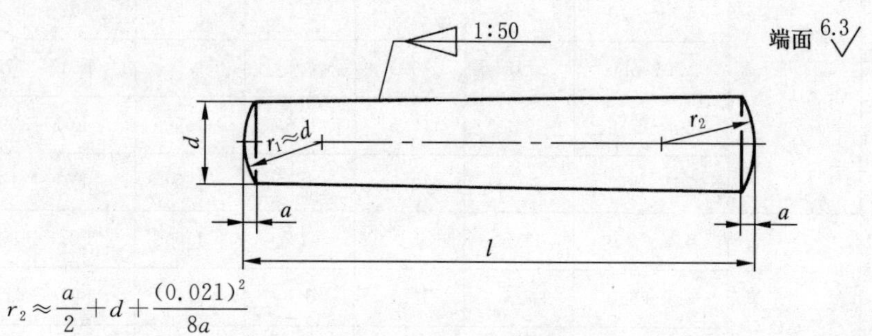

$$r_2 \approx \frac{a}{2} + d + \frac{(0.021)^2}{8a}$$

图 6-1 圆锥销

6.1.2 圆锥销尺寸

圆锥销尺寸见表 6-1。

表 6-1 圆锥销尺寸

mm

d		h10[a]	0.6	0.8	1	1.2	1.5	2	2.5	3	4	5	6	8	10	12	16	20	25	30	40	50
a		≈	0.08	0.1	0.12	0.16	0.2	0.25	0.3	0.4	0.5	0.63	0.8	1	1.2	1.6	2	2.5	3	4	5	6.3
l[b]																						
公称	min	max																				
2	1.75	2.25																				
3	2.75	3.25																				
4	3.75	4.25																				
5	4.75	5.25																				
6	5.75	6.25																				
8	7.75	8.25																				
10	9.75	10.25																				
12	11.5	12.5																				
14	13.5	14.5																				
16	15.5	16.5																				
18	17.5	18.5						商品														
20	19.5	20.5																				
22	21.5	22.5																				
24	23.5	24.5																				
26	25.5	26.5																				

续表 6-1 mm

l^b			
公称	min	max	
28	27.5	28.5	
30	29.5	30.5	长度
32	31.5	32.5	
35	34.5	35.5	
40	39.5	40.5	
45	44.5	45.5	
50	49.5	50.5	
55	54.25	55.75	
60	59.25	60.75	
65	64.25	65.75	
70	69.25	70.75	范围
75	74.25	75.75	
80	79.25	80.75	
85	84.25	85.75	
90	89.25	90.75	
95	94.25	95.75	
100	99.25	100.75	
120	119.25	120.75	
140	139.25	140.75	
160	159.25	160.75	
180	179.25	180.75	
200	199.25	200.75	

[a] 其他公差，如 a11，c11 和 f8，由供需双方协议。

[b] 公称长度大于 200 mm，按 20 mm 递增。

6.1.3 技术条件

(1) 材料

1) 钢

易切钢：Y12、Y15(GB/T 8731)；

碳素钢：35、45(GB/T 699)，35、28 HRC～38 HRC(GB/T 699)，45、38 HRC～46 HRC(GB/T 699)；

合金钢：30CrMnSiA，35 HRC～41 HRC(GB/T 3017)。

2) 不锈钢：1Cr13、2Cr13(GB/T 1220)，Cr17Ni2(GB/T 1220)，0 Cr18Ni9Ti(GB/T 1220)。

(2) 表面处理

1) 钢的表面处理：

——不经处理；

——氧化；

——磷化按 GB/T 11376 的规定；

——镀锌钝化按 GB/T 5267.1 的规定；

——其他表面镀层或表面处理，应由供需双方协议。

2) 不锈钢的表面处理：

——简单处理；

——其他表面镀层或表面处理，应由供需双方协议。

6.1.4 标注示例

公称直径 $d=6$ mm、公称长度 $l=30$ mm、材料为 35 钢、热处理硬度 28 HRC～38 HRC、表面氧化处理的 A 型圆锥销的标记：

销 GB/T 117 6×30

6.2 内螺纹圆锥销

（GB/T 118—200 内螺纹圆锥销）

6.2.1 型式

内螺纹圆锥销型式见图 6-2。

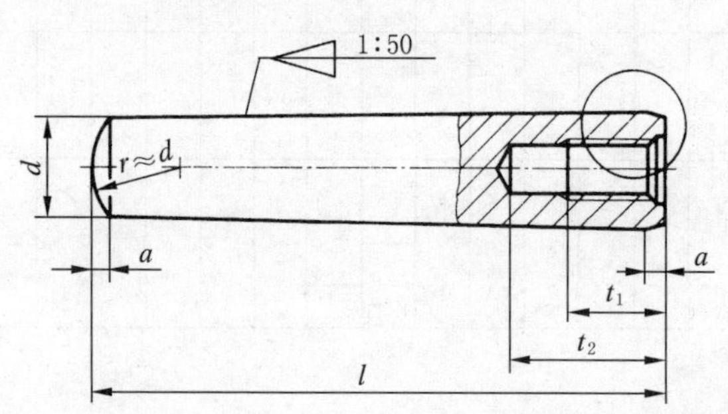

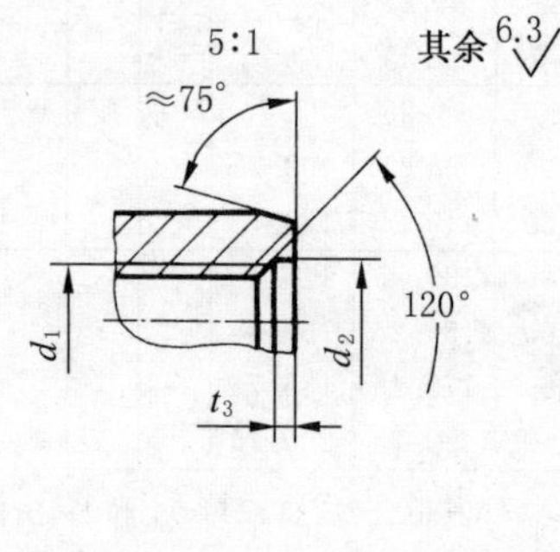

图 6-2 内螺纹圆锥销

6.2.2 圆锥销尺寸

内螺纹圆锥销尺寸见表 6-2。

表 6-2 内螺纹圆锥销尺寸

mm

d		h10[a]	6	8	10	12	16	20	25	30	40	50
a		≈	0.8	1	1.2	1.6	2	2.5	3	4	5	6.3
d_1			M4	M5	M6	M8	M10	M12	M16	M20	M20	M24
P[b]			0.7	0.8	1	1.25	1.5	1.75	2	2.5	2.5	3
d_2			4.3	5.3	6.4	8.4	10.5	13	17	21	21	25
t_1			6	8	10	12	16	18	24	30	30	36
t_2		min	10	12	16	20	25	28	35	40	40	50
t_3			1	1.2	1.2	1.2	1.5	1.5	2	2	2.5	2.5
l[c]												
公称	min	max										
16	15.5	16.5										
18	17.5	18.5										
20	19.5	20.5										
22	21.5	22.5										
24	23.5	24.5										
26	25.5	26.5										

续表 6-2 mm

l[c]												
公称	min	max										
28	27.5	28.5										
30	29.5	30.5		商品								
32	31.5	32.5										
35	34.5	35.5										
40	39.5	40.5										
45	44.5	45.5										
50	49.5	50.5										
55	54.25	55.75					长度					
60	59.25	60.75										
65	64.25	65.75										
70	69.25	70.75										
75	74.25	75.75										
80	79.25	80.75										
85	84.25	85.75							范围			
90	89.25	90.75										
95	94.25	95.75										
100	99.25	100.75										
120	119.25	120.75										
140	139.25	140.75										
160	159.25	160.75										
180	179.25	180.75										
200	199.25	200.75										

[a] 其他公差，如 a11，c11 和 f8，由供需双方协议。

[b] P—螺距。

[c] 公称长度大于 200 mm，按 20 mm 递增。

6.2.3 技术条件

(1) 材料

1) 钢

易切钢：Y12、Y15(GB/T 8731)；

碳素钢：35、45(GB/T 699)，35、28 HRC～38 HRC(GB/T 699)，45、38 HRC～46 HRC(GB/T 699)；

合金钢：30CrMnSiA，35 HRC～41 HRC(GB/T 3017)。

2) 不锈钢：1Cr13、2Cr13（GB/T 1220），Cr17Ni2（GB/T 1220），0Cr18Ni9Ti（GB/T 1220）。

(2) 表面处理

1) 钢的表面处理：

——不经处理；

——氧化；

——磷化按 GB/T 11376 的规定；

——镀锌钝化按 GB/T 5267.1 的规定。

——其他表面镀层或表面处理，应由供需双方协议。

2）不锈钢的表面处理：

——简单处理；

——其他表面镀层或表面处理，应由供需双方协议。

6.2.4　标注示例

公称直径 $d=6$ mm、公称长度 $l=30$ mm、材料 35 钢、热处理硬度 28 HRC～38 HRC、表面氧化处理的 A 型内螺纹圆锥销的标记：

销　GB/T 118　6×30

6.3　不淬硬钢和奥氏体不锈钢圆柱销

（GB/T 119.1—2000 圆柱销　不淬硬钢和奥氏体不锈钢）

6.3.1　型式

不淬硬钢和奥氏体不锈钢圆柱销型式见图 6-3。

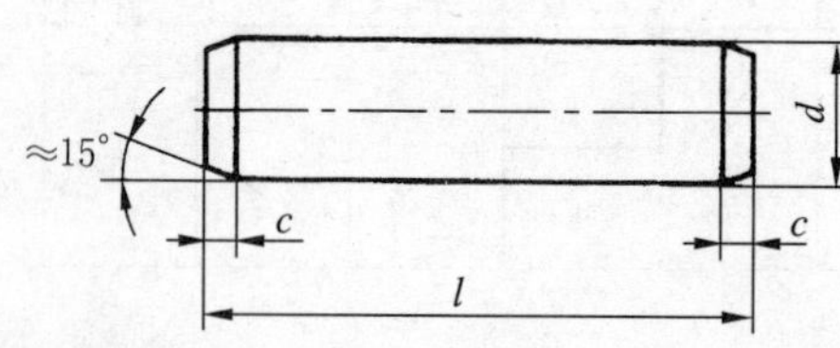

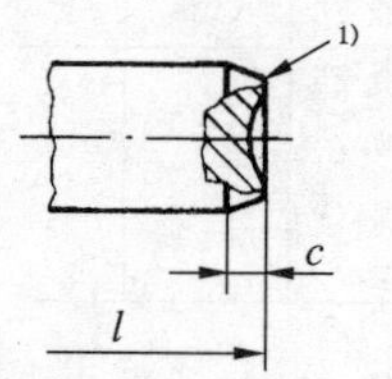

1) 允许倒圆或凹穴。

图 6-3　不淬硬钢和奥氏体不锈钢圆柱销

6.3.2　圆柱销尺寸

不淬硬钢和奥氏体不锈钢圆柱销尺寸见表 6-3。

表 6-3　圆柱销尺寸

mm

d	m6/h8[1]		0.6	0.8	1	1.2	1.5	2	2.5	3	4	5	6	8	10	12	16	20	25	30	40	50
c	≈		0.12	0.16	0.2	0.25	0.3	0.35	0.4	0.5	0.63	0.8	1.2	1.6	2	2.5	3	3.5	4	5	6.3	8
l[2]																						
公称	min	max																				
2	1.75	2.25																				
3	2.75	3.25																				
4	3.75	4.25																				
5	4.75	5.25																				
6	5.75	6.25																				
8	7.75	8.25																				
10	9.75	10.25																				
12	11.5	12.5																				
14	13.5	14.5																				
16	15.5	16.5																				
18	17.5	18.5																				
20	19.5	20.5																				

续表 6-3 mm

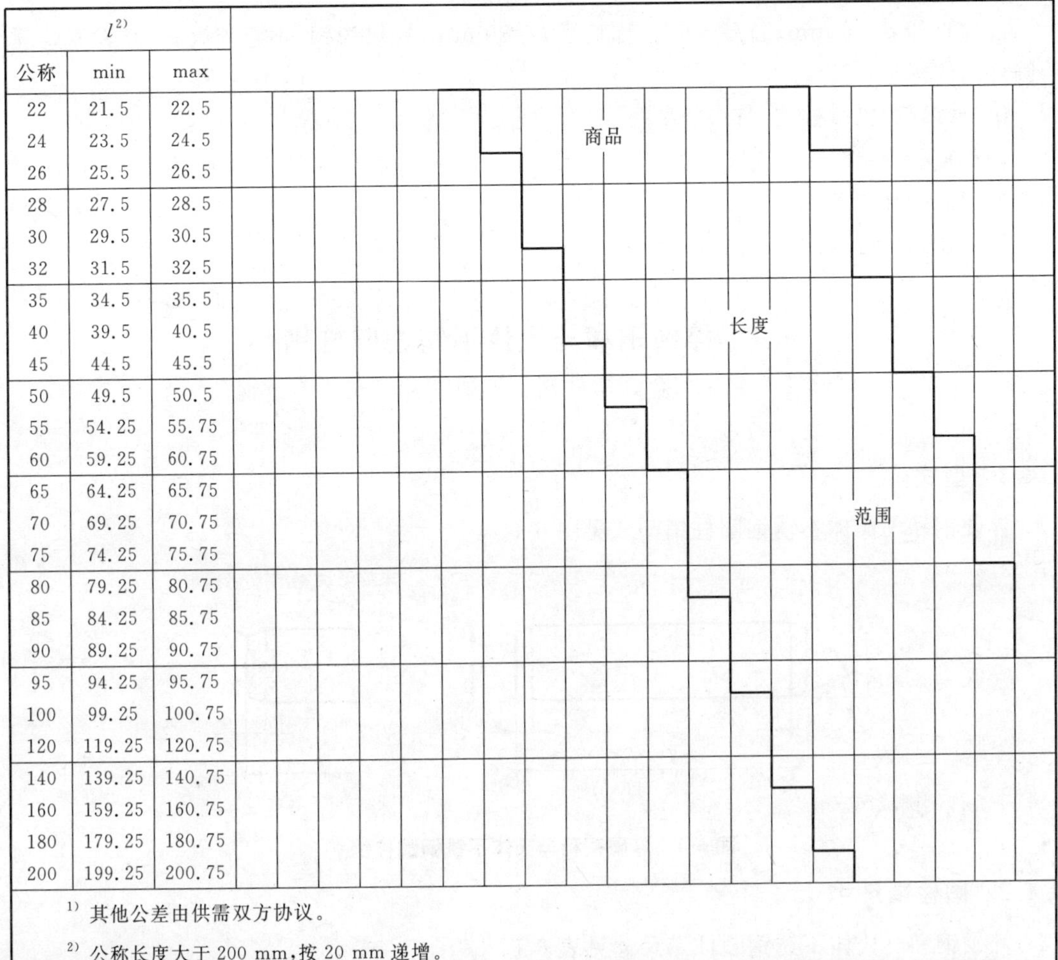

l[2] 公称	min	max
22	21.5	22.5
24	23.5	24.5
26	25.5	26.5
28	27.5	28.5
30	29.5	30.5
32	31.5	32.5
35	34.5	35.5
40	39.5	40.5
45	44.5	45.5
50	49.5	50.5
55	54.25	55.75
60	59.25	60.75
65	64.25	65.75
70	69.25	70.75
75	74.25	75.75
80	79.25	80.75
85	84.25	85.75
90	89.25	90.75
95	94.25	95.75
100	99.25	100.75
120	119.25	120.75
140	139.25	140.75
160	159.25	160.75
180	179.25	180.75
200	199.25	200.75

[1] 其他公差由供需双方协议。

[2] 公称长度大于 200 mm，按 20 mm 递增。

6.3.3 技术条件

(1) 材料

1) 钢：硬度 125～245 HV30；

2) 奥氏体不锈钢：AI(GB/T 3098.6)，硬度 210～280 HV30。

(2) 表面处理

1) 钢的表面处理：

——不经处理；

——氧化；

——磷化按 GB/T 11376 的规定；

——镀锌钝化按 GB/T 5267.1 的规定；

——其他表面镀层或表面处理，应由供需双方协议。

2) 奥氏体不锈钢的表面处理：

——简单处理；

——其他表面镀层或表面处理，应由供需双方协议。

6.3.4　标注示例

公称直径 d=6 mm、公差 m6、公称长度 l=30 mm、材料为钢、不经淬火、不经表面处理的圆柱销的标记：

销　GB/T 119.1　6　m6×30

公称直径 d=6 mm、公差 m6、公称长度 l=30 mm、材料为 AI 组奥氏体不锈钢、表面简单处理的圆柱销的标记：

销　GB/T 119.1　6　m6×30-AI

6.4　淬硬钢和马氏体不锈钢圆柱销

（GB/T 119.2—2000 圆柱销　淬硬钢和马氏体不锈钢）

6.4.1　型式

淬硬钢和马氏体不锈钢圆柱销型式见图 6-4。

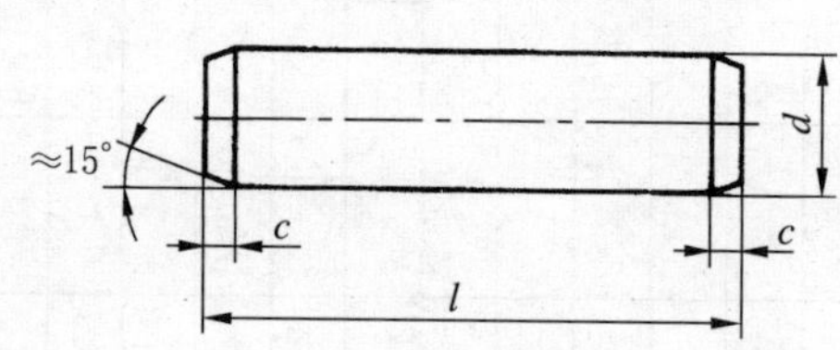

末端形状，由制造者确定

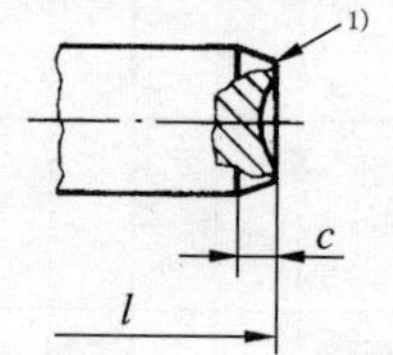

1）允许倒圆或凹穴。

图 6-4　淬硬钢和马氏体不锈钢圆柱销

6.4.2　圆柱销尺寸

淬硬钢和马氏体不锈钢圆柱销尺寸见表 6-4。

表 6-4　圆柱销尺寸

mm

d		m6[1)]	1	1.5	2	2.5	3	4	5	6	8	10	12	16	20
c		≈	0.2	0.3	0.35	0.4	0.5	0.63	0.8	1.2	1.6	2	2.5	3	3.5
l[2)]															
公称	min	max													
3	2.75	3.25													
4	3.75	4.25													
5	4.75	5.25													
6	5.75	6.25													
8	7.75	8.25													
10	9.75	10.25													
12	11.5	12.5													
14	13.5	14.5													
16	15.5	16.5													

续表 6-4　　mm

l[2]																
公称	min	max														
18	17.5	18.5														
20	19.5	20.5					商品									
22	21.5	22.5														
24	23.5	24.5														
26	25.5	26.5							长度							
28	27.5	28.5														
30	29.5	30.5														
32	31.5	32.5									范围					
35	34.5	35.5														
40	39.5	40.5														
45	44.5	45.5														
50	49.5	50.5														
55	54.25	55.75														
60	59.25	60.75														
65	64.25	65.75														
70	69.25	70.75														
75	74.25	75.75														
80	79.25	80.75														
85	84.25	85.75														
90	89.25	90.75														
95	94.25	95.75														
100	99.25	100.75														

[1] 其他公差由供需双方协议。

[2] 公称长度大于 100 mm，按 20 mm 递增。

6.4.3 技术条件

(1) 材料

1) 钢：A 型，普通淬火，B 型，表面淬火。

2) 马氏体不锈钢：CI(GB/T 3098.6)，淬火并回火，硬度 460～560 HV30。

(2) 表面处理

1) 钢的表面处理：

——不经处理；

——氧化；

——磷化按 GB/T 11376 的规定；

——镀锌钝化按 GB/T 5267.1 的规定；

——其他表面镀层或表面处理，应由供需双方协议。

2) 马氏体不锈钢的表面处理：

——简单处理；

——其他表面镀层或表面处理，应由供需双方协议。

6.4.4 标注示例

公称直径 $d=6$ mm、公差 m6、公称长度 $l=30$ mm、材料为钢、普通淬火(A)型，表面氧化处理的圆柱销的标记：

销　GB/T 119.2　6×30

公称直径 $d=6$ mm、公差 m6、公称长度 $l=30$ mm、材料为 CI 组马氏体不锈钢、表面简单处理的圆柱销的标记：

销　GB/T 119.2　6×30-CI

6.5　不淬硬钢和马氏体不锈钢内螺纹圆柱销

（GB/T 120.1—2000 内螺纹圆柱销　不淬硬钢和奥氏体不锈钢）

6.5.1 型式

不淬硬钢和奥氏体不锈钢内螺纹圆柱销型式见图 6-5。

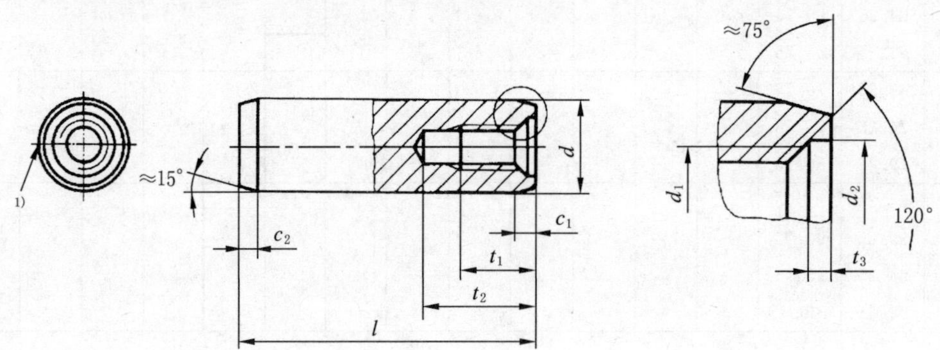

1) 小平面或凹槽，由制造者确定。

图 6-5　不淬硬钢和奥氏体不锈钢内螺纹圆柱销

6.5.2 圆柱销尺寸

不淬硬钢和奥氏体不锈钢内螺纹圆柱销尺寸见表 6-5。

表 6-5　圆柱销尺寸　　mm

d	m6[1]	6	8	10	12	16	20	25	30	40	50
c_1	≈	0.8	1	1.2	1.6	2	2.5	3	4	5	6.3
c_2	≈	1.2	1.6	2	2.5	3	3.5	4	5	6.3	8
d_1		M4	M5	M6	M6	M8	M10	M16	M20	M20	M24
P[2]		0.7	0.8	1	1	1.25	1.5	2	2.5	2.5	3
d_2		4.3	5.3	6.4	6.4	8.4	10.5	17	21	21	25
t_1		6	8	10	12	16	18	24	30	30	36
t_2	min	10	12	16	20	25	28	35	40	40	50
t_3		1	1.2	1.2	1.2	1.5	1.5	2	2	2.5	2.5

续表 6-5 mm

l[3]												
公称	min	max										
16	15.5	16.5										
18	17.5	18.5										
20	19.5	20.5										
22	21.5	22.5										
24	23.5	24.5										
26	25.5	26.5										
28	27.5	28.5										
30	29.5	30.5										
32	31.5	32.5										
35	34.5	35.5										
40	39.5	40.5		商品								
45	44.5	45.5										
50	49.5	50.5										
55	54.25	55.75										
60	59.25	60.75										
65	64.25	65.75										
70	69.25	70.75				长度						
75	74.25	75.75										
80	79.25	80.75										
85	84.25	85.75										
90	89.25	90.75										
95	94.25	95.75										
100	99.25	100.75						范围				
120	119.25	120.75										
140	139.25	140.75										
160	159.25	160.75										
180	179.25	180.75										
200	199.25	200.75										

[1] 其他公差由供需双方协议。

[2] P—螺距。

[3] 公称长度大于 200 mm，按 20 mm 递增。

6.5.3 技术条件

(1) 材料

1) 钢：硬度 125～245 HV30。

2) 奥氏体不锈钢：A1(GB/T 3098.6)，硬度 210～280 HV30。

(2) 表面处理

1) 钢的表面处理：

——不经处理；

——氧化；

——磷化按 GB/T 11376 的规定；

——镀锌钝化按 GB/T 5267.1 的规定；

——其他表面镀层或表面处理，应由供需双方协议。

2) 奥氏体不锈钢的表面处理：

——简单处理；

——其他表面镀层或表面处理，应由供需双方协议。

6.5.4　标注示例

公称直径 d＝6 mm、公差 m6、公称长度 l＝30 mm、材料为钢、不经淬火、不经表面处理的内螺纹圆柱销的标记：

销　GB/T 120.1　6×30-A

公称直径 d＝6 mm、公差 m6、公称长度 l＝30 mm、材料为 A1 组奥氏体不锈钢、表面简单处理的内螺纹圆柱销的标记：

销　GB/T 120.1　6×30-A1

6.6　淬硬钢和马氏体不锈钢内螺纹圆柱销

（GB/T 120.2—2000 内螺纹圆柱销　淬硬钢和马氏体不锈钢）

6.6.1　型式

淬硬钢和马氏体不锈钢内螺纹圆柱销型式见图 6-6。

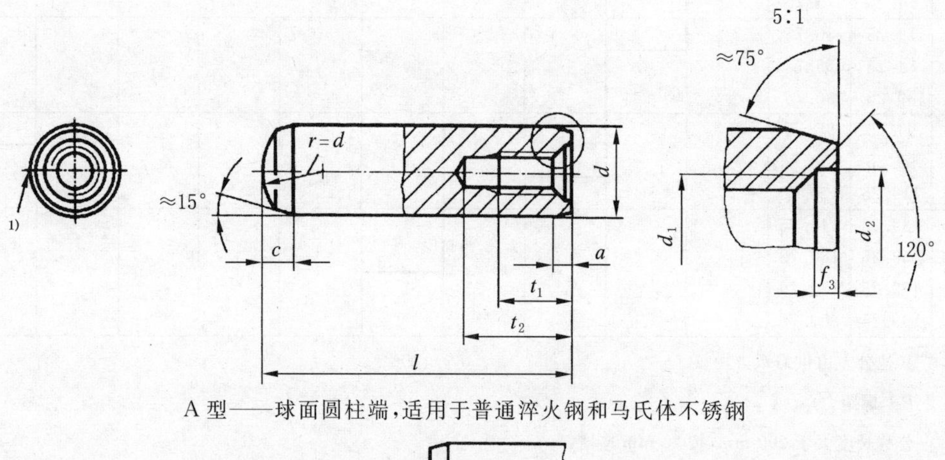

A 型——球面圆柱端，适用于普通淬火钢和马氏体不锈钢

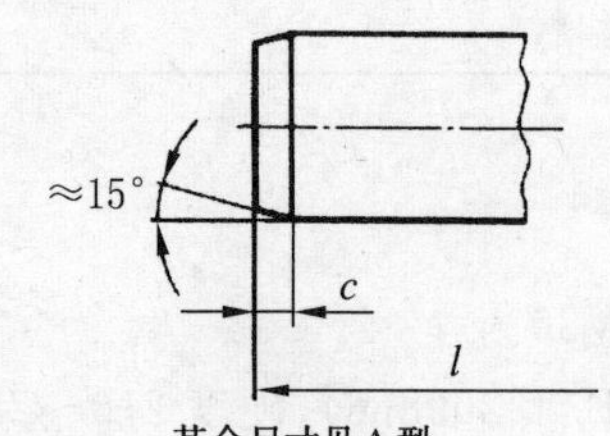

其余尺寸见A型

B 型——平端，适用于表面淬火钢

1）小平面或凹槽，由制造者确定。

图 6-6　淬硬钢和马氏体不锈钢内螺纹圆柱销

6.6.2　圆柱销尺寸

淬硬钢和马氏体不锈钢内螺纹圆柱销尺寸见表 6-6。

表 6-6 圆柱销尺寸 mm

d		m6[1)]	6	8	10	12	16	20	25	30	40	50
a		≈	0.8	1	1.2	1.6	2	2.5	3	4	5	6.3
c			2.1	2.6	3	3.8	4.6	6	6	7	8	10
d_1			M4	M5	M6	M6	M8	M10	M16	M20	M20	M24
P[2)]			0.7	0.8	1	1	1.25	1.5	2	2.5	2.5	3
d_2			4.3	5.3	6.4	6.4	8.4	10.5	17	21	21	25
t_1			6	8	10	12	16	18	24	30	30	36
t_2		min	10	12	16	20	25	28	35	40	40	50
t_3			1	1.2	1.2	1.2	1.5	1.5	2	2	2.5	2.5
l[3)]												
公称	min	max										
16	15.5	16.5										
18	17.5	18.5										
20	19.5	20.5										
22	21.5	22.5										
24	23.5	24.5										
26	25.5	26.5										
28	27.5	28.5										
30	29.5	30.5	商品									
32	31.5	32.5										
35	34.5	35.5										
40	39.5	40.5										
45	44.5	45.5										
50	49.5	50.5										
55	54.25	55.75				长度						
60	59.25	60.75										
65	64.25	65.75										
70	69.25	70.75										
75	74.25	75.75										
80	79.25	80.75										
85	84.25	85.75							范围			
90	89.25	90.75										
95	94.25	95.75										
100	99.25	100.75										
120	119.25	120.75										
140	139.25	140.75										
160	159.25	160.75										
180	179.25	180.75										
200	199.25	200.75										

1) 其他公差由供需双方协议。

2) P——螺距。

3) 公称长度大于 200 mm，按 20 mm 递增。

6.6.3　技术条件

（1）材料

1）钢：A 型、普通淬火，B 型、表面淬火。

2）马氏体不锈钢：C1（GB/T 3098.6），淬火并回火，硬度 460～560 HV30。

（2）表面处理

1）钢的表面处理：

——不经处理；

——氧化；

——磷化按 GB/T 11376 的规定；

——镀锌钝化按 GB/T 5267.1 的规定；

——其他表面镀层或表面处理，应由供需双方协议。

2）马氏体不锈钢的表面处理：

——简单处理；

——其他表面镀层或表面处理，应由供需双方协议。

6.6.4　标注示例

公称直径 d=6 mm、公差 m6、公称长度 l=30 mm、材料为钢、普通淬火（A 型），表面氧化处理的内螺纹圆柱销的标记：

销　GB/T 120.2　6×30-A

公称直径 d=6 mm、公差 m6、公称长度 l=30 mm、材料为 C1 组马氏体不锈钢、表面简单处理的内螺纹圆柱销的标记：

销　GB/T 120.2　6×30-C1

6.7　带导杆及全长平行沟槽的槽销

（GB/T 13829.1—2004 槽销　带导杆及全长平行沟槽）

6.7.1　型式

带导杆及全长平行沟槽的槽销型式见图 6-7。

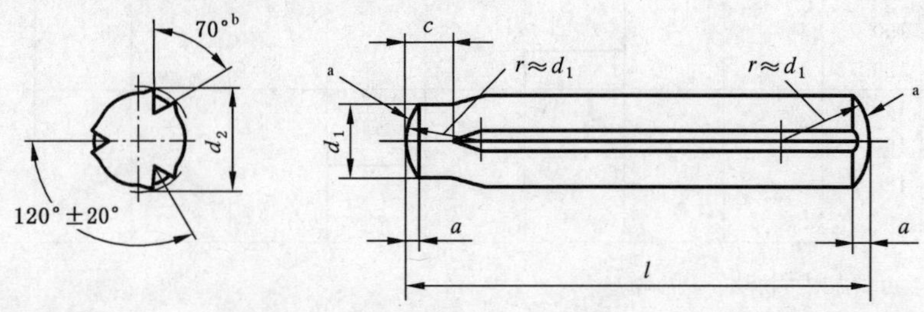

a　允许制成倒角端。

b　70°槽角仅适用于第 5 章给出的由碳钢制造的槽销。槽角应按材料的弹性进行修正。

图 6-7　带导杆及全长平行沟槽的槽销

6.7.2　槽销尺寸

带导杆及全长平行沟槽的槽销尺寸见表 6-7。

表 6-7 带导杆及全长平行沟槽的槽销尺寸 mm

d_1		公称	1.5	2	2.5	3	4	5	6	8	10	12	16	20	25
		公差	h9				h11								
c		max	2	2	2.5	2.5	3	3	4	4	5	5	5	7	7
		min	1	1	1.5	1.5	2	2	3	3	4	4	4	6	6
a ≈			0.2	0.25	0.3	0.4	0.5	0.63	0.8	1	1.2	1.6	2	2.5	3
最小剪切载荷/kN 双面剪[a]			1.6	2.84	4.4	6.4	11.3	17.6	25.4	45.2	70.4	101.8	181	283	444
l[b]			扩展直径 d_2[c,d]												
公称	min	max	$^{+0.05}_{0}$	±0.05								±0.1			
8	7.75	8.25													
10	9.75	10.25													
12	11.5	12.5													
14	13.5	14.5	1.6												
16	15.5	16.5													
18	17.5	18.5		2.15											
20	19.5	20.5			2.65										
22	21.5	22.5				3.2									
24	23.5	24.5					4.25								
26	25.5	26.5													
28	27.5	28.5						5.25							
30	29.5	30.5							6.3						
32	31.5	32.5								8.3					
35	34.5	35.5									10.35				
40	39.5	40.5													
45	44.5	45.5										12.35			
50	49.5	50.5											16.4		
55	54.25	55.75												20.5	
60	59.25	60.75													25.5
65	64.25	65.75													
70	69.25	70.75													
75	74.25	75.75													
80	79.25	80.75													
85	84.25	85.75													
90	89.25	90.75													
95	94.25	95.75													
100	99.25	100.75													

[a] 仅适用于 6.7.3 给出的由碳钢制造的槽销。

[b] 阶梯实线间为商品长度规格范围。

[c] 扩展直径 d_2 仅适用于 6.7.3 给出的由碳钢制造的槽销。对其他材料，如不锈钢，则应从给出的数值中减去一定的数量，并应经供需双方协议。

[d] 对 d_2 应使用光滑通、止环规进行检验。

6.7.3　技术条件

（1）材料

1）碳钢：硬度 125～245 HV30。

2）奥氏体不锈钢：A1（GB/T 3098.6），硬度 210～280 HV30。

（2）表面处理

1）碳钢表面处理：

——不经处理；

——氧化；

——磷化按 GB/T 11376 的规定；

——镀锌钝化按 GB/T 5267.1 的规定；

——所有公差仅适用于涂、镀前的公差；

——不允许有不规则或有害的缺陷。

2）奥氏体不锈钢表面处理：

——简单处理；

——不允许有不规则或有害的缺陷。

6.7.4　标注示例

公称直径 $d=6$ mm、公称长度 $l=50$ mm、材料为碳钢、硬度 125～245 HV30、不经表面处理的带导杆及全长沟槽的槽销的标记：

销　GB/T 13829.1　6×50

公称直径 $d=6$ mm、公称长度 $l=50$ mm、材料为 A1 组奥氏体不锈钢、硬度 210～280 HV30、表面简单处理的带导杆及全长沟槽的槽销的标记：

销　GB/T 13829.1　6×50-A1

6.8　带倒角及全长平行沟槽的槽销

（GB/T 13829.2—2004 槽销　带倒角及全长平行沟槽）

6.8.1　型式

带倒角及全长平行沟槽的槽销型式见图 6-8。

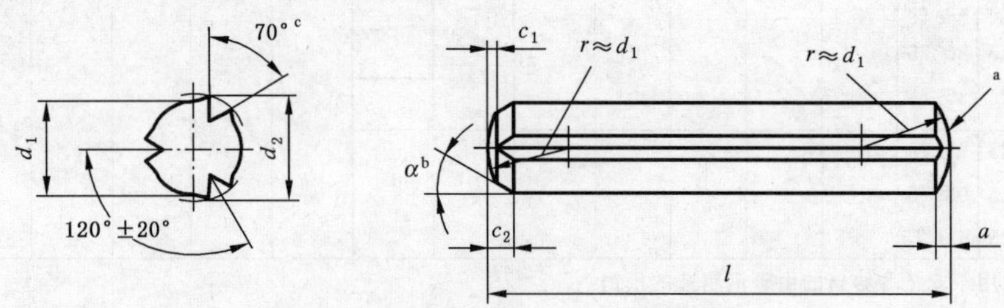

图 6-8　带倒角及全长平行沟槽的槽销

6.8.2　槽销尺寸

带倒角及全长平行沟槽的槽销尺寸见表 6-8。

表 6-8 带倒角及全长平行沟槽的槽销尺寸 mm

d_1		公称	1.5	2	2.5	3	4	5	6	8	10	12	16	20	25
		公差	h9				h11								
c_1		≈	0.12	0.18	0.25	0.3	0.4	0.5	0.6	0.8	1	1.2	1.6	2	2.5
c_2			0.6	0.8	1	1.2	1.4	1.7	2.1	2.6	3	3.8	4.6	6	7.5
a		≈	0.2	0.25	0.3	0.4	0.5	0.63	0.8	1	1.2	1.6	2	2.5	3
最小剪切载荷/kN 双面剪[a]			1.6	2.84	4.4	6.4	11.3	17.6	25.4	45.2	70.4	101.8	181	283	444
l[b]			扩展直径 d_2[c,d]												
公称	min	max	+0.05 0		±0.05							±0.1			
8	7.75	8.25													
10	9.75	10.25													
12	11.5	12.5													
14	13.5	14.5	1.6												
16	15.5	16.5		2.15											
18	17.5	18.5													
20	19.5	20.5			2.65										
22	21.5	22.5				3.2									
24	23.5	24.5													
26	25.5	26.5					4.25								
28	27.5	28.5						5.25							
30	29.5	30.5													
32	31.5	32.5							6.3						
35	34.5	35.5								8.3					
40	39.5	40.5									10.35				
45	44.5	45.5													
50	49.5	50.5										12.35			
55	54.25	55.75											16.4		
60	59.25	60.75												20.5	
65	64.25	65.75													25.5
70	69.25	70.75													
75	74.25	75.75													
80	79.25	80.75													
85	84.25	85.75													
90	89.25	90.75													
95	94.25	95.75													
100	99.25	100.75													

[a] 仅适用于 6.8.3 给出的由碳钢制造的槽销。

[b] 阶梯实线间为商品长度规格范围。

[c] 扩展直径 d_2 仅适用于 6.8.3 给出的由碳钢制造的槽销。对其他材料,如不锈钢,则应从给出的数值中减去一定的数量,并应经供需双方协议。

[d] 对 d_2 应使用光滑通、止环规进行检验。

6.8.3 技术条件

(1) 材料

1）碳钢：硬度 125～245 HV30。

2）奥氏体不锈钢：A1（GB/T 3098.6），硬度 210～280 HV30。

（2）表面处理

1）碳钢表面处理：

——不经处理；

——氧化；

——镀锌钝化按 GB/T 5267.1 的规定；

——磷化按 GB/T 11376 的规定；

——其他表面镀层由供需双方协议；

——所有公差仅适用于涂、镀前的公差；

——不允许有不规则或有害的缺陷。

2）奥氏体不锈钢表面处理：

——简单处理；

——不允许有不规则或有害的缺陷。

6.8.4　标注示例

公称直径 $d_1=6$ mm、公称长度 $l=50$ mm、材料为碳钢、硬度 125 ～245 HV30、不经表面处理的带倒角及全长沟槽的槽销的标记：

销　GB/T 13829.2　6×50

公称直径 $d_1=6$ mm、公称长度 $l=50$ mm、材料为 A1 组奥氏体不锈钢、硬度 210～280 HV30、表面简单处理的带倒角及全长沟槽的槽销的标记：

销　GB/T 13829.2　6×30-A1

6.9　中部槽长为 1/3 全长的槽销

（GB/T 13829.3—2004 槽销　中部槽长为 1/3 全长）

6.9.1　型式

中部槽长为 1/3 全长的槽销型式见图 6-9。

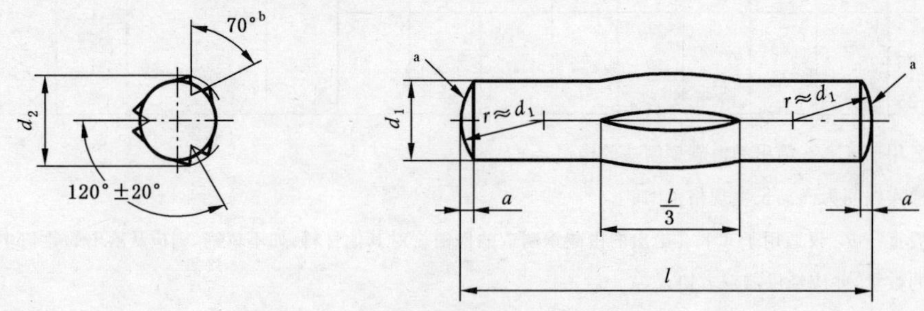

图 6-9　中部槽长为 1/3 全长的槽销

6.9.2　槽销尺寸

中部槽长为 1/3 全长的槽销尺寸见表 6-9。

表 6-9 中部槽长为 1/3 全长的槽销尺寸 mm

d_1	公称		1.5	2	2.5	3	4	5	6	8	10	12	16	20	25
	公差		h9				h11								
a	≈		0.2	0.25	0.3	0.4	0.5	0.63	0.8	1	1.2	1.6	2	2.5	3
最小剪切载荷/kN 双面剪[a]			1.6	2.84	4.4	6.4	11.3	17.6	25.4	45.2	70.4	101.8	181	283	444
l[b]			扩展直径 d_2[c,d]												
公称	min	max	$^{+0.05}_{0}$	±0.05								±0.1			
8	7.75	8.25													
10	9.75	10.25	1.6												
12	11.5	12.5													
14	13.5	14.5			2.6	3.1									
16	15.5	16.5	1.63	2.1											
18	17.5	18.5					4.15	5.15							
20	19.5	20.5													
22	21.5	22.5				3.15			6.15						
24	23.5	24.5			2.65										
26	25.5	26.5		2.15			4.2	5.2							
28	27.5	28.5								8.2					
30	29.5	30.5				3.2			6.25						
32	31.5	32.5													
35	34.5	35.5					4.25			8.25	10.2				
40	39.5	40.5						5.25		8.3		12.25			
45	44.5	45.5											16.25	20.25	25.25
50	49.5	50.5							6.3		10.3				
55	54.25	55.75					4.3			8.35		12.3	16.3		
60	59.25	60.75						5.3						20.3	25.3
65	64.25	65.75									10.4				
70	69.25	70.75							6.35			12.4	16.4		
75	74.25	75.75													
80	79.25	80.75												20.4	25.4
85	84.25	85.75								8.4					
90	89.25	90.75									10.45				
95	94.25	95.75													
100	99.25	100.75													
120	119.25	120.75										12.5	16.5		
140	139.25	140.75									10.4			20.5	25.5
160	159.25	160.75													
180	179.25	180.75													
200	199.25	200.75													

[a] 仅适用于 6.9.3 给出的由碳钢制造的槽销。

[b] 阶梯实线间为商品长度规格范围。

[c] 扩展直径 d_2 仅适用于 6.9.3 给出的由碳钢制造的槽销。对其他材料，如不锈钢，则应从给出的数值中减去一定的数量，并应经供需双方协议。

[d] 对 d_2 应使用光滑通、止环规进行检验。

6.9.3　技术条件

(1) 材料

1) 碳钢：硬度 125～245 HV30。

2) 奥氏体不锈钢：A1(GB/T 3098.6)，硬度 210～280 HV30。

(2) 表面处理

1) 碳钢表面处理：

——不经处理；

——氧化；

——镀锌钝化按 GB/T 5267.1 的规定；

——磷化按 GB/T 11376 的规定；

——其他表面镀层由供需双方协议；

——所有公差仅适用于涂、镀前的公差；

——不允许有不规则或有害的缺陷。

2) 奥氏体不锈钢表面处理：

——简单处理；

——不允许有不规则或有害的缺陷。

6.9.4　标注示例

公称直径 $d_1=6$ mm、公称长度 $l=50$ mm、材料为碳钢、硬度 125～245 HV30、不经表面处理的中部槽长为 1/3 全长的槽销的标记：

销　GB/T 13829.3　6×50

公称直径 $d_1=6$ mm、公称长度 $l=50$ mm、材料为 A1 组奥氏体不锈钢、硬度 210～280 HV30、表面简单处理的中部槽长为 1/3 全长的槽销的标记：

销　GB/T 13829.3　6×30-A1

6.10　中部槽长为 1/2 全长的槽销

(GB/T 13829.4—2004 槽销　中部槽长为 1/2 全长)

6.10.1　型式

中部槽长为 1/2 全长的槽销型式见图 6-10。

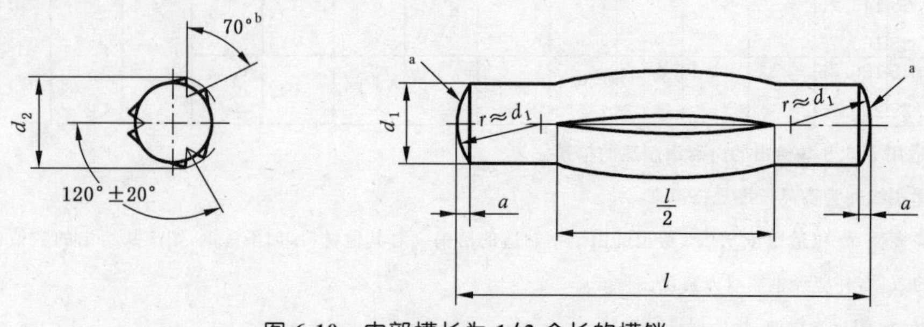

图 6-10　中部槽长为 1/2 全长的槽销

6.10.2 槽销尺寸

中部槽长为 1/2 全长的槽销尺寸见表 6-10。

表 6-10 中部槽长为 1/2 全长的槽销尺寸 mm

d_1		公称	1.5	2	2.5	3	4	5	6	8	10	12	16	20	25
		公差	h9				h11								
a ≈			0.2	0.25	0.3	0.4	0.5	0.63	0.8	1	1.2	1.6	2	2.5	3
最小剪切载荷/kN 双面剪[a]			1.6	2.84	4.4	6.4	11.3	17.6	25.4	45.2	70.4	101.8	181	283	444
l[b]			扩展直径 d_2[c,d]												
公称	min	max	+0.05 0		±0.05							±0.1			
8	7.75	8.25													
10	9.75	10.25	1.6												
12	11.5	12.5													
14	13.5	14.5			2.6	3.1									
16	15.5	16.5	1.63	2.1											
18	17.5	18.5					4.15	5.15							
20	19.5	20.5													
22	21.5	22.5				3.15			6.15						
24	23.5	24.5			2.65										
26	25.5	26.5		2.15			4.2	5.2							
28	27.5	28.5								8.2					
30	29.5	30.5				3.2			6.25						
32	31.5	32.5								8.25					
35	34.5	35.5					4.25				10.2				
40	39.5	40.5						5.25		8.3		12.25			
45	44.5	45.5											16.25	20.25	25.25
50	49.5	50.5							6.3		10.3				
55	54.25	55.75					4.3			8.35		12.3	16.3		
60	59.25	60.75						5.3						20.3	25.3
65	64.25	65.75									10.4				
70	69.25	70.75							6.35			12.4	16.4		
75	74.25	75.75													
80	79.25	80.75												20.4	25.4
85	84.25	85.75								8.4					
90	89.25	90.75									10.45				
95	94.25	95.75													
100	99.25	100.75													
120	119.25	120.75										12.5	16.5		
140	139.25	140.75									10.4			20.5	25.5
160	159.25	160.75													
180	179.25	180.75													
200	199.25	200.75													

[a] 仅适用于 6.10.3 给出的由碳钢制造的槽销。

[b] 阶梯实线间为商品长度规格范围。

[c] 扩展直径 d_2 仅适用于 6.10.3 给出的由碳钢制造的槽销。对其他材料，如不锈钢，则应从给出的数值中减去一定的数量，并应经供需双方协议。

[d] 对 d_2 应使用光滑通、止环规进行检验。

6.10.3　技术条件

(1) 材料

1) 碳钢:硬度 125～245 HV30。

2) 奥氏体不锈钢:A1(GB/T 3098.6),硬度 210～280 HV30。

(2) 表面处理

1) 碳钢表面处理:

——不经处理;

——氧化;

——镀锌钝化按 GB/T 5267.1 的规定;

——磷化按 GB/T 11376 的规定;

——其他表面镀层由供需双方协议;

——所有公差仅适用于涂、镀前的公差;

——不允许有不规则或有害的缺陷。

2) 奥氏体不锈钢表面处理:

——简单处理;

——不允许有不规则或有害的缺陷。

6.10.4　标注示例

公称直径 $d_1=6$ mm、公称长度 $l=50$ mm、材料为碳钢、硬度 125～245 HV30、不经表面处理的中部槽长为 1/2 全长的槽销的标记:

销　GB/T 13829.4　6×50

公称直径 $d_1=6$ mm、公称长度 $l=50$ mm、材料为 A1 组奥氏体不锈钢、硬度 210～280 HV30、表面简单处理的中部槽长为 1/2 全长的槽销的标记:

销　GB/T 13829.4　6×50-A1

6.11　全长锥槽的槽销

(GB/T 13829.5—2004 槽销　全长锥槽)

6.11.1　型式

全长锥槽的槽销型式见图 6-11。

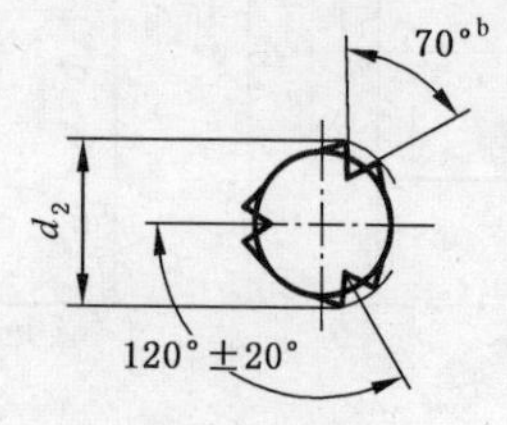

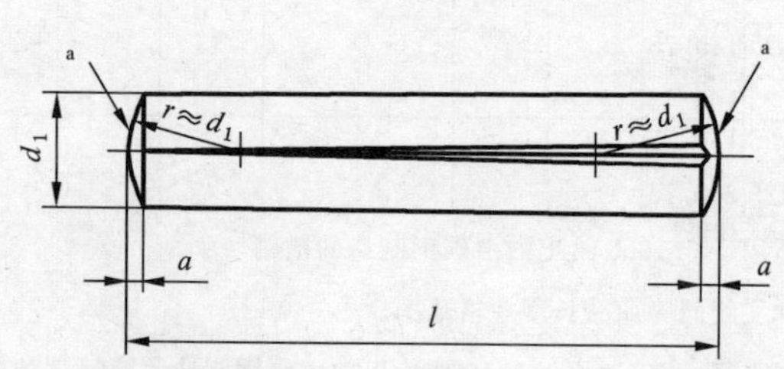

图 6-11　全长锥槽的槽销

6.11.2 槽销尺寸

全长锥槽的槽销尺寸见表 6-11。

表 6-11 全长锥槽的槽销尺寸 mm

<table>
<tr><td colspan="2" rowspan="2">d_1</td><td>公称</td><td>1.5</td><td>2</td><td>2.5</td><td>3</td><td>4</td><td>5</td><td>6</td><td>8</td><td>10</td><td>12</td><td>16</td><td>20</td><td>25</td></tr>
<tr><td>公差</td><td colspan="4">h9</td><td colspan="9">h11</td></tr>
<tr><td colspan="2">a</td><td>≈</td><td>0.2</td><td>0.25</td><td>0.3</td><td>0.4</td><td>0.5</td><td>0.63</td><td>0.8</td><td>1</td><td>1.2</td><td>1.6</td><td>2</td><td>2.5</td><td>3</td></tr>
<tr><td colspan="3">最小剪切载荷/kN
双面剪[a]</td><td>1.6</td><td>2.84</td><td>4.4</td><td>6.4</td><td>11.3</td><td>17.6</td><td>25.4</td><td>45.2</td><td>70.4</td><td>101.8</td><td>181</td><td>283</td><td>444</td></tr>
<tr><td colspan="3">l[b]</td><td colspan="13">扩展直径 d_2[c,d]</td></tr>
<tr><td>公称</td><td>min</td><td>max</td><td colspan="2">$^{+0.05}_{0}$</td><td colspan="7">±0.05</td><td colspan="4">±0.1</td></tr>
<tr><td>8</td><td>7.75</td><td>8.25</td><td rowspan="2">1.63</td><td rowspan="12">2.15</td><td rowspan="4">2.7</td><td>3.25</td><td rowspan="2">4.3</td><td rowspan="3">5.3</td><td></td><td></td><td></td><td></td><td></td><td></td><td></td></tr>
<tr><td>10</td><td>9.75</td><td>10.25</td><td rowspan="4">3.3</td><td rowspan="2">6.3</td><td></td><td></td><td></td><td></td><td></td><td></td></tr>
<tr><td>12</td><td>11.5</td><td>12.5</td><td rowspan="5">1.6</td><td rowspan="5">4.35</td><td rowspan="3">8.35</td><td></td><td></td><td></td><td></td><td></td></tr>
<tr><td>14</td><td>13.5</td><td>14.5</td><td rowspan="4">5.35</td><td rowspan="9">6.35</td><td rowspan="4">10.4</td><td rowspan="4">12.4</td><td></td><td></td><td></td></tr>
<tr><td>16</td><td>15.5</td><td>16.5</td><td rowspan="8">2.65</td><td></td><td></td><td></td></tr>
<tr><td>18</td><td>17.5</td><td>18.5</td><td rowspan="4">3.25</td><td rowspan="7">8.4</td><td></td><td></td><td></td></tr>
<tr><td>20</td><td>19.5</td><td>20.5</td><td></td><td></td><td></td></tr>
<tr><td>22</td><td>21.5</td><td>22.5</td><td></td><td rowspan="7">4.3</td><td rowspan="8">5.3</td><td rowspan="8">10.45</td><td rowspan="8">12.45</td><td></td><td></td><td></td></tr>
<tr><td>24</td><td>23.5</td><td>24.5</td><td></td><td>16.55</td><td></td><td></td></tr>
<tr><td>26</td><td>25.5</td><td>26.5</td><td></td><td rowspan="6">3.2</td><td rowspan="8">16.6</td><td rowspan="19">20.6</td><td rowspan="19">25.6</td></tr>
<tr><td>28</td><td>27.5</td><td>28.5</td><td></td></tr>
<tr><td>30</td><td>29.5</td><td>30.5</td><td></td></tr>
<tr><td>32</td><td>31.5</td><td>32.5</td><td></td><td></td><td></td><td rowspan="5">6.3</td><td rowspan="6">8.35</td></tr>
<tr><td>35</td><td>34.5</td><td>35.5</td><td></td><td></td><td></td></tr>
<tr><td>40</td><td>39.5</td><td>40.5</td><td></td><td></td><td></td><td rowspan="5">4.25</td></tr>
<tr><td>45</td><td>44.5</td><td>45.5</td><td></td><td></td><td></td><td></td><td rowspan="4">5.25</td><td rowspan="4">10.4</td><td rowspan="5">12.4</td></tr>
<tr><td>50</td><td>49.5</td><td>50.5</td><td></td><td></td><td></td><td></td></tr>
<tr><td>55</td><td>54.25</td><td>55.75</td><td></td><td></td><td></td><td></td><td rowspan="6">6.25</td><td rowspan="8">16.55</td></tr>
<tr><td>60</td><td>59.25</td><td>60.75</td><td></td><td></td><td></td><td></td><td rowspan="5">8.3</td></tr>
<tr><td>65</td><td>64.25</td><td>65.75</td><td></td><td></td><td></td><td></td><td></td><td></td><td rowspan="8">10.35</td></tr>
<tr><td>70</td><td>69.25</td><td>70.75</td><td></td><td></td><td></td><td></td><td></td><td></td><td rowspan="8">12.3</td></tr>
<tr><td>75</td><td>74.25</td><td>75.75</td><td></td><td></td><td></td><td></td><td></td><td></td></tr>
<tr><td>80</td><td>79.25</td><td>80.75</td><td></td><td></td><td></td><td></td><td></td><td></td></tr>
<tr><td>85</td><td>84.25</td><td>85.75</td><td></td><td></td><td></td><td></td><td></td><td></td><td></td><td rowspan="4">8.25</td></tr>
<tr><td>90</td><td>89.25</td><td>90.75</td><td></td><td></td><td></td><td></td><td></td><td></td><td></td></tr>
<tr><td>95</td><td>94.25</td><td>95.75</td><td></td><td></td><td></td><td></td><td></td><td></td><td></td><td rowspan="3">16.5</td></tr>
<tr><td>100</td><td>99.25</td><td>100.75</td><td></td><td></td><td></td><td></td><td></td><td></td><td></td></tr>
<tr><td>120</td><td>119.25</td><td>120.75</td><td></td><td></td><td></td><td></td><td></td><td></td><td></td><td></td><td>10.3</td></tr>
</table>

[a] 仅适用于 6.11.3 给出的由碳钢制造的槽销。

[b] 阶梯实线间为商品长度规格范围。

[c] 扩展直径 d_2 仅适用于 6.11.3 给出的由碳钢制造的槽销。对其他材料，如不锈钢，则应从给出的数值中减去一定的数量，并应经供需双方协议。

[d] 对 d_2 应使用光滑通、止环规进行检验。

6.11.3 技术条件

(1) 材料

1) 碳钢：硬度 125～245 HV30。

2) 奥氏体不锈钢：A1(GB/T 3098.6)，硬度 210～280 HV30。

(2) 表面处理

1) 碳钢表面处理：

——不经处理；

——氧化；

——镀锌钝化按 GB/T 5267.1 的规定；

——磷化按 GB/T 11376 的规定；

——其他表面镀层由供需双方协议；

——所有公差仅适用于涂、镀前的公差；

——不允许有不规则或有害的缺陷。

2) 奥氏体不锈钢表面处理：

——简单处理；

——不允许有不规则或有害的缺陷。

6.11.4 标注示例

公称直径 $d_1=6$ mm、公称长度 $l=50$ mm、材料为碳钢、硬度 125～245 HV30、不经表面处理的全长锥槽的槽销的标记：

销 GB/T 13829.5 6×50

公称直径 $d_1=6$ mm、公称长度 $l=50$ mm、材料为 A1 组奥氏体不锈钢、硬度 210～280 HV30、表面简单处理的全长锥槽的槽销的标记：

销 GB/T 13829.5 6×30-A1

6.12 半长锥槽的槽销

(GB/T 13829.6—2004 槽销 半长锥槽)

6.12.1 型式

半长锥槽的槽销型式见图 6-12。

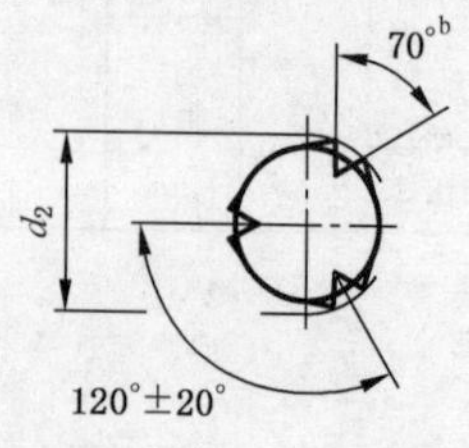

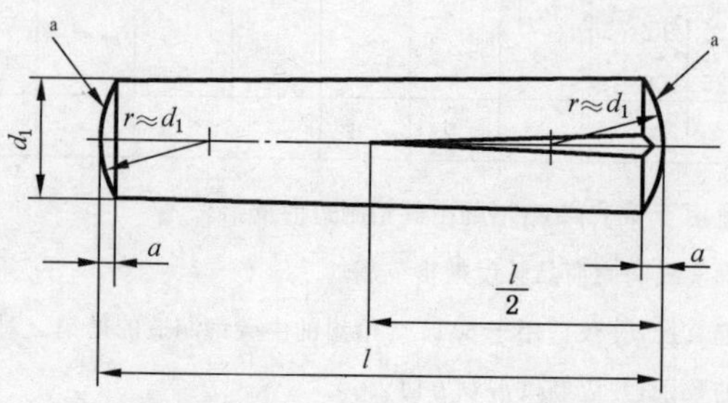

图 6-12 半长锥槽的槽销

6.12.2 槽销尺寸

半长锥槽的槽销尺寸见表 6-12。

表 6-12 半长锥槽的槽销尺寸 mm

d_1		公称	1.5	2	2.5	3	4	5	6	8	10	12	16	20	25
		公差	h9				h11								
a ≈			0.2	0.25	0.3	0.4	0.5	0.63	0.8	1	1.2	1.6	2	2.5	3
最小剪切载荷/kN 双面剪[a]			1.6	2.84	4.4	6.4	11.3	17.6	25.4	45.2	70.4	101.8	181	283	444
l[b]			扩展直径 d_2[c,d]												
公称	min	max	$^{+0.05}_{0}$		±0.05							±0.1			
8	7.75	8.25													
10	9.75	10.25			2.65	3.2									
12	11.5	12.5					4.25	5.25							
14	13.5	14.5	1.63			3.25			6.25						
16	15.5	16.5								8.25					
18	17.5	18.5					4.3	5.3			10.3				
20	19.5	20.5		2.15	2.7					8.3		12.3			
22	21.5	22.5							6.3						
24	23.5	24.5				3.3					10.35	12.35			
26	25.5	26.5													
28	27.5	28.5											16.5		
30	29.5	30.5					4.35			8.35					
32	31.5	35.5						5.35			10.4	12.4			
35	34.5	35.5				3.25								20.55	25.5
40	39.5	40.5							6.35						
45	44.5	45.5											16.55		
50	49.5	50.5													
55	54.25	55.75					4.3								
60	59.25	60.75						5.3		8.4					
65	64.25	65.75									10.45	12.45			
70	69.25	70.75													
75	74.25	75.75							6.3						
80	79.25	80.75											16.6		
85	84.25	85.75													
90	89.25	90.75								8.35				20.6	25.6
95	94.25	95.75									10.4	12.4			
100	99.25	100.75													
120	119.25	120.75													
140	139.25	140.75													
160	159.25	160.75											16.55		
180	179.25	180.75									10.35	12.35			
200	199.25	200.75													

[a] 仅适用于 6.12.3 给出的由碳钢制造的槽销。

[b] 阶梯实线间为商品长度规格范围。

[c] 扩展直径 d_2 仅适用于 6.12.3 给出的由碳钢制造的槽销。对其他材料，如不锈钢，则应从给出的数值中减去一定的数量，并应经供需双方协议。

[d] 对 d_2 应使用光滑通、止环规进行检验。

6.12.3　技术条件

(1) 材料

1) 碳钢:硬度 125～245 HV30。

2) 奥氏体不锈钢:A1(GB/T 3098.6),硬度 210～280 HV30。

(2) 表面处理

1) 碳钢表面处理:

——不经处理;

——氧化;

——镀锌钝化按 GB/T 5267.1 的规定;

——磷化按 GB/T 11376 的规定;

——其他表面镀层由供需双方协议;

——所有公差仅适用于涂、镀前的公差;

——不允许有不规则或有害的缺陷。

2) 奥氏体不锈钢表面处理:

——简单处理;

——不允许有不规则或有害的缺陷。

6.12.4　标注示例

公称直径 $d_1=6$ mm、公称长度 $l=50$ mm、材料为碳钢、硬度 125～245 HV30、不经表面处理的半长锥槽的槽销的标记:

销　GB/T 13829.6　6×50

公称直径 $d_1=6$ mm、公称长度 $l=50$ mm、材料为 A1 组奥氏体不锈钢、硬度 210～280 HV30、表面简单处理的半长锥槽的槽销的标记:

销　GB/T 13829.6　6×50-A1

6.13　半长倒锥销的槽销

(GB/T 13829.7—2004 槽销　半长倒锥销)

6.13.1　型式

半长倒锥销的槽销型式见图 6-13。

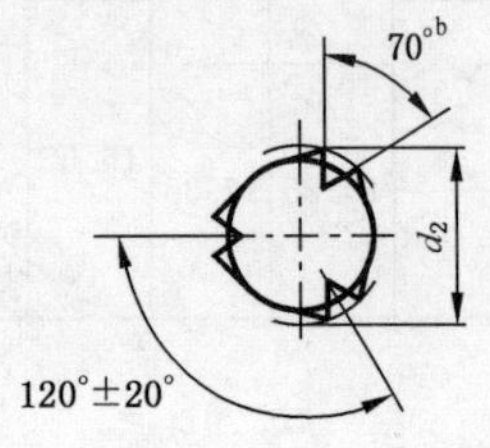

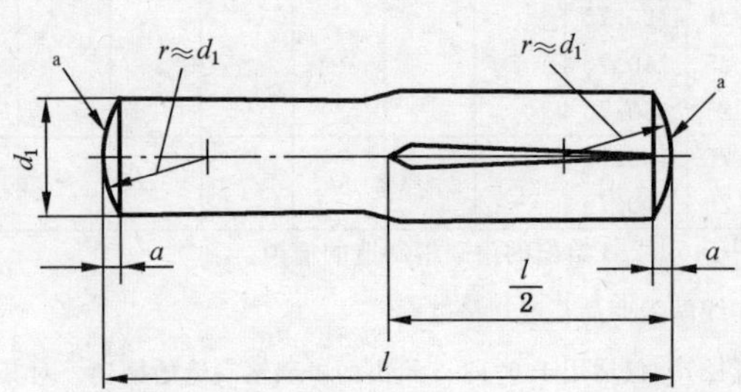

图 6-13　半长倒锥销的槽销

6.13.2 槽销尺寸

半长倒锥销的槽销尺寸见表 6-13。

表 6-13 半长倒锥销的槽销尺寸 mm

d_1		公称	1.5	2	2.5	3	4	5	6	8	10	12	16	20	25
		公差	h9				h11								
a ≈			0.2	0.25	0.3	0.4	0.5	0.63	0.8	1	1.2	1.6	2	2.5	3
最小剪切载荷/kN 双面剪[a]			1.6	2.84	4.4	6.4	11.3	17.6	25.4	45.2	70.4	101.8	181	283	444
l[b]			扩展直径 d_2[c,d]												
公称	min	max	+0.05 0	±0.05								±0.1			
8	7.75	8.25	1.6												
10	9.75	10.25			2.6	3.1	4.15	5.15							
12	11.5	12.5		2.1											
14	13.5	14.5				3.15			6.15						
16	15.5	16.5	1.63		2.65		4.2	5.2		8.2					
18	17.5	18.5													
20	19.5	20.5				3.2			6.25		10.2				
22	21.5	22.5								8.25					
24	23.5	24.5		2.15											
26	25.5	26.5			2.7										
28	27.5	28.5					4.25	5.25		8.3		12.25	16.25		
30	29.5	30.5				3.25			6.3		10.3			20.25	25.25
32	31.5	32.5													
35	34.5	35.5								8.35		12.3	16.3		
40	39.5	40.5												20.3	25.3
45	44.5	45.5									10.4				
50	49.5	50.5					4.3	5.3				12.4	16.4	20.4	25.4
55	54.25	55.75													
60	59.25	60.75							6.35	8.4					
65	64.25	65.75													
70	69.25	70.75									10.45				
75	74.25	75.75													
80	79.25	80.75										12.5	16.5	20.5	25.5
85	84.25	85.75													
90	89.25	90.75								8.35					
95	94.25	95.75													
100	99.25	100.75													
120	119.25	120.75									10.4				
140	139.25	140.75													
160	159.25	160.75										12.45	16.45	20.45	25.45
180	179.25	180.75													
200	199.25	200.75													

[a] 仅适用于 6.13.3 给出的由碳钢制造的槽销。

[b] 阶梯实线间为商品长度规格范围。

[c] 扩展直径 d_2 仅适用于 6.13.3 给出的由碳钢制造的槽销。对其他材料，如不锈钢，则应从给出的数值中减去一定的数量，并应经供需双方协议。

[b] 对 d_2 应使用光滑通、止环规进行检验。

6.13.3 技术条件

(1) 材料

1) 碳钢:硬度 125～245 HV30。

2) 奥氏体不锈钢:A1(GB/T 3098.6),硬度 210～280 HV30。

(2) 表面处理

1) 碳钢表面处理:

——不经处理;

——氧化;

——镀锌钝化按 GB/T 5267.1 的规定;

——磷化按 GB/T 11376 的规定;

——其他表面镀层由供需双方协议;

——所有公差仅适用于涂、镀前的公差;

——不允许有不规则或有害的缺陷。

2) 奥氏体不锈钢表面处理:

——简单处理;

——不允许有不规则或有害的缺陷。

6.13.4 标注示例

公称直径 d_1=6 mm、公称长度 l=50 mm、材料为碳钢、硬度 125～245 HV30、不经表面处理的半长倒锥销的槽销的标记:

销 GB/T 13829.7 6×50

公称直径 d_1=6 mm、公称长度 l=50 mm、材料为 A1 组奥氏体不锈钢、硬度 210～280 HV30、表面简单处理的半长倒锥销的槽销的标记:

销 GB/T 13829.7 6×50-A1

6.14 圆头槽销

(GB/T 13829.8—2004 圆头槽销)

6.14.1 型式

圆头槽销型式见图 6-14。

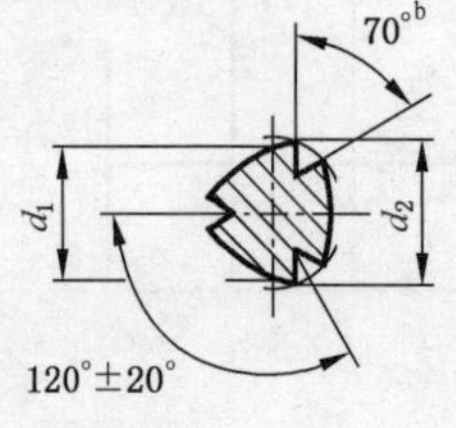

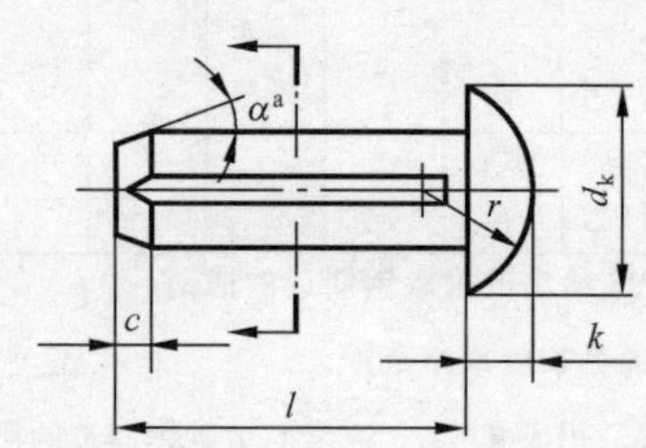

a)

图 6-14 圆头槽销

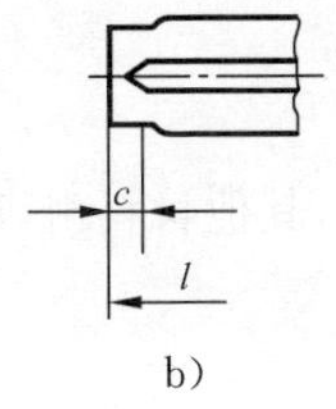

b）

续图 6-14

6.14.2 槽销尺寸

圆头槽销尺寸见表 6-14。

表 6-14 圆头槽销尺寸 mm

<table>
<tr><td colspan="2" rowspan="3">d_1</td><td>公称</td><td>1.4</td><td>1.6</td><td>2</td><td>2.5</td><td>3</td><td>4</td><td>5</td><td>6</td><td>8</td><td>10</td><td>12</td><td>16</td><td>20</td></tr>
<tr><td>max</td><td>1.40</td><td>1.60</td><td>2.00</td><td>2.500</td><td>3.000</td><td>4.0</td><td>5.0</td><td>6.0</td><td>8.00</td><td>10.00</td><td>12.0</td><td>16.0</td><td>20.0</td></tr>
<tr><td>min</td><td>1.35</td><td>1.55</td><td>1.95</td><td>2.425</td><td>2.925</td><td>3.9</td><td>4.9</td><td>5.9</td><td>7.85</td><td>9.85</td><td>11.8</td><td>15.8</td><td>19.8</td></tr>
<tr><td colspan="2" rowspan="2">d_k</td><td>max</td><td>2.6</td><td>3.0</td><td>3.7</td><td>4.6</td><td>5.45</td><td>7.25</td><td>9.1</td><td>10.8</td><td>14.4</td><td>16.0</td><td>19.0</td><td>25.0</td><td>32.0</td></tr>
<tr><td>min</td><td>2.2</td><td>2.6</td><td>3.3</td><td>4.2</td><td>4.95</td><td>6.75</td><td>8.5</td><td>10.2</td><td>13.6</td><td>14.9</td><td>17.7</td><td>23.7</td><td>30.7</td></tr>
<tr><td colspan="2" rowspan="2">k</td><td>max</td><td>0.9</td><td>1.1</td><td>1.3</td><td>1.6</td><td>1.95</td><td>2.55</td><td>3.15</td><td>3.75</td><td>5.0</td><td>7.4</td><td>8.4</td><td>10.9</td><td>13.9</td></tr>
<tr><td>min</td><td>0.7</td><td>0.9</td><td>1.1</td><td>1.4</td><td>1.65</td><td>2.25</td><td>2.85</td><td>3.45</td><td>4.6</td><td>6.5</td><td>7.5</td><td>10.0</td><td>13.0</td></tr>
<tr><td colspan="2">r</td><td>≈</td><td>1.4</td><td>1.6</td><td>1.9</td><td>2.4</td><td>2.8</td><td>3.8</td><td>4.6</td><td>5.7</td><td>7.5</td><td>8</td><td>9.5</td><td>13</td><td>16.5</td></tr>
<tr><td colspan="3">c</td><td>0.42</td><td>0.48</td><td>0.6</td><td>0.75</td><td>0.9</td><td>1.2</td><td>1.5</td><td>1.8</td><td>2.4</td><td>3.0</td><td>3.6</td><td>4.8</td><td>6</td></tr>
<tr><td colspan="3">l[a]</td><td colspan="13">扩展直径 d_2[b,c]</td></tr>
<tr><td>公称</td><td>min</td><td>max</td><td colspan="2">$^{+0.05}_{0}$</td><td colspan="7">±0.05</td><td colspan="4">±0.1</td></tr>
<tr><td>3</td><td>2.8</td><td>3.2</td><td rowspan="4">1.5</td><td rowspan="5">1.7</td><td rowspan="6">2.15</td><td rowspan="7">2.7</td><td></td><td rowspan="2"></td><td rowspan="3"></td><td rowspan="4"></td><td rowspan="5"></td><td rowspan="6"></td><td rowspan="7"></td><td rowspan="8"></td><td rowspan="9"></td></tr>
<tr><td>4</td><td>3.7</td><td>4.3</td><td rowspan="7">3.2</td></tr>
<tr><td>5</td><td>4.7</td><td>5.3</td><td rowspan="7">4.25</td></tr>
<tr><td>6</td><td>5.7</td><td>6.3</td><td rowspan="7">5.25</td></tr>
<tr><td>8</td><td>7.7</td><td>8.3</td><td rowspan="10"></td><td rowspan="7">6.3</td></tr>
<tr><td>10</td><td>9.7</td><td>10.3</td><td rowspan="9"></td><td rowspan="8">8.3</td></tr>
<tr><td>12</td><td>11.6</td><td>12.4</td><td rowspan="8"></td><td rowspan="7">10.35</td></tr>
<tr><td>16</td><td>15.6</td><td>16.4</td><td rowspan="7"></td><td rowspan="6">12.35</td></tr>
<tr><td>20</td><td>19.5</td><td>20.5</td><td rowspan="6"></td><td rowspan="5">16.4</td></tr>
<tr><td>25</td><td>24.5</td><td>25.5</td><td rowspan="5"></td><td rowspan="4">20.5</td></tr>
<tr><td>30</td><td>29.5</td><td>30.5</td><td rowspan="4"></td></tr>
<tr><td>35</td><td>34.5</td><td>35.5</td><td rowspan="3"></td></tr>
<tr><td>40</td><td>39.5</td><td>40.5</td></tr>
</table>

[a] 阶梯实线间为商品长度规格范围。

[b] 扩展直径 d_2 仅适用于由冷镦钢制造的槽销。对其他材料，如不锈钢，则应从给出的数值中减去一定的数量，并应经供需双方协议。

[c] 对 d_2 应使用光滑通、止环规进行检验。

6.14.3 技术条件

（1）材料

冷镦钢：硬度 125～245 HV30，其他材料由供需双方协议。

（2）表面处理

——不经处理；

——氧化；

——镀锌钝化按 GB/T 5267.1 的规定；

——磷化按 GB/T 11376 的规定；

——其他表面镀层由供需双方协议；

——所有公差仅适用于涂、镀前的公差；

——不允许有不规则或有害的缺陷。

6.14.4 标注示例

公称直径 $d_1=6$ mm、公称长度 $l=30$ mm、材料为冷镦钢、硬度 125～245 HV30、不经表面处理的圆头槽销的标记：

销 GB/T 13829.8 6×30

在特殊情况下，如需按 6.14.1 的规定指定一种型式，则应在标记中注明：

销 GB/T 13829.8 6×30-A

6.15 沉头槽销

（GB/T 13829.9—2004 沉头槽销）

6.15.1 型式

沉头槽销型式见图 6-15。

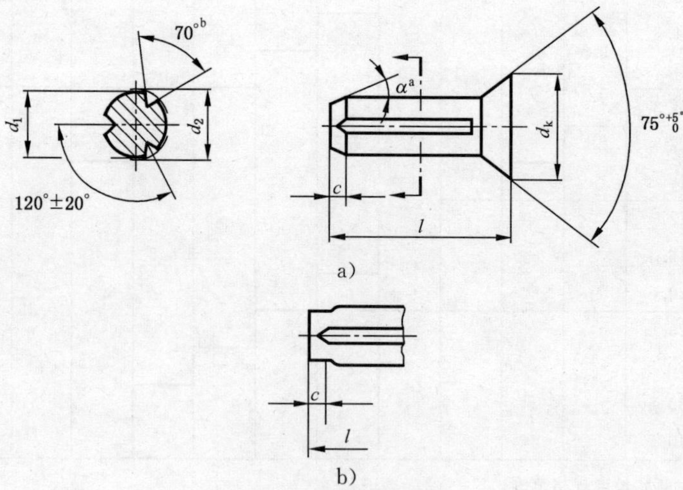

图 6-15 沉头槽销

6.15.2 槽销尺寸

沉头槽销尺寸见表 6-15。

表 6-15 沉头槽销尺寸 mm

d_1	公称		1.4	1.6	2	2.5	3	4	5	6	8	10	12	16	20
	max		1.40	1.60	2.00	2.500	3.000	4.0	5.0	6.0	8.00	10.00	12.0	16.0	20.0
	min		1.35	1.55	1.95	2.425	2.925	3.9	4.9	5.9	7.85	9.85	11.8	15.8	19.8
d_k	max		2.7	3.0	3.7	4.6	5.45	7.25	9.1	10.8	14.4	16.0	19.0	26.0	31.5
	min		2.3	2.6	3.3	4.2	4.95	6.75	8.5	10.2	13.6	14.9	17.7	23.7	30.7
c			0.42	0.48	0.6	0.75	0.9	1.2	1.5	1.8	2.4	3.0	3.6	4.8	6
l[a]			扩展直径 d_2[b,c]												
公称	min	max	$^{+0.05}_{0}$		±0.05							±0.1			
3	2.8	3.2													
4	3.7	4.3	1.5												
5	4.7	5.3		1.7											
6	5.7	6.3			2.15										
8	7.7	8.3				2.7									
10	9.7	10.3					3.2								
12	11.6	12.4						4.25							
16	15.6	16.4							5.25	6.3					
20	19.5	20.5									8.3	10.35			
25	24.5	25.5											12.35	16.4	
30	29.5	30.5													20.5
35	34.5	35.5													
40	39.5	40.5													

[a] 阶梯实线间为商品长度规格范围。

[b] 扩展直径 d_2 仅适用于由冷镦钢制造的槽销。对其他材料，如不锈钢，则应从给出的数值中减去一定的数量，并应经供需双方协议。

[c] 对 d_2 应使用光滑通、止环规进行检验。

6.15.3 技术条件

(1) 材料

冷镦钢：硬度 125～245 HV30，其他材料由供需双方协议。

(2) 冷镦钢表面处理

——不经处理；

——氧化；

——镀锌钝化按 GB/T 5267.1 的规定；

——磷化按 GB/T 11376 的规定；

——其他表面镀层由供需双方协议；

——所有公差仅适用于涂、镀前的公差；

——不允许有不规则或有害的缺陷。

6.15.4 标注示例

公称直径 d_1=6 mm、公称长度 l=30 mm、材料为冷镦钢、硬度 125～245 HV30、不经表面处理的沉头槽销的标记：

销 GB/T 13829.9 6×30

在特殊情况下，如需按 6.15.1 的规定指定一种型式，则应在标记中注明：

销 GB/T 13829.9 6×30-A

6.16　开口销

（GB/T 91—2000 开口销）

6.16.1　型式

开口销型式见图 6-16。

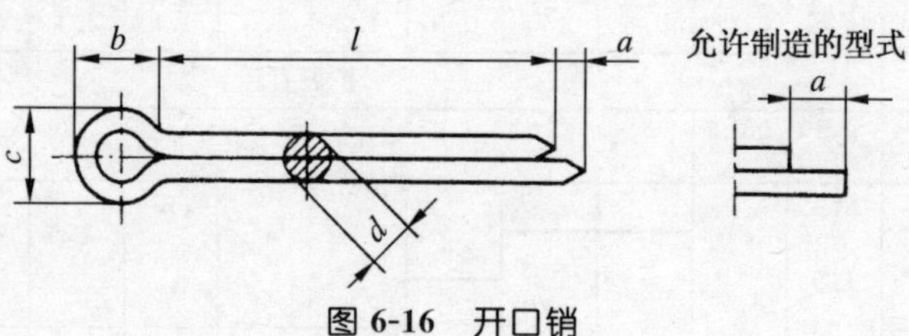

图 6-16　开口销

6.16.2　开口销尺寸

开口销尺寸见表 6-16、表 6-17。

表 6-16　开口销尺寸　　mm

公称规格[a]			0.6	0.8	1	1.2	1.6	2	2.5	3.2
d		max	0.5	0.7	0.9	1.0	1.4	1.8	2.3	2.9
		min	0.4	0.6	0.8	0.9	1.3	1.7	2.1	2.7
a		max	1.6	1.6	1.6	2.50	2.50	2.50	2.50	3.2
		min	0.8	0.8	0.8	1.25	1.25	1.25	1.25	1.6
b		≈	2	2.4	3	3	3.2	4	5	6.4
c		max	1.0	1.4	1.8	2.0	2.8	3.6	4.6	5.8
		min	0.9	1.2	1.6	1.7	2.4	3.2	4.0	5.1
适用的直径[b]	螺栓	>	—	2.5	3.5	4.5	5.5	7	9	11
		≤	2.5	3.5	4.5	5.5	7	9	11	14
	U 形销	>	—	2	3	4	5	6	8	9
		≤	2	3	4	5	6	8	9	12
公称规格[a]			4	5	6.3	8	10	13	16	20
d		max	3.7	4.6	5.9	7.5	9.5	12.4	15.4	19.3
		min	3.5	4.4	5.7	7.3	9.3	12.1	15.1	19.0
a		max	4	4	4	4	6.30	6.30	6.30	6.30
		min	2	2	2	2	3.15	3.15	3.15	3.15
b		≈	8	10	12.6	16	20	26	32	40
c		max	7.4	9.2	11.8	15.0	19.0	24.8	30.8	38.5
		min	6.5	8.0	10.3	13.1	16.6	21.7	27.0	33.8
适用的直径[b]	螺栓	>	14	20	27	39	56	80	120	170
		≤	20	27	39	56	80	120	170	—
	U 形销	>	12	17	23	29	44	69	110	160
		≤	17	23	29	44	69	110	160	—

[a] 公称规格等于开口销孔的直径。对销孔直径推荐的公差为：
公称规格≤1.2：H13；
公称规格>1.2：H14；
根据供需双方协议，允许采用公称规格为 3、6 mm 和 12 mm 的开口销。

[b] 用于铁道和在 U 形销中开口销承受交变横向力的场合，推荐使用的开口销规格应较本表规定的加大一档。

表 6-17 公称长度 l 和商品长度规格 mm

长度 l			公称规格															
公称	min	max	0.6	0.8	1	1.2	1.6	2	2.5	3.2	4	5	6.3	8	10	13	16	20
4	3.5	4.5																
5	4.5	5.5																
6	5.5	6.5																
8	7.5	8.5																
10	9.5	10.5																
12	11	13																
14	13	15																
16	15	17				商品												
18	17	19																
20	19	21																
22	21	23																
25	24	26																
28	27	29																
32	30.5	33.5							长度									
36	34.5	37.5																
40	38.5	41.5																
45	43.5	46.6																
50	48.5	51.5																
56	54.5	57.5																
63	61.5	64.5											范围					
71	69.5	72.5																
80	78.5	81.5																
90	88	92																
100	98	102																
112	110	114																
125	123	127																
140	138	142																
160	158	162																
180	178	182																
200	198	202																
224	222	226																
250	248	252																
280	278	282																

6.16.3　技术条件

(1) 材料

碳素钢：Q215、Q235(GB/T 700)；

铜合金：H63 (GB/T 5232)；

不锈钢：1Cr17Ni7、0Cr18Ni9Ti(GB/T 1220)；

其他材料由供需双方协议。

(2) 表面处理

1) 钢表面处理：

——不经处理；

——磷化按 GB/T 11376 的规定；

——镀锌钝化按 GB/T 5267.1 的规定；

——其他表面镀层或表面处理，应由供需双方协议。

2) 铜和不锈钢表面处理：

——简单处理；

——其他表面镀层或表面处理，应由供需双方协议。

6.16.4　标注示例

公称直径为 5 mm、公称长度 $l=50$ mm、材料为 Q215 或 Q235、不经表面处理的开口销的标记：

销　GB/T 91　5×50

6.17　无头销轴

(GB/T 880—2008 无头销轴)

6.17.1　型式

无头销轴型式见图 6-17。

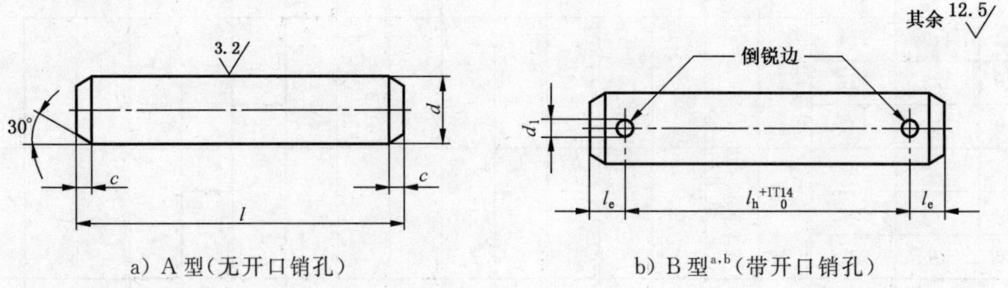

a) A 型(无开口销孔)　　b) B 型[a,b](带开口销孔)

注：用于铁路和开口销承受交变横向力的场合，推荐采用表 6-18 规定的下一档较大的开口销及相应的孔径。

[a] 其余尺寸、角度和表面粗糙度值见 A 型。

[b] 某些情况下，不能按 $l-l_e$ 计算 l_h 尺寸，所需要的尺寸应在标记按 6.17.4 中注明，但不允许 l_h 尺寸小于表 6-18 规定的数值。

图 6-17　无头销轴

6.17.2 无头销轴尺寸

无头销轴尺寸见表 6-18。

表 6-18 无头销轴尺寸

mm

d		h11[a]	3	4	5	6	8	10	12	14	16	18
d_1		H13[b]	0.8	1	1.2	1.6	2	3.2	3.2	4	4	5
c		max	1	1	2	2	2	2	3	3	3	3
l_e		min	1.6	2.2	2.9	3.2	3.5	4.5	5.5	6	6	7
l[c]												
公称	min	max										
6	5.75	6.25										
8	7.75	8.25										
10	9.75	10.25										
12	11.5	12.5										
14	13.5	14.5										
16	15.5	16.5										
18	17.5	18.5		商								
20	19.5	20.5										
22	21.5	22.5										
24	23.5	24.5										
26	25.5	26.5										
28	27.5	28.5			品							
30	29.5	30.5										
32	31.5	32.5										
35	34.5	35.5										
40	39.5	40.5				长						
45	44.5	45.5										
50	49.5	50.5										
55	54.25	55.75										
60	59.25	60.75					度					
65	64.25	65.75										
70	69.25	70.75										
75	74.25	75.75										
80	79.25	80.75										
85	84.25	85.75							范			
90	89.25	90.75										
95	94.25	95.75										
100	99.25	100.75										
120	119.25	120.75										
140	139.25	140.75									围	
160	159.25	160.75										
180	179.25	180.75										
200	199.25	200.75										

续表 6-18

mm

d		h11[a]	20	22	24	27	30	33	36	40
d_1		H13[b]	5	5	6.3	6.3	8	8	8	8
c		max	4	4	4	4	4	4	4	4
l_e		min	8	8	9	9	10	10	10	10
l[c]										
公称	min	max								
40	39.5	40.5								
45	44.5	45.5								
50	49.5	50.5	商							
55	54.25	55.75								
60	59.25	60.75		品						
65	64.25	65.75								
70	69.25	70.75			长					
75	74.25	75.75								
80	79.25	80.75				度				
85	84.25	85.75								
90	89.25	90.75					范			
95	94.25	95.75								
100	99.25	100.75								
120	119.25	120.75						围		
140	139.25	140.75								
160	159.25	160.75								
180	179.25	180.75								
200	199.25	200.75								

d		h11[a]	45	50	55	60	70	80	90	100
d_1		H13[b]	10	10	10	10	13	13	13	13
c		max	4	4	6	6	6	6	6	6
l_e		min	12	12	14	14	16	16	16	16
l[c]										
公称	min	max								
90	89.25	90.75								
95	94.25	95.75								
100	99.25	100.75		商						
120	119.25	120.75			品					
140	139.25	140.75				长				
160	159.25	160.75					度			
180	179.25	180.75						范		
200	199.25	200.75							围	

[a] 其他公差，如 a11、c11、f8 应由供需双方协议。

[b] 孔径 d_1 等于开口销的公称规格(见 GB/T 91)。

[c] 公称长度大于 200 mm，按 20 mm 递增。

6.17.3 技术条件

(1) 材料

钢:易切钢,硬度 125～245 HV,其他材料由供需双方协议。

(2) 钢表面处理

——氧化;

——磷化按 GB/T 11376 的规定;

——镀锌钝化按 GB/T 5267.1 的规定;

——其他表面镀层或表面处理应由供需双方协议;

——所有公差仅适用于涂、镀前的公差。

6.17.4 标注示例

公称直径 d=20 mm、公称长度 l=100 mm、由易切钢制造的硬度 125～245 HV、表面氧化处理的 B 型无头销轴的标记:

销 GB/T 880 20×100

开口销孔 6.3 mm,其他要求与上述示例相同的无头销轴的标记:

销 GB/T 880 20×100×6.3

孔距 l_b=80 mm、开口销孔 6.3 mm,其他要求与上述示例相同的无头销轴的标记:

销 GB/T 880 20×100×6.3×80

孔距 l_b=80 mm,其他要求与上述示例相同的无头销轴的标记:

销 GB/T 880 20×100×80

6.18 螺尾销轴

(GB/T 881—2000 螺尾销轴)

6.18.1 型式

螺尾销轴型式见图 6-18。

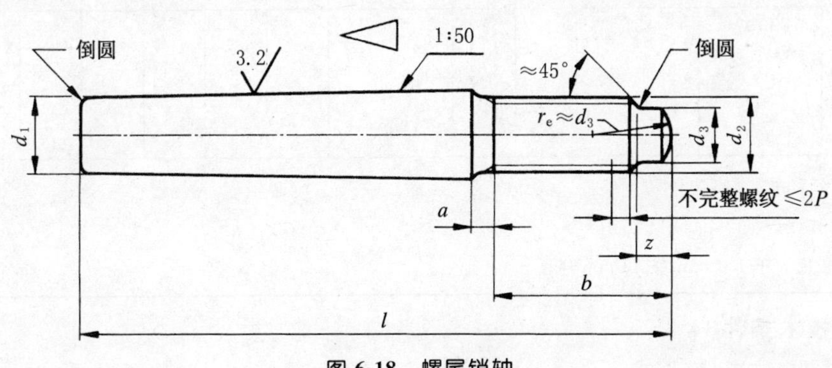

图 6-18 螺尾销轴

6.18.2 螺尾销轴尺寸

螺尾销轴尺寸见表 6-19。

表 6-19 螺尾销轴尺寸

mm

d_1		h10[a]	5	6	8	10	12	16	20	25	30	40	50
a		max	2.4	3	4	4.5	5.3	6	6	7.5	9	10.5	12
b		max	15.6	20	24.5	27	30.5	39	39	45	52	65	78
		min	14	18	22	24	27	35	35	40	46	58	70
d_2			M5	M6	M8	M10	M12	M16	M16	M20	M24	M30	M36
P[b]			0.8	1	1.25	1.5	1.75	2	2	2.5	3	3.5	4
d_3		max	3.5	4	5.5	7	8.5	12	12	15	18	23	28
		min	3.25	3.7	5.2	6.6	8.1	11.5	11.5	14.5	17.5	22.5	27.5
z		max	1.5	1.75	2.25	2.75	3.25	4.3	4.3	5.3	6.3	7.5	9.4
		min	1.25	1.5	2	2.5	3	4	4	5	6	7	9
l[c]													
公称	min	max											
40	39.5	40.5											
45	44.5	45.5											
50	49.5	50.5											
55	54.25	55.75											
60	59.25	60.75											
65	64.25	65.75											
75	74.25	75.75											
85	84.25	85.75				商品							
100	99.25	100.75											
120	119.25	120.75											
140	139.25	140.75							长度				
160	159.25	160.75											
190	189.25	190.75											
220	219	221									范围		
250	249	251											
280	279	281											
320	319	321											
360	359	361											
400	399	401											

[a] 其他公差由供需双方协议。

[b] P——螺距。

[c] 公称长度大于 400 mm，按 40 mm 递增。

6.18.3 技术条件

(1) 材料

1) 钢：易切钢，Y12、Y15(GB/T 8731)；

碳素钢：35、45(GB/T 699)；

35，28 HRC～38 HRC(GB/T 699)；

45，38 HRC～41 HRC(GB/T 699)。

合金钢：30CrMnSiA，35 HRC～41 HRC(GB/T 3077)。

2) 不锈钢：1Cr13、2Cr13(GB/T 1220)；

Cr17Ni2(GB/T 1220)；

0Cr18Ni9Ti(GB/T 1220)。

(2) 表面处理

1) 钢的表面处理：

——不经处理；

——氧化；

——磷化按 GB/T 11376 的规定；

——镀锌钝化按 GB/T 5267.1 的规定；

——其他表面镀层或表面处理，应由供需双方协议；

——所有公差仅适用于涂、镀前的公差。

2) 不锈钢的表面处理：

——简单处理；

——其他表面镀层或表面处理，应由供需双方协议；

——所有公差仅适用于涂、镀前的公差。

6.18.4 标注示例

公称直径 $d_1=6$ mm、公称长度 $l=50$ mm、材料为 Y12 或 Y15、不经热处理、不经表面处理的螺尾锥销的标记：

销 GB/T 881 6×50

6.19 销轴

(GB/T 882—2008 销轴)

6.19.1 型式

销轴型式见图 6-19。

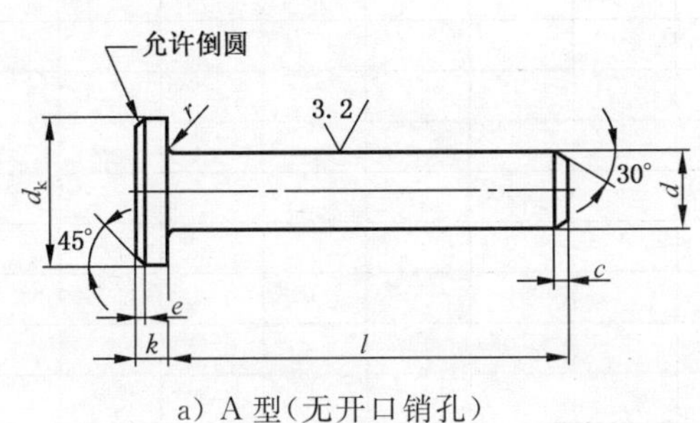

a) A 型(无开口销孔)　　b) B 型[a,b](带开口销孔)

图 6-19 销轴

6.19.2 销轴尺寸

销轴尺寸见表 6-20。

表 6-20 销轴尺寸

mm

d		h11[a]	3	4	5	6	8	10	12	14	16	18
d_k		h14	5	6	8	10	14	18	20	22	25	28
d_1		H13 [b]	0.8	1	1.2	1.6	2	3.2	3.2	4	4	5
c		max	1	1	2	2	2	2	3	3	3	3
e		≈	0.5	0.5	1	1	1	1	1.6	1.6	1.6	1.6
k		js14	1	1	1.6	2	3	4	4	4	4.5	5
l_e		min	1.6	2.2	2.9	3.2	3.5	4.5	5.5	6	6	7
r			0.6	0.6	0.6	0.6	0.6	0.6	0.6	0.6	0.6	1
l^c												
公称	min	max										
6	5.75	6.25										
8	7.75	8.25										
10	9.75	10.25										
12	11.5	12.5										
14	13.5	14.5										
16	15.5	16.5		商								
18	17.5	18.5										
20	19.5	20.5										
22	21.5	22.5										
24	23.5	24.5				品						
26	25.5	26.5										
28	27.5	28.5										
30	29.5	30.5										
32	31.5	32.5					长					
35	34.5	35.5										
40	39.5	40.5										
45	44.5	45.5										
50	49.5	50.5										
55	54.25	55.75						度				
60	59.25	60.75										
65	64.25	65.75										
70	69.25	70.75										
75	74.25	75.75							范			
80	79.25	80.75										
85	84.25	85.75										
90	89.25	90.75										
95	94.25	95.75										
100	99.25	100.75									围	
120	119.25	120.75										
140	139.25	140.75										
160	159.25	160.75										
180	179.25	180.75										
200	199.25	200.75										

续表 6-20

mm

d	h11[a]		20	22	24	27	30	33	36	40
d_k	h14		30	33	36	40	44	47	50	55
d_1	H13[b]		5	5	6.3	6.3	8	8	8	8
c	max		4	4	4	4	4	4	4	4
e	≈		2	2	2	2	2	2	2	2
k	js14		5	5.5	6	6	8	8	8	8
l_e	min		8	8	9	9	10	10	10	10
r			1	1	1	1	1	1	1	1
l^c										
公称	min	max								
40	39.5	40.5								
45	44.5	45.5								
50	49.5	50.5								
55	54.25	55.75		商						
60	59.25	60.75								
65	64.25	65.75			品					
70	69.25	70.75								
75	74.25	75.75				长				
80	79.25	80.75								
85	84.25	85.75					度			
90	89.25	90.75								
95	94.25	95.75								
100	99.25	100.75						范		
120	119.25	120.75								
140	139.25	140.75								
160	159.25	160.75							围	
180	179.25	180.75								
200	199.25	200.75								

续表 6-20

mm

d		h11[a]	45	50	55	60	70	80	90	100
d_k		h14	60	66	72	78	90	100	110	120
d_1		H13[b]	10	10	10	10	13	13	13	13
c		max	4	4	6	6	6	6	6	6
e		≈	2	2	3	3	3	3	3	3
k		js14	9	9	11	12	13	13	13	13
l_e		min	12	12	14	14	16	16	16	16
r			1	1	1	1	1	1	1	1
l^c										
公称	min	max								
90	89.25	90.75								
95	94.25	95.75	商							
100	99.25	100.75								
120	119.25	120.75		品						
140	139.25	140.75			长					
160	159.25	160.75				度				
180	179.25	180.75					范			
200	199.25	200.75						围		

[a] 其他公差，如 a11、c11、f8 应由供需双方协议。

[b] 孔径 d_1 等于开口销的公称规格（见 GB/T 91）。

[c] 公称长度大于 200 mm，按 20 mm 递增。

6.19.3 技术条件

（1）材料

钢：易切钢或冷镦钢，硬度为 125～245 HV，其他材料由供需双方协议。

（2）钢的表面处理：

——氧化；

——磷化按 GB/T 11376 的规定；

——镀锌钝化按 GB/T 5267.1 的规定；

——其他表面镀层或表面处理，应由供需双方协议。

——所有公差仅适用于涂、镀前的公差。

6.19.4 标记示例

公称直径 d_1＝20 mm、公称长度 l＝100 mm、由钢制造的硬度 125～245 HV、表面氧化处理 B 型销轴的标记：

销 GB/T 882 20×100

开口销孔为 6.3 mm，其他要求与上述示例相同的销轴的标记：

销 GB/T 882 20×100×6.3

孔距 l_b=80 mm、开口销孔为 6.3 mm，其他要求与上述示例相同的销轴的标记：

销 GB/T 882 20×100×6.3×80

孔距 l_h=80 mm，其余要求与上述示例相同的销轴的标记：

销 GB/T 882 20×100×80

6.20 直槽、轻型弹性圆柱销

（GB/T 879.2—2018 弹性圆柱销 直槽 轻型）

6.20.1 型式

直槽、轻型弹性圆柱销型式见图 6-20。

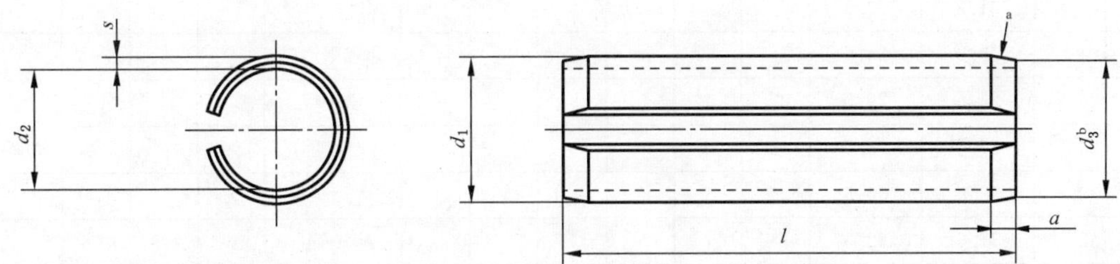

注：对非连锁弹性销槽（N 型槽），见 6.20.3 和 6.20.4。

[a] 公称直径 $d_1 \geqslant 10$ mm 的弹性销，可由制造者选用单面倒角的型式。

[b] $d_3 < d_{1,公称}$。

图 6-20 直槽、轻型弹性圆柱销

6.20.2 直槽、轻型弹性圆柱销尺寸

直槽、轻型弹性圆柱销尺寸见表 6-21。

表 6-21 直槽、轻型弹性圆柱销尺寸 mm

d_1	公称		2	2.5	3	3.5	4	4.5	5	6	8	10	12	13
	装配前	max	2.4	2.9	3.5	4.0	4.6	5.1	5.6	6.7	8.8	10.8	12.8	13.8
		min	2.3	2.8	3.3	3.8	4.4	4.9	5.4	6.4	8.5	10.5	12.5	13.5
d_2 装配前[a]			1.9	2.3	2.7	3.1	3.4	3.9	4.4	4.9	7.0	8.5	10.5	11
a	max		0.4	0.45	0.45	0.5	0.7	0.7	0.7	0.9	1.8	2.4	2.4	2.4
	min		0.2	0.25	0.25	0.3	0.5	0.5	0.5	0.7	1.5	2.0	2.0	2.0
s			0.2	0.25	0.3	0.35	0.5	0.5	0.5	0.75	0.75	1.0	1.0	1.2
最小剪切载荷（双面剪切[b]）/kN			1.5	2.4	3.5	4.6	8	8.8	10.4	18	24	40	48	66

续表 6-21　　　mm

l^c														
公称	min	max												
4	3.75	4.25												
5	4.75	5.25												
6	5.75	6.25												
8	7.75	8.25												
10	9.75	10.25												
12	11.5	12.5												
14	13.5	14.5												
16	15.5	16.5												
18	17.5	18.5												
20	19.5	20.5												
22	21.5	22.5												
24	23.5	24.5												
26	25.5	26.5												
28	27.5	28.5												
30	29.5	30.5												
32	31.5	32.5												
35	34.5	35.5												
40	39.5	40.5												
45	44.5	45.5												
50	49.5	50.5												
55	54.25	55.75												
60	59.25	60.75												
65	64.25	65.75												
70	69.25	70.75												
75	74.25	75.75												
80	79.25	80.75												
85	84.25	85.75												
90	89.25	90.75												
95	94.25	95.75												
100	99.25	100.75												
120	119.25	120.75												
140	139.25	140.75												
160	159.25	160.75												
180	179.25	180.75												
200	199.25	200.75												

续表 6-21

mm

d_1	公称		14	16	18	20	21	25	28	30	35	40	45	50
	装配前	max	14.8	16.8	18.9	20.9	21.9	25.9	28.9	30.9	35.9	40.9	45.9	50.9
		min	14.5	16.5	18.5	20.5	21.5	25.5	28.5	30.5	35.5	40.5	45.5	50.5
d_2	装配前[a]		11.5	13.5	15.0	16.5	17.5	21.5	23.5	25.5	28.5	32.5	37.5	40.5
a	max		2.4	2.4	2.4	2.4	2.4	3.4	3.4	3.4	3.6	4.6	4.6	4.6
	min		2.0	2.0	2.0	2.0	2.0	3.0	3.0	3.0	3.0	4.0	4.0	4.0
s			1.5	1.5	1.7	2.0	2.0	2.0	2.5	2.5	3.5	4.0	4.0	5.0
最小剪切载荷（双面剪切[b]）/kN			84	98	126	158	168	202	280	302	490	634	720	1 000
l^c														
公称	min	max												
4	3.75	4.25												
5	4.75	5.25												
6	5.75	6.25												
8	7.75	8.25												
10	9.75	10.25												
12	11.5	12.5												
14	13.5	14.5												
16	15.5	16.5												
18	17.5	18.5												
20	19.5	20.5												
22	21.5	22.5												
24	23.5	24.5												
26	25.5	26.5												
28	27.5	28.5												
30	29.5	30.5												
32	31.5	32.5												
35	34.5	35.5												
40	39.5	40.5												
45	44.5	45.5												
50	49.5	50.5												
55	54.25	55.75												
60	59.25	60.75												
65	64.25	65.75												
70	69.25	70.75												
75	74.25	75.75												
80	79.25	80.75												
85	84.25	85.75												
90	89.25	90.75												
95	94.25	95.75												
100	99.25	100.75												
120	119.25	120.75												
140	139.25	140.75												
160	159.25	160.75												
180	179.25	180.75												
200	199.25	200.75												

注：阶梯实线间为优选长度范围。

[a] 参考。

[b] 仅适用于钢和马氏体不锈钢产品；对奥氏体不锈钢弹性销，不规定双面剪切载荷值。

[c] 公称长度大于 200 mm，按 20 mm 递增。

6.20.3　技术条件

(1) 材料

钢:优质碳素钢、硅锰钢,奥氏体不锈钢,马氏体不锈钢。

(2) 材料硬度

1) 钢的硬度

优质碳素钢的硬度

——淬火并回火硬度:420～530 HV;

——等温淬火硬度:500～560 HV。

硅锰钢的硬度

——淬火并回火硬度:420～560 HV。

2) 不锈钢的硬度

奥氏体不锈钢的硬度:

——冷加工。

3) 马氏体不锈钢硬度:

——淬火并回火硬度:440～560 HV。

(3) 表面处理

1) 钢的表面处理:

——不经处理;

——氧化技术要求按 GB/T 15519 的规定;

——磷化按 GB/T 11376 的规定;

——电镀技术要求按 GB/T 5267.1 的规定;

——非电解锌片涂层技术要求按 GB/T 5267.2 的规定;

——其他表面镀层或表面处理,应由供需双方协议。

2) 不锈钢的表面处理:

——简单处理;

——钝化处理技术要求按 GB/T 5267.4 的规定;

——其他表面镀层或表面处理,应由供需双方协议。

6.20.4　标记示例

公称直径 $d_1=6$ mm、公称长度 $l=30$ mm、材料为钢(St)、热处理硬度 500～560 HV、表面不经处理、直槽、轻型弹性圆柱销的标记:

销　GB/T 879.2　6×30

公称直径 $d_1=6$ mm、公称长度 $l=30$ mm、材料为马氏体不锈钢(C)、热处理硬度为 440～560 HV、表面简单处理、非连锁(N)、轻型弹性圆柱销的标记:

销　GB/T 879.2　6×30-N-C

6.21 卷制、重型弹性圆柱销

（GB/T 879.3—2018 弹性圆柱销 卷制 重型）

6.21.1 型式

卷制、重型弹性圆柱销型式见图 6-21。

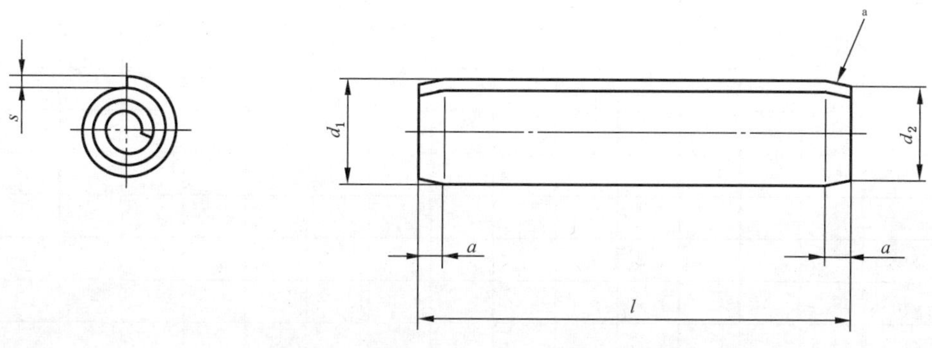

[a] 两端挤压倒角。

图 6-21 卷制、重型弹性圆柱销

6.21.2 卷制、重型弹性圆柱销尺寸

卷制、重型弹性圆柱销尺寸见图 6-22。

表 6-22 卷制、重型弹性圆柱销尺寸 mm

d_1	公称		1.5	2	2.5	3	3.5	4	5	6	8	10	12	14	16	20
	装配前	max	1.71	2.21	2.73	3.25	3.79	4.30	5.35	6.40	8.55	10.65	12.75	14.85	16.9	21.0
		min	1.61	2.11	2.62	3.12	3.64	4.15	5.15	6.18	8.25	10.30	12.35	14.40	16.4	20.4
d_2	装配前	max	1.4	1.9	2.4	2.9	3.4	3.9	4.85	5.85	7.8	9.75	11.7	13.6	15.6	19.6
a		≈	0.5	0.7	0.7	0.9	1	1.1	1.3	1.5	2	2.5	3	3.5	4	4.5
s			0.17	0.22	0.28	0.33	0.39	0.45	0.56	0.67	0.9	1.1	1.3	1.6	1.8	2.2
最小剪切载荷		a	1.9	3.5	5.5	7.6	10	13.5	20	30	53	84	120	165	210	340
(双面剪切)/kN		b	1.45	2.5	3.8	5.7	7.6	10	15.5	23	41	64	91	—	—	—
l[c]																
公称	min	max														
4	3.75	4.25														
5	4.75	5.25														
6	5.75	6.25														
8	7.75	8.25														
10	9.75	10.25														
12	11.5	12.5														
14	13.5	14.5														

续表 6-22 mm

l[c]																
公称	min	max														
16	15.5	16.5														
18	17.5	18.5														
20	19.5	20.5														
22	21.5	22.5														
24	23.5	24.5														
26	25.5	26.5														
28	27.5	28.5														
30	29.5	30.5														
32	31.5	32.5														
35	34.5	35.5														
40	39.5	40.5														
45	44.5	45.5														
50	49.5	50.5														
55	54.25	55.75														
60	59.25	60.75														
65	64.25	65.75														
70	69.25	70.75														
75	74.25	75.75														
80	79.25	80.75														
85	84.25	85.75														
90	89.25	90.75														
95	94.25	95.75														
100	99.25	100.75														
120	119.25	120.75														
140	139.25	140.75														
160	159.25	160.75														
180	179.25	180.75														
200	199.25	200.75														

注：阶梯实线间为优选长度范围。

[a] 适用于钢和马氏体不锈钢产品。

[b] 适用于奥氏体不锈钢产品。

[c] 公称长度大于 200 mm，按 20 mm 递增。

6.21.3 技术条件

（1）材料

钢、奥氏体不锈钢、马氏体不锈钢。

(2) 材料硬度

1) 钢的硬度:淬火并回火硬度,420～545 HV;

2) 马氏体不锈钢硬度:淬火并回火硬度,460～560 HV。

(3) 表面处理

1) 钢的表面处理:

——不经处理;

——氧化技术要求按 GB/T 15519 的规定;

——磷化按 GB/T 11376 的规定;

——电镀技术要求按 GB/T 5267.1 的规定;

——非电解锌片涂层技术要求按 GB/T 5267.2 的规定;

——其他表面镀层或表面处理,应由供需双方协议。

2) 不锈钢的表面处理:

——简单处理;

——钝化处理技术要求按 GB/T 5267.4 的规定;

——其他表面镀层或表面处理,应由供需双方协议。

6.21.4 标记示例

公称直径 d_1=6 mm、公称长度 l=30 mm、材料为钢(S_t)、热处理硬度 420～545 HV、表面不经处理、卷制、重型惮性圆柱销的标记:

销 GB/T 879.3 6×30

公称直径 d_1=6 mm、公称长度 l=30 mm、材料为马氏体不锈钢(A)、不经热处理、表面简单处理、卷制、重型惮性圆柱销的标记:

销 GB/T 879.3 6×30-A

6.22 卷制、标准型弹性圆柱销

(GB/T 879.4—2018 弹性圆柱销 卷制 标准型)

6.22.1 型式

卷制、标准型弹性圆柱销型式见图 6-22。

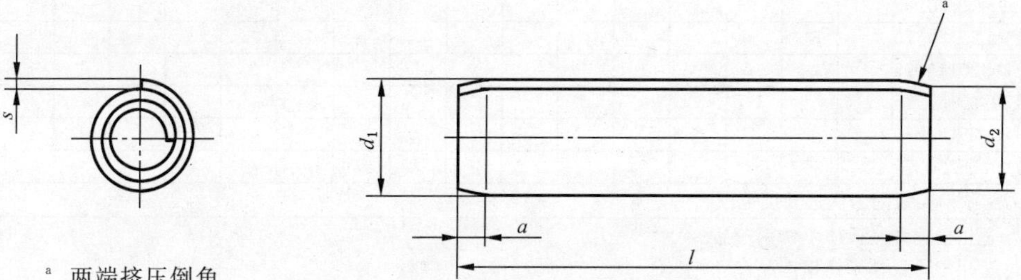

图 6-22 卷制、标准型弹性圆柱销

6.22.2 卷制、标准型弹性圆柱销尺寸

卷制、标准型弹性圆柱销尺寸见表 6-23。

表 6-23　卷制、标准型弹性圆柱销尺寸　　mm

d_1	公称		0.8	1	1.2	1.5	2	2.5	3	3.5	4	5	6	8	10	12	14	16	20
	装配前	max	0.91	1.15	1.35	1.73	2.25	2.78	3.30	3.84	4.4	5.50	6.50	8.63	10.80	12.85	14.95	17.00	21.10
		min	0.85	1.05	1.25	1.62	2.13	2.65	3.15	3.67	4.2	5.25	6.25	8.30	10.35	12.40	14.45	16.45	20.40
d_2	装配前	max	0.75	0.95	1.15	1.4	1.9	2.4	2.9	3.4	3.9	4.85	5.85	7.8	9.75	11.7	13.6	15.6	19.6
a		≈	0.3	0.3	0.4	0.5	0.7	0.7	0.9	1	1.1	1.3	1.5	2	2.5	3	3.5	4	4.5
s			0.07	0.08	0.1	0.13	0.17	0.21	0.25	0.29	0.33	0.42	0.5	0.67	0.84	1	1.2	1.3	1.7
最小剪切载荷（双面剪切）/kN		a	0.4	0.6	0.9	1.45	2.5	3.9	5.5	7.5	9.6	15	22	39	62	89	120	155	250
		b	0.3	0.45	0.65	1.05	1.9	2.9	4.2	5.7	7.6	11.5	16.8	30	48	67	—	—	—
l[c]																			
公称	min	max																	
4	3.75	4.25																	
5	4.75	5.25																	
6	5.75	6.25																	
8	7.75	8.25																	
10	9.75	10.25																	
12	11.5	12.5																	
14	13.5	14.5																	
16	15.5	16.5																	
18	17.5	18.5																	
20	19.5	20.5																	
22	21.5	22.5																	
24	23.5	24.5																	
26	25.5	26.5																	
28	27.5	28.5																	
30	29.5	30.5																	
32	31.5	32.5																	
35	34.5	35.5																	
40	39.5	40.5																	
45	44.5	45.5																	
50	49.5	50.5																	
55	54.25	55.75																	
60	59.25	60.75																	
65	64.25	65.75																	
70	69.25	70.75																	
75	74.25	75.75																	
80	79.25	80.75																	
85	84.25	85.75																	
90	89.25	90.75																	
95	94.25	95.75																	
100	99.25	100.75																	
120	119.25	120.75																	
140	139.25	140.75																	
160	159.25	160.75																	
180	179.25	180.75																	
200	199.25	200.75																	

注：阶梯实线间为优选长度范围。

[a] 适用于钢和马氏体不锈钢产品。

[b] 适用于奥氏体不锈钢产品。

[c] 公称长度大于 200，按 20 递增。

6.22.3　技术条件

（1）材料

钢、奥氏体不锈钢、马氏体不锈钢。

(2) 材料硬度

1) 钢的硬度:淬火并回火硬度,420～545 HV;

2) 马氏体不锈钢硬度:淬火并回火硬度,460～560 HV。

(3) 表面处理

1) 钢的表面处理:

——不经处理;

——氧化技术要求按 GB/T 15519 的规定;

——磷化按 GB/T 11376 的规定;

——电镀技术要求按 GB/T 5267.1 的规定;

——非电解锌片涂层技术要求按 GB/T 5267.2 的规定;

——其他表面镀层或表面处理,应由供需双方协议。

2) 不锈钢的表面处理:

——简单处理;

——钝化处理技术要求按 GB/T 5267.4 的规定;

——其他表面镀层或表面处理,应由供需双方协议。

6.22.4 标记示例

公称直径 d_1=6 mm、公称长度 l=30 mm、材料为钢(S_t)、热处理硬度 420～545 HV、表面不经处理、卷制、标准型惮性圆柱销的标记:

销 GB/T 879.4 6×30

公称直径 d_1=6 mm、公称长度 l=30 mm、材料为马氏体不锈钢(A)、不经热处理、不经表面处理、卷制、标准型惮性圆柱销的标记:

销 GB/T 879.4 6×30-A

6.23 卷制、轻型弹性圆柱销

(GB/T 879.5—2018 弹性圆柱销 卷制 轻型)

6.23.1 型式

卷制、轻型弹性圆柱销型式见图 6-23。

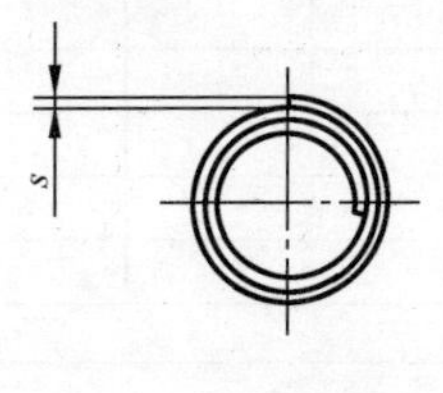

[a] 两端挤压倒角。

图 6-23 卷制、轻型弹性圆柱销

6.23.2　卷制、轻型弹性圆柱销尺寸

卷制、轻型弹性圆柱销尺寸见表 6-24。

表 6-24　卷制、轻型弹性圆柱销尺寸　　mm

			1.5	2	2.5	3	3.5	4	5	6	8
d_1	公称		1.5	2	2.5	3	3.5	4	5	6	8
	装配前	max	1.75	2.28	2.82	3.35	3.87	4.45	5.5	6.55	8.65
		min	1.62	2.13	2.65	3.15	3.67	4.20	5.2	6.25	8.30
d_2	装配前	max	1.4	1.9	2.4	2.9	3.4	3.9	4.85	5.85	7.8
$a \approx$			0.5	0.7	0.7	0.9	1	1.1	1.3	1.5	2
s			0.08	0.11	0.14	0.17	0.19	0.22	0.28	0.33	0.45
最小剪切载荷（双面剪切）/kN		a	0.8	1.5	2.3	3.3	4.5	5.7	9	13	23
		b	0.65	1.1	1.8	2.5	3.4	4.4	7	10	18
l^c											
公称	min	max									
4	3.75	4.25									
5	4.75	5.25									
6	5.75	6.25									
8	7.75	8.25									
10	9.75	10.25									
12	11.5	12.5									
14	13.5	14.5									
16	15.5	16.5									
18	17.5	18.5									
20	19.5	20.5									
22	21.5	22.5									
24	23.5	24.5									
26	25.5	26.5									
28	27.5	28.5									
30	29.5	30.5									
32	31.5	32.5									
35	34.5	35.5									
40	39.5	40.5									
45	44.5	45.5									
50	49.5	50.5									
55	54.25	55.75									
60	59.25	60.75									
65	64.25	65.75									
70	69.25	70.75									
75	74.25	75.75									
80	79.25	80.75									
85	84.25	85.75									
90	89.25	90.75									
95	94.25	95.75									
100	99.25	100.75									
120	119.25	120.75									

注：阶梯实线间为优选长度范围。

[a] 适用于钢和马氏体不锈钢产品。

[b] 适用于奥氏体不锈钢产品。

[c] 公称长度大于 120，按 20 递增。

6.23.3　技术条件

（1）材料

钢、奥氏体不锈钢、马氏体不锈钢。

(2) 材料硬度

1) 钢的硬度:淬火并回火硬度:420～545 HV;

2) 马氏体不锈钢硬度:淬火并回火硬度:460～560 HV。

(3) 表面处理

1) 钢的表面处理:

——不经处理;

——氧化技术要求按 GB/T 15519 的规定;

——磷化按 GB/T 11376 的规定;

——电镀技术要求按 GB/T 5267.1 的规定;

——非电解锌片涂层技术要求按 GB/T 5267.2 的规定;

——其他表面镀层或表面处理,应由供需双方协议。

2) 不锈钢的表面处理:

——简单处理;

——钝化处理技术要求按 GB/T 5267.4 的规定;

——其他表面镀层或表面处理,应由供需双方协议。

6.23.4 标记示例

公称直径 d_1=6 mm、公称长度 l=30 mm、材料为钢(S_t)、热处理硬度 420～545 HV、表面不经处理、卷制、轻型惮性圆柱销的标记:

销 GB/T 879.5 6×30

公称直径 d_1=6 mm、公称长度 l=30 mm、材料为马氏体不锈钢(A)、不经热处理、表面简单处理、卷制、轻型惮性圆柱销的标记:

销 GB/T 879.5 6×30-A

6.24 直槽、重型弹性圆柱销

(GB/T 879.1—2018 弹性圆柱销 直槽 重型)

6.24.1 型式

直槽、重型弹性圆柱销型式见图 6-24。

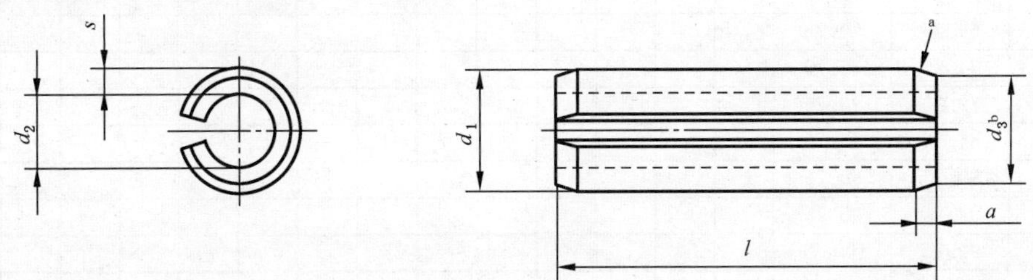

注:对非连锁弹性销槽(N 型槽),见 6.24.3 和 6.24.4。

[a] 公称直径 $d_1 \geqslant 10$ mm 的弹性销,可由制造者选用单面倒角的型式。

[b] $d_3 < d_{1,公称}$。

图 6-24 直槽、重型弹性圆柱销

6.24.2 直槽、重型弹性圆柱销尺寸

直槽、重型弹性圆柱销尺寸见表 6-25。

表 6-25 直槽、重型弹性圆柱销尺寸 mm

d_1	公称		1	1.5	2	2.5	3	3.5	4	4.5	5	6	8	10	12	13
	装配前	max	1.3	1.8	2.4	2.9	3.5	4.0	4.6	5.1	5.6	6.7	8.8	10.8	12.8	13.8
		min	1.2	1.7	2.3	2.8	3.3	3.8	4.4	4.9	5.4	6.4	8.5	10.5	12.5	13.5
d_2 装配前[a]			0.8	1.1	1.5	1.8	2.1	2.3	2.8	2.9	3.4	4.0	5.5	6.5	7.5	8.5
a	max		0.35	0.45	0.55	0.6	0.7	0.8	0.85	1.0	1.1	1.4	2.0	2.4	2.4	2.4
	min		0.15	0.25	0.35	0.4	0.5	0.6	0.65	0.8	0.9	1.2	1.6	2.0	2.0	2.0
s			0.2	0.3	0.4	0.5	0.6	0.75	0.8	1.0	1.0	1.2	1.5	2.0	2.5	2.5
最小剪切载荷（双面剪切[b]）/kN			0.7	1.58	2.82	4.38	6.32	9.06	11.24	15.36	17.54	26.04	42.76	70.16	104.1	115.1
l[c]																
公称	min	max														
4	3.75	4.25														
5	4.75	5.25														
6	5.75	6.25														
8	7.75	8.25														
10	9.75	10.25														
12	11.5	12.5														
14	13.5	14.5														
16	15.5	16.5														
18	17.5	18.5														
20	19.5	20.5														
22	21.5	22.5														
24	23.5	24.5														
26	25.5	26.5														
28	27.5	28.5														
30	29.5	30.5														
32	31.5	32.5														
35	34.5	35.5														
40	39.5	40.5														
45	44.5	45.5														
50	49.5	50.5														
55	54.25	55.75														
60	59.25	60.75														
65	64.25	65.75														
70	69.25	70.75														
75	74.25	75.75														
80	79.25	80.75														
85	84.25	85.75														
90	89.25	90.75														
95	94.25	95.75														
100	99.25	100.75														
120	119.25	120.75														
140	139.25	140.75														
160	159.25	160.75														
180	179.25	180.75														
200	199.25	200.75														

续表 6-25

mm

d_1	公称		14	16	18	20	21	25	28	30	32	35	38	40	45	50
	装配前	max	14.8	16.8	18.9	20.9	21.9	25.9	28.9	30.9	32.9	35.9	38.9	40.9	45.9	50.9
		min	14.5	16.5	18.5	20.5	21.5	25.5	28.5	30.5	32.5	35.5	38.5	40.5	45.5	50.5
d_2 装配前[a]			8.5	10.5	11.5	12.5	13.5	15.5	17.5	18.5	20.5	21.5	23.5	25.5	28.5	31.5
a	max		2.4	2.4	2.4	3.4	3.4	3.4	3.4	3.4	3.6	3.6	4.6	4.6	4.6	4.6
	min		2.0	2.0	2.0	3.0	3.0	3.0	3.0	3.0	3.0	3.0	4.0	4.0	4.0	4.0
s			3.0	3.0	3.5	4.0	4.0	5.0	5.5	6.0	6.0	7.0	7.5	7.5	8.5	9.5
最小剪切载荷（双面剪切[b]）/kN			144.7	171	222.5	280.6	298.2	438.5	542.6	631.4	684	859	1 003	1 068	1 360	1 685
l[c]																
公称	min	max														
4	3.75	4.25														
5	4.75	5.25														
6	5.75	6.25														
8	7.75	8.25														
10	9.75	10.25														
12	11.5	12.5														
14	13.5	14.5														
16	15.5	16.5														
18	17.5	18.5														
20	19.5	20.5														
22	21.5	22.5														
24	23.5	24.5														
26	25.5	26.5														
28	27.5	28.5														
30	29.5	30.5														
32	31.5	32.5														
35	34.5	35.5														
40	39.5	40.5														
45	44.5	45.5														
50	49.5	50.5														
55	54.25	55.75														
60	59.25	60.75														
65	64.25	65.75														
70	69.25	70.75														
75	74.25	75.75														
80	79.25	80.75														
85	84.25	85.75														
90	89.25	90.75														
95	94.25	95.75														
100	99.25	100.75														
120	119.25	120.75														
140	139.25	140.75														
160	159.25	160.75														
180	179.25	180.75														
200	199.25	200.75														

注：阶梯实线间为优选长度范围。

[a] 参考。

[b] 仅适用于钢和马氏体不锈钢产品；对奥氏体不锈钢弹性销，不规定双面剪切载荷值。

[c] 公称长度大于 200 mm，按 20 mm 递增。

6.24.3 技术条件

(1) 材料

钢:优质碳素钢、硅锰钢,奥氏体不锈钢,马氏体不锈钢。

(2) 材料硬度

1) 优质碳素钢的硬度:淬火并回火硬度,420~520 HV;
等温淬火硬度,500~560 HV。

2) 硅锰钢的硬度:淬火并回火硬度,420~560 HV。

3) 马氏体不锈钢硬度:淬火并回火硬度,440~560 HV。

(3) 表面处理

1) 钢的表面处理:

——不经处理;

——氧化技术要求按 GB/T 15519 的规定;

——磷化按 GB/T 11376 的规定;

——电镀技术要求按 GB/T 5267.1 的规定;

——非电解锌片涂层技术要求按 GB/T 5267.2 的规定;

——其他表面镀层或表面处理,应由供需双方协议。

2) 不锈钢的表面处理:

——简单处理;

——钝化处理技术要求按 GB/T 5267.4 的规定;

——其他表面镀层或表面处理,应由供需双方协议。

6.24.4 标记示例

公称直径 $d_1=6$ mm、公称长度 $l=30$ mm、材料为钢(St)、热处理硬度为 500~560 HV、表面不经处理、直槽、重型弹性圆柱销的标记:

销 GB/T 879.1 6×30

公称直径 $d_1=6$mm、公称长度 $l=30$ mm、材料为马氏体不锈钢(C)、热处理硬度为 440~560 HV、表面简单处理、直槽、重型弹性圆柱销的标记:

销 GB/T 879.1 6×30-N-C

第 7 章　组合件

7.1　螺栓或螺钉和平垫圈组合件

（GB/T 9074.1—2018 螺栓或螺钉和平垫圈组合件）

7.1.1　螺栓或螺钉和垫圈组合件尺寸

过渡圆直径 d_{a1} 见图 7-1 和表 7-1，过渡圆直径应小于产品标准见表 7-3 规定的过渡圆直径 d_a，其减小量为公称直径与辗压螺纹毛坯直径的差值。在相应国家标准中对头下圆角规定的曲率，在组合件中也不应改变。

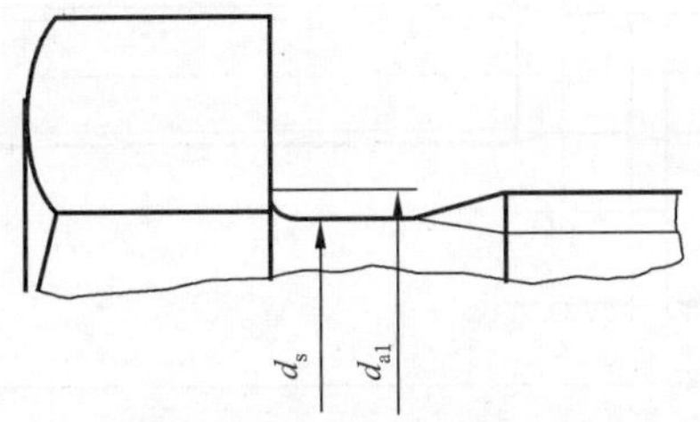

图 7-1　过渡圆直径 d_{a1}、杆径 d_a

表 7-1　过滤圆直径 d_{a1}　　mm

螺纹规格 d	a[b] max	d_{a1} max	平垫圈尺寸[c]					
			小系列 S 型		标准系列 N 型		大系列 L 型	
			h 公称	d_2 max	h 公称	d_2 max	h 公称	d_2 max
M2	2P[d]	2.4	0.6	4.5	0.6	5	0.6	6
M2.5		2.8	0.6	5	0.6	6	0.6	8
M3		3.3	0.6	6	0.6	7	0.8	9
(M3.5)[a]		3.7	0.8	7	0.8	8	0.8	11
M4		4.3	0.8	8	0.8	9	1	12
M5		5.2	1	9	1	10	1	15
M6		6.2	1.6	11	1.6	12	1.6	18
M8		8.4	1.6	15	1.6	16	2	24
M10		10.2	2	18	2	20	2.5	30
M12		12.6	2	20	2.5	24	3	37

[a] 尽可能不采用括号内的规格。

[b] 从垫圈支承面到第一扣完整螺纹始端的最大距离，当用平面（即用未倒角的环规）测量时，垫圈应与螺钉支承面或头下圆角接触，见图 7-2。

[c] 摘自 GB/T 97.4 的尺寸仅供参考。

[d] P——螺距。

平垫圈的型式和尺寸应符合 GB/T 97.4 的规定。

螺栓或螺钉和平垫圈的示例见图 7-2 和图 7-3。

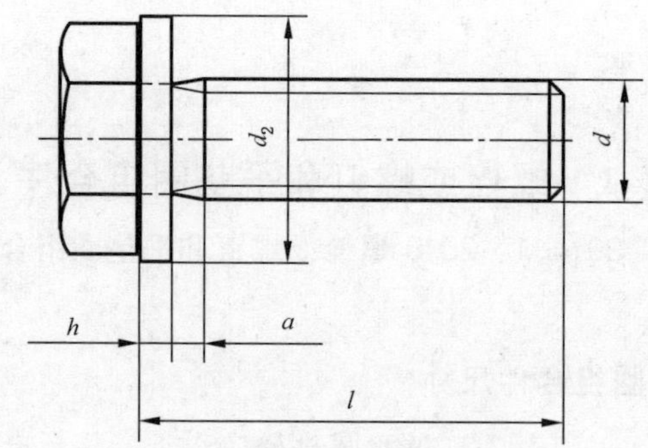

图 7-2 螺纹制到垫圈处的螺栓

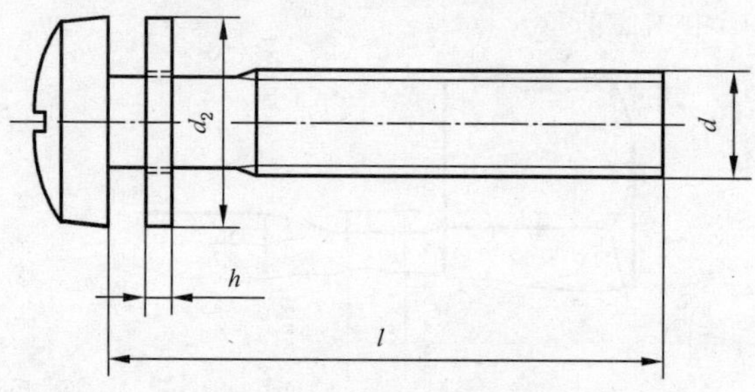

图 7-3 带细杆的螺钉

经供需双方协议,六角头螺栓头下可采用 U 型沉制槽,见图 7-4 和表 7-2。

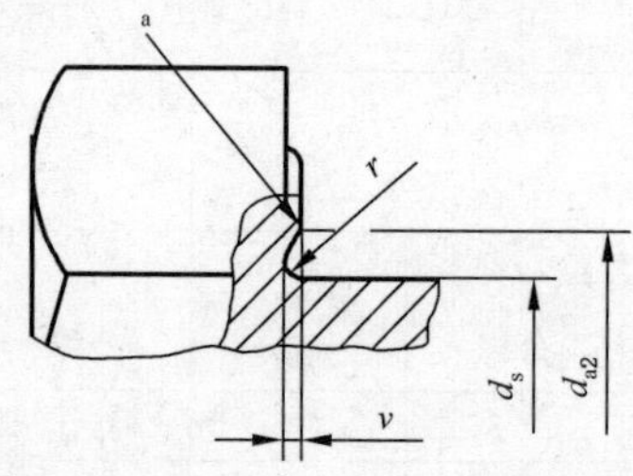

[a] 圆滑过渡。

图 7-4 可替代使用的头下 U 型沉制槽

表 7-2 U 型尺寸

mm

螺纹规格 d		M3	M4	M5	M6	M8	M10	M12
d_{a2}	max	3.6	4.7	5.7	6.8	9.2	11.2	13.7
r	min	0.1	0.2	0.2	0.25	0.4	0.4	0.6
v	max	0.20	0.25	0.25	0.30	0.40	0.40	0.50
	min	0.05	0.05	0.05	0.05	0.10	0.10	0.10
注:其余尺寸见表 7-1。								

7.1.2 螺栓或螺钉和垫圈的组合

螺栓或螺钉和垫圈的组合代号见表 7-3。

表 7-3 螺栓或螺钉和垫圈的组合代号

螺栓或螺钉		垫圈[a]		
		S 型	N 型	L 型
标准编号	代号	代号 S	代号 N	代号 L
GB/T 5783	S1	—	×	×
GB/T 5782[b]	S2	—	×	×
GB/T 818	S3	—	×	×
GB/T 70.1	S4	×	×	×
GB/T 67	S5	—	×	×
GB/T 65	S6	×	×	×
GB/T 2671.2	S10	×	×	×
GB/T 2672	S11	—	×	×
GB/T 16674.1	S12	—	×	×
GB/T 16674.2	S13	—	×	×

[a] 根据 GB/T 97.4。"—"表示无此型式;"×"表示可选用的组合件。

[b] GB/T 5782 的螺栓按 7.1.1 减小杆径后,与 GB/T 5784 的螺栓相似。

7.1.3 技术条件

(1) 组合件中,螺栓或螺钉应符合相应产品标准对成品的材料和机械性能的规定。

(2) 机械性能等级

1) 螺栓或螺钉≤8.8 级:垫圈硬度等级为 200 HV 或 300 HV;

2) 螺栓或螺钉 9.8、10.9:垫圈硬度等级为 300 HV。

(3) 表面处理:

——不经处理;

——电镀技术要求按 GB/T 5267.1 规定;

——非电解锌片涂层技术要求按 GB/T 5267.2 规定;

——磷化技术要求按 GB/T 11376 规定;

——如需技术要求或表面处理,应由供需双方协议。

(4) 验收与包装按 GB/T 90.1、GB/T 90.2 的规定。

7.1.4 标记示例

符合 GB/T 5783 六角头螺栓 M6×30、8.8 级代号(S1)和符合 GB/T 97.4 硬度等级 200 HV、标准系列垫圈(代号 N)组合件的标记:

螺栓和垫圈组合件 GB/T 9074.1 M6×30 8.8 S1 N 200 HV

符合 GB/T 5783 六角头螺栓 M6×30、8.8、头下带 U 型沉割槽代号(S1)和符合 GB/T 97.4 硬度等级 300 HV、标准系列垫圈(代号 N)组合件的标记:

螺栓和垫圈组合件 GB/T 9074.1 M6×30 8.8 U S1 N 300 HV

7.2 十字槽小盘头螺钉和平垫圈组合件

(GB/T 9074.5—2004 十字槽小盘头螺钉和平垫圈组合件)

7.2.1 十字槽小盘头螺钉和平垫圈组合件尺寸

过渡圆直径 d_a 见图 7-5 和表 7-4 所示,过渡圆直径应小于 GB/T 823 规定的过渡圆直径 d_a,其减小量为公称直径与辗压螺纹毛坯直径的差值。GB/T 823 规定的曲率,在组合件中也不应改变。

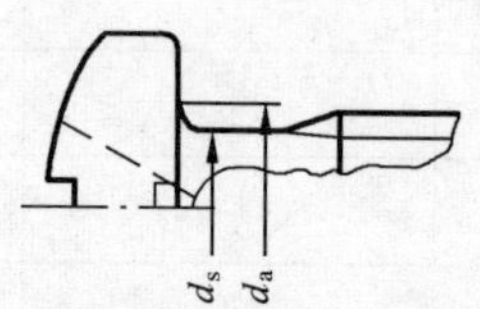

图 7-5 过渡圆直径 d_a 和杆径 d_s

表 7-4 过渡圆直径 d_a

mm

螺纹规格[a] d	a[b] max	d_a max	平垫圈尺寸[c]					
			小系列 S型		标准系列 N型		大系列 L型	
			h 公称	d_2 max	h 公称	d_2 max	h 公称	d_2 max
M2	2P[d]	2.4	0.6	4.5	0.6	5	0.6	6
M2.5		2.8	0.6	5	0.6	6	0.6	8
M3		3.3	0.6	6	0.6	7	0.8	9
(M3.5)		3.7	0.8	7	0.8	8	0.8	11
M4		4.3	0.8	8	0.8	9	1	12
M5		5.2	1	9	1	10	1	15
M6		6.2	1.6	11	1.6	12	1.6	18
M8		8.4	1.6	15	1.6	16	2	24

[a] 尽可能不采用括号内的规格。

[b] a——从垫圈支承面到第一扣完整螺纹始端的最大距离,当用平面(即用未倒角的环规)测量时,垫圈应与螺钉支承面或头下圆角接触。

[c] 摘自 GB/T 97.4 的尺寸仅为信息。

[d] P——螺距。

平垫圈的尺寸应按 GB/T 97.4 的规定。

组合件螺钉的尺寸见图 7-6,除组装垫圈的部位应按下列要求外,其他部分应符合 GB/T 823 的规定。

螺钉应有直径为 d_s 的细杆见图 7-7,垫圈的直径应符合 GB/T 97.4 的规定,以便能自由转动。

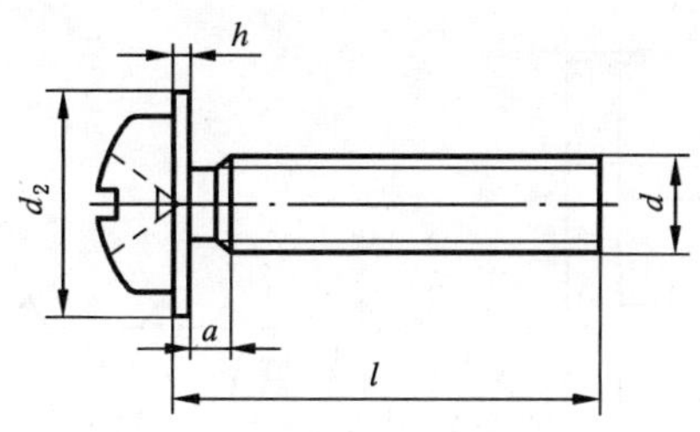

图 7-6 全螺纹螺钉和平垫圈组合件

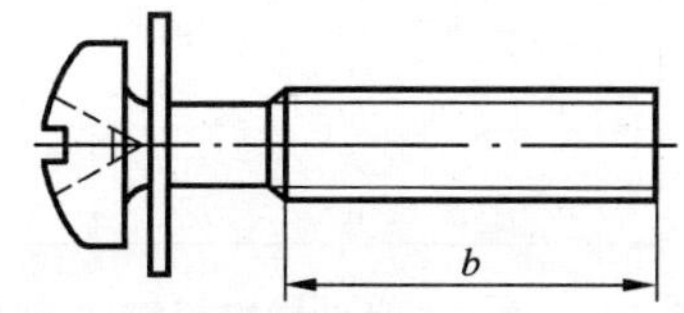

图 7-7 带光杆的螺钉和平垫圈组合件

7.2.2 技术条件

组合件中，螺钉应符合 GB/T 3098.1 的规定。机械性能等级 4.8 级；垫圈应符合 GB/T 87.4 的规定，垫圈硬度等级为 200 HV。

表面处理：电镀技术要求按 GB/T 5267.1 规定。

验收与包装：按 GB/T 90.1、GB/T 90.2 的规定。

7.2.3 标记示例

十字槽小盘头螺钉和平垫圈组合件包括一个 GB/T 823 M5×20-4.8 级螺钉（代号 S1）和一个 GB/T 97.4 标准系列垫圈（代号 N）；组合件表面镀锌钝化（省略标记）的标记：

螺钉和垫圈组合件 GB/T 9074.5 M5×20 S1 N

十字槽小盘头螺钉和平垫圈组合件包括一个 GB/T 823 M5×20-4.8 级螺钉（代号 S1）和一个 GB/T 97.4 大系列垫圈（代号 L）；组合件表面镀锌钝化（省略标记）的标记：

螺钉和垫圈组合件 GB/T 9074.5 M5×20 S1 L

7.3 自攻螺钉和平垫圈组合件

（GB/T 9074.18—2017 自攻螺钉和平垫圈组合件）

7.3.1 型式

自攻螺钉和平垫圈组合件型式见图 7-8～图 7-11。

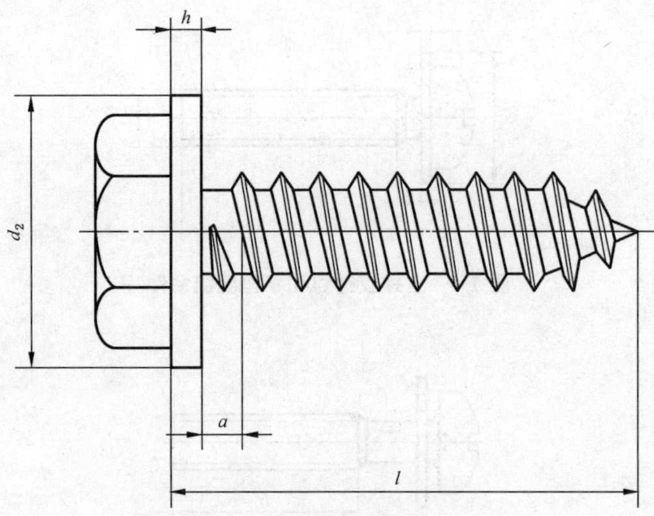

图 7-8 锥端六角头自攻螺钉(C 型)

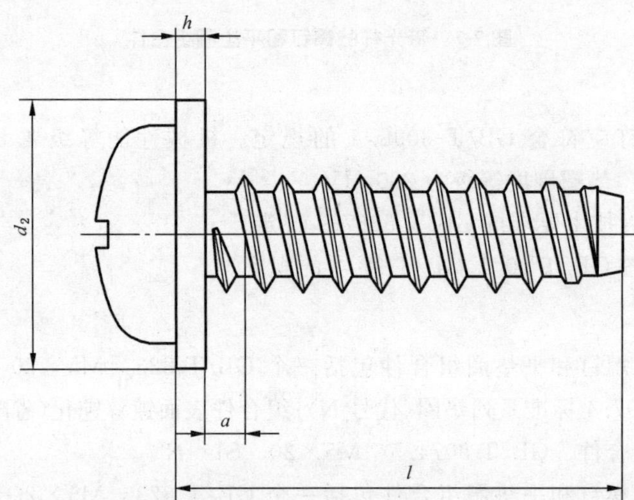

图 7-9 平端十字槽盘头自攻螺钉(F 型)

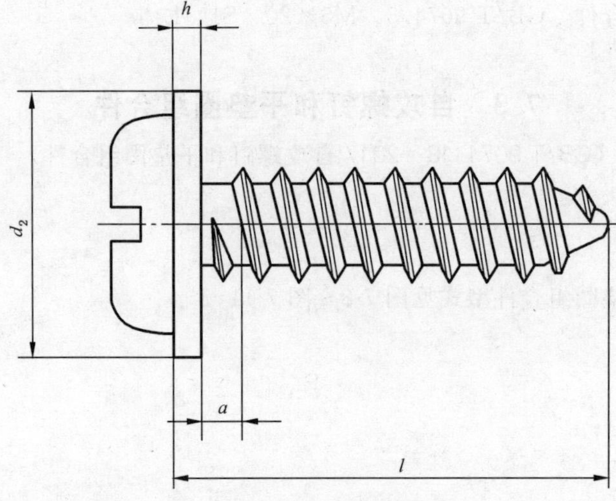

图 7-10 倒圆端开槽盘头自攻螺钉(R 型)

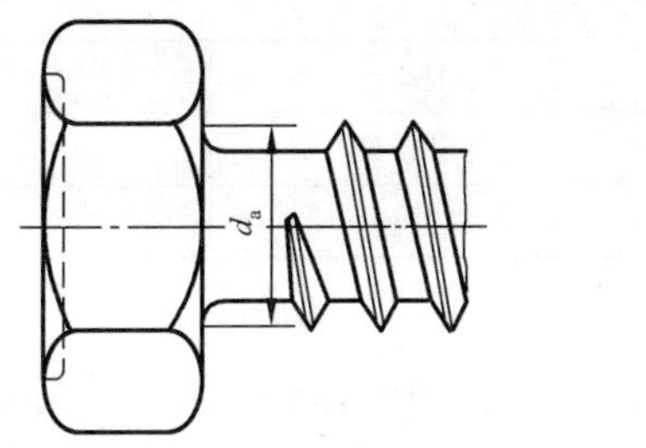

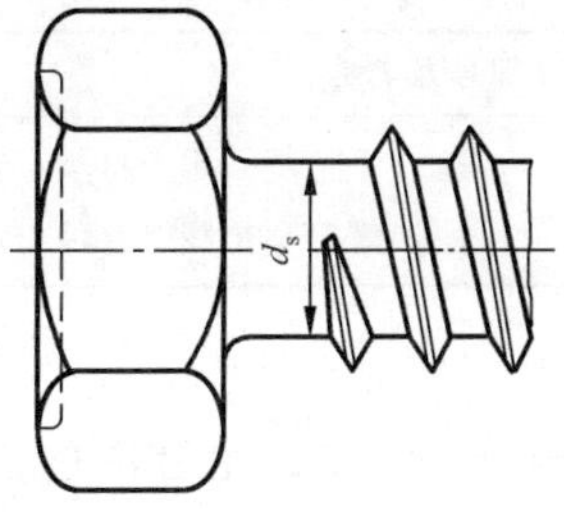

图 7-11 过渡圆直径 d_a、杆径 d_s

7.3.2 自攻螺钉和平垫圈组合件尺寸

自攻螺钉和平垫圈组合件尺寸见表 7-5。

表 7-5 自攻螺钉和平垫圈组合件尺寸 mm

螺纹规格	a[b] max	d_a max	平垫圈尺寸[a]			
			标准系列 N型		大系列 L型	
			h 公称	d_2 max	h 公称	d_2 max
ST 2.2	0.8	2.10	1	5	1	7
ST 2.9	1.1	2.80	1	7	1	9
ST 3.5	1.3	3.30	1	8	1	11
ST 4.2	1.4	4.03	1	9	1	12
ST 4.8	1.6	4.54	1	10	1.6	15
ST 5.5	1.8	5.22	1.6	12	1.6	15
ST 6.3	1.8	5.93	1.6	14	1.6	18
ST 8	2.1	7.76	1.6	16	2	24
ST 9.5	2.1	9.43	2.0	20	2.5	30

[a] 摘自 GB/T 97.5 的尺寸，仅为信息。

[b] 尺寸 a，在垫圈与螺钉支承面或头下圆角接触后进行测量。

7.3.3 技术条件

组合件中，螺钉应符合 GB/T 3098.5 的规定；垫圈硬度等级为 90～320 HV。

验收与包装按 GB/T 90.1、GB/T 90.2 的规定。

7.3.4 自攻螺钉和垫圈代号

自攻螺钉和垫圈代号见表 7-6 和表 7-7。

表 7-6 自攻螺钉代号

标准编号及名称		代号
GB/T 5285	六角头自攻螺钉	S1
GB/T 845	十字槽盘头自攻螺钉	S2
GB/T 5282	开槽盘头自攻螺钉	S3

表 7-7　垫圈代号

标准编号及名称		型式	代号
GB/T 97.5	平垫圈　用于自攻螺钉和垫圈组合件	标准系列	N
		大系列	L

7.3.5　标记示例

六角头自攻螺钉和平垫圈组合件包括：一个 GB/T 5285　ST　4.2×16、锥端(C)六角头自攻螺钉（代号 S1)和一个 GB/T 97.5 标准系列垫圈(代号 N)的标记：

自攻螺钉和垫圈组合件　GB/T 9074.18　ST 4.2×16　C　S1　N

十字槽盘头自攻螺钉和平垫圈组合件包括：一个 GB/T 845　ST　4.2×16 锥端(C)、Z 型十字槽盘头自攻螺钉(代号 S2)和一个 GB/T 97.5 标准系列垫圈(代号 N)组合件的的标记：

自攻螺钉和垫圈组合件　GB/T 9074.18　ST 4.2×16　C　Z　S2　N

7.4　十字槽凹穴六角头自攻螺钉和平垫圈组合件

(GB/T 9074.20—2004 十字槽凹穴六角头自攻螺钉和平垫圈组合件)

7.4.1　十字槽凹穴六角头自攻螺钉和平垫圈组合件尺寸

过渡圆直径 d_a 见图 7-12，应小于 GB/T 97.5 规定的过渡圆直径 d_a，其减小量为公称直径与辗压螺纹毛坯直径的差值。

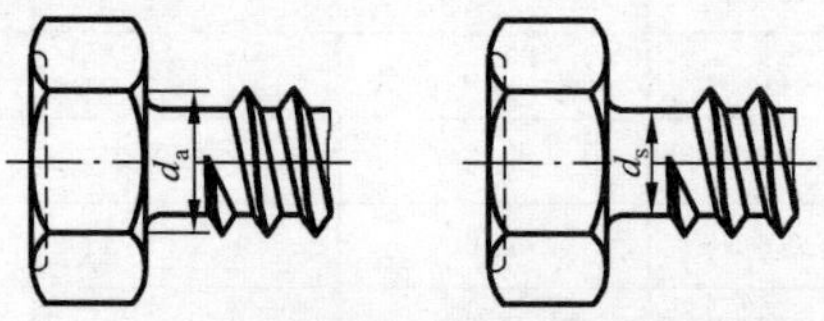

图 7-12　过渡圆直径 d_a 和杆径 d_s

平垫圈的尺寸应按 GB/T 97.5 的规定。

组合件中自攻螺钉见图 7-13。

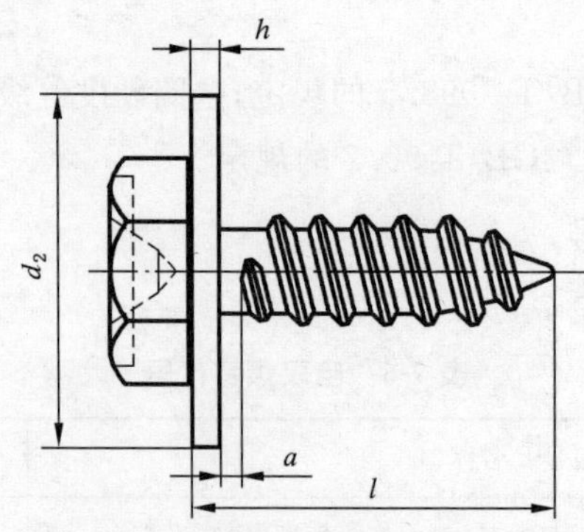

图 7-13　十字槽凹穴六角头自攻螺钉和平垫圈组合件示例

十字槽凹穴六角头自攻螺钉和平垫圈组合件尺寸

十字槽凹穴六角头自攻螺钉和平垫圈组合件尺寸见表 7-8。

表 7-8 十字槽凹穴六角头自攻螺钉和平垫圈组合件尺寸 mm

螺纹规格	a[b] max	d_a max	平垫圈尺寸[a]			
			标准系列 N 型		大系列 L 型	
			h 公称	d_2 max	h 公称	d_2 max
ST2.9	1.1	2.8	1	7	1	9
ST3.5	1.3	3.3	1	8	1	11
ST4.2	1.4	4.03	1	9	1	12
ST4.8	1.6	4.54	1	10	1.6	15
ST6.3	1.8	5.93	1.6	14	1.6	18
ST8	2.1	7.76	1.6	16	2	24

[a] 摘自 GB/T 97.5 的尺寸仅为信息。

[b] 尺寸 a，在垫圈与螺钉支承面或头下圆角接触后进行测量。

7.4.2 技术条件

组合件中，螺钉应符合 GB/T 3098.5 的规定；垫圈硬度等级为 180 HV。

镀锌技术要求按 GB/T 5267.1 的规定。

验收与包装按 GB/T 90.1、GB/T 90.2 的规定。

自攻螺钉和垫圈的型式代号见表 7-9。

表 7-9 自攻螺钉和垫圈的型式代号

产品	代号	型式	标准编号
十字槽凹穴六角头自攻螺钉	S1	—	GB/T 9456
平垫圈 用于自攻螺钉和垫圈组合件	N	标准系列	GB/T 97.5
	L	大系列	

7.4.3 标记示例

十字槽凹穴六角头自攻螺钉和平垫圈组合件包括：一个 GB/T 9456 ST4.2×16、锥端(C)十字槽凹穴六角头自攻螺钉(代号 S1)和一个 GB/T 97.5 标准系列垫圈(代号 N)组合件表面镀锌钝化(省略标记)的标记：

自攻螺钉和垫圈组合件 GB/T 9074.20 ST4.2×16 S1 N

十字槽盘头自攻螺钉和平垫圈组合件包括：一个 GB/T 9456 ST4.2×16、锥端(C)十字槽凹穴六角头自攻螺钉(代号 S1)和一个 GB/T 97.5 大系列垫圈(代号 L)组合件表面镀锌钝化(省略标记)的标记：

自攻螺钉和垫圈组合件 GB/T 9074.20 ST4.2×16 S1 L

7.5　螺栓或螺钉和锥形弹性垫圈组合件

(GB/T 9074.32—2017 螺栓或螺钉和锥型弹性垫圈组合件)

7.5.1　螺栓或螺钉和锥型弹性垫圈组合件尺寸

过渡圆直径 d_a 见图 7-14，应小于产品标准规定的过渡圆直径 d_a，其减小量为公称直径与辗压螺纹毛坯直径的差值。在相应国家标准中对头下圆角规定的曲率，在组合件中也不应改变。

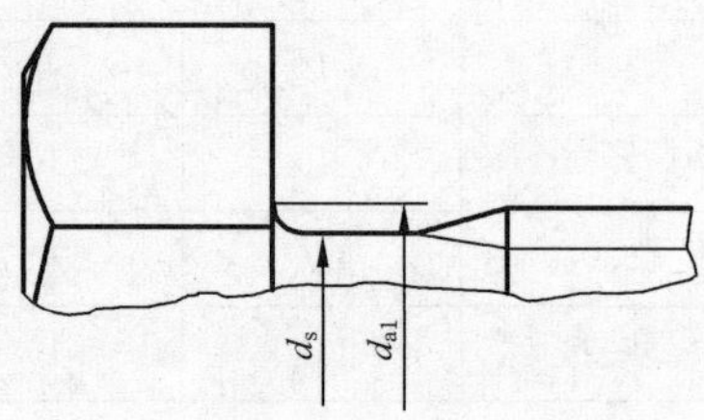

图 7-14　过渡圆直径 d_{a1} 和杆径 d_s

锥型弹性垫圈的尺寸应按 GB/T 9074.31 的规定。

螺栓或螺钉和平垫圈的示例见图 7-15 和图 7-16。

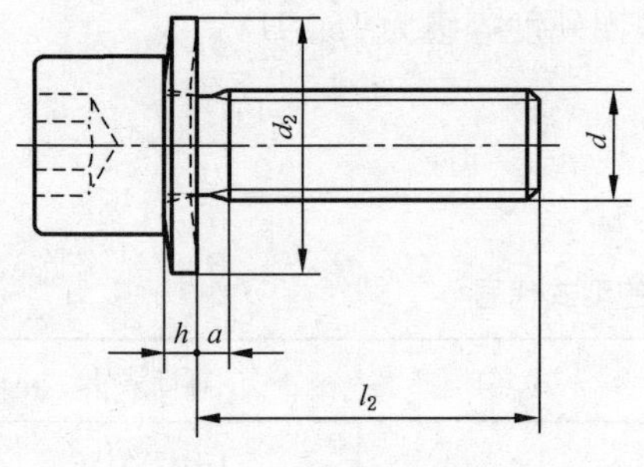

图 7-15　全螺纹螺钉

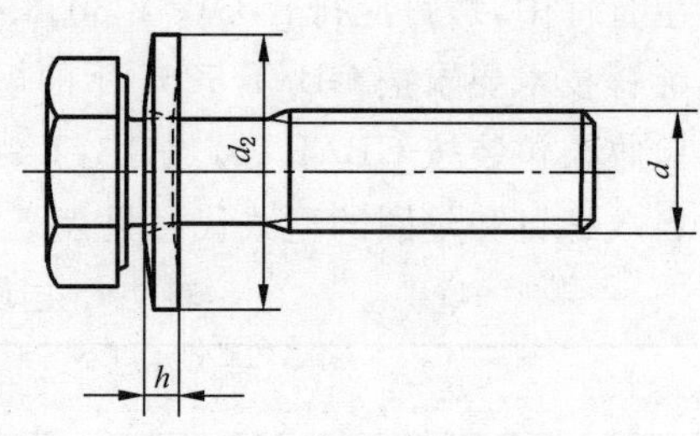

图 7-16　六角头螺栓

螺栓或螺钉和锥型弹性垫圈组合件尺寸见表 7-10。

表 7-10　螺栓或螺钉和锥型弹性垫圈组合件尺寸　　mm

螺纹规格 d	a max	d_{a1} max	l_2[a] min	锥形弹性垫圈尺寸			
				d_2		h	
				max	min	max	min
M2.5	0.9	2.8	4	6	5.70	0.72	0.61
M3	1.0	3.3	4	7	6.64	0.85	0.72
(M3.5)	1.2	3.7	6	8	7.64	1.06	0.92
M4	1.4	4.3	6	9	8.64	1.30	1.12
M5	1.6	5.2	6	11	10.57	1.55	1.35
M6	2.0	6.2	8	14	13.57	2.60	2.30
M8	2.5	8.4	10	18	17.57	3.10	2.80
M10	3.0	10.2	12	23	22.48	3.60	3.30

续表 7-10

mm

螺纹规格 d	a max	d_{a1} max	l_2[a] min	锥形弹性垫圈尺寸			
				d_2		h	
				max	min	max	min
M12	3.5	12.6	14	29	28.48	4.10	3.80
注1：尽可能不采用括号内的规格。 注2：除规定尺寸外，其余尺寸按相应产品标准规定，如 GB/T 70.1。							
[a] 最短螺钉长度。							

7.5.2 经供需协议，六角头螺栓头下可采用 U 型沉割槽，见图 7-17 和表 7-11。

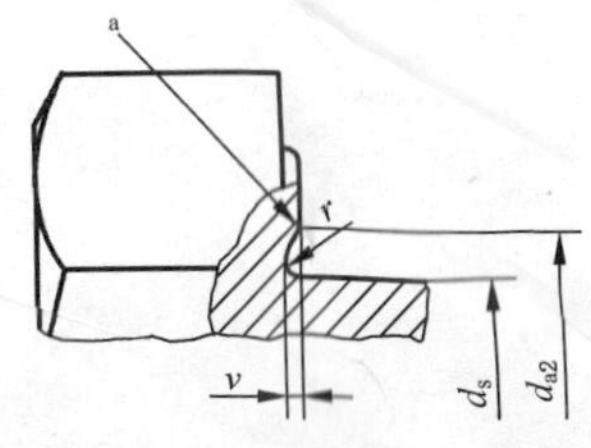

图 7-17 头下可采用 U 型沉割槽

表 7-11 U 型尺寸

mm

螺纹规格 d		M2.5	M3	M4	M5	M6	M8	M10	M12
d_{a2}	max	3.0	3.6	4.7	5.7	6.8	9.2	11.2	13.7
r	min	0.1	0.1	0.2	0.2	0.25	0.4	0.4	0.6
v	max	0.2	0.2	0.25	0.25	0.3	0.4	0.4	0.5
	min	0.05	0.05	0.05	0.05	0.1	0.1	0.1	0.1
注：其余尺寸见表 7-10。									

7.5.3 技术条件

螺钉和螺栓应符合 GB/T 3098.1 的规定；锥形垫圈应符合 GB/T 94.4 的规定。

螺钉和螺栓机械性能等级：8.8、10.9；锥形垫圈硬度 420～490 HV。

表面处理：不经处理；镀锌技术要求按 GB/T 5267.1 的规定；非电解锌片涂层技术要求按 GB/T 5267.2 的规定。

验收与包装按 GB/T 90.1、GB/T 90.2 的规定。

7.5.4 标记示例

GB/T 5783 M6×30、8.8 级的六角头螺栓和 GB/T 9074.31、硬度为 420～490 HV 的锥形弹性垫圈，表面不经处理六角头螺栓和锥形弹性垫圈组合件的标记：

组合件 GB/T 9074.32 M6×30

一个头下带 U 型沉割槽、表面不经处理六角头螺栓和锥形弹性垫圈组合件的标记：

组合件 GB/T 9074.32 M6×30 U